Ansys 2024 热力学有限元分析从入门到精通

胡仁喜　刘昌丽　编著

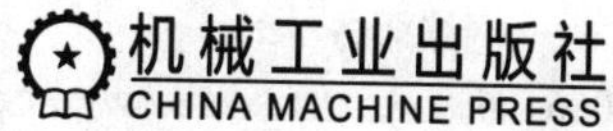
机械工业出版社
CHINA MACHINE PRESS

本书以 Ansys 2024 为平台，对 Ansys 热分析和与热相关的耦合场分析的基本思路、操作步骤和应用技巧进行了介绍，并结合工程应用实例讲述了 Ansys 的具体使用方法。

本书实例部分采用 GUI 方式，逐步讲解了操作步骤，在每个实例的后面列出了分析过程的命令流文件。

本书还随书赠送了配套电子资料包，其中收录了全书所有实例的 APDL 程序文件和实例操作过程录屏讲解 MP4 文件，可以让读者轻松快捷地掌握 Ansys 2024 热分析的操作技巧和工程应用方法。

本书可供汽车、压力容器、国防军工、土木工程、金属热加工等行业的技术人员进行热分析与产品开发使用，也可以作为大学本科生与研究生进行热分析的参考教材。

图书在版编目（CIP）数据

Ansys2024 热力学有限元分析从入门到精通 / 胡仁喜，刘昌丽编著 . —北京：机械工业出版社，2024.7

ISBN 978-7-111-75867-9

Ⅰ . ① A… Ⅱ . ①胡… ②刘… Ⅲ . ①热力学 – 有限元分析 – 应用软件 Ⅳ . ① O414.1-39

中国国家版本馆 CIP 数据核字（2024）第 100000 号

机械工业出版社（北京市百万庄大街 22 号 邮政编码 100037）
策划编辑：王 珑 责任编辑：王 珑
责任校对：张婉茹 张 薇 责任印制：任维东
北京中兴印刷有限公司印刷
2024 年 7 月第 1 版第 1 次印刷
184mm × 260mm · 24.5 印张 · 622 千字
标准书号：ISBN 978-7-111-75867-9
定价：89.00 元

电话服务	网络服务
客服电话：010-88361066	机 工 官 网：www.cmpbook.com
010-88379833	机 工 官 博：weibo.com/cmp1952
010-68326294	金 书 网：www.golden-book.com
封底无防伪标均为盗版	机工教育服务网：www.cmpedu.com

前　言

有限元法以其独有的计算优势在目前工程应用中得到了广泛的发展和应用，并由此产生了一批非常成熟的通用和专业有限元商业软件。其中，Ansys 软件以它的多物理场耦合分析功能而成为 CAE 软件的应用主流，在热分析工程应用中得到了较为广泛的应用。

本书以 Ansys 2024 为平台，对 Ansys 热分析和与热相关的耦合场分析的基本思路、操作步骤和应用技巧进行了介绍，并结合工程应用实例讲述了 Ansys 的具体使用方法。

全书分为 15 章，第 1 章介绍了 Ansys 的热分析及常用操作方法；第 2 章介绍了 Ansys 热分析基础知识；第 3 章介绍了 Ansys 稳态热分析；第 4 章介绍了利用 Ansys 对电线生热、蒸汽管、热力管、肋片换热器进行稳态热分析；第 5 章介绍了 Ansys 瞬态热分析与非线性热分析；第 6 章介绍了利用 Ansys 对钢板加热过程、钢制零件淬油过程、温度控制加热器、两环形零件在圆筒形水箱中冷却过程进行瞬态热分析的操作步骤；第 7 章介绍了 Ansys 的热辐射分析；第 8 章介绍了黑体热辐射分析、两同心圆柱体间热辐射分析、长方体钢坯料空冷过程分析、圆台形物体热辐射分析中的 Ansys 操作步骤；第 9 章介绍了 Ansys 的相变分析；第 10 章介绍了利用 Ansys 对茶杯中水结冰过程、零件铸造过程、焊接件两焊缝在顺序焊接过程进行相变分析的操作步骤；第 11 章介绍了在热分析中应用到的生死单元技术；第 12 章介绍了与温度场相关的耦合场分析方法，并重点介绍了间接手工热 - 应力耦合分析方法；第 13 章介绍了两种不同线胀系数的物体热应力分析、两厚壁筒热应力分析、两物体热接触分析、梁的结构 - 热谐波耦合分析、圆柱形坯料镦粗过程分析；第 14 章介绍了两物体相对滑动过程中和相对转动过程中的摩擦生热分析；第 15 章为高级应用实例，主要介绍了地下弥散过程分析，矩形截面梁稳态热交换过程的分析、热电耦合分析，电磁感应加热过程分析等的 Ansys 操作步骤。

本书附有电子资料包，其中除了有每一个实例 GUI 实际操作步骤的视频以外，还给出了每个实例的命令流文件，读者可以直接调用，可以登录网盘 https://pan.baidu.com/s/ 1FTeAqpnnI-0OupRhzFTdmrw 下载，提取码 swsw，也可以扫描下面二维码下载：

本书适合利用 Ansys 进行热分析的初学者和期望提高热分析工程应用能力的读者使用，还可供汽车、压力容器、国防军工、土木工程、金属热加工等行业的技术人员进行热分析与产品开发使用，也可以作为大学本科生与研究生进行热分析的参考教材。

本书由石家庄三维书屋文化传播有限公司的胡仁喜博士和刘昌丽两位老师编写，其中胡仁喜执笔编写了第 1~8 章，刘昌丽执笔编写了第 9~15 章。由于编者的水平有限，书中缺点和错误在所难免，恳请专家和广大读者不吝赐教，加入 QQ 群 477909408 或联系 714491436@qq.com 予以指正。

编　者

目　录

第 1 章

Ansys 热分析简介及常用操作

本章简单介绍了 Ansys 2024 热分析能力及热分析单元（包括与热相关的耦合场分析单元），并详细讲述了应用 Ansys 进行热分析时常用的拾取、显示操作方法。

- Ansys 2024 热分析简介
- Ansys 2024 热分析单元简介
- Ansys 2024 中拾取、显示操作

1.1 Ansys 热分析简介

1.1.1 Ansys 的热分析能力

热分析可用于计算一个系统或部件的温度分布及其他热物理参数，如热量的获取或损失、热梯度、热流密度（热通量）等。热分析在许多工程应用中扮演着重要角色，如内燃机、涡轮机、换热器、管路系统、电子元件、锻压件和铸造件等。

在 Ansys Multiphysics、Ansys Mechanical 和 Ansys Professional 产品中包含有热分析功能。Ansys 热分析基于能量守恒原理的热平衡方程，用有限元法计算各节点的温度，并导出其他热物理参数。Ansys 热分析可用于热传导、热对流及热辐射 3 种热传递方式。此外，还可用于分析相变、有内热源、接触热阻等问题。

在安装程序中，单击“Ansys 2024 R1> Mechanical APDL Product Launcher 2024 R1”，弹出如图 1-1 所示的选择界面，在“License”中选择分析模块，在本书实例中均选择“Ansys Multiphysics”模块，此模块为总模块，当然也可选择其他分模块。在“Working Directory”中设置工作目录，在“Job Name”中输入初始文件名；也可在进入 Ansys 后更改工作文件名。选择完分析模块并设置好工作目录和分析文件名后，单击“Run”，进入 Ansys。

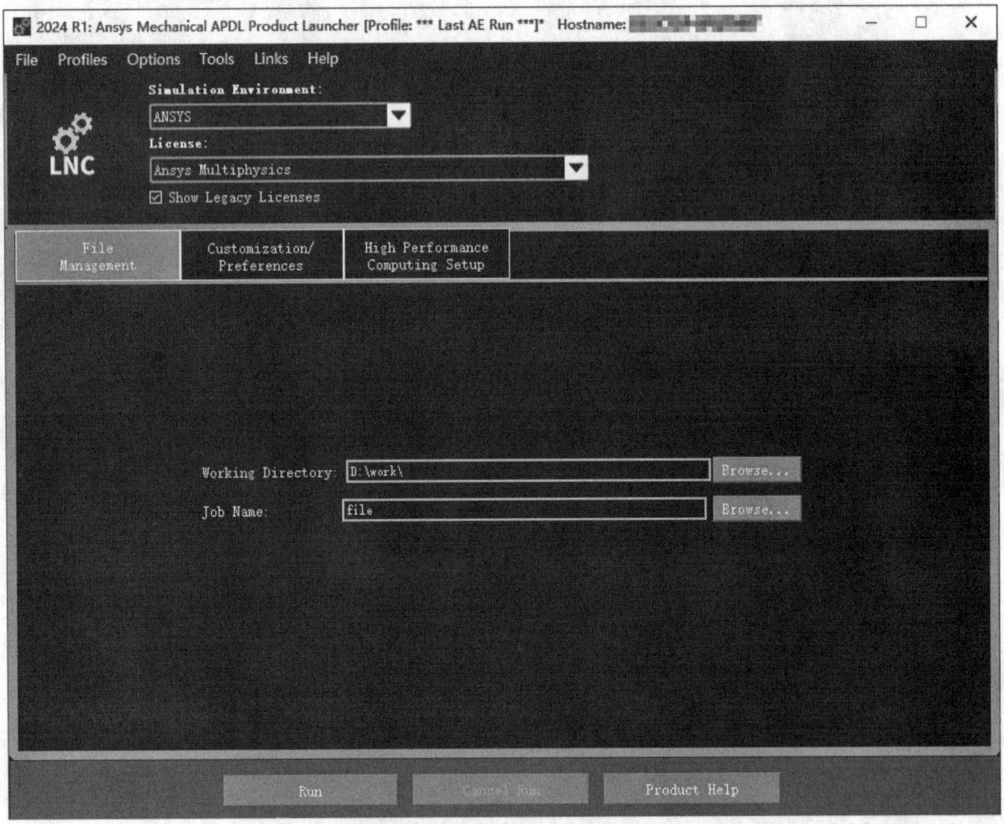

图 1-1　Ansys 2024 分析模块选择界面

1.1.2 Ansys 热分析分类

- 稳态传热：系统的温度场不随时间变化。
- 瞬态传热：系统的温度场随时间明显变化。

1.1.3 Ansys 中与热相关的耦合场分析种类

- 热 - 结构耦合。
- 热 - 流体耦合。
- 热 - 电耦合。
- 热 - 磁耦合。
- 热 - 电 - 磁 - 结构耦合等。

1.1.4 Ansys 中热分析单元简介

➢ PLANE35- 二维 6 节点三角形热实体：它是一个与 8 节点 PLANE77 单元兼容的三角形单元，适用于对形状不规则的模型（如从不同的 CAD/CAM 系统产生的模型）划分网格以及二维的稳态或瞬态热分析，只有一个温度自由度。如果包含该单元的模型还需进行结构分析，可被一个等效的结构单元（如 PLANE183）所代替。可用作平面单元或轴对称环单元。

➢ PLANE55- 二维热实体：它可作为一个具有二维热传导能力的平面或轴对称环单元使用。具有 4 个节点，每个节点只有一个温度自由度。此单元有一个选项，用来模拟通过多孔介质的非线性稳态流动（渗流），此时，原有的热参数被解释成相似的流体流动参数。该单元可用于二维稳态或瞬态热分析问题。如果包含热单元的模型还需进行结构分析，该单元应当被一个等效的结构单元（如 PLANE182）所代替。

➢ PLANE75- 轴对称谐分析热实体：它可作为具有三维导热能力的轴对称环单元使用。它具有 4 个节点，每个节点只有一个温度自由度。它是 PLANE55 单元轴对称型的一般形式，可承受非轴对称载荷，在剪切偏移中描述了各种载荷情况。该单元可用于二维轴对称的稳态或瞬态热分析问题。其等效结构单元是 PLANE25，相似的带中间节点的单元是 PLANE78。

➢ PLANE77- 二维 8 节点热实体：它是 PLANE55 的高阶形式，每个节点只有一个温度自由度。8 节点单元有协调的温度形函数，尤其适用于描述弯曲的边界。

➢ PLANE78-8 节点轴对称谐分析热实体：它可作为具有三维导热能力的轴对称环单元使用。每个节点只有一个温度自由度。它是 PLANE77 单元的一般形式，可承受非轴对称载荷。在剪切偏移中描述了各种载荷情况。8 节点单元有协调的温度形函数，尤其适用于描述弯曲的边界。该单元可用于二维轴对称的稳态或瞬态热分析问题。与其对应的结构单元是 PLANE83。

➢ SOLID70- 三维热实体：它具有 8 个节点，每个节点有一个温度自由度。该单元可用于三维的稳态或瞬态的热分析问题，并可补偿由于恒定速度场质量输运带来的热流损失。如果包含热实体单元的模型还需进行结构分析，可被一个等效的结构单元（如 SOLID185）所代替。此单元有一个选项，用来模拟通过多孔介质的非线性稳态流动，此时，原有的热参数被解释成相似的流体流动参数。例如，温度自由度等效为压力自由度。

➢ SOLID87- 三维 10 节点四面体热实体：它特别适用于对不规则的模型（如从不同的 CAD/CAM 系统产生的模型）划分网格。每个节点只有一个温度自由度。该单元可用于三维的热稳态或瞬态分析问题，其等效的结构单元是 SOLID187。

➢ SOLID90- 三维 20 节点热实体：它是三维的 8 节点热单元 SOLID70 的高阶形式。有 20 个节点，每个节点有一个温度自由度。20 节点单元有协调的温度形函数，尤其适用于描述弯曲的边界。该单元适用于三维的稳态或瞬态热分析问题。其等效的结构单元是 SOLID186。

➢ SOLID278- 三维热实体：它具有三维热传导能力。具有 8 个节点，每个节点有一个温度自由度。该单元可用于三维的稳态或瞬态的热分析问题。如果模型包含导电固体元素也要进行结构分析，可被一个等效的结构单元（如 SOLID185）所代替。类似的热单元有 SOLID279，带有 mid-edge 节点功能。

➢ SOLID279- 三维 20 节点热实体：它为高阶三维 20 节点固体单元，可用于分析二次热行为。它具有 20 个节点，每个节点有一个温度自由度。

➢ LINK31- 辐射线单元：它用于模拟空间两点间辐射热流率的单轴单元。每个节点有一个自由度。该单元可用于二维（平面或轴对称）或三维的、稳态的或瞬态的热分析问题。允许形状因子和面积分别乘以温度的经验公式是有效的。发射率可与温度相关。如果包含热辐射单元的模型还需要进行结构分析，辐射单元应当被一个等效（或空）的结构单元所代替。

➢ LINK33- 三维传导杆：它用于节点间热传导的单轴单元。该单元每个节点只有一个温度自由度。它可用于稳态或瞬态的热分析问题。如果包含热传导杆单元的模型还需进行结构分析，该单元可被一个等效的结构单元所代替。

➢ LINK34- 对流线单元：它用于模拟节点间热对流的单轴单元。该单元每个节点只有一个温度自由度。热对流杆单元可用于二维（平面或轴对称）或三维、稳态或瞬态的热分析问题。如果包含热对流单元的模型还需要进行结构分析，热对流单元可被一个等效（或空）的结构单元所代替。单元的对流换热系数可以为非线性，即对流换热系数是温度或时间的函数。

➢ SHELL131-4 节点热层壳单元：它是三维的层壳单元，具有面内和厚度方向的热传导能力。本单元有 4 个节点，每个节点最多可以有 32 个自由度。本单元适用于三维的稳态或瞬态热分析问题，产生的节点温度可施加于结构壳单元以用于模拟热弯曲。其等效的结构单元是 SHELL181 或 SHELL281。

➢ SHELL132-8 节点热层壳单元：它是三维的层壳单元，具有面内和厚度方向的热传导能力。本单元有 8 个节点，每个节点最多可以有 32 个自由度。本单元适用于三维的稳态或瞬态热分析问题，产生的节点温度可施加于结构壳单元以用于模拟热弯曲。其等效的结构单元是 SHELL281。

➢ PLANE13- 二维耦合场实体：它具有二维磁场、温度场、电场、压电场和结构场之间有限耦合的功能。它由 4 个节点定义，每个节点可达到 4 个自由度。它具有非线性磁场功能，可用于模拟 B-H 曲线和永久磁铁去磁曲线。它具有大变形和应力钢化功能。当用于纯结构分析时，具有大变形功能。相似的耦合场单元有 SOLID5 和 SOLID98。

➢ SOLID5- 三维耦合场实体：它具有三维磁场、温度场、电场、压电场和结构场之间有限耦合的功能。本单元由 8 个节点定义，每个节点最多可以有 6 个自由度。在静态磁场分析中，可以使用标量势公式（对于简化的 RSP、微分的 DSP、通用的 GSP）。在结构和压电分析中，具有大变形的应力钢化功能。与其相似的耦合场单元有 PLANE13 和 SOLID98。

➢ INFIN47- 三维无限边界：用于模拟无边界场问题的开放边界。其单元形状为 4 节点四边形或 3 节点三角形，每个节点可以有磁势或温度自由度。所依附的单元类型可以是 SOLID5、

SOLID96 或 SOLID98 磁单元，也可以是 SOLID70、SOLID90 或 SOLID87 热实体单元。当该单元具有磁自由度时，可以进行线性或非线性静态分析；当该单元具有热自由度时，只能进行稳态或瞬态分析（线性或非线性）。

➢ INFIN110- 二维无限实体：它用于模拟一个二维的边界开放的极大场问题，其一个单层用于描述无限体的外部子域。它具有二维（平面的和轴对称）磁势能、温度或静电势能特性。它由 4 节点或 8 节点定义，每个节点有单一的自由度。所依附的单元类型可以是 PLANE13 磁单元，PLANE55、PLANE35 和 PLANE77 热单元，或静电单元 PLANE121。加上磁势或温度自由度后，分析可以是线性的或非线性的，静态的或动态的。

➢ INFIN111- 三维无限实体：它用于模拟一个三维的边界开放的极大场问题，其一个单层用于描述无限体的外部子域。它具有二维（平面的和轴对称）磁势能、温度或静电势能特性。它由 8 个或 20 个节点定义，有三维磁标量和矢量势能，温度或静电势能特性。每个节点有单一的自由度。封闭的单元类型可以是 SOLID96、SOLID98 和 SOLID5 磁单元，SOLID70 和 SOLID90 和 SOLID87 热单元，或静电单元 SOLID122 和 SOLID123。加上磁势或温度自由度后，分析可以是线性的或非线性的、静态的或动态的。对这个单元的几何体，节点坐标和坐标系在 INFIN111 中显示。它由 8 个或 20 个节点和材料参数定义。必须定义非零的材料参数。

➢ MASS71- 热质量：它是点单元，只有一个温度自由度。它具有热容但忽略内部热阻的物体，如果其内部无明显的温度梯度，则可使用热质量单元来模拟它以进行瞬态热分析。该单元还有一个功能，即温度与热产生率相关的能力。它可用于一维、二维或三维的稳态或瞬态热分析。在稳态求解中，它只起到温度相关的热源或热的接收器的作用。在热分析问题中有特殊用途的其他单元为 COMBIN14 和 COMBIN40。 如果包含热质量单元的模型还需要进行结构分析，该单元可被一个等效的结构单元所代替（如 MASS21）。

1.2 Ansys 中常用操作

1.2.1 拾取操作

在应用 Ansys 进行分析时，无论前处理还是后处理，关键点、线、面、体、节点和单元的选择很常用，掌握 Ansys 的选择方法，更要掌握组合选择，如基于体选单元等也是提高分析效率的重要手段。现详细介绍如下：

GUI 操作：选择 Utility Menu > Select > Entities，拾取菜单如图 1-2 所示。

命令：NSEL（该命令用于选择节点）。

使用格式：NSEL，TYPE，ITEM，COMP，VMIN，VMAX，VINC，KABS。

其中：

TYPE ：选择类型的有效标签。它的值有：

➢ S（From Full）：从数据集里选择一组新的数据子集（默认设置）。

➢ R（Reselect）：从当前选择的子集里再重新选择一组数据子集。

➢ A（Also Select）：从数据集中另外再选择一组子集与当前已选择的一组数据子集。

➢ U（Unselect）：从当前数据子集里删除刚选择的一组数据子集。

以上与图 1-2a 框 A 中所示对应。

➢ ALL (Sele All): 重新恢复到选择所有的数据集，即全集。

➢ NONE (Sele None): 什么也不选择，即空集。

➢ INVE (Invert) 选择与当前子集相反部分的数据集，即已选择的数据集不选择，而没有选择的则被选择。

以上与图 1-2a 框 B 中所示对应。

ITEM,COMP：确定选择方式，与图 1-2b 框 C 所对应。

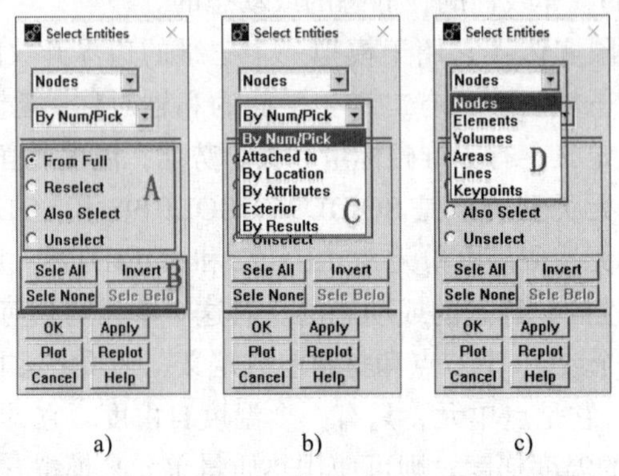

a)　　b)　　c)

图 1-2　拾取菜单

VMIN：项目范围的最小值。范围可以是节点编号、设置的编号、坐标值、载荷值以及与适当项相对应的结果数据，也可以使用元件名来取代 VMIN。

VMAX：项目范围的最大值。对于输出值，其默认值为 VMIN；对于结果值，如果 VMIN 为正，其默认值为无穷大；如果 VMIN 为负，其默认值为零；如果 VMIN = VMAX，使用 $\pm 0.005 \times$ VMIN 的公差值；如果 VMIN = 0，为 $\pm 1 \times 10^{-6}$；如果 VMIN ≠ VMAX，使用 $1 \times 10^{-8} \times$ (VMAX − VMIN) 的公差值。

VINC：在范围之内的增量值。仅适用于整数范围，默认值为 1，且不能为负数。

KABS：绝对值控制键，若为 0，则在选择期间检查值的符号；若为 1，则在选择期间则使用绝对值，即忽略值的符号。

类似的选择命令还有：

➢ 选择单元命令：ESEL，TYPE，ITEM，COMP，VMIN，VMAX，VINC，KABS

➢ 选择体命令：VSEL，TYPE，ITEM，COMP，VMIN，VMAX，VINC，KSWP

➢ 选择线命令：LSEL，TYPE，ITEM，COMP，VMIN，VMAX，VINC，KSWP

➢ 选择关键点命令：KSEL，TYPE，ITEM，COMP，VMIN，VMAX，VINC，KABS

➢ 选择面命令：ASEL，TYPE，ITEM，COMP，VMIN，VMAX，VINC，KSWP

以上命令应用 GUI 操作，可在图 1-2c 框 D 中选择。

1.2.2　显示操作

在 Ansys 中应用 GUI 操作进行分析时，在前处理操作中，当加载和施加边界条件时，需要对选择的面、单元、节点等进行设置显示，如打开实体编号显示，观察视角等，从而方便拾取。

要指定显示时的颜色、编号或颜色与编号的显示方式，可在图 1-3a 中 A 框设置显示属性，如单元材料、单元类型等，在图 1-3b 中 B 框设置显示控制，如编号或颜色的显示方式。

GUI 操作：选择 Utility Menu > PlotCtrls > Numbering

命令：/NUMBER, NKEY

NKEY 为显示控制，与图 1-3b 中 B 框所对应。NKEY 若为 0，则颜色和编号同时显示；若为 1，只显示颜色；若为 2，则仅显示数字编号；若为 -1，则颜色和编号均不显示。

命令：/PNUM,LABEL,KEY（见图 1-3）。

LABEL：编号与颜色的类型。有如下选项供选择：

- NODE：显示在单元和节点上的节点编号。
- ELEM：显示在单元上的单元编号和颜色。
- SEC：显示在单元上的截面号和颜色。
- MAT：显示在单元和实体模型上的材料号和颜色。
- TYPE：显示在单元和实体模型上的单元类型编号和颜色。
- REAL：显示在单元和实体模型上的实常数编号和颜色。
- ESYS：显示在单元和实体模型上的坐标系参考号。
- LOC：显示在单元上的按求解序列排序的单元位置编号或颜色。除非模型重新排序，LOC 与 ELEM 编号是相同的。
- KP：显示在实体模型上的关键点编号。
- LINE：显示在实体模型上的线编号或颜色。
- AREA：显示在实体模型上的面编号或颜色。
- VOLU：显示在实体模型上的体编号或颜色。
- SVAL：在处理显示时的应力或等值线，显示在实体模型上的面载荷值和颜色。对于表格型边界条件，以表格所求出的值将会显示在节点和单元上。
- TABN：对于表格型边界条件的表格名称，如果打开这个选项，表格名会仅靠合适的符号、箭头、面轮廓或等值线出现。
- SAT：显示当前命令 /PNUM 的状态。
- DEFA：恢复所有的 /PNUM 设置到其默认状态。

KEY：编号与颜色显示控制开关。若为 0，则对指定的标签关闭其颜色和编号的显示；若为 1，则对指定的标签打开其颜色和编号的显示。

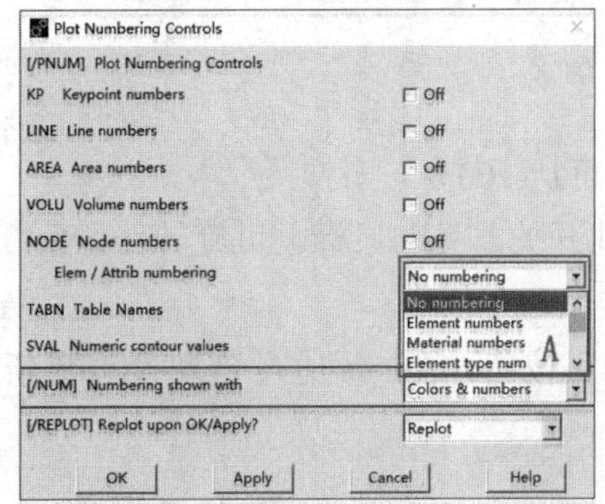

a)

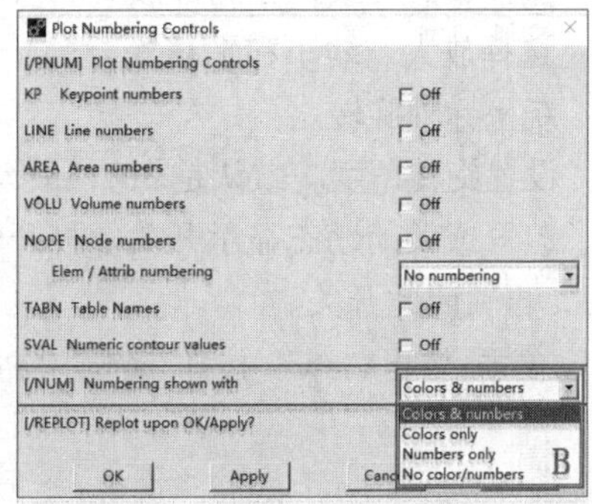

b)

图 1-3 “Plot Numbering Controls”对话框

在进行 GUI 操作时，也经常需要刷新显示，或者显示所选择的关键点、线、面、体、单元和节点等。操作方法如下：

GUI 操作：选择 Utility Menu > Plot，如图 1-4 所示。在菜单中选择所要显示的关键点、线、面、体、单元和节点等。

命令：KPLOT、LPLOT、APLOT、VPLOT、EPLOT、NPLOT、/REPLOT 等。

在进行 GUI 操作时，为方便拾取，也经常需要进行改变视角、局部放大或缩小等操作。操作方法如下：

GUI 操作：选择 Utility Menu > PlotCtrls > Pan-Zoom-Rotate，弹出如图 1-5a 所示的对话框。该对话框可分为 A、B、C、D、E、F、G、H 共 8 个区，图 1-5a 与图 1-5b 的 Ansys 视图控制栏相对应。现详细介绍如下：

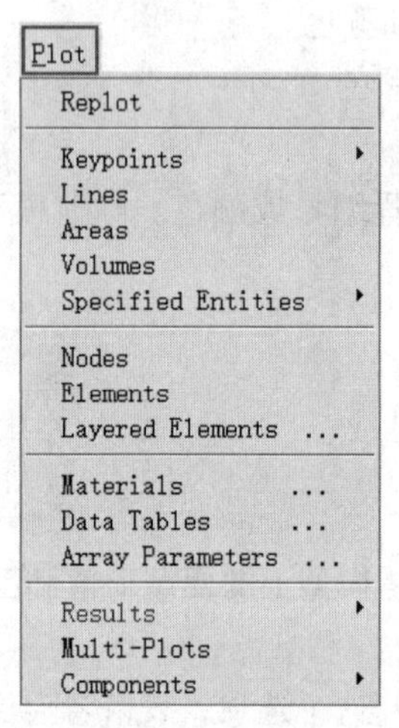

图 1-4　显示菜单

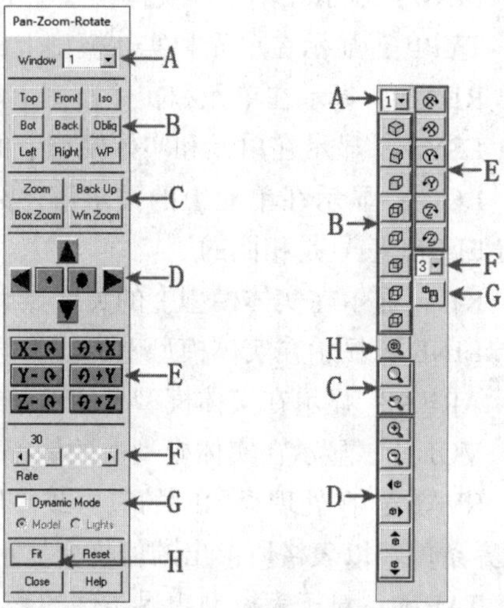

a)“Pan-Zoom-Rotate”对话框　　b) 视图控制栏

图 1-5　视角调整设置

➢ A 区：选择操作窗口，默认是窗口 1。

➢ B 区：选择投影显示，如正视、侧视、轴测等。

➢ C 区：选择放大方式，如局部放大和窗口放大等。

➢ D 区：选择放大、缩小和平移等。

➢ E 区：绕坐标轴旋转。

➢ F 区：设置旋转角度。默认是 30°，最大可达 100°。

➢ G 区：打开或关闭动态显示开关。打开此开关，晃动鼠标，可旋转任意角度，在旋转到适当的角度后，再关闭此开关。

➢ H 区：单击“Fit View”按钮或“Fit”按钮，Ansys 通过自动计算重新设置焦点和距离的值。

第 2 章

热分析基础知识

本章主要讲述了传热学的基本理论，如单位转换和热力学第一定律等，并详细推导了热分析的有限元方程，还介绍了应用 Ansys 进行热分析时计算误差的估算方法。

- 热分析单位转换及传热学的基本理论
- 热分析有限元法的推导过程
- Ansys 中计算误差的估计方法

2.1 传热学基本理论

2.1.1 符号与单位

热分析符号及其在本书中的含义见表 2-1，基本分析单位见表 2-2。热分析单位换算见表 2-3。

表 2-1 热分析符号及其含义

符号	含义	符号	含义	符号	含义
t	时间	α	表面传热系数	Q	热流率
T	温度	ε	吸收率	q^*	热流密度
ρ	密度	σ	斯蒂芬－波尔兹曼常数	$\dddot{q}$	内部热生成
c	比热容	λ	热导率	E	能

表 2-2 基本分析单位

项目	法定计量单位	英制单位	Ansys 代号
长度	m	ft	
时间	s	s	
质量	kg	lb	
温度	K	°F	
力	N	lbf	
能量（热量）	J	Btu	
功率（热流率）	W	Btu/s	HEAT
热流密度	W/m^2	$Btu/(ft^2 \cdot h)$	HFLUX
热生成率	W/m^3	$Btu/(ft^3 \cdot h)$	HGEN
热导率	$W/(m \cdot K)$	$Btu/(ft \cdot h \cdot °F)$	KXX
表面传热系数	$W/(m^2 \cdot K)$	$Btu/(ft^2 \cdot h \cdot °F)$	HF
密度	kg/m^3	lbm/ft^3	DENS
比热容	$J/(kg \cdot K)$	$Btu/(lb \cdot °F)$	c
焓	J/m^3	Btu/ft^3	ENTH

在热分析中，摄氏温度（t）和华氏温度（θ）换算式为：

$$t=\frac{5}{9}(\theta-32)$$

表 2-3 热分析单位换算表

物理量名称	符号	法定计量单位	英制单位	单位换算
压力	p	Pa	lbf/in^2	1Pa = 1.45038 × 10^{-4}lbf/in^2
比热容	c	kJ/（kg・K）	Btu/（lb・°F）	1 kJ/（kg・K）= 2.38846 × 10^{-1} Btu/（lb・°F）
热流率（功率）	Q	W	Btu/s	1W = 7.37561 × 10^{-1} Btu/s
热流密度	q^*	W/m^2	Btu/（ft^2・h）	1 W/m^2 = 3.16993 × 10^{-1} Btu/(ft^2・h)
热导率	λ	W/（m・K）	Btu/（ft・h・°F）	1 W/（m・K）= 5.77791 × 10^{-1}Btu/ (ft・h・°F)
表面传热系数	α	W/（m^2・K）	Btu/（ft^3・h・°F）	1 W/（m^2・K）= 1.76110 × 10^{-1} Btu/(ft^3・h・°F)

2.1.2 热传递的方式

- 传导：两个良好接触的物体之间的能量交换或一个物体内由于温度梯度引起的内部能量交换。
- 对流：在物体和周围介质之间发生的热交换。
- 辐射：一个物体或两个物体之间通过电磁波进行的能量交换。

在绝大多数情况下，我们分析的热传导问题都带有对流和 / 或辐射边界条件。

1. 热传导

热传导可以定义为完全接触的两个物体之间或一个物体的不同部分之间由于温度梯度而引起的内能的交换。热传导遵循傅里叶定律：

$$q^* = -K_{nn}\frac{\partial T}{\partial n} \tag{2-1}$$

式中，q^*为热流密度（W/m^2）；K_{nn} 为热导率 [W/（m・K）]；$\frac{\partial T}{\partial n}$为 n 沿向的温度梯度，负号表示热量流向温度降低的方向，如图 2-1 所示。

2. 热对流

热对流是指固体的表面与它周围接触的流体之间，由于温差的存在引起的热量的交换。热对流可以分为两类：自然对流和强制对流。对流一般作为面边界条件施加。热对流用牛顿冷却方程来描述：

$$q^* = \alpha(T_S - T_B) \tag{2-2}$$

式中，α 为对流换热系数（或称膜传热系数、给热系数、膜系数等）；T_S 为固体表面的温度；T_B 为周围流体的温度，如图 2-2 所示。

3. 热辐射

热辐射是指物体发射电磁能并被其他物体吸收转变为热的热量交换过程。物体温度越高，单位时间辐射的热量越多。热传导和热对流都需要有传热介质，而热辐射无需任何介质。实质上，在真空中的热辐射效率最高。

在工程中通常考虑两个或两个以上物体之间的辐射，系统中每个物体同时辐射并吸收热量。它们之间的净热量传递可以用斯蒂芬—波尔兹曼方程来计算：

$$Q = \varepsilon\sigma A_1 F_{12}(T_1^4 - T_2^4) \tag{2-3}$$

式中，Q 为热流率；ε 为吸射率（黑度）；σ 为斯蒂芬—波尔兹曼常数，约为 $5.67\times10^{-8}\text{W/(m}^2\cdot\text{K}^4)$，$0.119\times10^{-10}\text{Btu/(in}^2\cdot\text{h}\cdot\text{K}^4)$，Ansys 默认为 $0.119\times10^{-10}\ \text{Btu/(in}^2\cdot\text{h}\cdot\text{K}^4)$；$A_1$ 为辐射面 1 的面积；F_{12} 为由辐射面 1 到辐射面 2 的形状系数；T_1 为辐射面 1 的绝对温度；T_2 为辐射面 2 的绝对温度。

由上式可以看出，包含热辐射的热分析是高度非线性的。在 Ansys 中将辐射按平面现象处理（体都假设为不透明的），如图 2-3 所示。

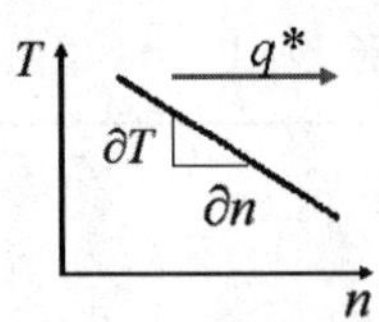

图 2-1　热传导示意图

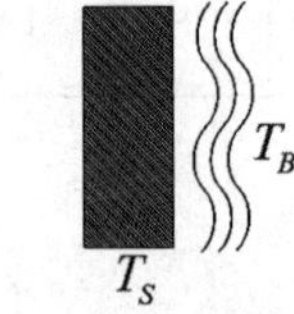

图 2-2　热对流示意图

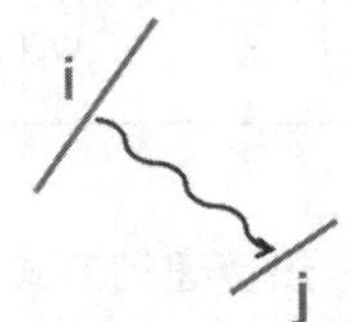

图 2-3　热辐射示意图

2.1.3　热力学第一定律

人们经过长期的生产实践和科学实验证明：能量既不能消灭，也不能创造，但可以从一种形式转化为另一种形式，也可以从一种物质传递到另一种物质，在转化和传递过程中能量的总值保持不变。这是自然界的一个普遍的基本规律，即能量守恒定律（law of energy conservation）。在热力学中称为热力学第一定律（first law of thermodynamics）。对于一个封闭的系统（没有质量的流入或流出）：

$$Q - W = \Delta U + \Delta KE + \Delta PE \tag{2-4}$$

式中，Q 为热量；W 为做功；ΔU 为系统内能；ΔKE 为系统动能；ΔPE 为系统势能。

对于大多数工程传热问题：

$$\Delta KE = \Delta PE = 0 \tag{2-5}$$

通常考虑没有做功：$W=0$，则：$Q=\Delta U$；

对于稳态热分析：$Q=\Delta U=0$，即流入系统的热量等于流出的热量；

对于瞬态热分析：$q=\dfrac{\text{d}U}{\text{d}t}$，即流入或流出的热传递速率 q 等于系统内能的变化。

将其应用到一个微元体上，就可以得到热传导的控制微分方程。

2.1.4　热分析的控制方程

热传导的控制微分方程为：

$$\frac{\partial}{\partial x}\left(k_{xx}\frac{\partial T}{\partial x}\right)+\frac{\partial}{\partial y}\left(k_{yy}\frac{\partial T}{\partial y}\right)+\frac{\partial}{\partial z}\left(k_{zz}\frac{\partial T}{\partial z}\right)+\dddot{q}=\rho c\frac{\text{d}T}{\text{d}t} \tag{2-6}$$

其中，

$$\frac{\mathrm{d}T}{\mathrm{d}t}=\frac{\partial T}{\partial t}+V_x\frac{\partial T}{\partial x}+V_y\frac{\partial T}{\partial y}+V_z\frac{\partial T}{\partial z} \tag{2-7}$$

式中，V_x、V_y、V_z 为媒介传导速率；k_{xx}、k_{yy}、k_{zz} 为温度对三个空间坐标轴的导热率。

2.2 热分析有限元法

将控制微分方程转化为等效的积分形式：

$$\begin{aligned}&\int_{vol}\left(\rho c\delta T\left(\frac{\partial T}{\partial t}+\{v\}^{\mathrm{T}}\{L\}^{\mathrm{T}}\right)+\{L\}^{\mathrm{T}}\delta T\left([D]\{L\}^{\mathrm{T}}\right)\right)\mathrm{d}(vol)=\\&\int_{S_2}\delta Tq^{*}\mathrm{d}(S_2)+\int_{S_3}\delta Th_f(T_B-T)\mathrm{d}(S_3)+\int_{vol}\delta T\ddot{q}\mathrm{d}(vol)\end{aligned} \tag{2-8}$$

式中，vol 为单元体积$\{L\}^{\mathrm{T}}=\begin{bmatrix}\frac{\partial}{\partial x} & \frac{\partial}{\partial y} & \frac{\partial}{\partial z}\end{bmatrix}$；$\ddot{q}$ 为单位体积的热生成；h_f 为表面传热系数；T_B 为流体的温度；δT 为温度的虚变量；S_2 为热通量的施加面积；S_3 为对流的施加面积。

将区域分解划分单元，二维模型使用四边形和（或）三角形单元划分，三维模型使用四面体，金字塔形或六面体单元划分。

假设单元内温度变化可以用多项式表示。一般情况下，根据单元类型的不同，应当包含不同的一次项、平方和混合的立方项。多项式假设保证了温度在单元内部和单元边界上都是连续的。

以单元结点温度为未知数的多项式：

$$T=\{N\}^{\mathrm{T}}\{T_e\} \tag{2-9}$$

式中，$\{N\}^{\mathrm{T}}$为单元形函数；$\{T_e\}$为单元节点温度矢向量。

由单元结点温度得出每个单元的温度梯度和热流：

$$\{a\}=\{L\}^{\mathrm{T}}=[B]\{T_e\} \tag{2-10}$$

式中，$\{a\}$为热梯度矢量；$[B]=\{L\}^{\mathrm{T}}[N]$，其中$[N]$为单元节点矩阵。

热流量由下式计算：

$$\{q\}=[D]\{L\}^{\mathrm{T}}=[D][B]\{T_e\}=[D]\{a\} \tag{2-11}$$

式中，（D）为材料的热传导属性矩阵。

将假设的温度变化代入积分方程，可得：

$$\begin{aligned}&\int_{vol}\rho c\{N\}^{\mathrm{T}}\{N\}\mathrm{d}(vol)\{\dot{T}_e\}+\int_{vol}\rho c\{N\}\{v\}^{\mathrm{T}}[B]\mathrm{d}(vol)\{T_e\}+\int_{vol}[B]^{\mathrm{T}}[D][B]\mathrm{d}(vol)\{T_e\}=\\&\int_{S_2}\{N\}q^{*}\mathrm{d}(S_2)+\int_{S_3}T_Bh_f\{N\}\mathrm{d}(S_3)-\int_{S_3}h_f\{N\}^{\mathrm{T}}\{N\}\{T_e\}\mathrm{d}(S_3)+\int_{vol}\ddot{q}\{N\}\mathrm{d}(vol)\end{aligned} \tag{2-12}$$

式中，$\{N\}^{\mathrm{T}}$为单元向量；$\{v\}^{\mathrm{T}}$为传导速率形函数；$[B]^{\mathrm{T}}$为热流形函数。

将上式写出矩阵形式为：

$$(C)\{\dot{T}\}+\left((K^m)+(K^d)+(K^c)\right)\{T\}=\{Q^f\}+\{Q^c\}+\{Q^g\} \quad (2\text{-}13)$$

式中，$(C)=\int_{vol}\rho c\{N\}^{\mathrm{T}}\{N\}\mathrm{d}(vol)$；$\{\dot{T}\}$为温度对时间的导数；$(K^m)=\int_{vol}\rho c\{N\}^{\mathrm{T}}\{v\}^{\mathrm{T}}[B]\mathrm{d}(vol)$；$\{T\}$为单元节点温度矢向量；$(K^d)=\int_{vol}(B)^{\mathrm{T}}(D)(B)\mathrm{d}(vol)$；$(K^c)=\int_{S_3}h_f\{N\}^{\mathrm{T}}\{N\}\{T_e\}\mathrm{d}(S_3)$；$\{Q^f\}=\int_{S_2}\{N\}q^*\mathrm{d}(S_2)$；$\{Q^c\}=\int_{S_3}T_Bh_f\{N\}\mathrm{d}(S_3)$；$\{Q^g\}=\int_{vol}\ddot{q}\mathrm{d}(vol)$。

集成总方程的矩阵形式如下：

$$(C)\{\dot{T}\}+(K)\{T\}=\{Q\} \quad (2\text{-}14)$$

式中，$(C)=\sum_{i=1}^{n}(C)_i$；$(K)=\sum_{i=1}^{n}(K^{m,d,c})_i$；$\{Q\}=\sum_{i=1}^{n}\left\{Q^{f,c,g}\right\}_i+\{Q_0\}$，其中$n$为单元总数，$\{Q_0\}$为施加在节点上的热流率。

由热分析方程可知，在热分析中，下面几项使得分析都包括非线性：

- 与温度有关的材料特性。
- 与温度有关的表面传热系数。
- 使用辐射单元。
- 与温度有关的热源（热流或热流矢量）。
- 使用耦合场单元（假设载荷向量耦合）。

由热分析方程可知，比热容和密度的定义情况如下：

- 求解瞬态问题时，比热容和密度用于形成比热容矩阵（该矩阵表示瞬态分析中需要的热能存储效果）。
- 稳态分析中包括有热质量传递效果问题（如模型中有流动导体介质问题）。

在有限元热分析中，引起奇异性的原因如下：

1. 整体求解的奇异性

- 在稳态分析中，当有热量输入（如施加结点热流，热流，内部热源）而无热流流出（指定的结点温度、对流载荷等），稳态的温度将是无限大的。
- 等同于结构分析中的刚体位移。

2. 温度梯度 / 热流奇异性

- 如果对点热源处的网格细分，梯度 / 热流将无限增加。
- 凹角和网格中的“裂缝”。
- 形状不好的单元。

2.3 热分析网格划分误差及计算误差估计

一般来说，稳态分析中网格上的结点温度比实际温度要低。也就是说，如果加密网格，温度将增加，但加密到一定程度，结果将不显著增加，如图 2-4 所示。

实际上任何产生不连续热流区域的有限元模型都是有误差的。在单元内部边界上热流不连续的大小将作为 Ansys 进行误差估计的基础。网格划分误差估计一般用于实体和壳单元，而且单元所在区域的单元类型是均一的，热流在该区域中也是连续的。

在 Ansys 中计算了几个数值，可以用来评估网格划分误差。误差计算可以用于线性和非线性的稳态分析，在通用后处理器 POST1 中进行。Ansys 中的网格划分误差度量：

➢ *TERR*：估计选定单元中的热耗散，单位是 Btu 或 J。在 POST1 中可以使用 ETABLE 命令存储，排序和列表。TERR 的云图可以使用 Main Menu > General Postproc > Plot Results > Contour Plot > Element Solu 来完成。

➢ *TDSG*：单元中最大的热流偏差。计算单元中每个节点在各方向上平均热流和非平均热流之间最大差值。单位是 Btu/（in^2 · h）。存储，排序，列表和绘图方法与 TERR 类似。

➢ 误差限 SMNB 和 SMXB：当用云图绘制不连续数值（温度梯度和热流）时（误差估计功能处于打开状态），SMNB 和 SMXB 将出现在图例区域，表示出该数值不连续的范围。

例如：图 2-5 显示的是 X 方向的平均结点热流（PLNS,TFX）云图，SMNB 和 SMXB 将显示在图例中，其计算方法如下：

$$\begin{cases} \text{SMXB} = \max(q_{ix} + TDSG_{\max}) \\ \text{SMNB} = \min(q_{ix} + TDSG_{\max}) \end{cases} \tag{2-15}$$

式中，q_{ix} 为节点 i 沿 x 向的平均节点热通量；$TDSG_{\max}$ 为所选单元在节点 i 最大的 *TDSG*。

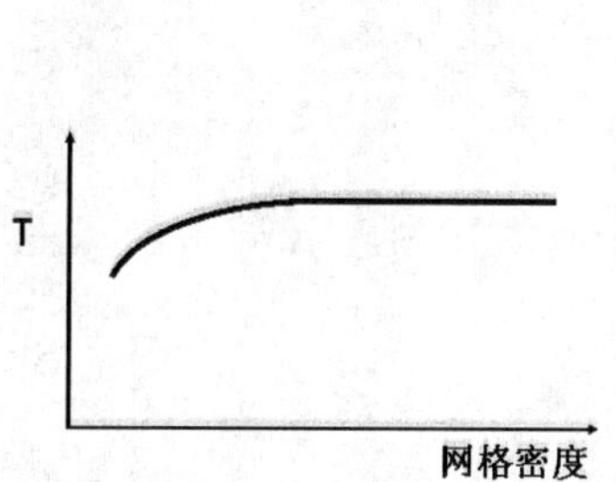

图 2-4 计算温度与网格密度变化示意图

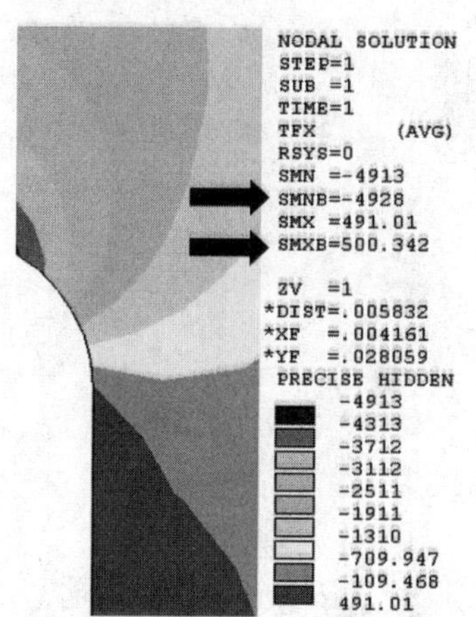

图 2-5 平均节点热流云图

第 3 章

稳态热分析

本章介绍了 Ansys 稳态热分析的基本理论，并讲述了在 Ansys 中热载荷和边界条件的类型，以及应用 Ansys 进行稳态热分析的基本思路及操作步骤。

- 稳态热分析的基本理论
- Ansys 热载荷和边界条件
- Ansys 稳态热分析的基本步骤

3.1 稳态热分析概述

3.1.1 稳态热分析定义

如果热能流动不随时间变化，热传递就是稳态的。由于热能流动不随时间变化，系统的温度和热载荷也都不随时间变化。稳态热平衡满足热力学第一定律。

稳态传热用于分析稳定的热载荷对系统或部件的影响。通常在进行瞬态热分析以前，进行稳态热分析，以确定初始温度分布。稳态热分析可以通过有限元计算确定由于稳定的热载荷引起的温度、热梯度、热流率和热流密度等参数。

3.1.2 稳态热分析的控制方程

对于稳态热传递，表示热平衡的微分方程为：

$$\frac{\partial}{\partial x}\left(k_{xx}\frac{\partial T}{\partial x}\right)+\frac{\partial}{\partial y}\left(k_{yy}\frac{\partial T}{\partial y}\right)+\frac{\partial}{\partial z}\left(k_{zz}\frac{\partial T}{\partial z}\right)+\dddot{q}=0 \tag{3-1}$$

相应的有限元平衡方程为：

$$(K)\{T\}=\{Q\} \tag{3-2}$$

3.2 热载荷和边界条件的类型

3.2.1 概述

Ansys 热载荷分为 4 大类：

1）DOF 约束：指定的 DOF（温度）数值。

2）集中载荷：集中载荷（热流）施加在点上。

3）面载荷：在面上的分布载荷（对流、热流）。

4）体载荷：体积或区域载荷。

Ansys 热载荷类型见表 3-1。具体说明如下：

➢ 温度：自由度约束，将确定的温度施加到模型的特定区域。均匀温度可以施加到所有节点上，不是一种温度约束。一般只用于施加初始温度而非约束，在稳态或瞬态分析的第一个子步施加在所有节点上。它也可以用于在非线性分析中估计材料特性随温度变化的初值。

➢ 热流率：集中节点载荷。正的热流率表示能量流入模型。热流率同样可以施加在关键点上。这种载荷通常用于对流和热流不能施加的情况。施加该载荷到热导率相差很大的区域上时应注意。

➢ 对流：施加在模型外表面上的面载荷，模拟平面和周围流体之间的热量交换。

➢ 热流：同样是面载荷，使用在通过面的热流率已知的情况下。正的热流值表示热流输入模型。

➢ 热生成率：作为体载荷施加，代表体内生成的热，单位是单位体积内的热流率。

表 3-1 Ansys 热载荷类型

施加的载荷	载荷分类	实体模型载荷	有限元模型载荷
温度	约束	在关键点上 在线上 在面上	在节点上 均匀
热流率	集中力	在关键点上	在节点上
对流	面载荷	在线上（2D） 在面上（3D）	在节点上 在单元上
热流	面载荷	在线上（2D） 在面上（3D）	在节点上 在单元上
热生成率	体载荷	在关键点上 在面上 在体上	在节点上 在单元上 均匀

3.2.2 热载荷和边界条件注意事项

1）在 Ansys 中没有施加载荷的边界作为完全绝热处理。

2）对称边界条件的施加是使边界绝热得到的。

3）如果模型某一区域的温度已知，就可以固定为该数值。

4）响应热流率只在固定温度自由度时使用。

3.3 稳态热分析基本步骤

无论稳态热分析还是瞬态热分析，Ansys 热分析可分为 3 个步骤：

➢ 前处理：建模。

➢ 求解：施加载荷计算。

➢ 后处理：查看结果。

1. 建模

1）确定 jobname、title、unit。

2）进入 PREP7 前处理，定义单元类型，设定单元选项。

3）定义单元实常数。

4）定义材料热性能参数。对于稳态传热，一般只需定义热导率，它可以是恒定的，也可以随温度变化。

5）创建几何模型并划分网格。

2. 施加载荷计算

1）定义分析类型：

① 进行新的热分析。

GUI 操作：选择 Main menu > Solution > Analysis Type > New Analysis > Steady- state。

命令：ANTYPE,STATIC,NEW。

② 继续上一次分析，如增加边界条件等。

GUI 操作：选择 Main menu > Solution > Analysis Type > Restart。

命令：ANTYPE,STATIC,RESTART。

2）施加载荷。可以直接在实体模型或单元模型上施加 5 种载荷（边界条件）。

① 恒定的温度通常作为自由度约束施加于温度已知的边界上。

GUI 操作：选择 Main Menu > Solution > Define Loads > Apply > Thermal > Temperature。

命令：D。

② 热流率作为节点集中载荷，主要用于线单元模型中（通常线单元模型不能施加对流或热流密度载荷）。如果输入的值为正，代表热流流入节点，即单元获取热量。如果温度与热流率同时施加在一个节点上，则 Ansys 读取温度值进行计算。

GUI 操作：选择 Main Menu > Solution > Define Loads > Apply > Thermal > Heat Flow。

命令：F。

注意

如果在实体单元的某一节点上施加热流率，则此节点周围的单元要密一些；在热导率差别很大的两个单元的公共节点上施加热流率时，尤其要注意。此外，尽可能使用热生成或热流密度边界条件，这样结果会更精确。

---

③ 对流边界条件作为面载荷施加于实体的外表面，在计算与流体的热交换时，它只可施加于实体和壳模型上，对于线模型，可以通过对流线单元 LINK34 考虑对流。

GUI 操作：选择 Main Menu > Solution > Define Loads > Apply > Thermal > Convection。

命令：SF。

④ 热流密度也是一种面载荷。当通过单位面积的热流率已知或通过 FLOTRAN CFD 计算得到时，可以在模型相应的外表面施加热流密度。如果输入的值为正，则代表热流流入单元。热流密度也仅适用于实体和壳单元。热流密度与对流可以施加在同一外表面，但 Ansys 仅读取最后施加的面载荷进行计算。

GUI 操作：选择 Main Menu > Solution > Define Loads > Apply > Thermal > Heat Flux。

命令：F。

⑤ 热生成率作为体载荷施加于单元上，可以模拟化学反应生热或电流生热。它的单位是单位体积的热流率。

GUI 操作：选择 Main Menu > Solution > Define Loads > Apply > Thermal > Heat Generat。

命令：BF、BFE。

3）确定载荷步选项。

4）确定分析选项。

5）保存模型：单击 Ansys 工具条上的 SAVE_DB。

6）求解。

3. 查看结果

1）进入通用处理器和 / 或时间历程后处理器。

2）使用列表、绘图等查看结果。

3）查看误差估计。

4）验证求解。

具体可参见本书后续章节，结合稳态和瞬态热分析实例体会应用 Ansys 进行热分析的基本步骤。

第 4 章

稳态热分析实例详解

本章主要介绍了应用 Ansys 2024 进行稳态热分析的基本步骤，并以典型工程应用为示例，结合传热学基本原理，讲述了进行稳态热分析的基本思路及 Ansys 前、后处理的应用技巧。

学习要点

- Ansys 隐式稳态热分析的基本方法及基本操作步骤、命令
- Ansys 参数获取方法
- 稳态热分析问题简化的基本思路

4.1 实例——电线生热分析

4.1.1 问题描述

电热丝半径 $r = 1.015\text{mm}$，电阻率 $\rho = 80 \times 10^{-6}\Omega \cdot \text{cm}$，热导率 $\lambda = 19.03\text{W/（m} \cdot \text{K）}$，稳态时，通过电热丝的电流为 150A，几何模型如图 4-1 所示，简化成轴对称平面分析问题，取轴线长度为 1.5mm，简化后的计算几何模型如图 4-2 所示。确定中心线上的温度较表面温度高多少。

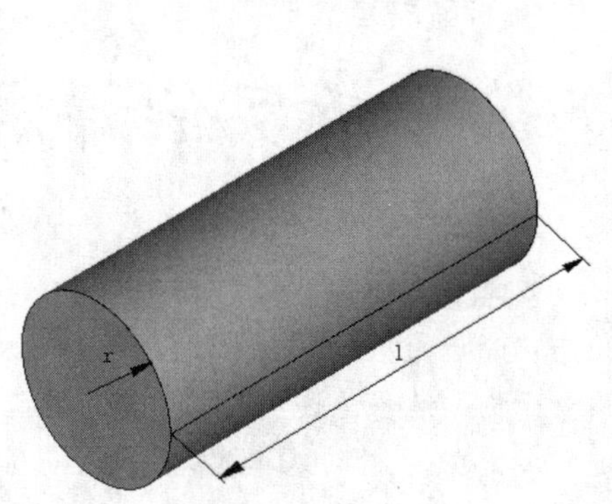

图 4-1　电热丝的几何模型

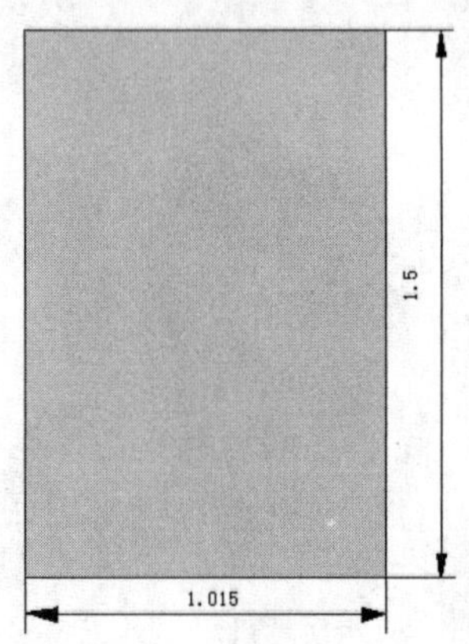

图 4-2　简化后的计算几何模型

4.1.2 问题分析

选用平面热分析 PLANE55 单元进行有限元分析，将电流产生的热能作为热生成体载荷施加到电热丝上。热生成率按下式计算：

$$Q = \frac{I^2 R}{\pi r^2 l} = \frac{I^2 \rho \frac{l}{\pi r^2}}{\pi r^2 l} = \frac{I^2 \rho}{\pi^2 r^4} = 1.718 \times 10^9 \text{ W/m}^3$$

分析时，温度单位采用 K，其他单位采用法定计量单位。

4.1.3 GUI 操作步骤

01 进行平面的轴对称分析

❶ 定义分析文件名。选择 Utility Menu > File > Change Jobname，在弹出的对话框中输入“Exercise-1”，单击“OK”按钮。

❷ 定义单元类型。选择 Main Menu > Preprocessor > Element Type > Add/Edit/Delete，弹出“Element Types”对话框。单击“Add”按钮。在弹出的如图 4-3 所示的对话框中选择“Solid”“Quad 4node 55”二维 4 节点平面单元，单击“OK”按钮。在如图 4-4 所示的对话框中单击“Options”按钮，弹出如图 4-5 所示的对话框。在“K3”中选择“Axisymmetric”，单击“OK”按钮，再单击图 4-4 中的“Close”按钮，关闭“Element Types”对话框。

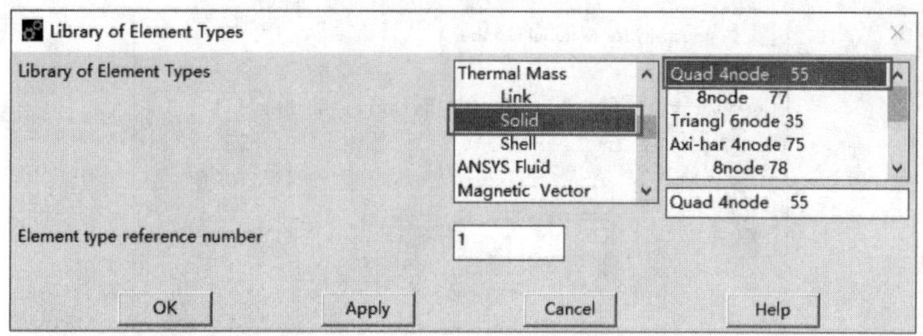

图 4-3 “Library of Element Types”对话框

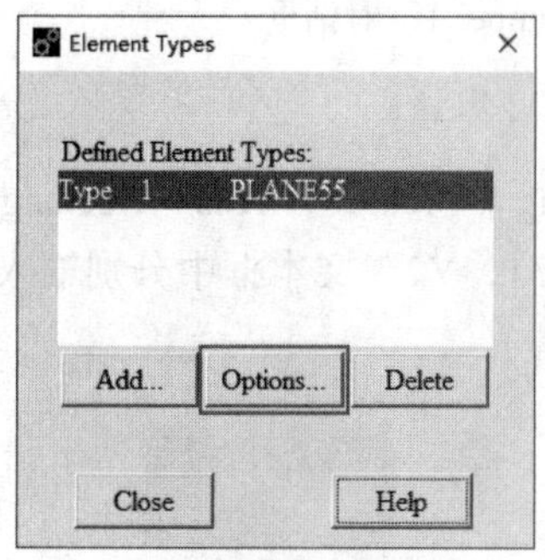

图 4-4 “Element Types”对话框

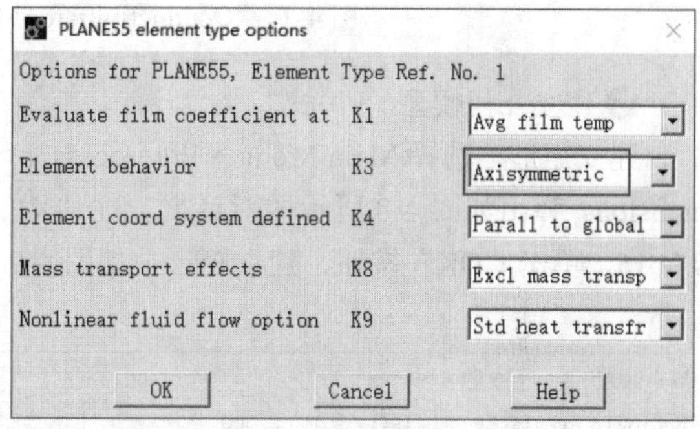

图 4-5 “PLANE55 element Type options”对话框

❸ 定义参数。单击菜单栏中的 Parameters > Scalar Parameters 命令，打开“Scalar Parameters”对话框，在“Selection”文本框中依次输入（每次输入后都要单击“Accept”按钮，全部输入完成之后单击“Close”按钮关闭该对话框）：

```
R = 0.001015
Q = 1.718e9
LB = 19.03
```

❹ 定义电热丝的材料属性。选择 Main Menu > Preprocessor > Material Props > Material Models，在弹出的对话框中单击右侧的 Thermal > Conductivity > Isotropic，如图 4-6 所示。在弹出如图 4-7 所示的对话框中输入热导率“KXX”为“LB”，单击“OK”按钮。

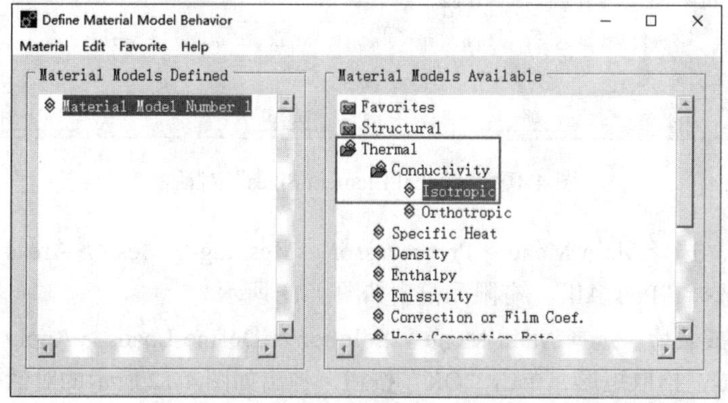

图 4-6 “Define Material Model Behavior”对话框

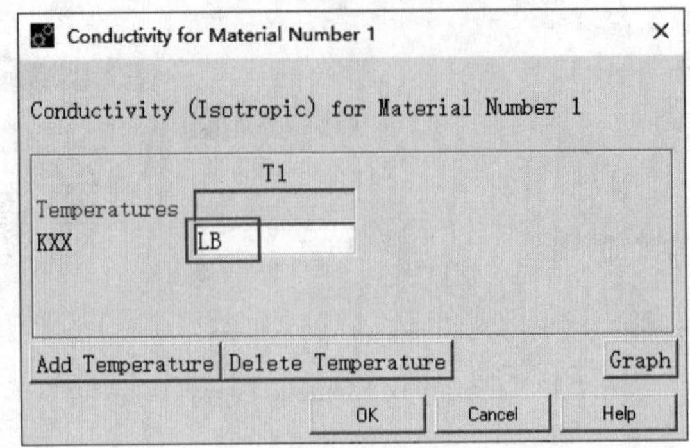

图 4-7 “Conductivity for Material Number 1”对话框

❺ 建立几何模型。

建立矩形。选择 Main Menu > Preprocessor > Modeling > Create > Areas > Rectangle > By Dimensions, 弹出如图 4-8 所示的对话框。在“X1，X2”“Y1，Y2”文本框中分别输入 0、R、0、0.0015，单击“OK”按钮，建立矩形，如图 4-9 所示。

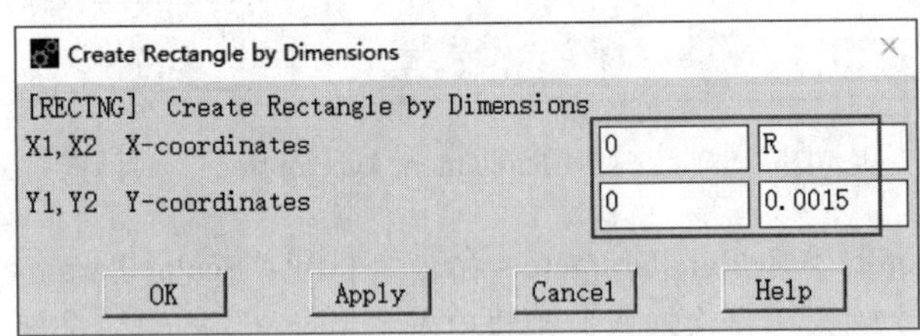

图 4-8 “Create Rectangle by Dimensions”对话框

图 4-9 建立矩形

❻ 设置单元密度。选择 Main Menu > Preprocessor > Meshing > Size Cntrls > ManualSize > Global > Size，在“SIZE”文本框中输入 0.0002, 如图 4-10 所示，单击“OK”按钮。

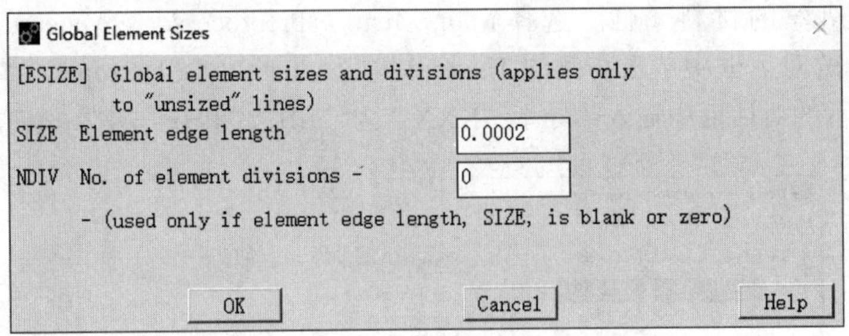

图 4-10 “Global Element Sizes”对话框

❼ 划分单元。选择 Main Menu > Preprocessor > Meshing > Mesh > Areas > Target Surf，在弹出的对话框中选择“Pick All”。有限元模型如图 4-11 所示。

❽ 施加热生成载荷。选择 Main Menu > Solution > Define Loads > Apply > Thermal > Heat Generat > On Areas，拾取矩形，单击“OK”按钮，弹出如图 4-12 所示的对话框。在“VALUE”文本框中输入 Q，单击“OK”按钮。

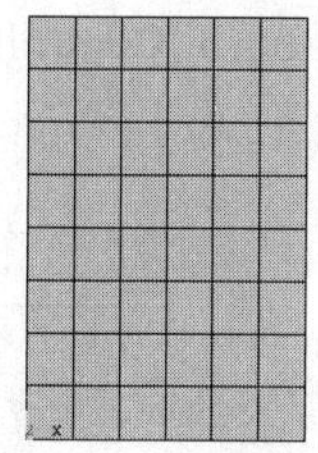

图 4-11 有限元模型

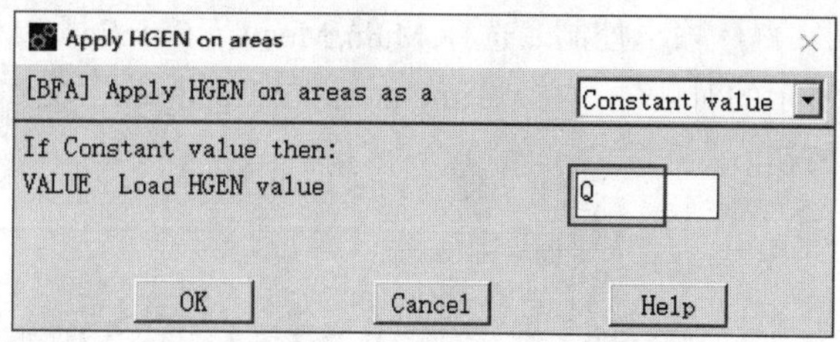

图 4-12 Apply HGEN on areas”对话框

❾ 施加温度边界条件。选择 Main Menu > Solution > Define Loads > Apply > Thermal > Temperature > On Lines，拾取 2 号线，如图 4-13 所示。在“Lab2”中选择“TEMP”，在“VALUE”文本框中输入 0，单击“OK”按钮，如图 4-14 所示。

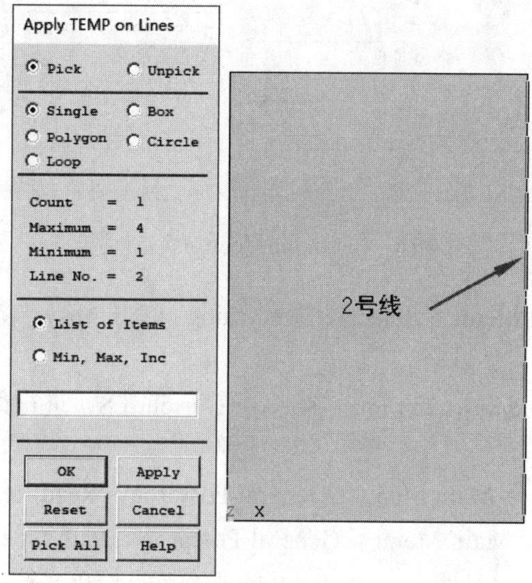

图 4-13 拾取温度边界

❿ 设置求解选项。选择 Main Menu > Solution > Analysis Type > New Analysis, 弹出如图 4-15 所示的对话框，选择“Steady-State”，单击“OK”按钮。

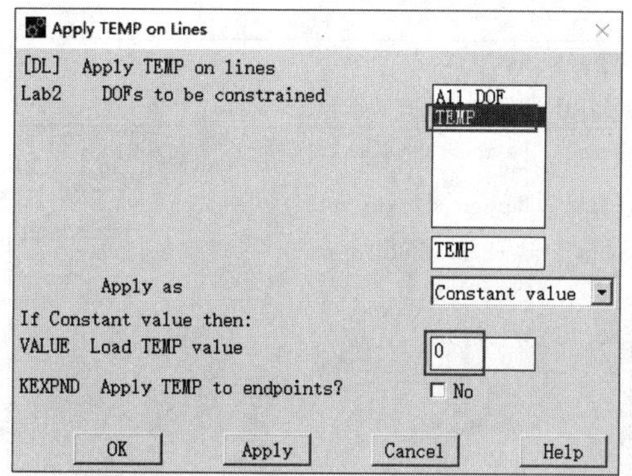

图 4-14 “Apply TEMP on Lines”对话框

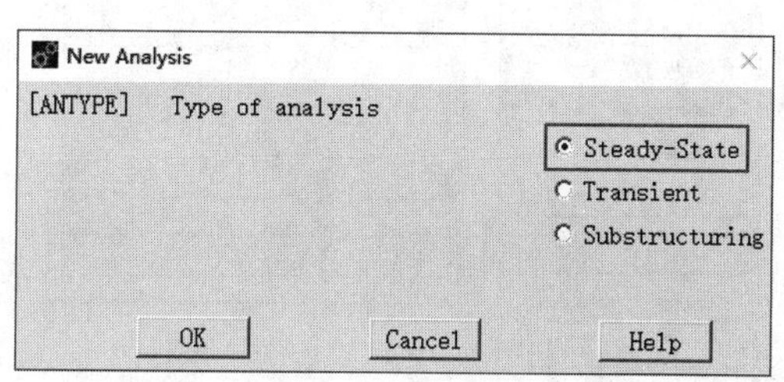

图 4-15 “New Analysis”对话框

⓫ 输出控制。选择 Main Menu > Solution > Analysis Type > Sol'n Controls，弹出如图 4-16 所示的对话框。在"Time at end of loadstep"文本框中输入 1，其他采用默认设置，单击"OK"按钮。

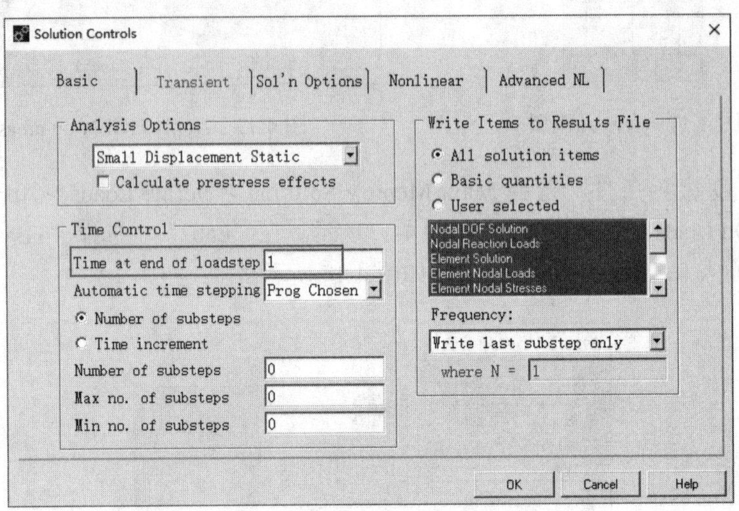

图 4-16 "Solution Controls"对话框

⓬ 存盘。选择 Utility Menu > Select > Everything, 单击 Ansys Toolbar 中的"SAVE_DB"，保存模型。

⓭ 求解。选择 Main Menu > Solution > Solve > Current LS，进行计算。

⓮ 显示沿径向温度分布。

1）定义径向路径。选择 Main Menu > General Postproc > Read Results > Last Set，读取最后一个子步的分析结果，选择 Main Menu > General Postproc > Path Operations > Define Path > By Nodes，依次拾取图 4-17 所示对话框中的 Y = 0 的所有节点，单击"OK"按钮，弹出如图 4-18 所示的对话框。在"Name"文本框中输入 R1，然后单击"OK"按钮。

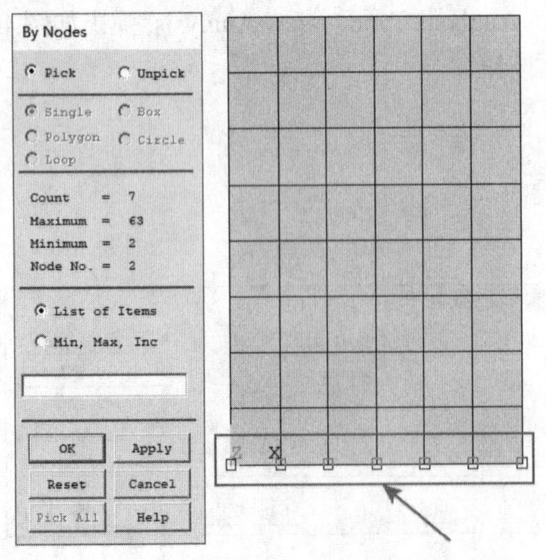

图 4-17 沿径向路径拾取的节点

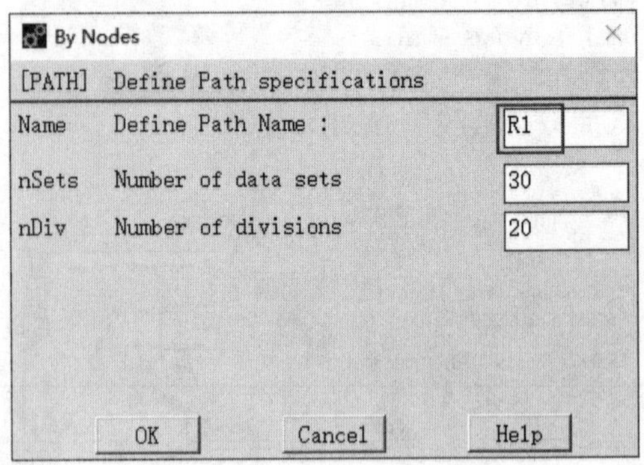

图 4-18 "By Nodes"对话框

2）将温度场分析结果映射到径向路径上。选择 Main Menu > General Postproc > Path Operations > Map onto Path，弹出如图 4-19 所示的对话框，在“Lab”文本框中输入“TR”，在“Item,Comp”中选择“DOF solution”和“Temperature TEMP”，单击“OK”按钮。

3）显示沿径向路径温度分布曲线。选择 Main Menu > General Postproc > Path Operations > Plot Path Item > On Graph，弹出如图 4-20 所示的对话框。在“Lab1-6”中选择“TR”，然后单击“OK”按钮，沿径向路径的温度分布曲线如图 4-21 所示。

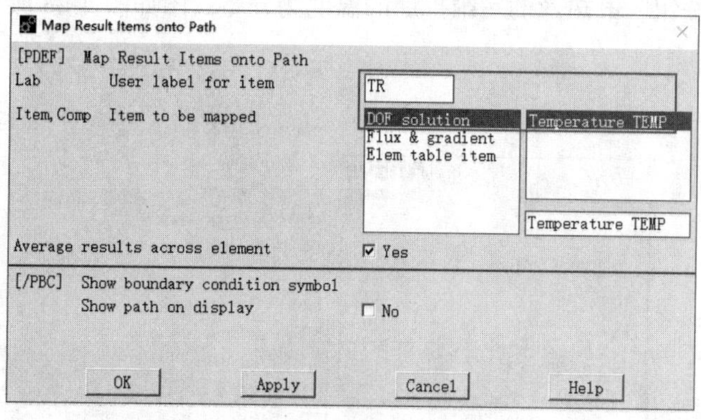

图 4-19 “Map Result Items onto Path”对话框

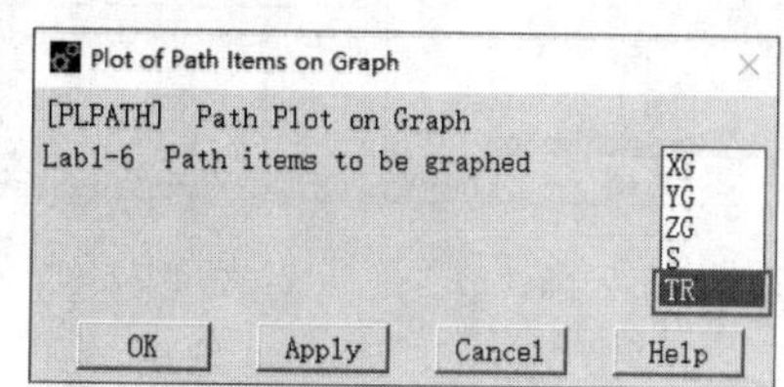

图 4-20 “Plot of Path Items on Graph”对话框

4）显示沿径向路径温度场分布云图。选择 Main Menu > General Postproc > Plot Results > Plot Path Item > On Geometry，弹出如图 4-22 所示的对话框。在“Item”中选择“TR”，然后单击“OK”按钮。沿径向路径的温度场分布云图如图 4-23 所示。

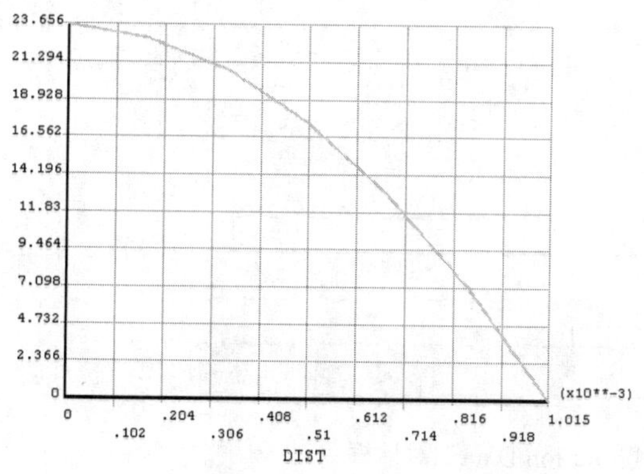

图 4-21 沿径向路径的温度分布曲线

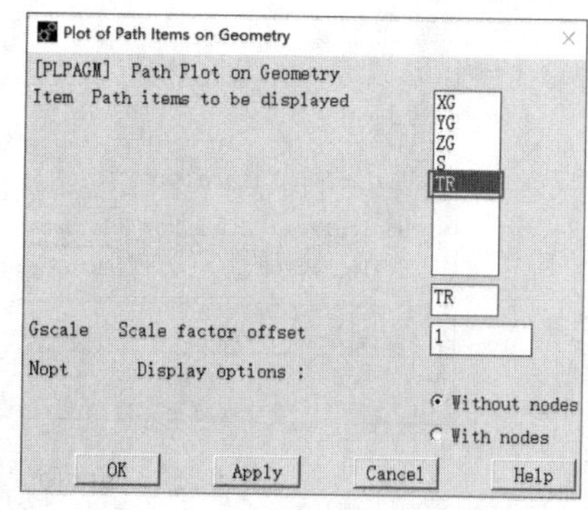

图 4-22 “Plot of Path Items on Geometry”对话框

⓯ 显示温度场分布云图。选择 Utility Menu > PlotCtrls > Window Controls > Window Options，弹出如图 4-24 所示的对话框。在“INFO”中选择“Legend ON”，单击“OK”按钮。选择 Main Menu > General Postproc > Plot Results > Contour Plot > Nodal Solu, 弹出如图 4-25 所示的对话框。选择“DOF solution”和“Nodal Temperature”，单击“OK”按钮。电热丝的温度场分布云图如图 4-26 所示。选择 Utility Menu > PlotCtrls > Style > Symmetry Expansion > 2D Axi-Symmetric，弹出如图 4-27 所示的对话框。选择“Select expansion amount”中的“3/4 expansion”，单击“OK”按钮。电热丝的三维扩展的温度场分布云图如图 4-28 所示。

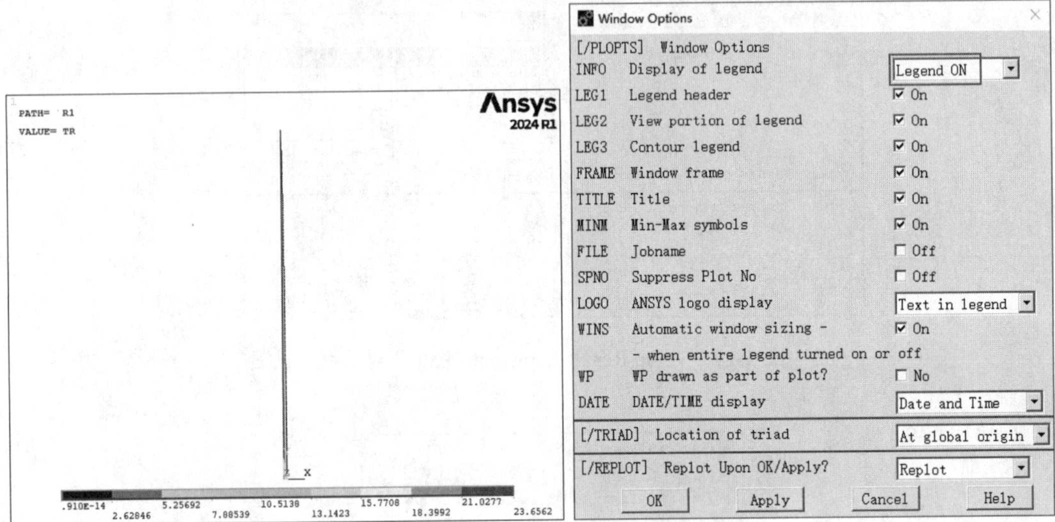

图 4-23 沿径向路径的温度场分布云图　　　　图 4-24 “Window Options”对话框

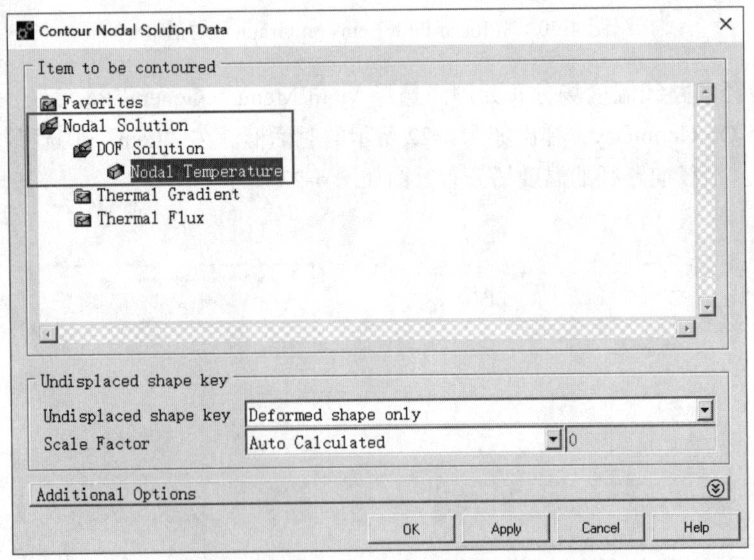

图 4-25 “Contour Nodal Solution Data”对话框

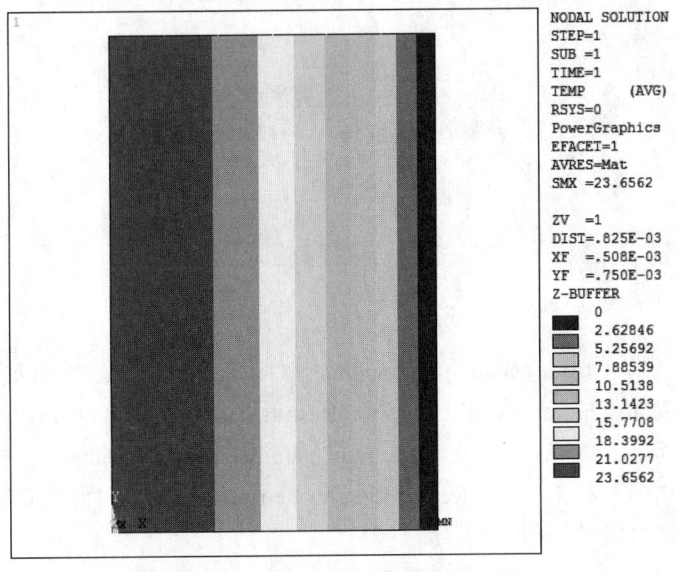

图 4-26 电热丝的温度场分布云图

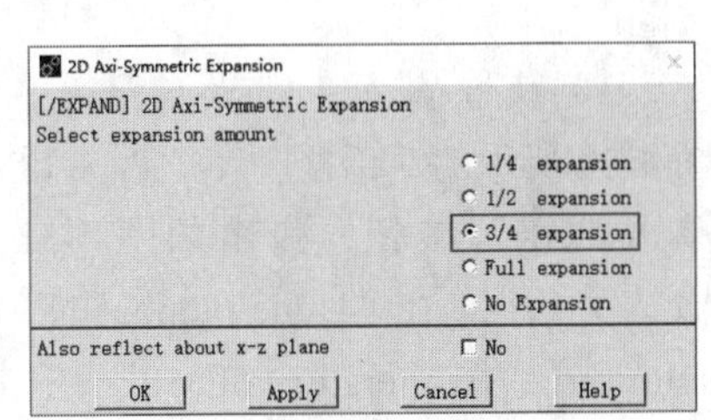

图 4-27 “2D Axi-Symmetric Expansion”对话框

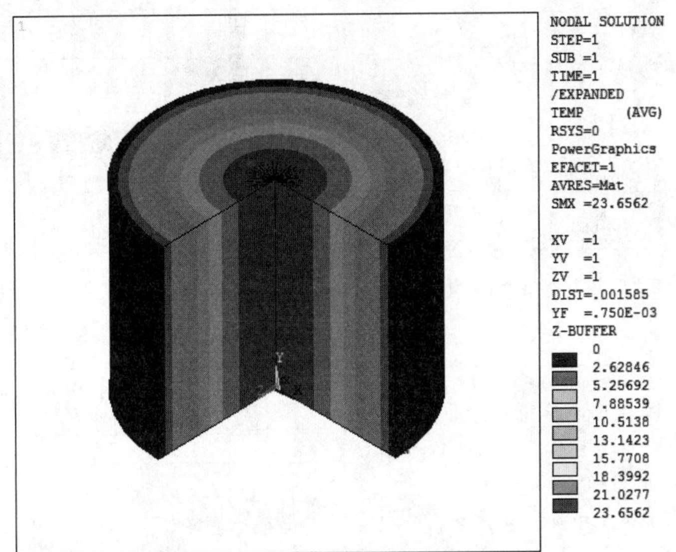

图 4-28 电热丝的三维扩展的温度场分布云图

⑯ 获取中心线上 1 号和表面 2 号节点温度。

1）获取中心线上 1 号节点温度。选择 Utility Menu > Parameters > Get Scalar Data，弹出如图 4-29 所示的对话框。在“Type of data to be retrieved”中选择“Results data”“Nodal results”，单击“OK”按钮，弹出如图 4-30 所示的对话框。在“Name of parameter to be defined”中输入“T0”，在“Node number N”中输入 1，在“Results data to be retrieved”中选择“DOF solution”“Temperature TEMP”，单击“OK”按钮。

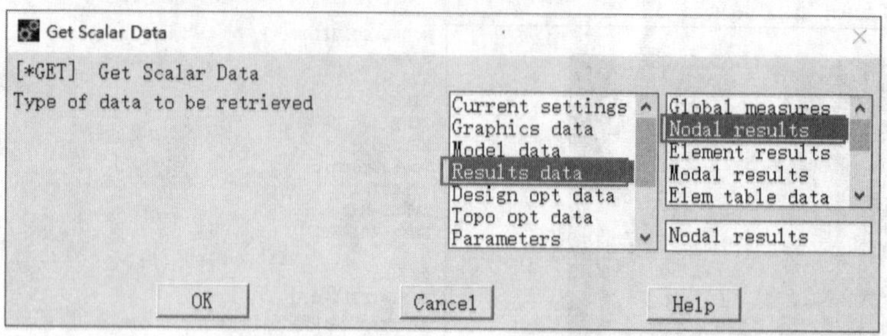

图 4-29 “Get Scalar Data”对话框

2）获取表面 2 号节点温度。选择 Utility Menu > Parameters > Get Scalar Data，弹出如图 4-29 所示的对话框。在“Type of data to be retrieved”中选择“Results data”“Nodal results”，单击“OK”按钮，弹出如图 4-31 所示的对话框。在“Name of parameter to be defined”中输入“T2”，在“Node number N”中输入 2，在“Results data to be retrieved”选择“DOF solution”“Temperature TEMP”，单击“OK”按钮。

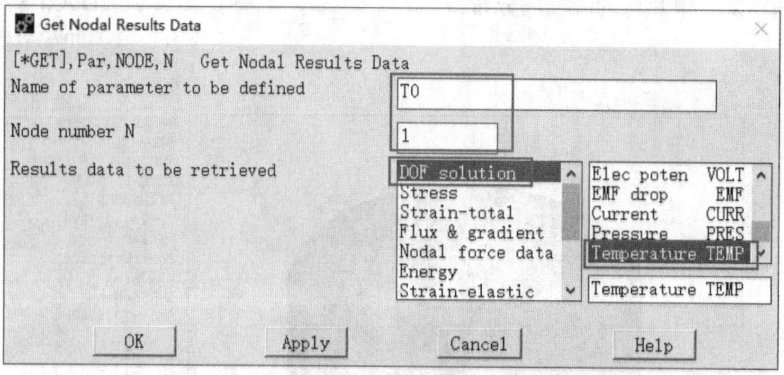

图 4-30 “Get Nodal Results Data”对话框

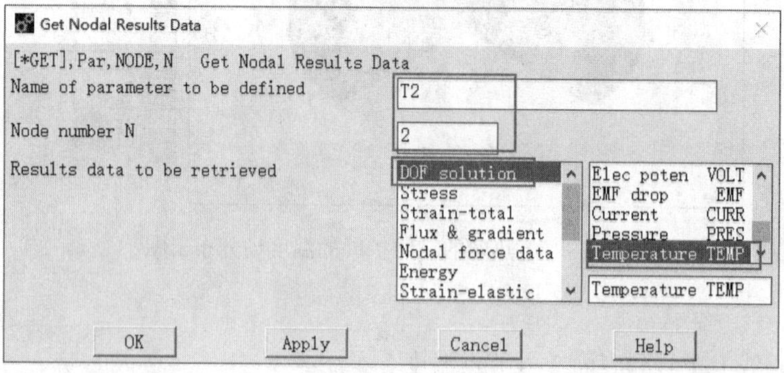

图 4-31 “Get Nodal Results Data”对话框

⑰ 计算有限元分析结果与理论值的误差。在命令输入窗口中输入：

```
T = T0-T2                    ! 有限元计算结果
LT = (R**2)*Q/(4*LB)         ! 理论计算结果
ER = 1-LT/T                  ! 计算误差
```

⓲ 列出各参数值。选择 Utility Menu > List > Status > Parameters > All Parameters，所列出的参数计算结果如图 4-32 所示。可见，平面有限元分析与理论值的误差为 1.71%。

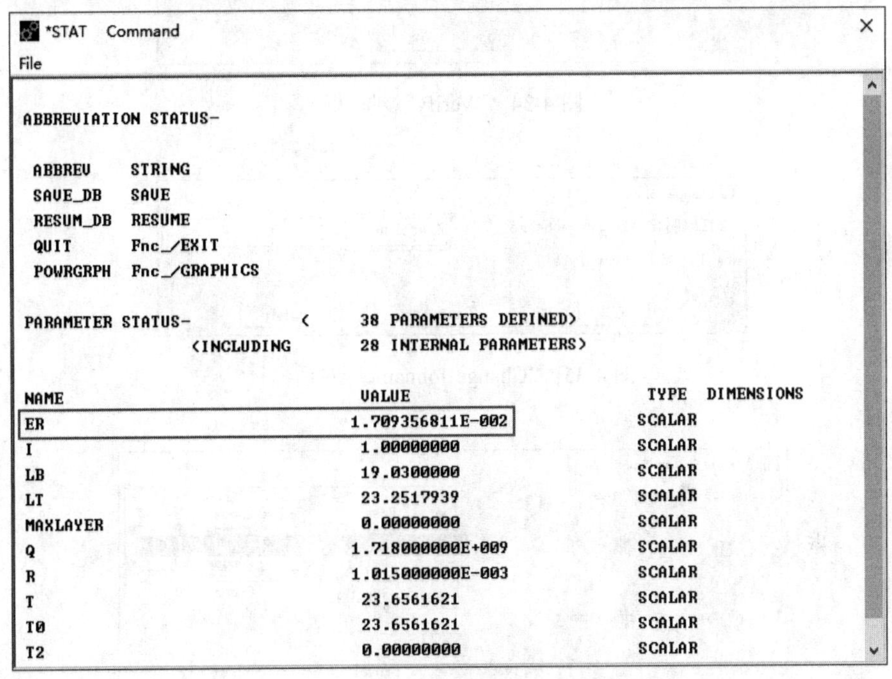

图 4-32 各参数的计算结果

02 进行三维分析

❶ 清除数据库。选择 Utility Menu > File > Clear & Start New，弹出如图 4-33 所示的对话框。单击“OK”按钮，弹出如图 4-34 所示的对话框，单击“Yes”按钮。

❷ 定义分析文件名。选择 Utility Menu > File > Change Jobname，在弹出的如图 4-35 所示的对话框中输入“Exercise-2”，单击“OK”按钮。

❸ 定义单元类型。选择 Main Menu > Preprocessor > Element Type > Add/Edit/Delete, 在弹出的“Element Types”对话框中单击“Add”按钮，在弹出的如图 4-36 所示的对话框中选择“Solid”和“8node 70”三维 8 节点六面体单元。单击“OK”按钮，再单击“Close”按钮，关闭单元增添 / 删除对话框。

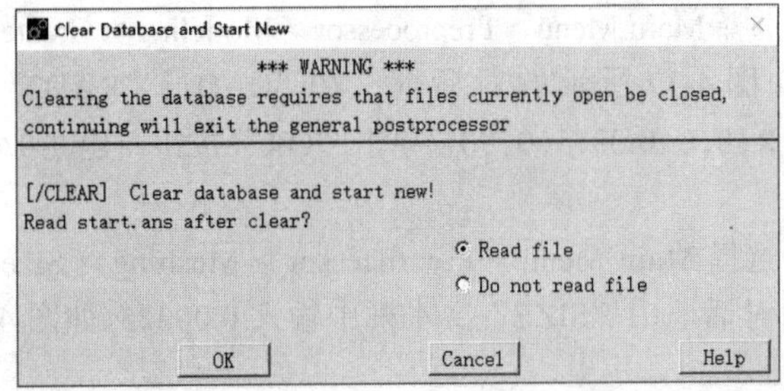

图 4-33 “Clear Database and Start New”数据库清理对话框

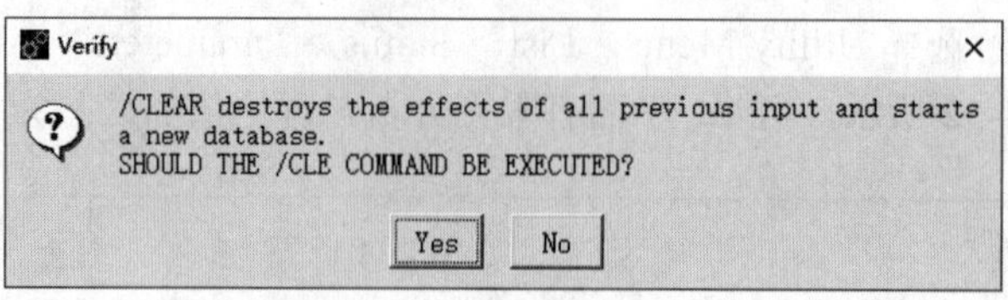

图 4-34 “Verify”对话框

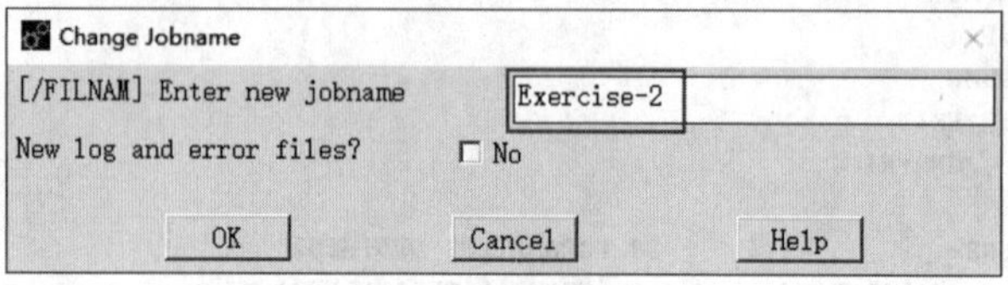

图 4-35 “Change Jobname”对话框

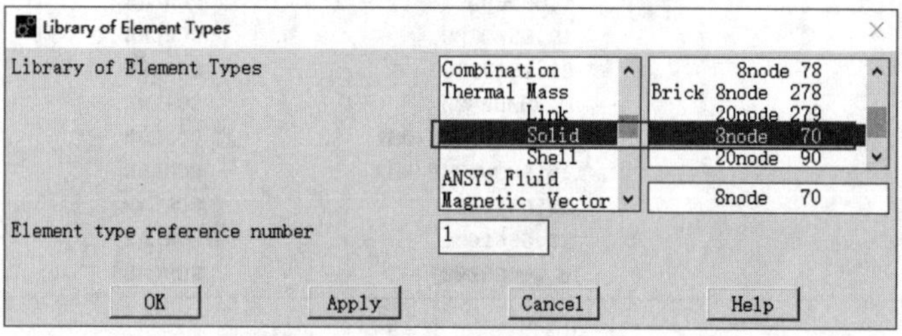

图 4-36 “Library of Element Types”对话框

❹ 定义参数。单击菜单栏中的 Parameters > Scalar Parameters 命令，打开“Scalar Parameters”对话框，在“Selection”文本框中依次输入（每次输入后都要单击“Accept”按钮，全部输入完成之后单击“Close”按钮关闭该对话框）：

```
R = 0.001015
Q = 1.718E9
LB = 19.03
```

❺ 定义电热丝的材料属性。选择 Main Menu > Preprocessor > Material Props > Material Models，在弹出的对话框中单击右侧的 Thermal > Conductivity > Isotropic，在弹出的对话框中输入热导率“KXX”为“LB”，单击“OK”按钮。

❻ 建立几何模型。选择 Main Menu > Preprocessor > Modeling > Create > Volumes > Cylinder > By Dimensions，弹出如图 4-37 所示的对话框，在“RAD1”“RAD2”“Z1，Z2”“THETA1”“THETA2”中分别输入 R，0，0、0.0015，0，90，单击“OK”按钮，建立 1/4 圆柱模型，如图 4-38 所示。

❼ 设置单元密度。选择 Main Menu > Preprocessor > Meshing > Size Cntrls > ManualSize > Global > Size，在弹出的对话框中“SIZE”文本框中输入 0.00025，如图 4-39 所示，单击“OK”按钮。

❽ 划分单元。选择 Main Menu > Preprocessor > Meshing > Mesh > Volumes > Mapped > 4 to 6 sided，弹出的对话框中单击“Pick All”按钮，建立的有限元模型如图 4-40 所示。

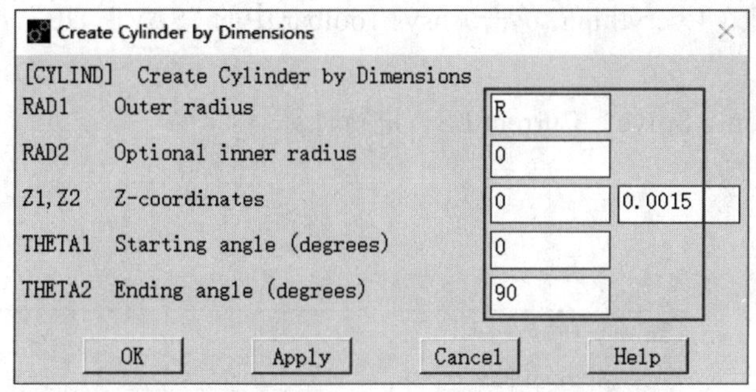

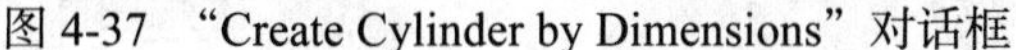
图 4-37 “Create Cylinder by Dimensions”对话框

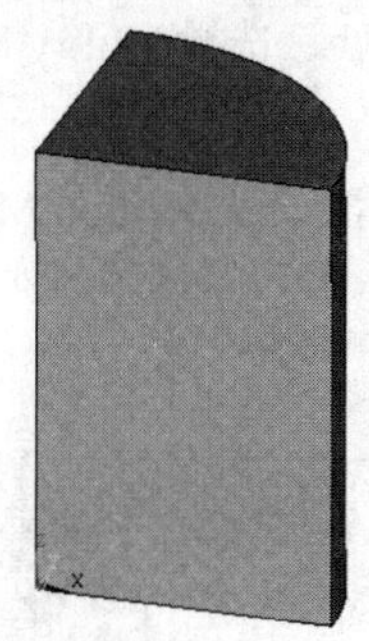

图 4-38 建立的 1/4 圆柱模型

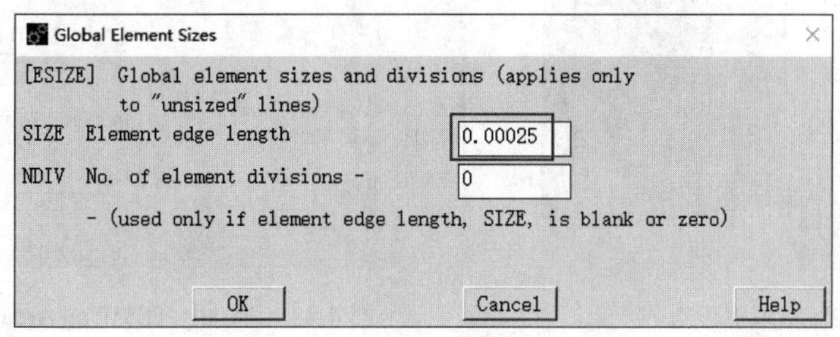

图 4-39 “Global Element Sizes”对话框

❾ 施加热生成载荷。选择 Main Menu > Solution > Define Loads > Apply > Thermal > Heat Generate > On Volumes, 拾取圆柱体，单击“OK”按钮，弹出如图 4-41 所示的对话框。在“VALUE”中输入“Q”，然后单击“OK”按钮。

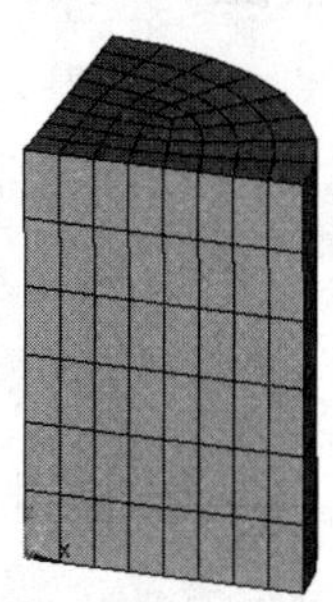

图 4-40 建立的有限元模型

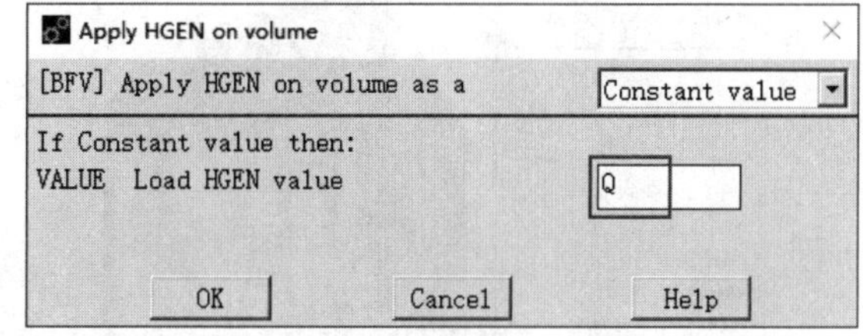

图 4-41 “Apply HGEN on volume”对话框

❿ 施加温度边界条件。选择 Main Menu > Solution > Define Loads > Apply > Thermal > Temperature > On Areas，拾取 3 号面，如图 4-42 所示。在如图 4-43 所示的“Lab2”中选择“TEMP”，在“VALUE”中输入 0，单击“OK”按钮。

⓫ 设置求解选项。选择 Main Menu > Solution > Analysis Type > New Analysis，在弹出的对话框中选择“Steady-State”，单击“OK”按钮。

⓬ 输出控制。选择 Main Menu > Solution > Analysis Type > Sol’n Controls，在弹出的对话框中的“Time at end of loadstep”中输入 1，其他采用默认设置，单击“OK”按钮。

⓭ 存盘。选择 Utility Menu > Select > Everything，单击 Ansys Toolbar 中的“SAVE_DB”，保存模型。

⓮ 求解。选择 Main Menu > Solution > Solve > Current LS，进行计算。

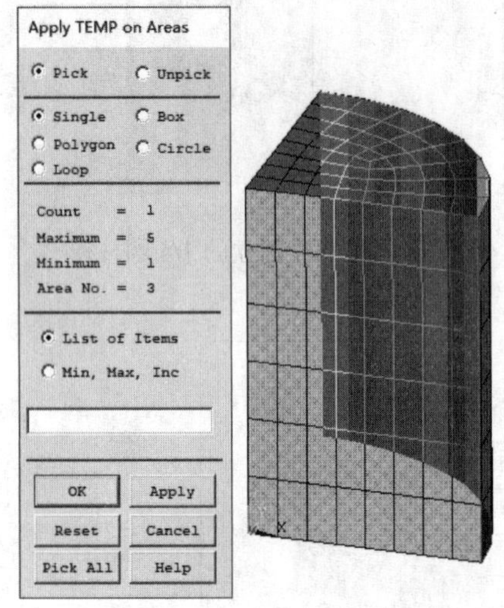

图 4-42　拾取温度边界

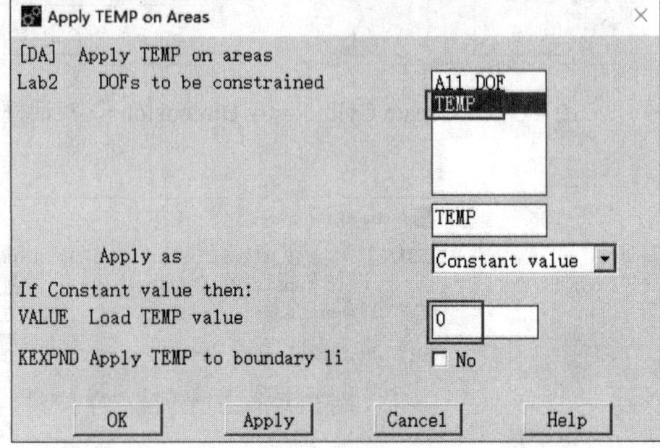

图 4-43　“Apply TEMP on Areas”对话框

⓯ 显示沿径向温度分布。

1）定义径向路径。选择 Main Menu > General Postproc > Read Results > Last Set，读取最后一个子步的分析结果，选择 Main Menu > General Postproc > Path Operations > Define Path > By Nodes，拾取图 4-44 所示对话框右图中的 Y = 0、Z = 0 的所有节点，单击“OK”按钮，弹出如图 4-45 所示的对话框。在“Name”中输入“R1”，单击“OK”按钮。

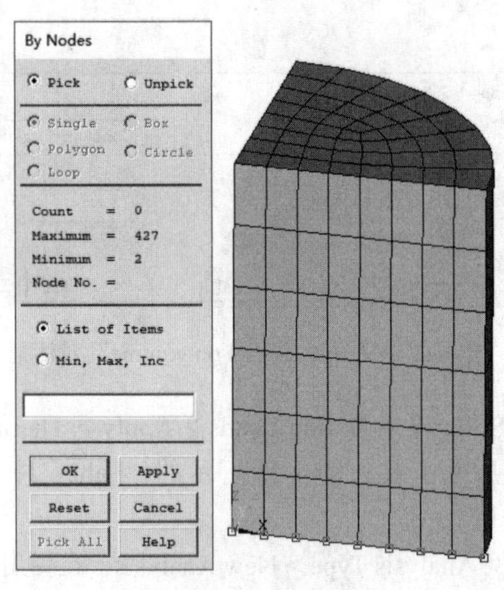

图 4-44　沿径向路径拾取的节点

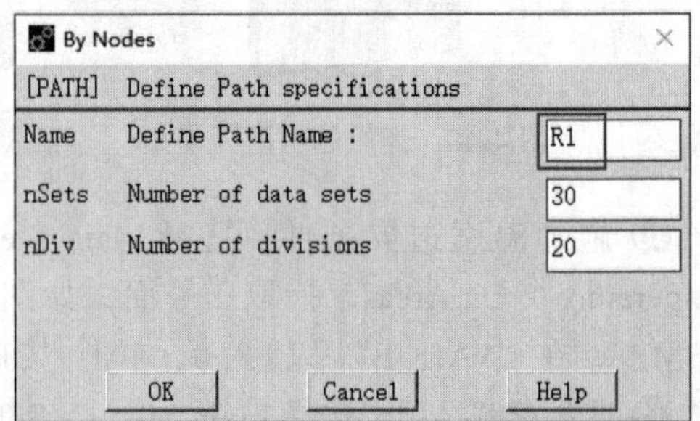

图 4-45　“By Nodes”对话框

2）将温度场分析结果映射到径向路径上。选择 Main Menu > General Postproc > Path Operations > Map onto Path，弹出如图 4-46 所示的对话框。在“Lab”中输入“TR2”，在“Item,

Comp”中选择“DOF solution”和“Temperature TEMP”，单击“OK”按钮。

Map Result Items onto Path
[PDEF] Map Result Items onto Path
Lab User label for item TR2
Item,Comp Item to be mapped
DOF solution
Flux & gradient
Elem table item
Temperature TEMP
Temperature TEMP
Average results across element ☑ Yes
[/PBC] Show boundary condition symbol
Show path on display ☐ No
OK Apply Cancel Help

图 4-46 “Map Result Items onto Path”对话框

3）显示沿径向路径温度分布曲线。选择 Main Menu > General Postproc > Path Operations > Plot Path Item > On Graph，弹出如图 4-47 所示的对话框，在“Lab1-6”中选择“TR2”，单击“OK”按钮。生成的沿径向路径温度分布曲如图 4-48 所示。

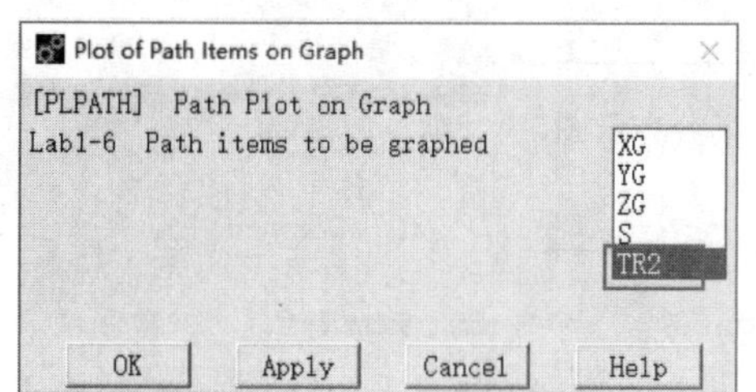

图 4-47 “Plot of Path Items on Graph”对话框

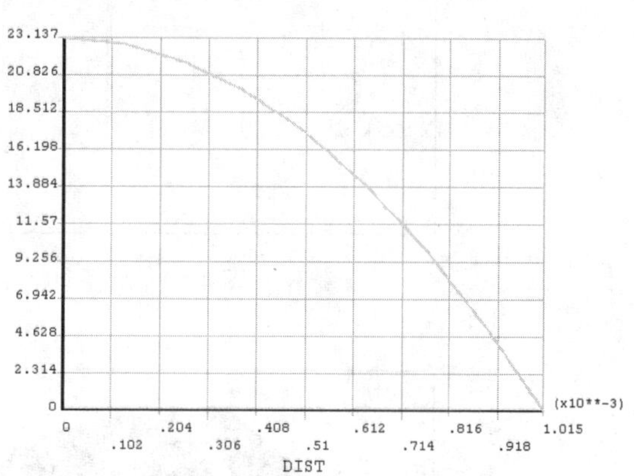

图 4-48 沿径向路径温度分布曲线

4）显示沿径向路径温度场分布云图。选择 Main Menu > General Postproc > Plot Results > Plot Path Item > On Geometry，弹出如图 4-49 所示的对话框，在“Item”中选择“TR2”，单击“OK”按钮。生成的沿径向路径温度场分布云图如图 4-50 所示。

⑯ 显示温度场分布云图。选择 Utility Menu > PlotCtrls > Window Controls > Window Options，在弹出的对话框中的“INFO”中选择“Legend ON”，单击“OK”按钮。选择 Main Menu > General Postproc > Plot Results >

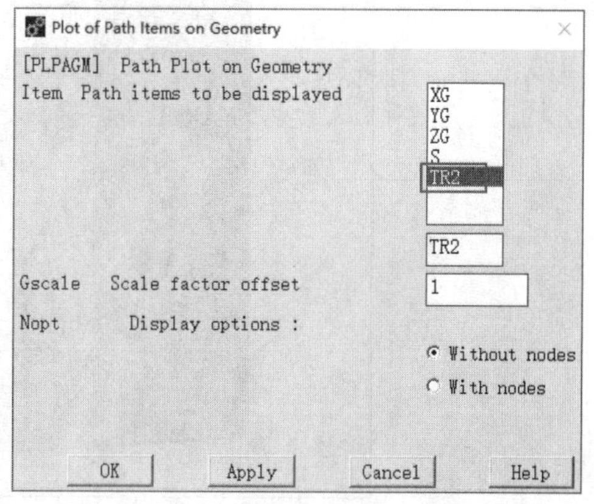

图 4-49 “Plot of Path Items on Geometry”对话框

Contour Plot > Nodal Solu，在弹出的对话框中选择“DOF solution”和“Nodal Temperature”，单击“OK”按钮。生成的电热丝温度场分布云图如图 4-51 所示。选择 Utility Menu > PlotCtrls > Style > Symmetry Expansion > Periodic/Cyclic Symmetry，弹出如图 4-52 所示的对话框，在“Select type of cyclic symmetry”中选择“1/4 Dihedral Sym”，单击“OK”按钮。生成的电热丝扩展温度场分布云图如图 4-53 所示。选择 Utility Menu > PlotCtrls > Style > Symmetry Expansion > No Expansion，再选择 Utility Menu > Plot > Elements。

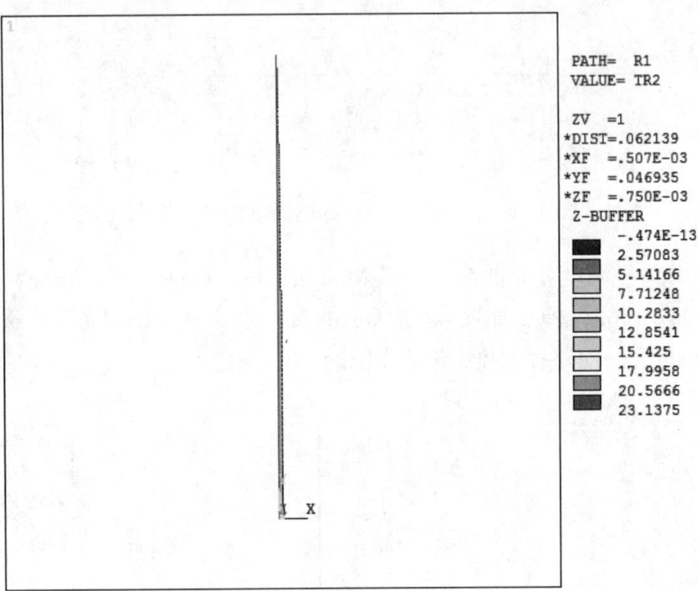

图 4-50　沿径向路径温度场分布云图

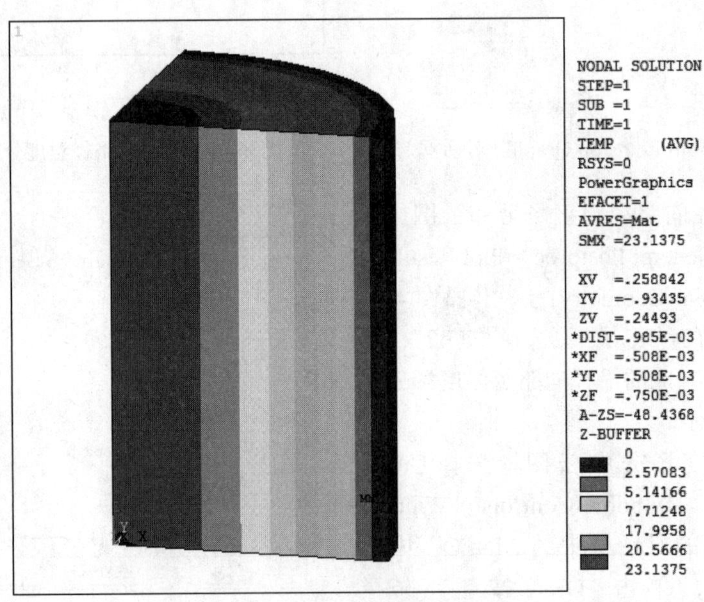

图 4-51　电热丝的温度场分布云图

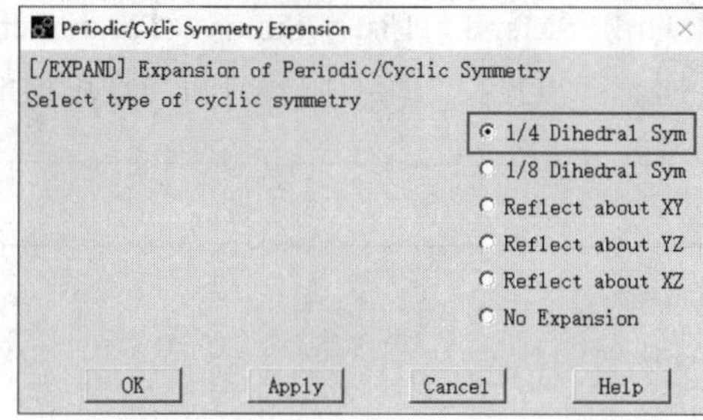

图 4-52 “Periodic/Cyclic Symmetry Expansion”对话框

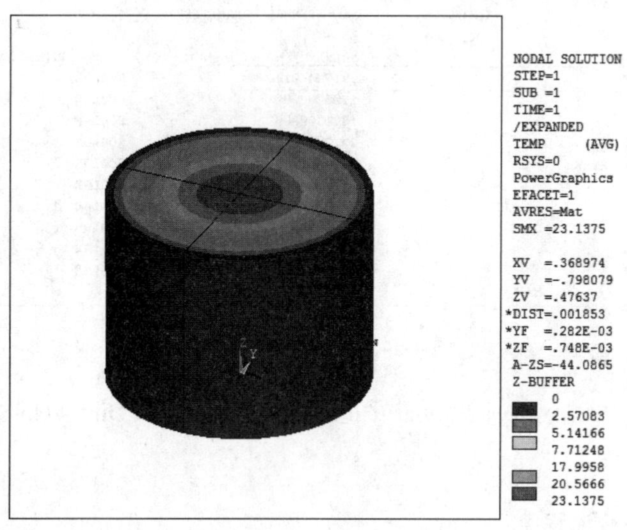

图 4-53 电热丝扩展温度场分布云图

⑰ 获取中心线上 1 号和表面 2 号节点温度。

1）获取中心线上 1 号节点温度。选择 Utility Menu > Parameters > Get Scalar Data，在弹出的对话框中的“Type of data to be retrieved”中选择“Results data”“ Nodal results”，单击“OK”按钮；在弹出的对话框中的“Name of parameter to be defined”中输入“T0”，在“Node number N ”中输入 1，在“Results data to be retrieved”选择“DOF solution”“Temperature TEMP”，单击“OK”按钮。

2）获取表面 2 号节点温度。选择 Utility Menu > Parameters > Get Scalar Data，在弹出的对话框中的“Type of data to be retrieved”中选择“Results data”“ Nodal results”，单击“OK”按钮;在弹出的对话框中的“Name of parameter to be defined”中输入“T2”，在“Node number N”中输入 2，在“Results data to be retrieved”选择“DOF solution”“Temperature TEMP”，单击“OK”按钮。

⑱ 计算有限元分析结果与理论值的误差。在命令输入窗口中输入：

```
T = T0-T2                    ! 有限元计算结果
LT = (R**2)*Q/(4*LB)         ! 理论计算结果
ER = 1-T/LT                  ! 计算误差
```

⑲ 列出各参数值。选择 Utility Menu > List > Status > Parameters > All Parameters，所列出的各参数计算结果如图 4-54 所示。可见，三维有限元分析与理论值的误差为 0.492%。

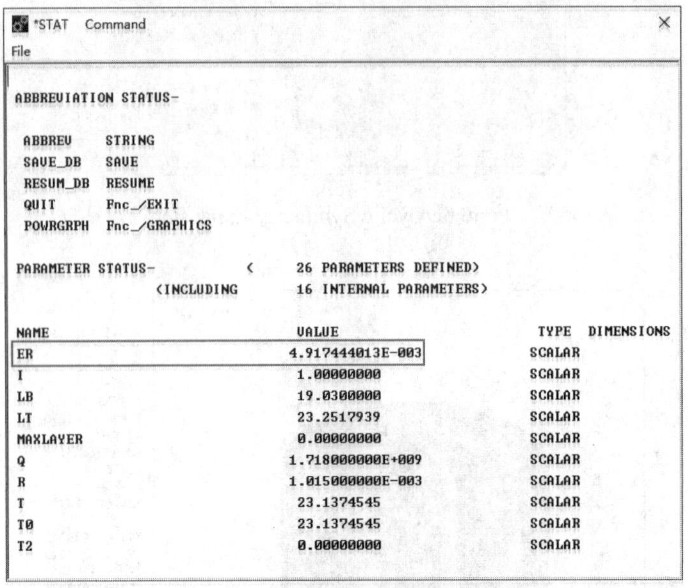

图 4-54 各参数的计算结果

⑳ 退出 Ansys。单击 Ansys Toolbar 中的“QUIT”，选择“Quit - No Save!”后单击“OK”按钮。

4.1.4 APDL 命令流程序

```
!=========第一步：进行二维轴对称分析======================
FINISH
/FILNAME,Exercise-1                    !定义隐式热分析文件名
/PREP7                                 !进入前处理器
R = 0.001015
Q = 1.718E9
LB = 19.03                             !定义参数
ET,1,PLANE55                           !选择单元类型
KEYOPT,1,3,1                           !设置为轴对称分析
MP,KXX,1,LB                            !定义电热丝的热导率
RECTNG,0,R,0,0.003/2,                  !建立矩形
ESIZE,0.0002,0,                        !定义单元划分尺寸
MSHKEY,2                               !选择映射单元划分选项
AMESH,1                                !划分单元
BFA,1,HGEN,Q                           !施加热生成载荷
DL,2,,TEMP,0                           !施加温度边界条件
FINISH
/SOLU                                  !进入求解器
```

```
ANTYPE, STATIC                          ! 设置为稳态求解
TIME,1                                  ! 定义求解时间
SOLVE                                   ! 求解
FINISH
/POST1                                  ! 进入后处理器
SET,LAST                                ! 读入最后子步结果
/POST1
FLST,2,7,1
FITEM,2,1
FITEM,2,3
FITEM,2,4
FITEM,2,5
FITEM,2,6
FITEM,2,7
FITEM,2,2
PATH,R1,7,30,20,                        ! 建立径向路径
PPATH,P51X,1
PATH,STAT
PDEF,TR,TEMP, ,AVG                      ! 向所定义路径映射温度分析结果
PLPATH,TR                               ! 显示沿路径温度变化曲线
PLPAGM,TR,1,Blank                       ! 在几何模型上显示径向温度场分布云图
PLNSOL,TEMP, ,0,                        ! 显示温度场分布云图
/EXPAND,27,AXIS,,,10                    ! 设置三维周期扩展选项
PLNSOL,TEMP, ,0,                        ! 显示温度场分布云图
*GET,T0,NODE,1,TEMP,                    ! 获取电热丝中心线上 1 号节点温度
*GET,T2,NODE,2,TEMP,                    ! 获取电热丝表面 2 号节点温度
T = T0-T2                               ! 有限元计算结果
LT = (R**2)*Q/(4*LB)                    ! 理论计算结果
ER = 1-LT/T                             ! 计算误差
*STATUS,PARM                            ! 列所有参数
!=========第二步：进行三维分析==========================
FINISH
/CLEAR                                  ! 清理数据库
/FILNAME,Exercise-2                     ! 定义隐式热分析文件名
/PREP7                                  ! 进入前处理器
R = 0.001015
Q = 1.718E9
LB = 19.03                              ! 定义参数
ET,1,SOLID70                            ! 选择单元类型
MP,KXX,1,LB                             ! 定义电热丝的热导率
CYLIND,R,0,0,0.0015,0,90                ! 建立 1/4 电热丝三维几何模型
ESIZE,0.00025,0,                        ! 设置单元划分尺寸
MSHKEY,1                                ! 设置映射划分单元类型
VMESH,1                                 ! 划分单元
```

```
BFV,1,HGEN,Q                      ! 施加热生成载荷
DA,1,TEMP,0                       ! 施加温度边界条件
/SOLU                             ! 进入求解器
ANTYPE, STATIC                    ! 设置为稳态求解
TIME,1                            ! 定义求解时间
SOLVE                             ! 求解
/POST1                            ! 进入后处理器
SET,LAST                          ! 读入最后子步结果
FLST,2,9,1
FITEM,2,1
FITEM,2,3
FITEM,2,4
FITEM,2,5
FITEM,2,6
FITEM,2,7
FITEM,2,8
FITEM,2,9
FITEM,2,2
PATH,R2,9,30,20,                  ! 建立径向路径
PPATH,P51X,1
PATH,STAT
PDEF,TR2,TEMP, ,AVG               ! 向所定义路径映射温度分析结果
PLPATH,TR2                        ! 显示沿路径温度变化曲线图
PLPAGM,TR2,1,Blank                ! 在几何模型上显示径向温度场分布云图
PLNSOL,TEMP, ,0,                  ! 显示温度场分布云图
/EXPAND,27,AXIS,,,10              ! 设置三维周期扩展选项
PLNSOL,TEMP, ,0,                  ! 显示温度场分布云图
*GET,T0,NODE,1,TEMP,              ! 获取电热丝中心线上 1 号节点温度
*GET,T2,NODE,2,TEMP,              ! 获取电热丝表面 2 号节点温度
T = T0-T2                         ! 有限元计算结果
LT = (R**2)*Q/(4*LB)              ! 理论计算结果
ER = 1-T/LT                       ! 计算误差
*STATUS,PARM                      ! 列所有参数
/EXIT,NOSAV                       ! 退出 Ansys
```

4.2 实例二——蒸汽管分析

4.2.1 问题描述

一内外直径分别为 d_1 = 180mm 和 d_2 = 220mm 的蒸汽管道，管外包有一层厚度 δ = 120mm 的保温层。蒸汽管的热导率 λ_1 为 40W/（m · K），保温层的热导率 λ_2 为 0.1W/（m · K）；管道内蒸汽温度 t_1 = 300℃，保温层外壁温度 t_0 = 25℃；两侧的表面传热系数 α_1 = 100W/（m^2 · K），

$\alpha_0 = 8.5\mathrm{W/(m^2 \cdot K)}$。蒸汽管的几何模型及简化的计算模型如图 4-55 和图 4-56 所示。求通过单位管长的热量和保温层外表面的温度。计算时取长 $l = 100\mathrm{mm}$。

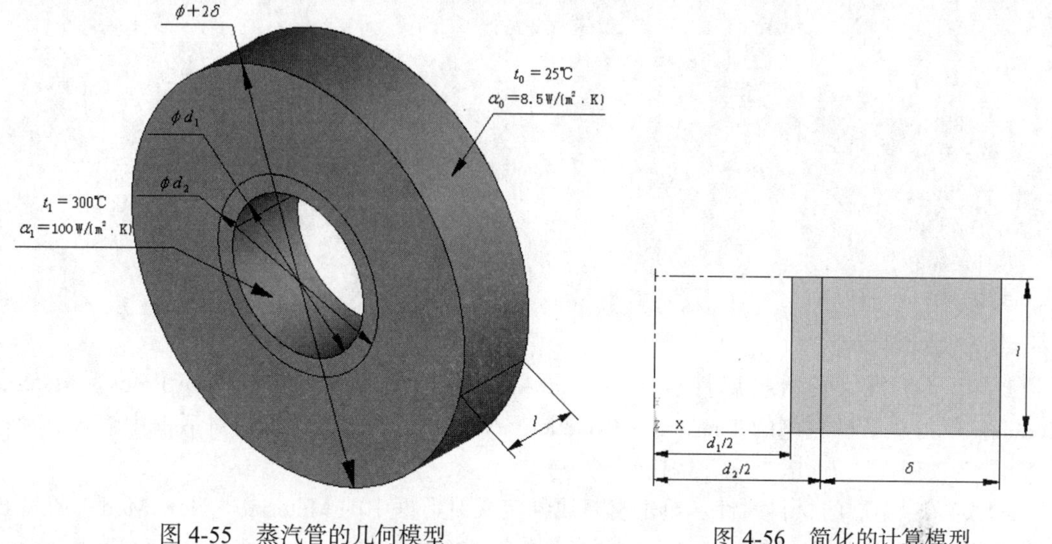

图 4-55　蒸汽管的几何模型　　图 4-56　简化的计算模型

4.2.2　问题分析

应用传热学基本理论，分别选用平面热分析 PLANE55 单元和 SOLID70 三维六面体单元进行有限元分析。管道的热损失和接触面的温度按下式计算：

$$Q=(T_1-T_0)/\left(\frac{1}{2\pi R_1\alpha_1}+\frac{1}{2\pi\lambda_1}\ln\frac{R_2}{R_1}+\frac{1}{2\pi\lambda_2}\ln\frac{R_3}{R_2}+\frac{1}{2\pi R_3\alpha_0}\right)=215.9\mathrm{W/m}$$

$$T_{w0}=T_0+\frac{Q}{2\pi\alpha_0 R_3}=42.58°\mathrm{C}$$

分析时，温度单位采用 K，其他单位采用法定计量单位。

4.2.3　GUI 操作步骤

01 进行平面的轴对称分析

❶ 定义分析文件名。选择 Utility Menu > File > Change Jobname，在弹出的对话框中输入“Exercise-1”，单击“OK”按钮。

❷ 定义单元类型。选择 Main Menu > Preprocessor > Element Type > Add/Edit/Delete, 弹出“Element Types”对话框。单击“Add”按钮，在弹出的对话框中选择“Solid”“Quad 4node 55”二维 4 节点平面单元，单击“OK”按钮。在对话框中单击“Options”按钮，在弹出的对话框中的“K3”中选择“Axisymmetric”，单击“OK”按钮，再单击“Close”按钮，关闭单元类型对话框。

❸ 定义参数。单击菜单栏中的 Parameters > Scalar Parameters 命令，打开“Scalar Parameters”对话框，在“Selection”文本框中依次输入（每次输入后都要单击“Accept”按钮，全部

输入完成之后单击“Close”按钮关闭该对话框）：

```
R1 = 0.09
R2 = 0.11
R3 = 0.23
L = 0.1
LB1 = 40
LB2 = 0.1
T1 = 300
T0 = 25
AP1 = 100
AP0 = 8.5
```

❹ 定义材料属性。

1）定义蒸汽管道材料属性。选择 Main Menu > Preprocessor > Material Props > Material Models，单击对话框右侧的 Thermal > Conductivity > Isotropic, 在弹出的对话框中输入热导率“KXX”为“LB1”, 单击“OK”按钮。

2）定义保温层的材料属性。单击材料属性定义对话框中的 Material > New Model, 在弹出的对话框中单击“OK”按钮。选中材料 2，单击对话框右侧的 Thermal > Conductivity > Isotropic，在弹出的对话框中输入热导率“KXX”为“LB2”，单击“OK”按钮。定义完材料参数以后，关闭材料属性定义对话框。

❺ 建立几何模型。

1）建立蒸汽管道矩形。选择 Main Menu > Preprocessor > Modeling > Create > Areas > Rectangle > By Dimensions，在弹出的对话框中的“X1,X2”“Y1,Y2”文本框中分别输入 R1、R2、0、L，单击“Apply”按钮。

2）建立保温层矩形。在弹出的对话框中的“X1，X2”“Y1，Y2”文本框中分别输入 R2、R3、0、L，单击“OK”按钮。

❻ 几何模型布尔操作。选择 Main Menu > Preprocessor > Modeling > Operate > Booleans > Glue > Areas，在弹出的对话框中单击“Pick All”按钮。

❼ 赋予材料属性。

1）设置蒸汽管道属性。选择 Main Menu > Preprocessor > Meshing > Mesh Attributes > Picked Areas，拾取左侧的 1 号矩形，单击“OK”按钮，在弹出的对话框中的“MAT”和“TYPE”中分别选择“1”和“1 PLANE55”。

2）设置保温层属性。选择 Main Menu > Preprocessor > Meshing > Mesh Attributes > Picked Areas，拾取右侧的 2 号矩形，在弹出的对话框中的“MAT”和“TYPE”中分别选择“2”和“1 PLANE55”。

❽ 设置单元密度。选择 Main Menu > Preprocessor > Meshing > Size Cntrls > ManualSize > Global > Size, 在“SIZE”文本框中输入 0.01，然后单击“OK”按钮。

❾ 划分单元。选择 Utility Menu > Select > Everything，选择 Main Menu > Preprocessor > Meshing > Mesh > Areas > Target Surf，在弹出的对话框中单击“Pick All”按钮；选择 Utility Menu > PlotCtrls > Numbering，在弹出的对话框中的“NODE”中选择“On”，在下拉列表中选择“Material numbers”，在“/NUM”中选择“Colors only”。

⑩ 施加对流换热载荷。

1）施加蒸汽管道内壁对流换热载荷。选择 Main Menu > Solution > Define Loads > Apply > Thermal > Convection > On Lines，拾取管道内壁的 4 号线，如图 4-57 所示。单击“OK”按钮，弹出如图 4-58 所示的对话框，在“VALI”中输入 AP1，在“VAL2I”中输入 T1，单击“OK”按钮。

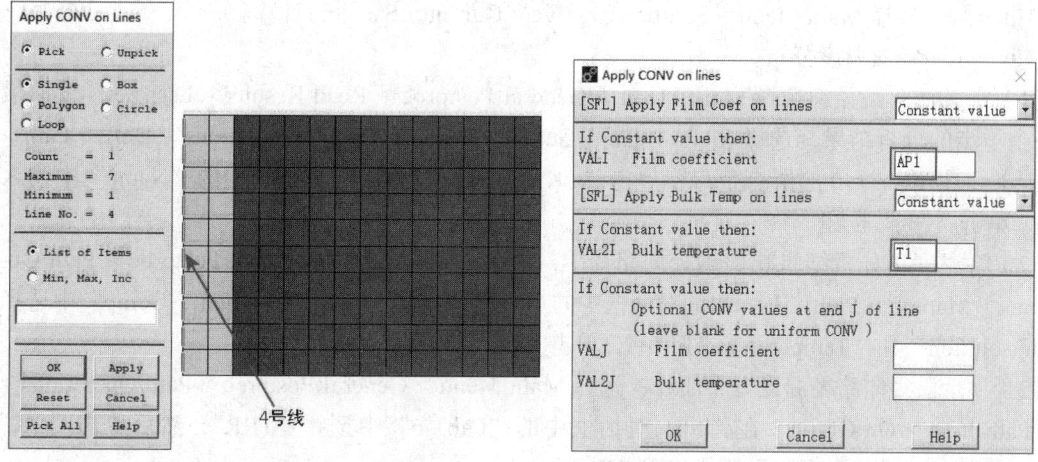

图 4-57　拾取蒸汽管道对流换热边界　　　图 4-58　“Apply CONV on lines”对话框

2）施加蒸汽管道内壁对流换热载荷：选择 Main Menu > Solution > Define Loads > Apply > Thermal > Convection > On Lines，拾取管道内壁的 6 号线，如图 4-59 所示。单击“OK”按钮，弹出如图 4-60 所示的对话框，在“VALI”中输入“AP0”，在“VAL2I”中输入“T0”，单击“OK”按钮。

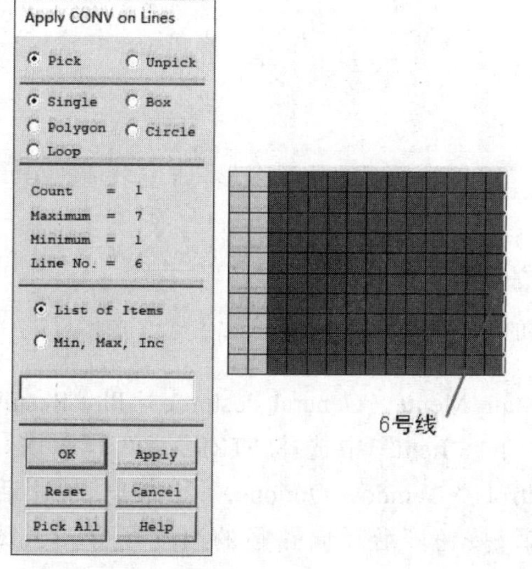

图 4-59　拾取蒸汽管道对流换热边界

Apply CONV on lines
[SFL] Apply Film Coef on lines　Constant value
If Constant value then:
VALI　Film coefficient　AP0
[SFL] Apply Bulk Temp on lines　Constant value
If Constant value then:
VAL2I　Bulk temperature　T0
If Constant value then:
Optional CONV values at end J of line
(leave blank for uniform CONV)
VALJ　Film coefficient
VAL2J　Bulk temperature
OK　Cancel　Help

图 4-60　“Apply CONV on lines”对话框

⓫ 设置求解选项。选择 Main Menu > Solution > Analysis Type > New Analysis，在弹出的对话框中选择“Steady-State”，单击“OK”按钮。

⓬ 输出控制。选择 Main Menu > Solution > Analysis Type > Sol’n Controls，在弹出的对话框中的“Time at end of loadstep”中输入 1，其他采用默认设置，单击“OK”按钮。

⓭ 存盘。选择 Utility Menu > Select > Everything，然后单击 Ansys Toolbar 中的“SAVE_DB”。

⓮ 求解。选择 Main Menu > Solution > Solve > Current LS，进行计算。

⓯ 显示沿径向温度分布。

1）定义径向路径。选择 Main Menu > General Postproc > Read Results > Last Set，读取最后一个子步的分析结果，选择 Main Menu > General Postproc > Path Operations > Define Path > By Nodes，拾取 Y = 0 的所有节点，单击“OK”按钮，在弹出的对话框中的“Name”中输入 RR2，单击“OK”按钮。

2）将温度场分析结果映射到径向路径上。选择 Main Menu > General Postproc > Path Operations > Map onto Path，在弹出的对话框中的“Lab”中输入 TRR，在“Item，Comp”中选择“DOF solution”和“Temperature TEMP”，单击“OK”按钮。

3）显示沿径向路径温度分布曲线：选择 Main Menu > General Postproc > Path Operations > Plot Path Item > On Graph，在弹出的对话框中的“Lab1-6”中选择“TRR”，然后单击“OK”按钮。沿径向路径的温度分布曲线如图 4-61 所示。

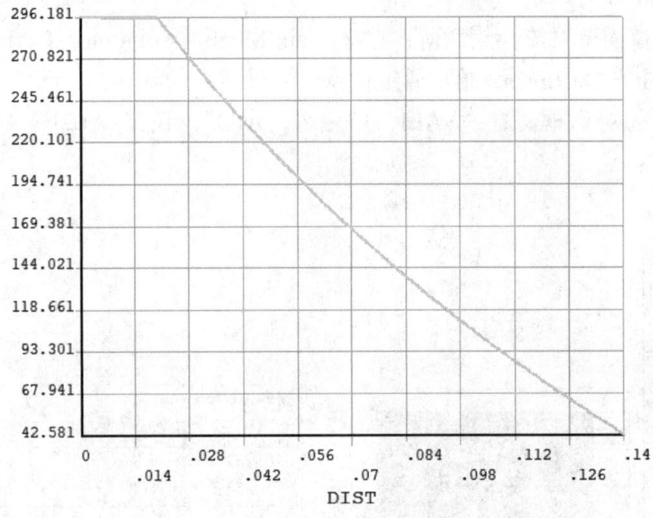

图 4-61　沿径向路径的温度分布曲线

4）显示沿径向路径温度场分布云图：选择 Main Menu > General Postproc > Plot Results > Plot Path Item > On Geometry，在弹出的对话框中的“Item”中选择“TRR”，单击“OK”按钮。选择 Utility Menu > PlotCtrls > Window Controls > Window Options，在弹出的对话框中的“INFO”中选择“Legend ON”，单击“OK”按钮。沿径向路径的温度场分布云图如图 4-62 所示。

⓰ 显示温度场分布云图。选择 Main Menu > General Postproc > Plot Results > Contour Plot >

Nodal Solu，在弹出的对话框中，选择 DOF solution 和 Nodal Temperature，单击“OK”按钮。温度场分布云图如图 4-63 所示。选择 Utility Menu > PlotCtrls > Style > Symmetry Expansion > 2D Axi-Symmetric，在弹出的对话框中的“Select expansion amount”中选择“3/4 expansion”，单击“OK”按钮。蒸汽管道的三维扩展的温度场分布云图如图 4-64 所示。

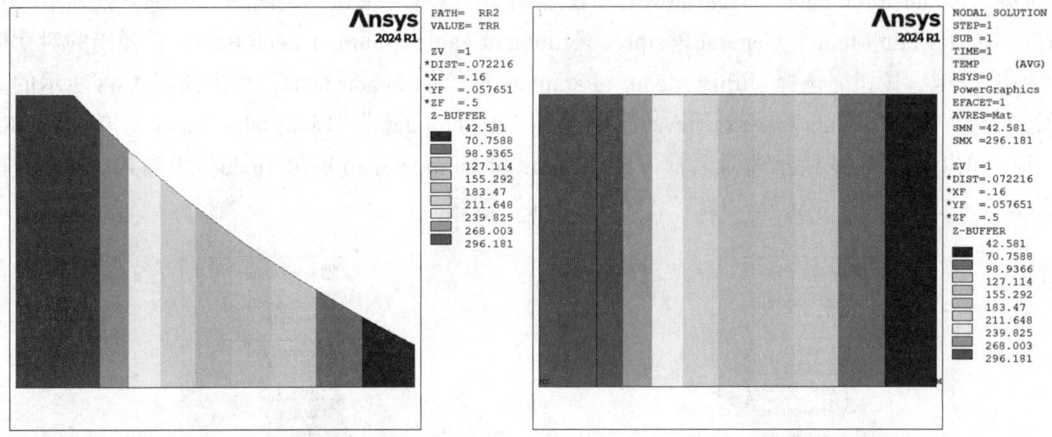

图 4-62　沿径向路径的温度场分布云图　　图 4-63　蒸汽管道的温度场分布云图

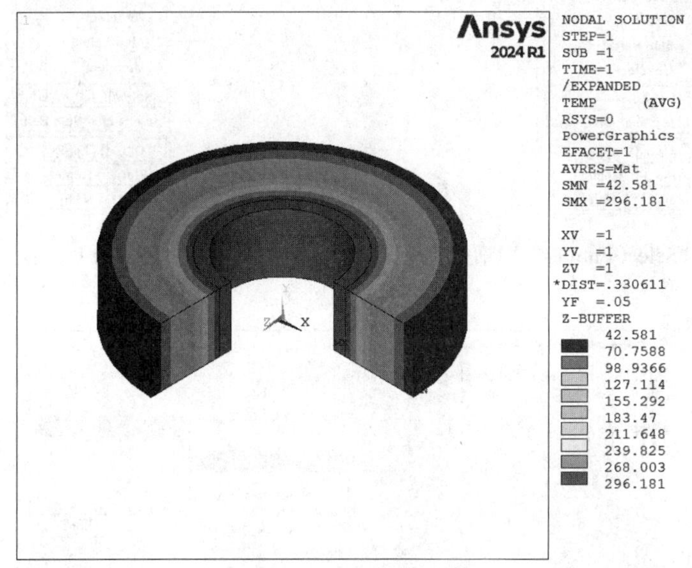

图 4-64　蒸汽管道的三维扩展的温度场分布云图

⑰ 获取保温层外表面上 2 号节点温度。选择 Utility Menu > Parameters > Get Scalar Data，在弹出的对话框中的“Type of data to be retrieved”中选择“Results data”“Nodal results”，单击“OK”按钮，在弹出的对话框中的“Name of parameter to be defined”中输入“TW0”，在“Node number N”中输入 34，在“Results data to be retrieved”中选择“DOF solution”“Temperature TEMP”，单击“OK”按钮。

⑱ 获取蒸汽管道内壁节点热流率。选择 Utility Menu > Select > Entities，在弹出的对话框中

选择“Nodes”“By Location”“X coordinates”，在“Min，Max”中输入 R1，然后单击“Apply”按钮，如图 4-65 所示。选择“Elements”“Attached to”“Nodes”，单击“OK”按钮，如图 4-66 所示。选择 Main Menu > General Postproc > Element Table > Define Table，在弹出的对话框中单击“Add”按钮，弹出如图 4-67 所示的对话框，在“Lab”中输入“HT1”，在“Item，Comp”中选择“Nodal force data”“Heat flow HEAT”，单击“OK”按钮，关闭单元结果参数表定义对话框。选择 Main Menu > General Postproc > Element Table > Sum of Each Item，在弹出的对话框中单击“OK”按钮。选择 Utility Menu > Parameters > Get Scalar Data，弹出如图 4-68 所示的对话框。在“Type of data to be retrieved”中选择“Results data”“Elem table sums”，单击“OK”按钮，弹出如图 4-69 所示的对话框，在“Name of parameter to be defined”中输入“HT”，在“Element table item”中选择“HT1”，单击“OK”按钮。

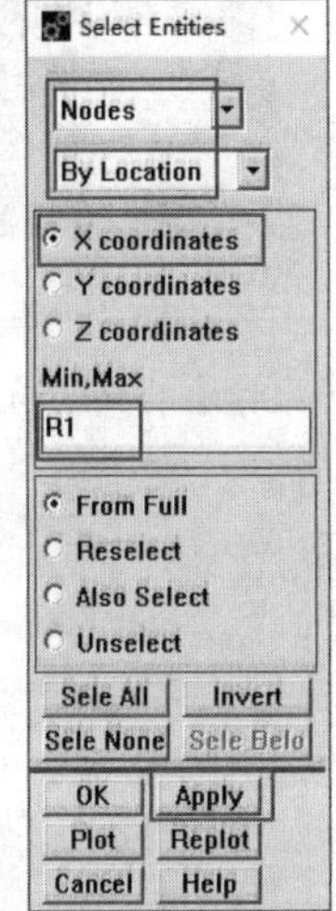

图 4-65 “Select Entities”对话框

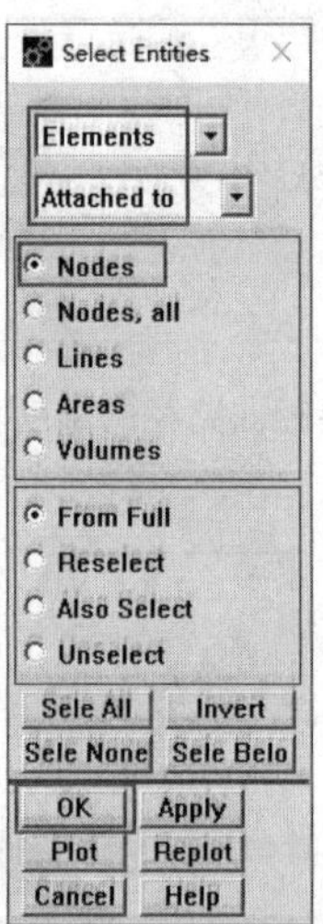

图 4-66 “Select Entities”对话框

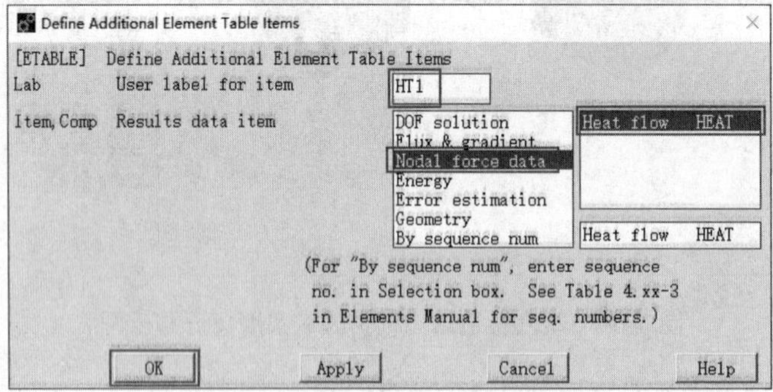

图 4-67 “Define Additional Element Table Items”对话框

⓳ 计算有限元分析结果与理论值的误差。在命令输入窗口中输入：

```
PI = 3.1415926
QF = (HT)/L
LQ = (T1-T0)/(1/(2*PI*AP1*R1)+LOG(R2/R1)/(2*PI*LB1)+LOG(R3/R2)/(2*PI*LB2)+1/
```

```
(2*PI*AP0*R3))                        ! 热流率损失理论计算值
LTW0 = T0+LQ/(2*PI*AP0*R3)            ! 交界面处温度的理论计算值
TER = 1 - LTW0/TW0                    ! 计算交界面温度误差
QER = 1 - LQ/QF                       ! 计算热流率损失误差
```

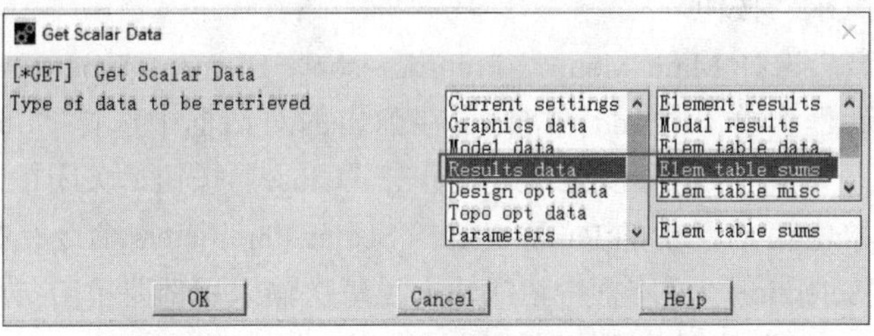

图 4-68 “Get Scalar Data”对话框

Get Element Table Sum Results

[*GET],Par,SSUM,,ITEM Get Element Table Sum Results

Name of parameter to be defined HT

Element table item - HT1

- whose summation is to be retrieved

OK Apply Cancel Help

图 4-69 “Get Element Table Sum Results”对话框

⑳ 列出各参数值。选择 Utility Menu > List > Status > Parameters > All Parameters，各参数的计算结果如图 4-70 所示。可见，平面有限元分析与理论值的最大误差为 0.03%。

*STAT Command

File

ABBREVIATION STATUS-

ABBREV	STRING
SAVE_DB	SAVE
RESUM_DB	RESUME
QUIT	Fnc_/EXIT
POWRGRPH	Fnc_/GRAPHICS

PARAMETER STATUS- (49 PARAMETERS DEFINED)
(INCLUDING 29 INTERNAL PARAMETERS)

NAME	VALUE	TYPE	DIMENSIONS
AP0	8.50000000	SCALAR	
AP1	100.000000	SCALAR	
HT	21.5958285	SCALAR	
I	1.00000000	SCALAR	
L	0.100000000	SCALAR	
LB1	40.0000000	SCALAR	
LB2	0.100000000	SCALAR	
LQ	215.886634	SCALAR	
LTW0	42.5751537	SCALAR	
MAXLAYER	0.00000000	SCALAR	
PI	3.14159260	SCALAR	
QER	3.317851284E-004	SCALAR	
QF	215.958285	SCALAR	
R1	9.000000000E-002	SCALAR	
R2	0.110000000	SCALAR	
R3	0.230000000	SCALAR	
T0	25.0000000	SCALAR	
T1	300.000000	SCALAR	
TER	1.369849885E-004	SCALAR	
TW0	42.5809866	SCALAR	

图 4-70 各参数的计算结果

02 进行三维分析

❶ 清除数据库。选择 Utility Menu > File > Clear & Start New，在弹出的对话框中单击“OK”按钮，在弹出的对话框中单击“Yes”按钮。

❷ 定义分析文件名。选择 Utility Menu > File > Change Jobname，在弹出的对话框中输入“Exercise-2”，单击“OK”按钮。

❸ 定义单元类型。选择 Main Menu > Preprocessor > Element Type > Add/Edit/Delete, 弹出“Element Types”对话框。单击“Add”按钮，在弹出的对话框中选择“Solid”“8node 70”三维 8 节点六面体单元，单击“OK”按钮，然后单击“Close”按钮，关闭单元类型对话框。

❹ 定义参数。单击菜单栏中的 Parameters > Scalar Parameters 命令，打开“Scalar Parameters”对话框，在“Selection”文本框中依次输入（每次输入后都要单击“Accept”按钮，全部输入完成之后单击“Close”按钮关闭该对话框）：

```
R1 = 0.09
R2 = 0.11
R3 = 0.23
L = 0.1
LB1 = 40
LB2 = 0.1
T1 = 300
T0 = 25
AP1 = 100
AP0 = 8.5
```

❺ 定义材料属性。

1）定义蒸汽管道材料属性。选择 Main Menu > Preprocessor > Material Props > Material Mode，在弹出的对话框中单击右侧的 Thermal > Conductivity > Isotropic，在弹出的对话框中输入热导率“KXX”为“LB1”，单击“OK”按钮。

2）定义保温层的材料属性。单击材料属性定义对话框中的 Material > New Model, 单击“OK”按钮。选中材料 2，单击对话框右侧的 Thermal > Conductivity > Isotropic, 在弹出的对话框中输入热导率“KXX”为“LB2”，单击“OK”按钮。定义完材料参数以后，关闭材料属性定义对话框。

❻ 建立几何模型。

1）建立蒸汽管道。选择 Main Menu > Preprocessor > Modeling > Create > Volumes > Cylinder > By Dimensions, 在弹出的对话框中的“RAD1”“RAD2”“Z1，Z2”“THETA1”“THETA2”文本框中分别输入 R1，R2，0、L，0，30，单击“Apply”按钮，完成 1 号面的创建。

2）建立保温层。在弹出的对话框中的“RAD1”“RAD2”“Z1,Z2”“THETA1”“THETA2”中分别输入 R2，R3，0、L，0，30，单击“OK”按钮，完成 2 号面的创建。

❼ 几何模型布尔操作。选择 Main Menu > Preprocessor > Modeling > Operate > Booleans > Glue > Volumes，在弹出的对话框中单击“Pick All”按钮。

❽ 赋予材料属性。

1）设置蒸汽管道属性。选择 Main Menu > Preprocessor > Meshing > Mesh Attributes > Picked Volumes，拾取 1 号面，单击“OK”按钮，在弹出的对话框中的“MAT”和“TYPE”中

选择“1”和“1 SOLID70”。

2）设置保温层属性。选择 Main Menu > Preprocessor > Meshing > Mesh Attributes > Picked Volumes，拾取 3 号面，单击“OK”按钮，在弹出的对话框中的“MAT”和“TYPE”中选择“2”和“1 SOLID70”。

❾ 设置单元密度。选择 Main Menu > Preprocessor > Meshing > Size Cntrls > ManualSize > Global > Size, 在弹出的对话框中的“SIZE”文本框中输入 0.005，单击“OK”按钮。

❿ 划分单元。选择 Main Menu > Preprocessor > Meshing > Mesh > Volumes > Mapped > 4 to 6 sided，在弹出的对话框中单击“Pick All”按钮，完成有限元模型的创建。

⓫ 施加对流换热载荷。

1）施加蒸汽管道内壁对流换热载荷。选择 Utility Menu > Plot > Areas，选择 Main Menu > Solution > Define Loads > Apply > Thermal > Convection > On Areas, 拾取管道内壁的 4 号面，如图 4-71 所示。单击“OK”按钮，弹出如图 4-72 所示的对话框，在“VALI”中输入“AP1”，在“VAL2I”中输入“T1”，单击“OK”按钮。

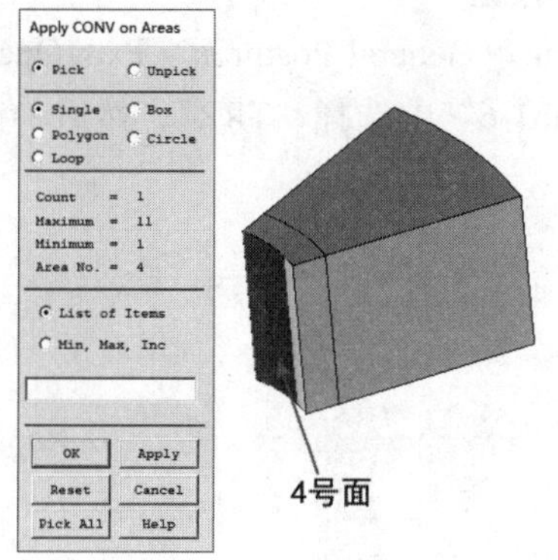

图 4-71 拾取蒸汽管道对流换热边界

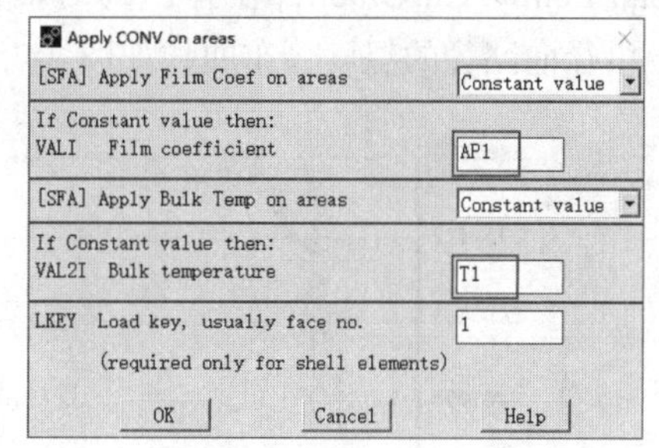

图 4-72 “Apply CONV on areas”对话框

2）施加蒸汽管道内壁对流换热载荷。选择 Main Menu > Solution > Define Loads > Apply > Thermal > Convection > On Areas，拾取管道内壁的 9 号面，如图 4-73 所示。然后单击“OK”按钮，弹出如图 4-74 所示的对话框，在“VALI”中输入“AP0”，在“VAL2I”中输入“T0”，单击“OK”按钮。

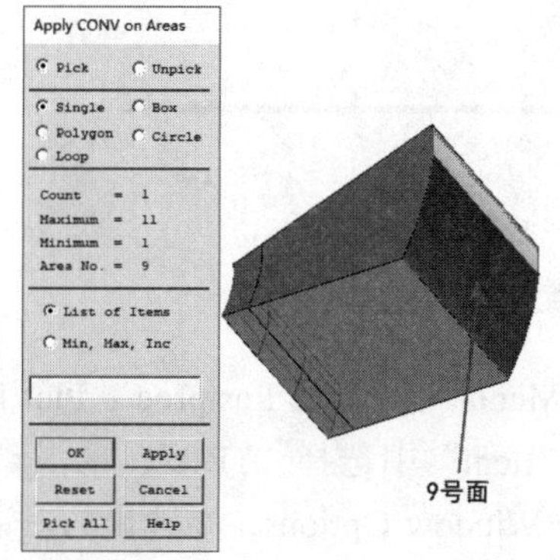

图 4-73 拾取蒸汽管道对流换热边界

图 4-74 “Apply CONV on areas”对话框

⑫ 设置求解选项。选择 Main Menu > Solution > Analysis Type > New Analysis, 在弹出的对话框中选择“Steady-State”，单击“OK”按钮。

⑬ 输出控制。选择 Main Menu > Solution > Analysis Type > Sol’n Controls，在弹出的对话框中的“Time at end of loadstep”中输入 1，其他采用默认设置，单击“OK”按钮。

⑭ 存盘。选择 Utility Menu > Select > Everything，单击 Ansys Toolbar 中的“SAVE_DB”。

⑮ 求解。选择 Main Menu > Solution > Solve > Current LS，进行计算。

⑯ 显示沿径向温度分布。

1）定义径向路径。选择 Main Menu > General Postproc > Read Results > Last Set, 读取最后一个子步的分析结果，选择 Main Menu > General Postproc > Path Operations > Define Path > By Nodes，拾取 Y = 0、Z = 0 的所有节点，单击“OK”按钮，在弹出的对话框中的“Name”中输入“RR2”，单击“OK”按钮。

2）将温度场分析结果映射到径向路径上。选择 Main Menu > General Postproc > Path Operations > Map onto Path，在弹出的对话框中的“Lab”中输入“TRR”，在“Item，Comp”中选择“DOF solution”和“Temperature TEMP”，单击“OK”按钮。

3）显示沿径向路径温度分布曲线。选择 Main Menu > General Postproc > Path Operations > Plot Path Item > On Graph，在弹出的对话框中的“Lab1-6”中选择“TRR”，然后单击“OK”按钮。沿径向路径的温度分布曲线如图 4-75 所示。

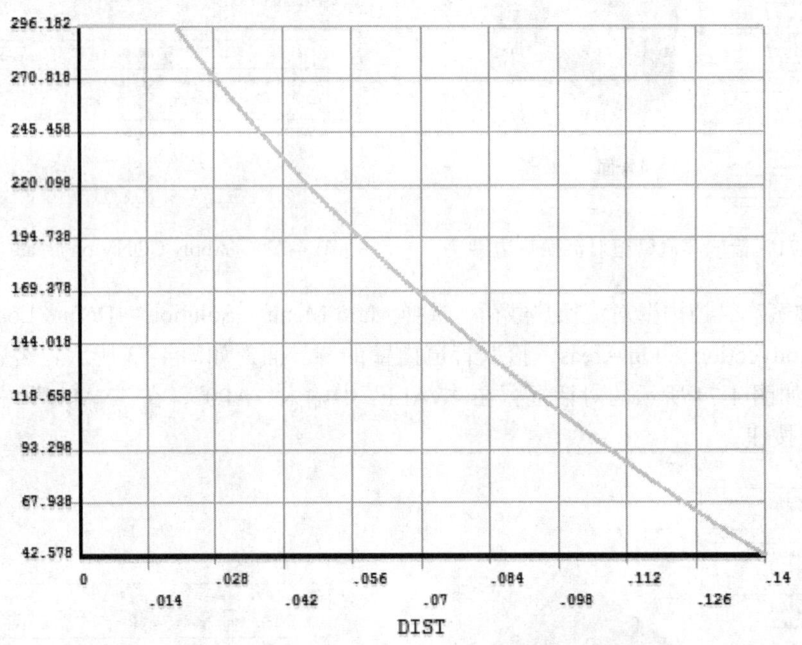

图 4-75　沿径向路径的温度分布曲线

4）显示沿径向路径温度场分布云图。选择 Main Menu > General Postproc > Plot Results > Plot Path Item > On Geometry，在弹出的对话框中的“Item”中选择“TRR”，单击“OK”按钮。选择 Utility Menu > PlotCtrls > Window Controls > Window Options，在弹出的对话框中的“INFO”中选择“Legend ON”，单击“OK”按钮。沿径向路径温度场分布云图如图 4-76 所示。

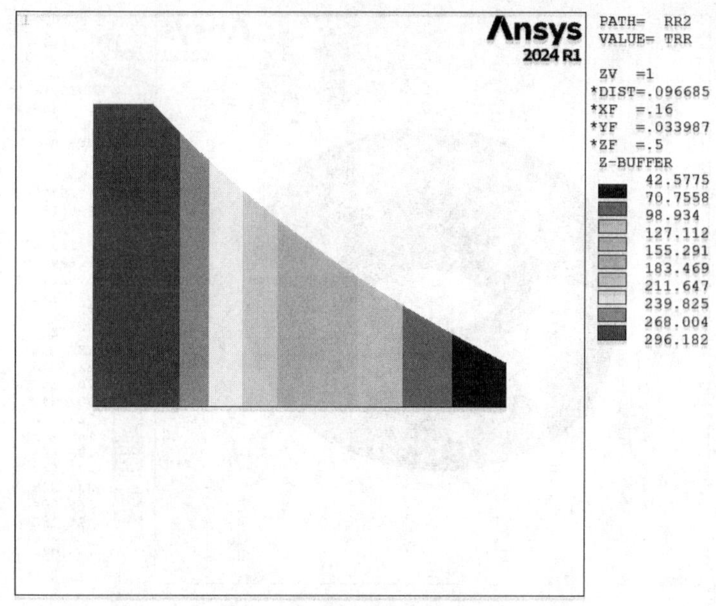

图 4-76　沿径向路径温度场分布云图

⓱ 显示温度场分布云图。选择 Utility Menu > PlotCtrls > Style > Symmetry Expansion > User Specified Expansion，弹出如图 4-77 所示的对话框，在“/EXPAND 1st Expansion of Symmetry”区域的“NREPEAT”中输入 12，在“TYPE”中选择“Polar”，在“DY”中输入 30，单击“OK”按钮。选择 Main Menu > General Postproc > Plot Results > Contour Plot > Nodal Solu，在弹出的对话框中选择“DOF Solution”和“Nodal Temperature”，单击“OK”按钮。三维扩展的温度场分布云图如图 4-78 所示。选择 Utility Menu > PlotCtrls > Style > Symmetry Expansion > No Expansion。然后选择 Utility Menu > Plot > Replot，显示的温度场分布云图如图 4-79 所示。

Expansion by values

[/EXPAND] 1st Expansion of Symmetry
NREPEAT　No. of repetitions　12
(Use zero or blank to suppress expansion)
TYPE　Type of expansion　Polar
PATTERN　Repeat Pattern　Normal Repeat
DX, DY, DZ　Increments　　30
(Small number (.00001) is required for continuous expansion)

[/EXPAND] 2nd Expansion of Symmetry
NREPEAT　No. of repetitions
(Use zero or blank to suppress expansion)
TYPE　Type of expansion　Cartesian
PATTERN　Repeat Pattern　Normal Repeat
DX, DY, DZ　Increments
(Small number (.00001) is required for continuous expansion)

[/EXPAND] 3rd Expansion of Symmetry
NREPEAT　No. of repetitions
(Use zero or blank to suppress expansion)
TYPE　Type of expansion　Cartesian
PATTERN　Repeat Pattern　Normal Repeat
DX, DY, DZ　Increments
(Small number (.00001) is required for continuous expansion)

OK　Apply　Cancel　Help

图 4-77　“Expansion by values”对话框

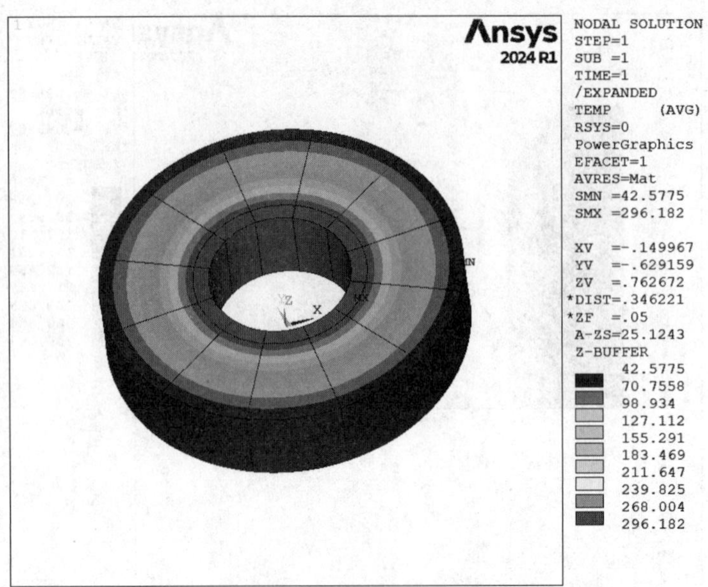

图 4-78 蒸汽管道的三维扩展的温度场分布云图

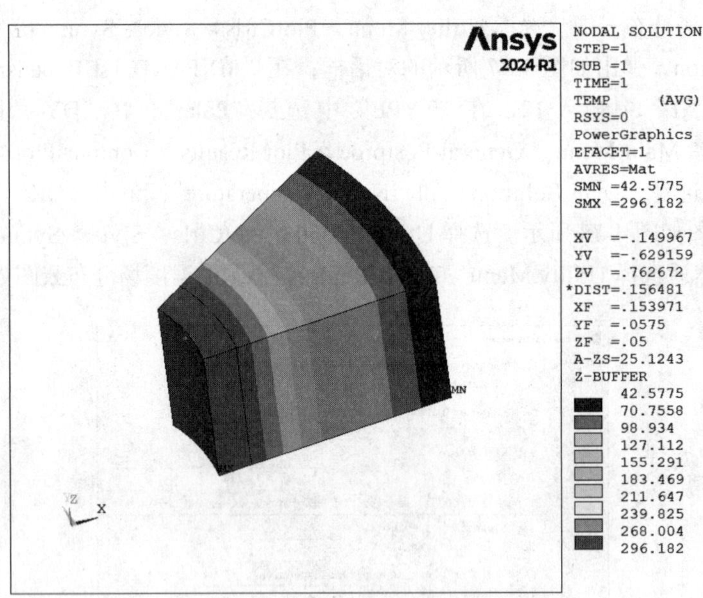

图 4-79 蒸汽管道的温度场分布云图

⓲ 获取保温层外表面上 2731 号节点温度。选择 Utility Menu > Parameters > Get Scalar Data，在弹出的对话框“Type of data to be retrieved”中选择“Results data”“Nodal results”，单击“OK”按钮，在弹出的对话框中的“Name of parameter to be defined”中输入“TW0”，在“Node number N”中输入 2731，在“Results data to be retrieved”选择“DOF solution”“Temperature TEMP”，单击“OK”按钮。

⓳ 获取蒸汽管道内壁节点热流率。

1）选择 Utility Menu > Select > Entities，在弹出的对话框中选择“Areas”“By Num/Pick”“From Full”，单击“OK”按钮，如图 4-80 所示。拾取管道内壁 4 号面。

2）选择 Utility Menu > Entities，在弹出的对话框中选择“Nodes”“Attached to”“Areas, all”（见图 4-81），单击“Apply”按钮。选择“Elements”“Attached to”“Nodes”（见图 4-82），单击“OK”按钮。

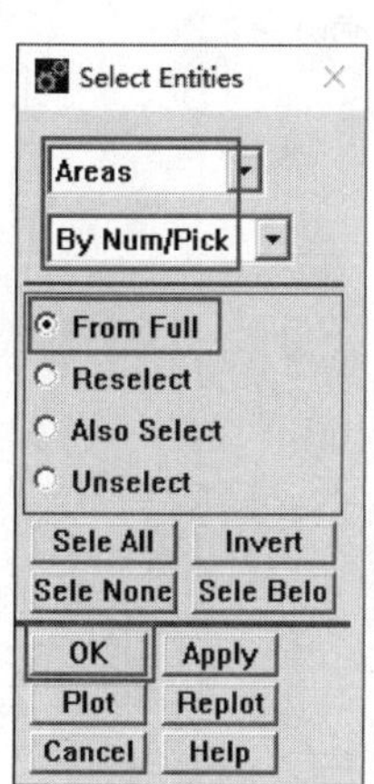

图 4-80 “Select Entities”对话框

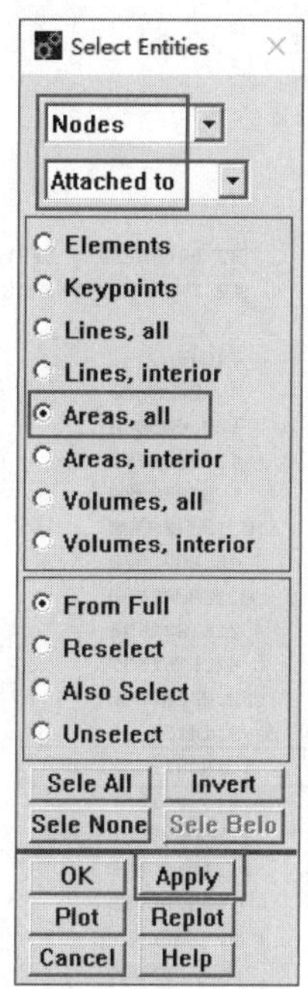

图 4-81 “Select Entities”对话框

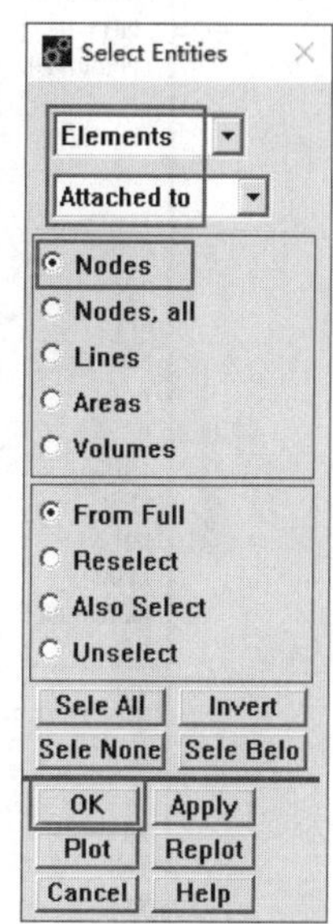

图 4-82 “Select Entities”对话框

3）选择 Main Menu > General Postproc > Element Table > Define Table，在弹出的对话框中单击“Add”按钮，在弹出的对话框中的“Lab”中输入“HT1”，在“Item,Comp”中选择“Nodal force data”“Heat flow HEAT”，单击“OK”按钮，关闭单元结果参数表定义对话框。

4）选择 Main Menu > General Postproc > Element Table > Sum of Each Item，在弹出的对话框中单击“OK”按钮。选择 Utility Menu > Parameters > Get Scalar Data，在弹出的对话框中的“Type of data to be retrieved”中选择“Results data”“ Elem table sums”，单击“OK”按钮，在弹出的对话框中的“Name of parameter to be defined”中输入“HT”，在“Elem table item”中选择“HT1”，单击“OK”按钮。

⑳ 计算有限元分析结果与理论值的误差。在命令输入窗口中输入：

```
PI = 3.1415926
QF = (HT*12)/L
LQ = (T1-T0)/(1/(2*PI*AP1*R1)+LOG(R2/R1)/(2*PI*LB1)+ LOG(R3/R2)/(2*PI*LB2)+ 1/(2*PI*AP0*R3))                    ! 热流率损失理论计算值
LTW0 = T0+LQ/(2*PI*AP0*R3)         ! 交界面处温度的理论计算值
TER = 1 - LTW0/TW0                 ! 计算交界面温度误差
QER = 1 - LQ/QF                    ! 计算热流率损失误差
```

㉑ 列出各参数值。选择 Utility Menu > List > Status > Parameters > All Parameters，各参数的计算结果如图 4-83 所示。可见，三维有限元分析与理论值的最大误差为 0.01%。

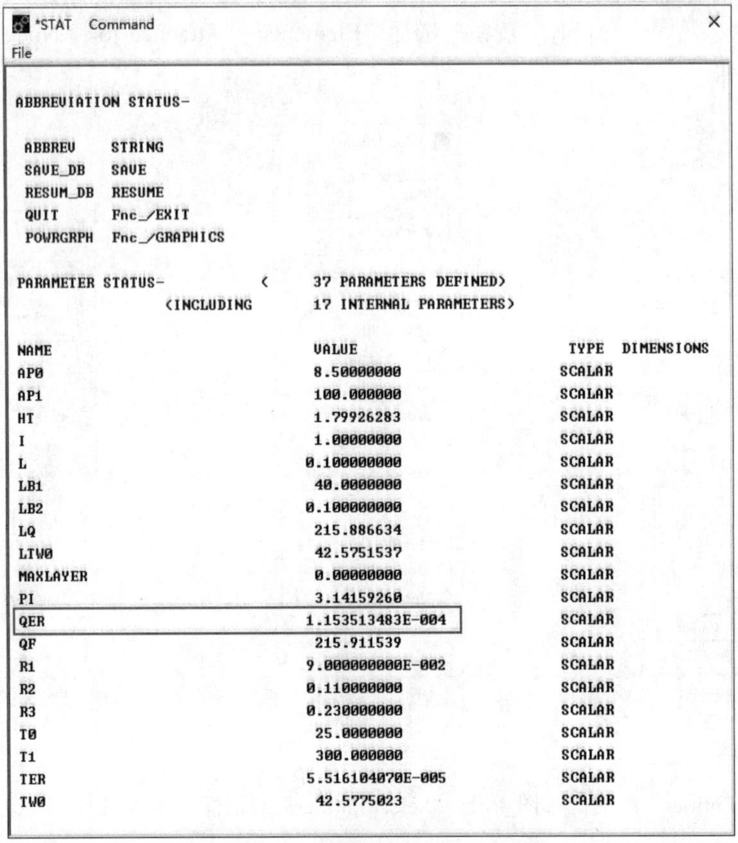

```
*STAT Command
File

ABBREVIATION STATUS-

 ABBREV     STRING
 SAVE_DB    SAVE
 RESUM_DB   RESUME
 QUIT       Fnc_/EXIT
 POWRGRPH   Fnc_/GRAPHICS

PARAMETER STATUS-          (     37 PARAMETERS DEFINED)
                  (INCLUDING      17 INTERNAL PARAMETERS)

NAME                              VALUE                       TYPE  DIMENSIONS
AP0                               8.50000000                 SCALAR
AP1                               100.000000                 SCALAR
HT                                1.79926283                 SCALAR
I                                 1.00000000                 SCALAR
L                                0.100000000                 SCALAR
LB1                               40.0000000                 SCALAR
LB2                              0.100000000                 SCALAR
LQ                                215.886634                 SCALAR
LTW0                              42.5751537                 SCALAR
MAXLAYER                          0.00000000                 SCALAR
PI                                3.14159260                 SCALAR
QER                              1.153513483E-004            SCALAR
QF                                215.911539                 SCALAR
R1                               9.000000000E-002            SCALAR
R2                               0.110000000                 SCALAR
R3                               0.230000000                 SCALAR
T0                                25.0000000                 SCALAR
T1                                300.000000                 SCALAR
TER                              5.516104070E-005            SCALAR
TW0                               42.5775023                 SCALAR
```

图 4-83　各参数的计算结果

㉒ 退出 Ansys。单击 Ansys Toolbar 中的“QUIT”，选择“Quit - No Save! ”后单击“OK”按钮。

4.2.4　APDL 命令流程序

```
FINISH
!=========== 第一步：进行二维轴对称分析=======================
/FILNAME,Exercise-1                        !定义隐式热分析文件名
/PREP7                                     !进入前处理器
R1 = 0.09
R2 = 0.11
R3 = 0.23
L = 0.1
LB1 = 40
LB2 = 0.1
T1 = 300
```

```
T0 = 25
AP1 = 100
AP0 = 8.5                                   ! 定义参数
ET,1,PLANE55                                ! 选择单元类型
KEYOPT,1,3,1                                ! 设置为轴对称分析
MP,KXX,1,LB1                                ! 定义蒸汽管道的热导率
MP,KXX,2,LB2                                ! 定义保温层的热导率
RECTNG,R1,R2,0,L,                           ! 建立蒸汽管道矩形
RECTNG,R2,R3,0,L,                           ! 建立保温层的矩形
AGLUE,ALL                                   ! 粘接各矩形
ESIZE,0.01,0,                               ! 定义单元划分尺寸
ASEL,S,,,1
AATT,1,1,1                                  ! 赋予蒸汽管道属性
ASEL,S,,,3
AATT,2,1,1                                  ! 赋予保温层属性
ALLSEL,ALL
MSHKEY,2                                    ! 选择映射单元划分选项
AMESH,ALL                                   ! 划分单元
/PNUM,KP,0
/PNUM,LINE,0
/PNUM,AREA,0
/PNUM,VOLU,0
/PNUM,NODE,1
/PNUM,TABN,0
/PNUM,SVAL,0
/NUMBER,1
/PNUM,MAT,1
SFL,4,CONV,AP1, ,T1,                        ! 在 4 号线上施加对流换热载荷
SFL,6,CONV,AP0, ,T0,                        ! 在 6 号线上施加对流换热载荷
FINISH
/SOLU                                       ! 进入求解器
ANTYPE, STATIC                              ! 设置为稳态求解
TIME,1                                      ! 定义求解时间
SOLVE                                       ! 求解
FINISH
/POST1                                      ! 进入后处理器
SET,LAST                                    ! 读入最后子步结果
FLST,2,15,1
FITEM,2,1
FITEM,2,3
FITEM,2,2
FITEM,2,35
FITEM,2,36
```

```
FITEM,2,37
FITEM,2,38
FITEM,2,39
FITEM,2,40
FITEM,2,41
FITEM,2,42
FITEM,2,43
FITEM,2,44
FITEM,2,45
FITEM,2,34
PATH,RR2,23,30,20,                              ! 建立径向路径
PPATH,P51X,1
PATH,STAT
PDEF,TRR,TEMP, ,AVG                             ! 向所定义路径映射温度分析结果
PLPATH,TRR                                      ! 显示沿路径温度变化曲线
PLPAGM,TRR,1,Blank                              ! 在几何模型上显示径向温度场分布云图
PLNSOL,TEMP, ,0,                                ! 显示温度场分布云图
/EXPAND,27,AXIS,,,10                            ! 设置三维周期扩展选项
PLNSOL,TEMP, ,0,                                ! 显示温度场分布云图
/EXPAND,27,AXIS,,,10                            ! 设置三维周期扩展选项
PLNSOL,TEMP, ,0,                                ! 显示温度场分布云图
/EXPAND                                         ! 关闭三维周期扩展选项
*GET,TW0,NODE,34,TEMP,                          ! 获取蒸汽管道外壁 34 号节点温度
NSEL,S,LOC,X,R1                                 ! 选择蒸汽管道内壁节点
ESLN
ETABLE,HT1,HEAT,
SSUM                                            ! 计算热损失
*GET,HT,SSUM,,ITEM,HT1                          ! 获取热损失参数
PI = 3.1415926
QF = (HT)/L
LQ = (T1 - T0)/(1/(2*PI*AP1*R1)+LOG(R2/R1)/(2*PI*LB1)+LOG(R3/R2)/(2*PI*LB2)+1/
(2*PI*AP0*R3))                                  ! 热流率损失理论计算值
LTW0 = T0+LQ/(2*PI*AP0*R3)                      ! 蒸汽管道外壁温度的理论计算值
TER = 1 - LTW0/TW0                              ! 计算蒸汽管道外壁温度误差
QER = 1 - LQ/QF                                 ! 计算热流率损失误差
*STATUS,PARM                                    ! 列所有参数
!=========第二步：进行三维分析============================
FINISH
/CLEAR                                          ! 清理数据库
/FILNAM,Exercise-2                              ! 定义隐式热分析文件名
/PREP7                                          ! 进入前处理器
R1 = 0.09
R2 = 0.11
```

```
R3 = 0.23
L = 0.1
LB1 = 40
LB2 = 0.1
T1 = 300
T0 = 25
AP1 = 100
AP0 = 8.5                                    ! 定义参数
ET,1,SOLID70                                 ! 选择单元类型
MP,KXX,1,LB1                                 ! 定义蒸汽管道的热导率
MP,KXX,2,LB2                                 ! 定义保温层的热导率
CYLIND,R1,R2,0,L,0,30                        ! 建立 1/12 管道三维几何模型
CYLIND,R2,R3,0,L,0,30                        ! 建立 1/12 保温层三维几何模型
VGLUE,ALL                                    ! 粘接各体
VSEL,S,VOLUME,,1
VATT,1,1,1                                   ! 赋予蒸汽管道属性
VSEL,S,VOLUME,,3
VATT,2,1,1                                   ! 赋予保温层属性
ALLSEL,ALL
ESIZE,0.005,0,                               ! 定义单元划分尺寸
MSHKEY,1                                     ! 设置映射划分单元类型
VMESH,ALL                                    ! 划分单元
SFA,4,1,CONV,AP1,T1                          ! 在 4 号面上施加对流换热载荷
SFA,9,1,CONV,AP0,T0                          ! 在 9 号面上施加对流换热载荷
/SOLU                                        ! 进入求解器
ANTYPE, STATIC                               ! 设置为稳态求解
TIME,1                                       ! 定义求解时间
SOLVE                                        ! 求解
/POST1                                       ! 进入后处理器
SET,LAST                                     ! 读入最后子步结果
FLST,2,29,1
FITEM,2,2
FITEM,2,5
FITEM,2,4
FITEM,2,3
FITEM,2,1
FITEM,2,2732
FITEM,2,2733
FITEM,2,2734
FITEM,2,2735
FITEM,2,2736
FITEM,2,2737
FITEM,2,2738
```

```
FITEM,2,2739
FITEM,2,2740
FITEM,2,2741
FITEM,2,2742
FITEM,2,2743
FITEM,2,2744
FITEM,2,2745
FITEM,2,2746
FITEM,2,2747
FITEM,2,2748
FITEM,2,2749
FITEM,2,2750
FITEM,2,2751
FITEM,2,2752
FITEM,2,2753
FITEM,2,2754
FITEM,2,2731
PATH,R2,29,30,20,                               ! 建立径向路径
PPATH,P51X,1
PATH,STAT
PDEF,TR,TEMP, ,AVG                              ! 向所定义路径映射温度分析结果
PLPATH,TR                                       ! 显示沿路径温度变化曲线图
PLPAGM,TR,1,Blank                               ! 在几何模型上显示径向温度场分布云图
/EXPAND,12,POLAR,,,30                           ! 设置三维周期扩展选项
PLNSOL,TEMP, ,0,                                ! 显示温度场分布云图
/EXPAND                                         ! 关闭三维周期扩展选项
/REPLOT                                         ! 再次绘制温度场分布云图
*GET,TW0,NODE,2731,TEMP,                        ! 获取蒸汽管道外壁 2731 号节点温度
ASEL,S,,,4
NSLA,,1
ESLN                                            ! 选择蒸汽管道内壁节点
ETABLE,HT1,HEAT,
SSUM                                            ! 计算热损失
*GET,HT,SSUM,,ITEM,HT1                          ! 获取热损失参数
PI = 3.1415926
QF = (HT*12)/L
LQ = (T1-T0)/(1/(2*PI*AP1*R1)+LOG(R2/R1)/(2*PI*LB1)+LOG(R3/R2)/(2*PI*LB2)+1/
(2*PI*AP0*R3))                                  ! 热流率损失理论计算值
LTW0 = T0+LQ/(2*PI*AP0*R3)                      ! 蒸汽管道外壁温度的理论计算值
TER = 1 - LTW0/TW0                              ! 计算蒸汽管道外壁温度误差
QER = 1 - LQ/QF                                 ! 计算热流率损失误差
*STATUS,PARM                                    ! 列所有参数
/EXIT,NOSAV                                     ! 退出 Ansys
```

4.3 实例三——热力管分析

4.3.1 问题描述

某热力管路的内外管径分别为 $d_1 = 80\text{mm}$，$d_2 = 90\text{mm}$，热导率 $\lambda_1 = 45\text{W/(m·K)}$，外面为一层厚度为 $\delta = 50\text{mm}$ 的保温层，其几何模型如图 4-84 所示，简化为轴对称平面分析的计算模型如图 4-85 所示，热导率 $\lambda_2 = 0.2\text{W/(m·K)}$。热力管道内壁温度 $T_1 = 250℃$，保温层外壁温度 $T_3 = 50℃$。试确定在稳态情况下每米管道的热损失及接触面处的温度 T_2。计算时取长 $l = 100\text{mm}$。

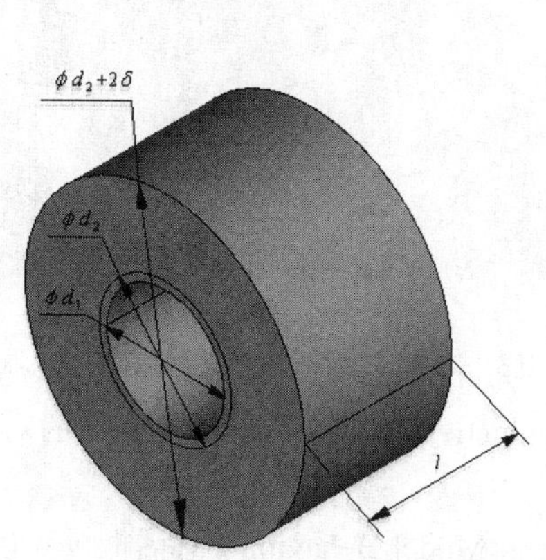

图 4-84 热力管路的几何模型

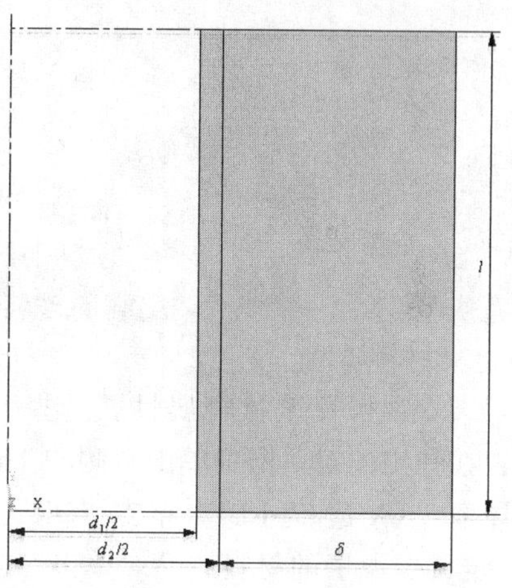

图 4-85 简化的计算模型

4.3.2 问题分析

应用热传导基本理论，分别选用平面热分析 PLANE55 单元和 SOLID70 三维六面体单元进行有限元分析，接触面的温度和管道的热损失按下式计算：

$$T_2 = T_1 - Q\frac{1}{2\pi\lambda_1}\ln\frac{R_2}{R_1} = 249.86\text{K}$$

$$Q = \frac{T_1 - T_3}{\dfrac{\delta}{2\pi R_m\lambda_1} + \dfrac{1}{2\pi\lambda_2}\ln\dfrac{R_3}{R_2}} = 334.877\text{W/m}$$

分析时，温度单位采用 K，其他单位采用法定计量单位。

4.3.3 GUI 操作步骤

01 进行平面的轴对称分析

❶ 定义分析文件名。选择 Utility Menu > File > Change Jobname，在弹出的对话框中输入 Exercise-1，单击“OK”按钮。

❷ 定义单元类型。选择 Main Menu > Preprocessor > Element Type > Add/Edit/Delete, 弹出“Element Types”对话框。单击“Add”按钮，在弹出的对话框中选择“Solid”“Quad 4node 55”二维 4 节点平面单元，单击“OK”按钮。在对话框中单击“Options”按钮，在弹出的对话框中的“K3”中选择“Axisymmetric”，单击“OK”按钮，再单击“Close”按钮，关闭单元增添对话框。

❸ 定义参数。单击菜单栏中的 Parameters > Scalar Parameters 命令，打开“Scalar Parameters”对话框，在“Selection”文本框中依次输入（每次输入后都要单击“Accept”按钮，全部输入完成之后单击“Close”按钮关闭该对话框）：

```
R1 = 0.04
R2 = 0.045
R3 = 0.095
L = 0.1
LB1 = 45
LB2 = 0.2
T1 = 250
T3 = 50
```

❹ 定义材料属性。

1）定义热力管道材料属性。选择 Main Menu > Preprocessor > Material Props > Material Models，在弹出的对话框中单击右侧的 Thermal > Conductivity > Isotropic，在弹出的对话框中输入热导率“KXX”为 LB1，单击“OK”按钮。

2）定义保温层的材料属性。单击“Define Material Model Behavior”对话框（见图 4-86）中的 Material > New Model，弹出如图 4-87 所示的对话框，单击“OK”按钮。在“Define Material Model Behavior”对话框中选中材料 2，然后单击对话框右侧的 Thermal > Conductivity > Isotropic，在弹出的对话框中输入热导率“KXX”为 LB2，单击“OK”按钮。定义完材料参数以后，关闭“Define Material Model Behavior”对话框。

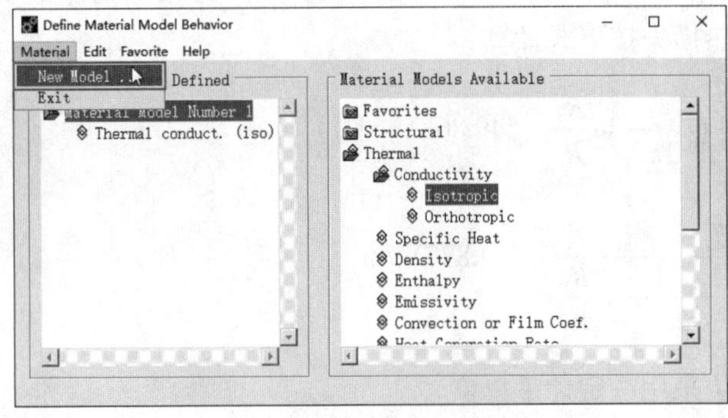

图 4-86 “Define Material Model Behavior”对话框

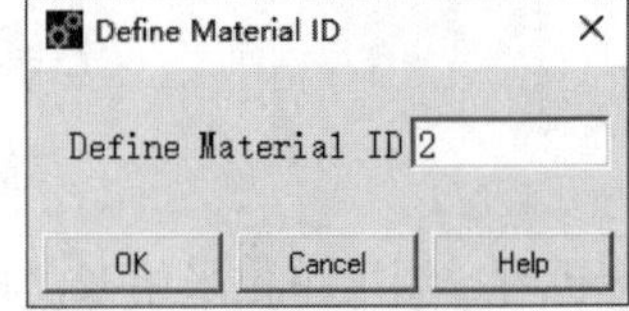

图 4-87 “Define Material ID”对话框

❺ 建立几何模型。

1) 建立热力管道矩形。选择 Main Menu > Preprocessor > Modeling > Create > Areas > Rectangle > By Dimensions, 弹出如图 4-88 所示的对话框。在“X1，X2”“Y1，Y2”中分别输入 R1、R2、0、L，单击“Apply”按钮。

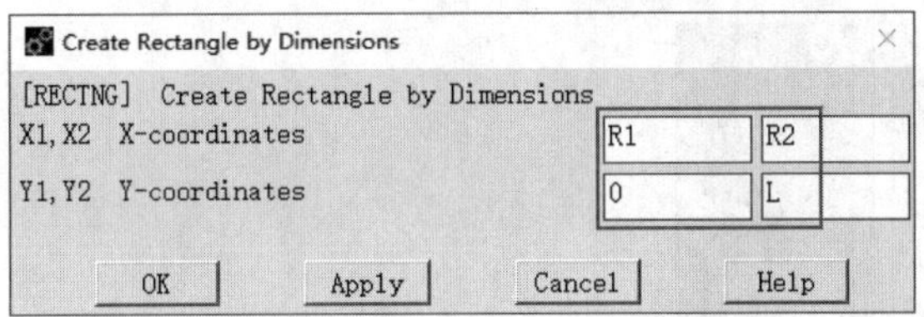

图 4-88 “Create Rectangle by Dimensions”对话框

2）建立保温层矩形。弹出如图 4-89 所示的对话框，在“X1，X2”“Y1，Y2”中分别输入 R2、R3、0、L，单击“OK”按钮。

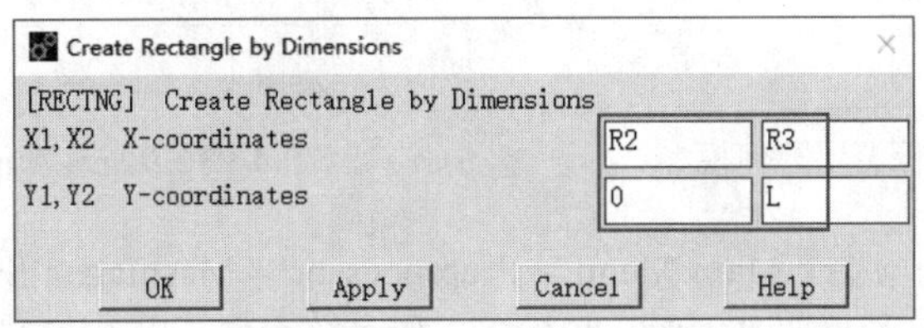

图 4-89 “Create Rectangle by Dimensions”对话框

❻ 几何模型布尔操作。选择 Main Menu > Preprocessor > Modeling > Operate > Booleans > Glue > Areas，在弹出的对话框中单击“Pick All”按钮。

❼ 赋予材料属性。

1）设置热力管道属性。选择 Main Menu > Preprocessor > Meshing > Mesh Attributes > Picked Areas，拾取 1 号面，如图 4-90 所示。单击“OK”按钮，弹出如图 4-91 所示的对话框，在“MAT”和“TYPE”中选择“1”和“1 PLANE55”。

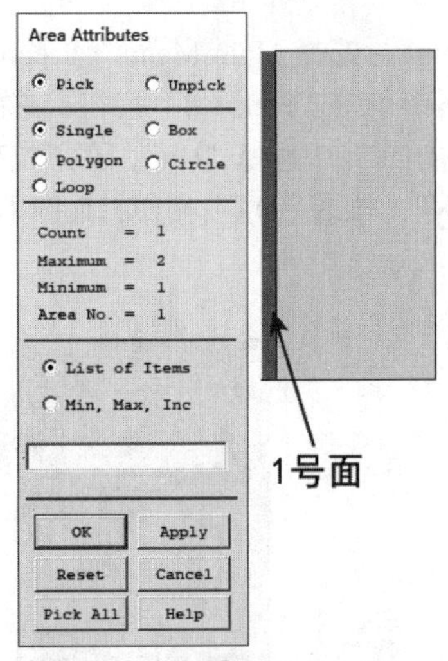

图 4-90 拾取热力管道几何模型

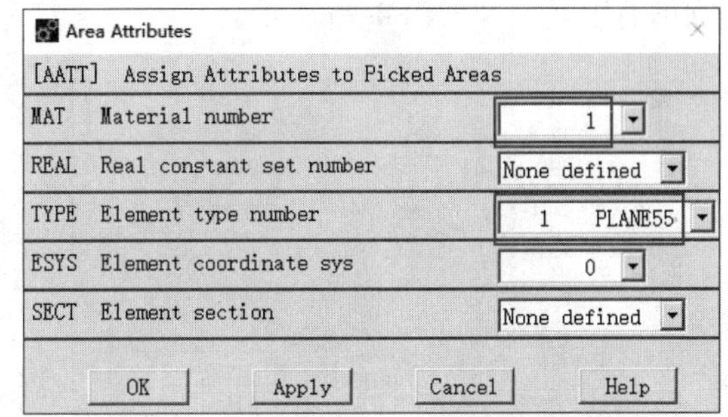

图 4-91 “Area Attributes”对话框

2）设置保温层属性。选择 Main Menu > Preprocessor > Meshing > Mesh Attributes > Picked Areas，拾取 3 号面，如图 4-92 所示。单击“OK”按钮，弹出如图 4-93 所示的对话框，在“MAT”和“TYPE”中选择“2”和“1 PLANE55”。

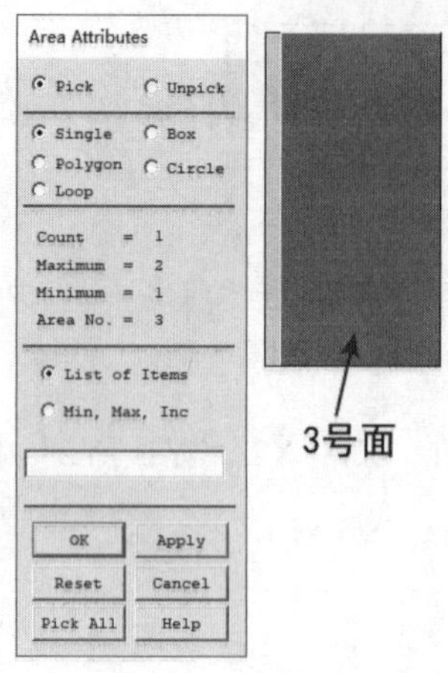

图 4-92　拾取保温层几何模型

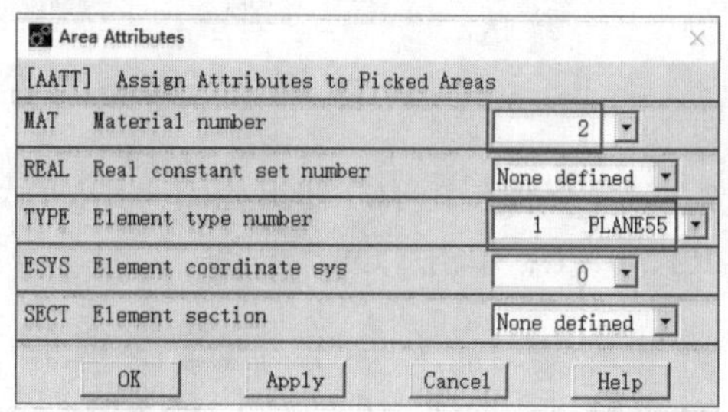

图 4-93　“Area Attributes”对话框

❽ 设置单元密度。选择 Main Menu > Preprocessor > Meshing > Size Cntrls > ManualSize > Global > Size，在弹出的对话框中的“SIZE”文本框中输入 0.0025，如图 4-94 所示，单击“OK”按钮。

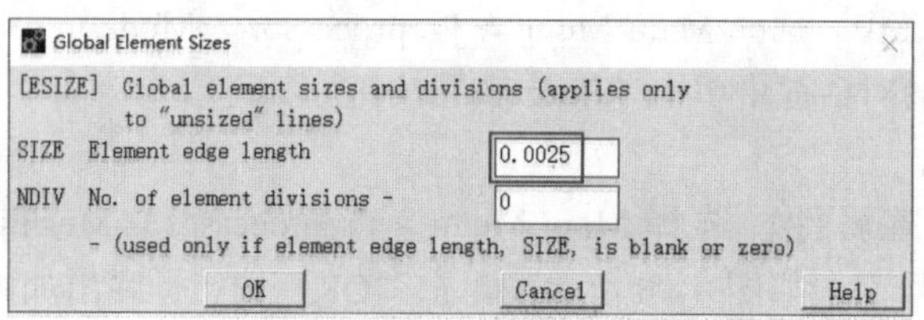

图 4-94　“Global Element Sizes”对话框

❾ 划分单元。选择 Utility Menu > Select > Everything，选择 Main Menu > Preprocessor > Meshing > Mesh > Areas > Target Surf，在弹出的对话框中单击“Pick All”按钮；选择 Utility Menu > PlotCtrls > Numbering，在弹出的对话框中的“NODE”中选择“On”，在下拉列表中选择“Material numbers”，在“/NUM”中选择“Colors only”，单击“OK”按钮，如图4-95所示。建立的有限元模型如图 4-96 所示。

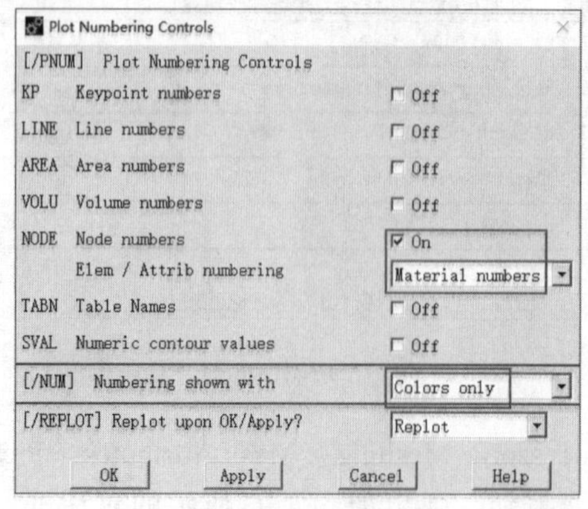

图 4-95　“Plot Numbering Controls”对话框

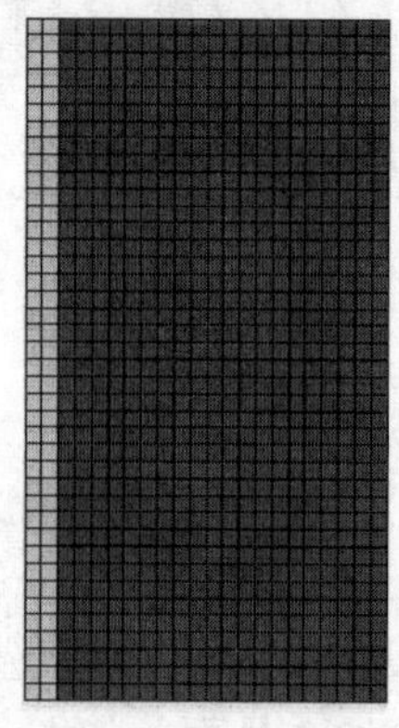

图 4-96　建立的有限元模型

⑩ 施加温度边界条件。

1）施加热力管道内壁温度。选择 Utility Menu > Plot > Areas，选择 Main Menu > Solution > Define Loads > Apply > Thermal > Temperature > On Lines，拾取 4 号线，如图 4-97 所示。单击“OK”按钮，弹出如图 4-98 所示的对话框，在“Lab2”中选择“TEMP”，在“VALUE”中输入 T1。

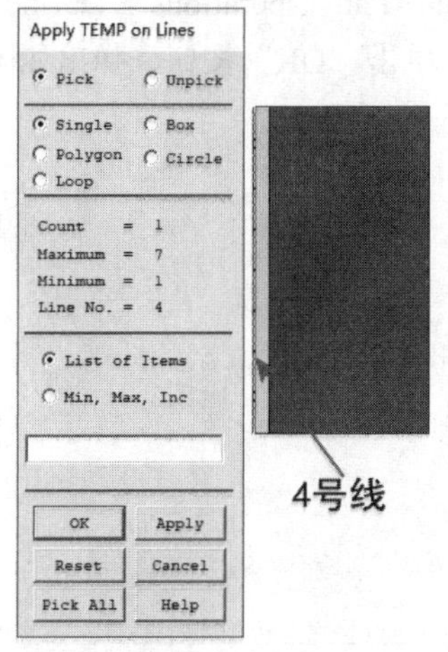

图 4-97　拾取热力管道温度边界

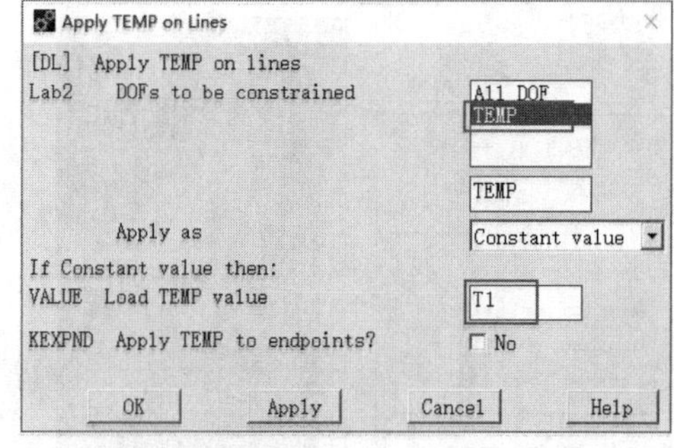

图 4-98　“Apply TEMP on Lines”对话框

2）施加保温层外壁温度。选择 Utility Menu > Plot > Areas，选择 Main Menu > Solution > Define Loads > Apply > Thermal > Temperature > On Lines，拾取 6 号线，如图 4-99 所示。在“Lab2”中选择“TEMP”，在“VALUE”中输入 T3，单击“OK”按钮，如图 4-100 所示。

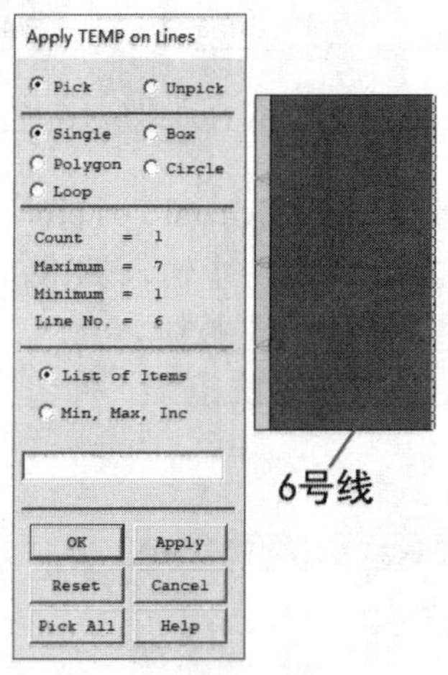

图 4-99　拾取保温层温度边界

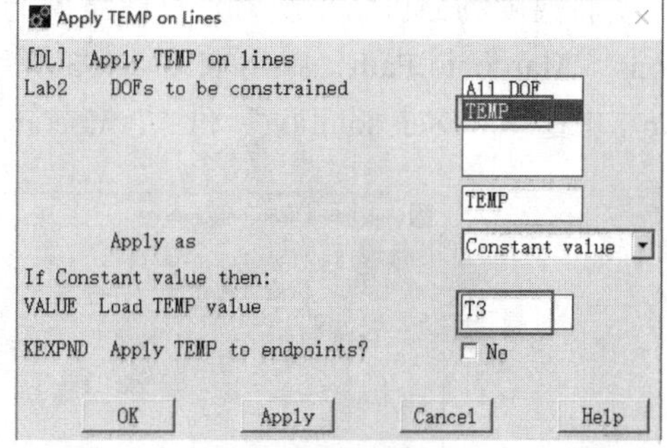

图 4-100　“Apply TEMP on Lines”对话框

⑪ 设置求解选项。选择 Main Menu > Solution > Analysis Type > New Analysis，在弹出的对话框中选择“Steady-State”，单击“OK”按钮。

⑫ 输出控制。选择 Main Menu > Solution > Analysis Type > Sol'n Controls，在弹出的对话框中的“Time at end of loadstep”中输入 1，其他采用默认设置，单击“OK”按钮。

⑬ 存盘。选择 Utility Menu > Select > Everything，在弹出的对话框中单击 Ansys Toolbar 中的“SAVE_DB”。

⑭ 求解。选择 Main Menu > Solution > Solve > Current LS，进行计算。

⑮ 显示沿径向温度分布。

1）定义径向路径。选择 Main Menu > General Postproc > Read Results > Last Set，读取最后一个子步的分析结果，选择 Main Menu > General Postproc > Path Operations > Define Path > By Nodes，如图 4-101 所示的对话框中的 Y = 0 的所有节点，单击“OK”按钮，弹出如图 4-102 所示的对话框。在“Name”中输入 RR2，单击“OK”按钮。

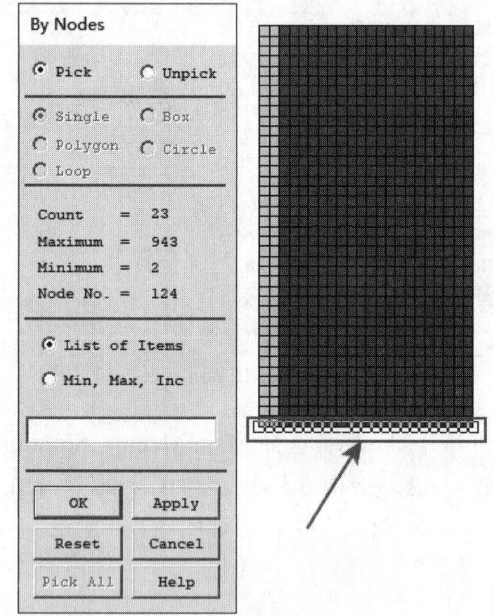

图 4-101　沿径向路径拾取的节点

By Nodes
[PATH] Define Path specifications
Name　Define Path Name :　RR2
nSets　Number of data sets　30
nDiv　Number of divisions　20
OK　Cancel　Help

图 4-102　“By Nodes”对话框

2）将温度场分析结果映射到径向路径上。选择 Main Menu > General Postproc > Path Operations > Map onto Path，弹出如图 4-103 所示的对话框。在“Lab”中输入 TRR，在“Item, Comp”中选择“DOF solution”和“Temperature TEMP”，单击“OK”按钮。

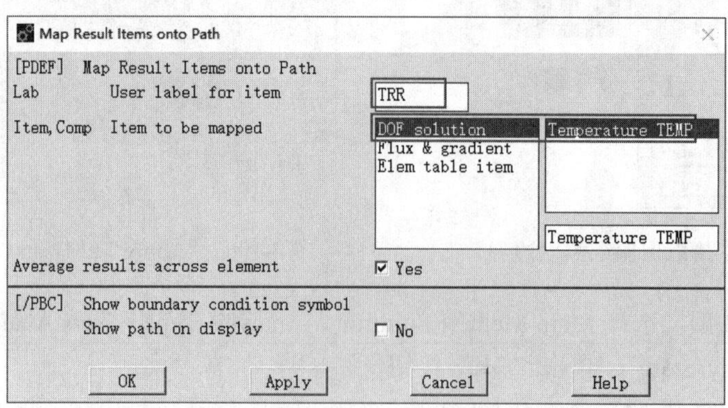

图 4-103　“Map Result Items onto Path”对话框

3）显示沿径向路径温度分布曲线。选择 Main Menu > General Postproc > Path Operations > Plot Path Item > On Graph，弹出如图 4-104 所示的对话框，在“Lab1-6”中选择“TRR”，单击“OK”按钮，沿径向路径的温度分布曲线如图 4-105 所示。

4）显示沿径向路径温度场分布云图。选择 Main Menu > General Postproc > Plot Results>Plot Path Item > On Geometry，弹出如图 4-106 所示的对话框。在“Item”中选择“TRR”，单击“OK”按钮。

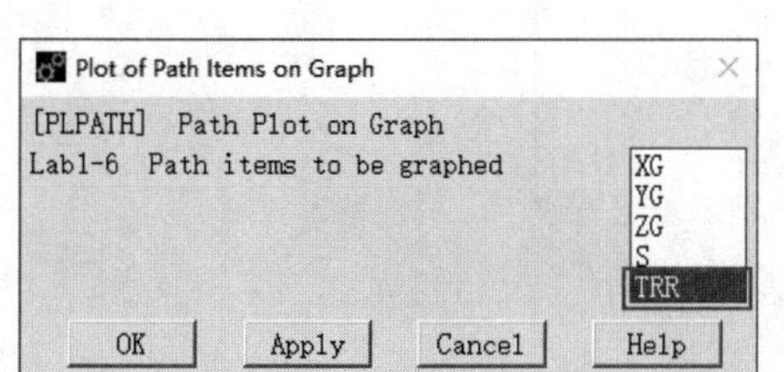

图 4-104 “Plot of Path Items on Graph”对话框

250 230 210 190 170 150 130 110 90 70 50
0 .55 1.1 1.65 2.2 2.75 3.3 3.85 4.4 4.95 5.5
(x10**-2)
DIST

图 4-105 沿径向路径的温度分布曲线

选择 Utility Menu > PlotCtrls > Window Controls > Window Options，弹出如图 4-107 所示的对话框。在“INFO”中选择“Legend ON”，单击“OK”按钮。沿径向路径的温度分布云图如图 4-108 所示。

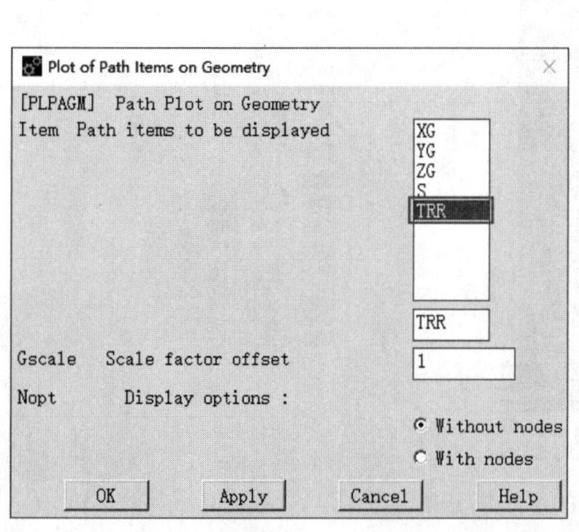

图 4-106 “Plot of Path Items on Geometry”对话框

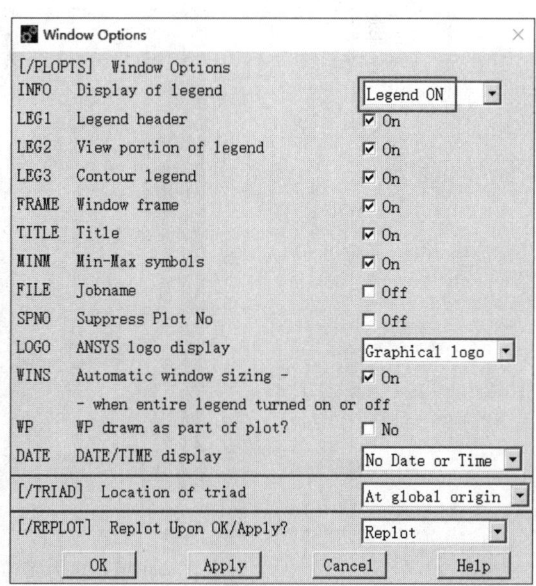

图 4-107 “Window Options”对话框

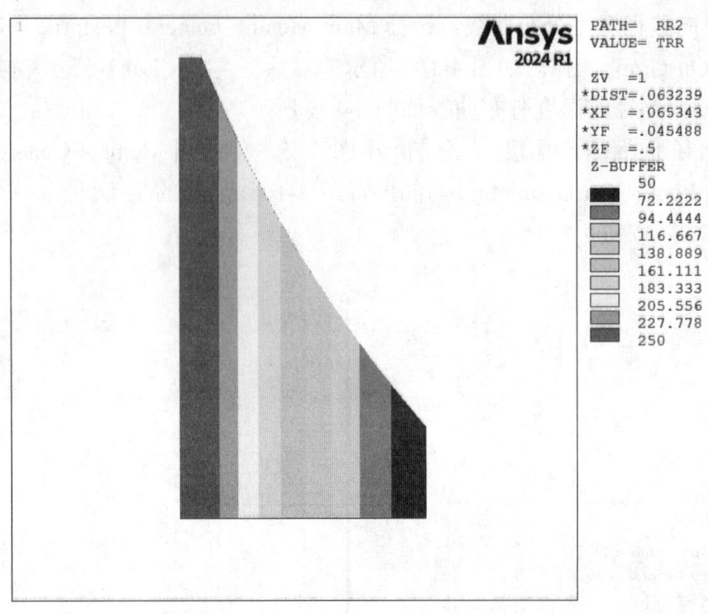

图 4-108 沿径向路径的温度分布云图

⑯ 显示温度场分布云图。

1）选择 Main Menu > General Postproc > Plot Results > Contour Plot > Nodal Solu，在弹出的对话框中选择“DOF Solution”和“Nodal Temperature”，单击“OK”按钮。热力管道的温度场分布云图如图 4-109 所示。

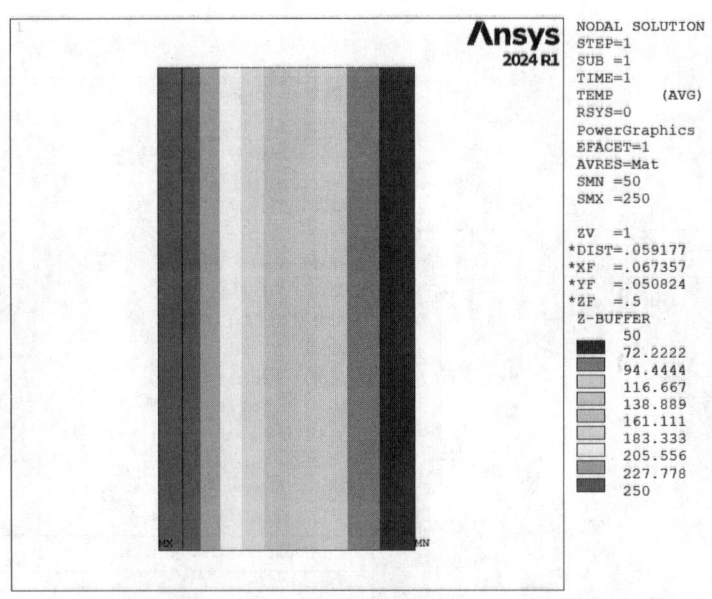

图 4-109 热力管道的温度场分布云图

2）选择 Utility Menu > PlotCtrls > Style > Symmetry Expansion > 2D Axi-Symmetric, 弹出如图 4-110 所示的对话框。在“Select expansion amount”中选择“3/4 expansion”，单击“OK”按

钮。热力管道的三维扩展的温度场分布云图如图 4-111 所示。

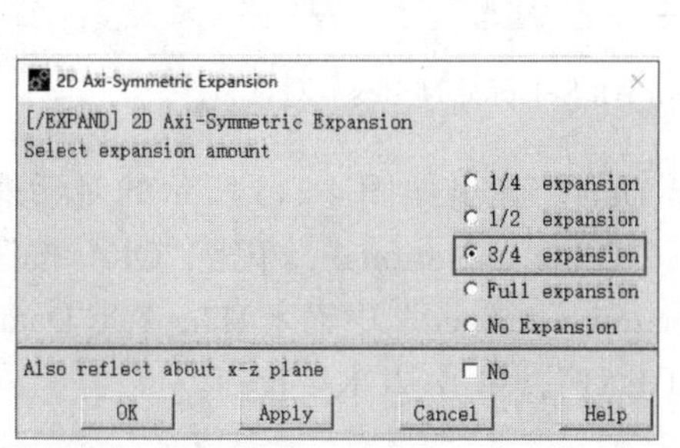

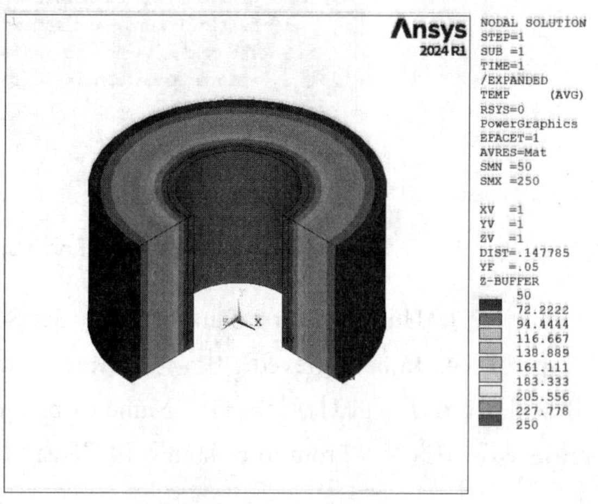

图 4-110 “2D Axi-Symmetric Expansion”对话框　图 4-111 热力管道的三维扩展的温度场分布云图

⑰ 获取交界面上 2 号节点温度。选择 Utility Menu > Parameters > Get Scalar Data，在弹出的对话框中的“Type of data to be retrieved”中选择“Results data”“Nodal results”，单击“OK”按钮，弹出如图 4-112 所示的对话框，在“Name of parameter to be defined”中输入 T2，在“Node number N”中输入 2，在“Results data to be retrieved”中选择“DOF solution”“Temperature TEMP”，单击“OK”按钮。

⑱ 获取热力管道内壁节点热流率。

1）选择 Utility Menu > Select > Entities，在弹出的如图 4-113 所示的对话框中选择“Nodes”“By Location”“X coordinates”，在“Min，Max”中输入 R1，单击“OK”按钮。

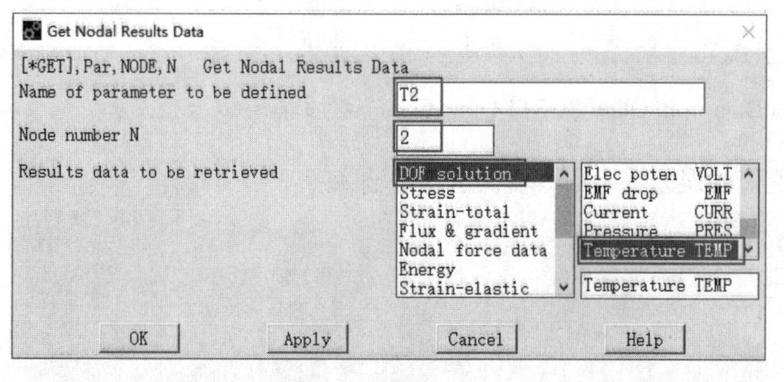

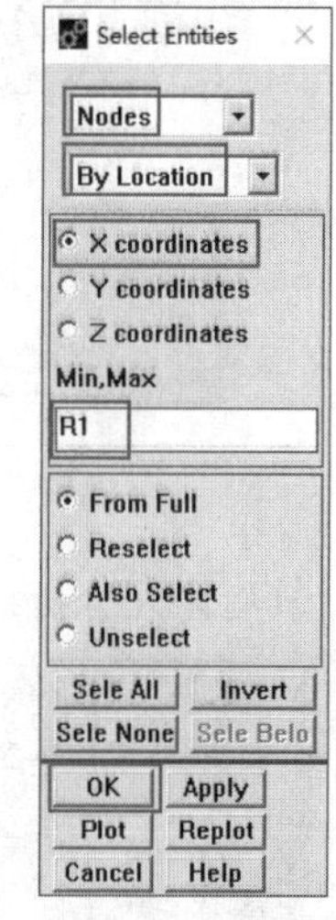

图 4-112 “Get Nodal Results Data”对话框　图 4-113 “Select Entities”对话框

2）选择 Main Menu > General Postproc > Nodal Calcs > Total Force Sum，弹出如图 4-114 所示的对话框，单击“OK”按钮。

Calculate Total Force Sum for All Selected Nodes

[FSUM] This function calculates, for all selected nodes, the total force and moment contributions of all selected elements attached to those nodes.

LAB Perform Summation in Global Cartesian

ITEM Selected Nodes ALL

OK Cancel Help

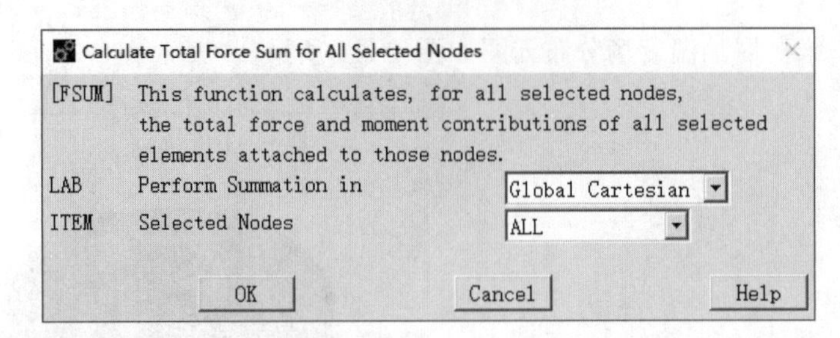

图 4-114 “Calculate Total Force Sum for All Selected Nodes”对话框

3）选择 Utility Menu > Parameters > Get Scalar Data，弹出如图 4-115 所示的对话框，在“Type of data to be retrieved”中选择“Results data”“Other operations”，单击“OK”按钮，弹出如图 4-116 所示的对话框，在“Name of parameter to be defined”中输入 HT，在“Data to be retrieved”中选择“From force sum”和“Heat flow HEAT”，单击“OK”按钮。

Get Scalar Data

[*GET] Get Scalar Data

Type of data to be retrieved

Current settings, Graphics data, Model data, Results data, Design opt data, Topo opt data, Parameters

Elem table sums, Elem table misc, Path operations, Other operations, Time-hist var's

Other operations

OK Cancel Help

图 4-115 “Get Scalar Data”对话框

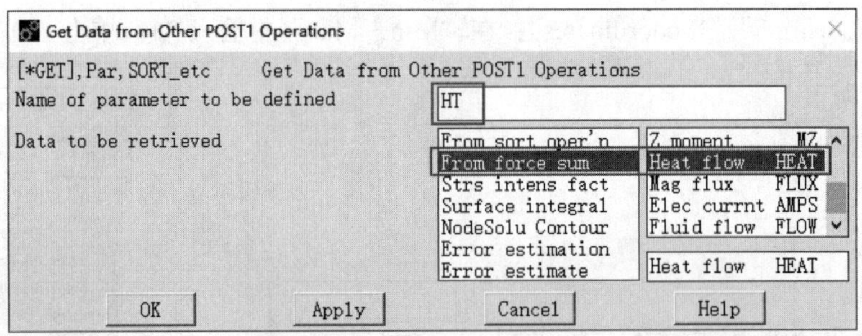

图 4-116 “Get Data from Other POST1 Operations”对话框

⑲ 计算有限元分析结果与理论值的误差。在命令输入窗口中输入：

```
DT = R3-R2
PI = 3.1415926
QF = (-HT)/L
RM = (R1+R3)/2
LQ = (T1-T3)/(DT/(2*PI*LB1*RM)+LOG(R3/R2)/(2*PI*LB2))    !热流率损失理论计算值
LT = T1-(LQ/(2*PI*LB1))*LOG(R2/R1)                       !交界面处温度的理论计算值
TER = 1-LT/T2                                            !计算交界面温度误差
QER = 1-LQ/QF                                            !计算热流率损失误差
```

⑳ 列出各参数值。选择 Utility Menu > List > Status > Parameters > All Parameters，列出的各参数计算结果如图 4-117 所示。可见，平面有限元分析与理论值的最大误差为 0.38%。

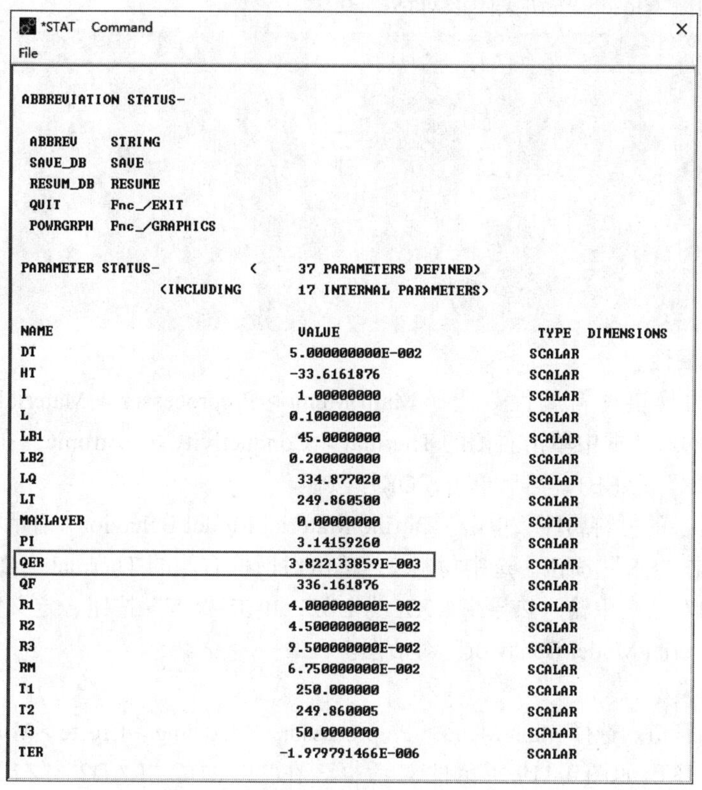

*STAT Command

File

ABBREVIATION STATUS-

ABBREV	STRING
SAVE_DB	SAVE
RESUM_DB	RESUME
QUIT	Fnc_/EXIT
POWRGRPH	Fnc_/GRAPHICS

PARAMETER STATUS- (37 PARAMETERS DEFINED)
(INCLUDING 17 INTERNAL PARAMETERS)

NAME	VALUE	TYPE	DIMENSIONS
DT	5.000000000E-002	SCALAR	
HT	-33.6161876	SCALAR	
I	1.00000000	SCALAR	
L	0.100000000	SCALAR	
LB1	45.0000000	SCALAR	
LB2	0.200000000	SCALAR	
LQ	334.877020	SCALAR	
LT	249.860500	SCALAR	
MAXLAYER	0.00000000	SCALAR	
PI	3.14159260	SCALAR	
QER	3.822133859E-003	SCALAR	
QF	336.161876	SCALAR	
R1	4.000000000E-002	SCALAR	
R2	4.500000000E-002	SCALAR	
R3	9.500000000E-002	SCALAR	
RM	6.750000000E-002	SCALAR	
T1	250.000000	SCALAR	
T2	249.860005	SCALAR	
T3	50.0000000	SCALAR	
TER	-1.979791466E-006	SCALAR	

图 4-117 各参数的计算结果

02 进行三维分析

❶ 清除数据库。选择 Utility Menu > File > Clear & Start New，在弹出的对话框中单击“OK”按钮，在随后弹出的对话框中单击“Yes”按钮。

❷ 定义分析文件名。选择 Utility Menu > File > Change Jobname，在弹出的如图 4-118 所示对话框中输入 Exercise-2，单击“OK”按钮。

❸ 定义单元类型。选择 Main Menu > Preprocessor > Element Type > Add/Edit/Delete，在弹出的“Element Types”对话框中单击“Add”按钮，在弹出的对话框中选择“Thermal Solid”“8node 70”三维 8 节点六面体单元，单击“OK”按钮，再单击单元类型对话框中的“Close”按钮，关闭单元类型对话框。

Change Jobname

[/FILNAM] Enter new jobname Exercise-2

New log and error files? ☐ No

OK Cancel Help

图 4-118 “Change Jobname”对话框

❹ 定义参数。单击菜单栏中的 Parameters > Scalar Parameters 命令，打开“Scalar Parameters”对话框，在“Selection”文本框中依次输入（每次输入后都要单击“Accept”按钮，全部输入完成之后单击“Close”按钮关闭该对话框）：

```
R1 = 0.04
R2 = 0.045
R3 = 0.095
L = 0.1
LB1 = 45
LB2 = 0.2
T1 = 250
T3 = 50
```

❺ 定义材料属性。

1）定义热力管道材料属性。选择 Main Menu > Preprocessor > Material Props > Material Models，在弹出的对话框中单击右侧的 Thermal > Conductivity > Isotropic，在弹出的对话框中输入热导率“KXX”为 LB1，然后单击“OK”按钮。

2）定义保温层的材料属性。单击“Define Material Model Behavior”对话框中的 Material > New Model，单击“OK”按钮。选中材料 2，单击对话框右侧的 Thermal > Conductivity > Isotropic，在弹出的对话框中输入热导率 KXX 为 LB2，单击“OK”按钮；定义完材料参数以后，关闭“Define Material Model Behavior”对话框。

❻ 建立几何模型。

1）建立热力管道。选择 Main Menu > Preprocessor > Modeling > Create > Volumes > Cylinder > By Dimensions，弹出如图 4-119 所示的对话框。在“RAD1”“RAD2”“Z1，Z2”“THETA1”“THETA2”中分别输入 R1，R2，0、L，0，90，单击“Apply”按钮。

2）建立保温层。弹出如图 4-120 所示的对话框，在“RAD1”“RAD2”“Z1，Z2”“THETA1”“THETA2”中分别输入 R2，R3，0、L，0，90，单击“OK”按钮。

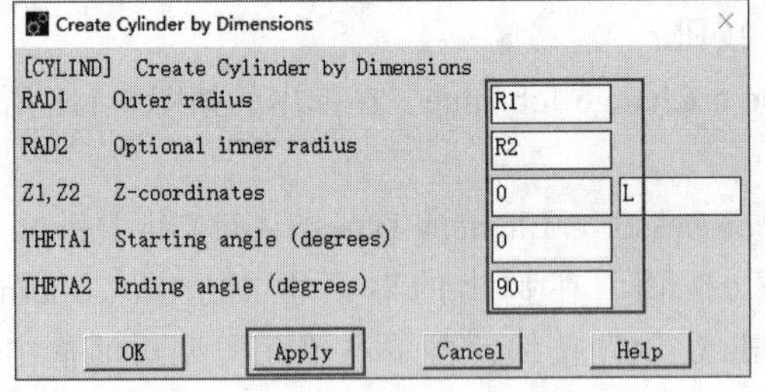

图 4-119 “Create Cylinder by Dimensions”对话框

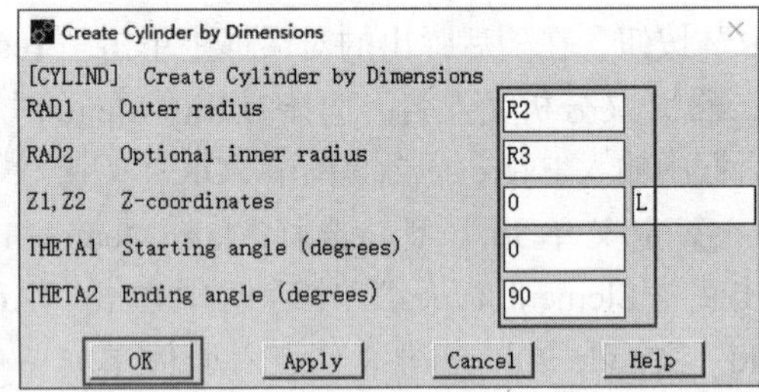

图 4-120 “Create Cylinder by Dimensions”对话框

❼ 几何模型布尔操作。选择 Main Menu > Preprocessor > Modeling > Operate > Booleans > Glue > Volumes，在弹出的对话框中单击“Pick All”按钮。

❽ 赋予材料属性。

1）设置热力管道属性。选择 Main Menu > Preprocessor > Meshing > Mesh Attributes > Picked Volumes，拾取 1 号面，如图 4-121 所示。单击“OK”按钮，弹出如图 4-122 所示的对话框，分别在对话框中的“MAT”和“TYPE”中选择“1”和“1 SOLID70”。

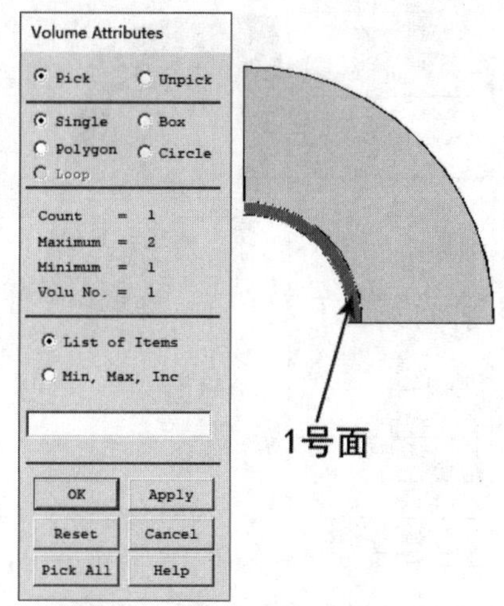

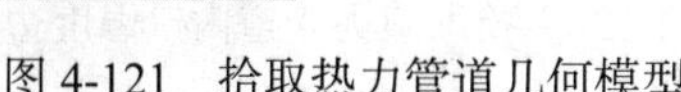

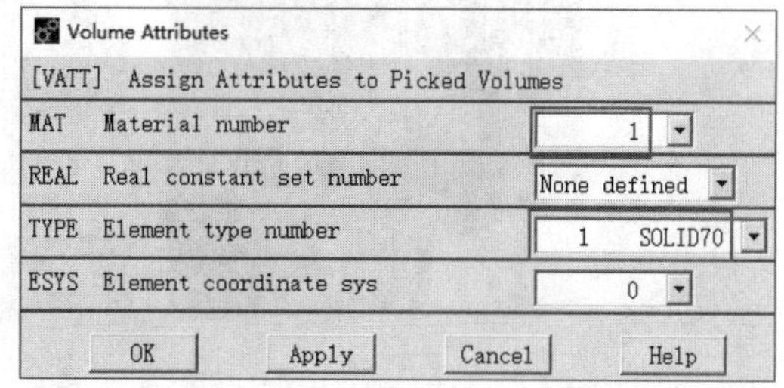

图 4-121 拾取热力管道几何模型

图 4-122 “Volume Attributes”对话框

2）设置保温层属性。选择 Main Menu > Preprocessor > Meshing > Mesh Attributes > Picked Volumes，拾取 3 号面，如图 4-123 所示。单击“OK”按钮，弹出如图 4-124 所示的对话框。分别在对话框中的“MAT”和“TYPE”中选择“2”和“1 SOLID70”。

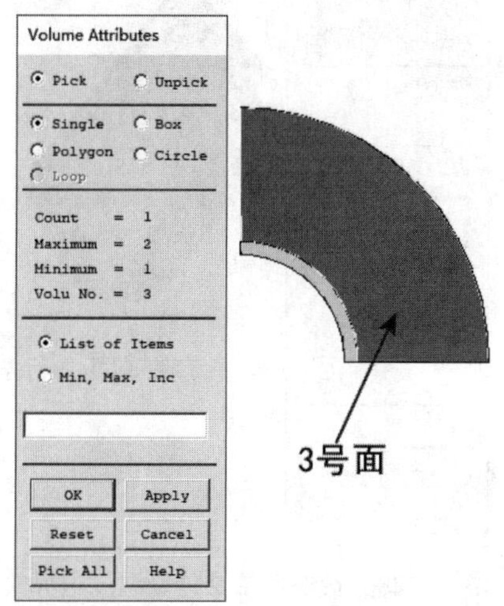

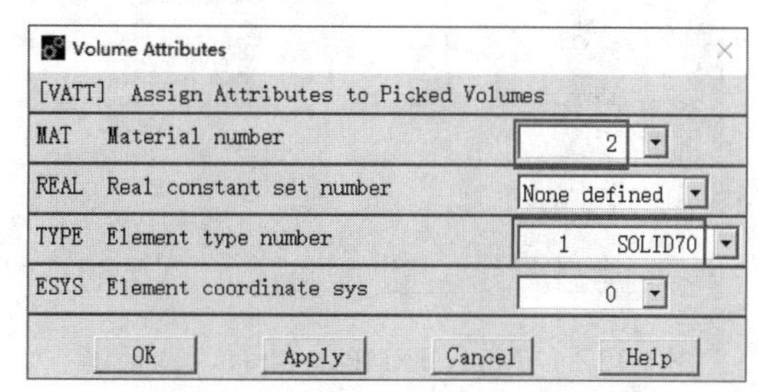

图 4-123 拾取保温层几何模型

图 4-124 “Volume Attributes”对话框

❾ 设置单元密度。选择 Main Menu > Preprocessor > Meshing > Size Cntrls > ManualSize > Global > Size，在弹出的对话框中的“SIZE”文本框中输入 0.0025，单击“OK”按钮。

❿ 划分单元。选择 Main Menu > Preprocessor > Meshing > Mesh > Volumes > Mapped > 4 to 6 sided，在弹出的对话框中单击“Pick All”按钮。建立的有限元模型如图 4-125 所示。

⓫ 施加温度边界条件。

1）施加热力管道内壁温度。选择 Main Menu > Solution > Define Loads > Apply > Thermal > Temperature > On Areas，拾取 4 号面，如图 4-126 所示。单击“OK”按钮，弹出如图 4-127 所示的对话框，在“Lab2”中选择“TEMP”，在“VALUE”中输入“T1”。

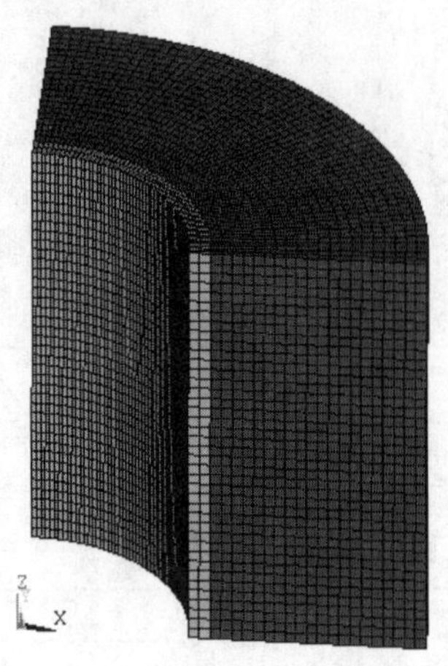

图 4-125　建立的有限元模型

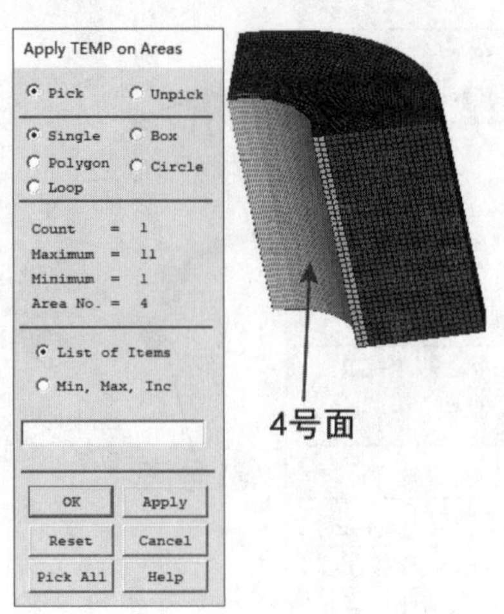

图 4-126　拾取热力管道内壁温度边界

2）施加保温层外壁温度。选择 Main Menu > Solution > Define Loads > Apply > Thermal > Temperature > On Areas，拾取 9 号面，如图 4-128 所示。单击"OK"按钮，弹出如图 4-129 所示的对话框，在"Lab2"中选择"TEMP"，在"VALUE"中输入"T3"。

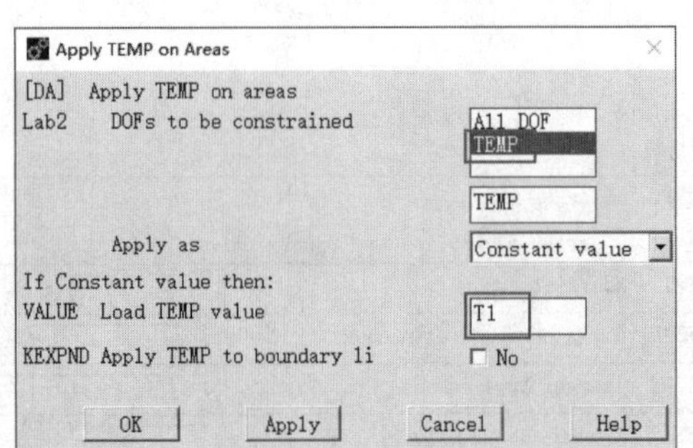

图 4-127　"Apply TEMP on Areas"对话框

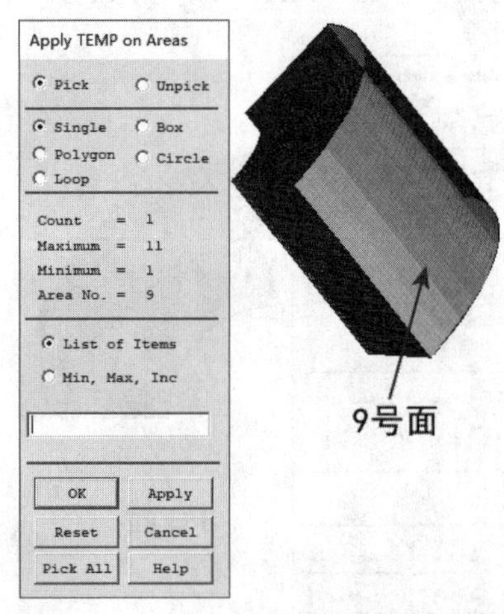

图 4-128　拾取保温层外壁温度边界

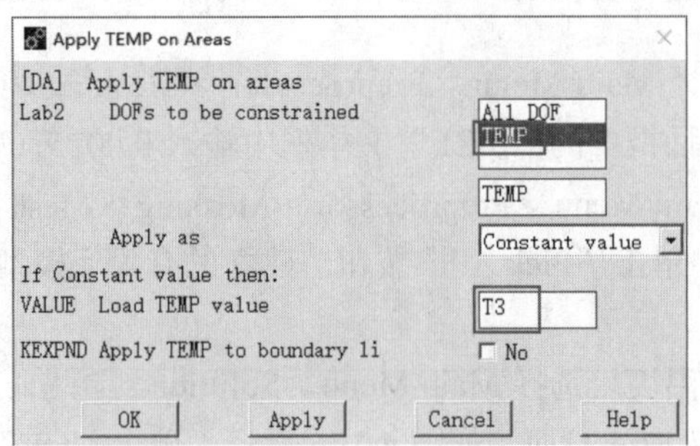

图 4-129　"Apply TEMP on Areas"对话框

⓬ 设置求解选项。选择 Main Menu > Solution > Analysis Type > New Analysis, 在弹出的对话框中选择“Steady-State”，单击“OK”按钮。

⓭ 输出控制。选择 Main Menu > Solution > Sol’n Controls，在弹出的对话框中的“Time at end of loadstep”中输入 1，其他采用默认设置，单击“OK”按钮。

⓮ 存盘。选择 Utility Menu > Select > Everything，在弹出的对话框中单击 Ansys Toolbar 中的“SAVE_DB”。

⓯ 求解。选择 Main Menu > Solution > Solve > Current LS，进行计算。

⓰ 显示沿径向温度分布。

1）定义径向路径。选择 Main Menu > General Postproc > Read Results > Last Set, 读取最后一个子步的分析结果。选择 Main Menu > General Postproc > Path Operations > Define Path > By Nodes，拾取如图 4-130 所示对话框中 Y = 0、Z = 0 的所有节点，单击“OK”按钮，弹出如图 4-131 所示的对话框。在“Name”中输入 R2，单击“OK”按钮。

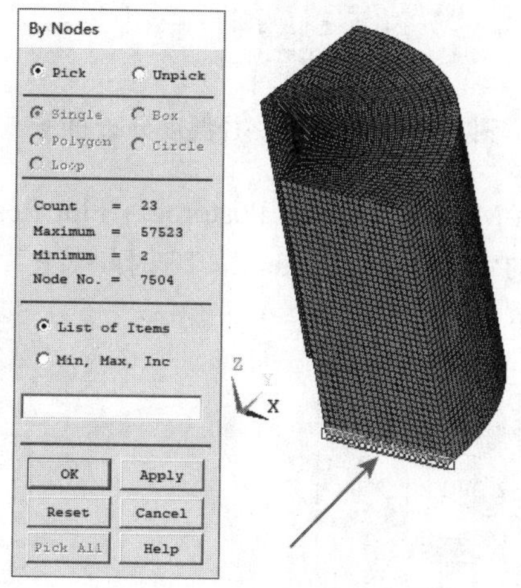

图 4-130 沿径向路径拾取的节点

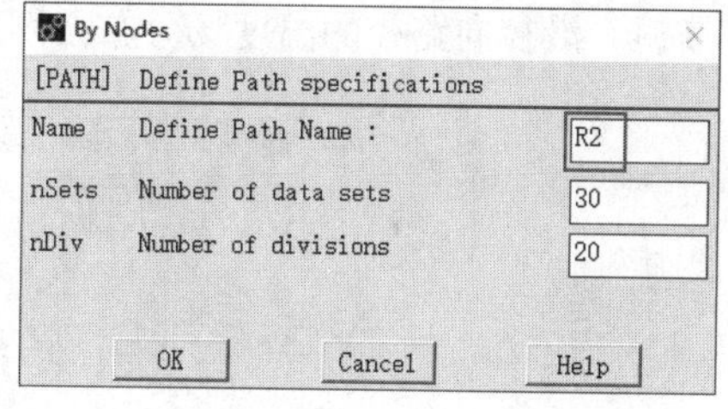

图 4-131 “By Nodes”对话框

2）将温度场分析结果映射到径向路径上。选择 Main Menu > General Postproc > Path Operations > Map onto Path，弹出如图 4-132 所示的对话框。在“Lab”中输入 TR，在“Item, Comp”中选择“DOF solution”和“Temperature TEMP”，单击“OK”按钮。

Map Result Items onto Path

[PDEF] Map Result Items onto Path

Lab User label for item TR

Item,Comp Item to be mapped DOF solution / Flux & gradient / Elem table item — Temperature TEMP

Temperature TEMP

Average results across element ☑ Yes

[/PBC] Show boundary condition symbol

Show path on display ☐ No

OK Apply Cancel Help

图 4-132 “Map Result Items onto Path”对话框

3）显示沿径向路径温度分布曲线。选择 Main Menu > General Postproc > Path Operations > Plot Path Item > On Graph，弹出如图 4-133 所示的对话框。在“Lab1-6”中选择“TR”，单击“OK”按钮。沿径向路径温度分布曲线如图 4-134 所示。

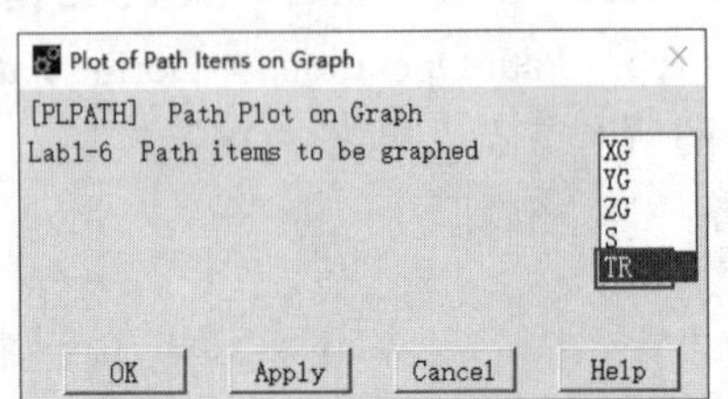

图 4-133 “Plot of Path Items on Graph”对话框

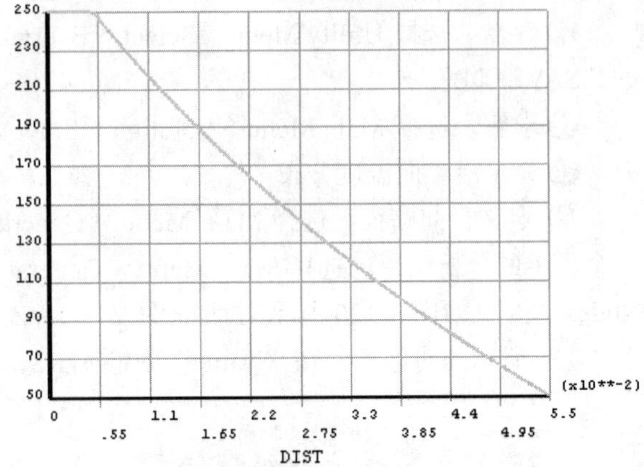

图 4-134 沿径向路径温度分布曲线

4）显示沿径向路径温度场分布云图。选择 Main Menu > General Postproc > Plot Results > Plot Path Item > On Geometry，弹出如图 4-135 所示的对话框。在“Item”中选择“TR”，单击“OK”按钮。沿径向路径的温度场分布云图如图 4-136 所示。

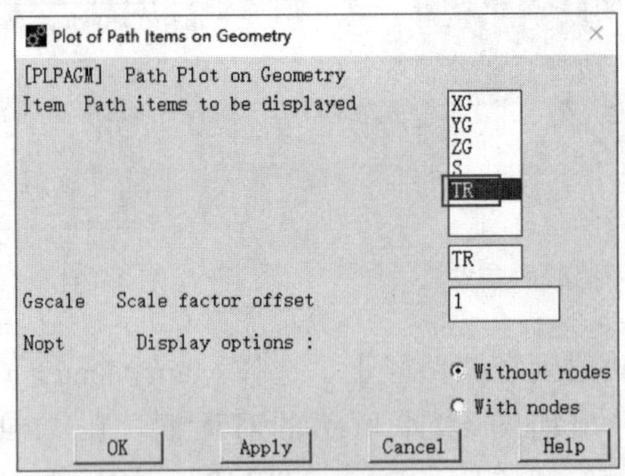

图 4-135 “Plot of Path Items on Geometry”对话框

⓱ 显示温度场分布云图。

1）选择 Utility Menu > PlotCtrls > Window Controls > Window Options, 在弹出的对话框中的“INFO”中选择“Legend ON”，单击“OK”按钮。

2）选择 Main Menu > General Postproc > Plot Results > Contour Plot > Nodal Solu, 在弹出的对话框中选择“DOF solution”和“Nodal Temperature”，单击“OK”按钮。热力管道的温度场分布云图如图 4-137 所示。

3）选择 Utility Menu > PlotCtrls > Style > Symmetry Expansion > Periodic/ Cyclic Symmetry，在弹出的对话框中的“Select type of cyclic symmetry”中选择“1/4 Dihedral Sym”，单击“OK”按钮。热力管道的扩展的温度场分布云图如图 4-138 所示。

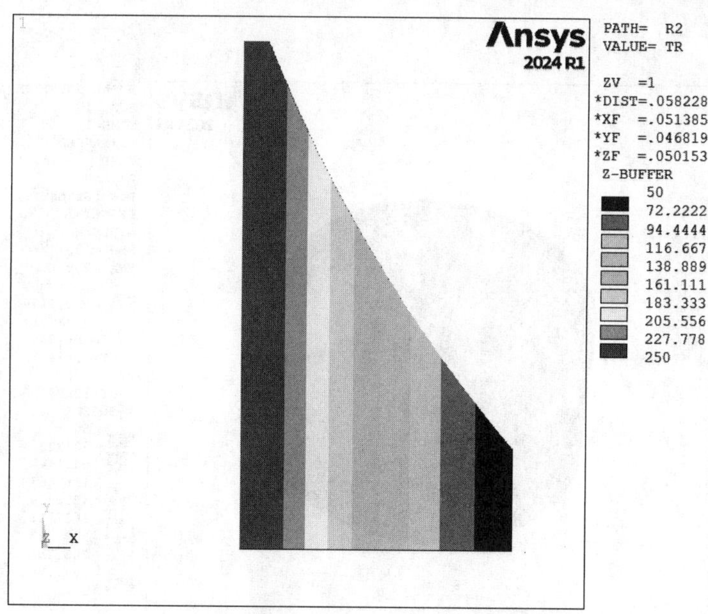

图 4-136 沿径向路径的温度场分布云图

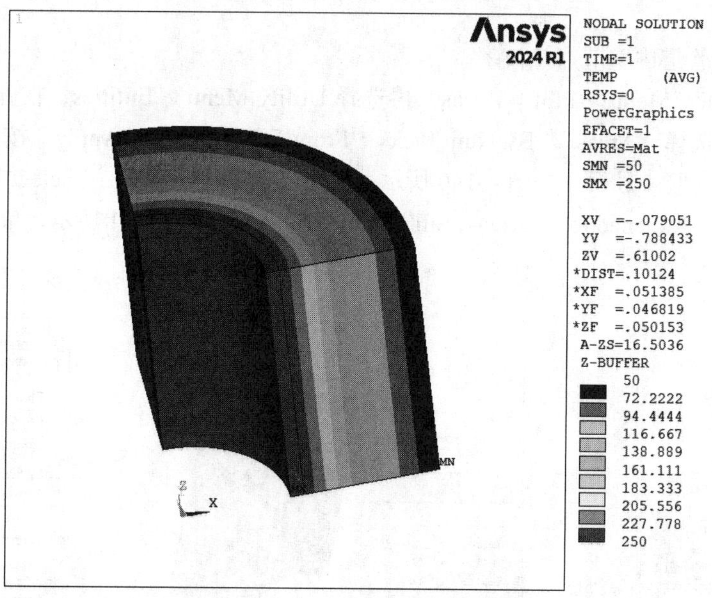

图 4-137 热力管道的温度场分布云图

4）选择 Utility Menu > PlotCtrls > Style > Symmetry Expansion > No Expansion，再选择 Utility Menu > Plot > Elements。

⓲ 获取交界面上 2 号节点温度。选择 Utility Menu > Parameters > Get Scalar Data，在弹出的对话框中的“Type of data to be retrieved”中选择“Results data”“Nodal results”，单击“OK”按钮，在弹出的对话框中的“Name of parameter to be defined”中输入“T2”，在“Node number N”中输入 2，在“Results data to be retrieved”选择“DOF solution”“Temperature TEMP”，单击

"OK"按钮。

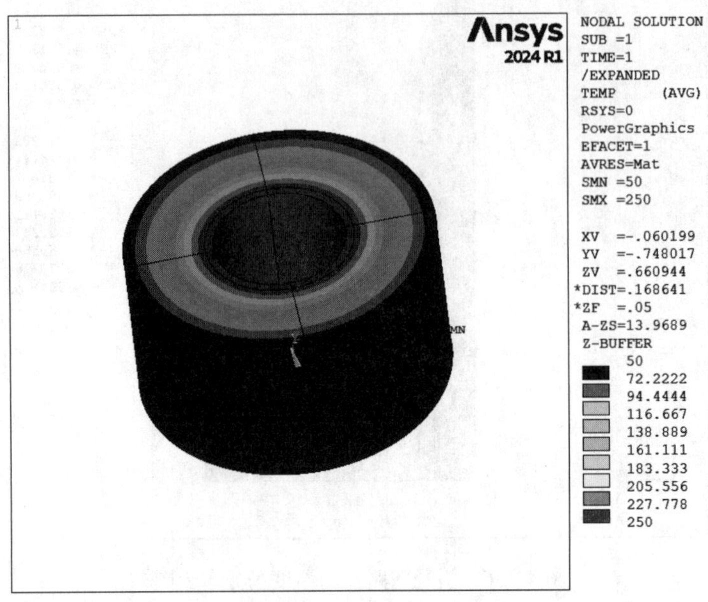

图 4-138　热力管道的扩展的温度场分布云图

⓳ 获取热力管道内壁节点热流率。

1）选择 Utility Menu > Plot > Areas，再选择 Utility Menu > Entities，在弹出的如图 4-139 所示的对话框中选择"Areas""By Num/Pick""From Full"。单击"Apply"按钮，在弹出的对话框中拾取管道内壁 4 号面，如图 4-140 所示，单击"OK"按钮。在"Select Entities"对话框中选择"Nodes""Attached to""Areas，all""From Full"，如图 4-141 所示，单击"OK"按钮。

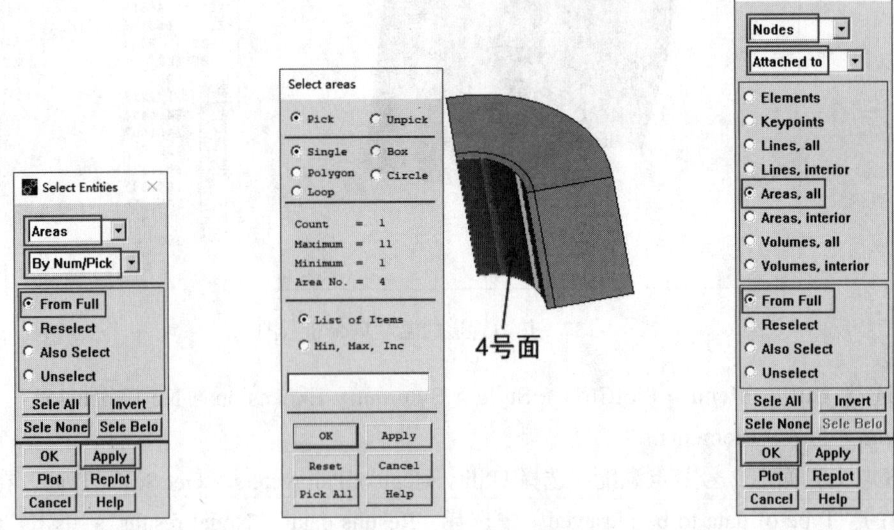

图 4-139　"Select Entities"对话框　图 4-140　管道内壁面拾取示意图　图 4-141　"Select Entities"对话框

2）选择 Main Menu > General Postproc > Nodal Calcs > Total Force Sum，在弹出的对话框中单击“OK”按钮。选择 Utility Menu > Parameters > Get Scalar Data，在弹出的对话框中的“Type of data to be retrieved”中选择“Results data”“Other operations”。单击“OK”按钮，在弹出的对话框中的“Name of parameter to be defined”中输入 HT，在“Data to be retrieved”选择“From force sum”和“Heat flow HEAT”，然后单击“OK”按钮。

⑳ 计算有限元分析结果与理论值的误差。在命令输入窗口中输入：

```
DT = R3−R2
PI = 3.1415926
QF = (−HT*4)/L
RM = (R1+R3)/2
LQ = (T1−T3)/(DT/(2*PI*LB1*RM)+LOG(R3/R2)/(2*PI*LB2))      ! 热流率损失理论计算值
LT = T1−(LQ/(2*PI*LB1))*LOG(R2/R1)                          ! 交界面处温度的理论计算值
TER = 1−LT/T2                                               ! 计算交界面温度误差
QER = 1−LQ/QF                                               ! 计算热流率损失误差
```

㉑ 列出各参数值。选择 Utility Menu > List > Status > Parameters > All Parameters，各参数的计算结果如图 4-142 所示。可见，三维有限元分析与理论值的最大误差为 0.39%。

㉒ 退出 Ansys。单击 Ansys Toolbar 中的“QUIT”，选择“Quit - No Save!”后单击“OK”按钮。

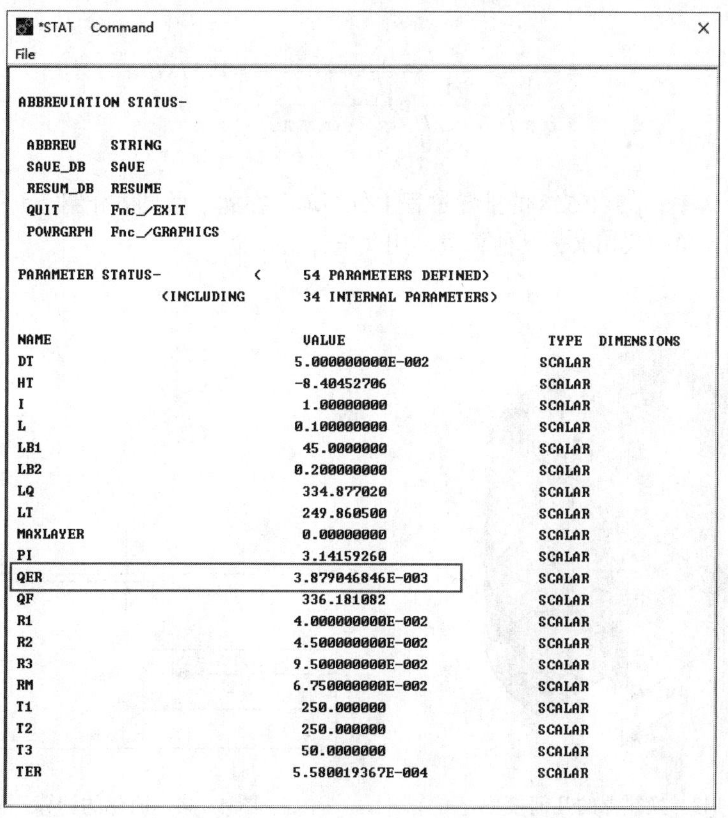

图 4-142 各参数的计算结果

4.3.4 APDL 命令流程序

略，见随书电子资料包。

4.4 实例四——肋片换热器分析

4.4.1 问题描述

由外径 d_0 = 25mm、壁厚为 1.4mm 的钢管组成的换热器，管外装有高 l 为 20mm、厚为 0.5mm 的矩形剖面环肋，肋片间距为 5mm（包括一个肋片厚在内），换热器的几何模型如图 4-143 所示。管壁与肋厚的热导率 λ = 42W/(m·K)，管内流体温度 t_i = 95℃，表面传热系数 α_i = 1500 W/(m^2·K)。管外流体温度 t_0 = 20℃，表面传热系数 α_0 = 53 W/(m^2·K)。试计算每米管长的传热量。

4.4.2 问题分析

本例属于轴对称问题，并且肋片沿轴向具有周期性，分析时只对一个叶片进行分析，简化的计算几何模型如图 4-144 所示。应用传热学基本理论，选用平面热分析 PLANE55 单元进行有限元分析。每米管长的传热量按下式计算：

$$Q=\frac{t_i-t_0}{\dfrac{1}{\alpha_i\pi d_i}+\dfrac{1}{2\pi\lambda l}\ln\dfrac{d_0}{d_i}+\dfrac{1}{\alpha_0\eta_0\pi d_0}}=1937\text{W/m}$$

式中，η_0 为肋总效率；η_0 = 0.538 的推导过程十分烦琐，在此不做具体介绍。

分析时，温度单位采用 K，其他单位采用法定计量单位。

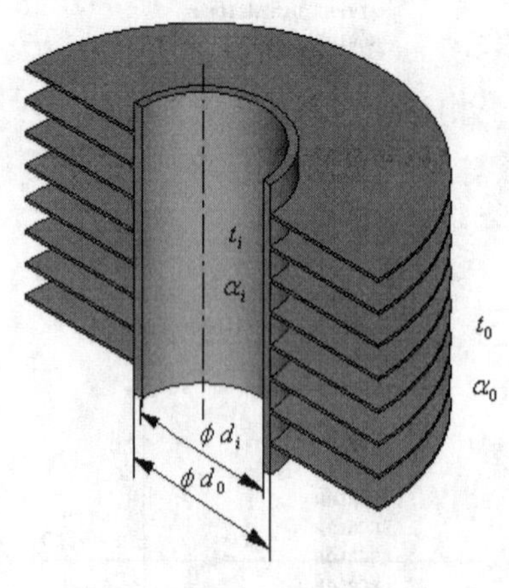

图 4-143 换热器的几何模型

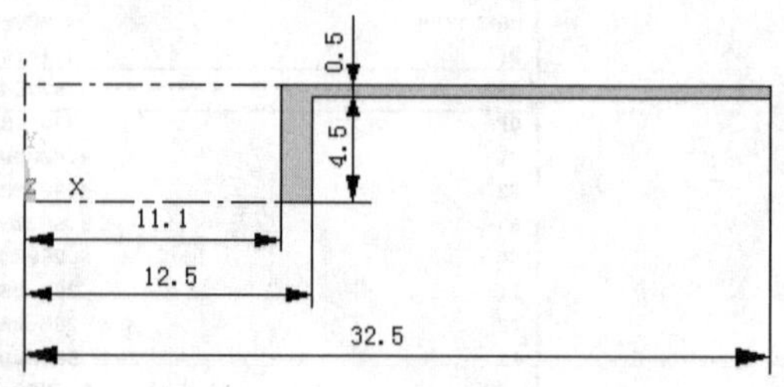

图 4-144 简化的计算几何模型

4.4.3 GUI操作步骤

01 定义分析文件名

选择 Utility Menu > File > Change Jobname，在弹出的对话框中输入“Exercise”，单击“OK”按钮。

02 定义单元类型

选择 Main Menu > Preprocessor > Element Type > Add/Edit/Delete，在弹出的“Element Types”对话框中单击“Add”按钮，在弹出的对话框中选择“Solid”“Quad 4node 55”二维4节点平面单元，单击“OK”按钮。在弹出的对话框中单击“Options”按钮，在弹出的对话框中的“K3”中选择“Axisymmetric”，单击“OK”按钮，再单击“Close”按钮，关闭单元类型对话框。

03 定义参数

单击菜单栏中的Parameters > Scalar Parameters命令，打开“Scalar Parameters”对话框，在“Selection”文本框中依次输入（每次输入后都要单击“Accept”按钮，全部输入完成之后单击“Close”按钮关闭该对话框）：

```
D0 = 0.025
D1 = 0.0222
L = 0.02
LB = 42
T1 = 95
T0 = 20
AP1 = 1500
AP0 = 53
Y0 = 0.538
```

04 定义材料属性

选择Main Menu > Preprocessor > Material Props > Material Models，单击对话框右侧的Thermal > Conductivity > Isotropic，在弹出的对话框中输入热导率“KXX”为“LB”，单击“OK”按钮。

05 建立几何模型

选择 Main Menu > Preprocessor > Modeling > Create > Areas > Rectangle > By Dimensions，在弹出的对话框中的“X1，X2”“Y1，Y2”中分别输入D1/2、D0/2、0、0.0045，单击“Apply”按钮；再分别输入D1/2、D0/2、0.0045、0.005，单击“Apply”按钮；再分别输入D0/2、D0/2+L、0.0045、0.005，单击“OK”按钮。建立的几何模型如图4-145所示。

06 几何模型布尔操作

选择Main Menu > Preprocessor > Modeling > Operate > Booleans > Glue > Areas，在弹出的对话框中单击“Pick All”按钮。

07 设置单元密度

选择Main Menu > Preprocessor > Meshing > Size Cntrls > ManualSize > Global > Size，在弹出的对话框中的“SIZE”文本框中输入0.00025，单击“OK”按钮。

08 划分单元

选择Utility Menu > Select > Everything，选择Main Menu > Preprocessor > Meshing > Mesh >

Areas > Target Surf，在弹出的对话框中单击“Pick All”按钮。建立的有限元模型如图 4-146 所示。

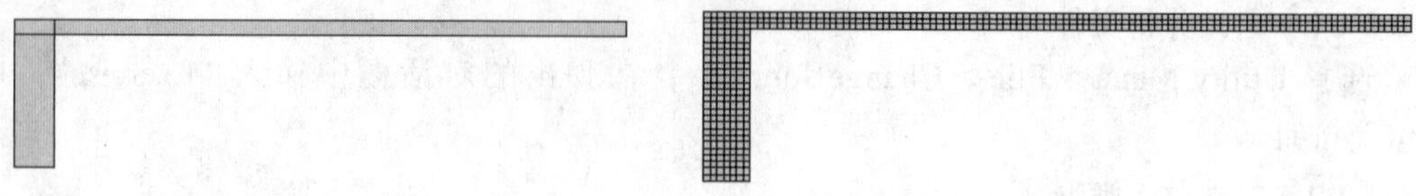

图 4-145　建立的几何模型　　　图 4-146　建立的有限元模型

09 施加对流换热载荷

❶ 施加管道内壁对流换热载荷。选择 Main Menu > Solution > Define Loads > Apply > Thermal > Convection > On Lines，拾取管道内壁的 4 号线和 14 号线，如图 4-147 所示。然后单击“OK”按钮，弹出如图 4-148 所示的对话框，在“VALI”中输入“AP1”，在“VAL2I”中输入“T1”，单击“OK”按钮。

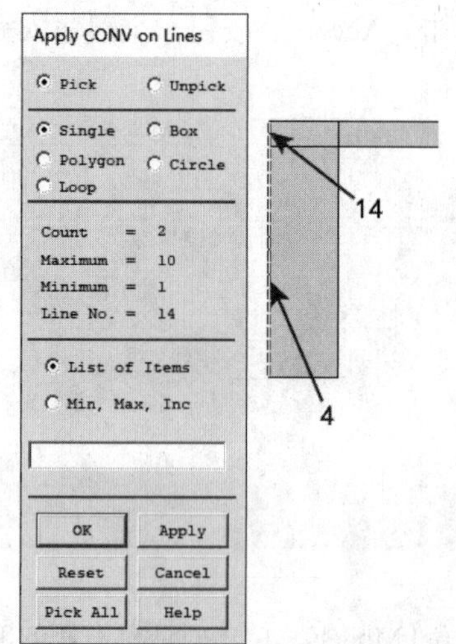

图 4-147　拾取管道内壁对流换热边界

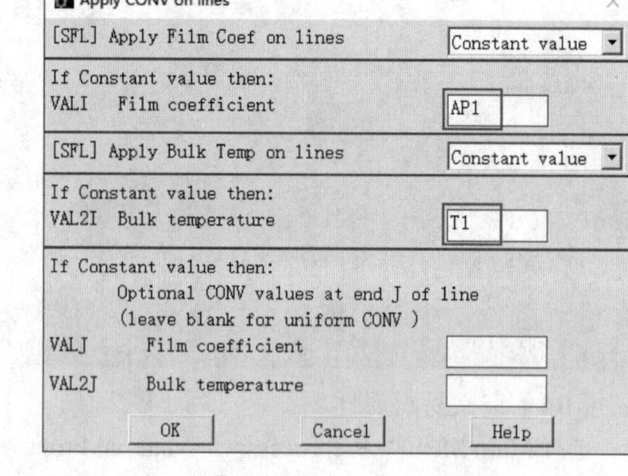

图 4-148　“Apply CONV on lines”对话框

❷ 施加蒸汽管道内壁对流换热载荷。选择 Main Menu > Solution > Define Loads > Apply > Thermal > Convection > On Lines，拾取管道外壁的 2、10、15、16 号 4 条直线，如图 4-149 所示。单击“OK”按钮，弹出如图 4-150 所示的对话框。在“VALI”中输入“AP0”，在“VAL2I”中输入“T0”，单击“OK”按钮。

10 设置求解选项

选择 Main Menu > Solution > Analysis Type > New Analysis，在弹出的对话框中选择“Steady-State”，单击“OK”按钮。

11 输出控制

选择 Main Menu > Solution > Analysis Type > Sol’n Controls，在弹出的对话框中的“Time at end of loadstep”中输入 1，其他采用默认设置，单击“OK”按钮。

12 存盘

选择 Utility Menu > Select > Everything，单击 Ansys Toolbar 中的“SAVE_DB”。

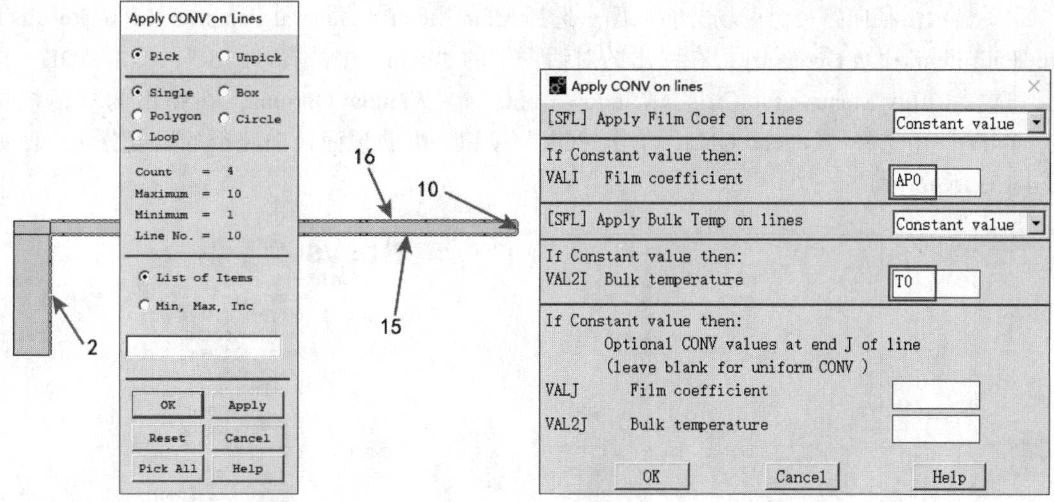

图 4-149　拾取管道外壁对流换热边界　　　　图 4-150　“Apply CONV on lines”对话框

(13) 求解

选择 Main Menu > Solution > Solve > Current LS，进行计算。

(14) 显示沿肋顶面径向温度分布。

❶ 显示沿肋顶面径向温度分布。

1）定义肋顶面径向路径。选择 Main Menu > General Postproc > Read Results > Last Set，读取最后一个子步的分析结果，选择 Main Menu > General Postproc > Path Operations > Define Path > By Nodes，拾取 Y = 0.005 的所有节点，如图 4-151 所示。单击“OK”按钮，在弹出的对话框中的“Name”中输入 RR2，单击“OK”按钮。

2）将温度场分析结果映射到径向路径上。选择 Main Menu > General Postproc > Path Operations > Map onto Path，在弹出的对话框中的“Lab”中输入 TRR，在“Item,Comp”中选择“DOF solution”和“Temperature TEMP”，单击“OK”按钮。

3）显示沿肋顶面径向路径温度分布曲线。选择 Main Menu > General Postproc > Path Operations > Plot Path Item > On Graph，在弹出的对话框中的“Lab1-6”中选择“TRR”，然后单击“OK”按钮。沿肋顶面径向路径的温度分布曲线如图 4-152 所示。

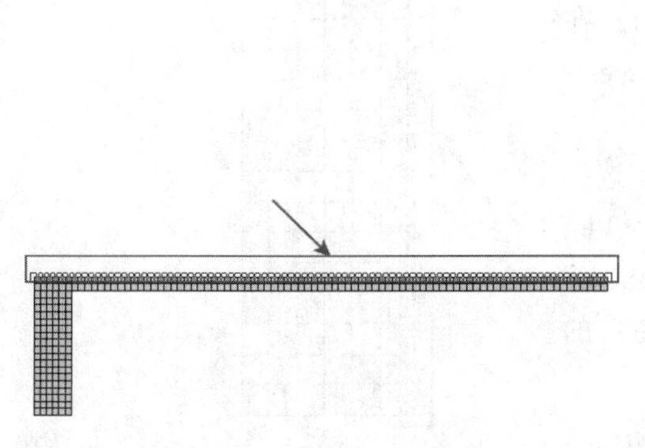

图 4-151　拾取 Y = 0.005 的所有节点

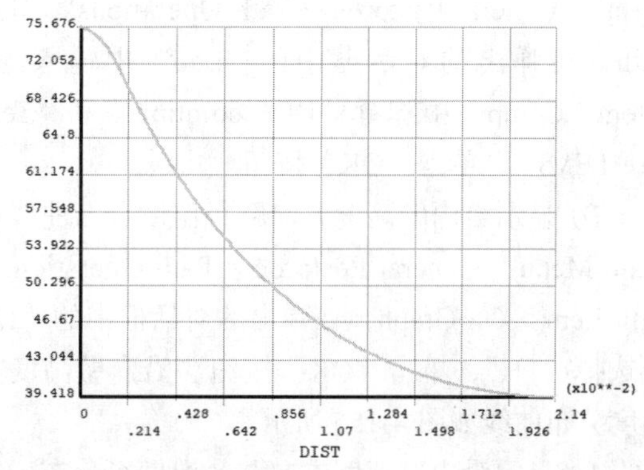

图 4-152　沿肋顶面径向路径的温度分布曲线

4）显示沿径向路径温度场分布云图。选择 Main Menu > General Postproc > Plot Results > Plot Path Item > On Geometry，在弹出的对话框中的“Item”中选择“TRR”，单击“OK”按钮。选择 Utility Menu > PlotCtrls > Window Controls > Window Options，在弹出的对话框中的“INFO”中选择“Legend ON”，单击“OK”按钮。沿肋顶面径向路径的温度分布云图如图 4-153 所示。

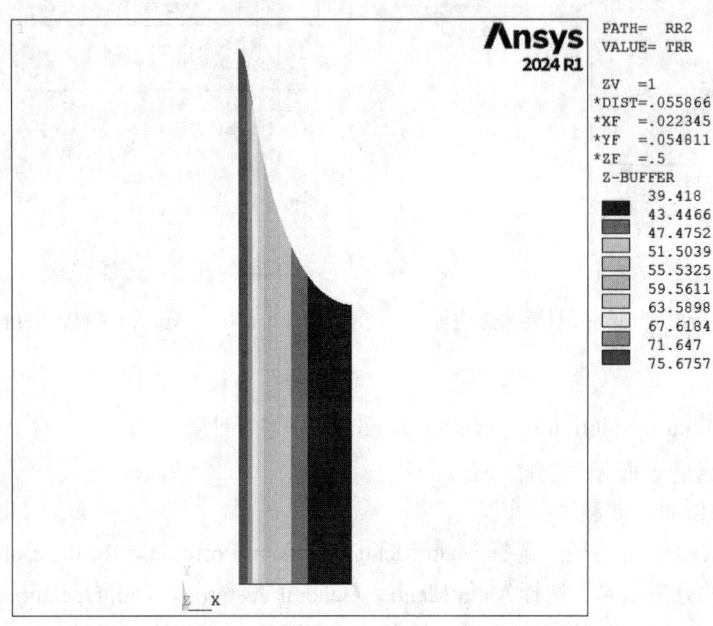

图 4-153　沿肋顶面径向路径的温度分布云图

❷ 显示沿内壁高度方向温度分布。

1）定义内壁高度方向路径。选择 Main Menu > General Postproc > Path Operations > Define Path > By Nodes，拾取 X = D1/2 的所有节点，如图 4-154 所示。单击“OK”按钮，在弹出的对话框中的“Name”中输入“R2”，单击“OK”按钮。

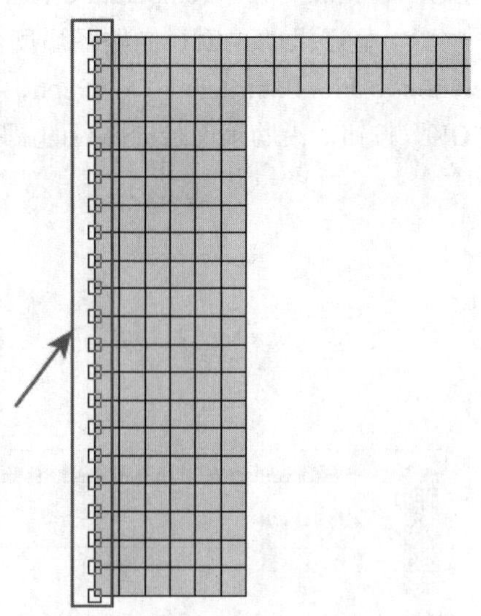

图 4-154　拾取 X = D1/2 的所有节点

2）将温度场分析结果映射到路径上。选择 Main Menu > General Postproc > Path Operations > Map onto Path，在弹出的对话框中的“Lab”中输入 TH，在“Item，Comp”中选择“DOF solution”和“Temperature TEMP”，单击“OK”按钮。

3）显示沿内壁高度方向路径温度分布曲线。选择 Main Menu > General Postproc > Path Operations > Plot Path Item > On Graph，在弹出的对话框中的“Lab1-6”中选择“TH”，单击“OK”按钮。沿内壁高度方向的温度分布曲线如图 4-155 所示。

4）显示沿内壁高度方向路径温度场分布云图。选择 Main Menu > General Postproc > Plot Results > Plot

Path Item > On Geometry，在弹出的对话框中的“Item”中选择“TH”，单击“OK”按钮。沿内壁高度方向的温度场分布云图如图 4-156 所示。

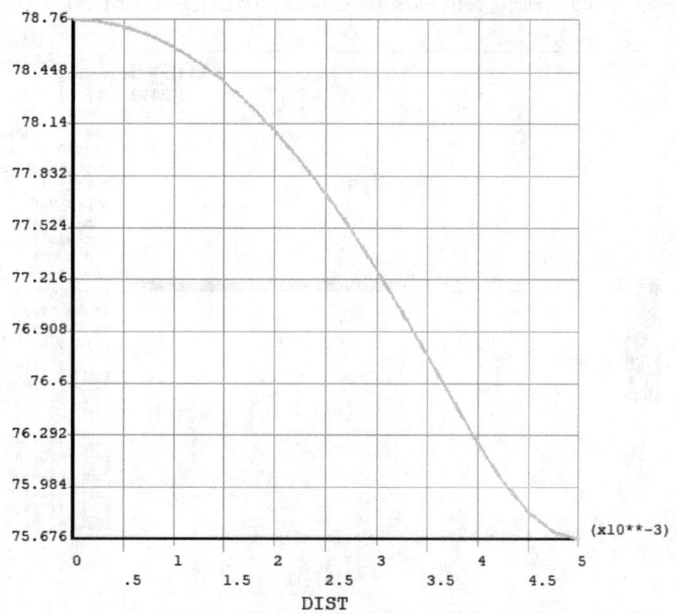

图 4-155　沿内壁高度方向的温度分布曲线

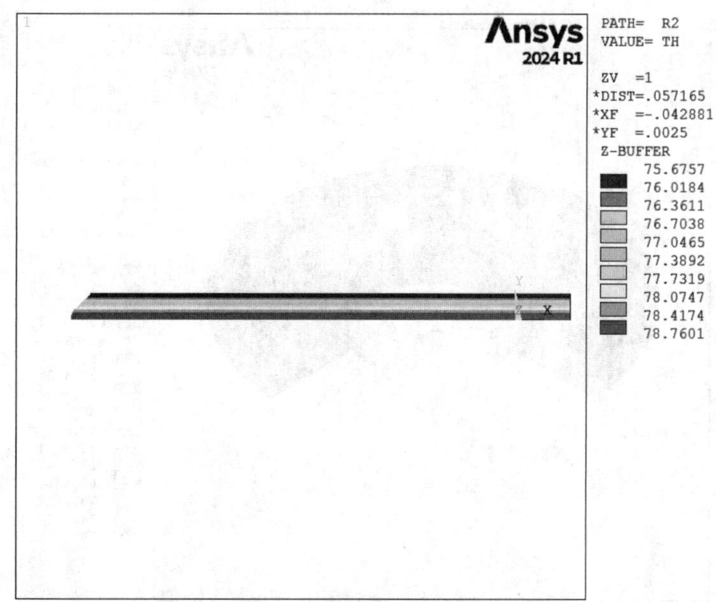

图 4-156　沿内壁高度方向温度场分布云图

15 显示温度场分布云图

选择 Main Menu > General Postproc > Plot Results > Contour Plot > Nodal Solu，在弹出的对话框中选择“DOF solution”和“Nodal Temperature”，单击“OK”按钮，肋片换热器的温度场

分布云图如图 4-157 所示。选择 Utility Menu > PlotCtrls > Style > Symmetry Expansion > 2D Axi-Symmetric，在弹出的对话框中的“Select expansion amount”中选择“3/4 expansion”，单击“OK”按钮。肋片换热器的三维扩展的温度场分布云图如图 4-158 所示。

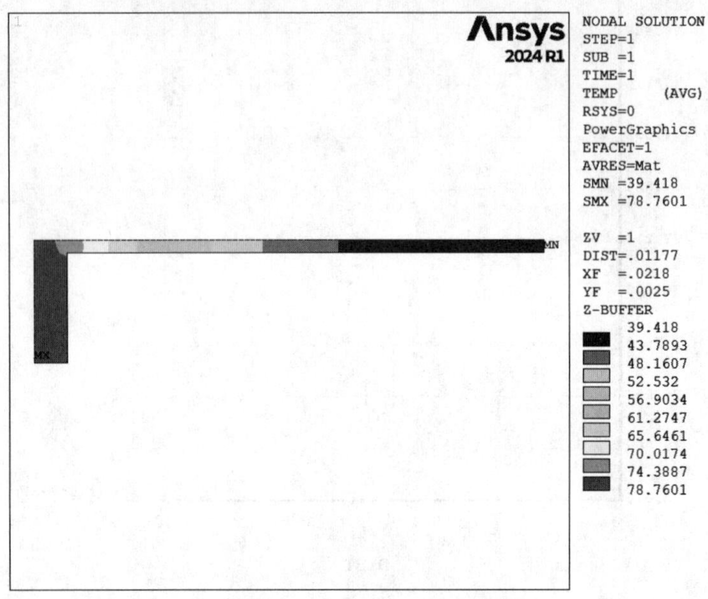

图 4-157 肋片换热器的温度场分布云图

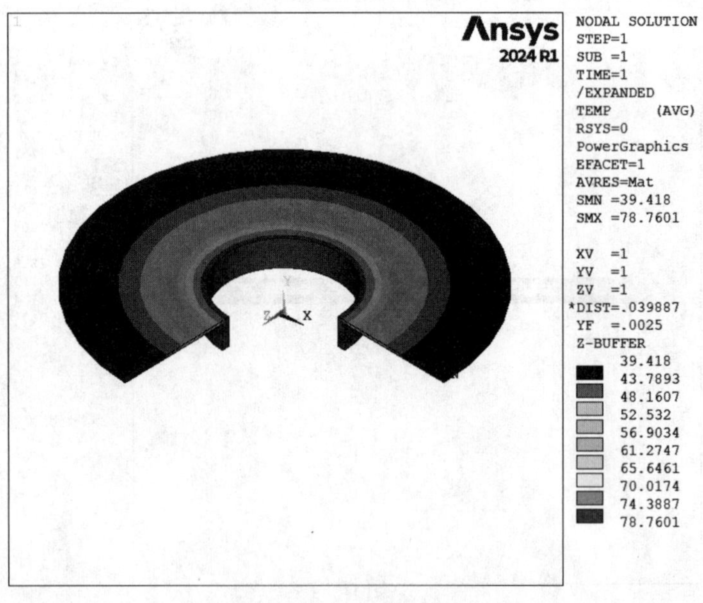

图 4-158 肋片换热器的三维扩展的温度场分布云图

16 获取肋片换热器内壁节点热流率

❶ 选择 Utility Menu > Entities，在弹出的对话框中选择“Nodes”“By Location”“X coordinates”，在“Min，Max”中输入 D1/2，单击“Apply”按钮，再选择“Elements”、“Attached to”“Nodes”，单击“OK”按钮。

❷ 选择 Main Menu > General Postproc > Element Table > Define Table，在弹出的对话框中单击“Add”按钮，在弹出的对话框中的“Lab”中输入 HT1，在“Item”中选择“Nodal force data”“Heat flow HEAT”，单击“OK”按钮，然后单击“Close”按钮，关闭单元结果参数表定义对话框。

❸ 选择 Main Menu > General Postproc > Element Table > Sum of Each Item，在弹出的对话框中单击“OK”按钮。选择 Utility Menu > Parameters > Get Scalar Data，在弹出的对话框中的“Type of data to be retrieved”中选择“Results data”“Elem table sums”。单击“OK”按钮，在弹出的对话框中的“Name of parameter to be defined”中输入 HT，在“Element table item”中选择“HT1”，然后单击“OK”按钮。

(17) 计算有限元分析结果与理论值的误差

在命令输入窗口中输入：

```
PI = 3.1415926
QF = (HT)/0.005
FF = 200*(2*PI*((D0/2+L)**2-(D0/2)**2)+2*PI*(D0/2+L)*0.0005)
FB = 200*PI*D0*0.0045
F0 = FB+FF
LQ = (T1-T0)/(1/(PI*AP1*D1)+LOG(D0/D1)/(2*PI*LB*1)+1/(AP0*F0*Y0))  ！热流率损失理论计算值
QER = 1-QF/LQ                                                      ！计算热流率损失误差
```

(18) 列出各参数值

选择 Utility Menu > List > Status > Parameters > All Parameters，各参数的计算结果如图 4-159 所示。可见，平面有限元分析与理论值的最大误差约为 5.4%。

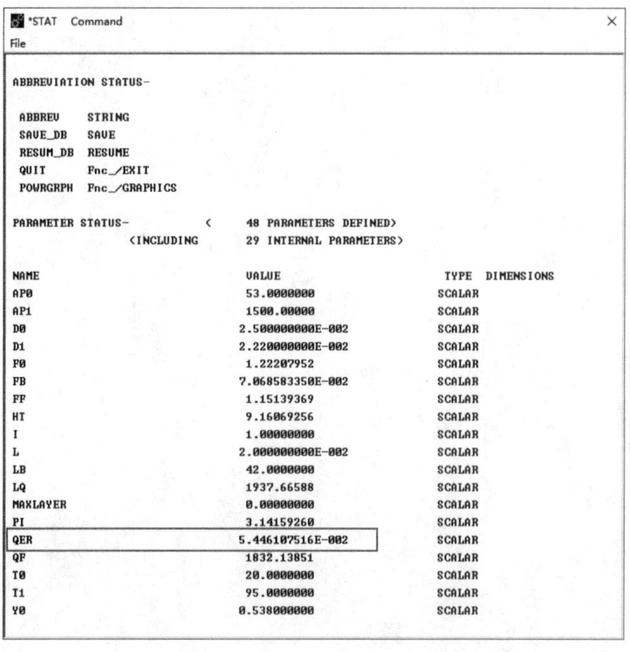

```
*STAT Command
File

ABBREVIATION STATUS-

 ABBREV     STRING
 SAVE_DB    SAVE
 RESUM_DB   RESUME
 QUIT       Fnc_/EXIT
 POWRGRPH   Fnc_/GRAPHICS

PARAMETER STATUS-          (      48 PARAMETERS DEFINED)
                  (INCLUDING      29 INTERNAL PARAMETERS)

NAME                              VALUE                        TYPE  DIMENSIONS
AP0                                53.0000000                 SCALAR
AP1                                1500.00000                 SCALAR
D0                                2.500000000E-002            SCALAR
D1                                2.220000000E-002            SCALAR
F0                                 1.22207952                 SCALAR
FB                                7.068583350E-002            SCALAR
FF                                 1.15139369                 SCALAR
HT                                 9.16069256                 SCALAR
I                                  1.00000000                 SCALAR
L                                 2.000000000E-002            SCALAR
LB                                 42.0000000                 SCALAR
LQ                                 1937.66588                 SCALAR
MAXLAYER                           0.00000000                 SCALAR
PI                                 3.14159260                 SCALAR
QER                               5.446107516E-002            SCALAR
QF                                 1832.13851                 SCALAR
T0                                 20.0000000                 SCALAR
T1                                 95.0000000                 SCALAR
Y0                                0.538000000                 SCALAR
```

图 4-159 各参数的计算结果

19 退出 Ansys

单击 Ansys Toolbar 中的“QUIT”，选择“Quit - No Save!”后单击“OK”按钮。

4.4.4 APDL 命令流程序

略，见随书电子资料包。

第 5 章

瞬态热分析与非线性热分析

本章详细介绍了 Ansys 瞬态热分析和非线性热分析的基本方法，并详细讲述了在 Ansys 中提高收敛性和计算精度的各参数设置方法。

- 瞬态热分析的基本理论和 Ansys 进行瞬态热分析的基本步骤
- Ansys 非线性热分析求解提高收敛性的设置方法
- Ansys 非线性求解的注意事项

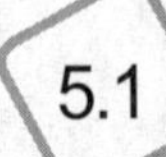

5.1 瞬态热分析概述

5.1.1 瞬态热分析特性

瞬态热分析用于计算一个系统随时间变化的温度场及其他热参数。在工程上一般用瞬态热分析计算温度场，并将之作为热载荷进行应力分析。瞬态热分析的基本步骤与稳态热分析类似，主要的区别是瞬态热分析中的载荷是随时间变化的。时间在稳态分析中只用于计数，现在有了确定的物理含义；热能存储效应在稳态分析中被忽略，在瞬态热分析中要考虑进去。涉及相变的分析总是采用瞬态分析，这种比较特殊的瞬态分析将在后面章节中讨论。为了表达随时间变化的载荷，首先必须将载荷 - 时间曲线分为载荷步。载荷 - 时间曲线中的每一个拐点为一个载荷步，如图 5-1 所示。对于每一个载荷步，必须定义载荷值及时间值，同时必须选择载荷步为渐进或阶跃。时间在静态和瞬态分析中都用作步进参数。每个载荷步和子步都与特定的时间相联系，尽管求解本身可能不随速率变化。

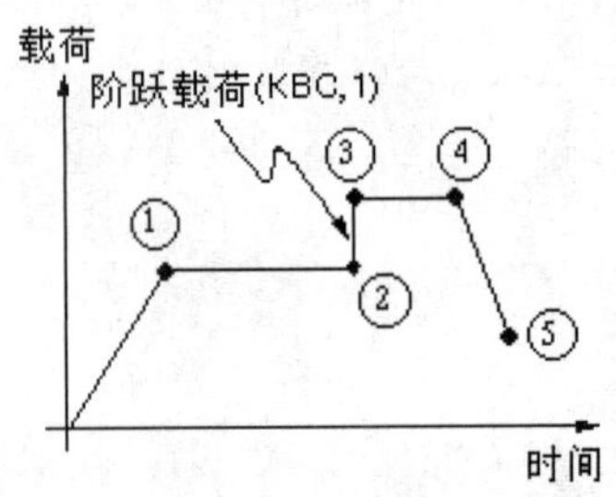

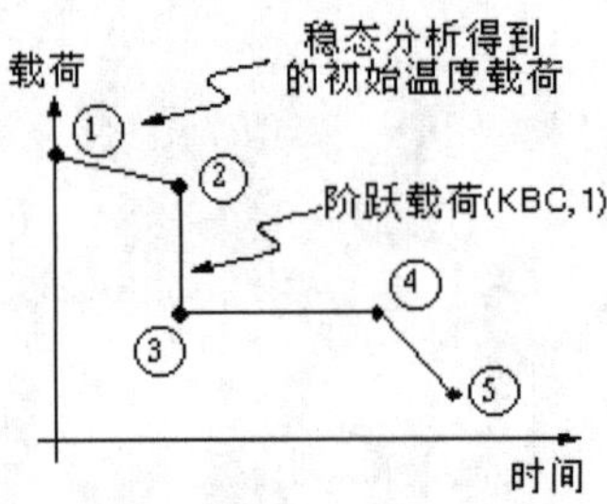

图 5-1　载荷 - 时间曲线

5.1.2 瞬态分析前处理考虑因素

除了热导率（λ）、密度（ρ）和比热容（c），材料特性应包含实体传递和存储热能的材料特性参数。可以定义焓（H）（在相变分析中需要输入）。

这些材料特性用于计算每个单元的热存储性质并叠加到比热容矩阵（c）中。如果模型中有热质量交换，则这些特性用于确定热传导矩阵（K）的修正项。

注意

MASS71 热质量单元比较特殊，它能够存储热能但不能传递热能。因此，该单元不需要热导率。

像稳态分析一样，瞬态分析也可以是线性或非线性的。如果是非线性的，前处理与稳态非线性分析有同样的要求。稳态分析和瞬态分析最明显的区别在于加载和求解过程。

5.1.3 控制方程

热存储项的计入将静态系统转变为瞬态系统，矩阵形式见下式：

$$[C]\{\dot{T}\}+[K]\{T\}=\{Q\} \tag{5-1}$$

式中，$[C]\{\dot{T}\}$为热存储项；$[K]$ 为传导矩阵，包含导热系数、对流系数及辐射率和形状系数；$\{T\}$为节点温度向量；$\{Q\}$为节点热流率向量，包含热生成。

在瞬态分析中，载荷随时间变化时：

$$[C]\{\dot{T}\}+[K]\{T\}=\{Q(t)\} \tag{5-2}$$

对于非线性瞬态分析：

$$[C(T)]\{\dot{T}\}+[K(T)]\{T\}=\{Q(T,t)\} \tag{5-3}$$

5.1.4 时间积分与时间步长预测

线性热系统的温度变化由常数连续变化为另外的常数，时间积分示意如图 5-2 所示。对于瞬态热分析，使用时间积分在离散的时间点上计算系统方程，如图 5-3 所示。求解之间时间的变化称为时间积分步（ITS）。通常情况下，ITS 越小，计算结果越精确。

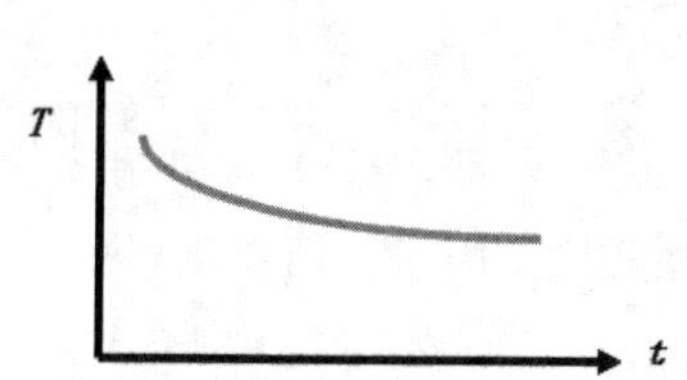

图 5-2 线性热系统时间积分示意图

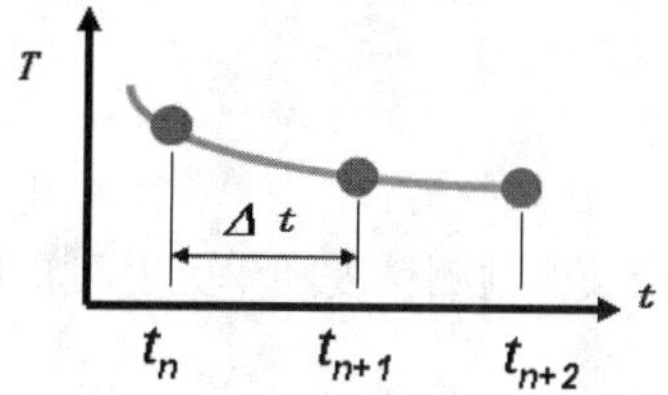

图 5-3 瞬态热分析时间积分示意图

默认情况下，自动时间步功能（ATS）按照振动幅度预测时间步。ATS 将振动幅度限制在公差的 0.5 之内，并调整 ITS 以满足准则要求。

注意

稳态分析可以迅速地变为瞬态分析，只要在后续载荷步中将时间积分效果打开。同样，瞬态分析可以变成稳态分析，只要在后续载荷步中将时间积分效果关闭。可见，从求解方法来说，瞬态分析和稳态分析的差别就在于时间积分。

确定时间步长的方法有两种：

1）先指定一个相对较保守的初始时间步长，然后使用自动时间步长增加时间步。

2）大致估计初始时间步长。

在瞬态热分析中，大致估计初始时间步长可以使用 Biot 数和 Fourier 数。

Biot 数是不考虑尺寸的热阻对流和传导比例因子：

$$Bi = \frac{\alpha \Delta x}{\lambda} \tag{5-4}$$

式中，Δx 是名义单元宽度；α 是平均表面传热系数；λ 是平均热导率。

Fourier 数是不考虑尺寸的时间（$\Delta t/t$）：

$$Fo = \frac{\lambda \Delta t}{\rho c (\Delta x)^2} \tag{5-5}$$

式中，ρ 和 c 分别为平均密度和比热容。

如果 $Bi < 1$，可以将 Fourier 数设为常数并求解 Δt 来预测时间步长：

$$\Delta t = \beta \frac{\rho c (\Delta x)^2}{\lambda} = \beta \frac{(\Delta x)^2}{\alpha} \tag{5-6}$$

$$\alpha = \frac{\lambda}{\rho c} \tag{5-7}$$

式中，β 为比例因子；α 表示热耗散。比较大的 α 数值表示材料容易导热而不容易储存热能，并且 $0.1 \leqslant \beta \leqslant 0.5$。

如果 $Bi > 1$，时间步长可以用 Fourier 数和 Biot 数的乘积预测：

$$Fo \cdot Bi = \left(\frac{\lambda \Delta t}{\rho c (\Delta x)^2}\right)\left(\frac{\alpha \Delta x}{\lambda}\right) = \left(\frac{\alpha \Delta t}{\rho c \Delta x}\right) = \beta \tag{5-8}$$

$$\Delta t = \beta \frac{\rho c \Delta x}{\alpha} \tag{5-9}$$

式中，$0.1 \leqslant \beta \leqslant 0.5$。

时间步长的预测精度随单元宽度的取值、平均的方法和比例因子 β 而变化。

5.1.5 时间步长设置

时间步长是影响非线性求解精度和效率的最大因素。总体来说，当时间步长减少时：

1）求解发散可能性下降。

2）结果更加精确。

3）每次求解迭代次数下降。

4）分析时间增加。

许多因素影响经过优化的时间步长，主要影响因素有：

1）非线性的类型和程度。

2）载荷类型和位置。

3）网格大小。

4）先前的收敛性质。

5）瞬态效果选择合理的时间步长很重要，它影响求解的精度和收敛性。

时间步长选择不当，会产生以下后果：

1）如果时间步长太小，对于如图 5-4 所示的具有中间节点的单元会形成不切实际的变动，造成温度结果不真实。

2）如果时间步长太大，则不能得到足够的温度梯度，如图 5-5 所示。

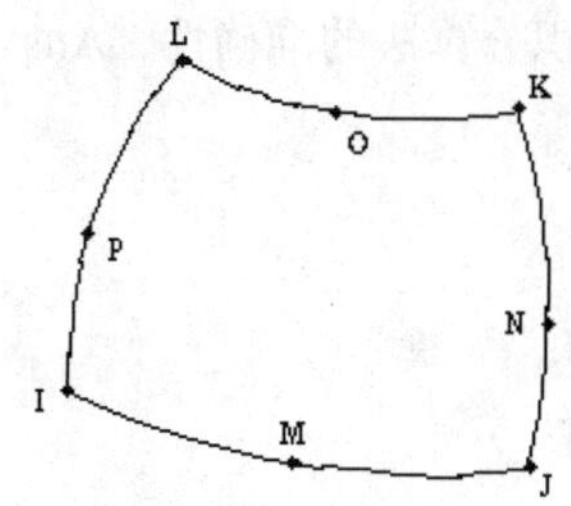

图 5-4　具有中间节点单元示意图

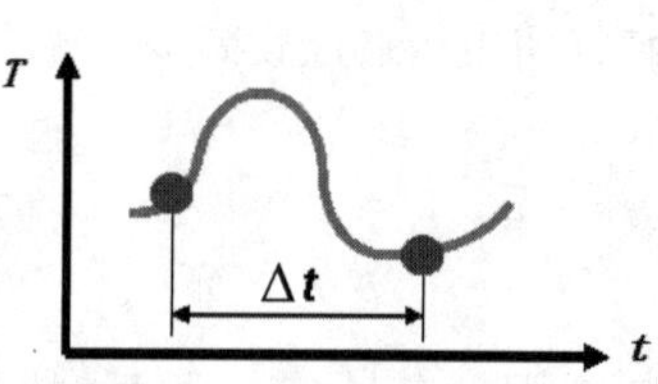

图 5-5　较大时间步长瞬态热分析时间积分示意图

5.1.6　数值求解过程

当前的温度向量$\{T_n\}$假设为已知，可以是初始温度或由前面稳态分析的求解得到。下一个时间点的温度向量为：

$$\{T_{n+1}\}=\{T_n\}+(1-\theta)\Delta t\{\dot{T}_n\}+\theta\Delta t\{\dot{T}_{n+1}\} \tag{5-10}$$

式中，θ 称为欧拉参数，默认为 1。下一个时间点的温度为：

$$(C)\{\dot{T}_{n+1}\}+(K)\{T_{n+1}\}=\{Q\} \tag{5-11}$$

由式 (5-10) 和式 (5-11) 可得：

$$\left(\frac{1}{\theta\Delta t}(C)+(K)\right)\{T_{n+1}\}=\{Q\}+(C)\left(\frac{1}{\theta\Delta t}\{T_n\}+\frac{1-\theta}{1}\{\dot{T}_n\}\right) \tag{5-12}$$

$$[\bar{K}]\{T_{n+1}\}=\{\bar{Q}\} \tag{5-13}$$

式中

$$\left(\frac{1}{\theta\Delta t}(C)+(K)\right)=(\bar{K}) \tag{5-14}$$

$$\left(\frac{1}{\theta\Delta t}\{T_n\}+\frac{1-\theta}{1}\{\dot{T}_n\}\right)=\{\bar{Q}\} \tag{5-15}$$

欧拉参数 θ 的数值大小为 1/2 ~ 1。在这个范围内，时间积分算法是不明显而且不稳定的。因此，Ansys 总是忽略 ITS 幅值来计算（假设非线性收敛）。但是，计算结果并不总是准确的。选择积分参数时应注意以下两点：

1）当 θ = 1/2 时：时间积分方法采用“Crank-Nicolson”技术。该设置对于绝大多数热瞬态问题都是精确有效的。

2）当 θ = 1 时：时间积分方法采用“Backward Euler”技术。这是默认的和最稳定的设置，因为它消除了可能带来严重非线性或高阶单元的非正常振动。该技术一般需要相对 Crank-Nicolson 较小的 ITS 得到精确的结果。

5.1.7 瞬态分析准确程度的评估

在瞬态热分析中有许多潜在的错误来源。为评估时间积分算法的准确性，Ansys 在每步计算后报告一些有用的数值。

响应特征值表示最近载荷步求解的系统特征值：

$$\lambda_r = \frac{\{\Delta T\}^{\mathrm{T}}(K)\{\Delta T\}}{\{\Delta T\}^{\mathrm{T}}(C)\{\Delta T\}} \tag{5-16}$$

式中，$\{\Delta T\}$是温度向量$\{T\}$在最后时间步中的变化。它代表了系统的热能传递和热能存储。它是无单位的时间，并可以看作系统矩阵的傅里叶数。

振动极限是无量纲数，是响应特征值和当前时间步长的乘积：

$$f = \Delta t_n \lambda_r \tag{5-17}$$

通常将振动极限限制在 0.5 以下，保证系统的瞬态响应可以充分的反应。

时间积分常数（θ）和振动极限（f）对于时间积分稳定性和精度均有影响。Ansys 允许用户指定这些参数。

GUI 操作：选择 Main Menu > Solution > Load Step Opts > Time/Frequenc > Time Integration > Newmark Parameters，弹出如图 5-6 所示的对话框，在“THETA”中设置时间积分常数（θ），在“OSLM”中设置振动极限（f）。

命令：TINTP。

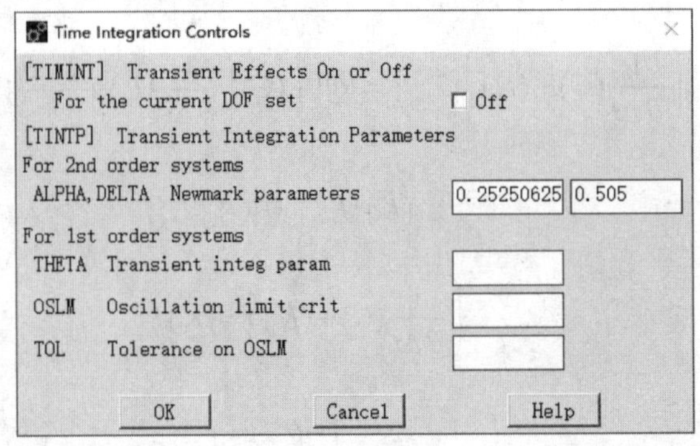

图 5-6 “Time Integration Controls”对话框

注意

在 THETA 和 OSLM 中输入 -1，表示以上两参数由 Ansys 自动选择数值。

5.1.8 初始条件的施加

初始条件必须对模型的每个温度自由度进行定义，使得时间积分过程得以开始。施加在有温度约束的节点上的初始条件被忽略。根据初始温度域的性质，初始条件可以用以下方法之一指定。

1. 施加均匀初始温度

GUI 操作：选择 Main Menu > Preprocessor > Loads > Define Loads > Apply > Thermal > Temperature > Uniform Temp，弹出如图 5-7 所示的对话框。

命令：TUNIF。

2. 施加非均匀的初始温度

GUI 操作：选择 Main Menu > Preprocessor > Loads > Define Loads > Apply > Initial Condit'n > Define，选择所要施加的节点，弹出如图 5-8 所示的对话框。在“Lab”中选择“TEMP”。

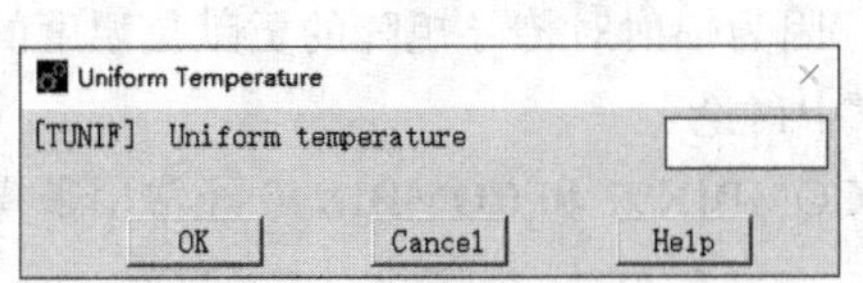

图 5-7 “Uniform Temperature ”对话框

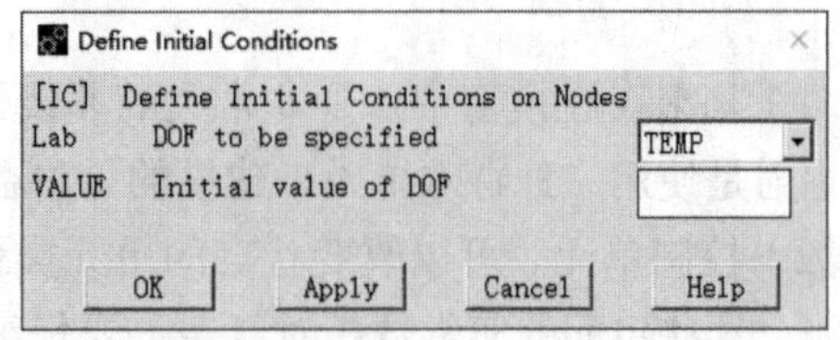

图 5-8 “Define Initial Conditions”对话框

命令：IC。

当“IC”命令输入后，要使用节点组元名来区分节点。没有定义 DOF 初始温度的节点，其初始温度默认为“TUNIF”命令指定的均匀数值。当求解控制打开时，需在指定初始温度前指定 TUNIF 的数值。

3. 由稳态分析得到初始温度

当模型中的初始温度分布不均匀且未知时，单载荷步的稳态热分析可以用来确定瞬态分析前的初始温度。操作步骤如下：

（1）第一载荷步稳态求解。

➢ 进入求解器，使用稳态分析类型。

➢ 施加稳态初始载荷和边界条件。

➢ 为了方便，可指定一个很小的结束时间（如 1×10^{-3}s）。不要使用非常小的时间数值（0 ~ 1×10^{-10}s），因为可能会形成数值错误。

➢ 指定其他所需的控制或设置（如非线性控制）。

➢ 求解当前载荷步。

 **注意**

如果没有指定初始温度，则初始 DOF 数值为 0。

（2）后续载荷步的瞬态求解。

➢ 时间积分效果保持打开直到在后面的载荷步中关闭为止。在第二个载荷步中，根据第一个载荷步施加载荷和边界条件。记住删除第一个载荷步中多余的载荷。

➢ 施加瞬态分析控制和设置。

> 求解之前打开时间积分。
> 求解当前瞬态载荷步。
> 求解后续载荷步。

5.2 非线性分析综述

5.2.1 非线性分析特点

热非线性模型与线性模型有一些共同点，但也有许多要特殊考虑的问题，主要有以下 5 方面：

（1）辐射。在模型中这是非常大的非线性特征，因为辐射对传导矩阵的贡献是温度的 3 次方。辐射是使用一种特殊单元来建模的（将在第 7 章中讨论）。

（2）控制单元。可以改变状态的单元类型，如 COMBIN37 和 COMBIN40 经常用来模拟温度控制。这些单元的实常数相对复杂，要仔细选择。

（3）与温度有关的输入。在热模型中其他比较常见的引起非线性的原因包括随温度变化的边界条件（如表面传热系数）和材料特性（如热导率、焓）。如果出现这些情况，用户需要使用随温度变化的输入技术来处理（应用方法见第 15 章）。

（4）MASS71 单元。该单元比较特殊，因为它有随温度变化的热生成率。这可以表现为随温度变化的材料特性或与温度的多项式关系。多项式可以定义多达 6 个实常数（$A_1 \sim A_6$）：

$$\ddot{q}(T) = A_1 + A_2 T + A_3 T^{A_4} + A_5 T^{A_6} \tag{5-18}$$

（5）多场单元。不只包含温度 DOF 的单元称为多场单元或耦合场单元。SOLID5、PLANE13、LINK68、SOLID98、SHELL157 单元是非线性的，因为它们必须同时满足两个以上场的平衡方程。热 - 流体耦合单元 FLUID116 用于轴向传导和流体中热质量交换的建模。它们通常与外界对流单元联系。如果流动速率未知，则这些单元是非线性的，因为流速和压力下降的关系不是线性的。

5.2.2 稳态非线性求解过程

考虑稳态非线性的分析情况：

$$(K(T))\{T\} = \{Q(T)\} \tag{5-19}$$

方程可以等效化为：

$$\{Q^{nr}\} = \{Q^a\} \tag{5-20}$$

式中，$\{Q^{nr}\}$为内部节点热流向量，由计算单元热流得出；$\{Q^a\}$为载荷引起的节点热流向量。

初始情况下，内部节点热流不等于施加的节点载荷。不平衡热流向量或“残留”是两个向量的差值：

$$\{\Phi\}=\{Q^a\}-\{Q^{nr}\} \tag{5-21}$$

目标是将不平衡数值由$\{\Phi\}$表示，降为0。这可以通过多种途径计算，过程称为收敛。收敛准则是迭代的评价准则。通常是将施加的载荷$\{Q^a\}$乘以一个小的系数ε。

在求解过程中使用牛顿-拉夫森（N-R）方法，具体步骤如下：

1）求解系统方程的增量形式：

$$\begin{cases}[K_i^T]\{\Delta T_i\}=\{Q^a\}-\{Q_i^{nr}\} & (i=1,2,3\cdots)\\ \{T_{i+1}\}=\{T_i\}+\{\Delta T_i\} & \end{cases} \tag{5-22}$$

2）更新节点温度。

3）由单元热流计算内部节点热流速率。

4）计算收敛结果并与收敛准则比较。

如果结果较小：

$$\|\{\Phi\}\|<\varepsilon\|Q^a\| \tag{5-23}$$

则不再进行迭代。

如果结果较大或相等：

$$\|\{\Phi\}\|\geqslant\varepsilon\|Q^a\| \tag{5-24}$$

$[K_i^T]$被更新再进行一次迭代。

注意

ε的默认数值为0.001。此值并不保证非线性求解一定收敛。像其他数值方法一样，N-R技术要求初始估计数值与最终结果不应有极大的差别。在实践中，非线性求解往往要求载荷的施加是逐步地，以利于收敛。除了用户可以指定载荷施加比例之外，Ansys自动时间步功能可以满足这个需要。而且Ansys有特殊的收敛提高工具，使得收敛过程加快并提高收敛性。热模型中常见的非线性特性是随温度变化的边界条件和材料特性。这要求定义温度表格和特性表格，具体应用方法在后面的章节中会逐步介绍。

5.2.3 非线性分析步骤

（1）建模。几何建模和有限元划分。

（2）分析设置。稳态或瞬态、方程求解器、温度偏移和牛顿-拉夫森设置。

（3）载荷。载荷插值设置、均匀初始温度、施加载荷、删除载荷、按比例施加载荷和将载荷由几何模型传递到有限元模型。

除非瞬态效果打开，非线性热分析的开始温度不会对结果精度产生影响。但是，选择合适的初始温度（对于合适的DOF）可以影响效率和收敛性。图5-9a所示为默认情况下，Ansys指定初始温度为 0℃，需要迭代 3 次才能收敛；图 5-9b 所示为开始值较接近收敛值，则只需要 2 次迭代。由于非线性分析具有迭代特性，故初始数值给的越准确，收敛速度越快。

（4）输出控制。类型、频率和输出数据的范围和图形求解跟踪开 / 关。

非线性分析可能比线性分析得到更多、更精细的结果，原因有两个：

1）许多输出项目只有在非线性分析中才有（如每个子步中平衡迭代次数、辐射单元的热流）。

2）多子步结果在每个载荷步中可以使用。

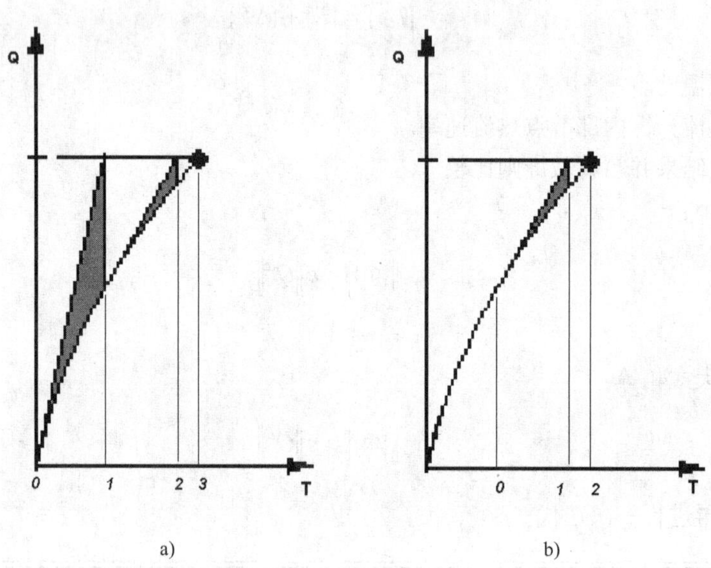

图 5-9　初始值对收敛迭代影响示意图

可能需要将这些信息存储到输出文件（Jobname.OUT）和 / 或结果文件（Jobname. RTH）中用于分析和判断是否有足够的结果可以绘制响应曲线。

Ansys 输出控制命令允许用户指定类型、频率和数据的范围。

在结果文件中可以只存储自由度解（类型）、每五步求解（频率）、单元类型（范围）。

默认情况下，Ansys 将最后子步的所有单元的所有结果写入热分析文件（Jobname. RTH）。使用下列操作指定类型、频率和输出范围。

GUI 操作：选择 Main Menu > Solution > Load Step Opts > Output Ctrls > DB/Results File，弹出如图 5-10 所示的对话框。

命令：OUTRES。

在图 5-10 中的 Item 用于选择要控制的结果项目，包括：

➢ 所有求解项（默认）。

➢ 节点温度解。

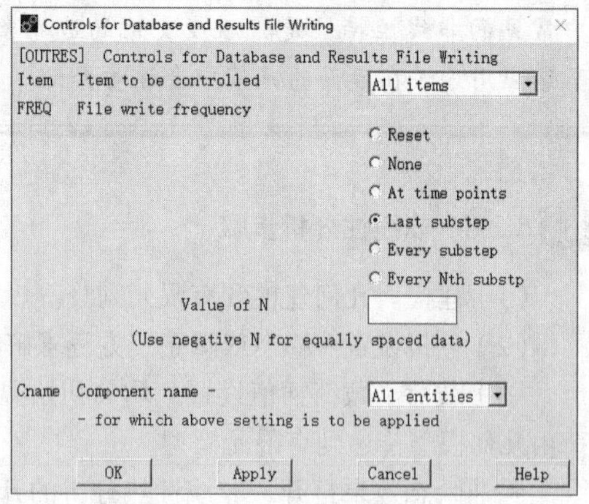

图 5-10　“Controls for Database and Results File Writing”对话框

➢ 反应热流。

➢ 单元热流和梯度。

➢ 单元各种数据。

在图 5-10 中的“FREQ”指定结果文件的输出频率。

如果是“Every Nth substp”，则用一个整数填充“Value of N”；如果要使用数组指定输出时间点，则使用“At time points”选项。

注意

默认情况下，Ansys 同时存储最近的求解结果。

图 5-10 中的“Cname”指定预先定义的节点或单元组元。

（5）时间 / 频率。时间 / 载荷步设置、自动时间步、渐进载荷 / 阶跃、时间步清除和时间积分设置。

1）阶跃和渐进载荷。在载荷步中，载荷可以是随时间阶跃或渐进的。渐进是默认方式，在非线性分析中是推荐方式，可以有利于收敛。该特性使用“KBC”命令控制，但是，当载荷使用表格方式施加时，载荷总是阶跃的，而忽略“KBC”命令的设置。

如果载荷步中的载荷是阶跃的，则所有载荷都以同样的方式施加，不管是新的载荷，还是改变的载荷和删除的载荷，它们是阶跃施加、阶跃改变、阶跃删除的，如图 5-11 所示。

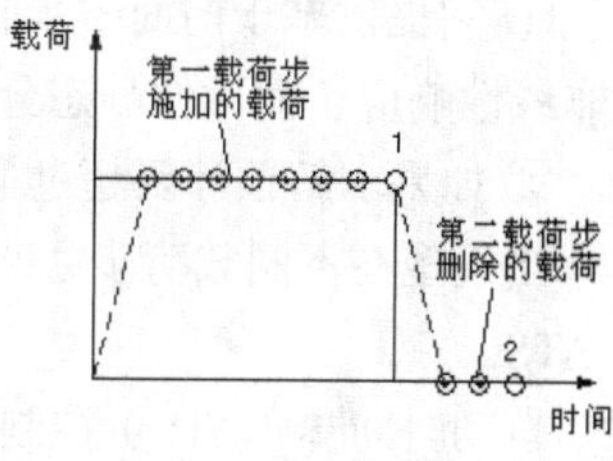

图 5-11 阶跃载荷施加

注意

当载荷施加以后，不管是阶跃载荷还是渐进载荷，它在后面的载荷步中一直有效，除非被删除或修改。

如果载荷在载荷步中是渐进的，Ansys 不会以相同的方式处理新施加的载荷、改变的载荷和删除的载荷。Ansys 对不同载荷类型的处理方法见表 5-1。

表 5-1 Ansys 对不同载荷类型的处理方法

热载荷类型	所属载荷	在载荷步间 Ansys 的处理方法		
		新施加的载荷	改变的载荷	删除的载荷
温度 (TEMP)	约束	从 TUNIF 渐进		阶跃删除
热流率 (HEAT)	力载荷	间接到 0	从以前所施加的载荷值渐进	阶跃删除
热流量 (HFLUX)	面载荷	间接到 0		阶跃删除

（续）

热载荷类型	所属载荷	在载荷步间 Ansys 的处理方法		
		新施加的载荷	改变的载荷	删除的载荷
对流换热 -(TBULK)	面载荷	从 TUNIF 渐进	从以前所施加的载荷值渐进	阶跃删除
对流换热 -(HCOEF)	面载荷	在第一载荷步阶越 在以后的载荷步从 0 渐进		阶跃删除
热生成 (HGEN)	体载荷	从 BFUNIF 渐进		渐进到 BFUNIF

注意

与温度有关的表面传热系数总是按照温度函数施加，忽略 KBC 设置。

2）自动时间步（ATS）。忽略时间步选项，根据模型的响应由 Ansys 自动调节时间步长。用户给出初始时间步长和时间步长的最大、最小数值，然后激活 ATS。ATS 有两个重要功能：

① 它提供基于前面子步收敛的迭代次数的时间步预测，类似于非线性单元状态改变或模型的非线性响应（而不像静态分析）。

② 如果求解预计要超过最大迭代次数时提供时间步减少。

当模型在不同载荷步之间变化较大时 ATS 十分有效。在默认情况下，由 Ansys 确定是否激活 ATS。

自动时间步（ATS）控制设置方法如下：

GUI 操作：选择 Main Menu > Solution > Load Step Opts > Time/Frequenc > Time-Time Step，在弹出的对话框中的“AUTOTS”设置自动时间步（ATS）控制。

命令：AUTOTS。

（6）求解控制。自动求解控制开 / 关。由于在非线性分析中需要大量的控制和设置选项，Ansys 提供了一种求解控制的工具。

在默认情况下，求解控制在所有非线性和瞬态热分析中是打开的，大量的分析控制由 Ansys 设置，而且内部求解算法也同时被优化。求解控制的默认设置可以在求解前通过手工设置来替换。

表 5-2 是 Ansys 求解控制中用于优化求解的命令列表。不是所有命令都能用于热分析。如果包含改变状态单元（如 COMBIN37、COMBIN39 和 COMBIN40）时，推荐打开“Status Prediction”选项，但要求求解控制也处在打开状态。

表 5-2　Ansys 求解控制中用于优化求解的命令列表

AUTOTS	PRED	MONITOR	DELTIM	NROPT	NEQIT
NSUBST	TINTP	SSTIF	CNVTOL	CUTCONTROL	KBC
LNSRCH	OPNCONTROL	EQSLV	ARCLEN	LSREAD	LSWRITE

（7）非线性控制。

1）收敛准则。它是 Ansys 用来判断迭代是否收敛，是否需要更多迭代的依据。收敛准则可以手工指定，也可以由 Ansys 自动选择。在默认情况下，Ansys 选择基于节点热流不平衡的收敛准则。基于温度变化的收敛准则要手工指定。基于温度变化的收敛检查一般比基于热流的收敛检查保守。如果多于一个准则被激活，求解必须满足所有准则要求才能算收敛。

收敛准则更改的操作方法如下：

GUI 操作：选择 Main Menu > Solution > Load Step Opts > Nonlinear > Convergence Crit，在弹出的对话框中单击“Replace”，弹出如图 5-12 所示的对话框。在“Lab”中选择整体准则属于热部分和特定的准则类型；在“VALUE”中输入参考数值，如果空白，参考值由节点热流向量计算出来；在“TOLER”中输入公差，参考数值乘以公差得到收敛准则；在“NORM”中选择收敛数值的计算方法，默认情况下，收敛数值由平方和求根求得，其他选项可以在这里选择；在“MINREF”中输入最小参考数值，如果计算的参考数值小于最小参考数值，则使用最小参考数值，在默认情况下，最小参考数值为 1E-6，用于热流准则。

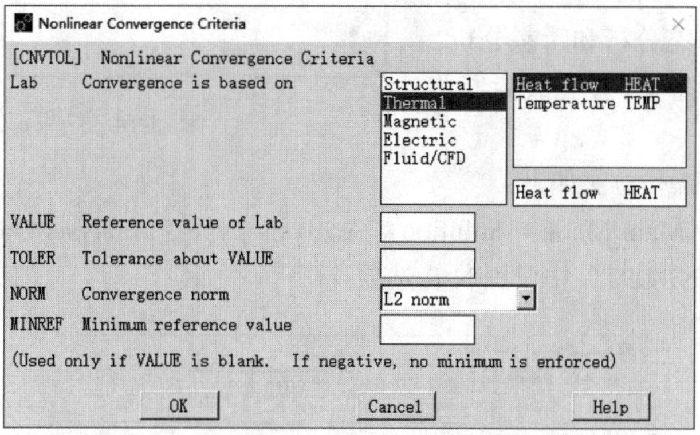

Nonlinear Convergence Criteria

[CNVTOL] Nonlinear Convergence Criteria
Lab Convergence is based on
Structural
Thermal
Magnetic
Electric
Fluid/CFD
Heat flow HEAT
Temperature TEMP
Heat flow HEAT
VALUE Reference value of Lab
TOLER Tolerance about VALUE
NORM Convergence norm L2 norm
MINREF Minimum reference value
(Used only if VALUE is blank. If negative, no minimum is enforced)
OK Cancel Help

图 5-12 “Nonlinear Convergence Criteria”对话框

许多问题可能造成非线性求解不收敛。在默认情况下，Ansys 如果发现问题不收敛，求解就会终止，并且最后的不收敛结果会写入结果文件以供参考。用户必须在后处理之前知道求解是不收敛的。Ansys 用下列两种方法指出求解是不收敛的：

出错文件 (jobname.err) 会清楚地判断不收敛的解，并且会对不收敛的可能原因加以说明，如图 5-13 所示。

```
*** ERROR ***                                CP=     345.870   TIME= 17:36:15
 Preconditioned conjugate gradient solver error level 1.  Possibly, the
  model is unconstrained or additional iterations may be needed.  Try
  running with a multiplier MULT > 1 in EQSLV command (3 > MULT > 1).

 *** ERROR ***                                CP=     388.930   TIME= 17:36:58
 DOF (e.g.  Displacement) limit exceeded at time 4
  (load step 4 substep 1 equilibrium iteration 1)
  Maximum value= 6.871541204E+14 Limit= 1000000.
  May be due to an unrestrained or unstable model.

 *** WARNING ***                              CP=     404.140   TIME= 17:37:13
 The unconverged solution (identified as time 4 substep 999999) is
  output for analysis debug purposes.  Results should not be used for
  any other purpose.
```

图 5-13 出错文件

在通用后处理器中查询 Results Summary 时，不收敛的求解结果会被指定为子步数目 999999，如图 5-14 所示。

GUI 操作：选择 Main Menu > General Postproc > Results Summary。

2）平衡迭代。当进行非线性分析时，平衡迭代必须在每个子步中进行且得到收敛解。Ansys 使用牛顿 - 拉夫森迭代求解过程得到非线性收敛。

一次平衡迭代需要的时间与进行一次线性计算的时间相当。一次分析中可能需要成百上千次这样的迭代过程。

在 Ansys 中有许多 N-R 选项，每种选项都有优缺点。在绝大多数问题中，完全的 N-R 选项是最好的。默认情况下，Ansys 自动选择 N-R 选项，也可以由用户自己选择。对于稳态分析和瞬态分析，选项是一样的。N-R 选项不能在载荷步之间改变。

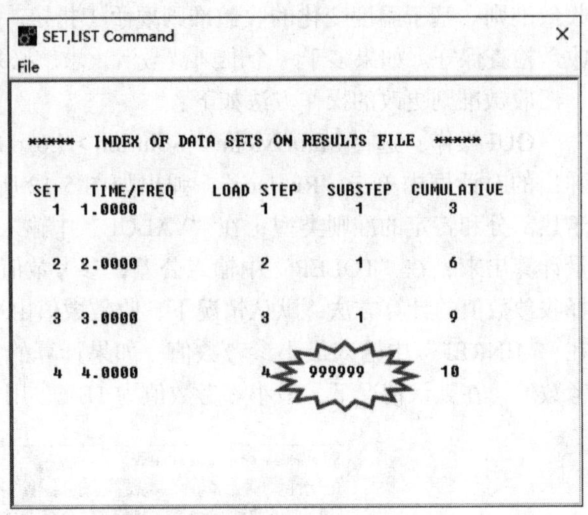

图 5-14　结果汇总文件

N-R 选项设置的操作方法如下：

GUI 操作：选择 Main Menu > Solution > Analysis Type > Analysis Options，弹出如图 5-15 所示的对话框，在“NROPT”中设置 N-R 选项。

Static or Steady-State Analysis

[NROPT] Newton-Raphson option　Program chosen
Adaptive descent　OFF
[EQSLV] Equation solver　Program Chosen
Tolerance/Level -
- valid for all except Sparse Solver
Multiplier -　0
- valid only for Precondition CG
Matrix files -　Delete upon FINISH
- valid only for Sparse
[MSAVE] Memory Save -　Off
- valid only for Precondition CG
[PCGOPT] Level of Difficulty -　Program Chosen
- valid only for Precondition CG
[PCGOPT] Reduced I/O -　Program Chosen
- valid only for Precondition CG
[PCGOPT] Memory Mode -　Program Chosen
- valid only for Precondition CG
[PIVCHECK] Pivots Check　Off
- valid only for Sparse and PCG Solvers
[TOFFST] Temperature difference-　0
- between absolute zero and zero of active temp scale
OK　Cancel　Help

图 5-15　“Static or Steady-State Analysis”对话框

命令：NROPT。

FULL N-R（全牛顿 - 拉夫森）、Modified N-R（改进的牛顿 - 拉夫森）、Initial Conductivity（初始传递）迭代示意图如图 5-16 所示。

3）结束条件。在默认情况下，求解控制根据题目的特性将最大牛顿 - 拉夫森迭代次数设置为 15 ~ 26。

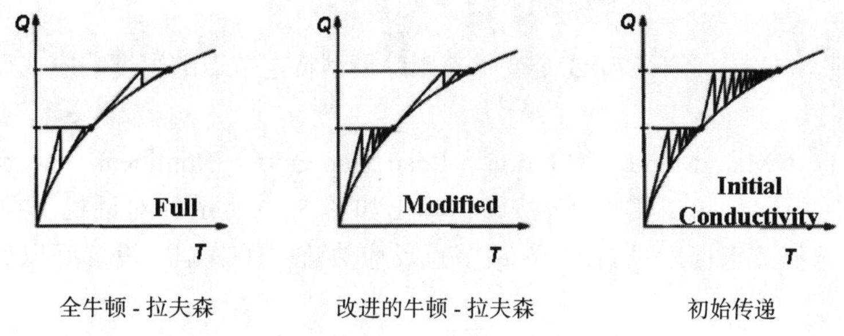

图 5-16 典型 N-R 迭代求解示意图

GUI 操作：选择 Main Menu > Solution > Load Step Opts > Nonlinear > Equilibrium Iter，弹出如图 5-17 所示的对话框。在该对话框中输入迭代次数。

命令：NEQIT

如果没有得到收敛解，Ansys 按照默认迭代次数停止。可以设置 DOF 数值、迭代次数、使用时间和计算时间。当这些限制达到后，Ansys 停止运行。

GUI 操作：选择 Main Menu > Solution > Load Step Opts > Nonlinear > Criteria to Stop，弹出如图 5-18 所示的对话框。

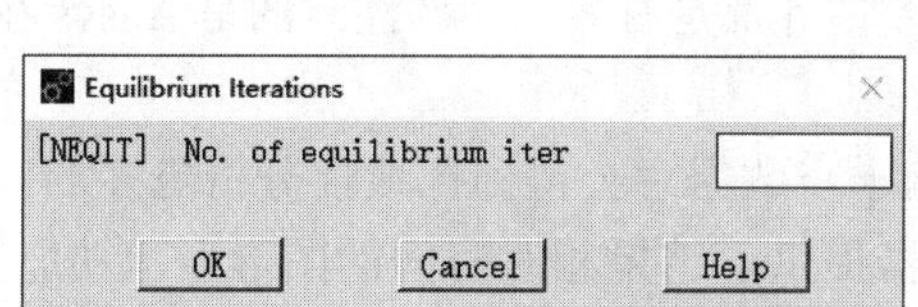

图 5-17 “Equilibrium Iterations”对话框

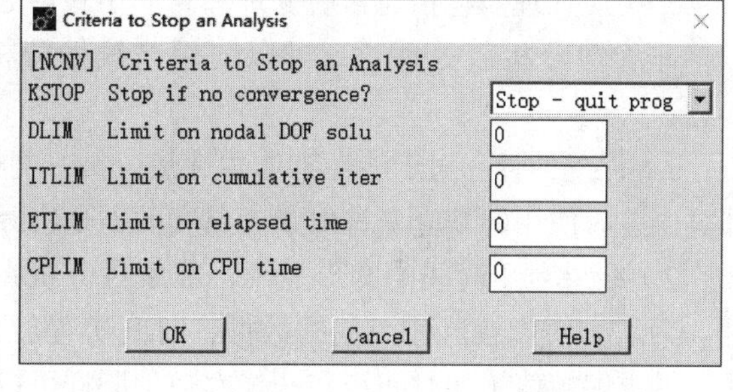

图 5-18 “Criteria to Stop an Analysis”对话框

命令：NCNV。

4）收敛提高工具。Ansys 收敛提高工具用于加速收敛，提高收敛性。如果求解控制被关闭，这些工具必须谨慎选取。如果选取不正确，实际上会妨碍收敛。

在 Ansys 中通常使用以下收敛提高工具：

① 线性搜索（Line Search）：当热导率有很大改变时会通过减少比例因子来增加 N-R 存储的热流向量。当有非常高度的非线性情况出现时，如相变或热冲击分析，使用这一工具很有效。默认状态下，该工具关闭。

GUI 操作：选择 Main Menu > Solution > Load Step Opts > Nonlinear > Line Search。

命令：LNSRCH

② 预测器：根据前面子步的结果预测温度结果。当模型的非线性响应随时间变化较剧烈时预测器非常有效。Ansys 默认条件下自动预测每个子步后的结果。预测器可以使用手工打开或关闭。

GUI 操作：选择 Main Menu > Solution > Load Step Opts > Nonlinear > Predictor，弹出的对话框如图 5-19 所示。

命令：PRED

5）求解管理。可以定义不多于 3 个变量来跟踪模型特定节点的温度响应或反应热流。操作方法如下：

GUI 操作：选择 Main Menu > Solution > Load Step Opts > Nonlinear > Monitor，在弹出对话框后选择管理的节点，单击“OK”按钮，弹出如图 5-20 所示的对话框。在对话框中选择指定变量号码，选择节点温度“TEMP”或节点反应热流“HEAT”。设置好以后，单击“OK”按钮。

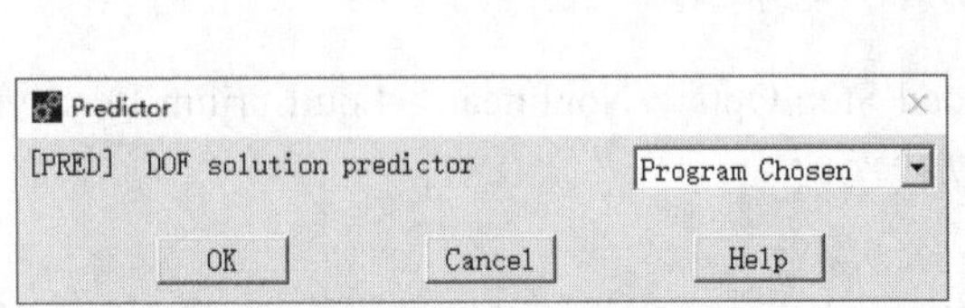

图 5-19 “Predictor”对话框

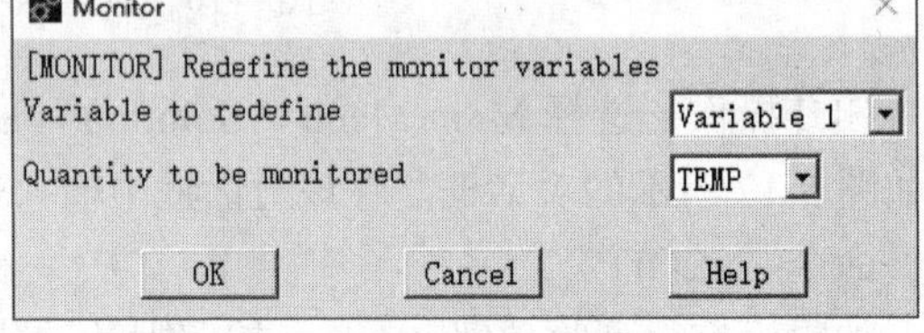

图 5-20 “Monitor”对话框

命令：MONITOR。

（8）求解。求解当前载荷步。

（9）后处理。包括通常后处理和时间历程后处理。

非线性分析后处理时，可以使用与线性分析相同的选项来查看结果。但是有几点必须注意：

1）误差估计。对于线性和非线性热分析，网格误差估计都是有效的。要注意的是 Ansys 在计算误差时使用的是应变自由参考温度而不是实际温度。

2）结果对于时间的图形显示。非线性分析在存储子步数据时会得到比线性分析更多的数据。为了方便理解这些大量的数据，时间历程后处理器提供了结果相对时间的图形显示功能。非线性求解数值（如时间步和迭代次数）同样可以相对时间绘制。

3）动画。另一个得到非线性系统在载荷历程中响应的方法是将结果数据用动画显示。

第 6 章

瞬态热分析实例详解

本章主要介绍了应用 Ansys 2024 进行瞬态热分析的基本步骤，并以零件加热和冷却等典型工程应用为示例，讲述了进行瞬态热分析的基本思路及应用 Ansys 进行瞬态热分析的基本步骤和技巧。

- Ansys 隐式瞬态热分析的基本方法及基本操作步骤、命令
- Ansys 的时间历程后处理器应用方法
- 瞬态热分析问题边界条件简化的基本方法

6.1 实例——钢板加热过程分析

6.1.1 问题描述

长和宽各为 2000mm、厚为 100mm、初始温度为 20℃的钢板，放入温度为 1120℃的加热炉内加热，其传热系数为 125W/（m^2·K），钢板的比热容为 460J/（kg·℃），密度为 7850kg/m^3，热导率为 50W/（m·K）。试计算钢板温度达到 750℃时所经历的时间以及钢板的温度场分布。钢板的几何模型如图 6-1 所示。

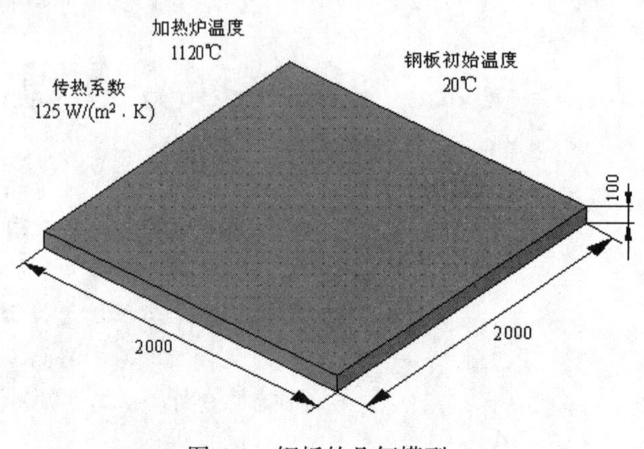

图 6-1　钢板的几何模型

6.1.2 问题分析

本例属于热瞬态分析，选用 SOLID70 三维六面体单元进行有限元分析。根据几何及边界条件的对称性，取钢板的 1/4 进行分析，温度采用℃，其他单位采用法定计量单位。

6.1.3 GUI 操作步骤

01 定义分析文件名

选择 Utility Menu > File > Change Jobname，在弹出的对话框中输入“Exercise”，单击“OK”按钮。

02 定义单元类型

选择 Main Menu > Preprocessor > Element Type > Add/Edit/Delete，在弹出的“Element Types”对话框中单击“Add”，在弹出的对话框中选择“Solid”“8node 70”三维 8 节点六面体单元，单击“OK”按钮。单击单元类型对话框中的“Close”按钮，关闭单元类型对话框。

03 定义材料属性

❶ 定义材料的热导率。选择 Main Menu > Preprocessor > Material Props > Material Models，在弹出的对话框中单击右侧的 Thermal > Conductivity > Isotropic，在弹出的对话框中输入热导率“KXX”为 50，单击“OK”按钮。

❷ 定义材料密度。选择对话框右侧的 Thermal>Density，弹出的对话框如图 6-2 所示。在

“DENS”文本框中输入 7850，单击“OK”按钮。

❸ 定义材料比热容。选择窗口右侧的 Thermal > Specific Heat，在弹出的如图 6-3 所示的对话框中的“C”文本框中输入 460，单击“OK”按钮。

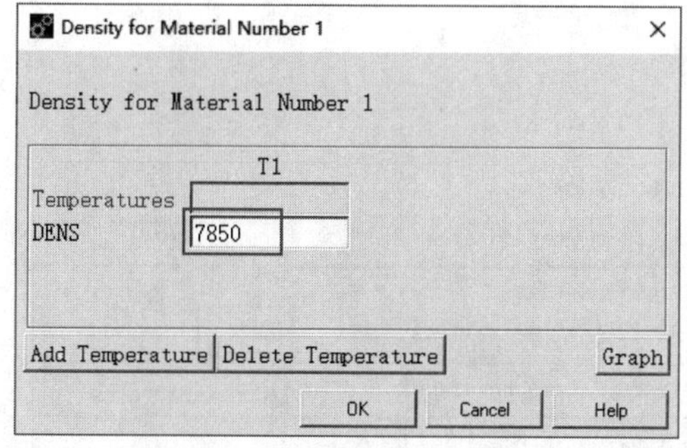

图 6-2 “Density for Material Number 1”对话框

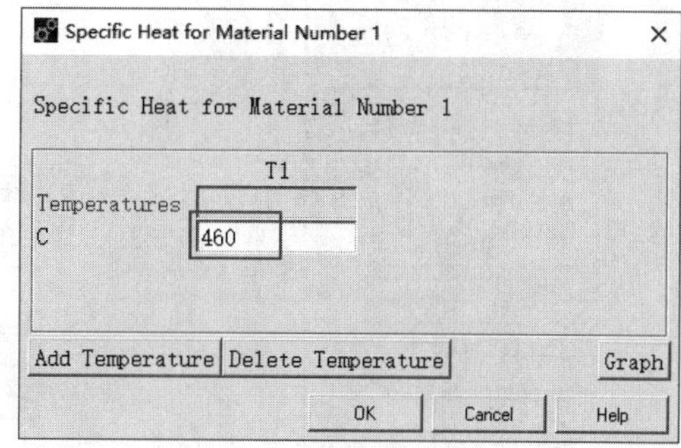

图 6-3 “Specific Heat for Material Number 1”对话框

04 建立几何模型

选择 Main Menu > Preprocessor > Modeling > Create > Volumes > Block > By Dimensions，弹出如图 6-4 所示的对话框，在“X1、X2”“Y1、Y2”“Z1、Z2”中分别输入“0、1”“0、1”“-0.05、0.05”，单击“OK”按钮。

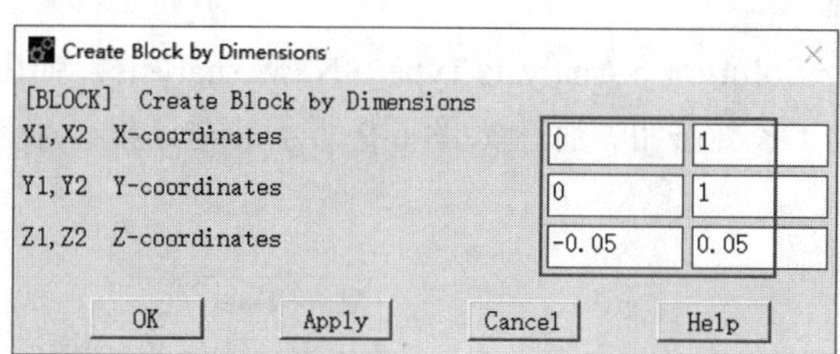

图 6-4 “Create Block by Dimensions”对话框

05 设置单元密度

选择 Main Menu > Preprocessor > Meshing > Size Cntrls > ManualSize > Global > Size，在弹出的对话框中的“SIZE”文本框中输入 0.03，单击“OK”按钮。

06 划分单元

选择 Main Menu > Preprocessor > Meshing > Mesh > Volumes > Mapped > 4 to 6 sided，在弹出的对话框中单击“Pick All”按钮。

07 施加对流换热载荷

选择 Utility Menu > Plot > Areas，选择 Main Menu > Solution > Define Loads > Apply > Thermal > Convection > On Areas，在弹出的对话框中选择“List of Items”，输入“1,2,4,6”后按 Enter 键，如图 6-5 所示。单击“OK”按钮，弹出如图 6-6 所示的对话框，在“VALI”中输入 125，在“VAL2I”中输入 1120，单击“OK”按钮。

08 施加初始温度

选择 Main Menu > Solution > Define Loads > Apply > Thermal > Temperature > Uniform Temp，

弹出如图 6-7 所示的对话框。在“TUNIF”文本框中输入 20，单击“OK”按钮。

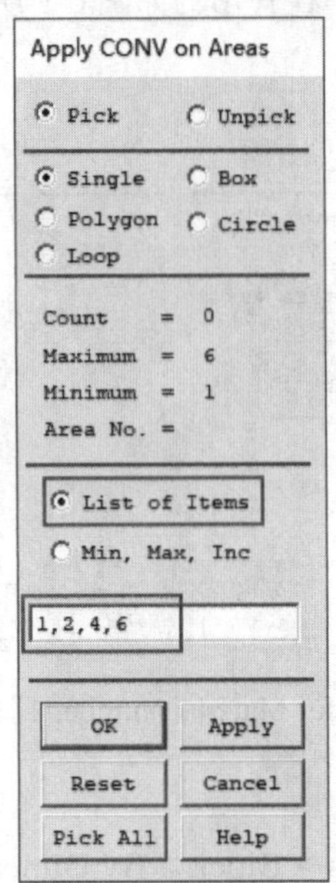

图 6-5　拾取钢板对流换热边界

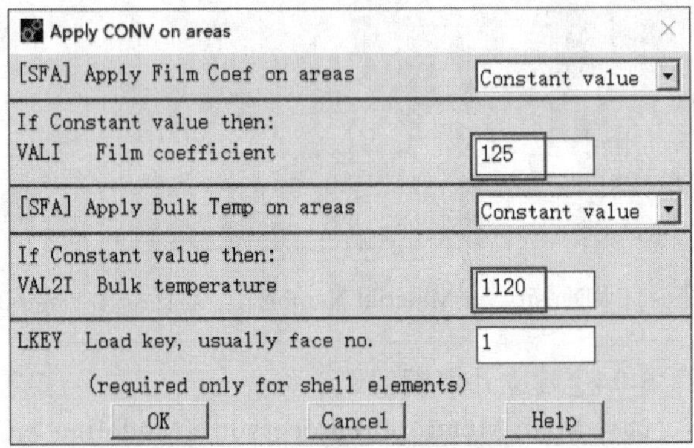

图 6-6　“Apply CONV on areas”对话框

09 设置求解选项

❶ 选择 Main Menu > Solution > Analysis Type > New Analysis，弹出如图 6-8 所示的对话框。选择“Transient”，单击“OK”按钮，弹出如图 6-9 所示的对话框，采用默认设置，单击“OK”按钮。

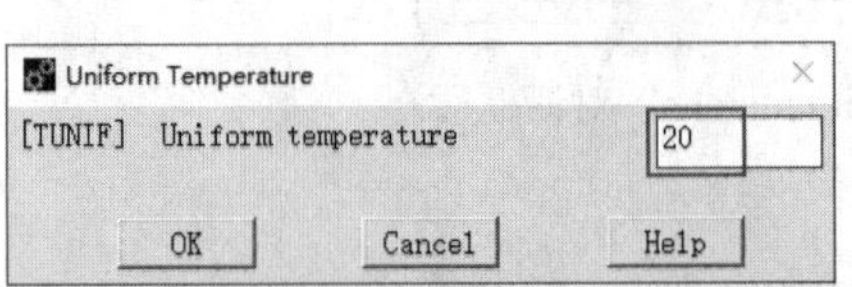

图 6-7　“Uniform Temperature”对话框

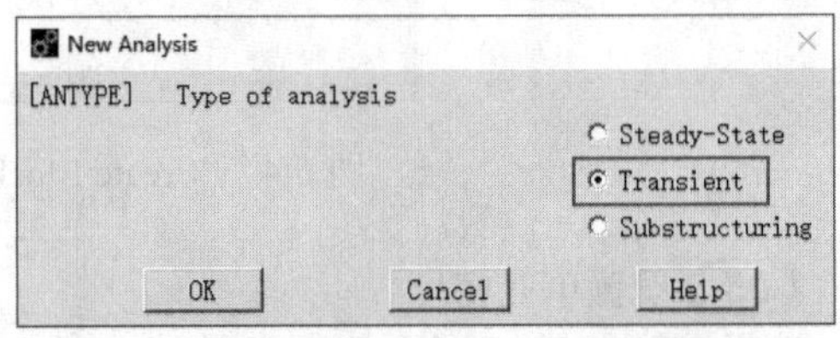

图 6-8　“New Analysis”对话框

❷ 选择 Main Menu > Preprocessor > Loads > Load Step Opts > Time/Frequenc > Time - Time Step，在弹出的对话框中的“TIME”文本框中输入 1800，在“DELTIM”文本框中输入 50，在“KBC”中选择“Stepped”，在“AUTOTS”中选择“ON”，在“DELTIM”中的“Minimum time step size”文本框中输入 50，在“DELTIM”中的“Maximum time step size”文本框中输入 100，单击“OK”按钮，如图 6-10 所示。

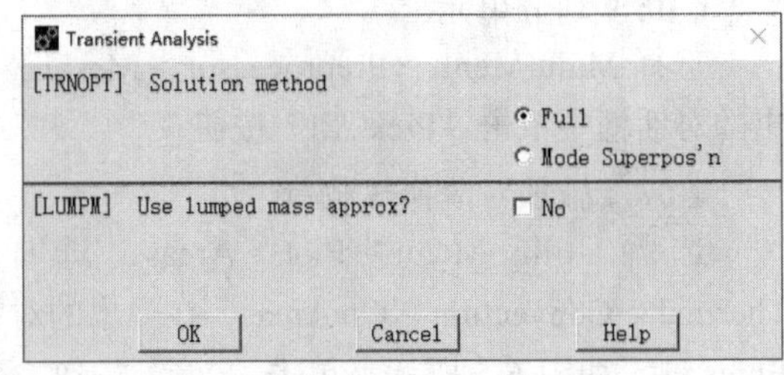

图 6-9　“Transient Analysis”对话框

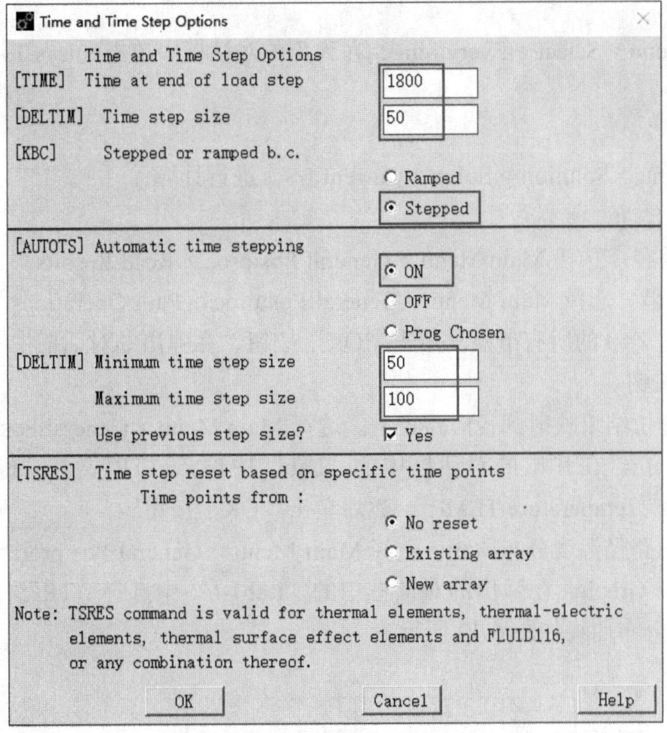

图 6-10 “Time and Time Step Options”对话框

(10) 输出控制

选择 Main Menu > Solution > Analysis Type > Sol’n Controls，弹出如图 6-11 所示的对话框。在“Frequency”中选择“Write every Nth substep”，单击“OK”按钮。

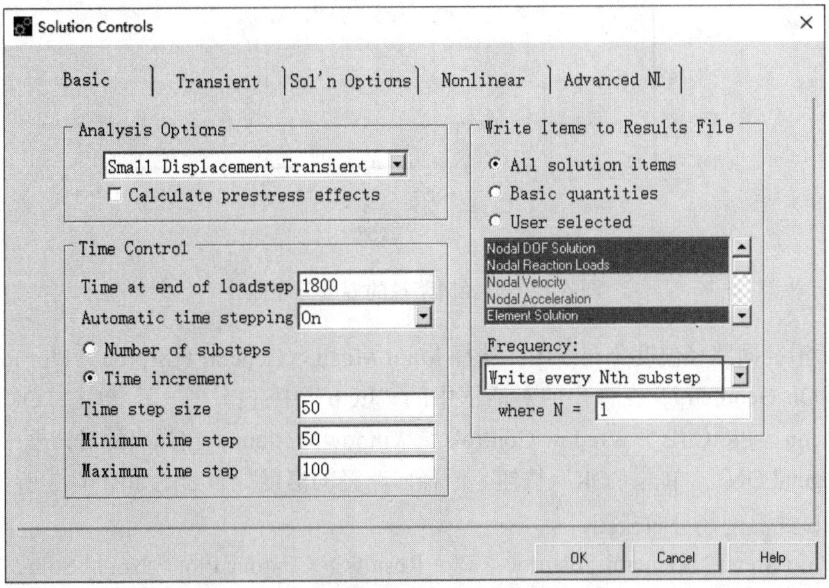

图 6-11 “Solution Controls”对话框

11 存盘

选择Utility Menu > Select > Everything，在弹出的对话框中单击Ansys Toolbar中的“SAVE_DB”，保存模型。

12 存盘

选择 Main Menu > Solution > Solve > Current LS，进行计算。

13 显示沿径向温度分布

❶ 定义径向路径。选择 Main Menu > General Postproc > Read Results > Last Set，读取最后一个子步的分析结果。选择 Main Menu > General Postproc > Path Operations > Define Path > By Nodes，拾取 Y=0、Z=0 的所有节点。单击“OK”按钮，在弹出的对话框中的“Name”中输入R2，单击“OK”按钮。

❷ 将温度场分析结果映射到径向路径上。选择 Main Menu > General Postproc > Path Operations > Map onto Path，在弹出的对话框中的“Lab”中输入“TR”，在“Item,Comp”中选择“DOF solution”和“Temperature TEMP”，然后单击“OK”按钮。

❸ 显示沿径向路径温度分布曲线。选择 Main Menu > General Postproc > Path Operations > Plot Path Item > On Graph，在弹出的对话框中的“Lab1-6”中选择“TR”，单击“OK”按钮。沿径向路径的温度分布曲线如图 6-12 所示。

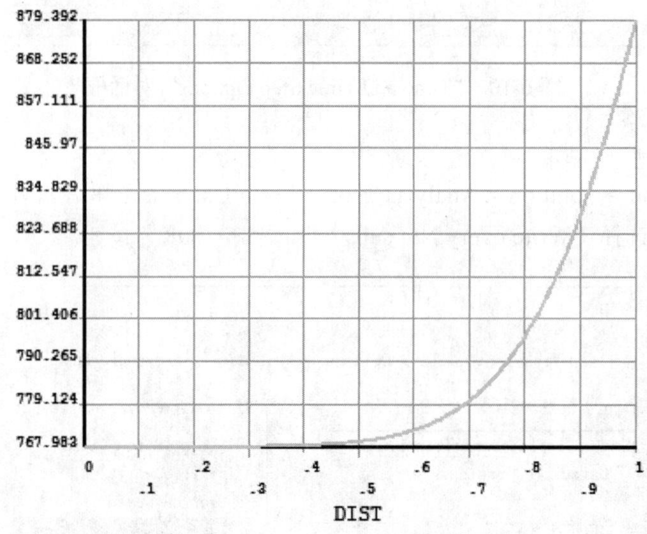

图 6-12 沿径向路径的温度分布曲线

❹ 显示沿径向路径温度分布云图。选择 Main Menu > General Postproc > Plot Results > Plot Path Item > On Geometry，在弹出的对话框中的“Item”中选择“TR”，单击“OK”按钮。选择 Utility Menu > PlotCtrls > Window Controls > Window Options，在弹出的对话框中的“INFO”中选择“Legend ON”，单击“OK”按钮。沿径向路径的温度分布云图如图 6-13 所示。

14 显式温度场分布云图

选择 Main Menu > General Postproc > Plot Results > Contour Plot > Nodal Solu，在弹出的对话框中选择“DOF Solution”和“Nodal Temperature”，单击“OK”按钮。钢板的温度分布云图如图 6-14 所示。选择 Utility Menu > PlotCtrls > Style > Symmetry Expansion > Periodic/Cyclic

Symmetry，在弹出的对话框中的“Select type of cyclic symmetry”中选择“1/4 Dihedral Sym”，单击“OK”按钮。钢板的扩展的温度分布云图如图 6-15 所示。选择 Utility Menu > PlotCtrls > Style > Symmetry Expansion > No Expansion，再选择 Utility Menu > Plot > Elements，所要显示节点的示意图如图 6-16 所示。

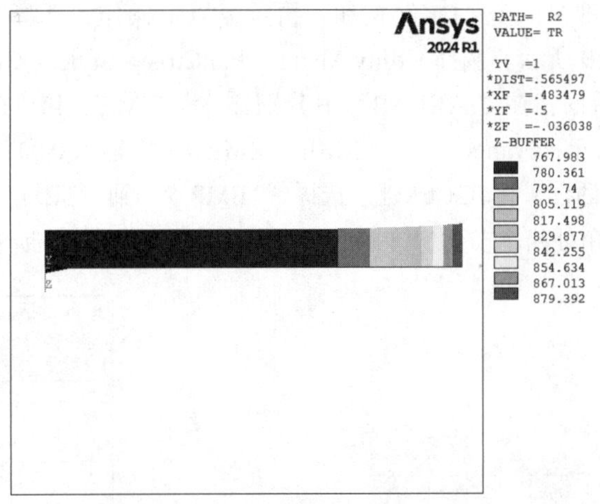

图 6-13　沿径向路径的温度分布云图

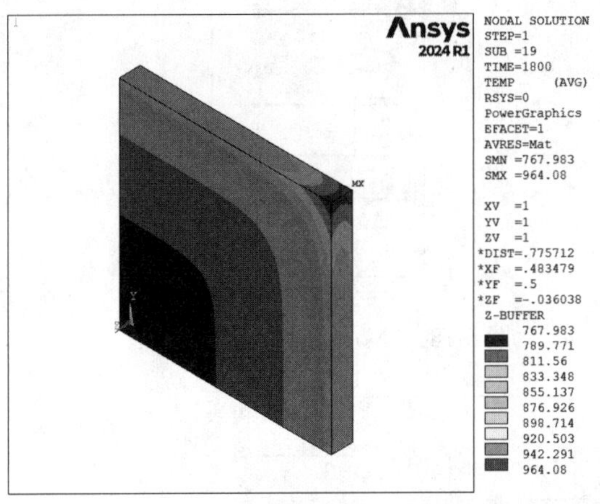

图 6-14　钢板的温度分布云图

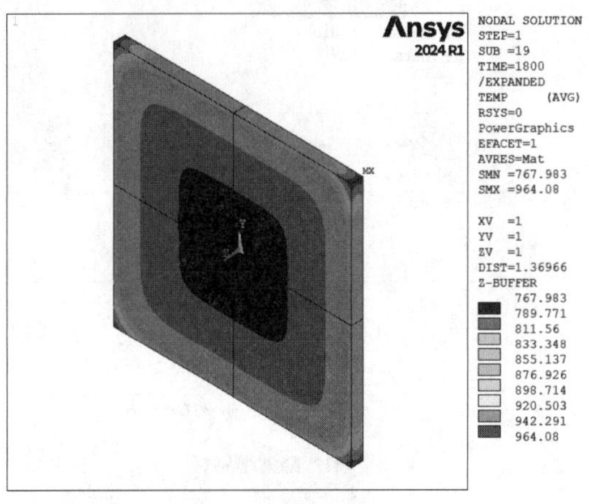

图 6-15　钢板的扩展的温度分布云图

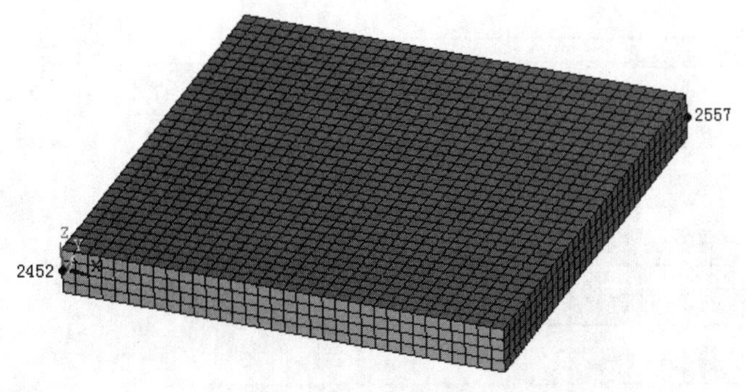

图 6-16　所要显示节点的示意图

15 显示钢板中心及角点处的节点温度随时间变化曲线

显示如图 6-16 所示的两个节点温度随时间变化曲线。选择 Main Menu > TimeHist Postpro，在弹出的对话框中单击“Add Data”图标十，弹出如图 6-17 所示的对话框。选择 Nodal Solution > DOF Solution > Nodal Temperature，单击“OK”按钮。弹出如图 6-18 所示的对话框，在文本框中输入 2452 后按 Enter 键，单击“OK”按钮。再重复以上操作，选择 2557 号节点，完成以上操作后的对话框如图 6-19 所示。选择 Utility Menu > PlotCtrls > Style > Graphs > Modify Axes，弹出如图 6-20 所示的对话框。在“/AXLAB”中分别输入“TIME”和“TEMPERATURE”，在“/XRANGE”中选择“Specified range”，在“XMIN，XMAX”中输入 0 和 1800，单击“OK”按钮。返回如图 6-19 所示的对话框，按住 Ctrl 键，选择“TEMP_2”到“TEMP_3”，单击“Graph Data”图标。钢板中心和边角处两个节点温度随时间的变化曲线如图 6-21 所示。

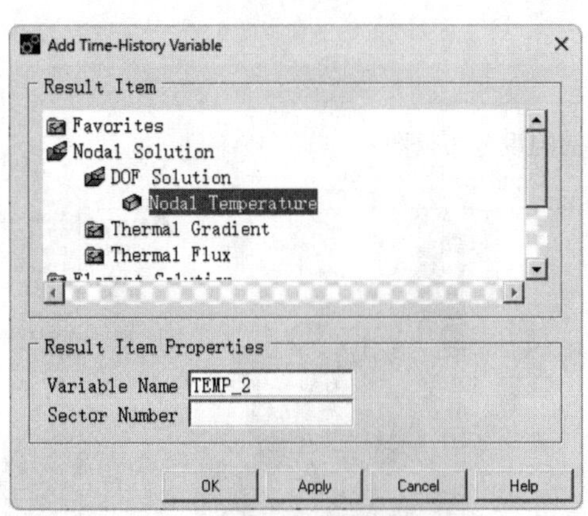

图 6-17 “Add Time-History Variable”对话框

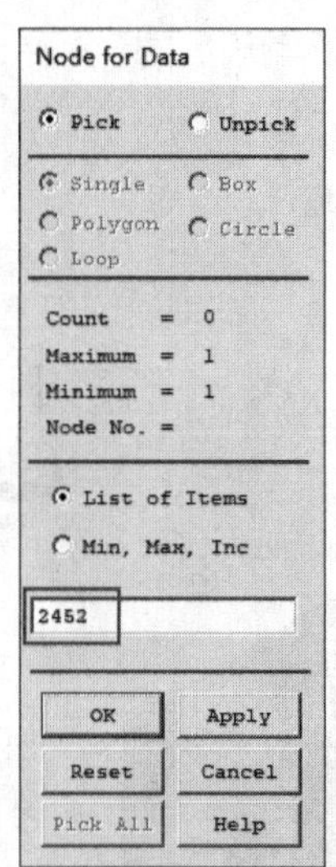

图 6-18 “Node for Data”对话框

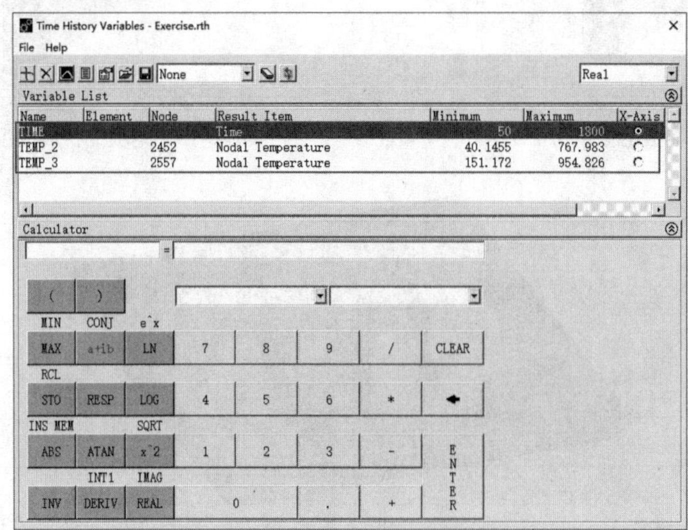

图 6-19 “Time History Variables-Exercise.rth”对话框

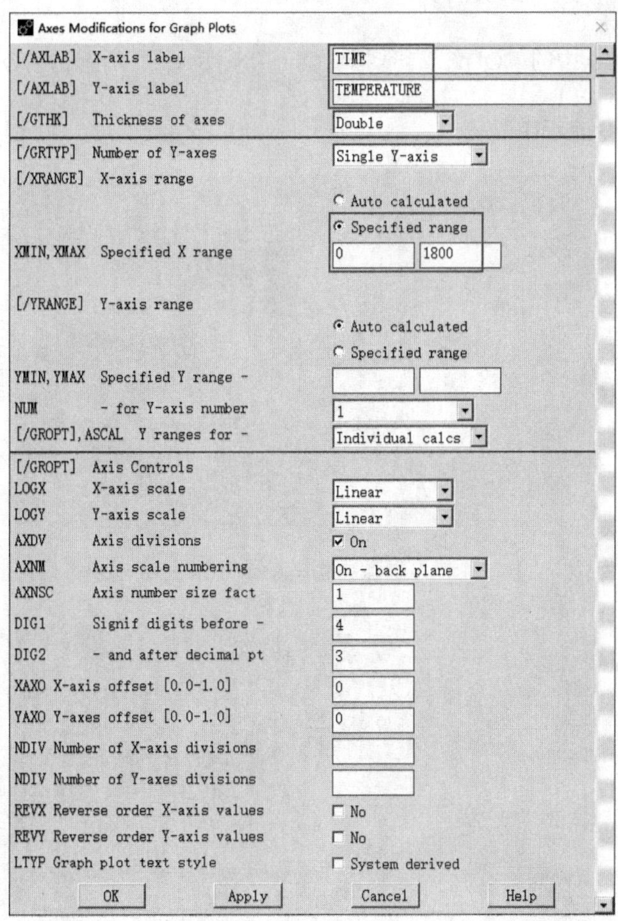

图 6-20 “Axes Modifications for Graph Plots”对话框

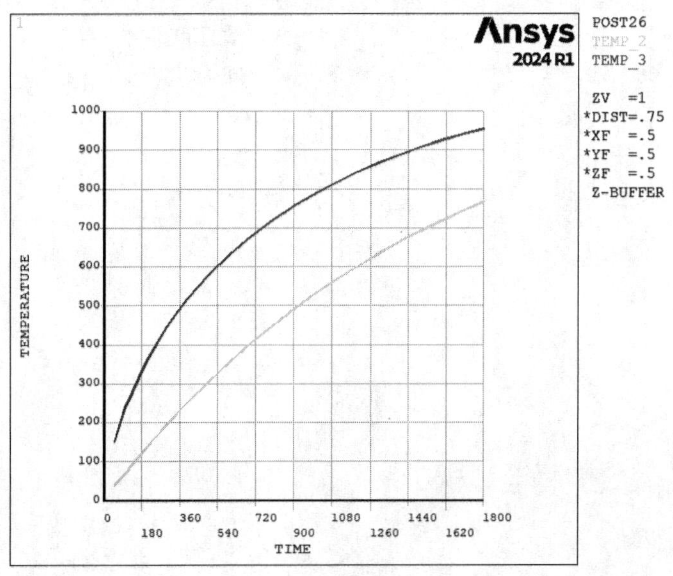

图 6-21 钢板中心和边角处两个节点温度随时间的变化曲线

(16) 退出 Ansys

单击 Ansys Toolbar 中的“QUIT”，选择“Quit - No Save!”后单击“OK”按钮。

6.1.4 APDL 命令流程序

```
FINISH
/FILNAME,Exercise                    ! 定义隐式热分析文件名
/PREP7                               ! 进入前处理器
ET,1,SOLID70                         ! 选择单元类型
MP,KXX,1,50                          ! 定义钢板的热导率
MP,DENS,1,7850                       ! 定义钢板的密度
MP,C,1,460                           ! 定义钢板的比热容
BLOCK,0,1,0,1,-0.05,0.05,            ! 建立 1/4 钢板三维几何模型
ALLSEL,ALL
ESIZE,0.03,0,                        ! 定义单元划分尺寸
MSHKEY,1                             ! 设置映射划分单元类型
VMESH,ALL                            ! 划分单元
/SOLU                                ! 进入求解器
TUNIF,20                             ! 定义初始温度
SFA,1,1,CONV,125,1120                ! 在 1 号面上施加对流换热载荷
SFA,2,1,CONV,125,1120                ! 在 2 号面上施加对流换热载荷
SFA,4,1,CONV,125,1120                ! 在 4 号面上施加对流换热载荷
SFA,6,1,CONV,125,1120                ! 在 6 号面上施加对流换热载荷
ANTYPE,TRANS                         ! 设置为瞬态求解
KBC,1
OUTRES,,ALL                          ! 定义结果输出
TOFFST,273                           ! 定义温度偏移量
ALLSEL,ALL                           ! 选择所有节点
AUTOTS,ON                            ! 打开自动时间开关
DELTIM,50,50,100                     ! 定义时间子步
TIME,1800                            ! 定义求解时间
SOLVE                                ! 求解
/POST1                               ! 进入后处理器
SET,LAST                             ! 读入最后子步结果
FLST,2,35,1
FITEM,2,2452
FITEM,2,2490
FITEM,2,2491
FITEM,2,2492
FITEM,2,2493
FITEM,2,2494
FITEM,2,2495
FITEM,2,2496
```

```
FITEM,2,2497
FITEM,2,2498
FITEM,2,2499
FITEM,2,2500
FITEM,2,2501
FITEM,2,2502
FITEM,2,2503
FITEM,2,2504
FITEM,2,2505
FITEM,2,2506
FITEM,2,2507
FITEM,2,2508
FITEM,2,2509
FITEM,2,2510
FITEM,2,2511
FITEM,2,2512
FITEM,2,2513
FITEM,2,2514
FITEM,2,2515
FITEM,2,2516
FITEM,2,2517
FITEM,2,2518
FITEM,2,2519
FITEM,2,2520
FITEM,2,2521
FITEM,2,2522
FITEM,2,2455
PATH,R2,35,30,20,
PPATH,P51X,1                        ! 建立径向路径
PATH,STAT
PDEF,TR,TEMP, ,AVG                  ! 向所定义路径映射温度分析结果
PLPATH,TR                           ! 显示沿路径温度变化曲线图
PLPAGM,TR,1,Blank                   ! 在几何模型上显示径向温度分布云图
PLNSOL,TEMP, ,0,                    ! 显示温度分布云图
/EXPAND,4,POLAR,HALF,,90            ! 设置三维周期扩展选项
PLNSOL,TEMP, ,0,                    ! 显示温度分布云图
/EXPAND                             ! 关闭三维周期扩展选项
/POST26                             ! 进入时间历程后处理器
NSOL,2,2452,TEMP,, TEMP_2           ! 定义钢板中心节点温度变量
STORE,MERGE
NSOL,3,2557,TEMP,, TEMP_3           ! 定义钢板角处节点温度变量
STORE,MERGE
/AXLAB,X,TIME
```

```
/AXLAB,Y,TEMPERATURE                    ! 更改坐标轴标识
/XRANGE,0,1800                          ! 设定横坐标轴范围
PLVAR,2,3,                              ! 绘制两节点温度随时间的变化曲线
/EXIT,NOSAV                             ! 退出 Ansys
```

6.2 实例二——钢制零件淬油过程分析

6.2.1 问题描述

有一钢制零件，几何模型如图 6-22 所示。初始温度为 550℃，置入恒温为 50℃的油池内淬火，其传热系数为 530W/（m^2·K），钢的比热容为 460J/（kg·℃），密度为 7850kg/m^3，热导率为 35W/（m·K），试计算 5min 后零件的温度分布。

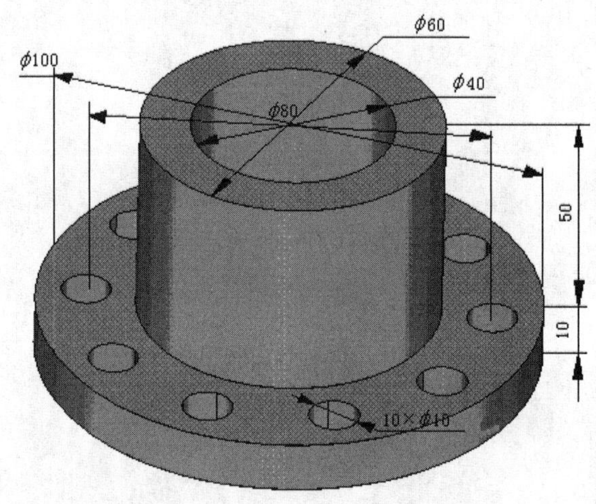

图 6-22 零件的几何模型

6.2.2 问题分析

本例属于热瞬态分析，选用 SOLID70 三维六面体单元进行有限元分析。根据几何及边界条件周期的对称性，取零件的 1/10 进行分析。分析时，温度采用℃，其他单位采用法定计量单位。

6.2.3 GUI 操作步骤

01 定义分析文件名

选择 Utility Menu > File > Change Jobname，在弹出的对话框中输入“Exercise”，单击“OK”按钮。

02 定义单元类型

选择 Main Menu > Preprocessor > Element Type > Add/Edit/Delete，在弹出的“Element

Types”对话框中选择“Add”，在弹出的对话框中选择“Solid”“8node 70”三维 8 节点六面体单元，单击“OK”按钮。单击“Close”按钮，关闭单元类型对话框。

03 定义材料属性

❶ 定义材料的热导率。选择 Main Menu > Preprocessor > Material Props > Material Models，在弹出的对话框中单击右侧的 Thermal > Conductivity > Isotropic，在弹出的对话框中输入热导率“KXX”为 35，单击“OK”按钮。

❷ 定义材料密度。选择对话框右侧的 Thermal> Density，在弹出的对话框中的“DENS”文本框中输入 7850，单击“OK”按钮。

❸ 定义材料比热容。选择对话框右侧的 Thermal > Specific Heat，在弹出的对话框中的“C”文本框中输入 460，单击“OK”按钮。

04 建立几何模型

❶ 选择 Main Menu > Preprocessor > Modeling > Create > Volumes > Cylinder > By Dimensions，在弹出的对话框中的“RAD1”“RAD2”“Z1、Z2”“THETA1”“THETA2”中分别输入 0.03，0.02，0、0.01，−18，18，单击“Apply”按钮，如图 6-23 所示；再输入 0.03，0.05，0、0.01，−18，18，单击“Apply”按钮；再输入 0.03，0.02，0.01、0.06，−18，18，单击“OK”按钮。

❷ 选择 Utility Menu > WorkPlane > Display Working Plane，选择 Utility Menu > WorkPlane > Offset WP by Increments，弹出如图 6-24 所示的对话框，在“X，Y，Z Offsets”中输入 0.04，按 Enter 键确认，单击“OK”按钮，关闭工作坐标系平移对话框。

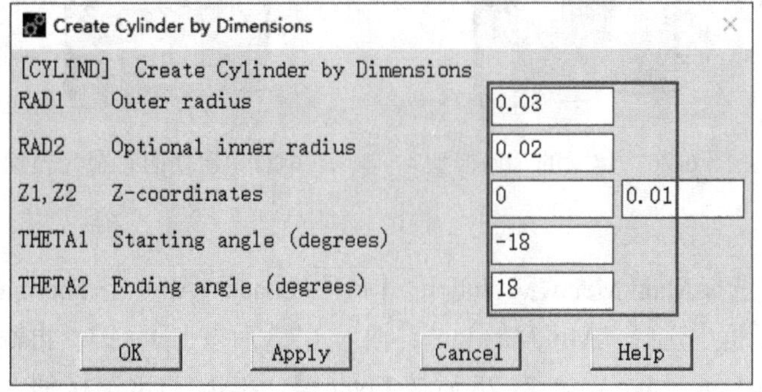

图 6-23 “Create Cylinder by Dimensions”对话框

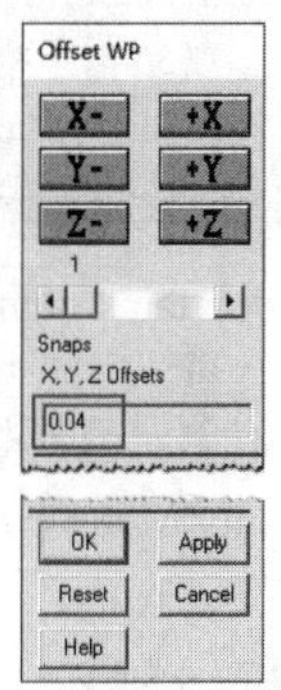

图 6-24 “Offset WP”对话框

❸ 选择 Main Menu > Preprocessor > Modeling > Create > Volumes > Cylinder > By Dimensions，在弹出的对话框中的“RAD1”“RAD2”“Z1、Z2”“THETA1”“THETA2”中分别输入 0.005，0，0、0.01，0，360，单击“OK”按钮。

❹ 选择 Main Menu > Preprocessor > Modeling > Operate > Booleans > Subtract > Volumes，在弹出的对话框中选择“Min,Max,Inc”，输入 1，3 后按 Enter 键，单击“OK”按钮，如图 6-25 所示，在弹出的对话框中选择“List of Items”，输入 4 后按 Enter 键，单击“OK”按钮。建立的几何模型如图 6-26 所示。

05 粘接各体

选择 Main Menu > Preprocessor > Modeling > Operate > Booleans > Glue > Volumes，在弹出的对话框中单击“Pick All”按钮。

06 设置单元密度

选择 Main Menu > Preprocessor > Meshing > Size Cntrls > ManualSize > Global > Size，在弹出的对话框中的“SIZE”文本框中输入 0.0025，单击“OK”按钮。

07 划分单元

❶ 选择 Main Menu > Preprocessor > Meshing > Mesh > Volumes > Mapped > 4 to 6 sided，在弹出的对话框中选择“List of Items”，输入 1,2 后按 Enter 键，单击“OK”按钮。

❷ 选择 Main Menu > Preprocessor > Meshing > Mesh > Volume Sweep > Sweep，在弹出的对话框中选择“List of Items”，输入 4 后按 Enter 键，单击“OK”按钮。建立的有限元模型如图 6-27 所示。

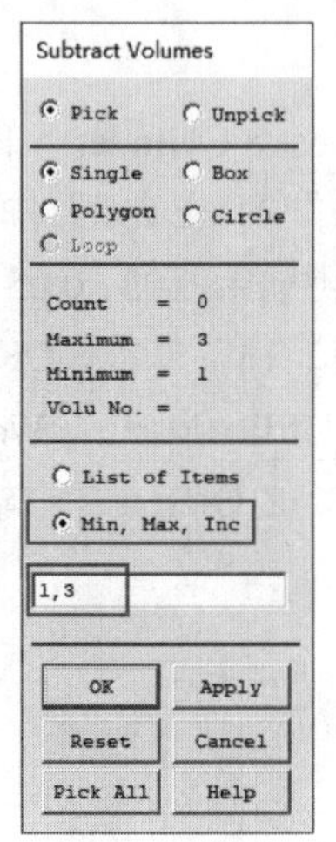

图 6-25 “Subtract Volumes”对话框

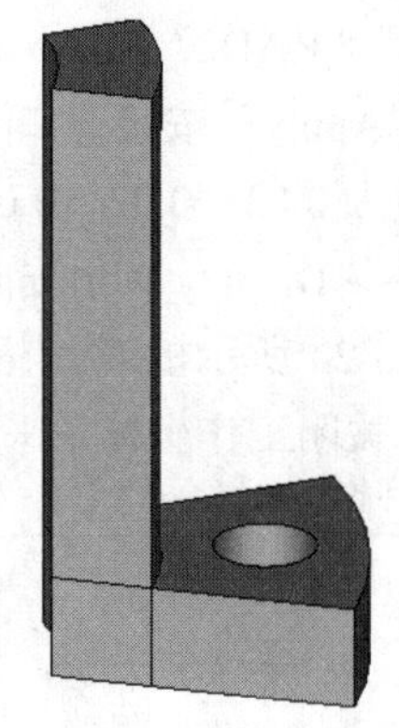

图 6-26 建立的几何模型

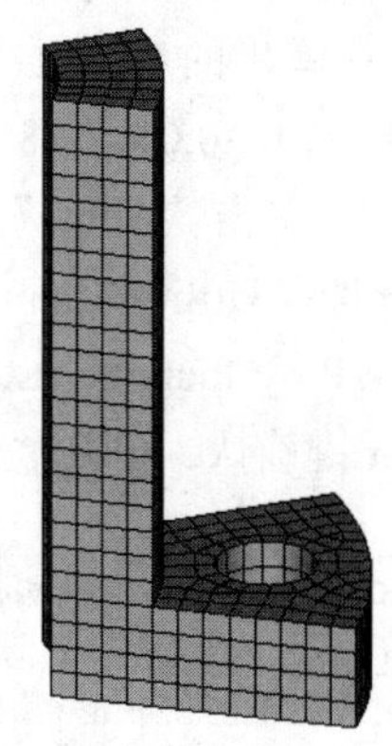

图 6-27 建立的有限元模型

08 施加对流换热载荷

选择 Utility Menu > Plot > Areas，选择 Main Menu > Solution > Define Loads > Apply > Thermal > Convection > On Areas，在弹出的对话框中选择“Min,Max,Inc”，输入 1,7,3 后按 Enter 键，再输入 9,19,5 后按 Enter 键，输入 21,22 后按 Enter 键，输入 27,28 后按 Enter 键，单击“OK”按钮。在弹出的对话框中的“VALI”中输入 530，在“VAL2I”中输入 50，单击“OK”按钮。

09 施加初始温度

选择 Main Menu > Solution > Define Loads > Apply > Thermal > Temperature > Uniform Temp，在弹出的对话框中输入 550，单击“OK”按钮。

10 设置求解选项

❶ 选择 Main Menu > Solution > Analysis Type > New Analysis，在弹出的对话框中选择“Transient”，然后单击“OK”按钮，在弹出的对话框中采用默认设置，单击“OK”按钮。

❷ 选择 Main Menu > Solution > Load Step Opts > Time/Frequenc > Time - Time Step，在弹出的对话框中的“TIME”中输入 300，在“DELTIM”中输入 10，在“KBC”中选择“Stepped”，在“AUTOTS”中选择“ON”，在“DELTIM”中的“Minimum time step size”文本框中输入 10，在“DELTIM”中的“Maximum time step size”文本框中输入 20，单击“OK”按钮，如图 6-28 所示。

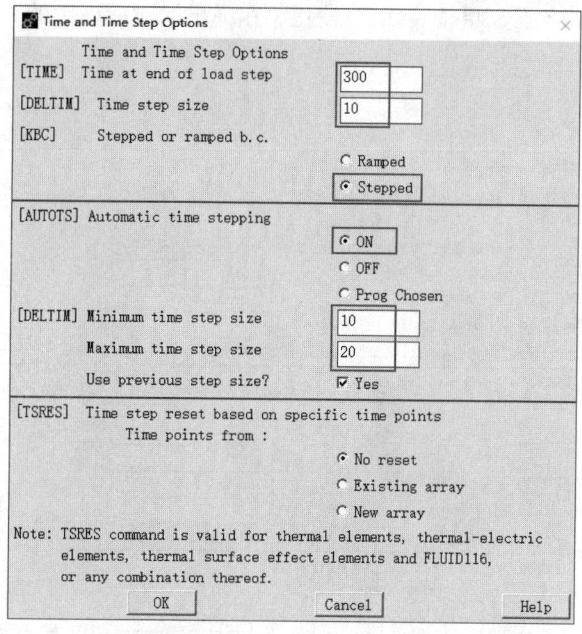

图 6-28 “Time and Time Step Options”对话框

11 输出控制

选择 Main Menu > Solution > Sol’n Controls，在弹出的对话框中的“Frequency”中选择“Write every substep”，单击“OK”按钮。

12 存盘

选择 Utility Menu > Select > Everything，然后单击 Ansys Toolbar 中的“SAVE_DB”，保存模型。

13 求解

选择 Main Menu > Solution > Solve > Current LS，进行计算。

14 显示温度场分布云图

❶ 选择 Main Menu> General Postproc > Read Results > Last Set，读取最后一个子步的分析结果，选择 Utility Menu > PlotCtrls > Style > Symmetry Expansion > User Specified Expansion，弹出如图 6-29 所示的对话框。在“/EXPAND 1st Expansion of Symmetry”区域的“NREPEAT”中输入 10，在“TYPE”中选择“Polar”，在“DY”中输入 36，然后单击“OK”按钮。

❷ 选择 Main Menu > General Postproc > Plot Results > Contour Plot > Nodal Solu，在弹出的对话框中选择“DOF solution”和“Nodal Temperature”，单击“OK”按钮，显示零件的扩展温度场分布云图如图 6-30 所示。选择 Utility Menu > PlotCtrls > Style > Symmetry Expansion > No Expansion，再选择 Utility Menu > Plot > Replot 命令，显示零件的温度场分布云图如图 6-31 所示。最后选择 Utility Menu > Plot > Elements，显示单元。

15 显示 1.5min 沿筒内壁温度分布

❶ 定义径向路径。选择 Main Menu > General Postproc > Read Results > By Pick，弹出如图 6-32 所示的对话框。在对话框中选中第 7 子步结果，单击“Read”按钮，读第 7 个子步的分析结果。选择 Main Menu > General Postproc > Path Operations > Define Path > By Nodes，拾取

Y = 0、X = 0.02 的所有节点，单击“OK”按钮，在弹出的对话框中的“Name”中输入“R2”，单击“OK”按钮。

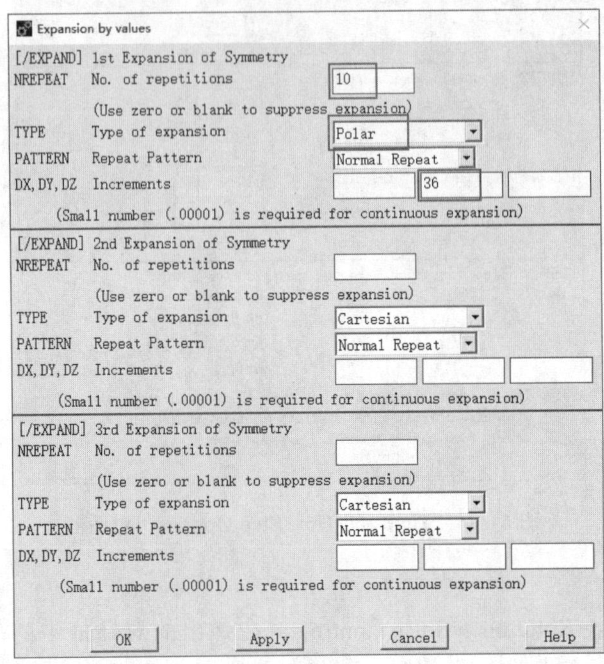

图 6-29 “Expansion by values”对话框

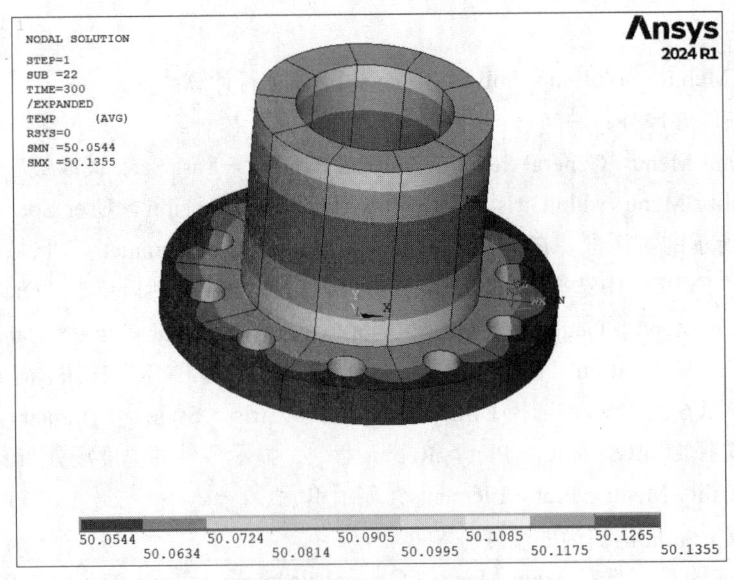

图 6-30 零件的扩展温度场分布云图

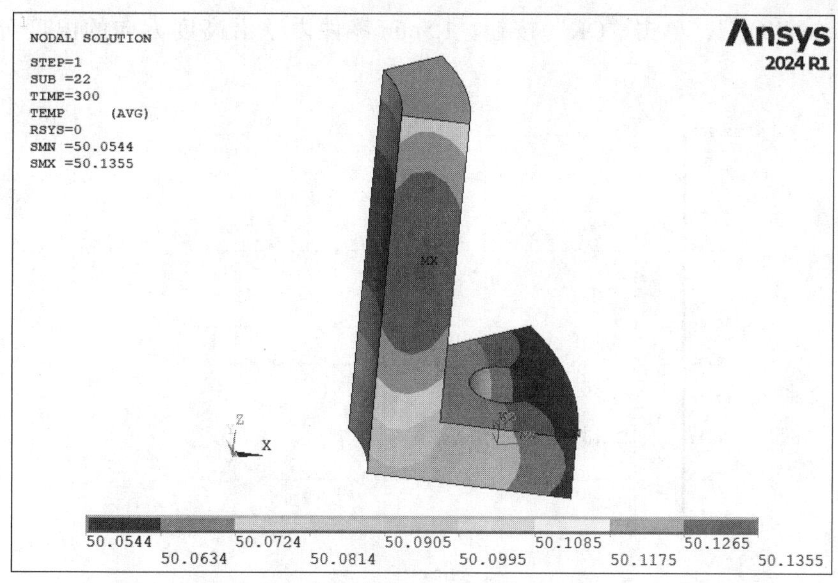

图 6-31 零件的温度场分布云图

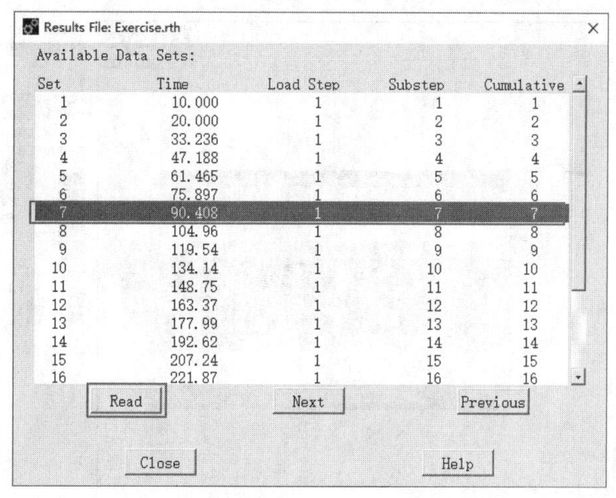

Set	Time	Load Step	Substep	Cumulative
1	10.000	1	1	1
2	20.000	1	2	2
3	33.236	1	3	3
4	47.188	1	4	4
5	61.465	1	5	5
6	75.897	1	6	6
7	90.408	1	7	7
8	104.96	1	8	8
9	119.54	1	9	9
10	134.14	1	10	10
11	148.75	1	11	11
12	163.37	1	12	12
13	177.99	1	13	13
14	192.62	1	14	14
15	207.24	1	15	15
16	221.87	1	16	16

图 6-32 “Results File:Exercise.rth”对话框

❷ 将温度场分析结果映射到路径上。选择 Main Menu > General Postproc > Path Operations > Map onto Path，在弹出的对话框中的“Lab”中输入 TR，在“Item,Comp”中选择“DOF solution”和“Temperature TEMP”，单击“OK”按钮。

❸ 显示沿路径温度分布曲线。选择 Main Menu > General Postproc > Path Operations > Plot Path Item > On Graph，在弹出的对话框中的“Lab1-6”中选择“TR”，单击“OK”按钮。1.5min 零件内壁沿高度方向温度的分布曲线如图 6-33 所示。

❹ 显示沿路径温度分布云图：选择 Main Menu > General Postproc > Plot Results > Plot Path Item > On Geometry，在弹出的对话框中的“Item”中选择“TR”，单击“OK”按钮。选择 Utility Menu > PlotCtrls > Window Controls > Window Options，在弹出的对话框中的“INFO”

中选择“Legend ON”，单击“OK”按钮。1.5min 零件内壁沿高度方向的温度分布云图如图 6-34 所示。

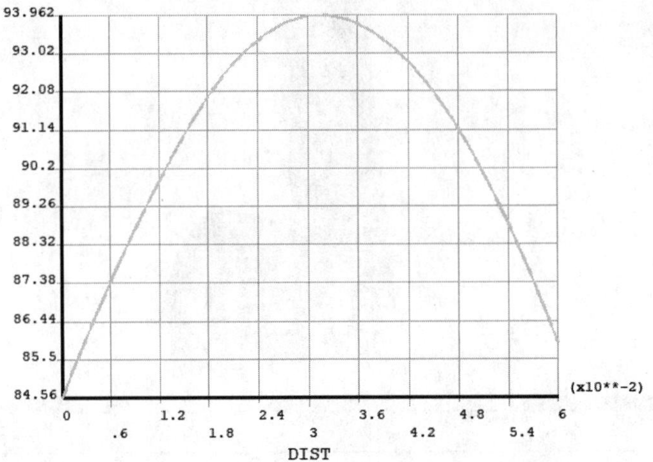

图 6-33　1.5min 零件内壁沿高度方向温度的分布曲线

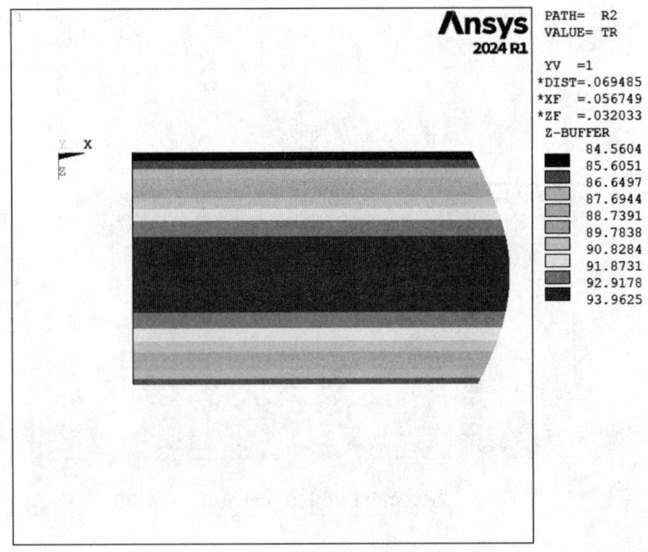

图 6-34　1.5min 零件内壁沿高度方向的温度分布云图

16 显示零件的某些节点在淬油过程中温度随时间变化曲线

显示如图 6-35 所示的 5 个节点温度随时间变化曲线。选择 Main Menu > TimeHist Postpro，在弹出的对话框中单击“Add Data”图标，在弹出的对话框中选择 Nodal Solution > DOF Solution > Nodal Temperature，单击“OK”按钮。在弹出的对话框中，选择“List of Items”后，输入 638 后按 Enter 键，单击“OK”按钮。再重复以上操作，选择 46、1402、1403、1436 号节点。选择 Utility Menu > PlotCtrls > Style > Graphs > Modify Axes，在弹出的对话框中的“/AXLAB”中分别输入 TIME 和 TEMPERATURE，在“/XRANGE”中选择“Specified range”，

在“XMIN,XMAX”中输入 0 和 300，单击“OK”按钮。按住 Ctrl 键，选择“TEMP_2”到“TEMP_6”，然后单击“Graph Data”图标。零件某些位置节点温度随时间的变化曲线如图 6-36 所示。

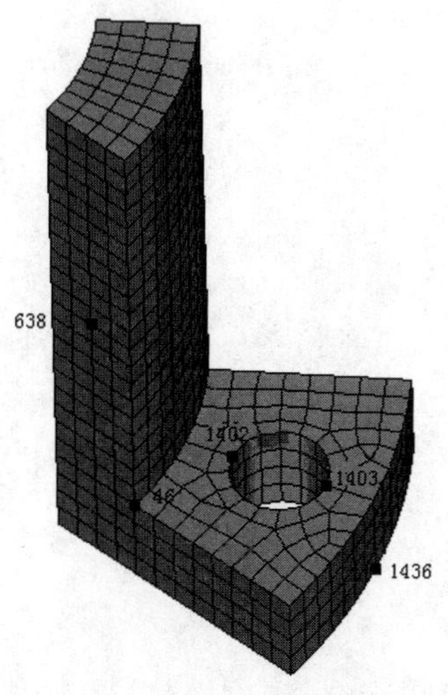

图 6-35　所要显示节点的示意图

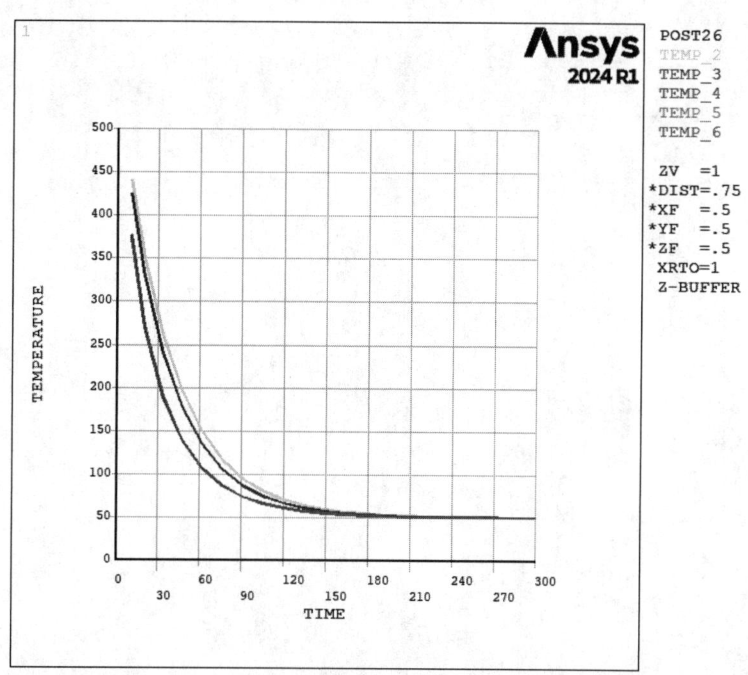

图 6-36　零件某些位置节点温度随时间的变化曲线

17 退出 Ansys

单击 Ansys Toolbar 中的“QUIT”，选择“Quit - No Save!”后单击“OK”按钮。

6.2.4 APDL 命令流程序

```
FINISH
/FILNAME,Exercise                    ! 定义隐式热分析文件名
/PREP7                               ! 进入前处理器
ET,1,SOLID70                         ! 选择单元类型
MP,KXX,1,35                          ! 定义零件的热导率
MP,DENS,1,7850                       ! 定义零件的密度
MP,C,1,460                           ! 定义零件的比热容
CYLIND,0.03,0.02,0,0.01,-18,18,
CYLIND,0.05,0.03,0,0.01,-18,18,
CYLIND,0.03,0.02,0.01,0.06,-18,18,
WPSTYLE,,,,,,,,1
wpoff,0.04
CYLIND,0.005,0,0,0.01,0,360,
FLST,2,3,6,ORDE,2
FITEM,2,1
FITEM,2,-3
VSBV,P51X, 4                         ! 建立零件 1/10 三维几何模型
VGLUE,ALL
ALLSEL,ALL
ESIZE,0.0025,0,                      ! 定义单元划分尺寸
MSHKEY,1                             ! 设置映射划分单元类型
VMESH,1,2                            ! 划分 1 号体和 2 号体单元
MSHKEY,0                             ! 设置扫略划分单元类型
VSWEEP,4                             ! 划分单元
/SOLU                                ! 进入求解器
TUNIF,550                            ! 定义初始温度
FLST,2,10,5,ORDE,10
FITEM,2,1
FITEM,2,4
FITEM,2,7
FITEM,2,9
FITEM,2,14
FITEM,2,19
FITEM,2,21
FITEM,2,-22
FITEM,2,27
FITEM,2,-28
SFA,P51X,1,CONV,530,50               ! 在面上施加对流换热载荷
ANTYPE,TRANS                         ! 设置为瞬态求解
KBC,1                                ! 设置为阶越载荷施加
OUTRES,,ALL                          ! 定义结果输出
```

```
TOFFST,273                    ! 定义温度偏移量
ALLSEL,ALL                    ! 选择所有节点
AUTOTS,ON                     ! 打开自动时间开关
DELTIM,10,10,20               ! 定义时间子步
TIME,300                      ! 定义求解时间
SOLVE                         ! 求解
/POST1                        ! 进入后处理器
SET,LAST                      ! 读入最后子步结果
/EXPAND,10,POLAR,,,36         ! 设置三维周期扩展选项
PLNSOL,TEMP, ,0,              ! 显示扩展的温度分布云图
/EXPAND                       ! 关闭三维周期扩展选项
/REPLOT                       ! 显示温度分布云图
SET,,7                        ! 读取 1.5min 分析结果
FLST,2,25,1
FITEM,2,10
FITEM,2,133
FITEM,2,134
FITEM,2,135
FITEM,2,63
FITEM,2,537
FITEM,2,538
FITEM,2,539
FITEM,2,540
FITEM,2,541
FITEM,2,542
FITEM,2,543
FITEM,2,544
FITEM,2,545
FITEM,2,546
FITEM,2,547
FITEM,2,548
FITEM,2,549
FITEM,2,550
FITEM,2,551
FITEM,2,552
FITEM,2,553
FITEM,2,554
FITEM,2,555
FITEM,2,243
PATH,R2,35,30,20,
PPATH,P51X,1                  ! 建立径向路径
PATH,STAT
PDEF,TR,TEMP, ,AVG            ! 向所定义路径映射温度分析结果
```

```
PLPATH,TR                                  ! 显示沿路径温度变化曲线
PLPAGM,TR,1,Blank                          ! 在几何模型上显示径向温度分布云图
/POST26                                    ! 进入时间历程后处理器
NSOL,2,638,TEMP,, TEMP_2
STORE,MERGE
NSOL,3,46,TEMP,, TEMP_3
STORE,MERGE
NSOL,4,1402,TEMP,, TEMP_4
STORE,MERGE
NSOL,5,1403,TEMP,, TEMP_5
STORE,MERGE
NSOL,6,1436,TEMP,, TEMP_6
STORE,MERGE                                ! 定义零件某些位置节点的时间温度变量
/AXLAB,X,TIME
/AXLAB,Y,TEMPERATURE                       ! 更改坐标轴标识
/XRANGE,0,300                              ! 设定横坐标轴范围
PLVAR,2,3,4,5,6                            ! 绘制 5 节点温度随时间的变化曲线
/EXIT,NOSAV                                ! 退出 Ansys
```

6.3 实例三——温度控制加热器分析

6.3.1 问题描述

某温度控制加热器的比热容为 c_1、表面积为 A_1，外面由一表面积为 A_2、比热容为 c_2 的方形箱体罩住，箱体的初始温度为 T_0，表面传热系数为 α。加热器的工作原理是：当箱体温度达到 T_{off}，热量供给开关打开，对加热器供给的热流量为 q，当温度低于 T_{on} 时，热量供给开关将关闭。试计算箱体的温度分布以及加热器随时间的工作状态。各参数见表 6-1，加热器的几何模型如图 6-37 所示，加热器简化的有限元模型如图 6-38 所示。

表 6-1　加热器的材料参数、几何参数及载荷

材料参数			几何参数		载荷		
比热容 /[Btu/（1b · ℉）]		表面传热系数 α/[Btu /（ft^2 · h · ℉）]	A_1/ft^2	A_2/ft^2	T_{on}/ ℉	T_{off}/ ℉	q/（Btu/h）
c_1	c_2						
2.7046E−4	2.7046E−3	4	8.1812E−3	4.1666E−2	100	125	10

6.3.2 问题分析

本例属于热瞬态分析，选用 MASS71、LINK34、COMBIN37 单元进行有限元分析，分析时采用英制单位。

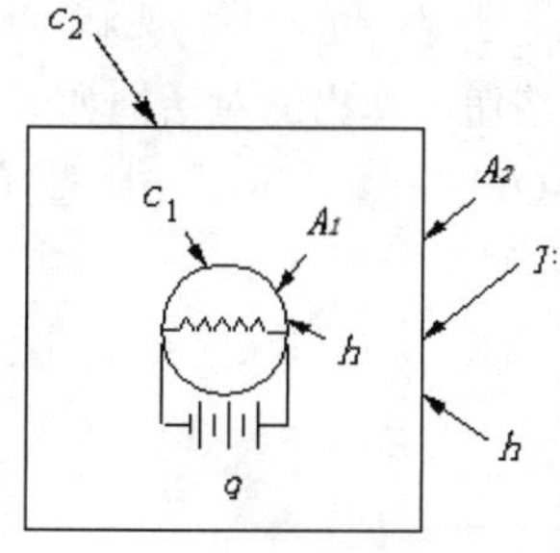

图 6-37　加热器的几何模型

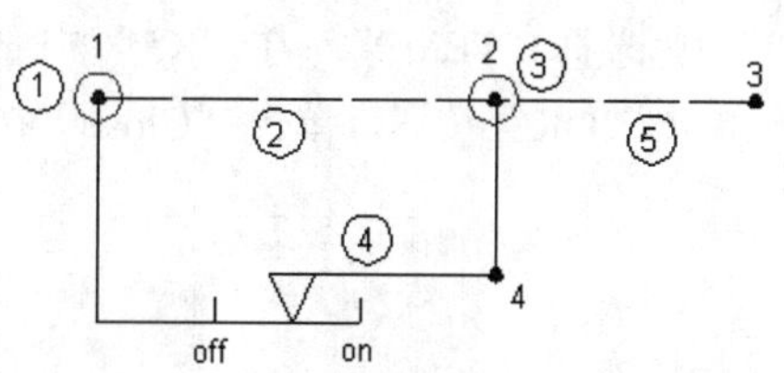

图 6-38　加热器简化的有限元模型

6.3.3　GUI 操作步骤

01 定义分析文件名

选择 Utility Menu > File > Change Jobname，在弹出的对话框中输入“Exercise”，单击“OK”按钮。

02 定义单元类型

❶ 选择热质量单元。选择 Main Menu > Preprocessor > Element Type > Add/Edit/ Delete，在弹出的“Element Types”对话框中选择“Add”，在弹出的对话框中选择“Thermal Mass”“3D mass 71”热质量单元，如图 6-39 所示，单击“Apply”按钮。

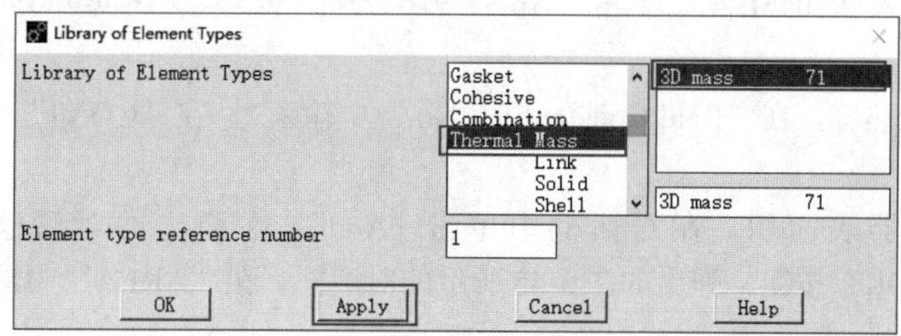

图 6-39　“Library of Element Types”对话框

❷ 选择对流换热单元。选择“Link”“convection 34”，如图 6-40 所示，单击“Apply”按钮。

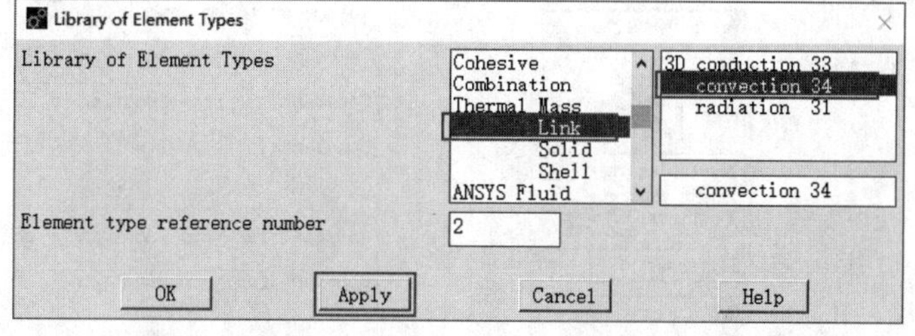

图 6-40　“Library of Element Types”对话框

❸ 选择控制单元。选择“Combination”“Control elem 37”，如图 6-41 所示。单击“OK”按钮。在“Element Types”对话框中选择“Type 1 MASS71”，单击“Options”按钮，弹出的

对话框如图 6-42 所示，在“K3”中选择“Therm capacitnce”，在“K4”中选择“NO”，单击“OK”按钮。选择“Type 3 COMBIN37”，单击“Options”按钮，弹出的对话框如图 6-43 所示。在“K3”中选择“TEMP”，在“K5”中选择“ON-either-OFF”，在“K6”中选择“Stiffness STIF”，单击“OK”按钮。单击“Close”按钮，关闭单元类型对话框。

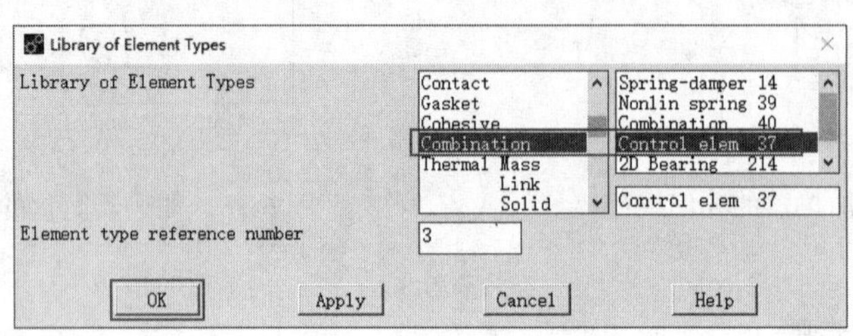

图 6-41 “Library of Element Types”对话框

03 定义实常数

❶ 定义加热器比热容。选择 Main Menu > Preprocessor > Real Constants > Add/Edit/ Delete，在弹出的对话框中单击“Add”，在弹出的对话框中选择“Type 1 MASS71”，单击“OK”按钮，弹出如图 6-44 所示的对话框。在“CON1”中输入 2.7046E-4，单击“Apply”按钮。

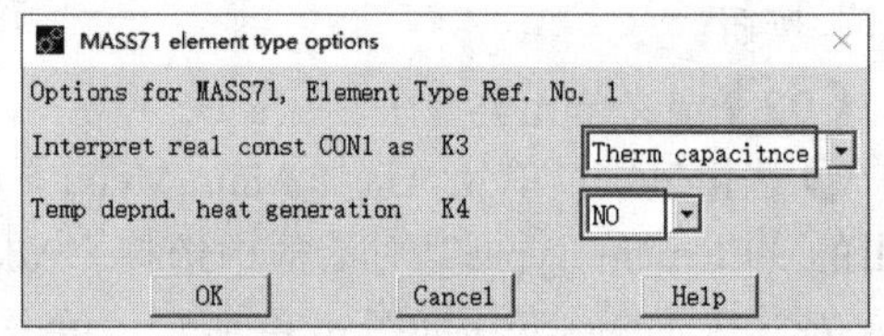

图 6-42 “MASS71 element type options”对话框

❷ 定义箱体比热容。在“Real Constant Set No.”中输入 2，在“CON1”中输入 2.7046E-3，单击“OK”按钮。

❸ 定义加热器表面积。在对话框中单击“Add”，在弹出的对话框中选择“Type 2 LINK34”。单击“OK”按钮，弹出如图 6-45 所示的对话框。在“AREA”中输入“8.1812E-3”，单击“Apply”按钮。

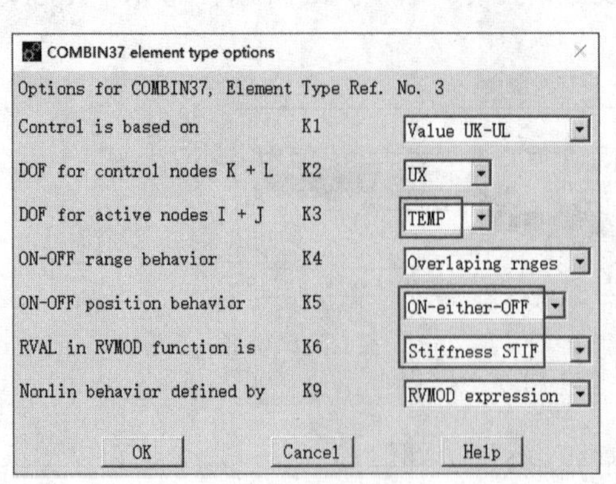

图 6-43 “COMBIN37 element type options”对话框

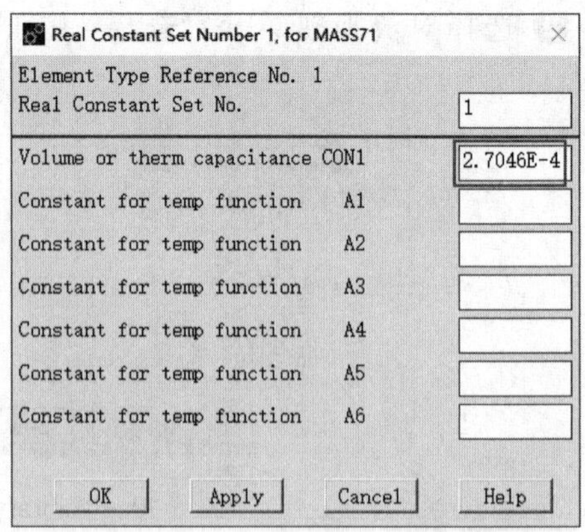

图 6-44 “Real Constant Set Number 1,for MASS71”对话框

❹ 定义箱体表面积。在“Real Constant Set No.”中输入4，在“AREA”中输入“4.1666E-2”，单击“OK”按钮。

❺ 定义加热器控制的实常数。在对话框中单击“Add”，在弹出的对话框中选择“Type 3 COMBIN37”，单击“OK”按钮，弹出如图6-46所示的对话框，在“ONVAL”中输入100，在“OFFVAL”中输入125，在“AFORCE”中输入-10，在“START”中输入1，单击“OK”按钮。单击“Close”按钮，关闭实常数定义对话框。

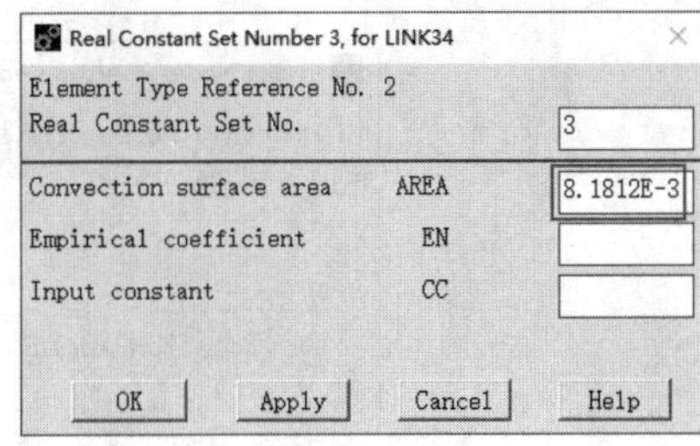

图6-45 “Real Constant Set Number 3,for LINK34”对话框

04 定义材料属性

选择Main Menu > Preprocessor > Material Props > Material Models，在弹出的对话框中单击右侧的Thermal > Convection or Film Coef.，在弹出的对话框中的“HF”文本框中输入表面传热系数4，如图6-47所示，单击“OK”按钮。

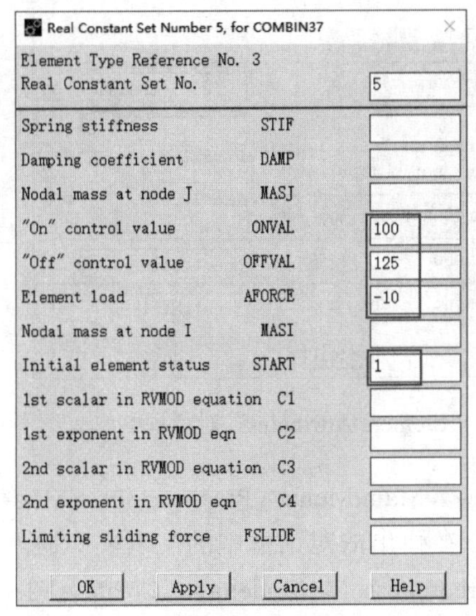

图6-46 “Real Constant Set Number 5, for COMBIN37”对话框

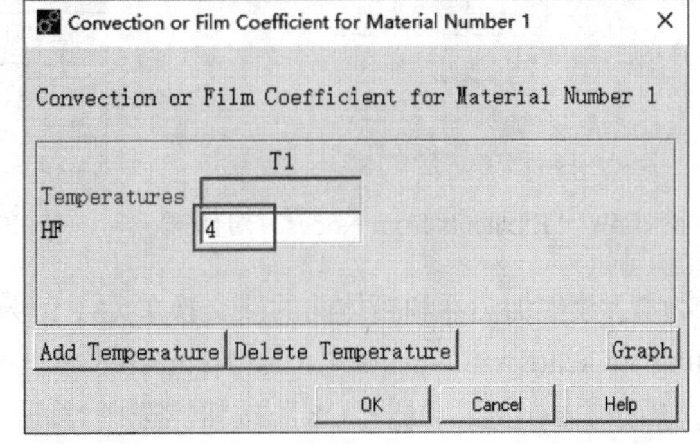

图6-47 “Convection or Film Coefficient for Material Number 1”对话框

05 建立有限元模型

❶ 建立节点。选择Main Menu > Preprocessor > Modeling > Create > Nodes > In Active CS，在弹出的如图6-48所示对话框中的“NODE”和“X，Y，Z”及“THXY，THYZ，THZX”中输入1和0，0，0及0，0，0，单击“OK”按钮。重复以上命令，分别建立编号“NODE”为2、3、4、5；“X，Y，Z”及“THXY，THYZ，THZX”均为0的点。

❷ 建立单元

1）建立加热器单元（2号单元）。选择Main Menu > Preprocessor > Modeling > Create > Elements > Auto Numbered > Thru Nodes，弹出如图6-49所示的对话框，在对话框中的文本框中输入1，按Enter键，单击“OK”按钮。选择Main Menu > Preprocessor > Modeling > Create > Elements > Elem Attributes，弹出如图6-50所示的对话框。在“TYPE”和“REAL”中选择“2

LINK34”和“3”，单击“OK”按钮。

Create Nodes in Active Coordinate System
[N] Create Nodes in Active Coordinate System
NODE Node number 1
X,Y,Z Location in active CS 0 0 0
THXY,THYZ,THZX
Rotation angles (degrees) 0 0 0
OK Apply Cancel Help

图 6-48 “Create Nodes in Active Coordinate System”对话框

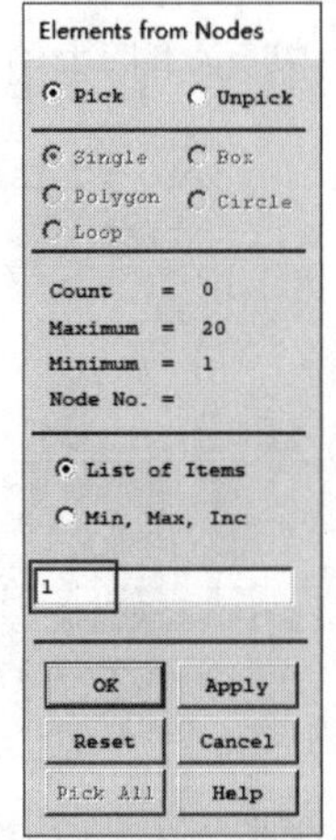

图 6-49 “Elements from Nodes”对话框

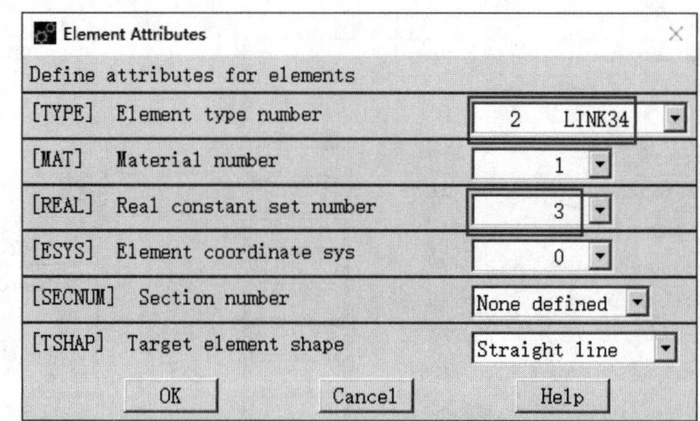

图 6-50 “Element Attributes”对话框

2）建立加热器和箱体间的热交换单元（1 号单元）。选择 Main Menu > Preprocessor > Modeling > Create > Elements > Auto Numbered > Thru Nodes，在弹出的对话框中的文本框中输入 1,2 后按 Enter 键，单击“OK”按钮。选择 Main Menu > Preprocessor > Modeling > Create > Elements > Elem Attributes，在弹出的对话框中的“TYPE”和“REAL”中选择“1 MASS71”和“2”，单击“OK”按钮。

3）建立箱体的单元（3 号单元）。选择 Main Menu > Preprocessor > Modeling > Create > Elements > Auto Numbered > Thru Nodes，在弹出的对话框中的文本框中输入 2 后按 Enter 键确认，单击“OK”按钮。选择 Main Menu > Preprocessor > Modeling > Create > Elements > Elem Attributes，在弹出的对话框中的“TYPE”和“REAL”中选择“3 COMBIN37”和“5”，单击“OK”按钮。

4）建立温度控制器单元（2 号单元）。选择 Main Menu > Preprocessor > Modeling > Create > Elements > Auto Numbered > Thru Nodes，在弹出的对话框中的文本框中输入 4 后按 Enter 键确认，再输入 1,2 后按 Enter 键，单击“OK”按钮。选择 Main Menu > Preprocessor > Modeling > Create > Elements > Elem Attributes，在弹出的对话框中的“TYPE”和“REAL”中选择“2 LINK34”和“4”，单击“OK”按钮。

注意

节点拾取的顺序很重要。

5）建立箱体的热交换单元（2号单元）。选择 Main Menu > Preprocessor > Modeling > Create > Elements > Auto Numbered > Thru Nodes，在弹出的对话框中的文本框中输入 2,3 后按 Enter 键，单击“OK”按钮。

06 施加初始温度

选择 Main Menu > Solution > Define Loads > Apply > Initial Condit'n > Define，弹出如图 6-51 所示的对话框。在该对话框中的文本框中输入 1,2，单击“OK”按钮，弹出如图 6-52 所示的对话框。在“Lab”中选择“TEMP”，在“VALUE”中输入 70，单击“OK”按钮。

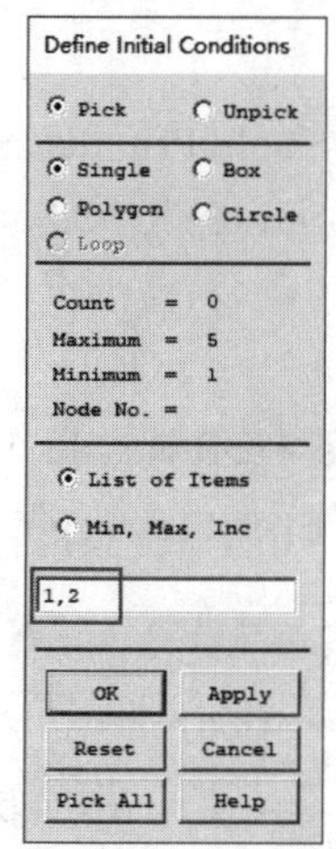

图 6-51　“Define Initial Conditions”对话框

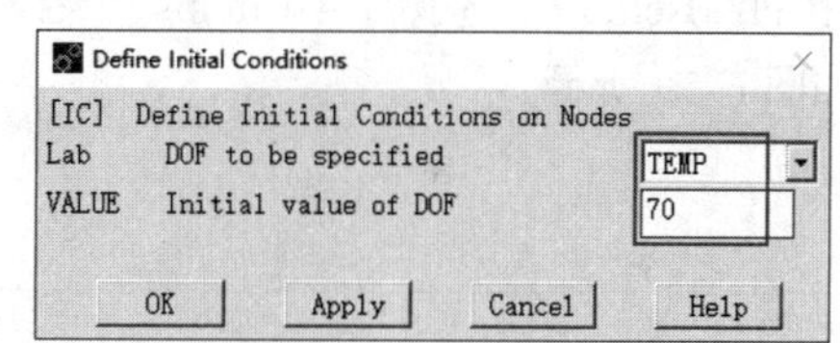

图 6-52　“Define Initial Conditions”对话框

07 定义温度约束条件

选择 Main Menu > Solution > Define Loads > Apply > Thermal > Temperature > On Nodes，弹出如图 6-53 所示的对话框。在该对话框中的文本框中输入 3，单击“OK”按钮，弹出如图 6-54 所示的对话框。在“Lab2”中选择“TEMP”，在“VALUE”中输入 70，单击“Apply”按钮。在弹出的对话框中的文本框中输入 4 后单击“OK”按钮，在弹出的对话框中的“Lab”中选择“TEMP”，在“VALUE”中输入 0，单击“OK”按钮。

08 设置求解选项

❶ 选择 Main Menu > Solution > Analysis Type > New Analysis，在弹出的对话框中选择“Transient”，单击“OK”按钮，在弹出的对话框中采用默认设置，单击“OK”按钮。

❷ 选择 Main Menu > Solution > Load Step Opts > Time/Frequenc > Time - Time Step，在弹出的对话框中的“TIME”中输入 0.2，在“DELTIM”中输入 0.001，在“KBC”中选择“Stepped”，在“AUTOTS”中选择“ON”，在“Minimum time step size”中输入 0.001，在“Maximum time step size”中输入 0.2，单击“OK”按钮。

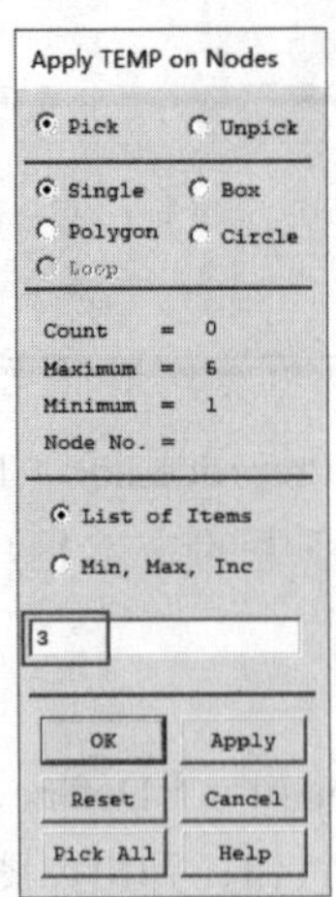

图 6-53 “Apply TEMP on Nodes”对话框

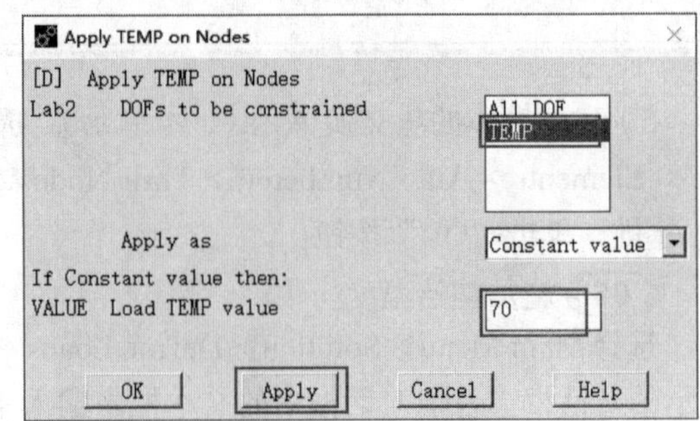

图 6-54 “Apply TEMP on Nodes”对话框

09 输出控制

选择 Main Menu > Solution > Load Step Opts > Output Ctrls > Solu Printout，在弹出的对话框中的“Item”中选择“All items”，在“FREQ”中选择“Every substep”，单击“OK”按钮，如图 6-55 所示。

10 输入控制

选择 Main Menu > Solution > Load Step Opts > Output Ctrls > DB/Results File，在弹出的对话框中的“Item”中选择“All items”，在“FREQ”中选择“Every substep”，单击“OK”按钮，如图 6-56 所示。

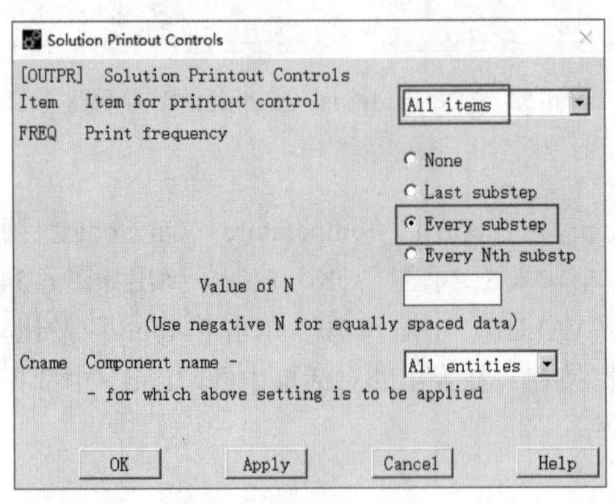

图 6-55 “Solution Printout Controls”对话框

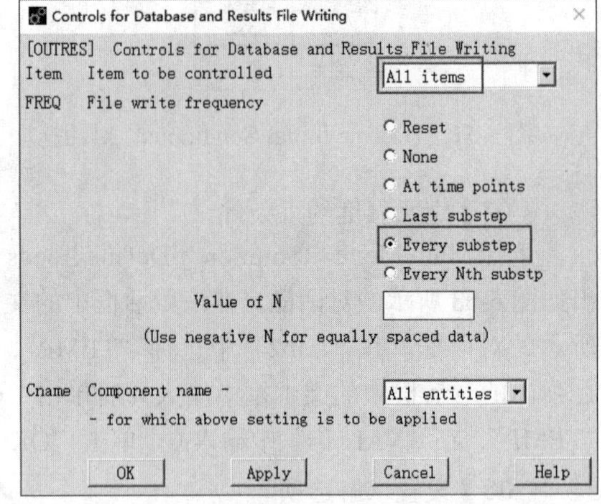

图 6-56 “Controls for Database and Results File Writing”对话框

11 整合时间参数

选择 Main Menu > Solution > Load Step Opts > Time/Frequenc > Time Integration > Amplitude Decay，在弹出的对话框中将“TIMINT”设置为“On”，删除“GAMMA”文本框中的参数，在“THETA”文本框中输入 0.5，在“OSLM”文本框中输入 0.5，在“TOL”文本框中输入

0.2，单击“OK”按钮，如图 6-57 所示。

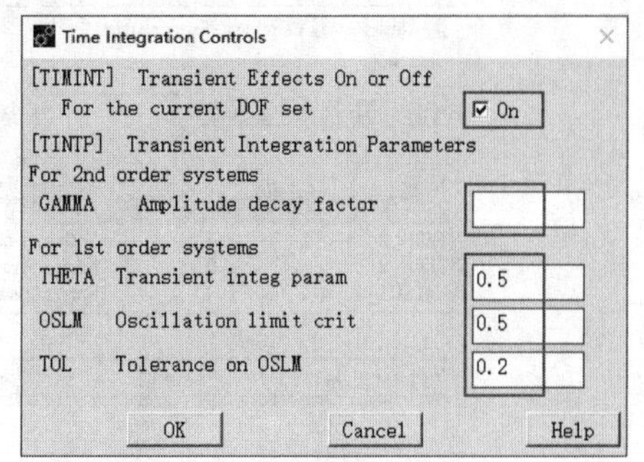

图 6-57 “Time Integration Controls”对话框

(12) 求解

选择 Main Menu> Solution > Solve > Current LS，进行计算。

(13) 显示箱体温度随时间变化曲线及加热器工作状态

❶ 选择 Main Menu > TimeHist Postpro，在弹出的对话框中单击“Add Data”图标，在弹出的对话框中选择 Nodal Solution > DOF Solution > Nodal Temperature，单击“OK”按钮。

❷ 在弹出的对话框中输入 1 后按 Enter 键，单击“OK”按钮，再重复以上操作，选择 2 号节点。

❸ 单击“Add Data”图标，选择 Element Solution>Miscellaneous Items>Non-summable data（NMISC，1），如图 6-58 所示。单击“OK”按钮，弹出如图 6-59 所示的对话框，单击两次“OK”按钮。

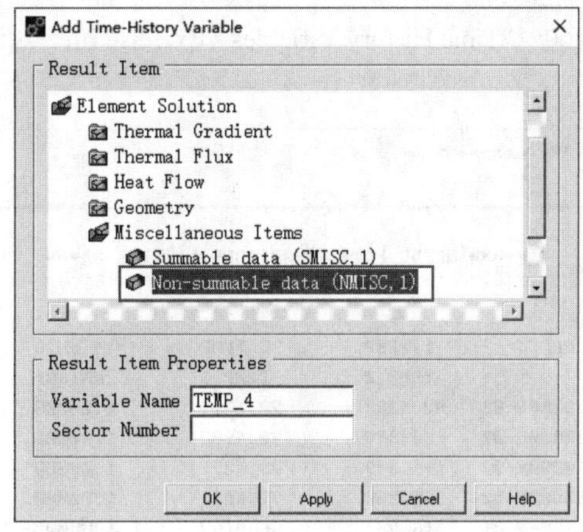

图 6-58 “Add Time-History Variable”对话框

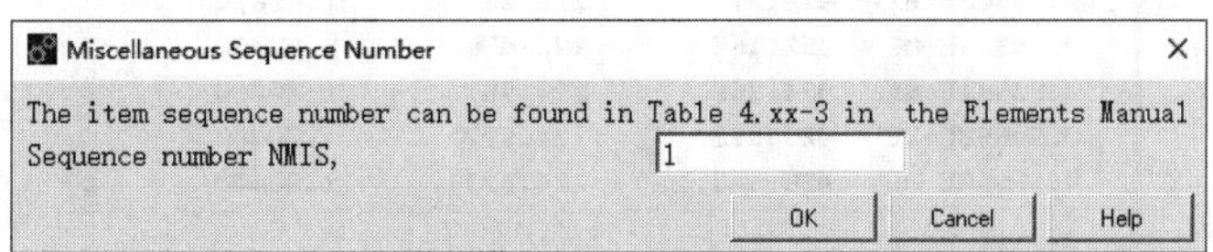

图 6-59 “Miscellaneous Sequence Number”对话框

❹ 在弹出的对话框中输入 4 后按 Enter 键，单击“OK”按钮，在随后弹出的对话框中继续输入 4 后按 Enter 键，单击“OK”按钮。

❺ 完成以上操作后，对话框如图 6-60 所示。按住 Ctrl 键，选择“TEMP_2”到“NMISC1_4”，单击“List Data”图标。时间变量结果列表如图 6-61 所示。

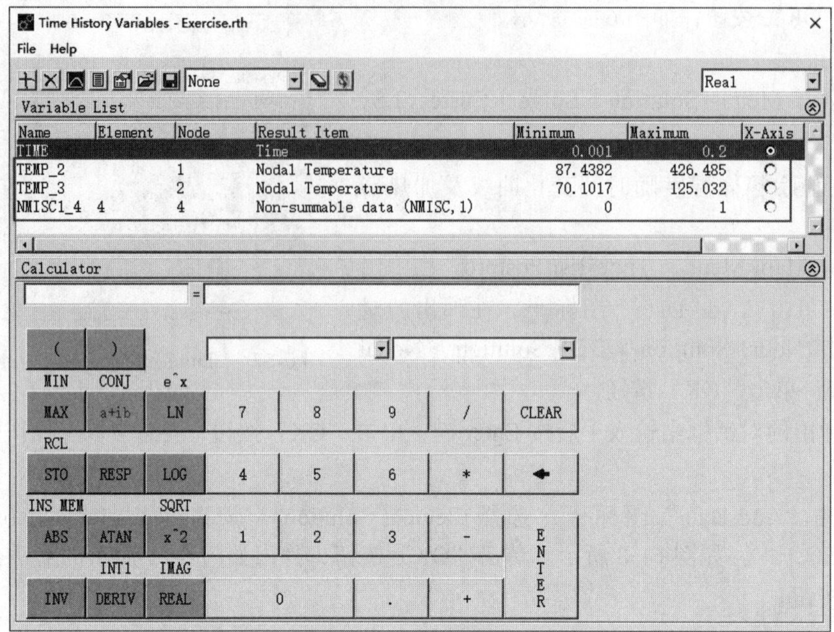

图 6-60 “Time History Variables - Exercise.rth”对话框

PRVAR Command

File

***** MAPDL POST26 VARIABLE LISTING *****

TIME	1 TEMP TEMP_2	2 TEMP TEMP_3	4 NMIS 1 NMISC1_4
0.10000E-02	87.4382	70.1017	1.00000
0.20000E-02	120.347	70.4900	1.00000
0.50000E-02	199.349	73.3291	1.00000
0.80000E-02	255.202	77.8066	1.00000
0.13004E-01	316.781	86.4167	1.00000
0.18009E-01	353.703	94.8626	1.00000
0.23013E-01	377.136	102.221	1.00000
0.31450E-01	401.091	111.782	1.00000
0.39886E-01	414.274	118.253	1.00000
0.48323E-01	422.160	122.475	1.00000
0.52541E-01	424.860	123.967	1.00000
0.54650E-01	425.992	124.597	1.00000
0.55650E-01	426.485	124.873	1.00000

图 6-61 时间变量结果列表

❻ 选择 Utility Menu > PlotCtrls > Style > Graphs > Modify Axes，在弹出的对话框中的“[/AXLAB] Y-axis label”中输入 TEMP，单击“OK”按钮，选择“TEMP_3”，单击“Graph Data”图标。控制器温度随时间的变化曲线如图 6-62 所示。

❼ 选择 Utility Menu > PlotCtrls > Style > Graphs > Modify Axes，在弹出的对话框“[/AXLAB] Y-axis label”中输入 STAT，选择“NMISC_4_4”，单击“Graph Data”图标。加热器工作状态随时间的变化曲线如图 6-63 所示。

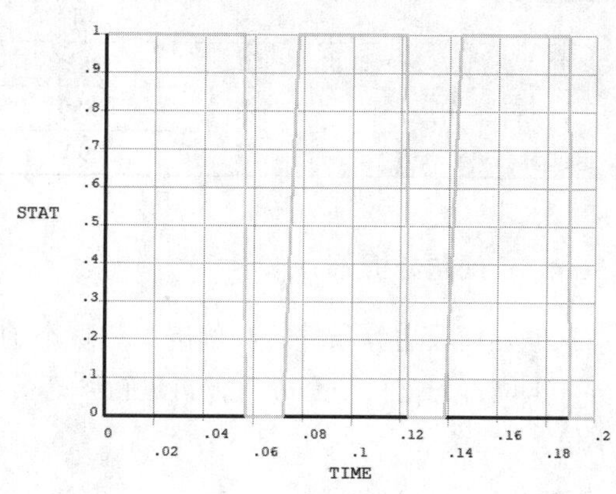

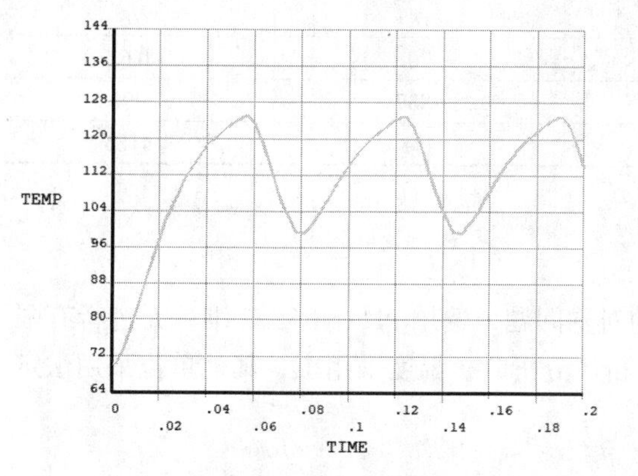

图 6-62　控制器温度随时间的变化曲线　　　图 6-63　加热器工作状态随时间的变化曲线

14 退出 Ansys

单击 Ansys Toolbar 中的 QUIT，选择 Quit - No Save! 后单击“OK”按钮。

6.3.4　APDL 命令流程序

略，见随书电子资料包。

6.4　实例四——两环形零件在圆筒形水箱中的冷却过程

6.4.1　问题描述

一个温度为 70℃的铜环和一个温度为 80℃的铁环，突然放入温度为 20℃、盛满了水的铁制圆筒形水箱中，如图 6-64 所示，材料热物理性能见表 6-2。求 1h 后铜环与铁环的最高温度（分析时忽略水的流动）。

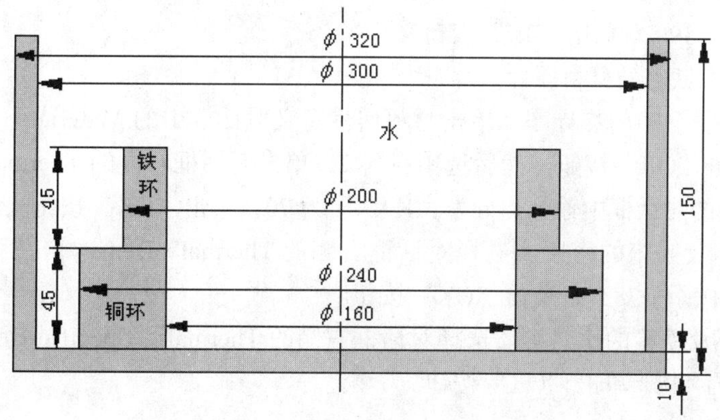

图 6-64　零件的几何模型

表 6-2 材料热物理性能

热性能	铜	铁	水
热导率 /[W/（m·℃）]	383	70	0.61
密度 /（kg/m³）	8889	7837	996
比热容 /[J/（kg·℃）]	390	448	4185

6.4.2 问题分析

根据几何及边界条件，本例属于热瞬态轴对称问题，选用PLANE55二维单元进行有限元分析。本例首先进行稳态分析，再进行瞬态分析。分析时，温度采用℃，其他单位采用法定计量单位。

6.4.3 GUI 操作步骤

01 定义分析文件名

选择Utility Menu > File > Change Jobname，在弹出的对话框中输入“Exercise”，单击“OK”按钮。

02 定义单元类型

选择Main Menu > Preprocessor > Element Type > Add/Edit/Delete，在弹出的对话框中单击“Add”按钮，在弹出的对话框中选择“Solid”“Quad 4node 55”二维4节点平面单元。单击“OK”按钮，在弹出的对话框中单击“Options”按钮，在弹出的对话框中的“K3”中选择“Axisymmetric”，然后单击“OK”按钮，单击“Close”按钮。关闭单元类型对话框。

03 定义材料属性

❶ 定义铜环的材料属性。

1）定义铜环的热导率。选择Main Menu > Preprocessor > Material Props > Material Models，在弹出的对话框中单击右侧的Thermal > Conductivity > Isotropic，在弹出的对话框中输入热导率“KXX”为383，单击“OK”按钮。

2）定义材料密度。选择对话框右侧的Thermal>Density，在弹出的对话框中的“DENS”文本框中输入8889，单击“OK”按钮。

3）定义材料比热容。选择对话框右侧的Thermal > Specific Heat，在弹出的对话框中的“C”文本框中输入390，单击“OK”按钮。

❷ 定义铁环及铁箱的材料属性。

1）定义铁环及铁箱的热导率。单击材料属性定义对话框中的Material > New Model，在弹出的对话框中单击“OK”按钮。然后选中材料2，单击对话框右侧的Thermal > Conductivity > Isotropic，在弹出的对话框中输入热导率“KXX”为70，单击“OK”按钮。

2）定义铁环及铁箱的密度。选择对话框右侧的Thermal> Density，在弹出的对话框中的“DENS”文本框中输入7837，单击“OK”按钮。

3）定义铁环及铁箱的比热容。选择对话框右侧的Thermal > Specific Heat，在弹出的对话框中输入比热容为448，单击“OK”按钮。

❸ 定义水的材料属性。

1）定义水的热导率。单击材料属性定义对话框中的Material > New Model，在弹出的对话框中单击“OK”按钮。选中材料3，单击对话框右侧的Thermal > Conductivity > Isotropic，在弹出的对话框中输入热导率“KXX”为0.61，单击“OK”按钮。

2）定义水的密度。选择对话框右侧的Thermal>Density，在弹出的对话框中的“DENS”文本框中输入996，单击“OK”按钮。

3）定义水的比热容。选择对话框右侧的Thermal > Specific Heat，在弹出的对话框中输入比热容4185，单击“OK”按钮。定义完所有材料属性后，关闭材料属性定义对话框。

04 建立几何模型

❶ 建立铁制水箱几何模型。选择Main Menu > Preprocessor > Modeling > Create > Areas > Rectangle > By Dimensions，在弹出的对话框中的“X1,X2”“Y1,Y2”中分别输入0、0.08、0、0.01，单击“Apply”按钮；再分别输入0.08、0.1、0、0.01，单击“Apply”按钮；再分别输入0.1、0.12、0、0.01，单击“Apply”按钮；再分别输入0.12、0.14、0、0.01，单击“Apply”按钮；再分别输入0.14、0.15、0、0.01，单击“Apply”按钮；再分别输入0.14、0.15、0.01、0.055，单击“Apply”按钮；再分别输入0.14、0.15、0.055、0.1，单击“Apply”按钮；再分别输入0.14、0.15、0.1、0.15，单击“Apply”按钮。

❷ 建立铜环几何模型。在弹出的对话框中的“X1，X2”“Y1，Y2”中分别输入0.08、0.1、0.01、0.055，单击“Apply”按钮；再分别输入0.1、0.12、0.01、0.055，单击“Apply”按钮。

❸ 建立铁环几何模型。在弹出的对话框中的“X1，X2”“Y1，Y2”中分别输入0.08、0.1、0.055、0.1，单击“Apply”按钮。

❹ 建立水的几何模型。在弹出的对话框中的“X1，X2”“Y1，Y2”中分别输入0、0.08、0.01、0.055，单击“Apply”按钮；再分别输入0.12、0.14、0.01、0.055，单击“Apply”按钮；再分别输入0、0.08、0.055、0.1，单击“Apply”按钮；再分别输入0.1、0.12、0.055、0.1，单击“Apply”按钮；再分别输入0.12、0.14、0.055、0.1，单击“Apply”按钮；再分别输入0、0.08、0.1、0.15，单击“Apply”按钮；再分别输入0.08、0.1、0.1、0.15，单击“Apply”按钮；再分别输入0.1、0.12、0.1、0.15，单击“Apply”按钮；再分别输入0.12、0.14、0.1、0.15，单击“OK”按钮。建立的几何模型如图6-65所示。

05 粘接各矩形

选择Main Menu > Preprocessor > Modeling > Operate > Booleans > Glue > Areas，在弹出的对话框中单击“Pick All”按钮。

06 设置单元密度

选择Main Menu > Preprocessor > Meshing > Size Cntrls > ManualSize > Global > Size，在弹出的对话框中的“SIZE”文本框中输入0.003，单击“OK”按钮。

07 赋予单元属性

❶ 设置铁箱和铁环属性。选择Main Menu > Preprocessor > Meshing > Mesh Attributes > Picked Areas，在弹出的对话框中选择“Min,Max,Inc”，输入1,21,20后按Enter键，再输入23,29,1后按Enter键。单击“OK”按钮，在弹出的对话框中的“MAT”和“TYPE”中选择“2”和“1 PLANE55”。

❷ 设置铜环属性。选择Main Menu > Preprocessor > Meshing > Mesh Attributes > Picked Areas，在弹出的对话框中选择“Min,Max,Inc”，输入30,33,3后按Enter键，单击“OK”按钮，在弹出的对话框中的“MAT”和“TYPE”中选择“1”和“1 PLANE55”。

❸ 设置水属性。选择 Main Menu > Preprocessor > Meshing > Mesh Attributes > Picked Areas，在弹出的对话框中选择“Min,Max,Inc”，输入 22 后按 Enter 键，再输入 31，32，1 后按 Enter 键，输入 34，39，1 后按 Enter 键。单击“OK”按钮，在弹出的对话框中的“MAT”和“TYPE”中选择“3”和“1 PLANE55”。

08 划分单元

选择 Utility Menu > Select > Everything，选择 Main Menu > Preprocessor > Meshing > Mesh > Areas > Target Surf，在弹出的对话框中单击“Pick All”按钮。选择 Utility Menu > PlotCtrls > Numbering，在弹出的对话框中的“NODE”中选择“ON”，在下拉列表中选择“Material numbers”，在“/NUM”中选择“Colors only”。建立的有限元模型如图 6-66 所示。

图 6-65　建立的几何模型

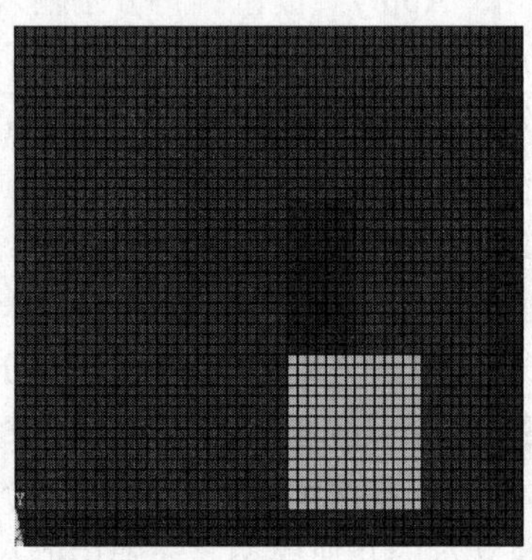

图 6-66　建立的有限元模型

09 施加温度约束条件

❶ 施加箱体和水的温度。选择 Utility Menu > Select > Entities，在弹出的对话框中选择“Areas”“By Num/Pick”，单击“Apply”按钮，如图 6-67 所示。在弹出的对话框中的“Min,Max,Inc”输入 1 后按 Enter 键，再输入 21，28，1 后按 Enter 键，再输入 31，32，1 后按 Enter 键，再输入 34，39，1 后按 Enter 键。单击“OK”按钮，在弹出的对话框中选择“Nodes”“Attached to”“Areas,all”，单击“OK”按钮，如图 6-68 所示。选择 Main Menu > Solution > Define Loads > Apply > Thermal > Temperature > On Nodes，在弹出的对话框中单击“Pick All”按钮，在弹出的对话框中的“Lab2”中选择“TEMP”，VALUE 文本框中输入 20，如图 6-69 所示，单击“OK”按钮。

❷ 施加铁环温度。选择 Utility Menu > Select > Entities，在弹出的对话框中选择“Areas”“By Num/Pick”，单击“Apply”按钮，在弹出的对话框中的“Min,Max,Inc”中输入 29 后按 Enter 键，然后单击“OK”按钮，在弹出的对话框中选择“Nodes”“Attached to”“Areas,all”，单击“OK”按钮。选择 Main Menu > Solution > Define Loads > Apply > Thermal > Temperature > On Nodes，在弹出的对话框中单击“Pick All”按钮，在弹出的对话框中的“VALUE”文本框中输入 80，单击“OK”按钮。

❸ 施加铜环温度。选择 Utility Menu > Select > Entities，在弹出的对话框中选择“Areas”“By Num/Pick”，单击“Apply”按钮，在弹出的对话框中的“Min,Max,Inc”中输入 30，33，3 后按 Enter 键。单击“OK”按钮，在弹出的对话框中选择“Nodes”“Attached to”“Areas,all”，单击“OK”按钮，选择 Main Menu > Solution > Define Loads > Apply > Thermal > Temperature > On Nodes，在弹出的对话框中单击“Pick All”按钮，在弹出的对话框中的“VALUE”文本框中输入 70，单击“OK”按钮。

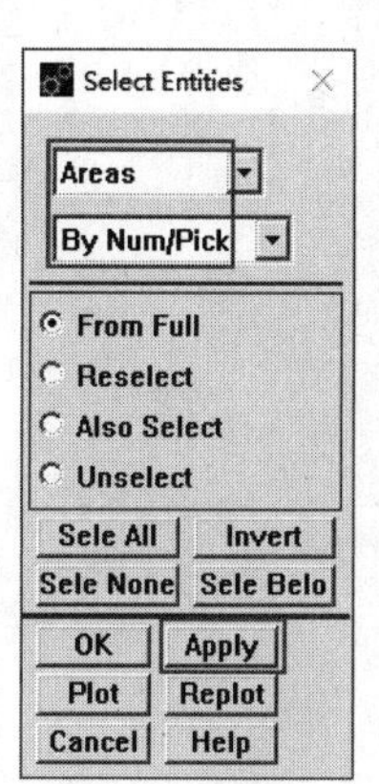

图 6-67 “Select Entities”对话框

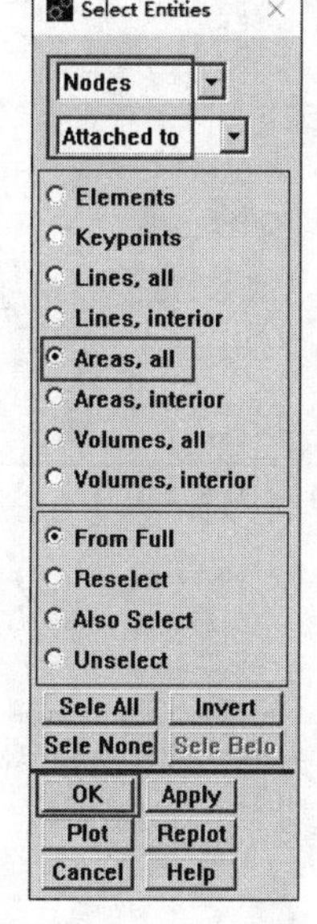

图 6-68 “Select Entities”对话框

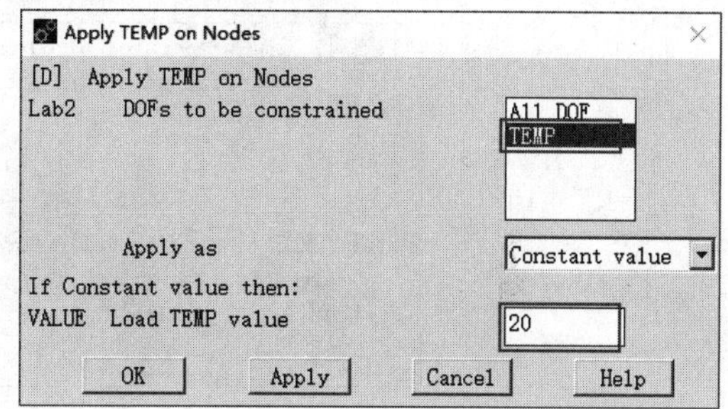

图 6-69 “Apply TEMP on Nodes”对话框

10 稳态求解设置

选择 Main Menu > Solution > Analysis Type > New Analysis，在弹出的对话框中选择“Transient”，单击“OK”按钮，定义为瞬态分析，在弹出的对话框中采用默认设置，单击“OK”按钮；选择 Main Menu > Solution > Load Step Opts > Time/Frequenc > Time Integration > Newmark Parameters，在弹出的对话框中将“TIMINT”设置为“Off”，单击“OK”按钮，时间积分控制设置对话框如图 6-70 所示，即定义为稳态分析；选择 Main Menu > Solution > Load Step Opts > Time/Frequenc > Time-Time Step，在弹出的对话框中设定“TIME”为 0.01、“DELTIM”也为 0.01，单击“OK”按钮，时间和时间载荷步设置对话框如图 6-71 所示。

图 6-70 “Time Integration Controls”对话框

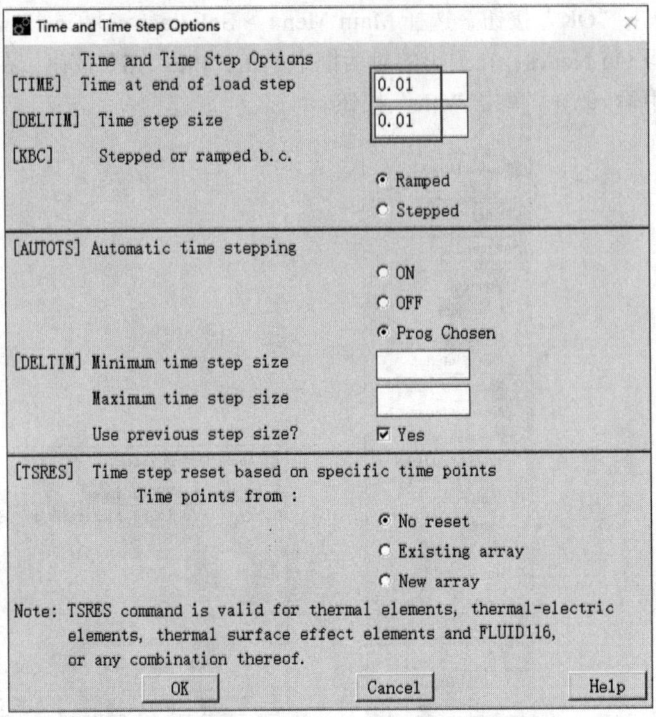

图 6-71 “Time and Time Step Options”对话框

11 存盘

选择 Utility Menu > Select > Everything，单击 Ansys Toolbar 中的“SAVE_DB”。

12 求解

选择 Main Menu > Solution > Solve > Current LS，进行计算。

13 瞬态求解设置

选择 Main Menu > Solution > Load Step Opts > Time/Frequenc > Time Integration > Newmark Parameters，在弹出的对话框中将“TIMINT”设置为“ON”，单击“OK”按钮，即定义为瞬态分析；选择 Main Menu > Solution > Load Step Opts > Time/Frequenc > Time-Time Step，在弹出的对话框中设定“TIME”为 3600、“DELTIM”为 26，将“Minimum time step size”设置为 2，将“Maximum time step size”设置为 200，将“AUTOTS”设置为“ON”，单击“OK”按钮。

14 删除节点温度

选择 Main Menu > Solution > Define Loads > Delete > Thermal > Temperature > On Nodes，在弹出的对话框中单击“Pick All”按钮，在弹出的对话框中将“Lab”设为“TEMP”，单击“OK”按钮，删除稳态分析定义的节点温度。

15 输出控制

选择 Main Menu > Solution > Analysis Type > Sol'n Controls，在弹出的对话框中的“Frequency”中选择“Write every substep”，单击“OK”按钮。

16 存盘

选择 Utility Menu > Select > Everything，单击 Ansys Toolbar 中的“SAVE_DB”。

17 求解

选择 Main Menu > Solution > Solve > Current LS，进行计算。

18 显示铜环和铁环某些节点在冷却过程中温度随时间的变化曲线

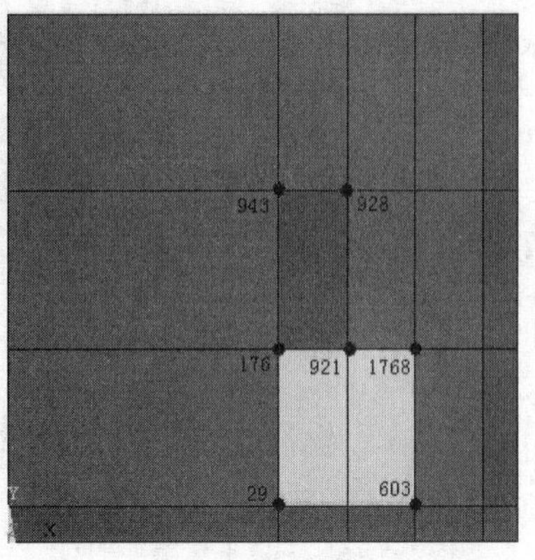

图 6-72 所要显示节点的示意图

显示如图 6-72 所示的 7 个节点温度随时间变化曲线。选择 Main Menu > TimeHist Postpro，在弹出的对话框中单击“Add Data”图标，在弹出的对话框中选择 Nodal Solution > DOF Solution > Nodal Temperature，单击“OK”按钮。在弹出的对话框中输入 29 后按 Enter 键，单击“OK”按钮，再重复以上操作，选择 603、176、921、1768、943、928 号节点。选择 Utility Menu > PlotCtrls > Style > Graphs > Modify Axes，在弹出的对话框中的“/AXLAB”中分别输入“TIME”和“TEMPERATURE”，在“/XRANGE”中选择“Specified range”，在“XMIN，XMAX”中输入 0 和 3600，单击“OK”按钮。按住 Ctrl 键，选择“TEMP_2”到“TEMP_8”，单击“Graph Data”图标，铜环和铁环某些位置节点温度随时间的变化曲线如图 6-73 所示。

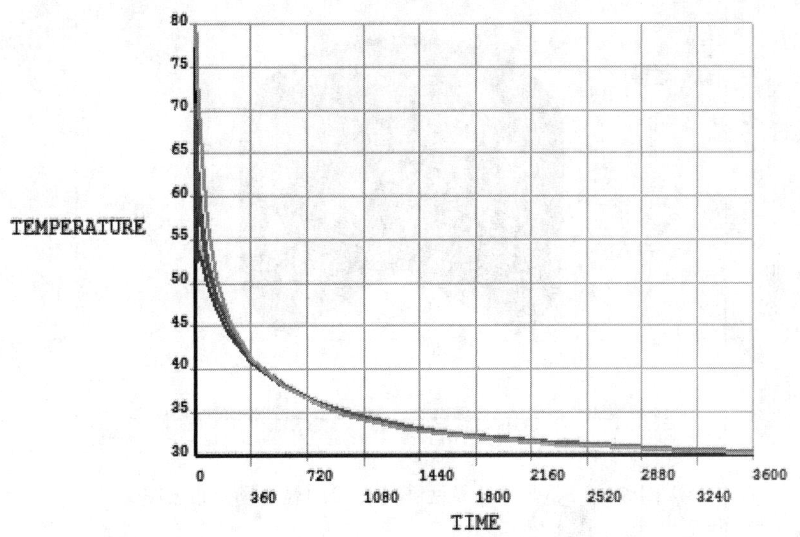

图 6-73 铜环和铁环某些位置节点温度随时间的变化曲线

19 显示温度场分布云图

选择 Main Menu > General Postproc > Read Results > Last Set，读取最后一个子步的分析结果。选择 Main Menu > General Postproc > Plot Results > Contour Plot > Nodal Solu，在弹出的对话框中选择“DOF solution”和“Nodal Temperature”，单击“OK”按钮。整个水箱及两环的温度场分布云图如图 6-74 所示。选择 Utility Menu > PlotCtrls > Style > Symmetry Expansion > 2D Axi-Symmetric，在弹出的对话框中的“Select expansion amount”中选择“3/4 expansion”，单击“OK”按钮。整个水箱及两环的扩展的温度场分布云图如图 6-75 所示。

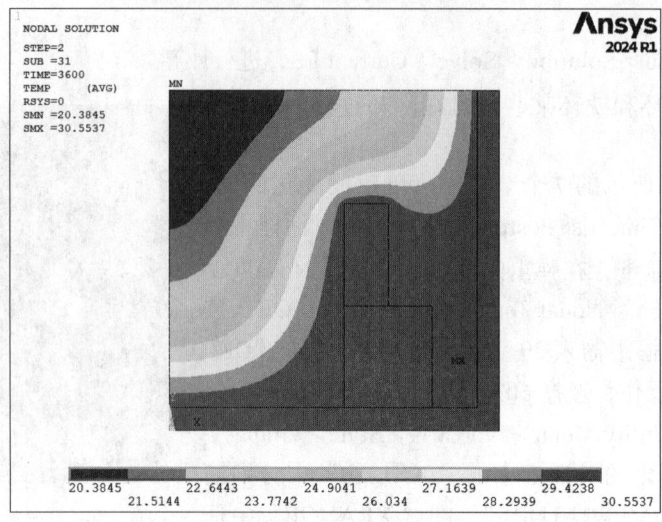

图 6-74 整个水箱及两环的温度场分布云图

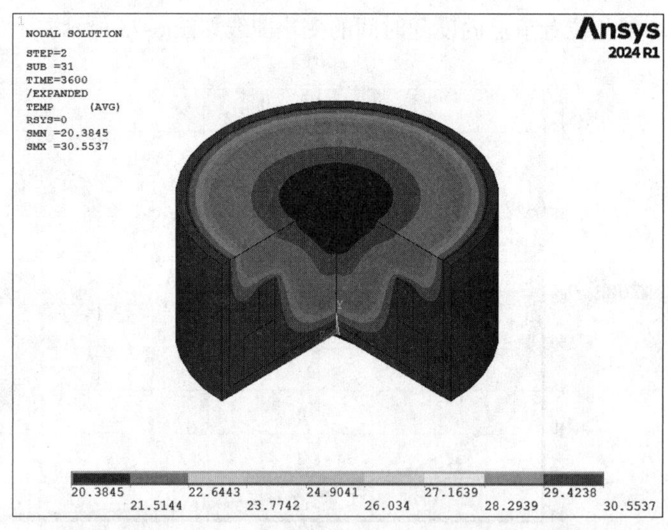

图 6-75 整个水箱及两环的扩展的温度场分布云图

20 退出 Ansys

单击 Ansys Toolbar 中的“QUIT”，选择“Quit - No Save!”后单击“OK”按钮。

6.4.4 APDL 命令流程序

略，见随书电子资料包。

第 7 章

热辐射分析

本章详细介绍了热辐射分析的基本理论以及在 Ansys 中进行热辐射分析的计算方法，详细叙述了 Ansys 中 3 种辐射建模的方法。

- 热辐射分析的基本理论
- 表面效应单元的特性及使用方法
- Ansys 中 3 种辐射建模方法

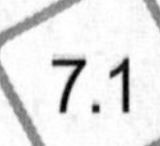

7.1 热辐射基本理论及在 Ansys 中的处理方法

7.1.1 热辐射特性

1）热辐射通过电磁波传递热能。热辐射的电磁波波长为 0.1 ~ 100μm，包括超微波以及所有可以用肉眼看到的波长和长波。

2）热量传递不需要介质，辐射在真空中（如外层空间）效率最高。

3）对于半透明体（如玻璃），辐射是三维实体现象，因为辐射从体中发散出。

4）对于不透明体，辐射主要是平面现象，因为几乎所有内部辐射都被实体吸收了。

5）两平面间的辐射热传递与两平面绝对温差的四次方成正比，因此，辐射分析是非线性的，需要迭代求解。

7.1.2 热辐射基本术语

1. 平面辐射和吸收

热辐射时，热量辐射到其他平面并从其他平面吸收热。当做辐射分析时，考虑的是辐射和吸收之间的净效率。平面对不同的波长都会辐射和吸收，平面发射强度随波长的变化曲线如图 7-1 所示。平面发射强度随方向而改变，如图 7-2 所示，这些特性也随温度的变化而变化。

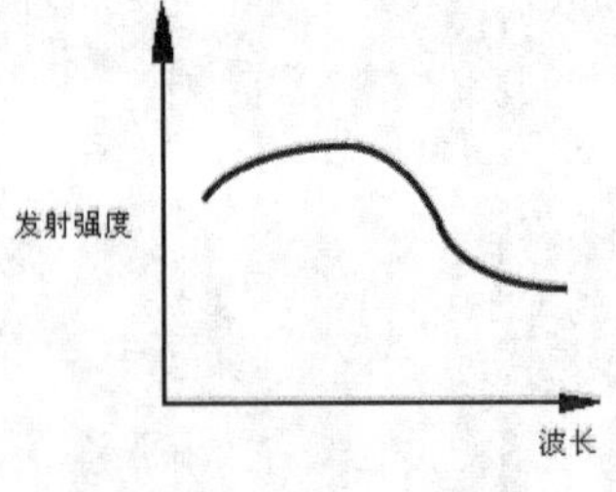

图 7-1　平面发射强度随波长的变化曲线

图 7-2　平面发射强度随方向而改变

2. 散射或反射

平面可以简化为散射或反射装置。散射装置会将辐射均匀反射到所有方向，散射或反射示意图如图 7-3 所示。不管辐射源的方位如何，反射平面都会将辐射以近乎镜像的方式进行反射，如图 7-4 所示。

图 7-3　散射或反射示意图

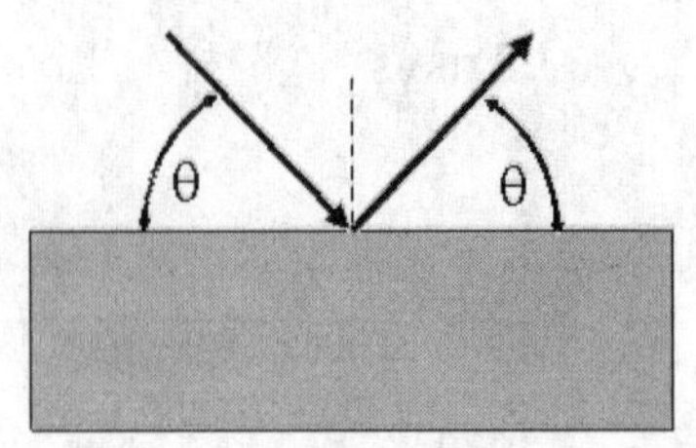

图 7-4　反射示意图

没有哪个平面是真正的散射面或反射面。比较灰暗的平面接近散射面，高度抛光的平面接近反射面。为了简化计算，假设平面的辐射特性可以在所有的波长和方向平均。在此，只对这些平均特性进行讨论，因此，在散射和反射平面之间没有差别。

3. 吸收和反射

对于承受一定辐射的不透明介质，一部分辐射能会从平面反射，一部分会被介质吸收，如图 7-5 所示。

平面总吸收率和总反射率存在如下关系：

$$\alpha + \rho = 1 \tag{7-1}$$

式中，α 为平面总吸收率，与之吸收偶然辐射的趋势有关；ρ 为平面总反射率，与之反射偶然辐射的趋势有关。

4. 发射率和发射能

平面总发射率 (ε) 是平面在所有方向使用所有波长发射热的能力。这是一个无量纲数值。平面在所有方向上所有波长发射的总能量由斯蒂芬 - 玻耳兹曼定律确定。

5. 辐射率

总辐射率表示平面发射和反射的能量总和 (如离开平面的总能量)，其单位为热流单位 (J)，如图 7-6 所示。由于 Ansys 不直接计算平面反射率，辐射率和发射率假设为相等。

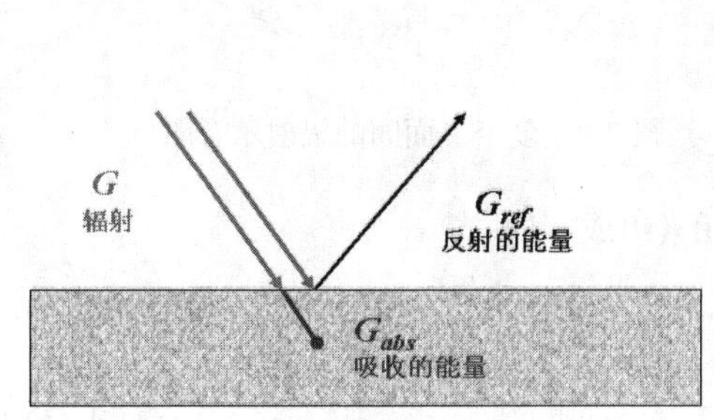

图 7-5　辐射能吸收和反射示意图

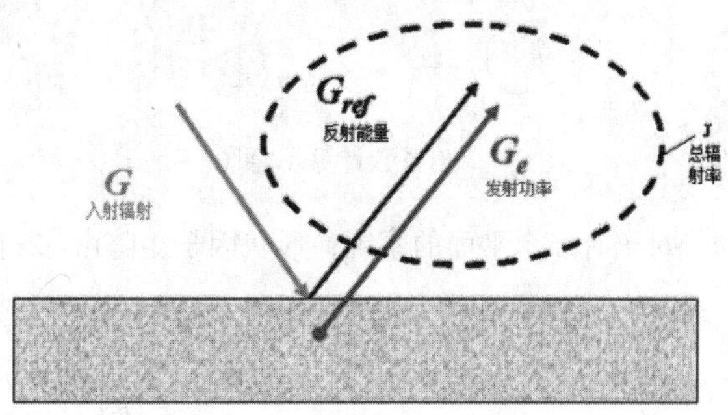

图 7-6　辐射能分布示意图

6. 黑体和灰体

（1）黑体。理想化的平面，用来与实际平面进行比较。其特性为：

1）黑体吸收所有的偶然辐射 (没有反射)，不管波长和方向。

2）黑体为纯粹的发射器。对于给定的波长和温度，没有平面能比黑体发射更多的能量。

3）黑体是纯粹的散射发射器，辐射在所有方向均一致。因此，黑体的发射率为 1。

（2）灰体。实际平面叫作灰体。它们不像黑体，灰体在温度 T 的总发射率为：

$$\varepsilon(T) \equiv \frac{E(T)}{E_b(T)} \tag{7-2}$$

式中，ε 为灰体在温度 T 的总发射率；E 为灰体表面的发射强度；E_b 为黑体表面的发射强度。

因此，对于灰体，$\varepsilon < 1$。

7. 角系数

角系数由相互辐射的两个平面 (i 和 j) 确定。它的计算式为：

$$F_{ij}=\frac{F_j}{F_i} \tag{7-3}$$

式中，F_{ij} 为角系数；F_j 为平面 j 从平面 i 吸收的辐射能；F_i 为平面 i 放出的辐射能。

两个平面的角系数是面积、方向和距离的函数。角系数计算示意图如图 7-7 所示。

$$F_{ij}=\frac{1}{A_i}\int_{A_i}\int_{A_j}\frac{\cos(\theta_i)\cos(\theta_j)}{\pi r^2}\mathrm{d}A_j\mathrm{d}A_i \tag{7-4}$$

式中，A_i 为面 i 的面积；A_j 为面 j 的面积；r 为面 i 和 j 间的距离；θ_i 为 N_i（N_i 为 $\mathrm{d}A_i$ 的法向量）和 r 间的夹角；θ_j 为 N_j（N_j 为 $\mathrm{d}A_j$ 的法向量）和 r 间的夹角。

在研究实际问题时，通常要考虑多个辐射平面的相互作用。要考虑的平面越多，问题越复杂。多个平面间的辐射示意图如图 7-8 所示。

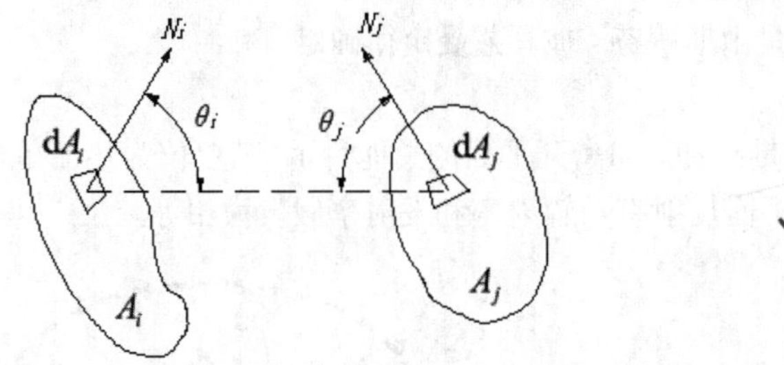

图 7-7　角系数计算示意图

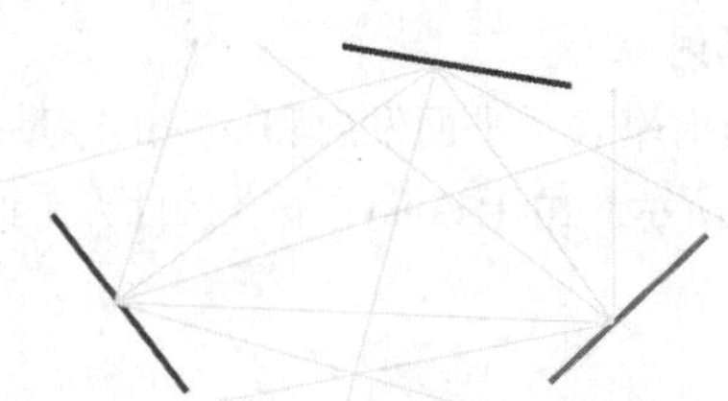

图 7-8　多个平面间的辐射示意图

对于有 n 个平面的系统，形状因子矩阵由 $n2$ 个元素组成，即：

$$[F]_{n\times n}=\begin{bmatrix}F_{11} & F_{12} & \cdots & F_{1n}\\ F_{21} & F_{22} & \cdots & F_{2n}\\ \vdots & \vdots & & \vdots\\ F_{n1} & F_{n2} & & F_{nn}\end{bmatrix} \tag{7-5}$$

从任何平面发射的能量必须守恒，因此：

$$F_{i1}+F_{i2}+\cdots F_{in}=1 \tag{7-6}$$

而且相互作用需要：

$$A_iF_{ij}=A_jF_{ji} \tag{7-7}$$

8. 两个平面间的辐射热传递

要计算从一个平面 i 到另一个平面 j 的热传递，使用相互作用法则和斯蒂芬 - 玻耳兹曼法则得到：

$$Q_{i-j}=A_iF_{ij}\varepsilon\sigma(T_i^4-T_j^4) \tag{7-8}$$

可以写为如下形式：

$$Q_{i-j} = K'(T_i - T_j) \quad (7\text{-}9)$$

$$K' = A_i F_{ij} \varepsilon \sigma (T_i^2 + T_j^2)(T_i + T_j) \quad (7\text{-}10)$$

7.1.3 Ansys 中热辐射的处理方法

1. Ansys 中关于辐射的重要假设

1）Ansys 认为辐射是平面现象，因此适合用不透明平面建模。

2）Ansys 不直接计入平面反射率。考虑到效率，假设平面吸收率和发射率相等，因此，只有发射率特性需要在 Ansys 辐射分析中定义。

3）Ansys 不自动计入发射率的方向特性，也不允许发射率定义为随波长变化。发射率可以在某些单元中定义为温度的函数。

4）Ansys 中所有分隔辐射面的介质，在计算辐射能量交换时都看作是不参与辐射的能量交换 (不吸收也不发射能量)。

2. Ansys 求解方法

Ansys 使用一个简单的过程求解多个平面辐射问题，矩阵形式如下：

$$[K']\{T\} = \{Q\} \quad (7\text{-}11)$$

式中，$[K']$ 是 T^3 的函数。

生成多平面问题系统的矩阵要比前面列出的简单因子近似方法复杂。辐射是高度非线性分析，需要使用牛顿 - 拉夫森迭代求解。

7.2 Ansys 中辐射建模方法

Ansys 提供了 4 种方法分析热辐射问题：

1）用 LINK31（热辐射线单元），分析两个点或多点之间的热辐射。

2）用表面效应单元 SURF151 或 SURF152，分析点对面或面和空气间的热辐射。

3）用 AUX12（热辐射矩阵生成器），分析面与面之间的热辐射。

4）用 Radiosity 求解器方法，分析多个面之间的常规热辐射。

以上 4 种方法既可用于稳态热分析，也可用于瞬态热分析。

进行热辐射分析时要注意温度的单位，计算热辐射使用的温度单位是绝对温度。如果在加载时使用的是华氏温度，就要设置 460 的差值；如果为摄氏温度，差值为 273。

GUI 操作：选择 Main Menu > Solution > Analysis Type > Analysis Options，弹出的对话框如图 7-9 所示。

命令：TOFFST

7.2.1 使用辐射线单元建立辐射模型

LINK31 是一个两节点非线性线单元，用于计算由辐射引起的两点之间的热传递。也可用于计算多点间的辐射传热。两点间的热传递计算式为：

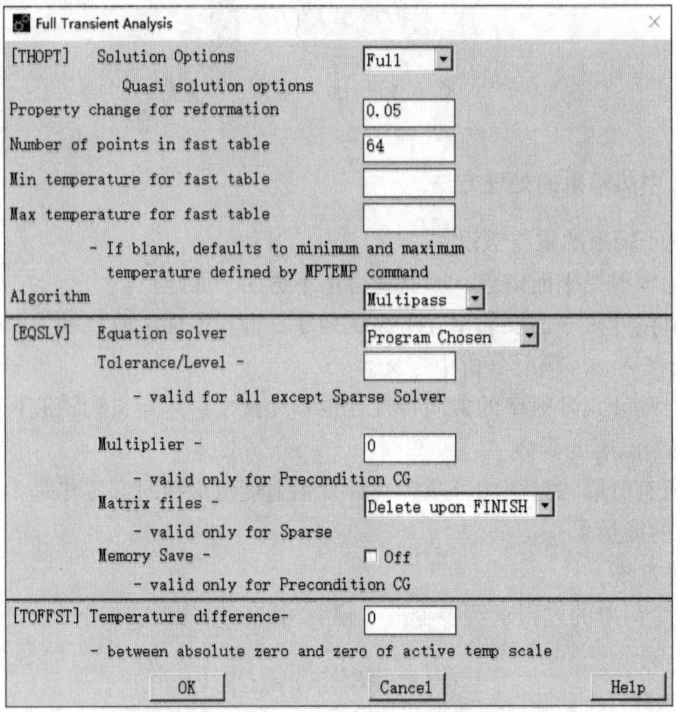

图 7-9 “Full Transient Analysis”对话框

$$q_{1-2}=\varepsilon\sigma\left(A_1F_{12}T_1^4-A_2F_{21}T_2^4\right) \tag{7-12}$$

式中，q_{1-2} 为点 1 到点 2 间的热流率；A_1 为节点 1 面积；A_2 为节点 2 面积；F_{12} 为节点 1 到节点 2 的角系数；F_{21} 为节点 2 到节点 1 的角系数。

远离节点的位置可选或属于其他单元。随温度变化的发射率可以在辐射连接单元 LINK31 中指定。

LINK31 需要定义的实常数包括：

1）有效的热辐射面积 [AREA（A_i）]。

2）角系数 [FORMF（F_{ij}）]。

3）发射率 [EMIS（ε）]。

4）Stefan-Boltzmann 常数 [施蒂芬 - 波斯曼法 SBCONST（σ）]。

7.2.2 使用表面效应单元建立辐射模型

表面效应单元可以方便地分析点与面或面和空气之间的辐射传热。角系数必须已知，但通常未知。SURF151 用于二维模型，SURF152 用于三维模型。单元应设置为包含辐射 KEYOPT(9)。

1. SURF151 二维表面效应单元

将 SURF151 单元覆盖在模型中有辐射的面上。在远离 SURF151 单元指定附加节点，附加节点需要属于另外辐射面的单元或是单独的，并带有施加的温度约束。

需要定义的材料属性：发射率 [EMIS(ε)]。

需要定义的实常数：

- 角系数 [FORMF (F_{ij})]，如果设置 Ansys 的计算选项，此处不需要定义以下实常数。
- Stefan-Boltzmann 常数 [SBCONST(σ)]。

SURF151 单元选项设置：

- 设置辐射的附加节点 (K5)。此处设置包括或不包括。选择 Main Menu > Prepocessor > Element Type > Add/Edit/Delete > Options，在弹出的如图 7-10 所示对话框中的“Extra node for radation K5”中选择“Include 1 node”“Include 2 nodes”或“Exclude”。
- 设置角系数计算 (K9)。此处设置是否计算角系数。选择 MainMenu > Prepocessor > Element Type > Add/Edit/Delete > Options，在弹出的对话框中的“Radiation form fact calc as K9”中选择“Exclude radiatn”“Real const FORMF”“Absolute value”“Zero if negative”，如图 7-10 所示。

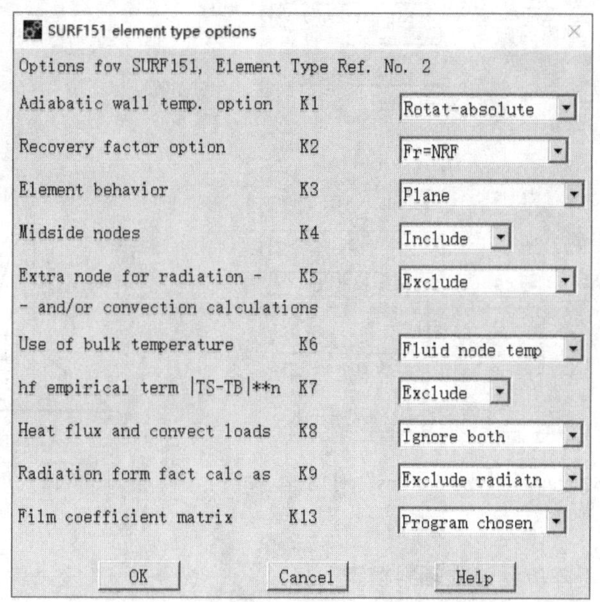

图 7-10 “SURF151 element type options”对话框

2. SURF152 三维表面效应单元

将 SURF152 单元覆盖在模型有辐射的面上。在远离 SURF152 单元指定附加节点。附加节点需要属于另外辐射面的单元或是单独的，并带有施加的温度约束。

随温度变化的发射率可以在本单元中指定。

需要定义的材料属性：发射率 [EMIS (ε)]。

需要定义的实常数：

- 角系数 [FORMF(F_{ij})]，如果设置 Ansys 的计算选项，此处不需要定义此项。
- Stefan-Boltzmann 常数 [SBCONST (σ)]。

SURF152 单元选项设置：

➢ 设置辐射的附加结点（K5）。此处设置包括或不包括。选择 Main Menu > Prepocessor > Element Type > Add/Edit/Delete > Options，在弹出的对话框中的“Extra node for radation K5”中选择“Include 1 node”“Include 2 nodes”或“Exclude”，如图 7-11 所示。

➢ 设置角系数计算（K9）。此处设置是否计算角系数，选择 MainMenu > Prepocessor > Element Type > Add/Edit/Delete > Options，在弹出的对话框中的“Radiation form fact or calc as K9”中选择“Exclude radiatn”“Real const FORMF”“Absolute value”“Zero if negative”，如图 7-11 所示。

如果需要，Ansys 在每个积分点上可计算角系数 $\cos\alpha$，计算示意图如图 7-12 所示，此时在 K9 中选择“Real const FORMF”。

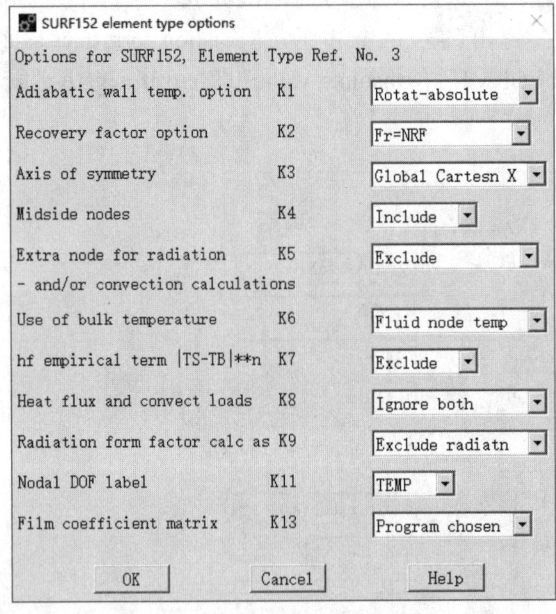

图 7-11 “SURF152 element type options”对话框

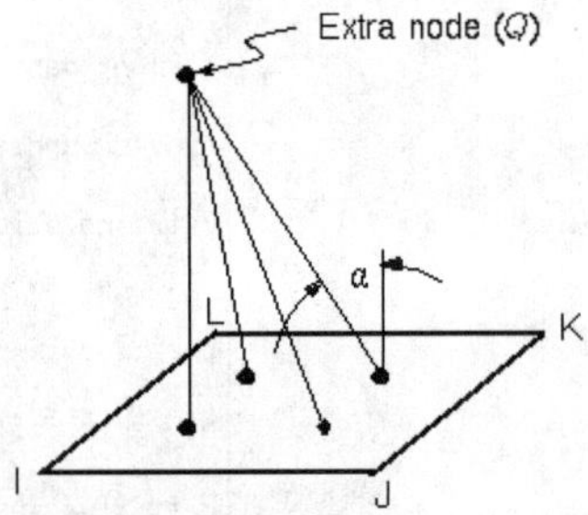

图 7-12 角系数计算示意图

7.2.3 使用辐射矩阵单元建立辐射模型

此方法用于计算多个辐射面之间的辐射传热。这种方法生成辐射面之间角系数矩阵，并将此矩阵作为超单元用于热分析。该方法适用如下情况：

1）使用在形状因子未知的情况下。

2）在不同定位的平面上生成形状因子，F_{ij}。

3）用于平面间的相互辐射。

4）可以用于封闭或开放系统。

5）不能使用随温度变化的发射率。

6）本方法需要非常大的计算工作量，可能需要相对大量的 CPU 时间和存储空间（特别是使用 Hidden 方法时）。

补充辐射能量交换方程：

$$\sum_{i=1}^{N}\left(\frac{\delta_{ji}}{\varepsilon_i}-F_{ji}\left(\frac{1-\varepsilon_i}{\varepsilon_i}\right)\right)\frac{1}{A_i}Q_i=\sum_{i=1}^{N}(\delta_{ji}-F_{ji})\sigma T_i^4 \tag{7-13}$$

式中，N 为辐射面数量；δ_{ji} 为科氏符号，$\begin{cases}\delta_{ji}=1 & 当 j=i\\ \delta_{ji}=0 & 当 j\neq i\end{cases}$；$T_i$ 为表面 i 的绝对温度；Q_i 为表面 i 的热流率。

矩阵 $[K^{ts}]$ 代表两个或多个平面间的辐射效果，它包括计算多个平面的形状因子，由下式计算：

$$[K^{ts}]\{T^4\}=\{Q\} \tag{7-14}$$

求解过程中，方程线性化，然后用线性方程求解器迭代求解：

$$[K']\{T\}=\{Q\} \tag{7-15}$$

$[K']$ 是 $\{T\}$ 的函数，而 $[K^{ts}]$ 不是。因此，辐射矩阵不需要在每次迭代中计算。但是，这说明随温度变化的发射率不能包括在内。

使用辐射矩阵单元建立辐射模型的主要步骤有 3 个。

1. 定义辐射面

1）建立在热分析中使用的模型。

2）在所有辐射平面上覆盖网格。

3）定义节点（空间节点）吸收所有未被其他平面吸收的辐射能量。空间节点具有如下特性：

① 空间节点的位置可以选择。

② 空间节点在开放系统中需要。

③ 对于封闭系统，不推荐使用空间节点。

④ 空间节点可以属于一个单元或是单独的，并带有温度约束。

2. 生成辐射矩阵

1）进入辐射矩阵单元。

GUI 操作：选择 Main Menu > Radiation Opt > Matrix Method。

命令：/AUX12。

2）选择组成辐射面的所有节点和单元，包括空间节点（如果定义的话）。

3）确定模型是 3D 还是 2D。

GUI 操作：选择 Main Menu > Radiation Opt > Matrix Method > Other Setting，弹出如图 7-13 所示的对话框。

命令：GEOM。

AUX12 用不同的算法计算 2D 或 3D 模型的形状系数。AUX12 默认为 3D。2D 分为纯平面或轴对称，默认为纯平面。

4）定义每个辐射面的发射率（默认为 1)。

GUI 操作：选择 Main Menu > Radiation Opt > Matrix Method > Emissivities，弹出如图 7-14 所示的对话框。

命令：EMIS。

5）定义 Stefan-Boltzmann 常数（默认为英制单位 0.199e-10Btu/hr · in2 · K4）。

GUI 操作：选择 Main Menu > Radiation Opt > Matrix Method > Other Setting，弹出如图 7-13 所示的对话框。

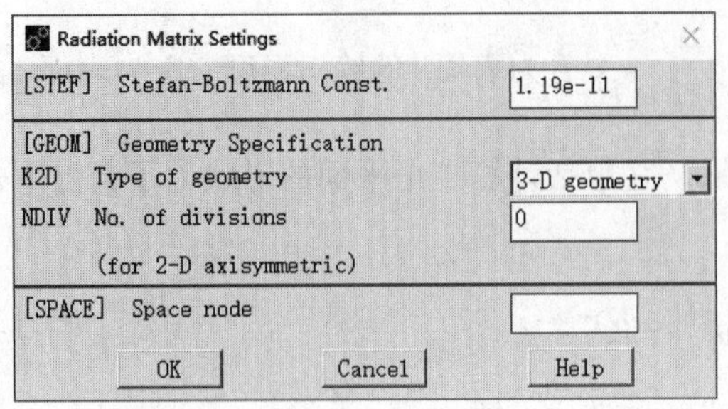

图 7-13 “Radiation Matrix Settings”对话框

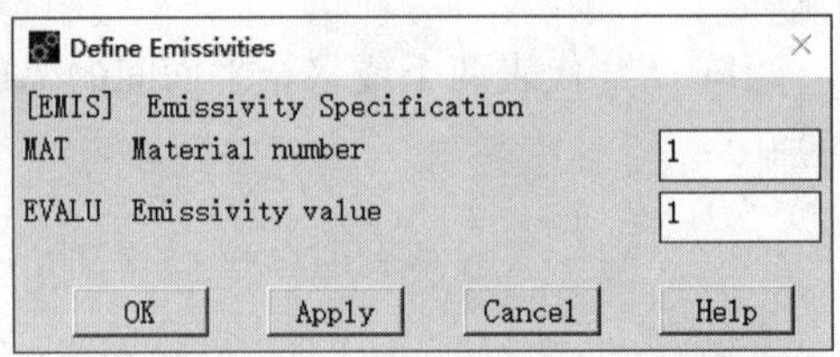

图 7-14 “Define Emissivities”对话框

命令：STEF。

6）确定计算角系数的方式。

GUI 操作：选择 Main Menu > Radiation Opt > Matrix Method > Write Matrix，弹出如图 7-15 所示的对话框。

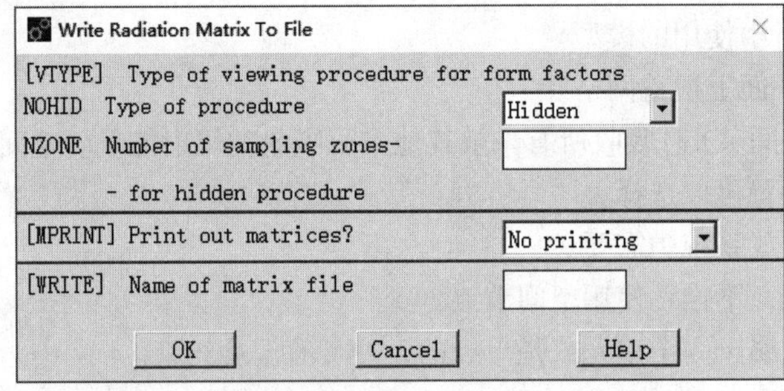

图 7-15 “Write Radiation Matrix To File”对话框

命令：VTYPE。

选择是隐藏还是非隐藏方法：

① 非隐藏方法（Non-hidden）用于计算每两个单元之间的形状系数，无论它们之间有无障碍。

② 隐藏方法（Hidden）（默认）是用一种隐藏线算法判断两辐射面之间是否“可见”，如果可见则计算角系数。设置 Hidden 方法射线数目。增加射线数目将增加角系数的计算精度（默认为 20）。

7）打开打印键（如果需要的话）检查角系数参数输出。

GUI 操作：选择 Main Menu > Radiation Opt > Matrix Method > Write Matrix，弹出如图 7-15 所示的对话框。

命令：MPRINT。

8）如为开放系统，需定义空间节点。

GUI 操作：选择 Main Menu > Radiation Opt > Matrix Method > Other Setting，弹出如图 7-13 所示的对话框。

命令：SPACE。

9）重新选择热模型中其他所有单元和节点。

GUI 操作：选择 Utility Menu > Select > Everything。

命令：ALLSEL,ALL。

10）计算辐射矩阵并写入 jobename.sub 文件：在热分析过程中用作 MATRIX50 超单元。

GUI 操作：选择 Main Menu > Radiation Opt > Matrix Method > Write Matrix，弹出如图 7-15 所示的对话框。

命令：WRITE。

3. 使用辐射矩阵

1）重新进入前处理器。

GUI 操作：选择 Main Menu > Preprocessor。

命令：/PREP7。

2）定义新的单元类型 MATRIX50，改变关键选项 K1 为辐射子结构。

① 定义新的单元类型 MATRIX50。

GUI 操作：选择 Main Menu > Preprocesor > Element Type > Add/Edit/Delete，选择“Superelement”“Superelement 50”，如图 7-16 所示。

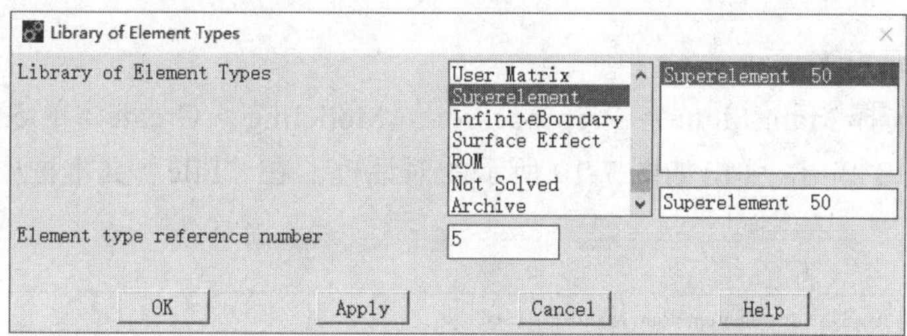

图 7-16　“Library of Element Types”对话框

命令：ET。

② 改变 MATRIX50 关键选项 K1 为辐射子结构。

GUI 操作：选择 Main Menu > Preprocesor > Element Type > Add/Edit/Delete，选中“MATRIX50”，单击“Options”按钮，在弹出的对话框中的“K1”中选择“Radiation substr”，如图 7-17 所示。

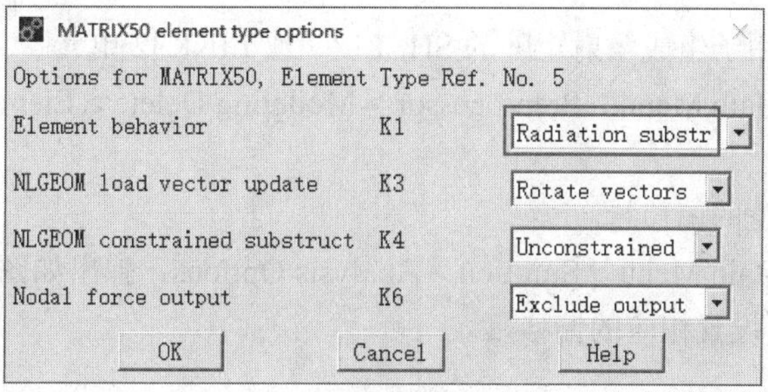

图 7-17　“MATRIX50 element type options”对话框

命令：KEYOPT,1。

3）将单元类型指向超单元。

GUI 操作：选择 Main Menu > Preprocessor > Modeling > Create > Elements > Elem Attributes，在弹出的对话框中的“TYPE”中选择“5 MATRIX50”，然后单击“OK”按钮，如图 7-18 所示。

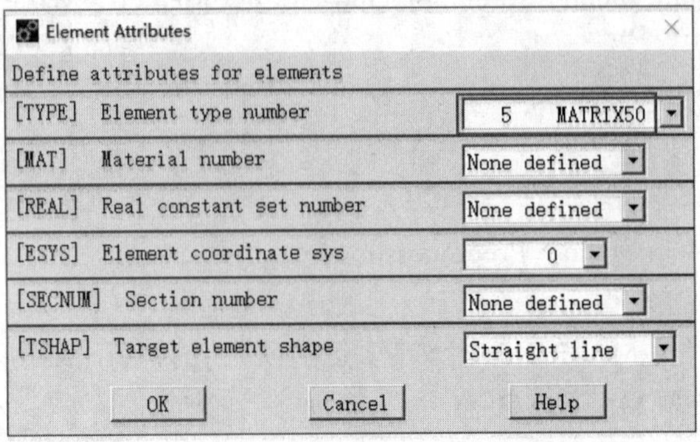

Element Attributes
Define attributes for elements
[TYPE] Element type number — 5 MATRIX50
[MAT] Material number — None defined
[REAL] Real constant set number — None defined
[ESYS] Element coordinate sys — 0
[SECNUM] Section number — None defined
[TSHAP] Target element shape — Straight line
OK　Cancel　Help

图 7-18 “Elements Attributes”对话框

命令：TYPE。

4）读入超单元矩阵。

GUI 操作：选择 Main Menu > Preprocessor > Modeling > Create > Elements > Superelements > From .SUB File，弹出如图 7-19 所示的对话框。在“File”文本框中输入单元矩阵文件的名字。

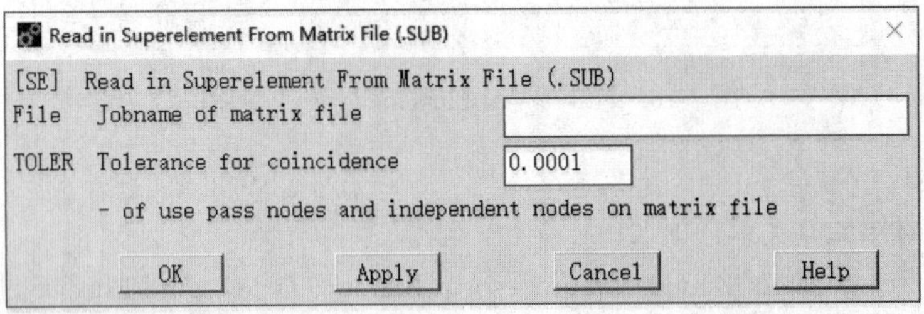

Read in Superelement From Matrix File (.SUB)
[SE] Read in Superelement From Matrix File (.SUB)
File Jobname of matrix file
TOLER Tolerance for coincidence — 0.0001
- of use pass nodes and independent nodes on matrix file
OK　Apply　Cancel　Help

图 7-19 “Read in Superelement From Matrix File (.SUB)”对话框

命令：SE。

5）不选择或删除用于生成辐射矩阵的 SHELL57 或 LINK32 单元。

GUI 操作：选择 Main Menu > Preprocessor > Modeling Delete > Elements。

命令：EDELE。

6）定义与绝对温度的偏移量。

GUI 操作：选择 Main Menu > Solution > Analysis Options，弹出如图 7-9 所示的对话框。根据温度所使用的单位，设置相应的偏移量。

命令：TOFFST。

7）进入求解器并在空间节点上定义热边界条件，开始计算。

7.2.4 使用 Radiosity 求解器方法建立辐射模型

此方法支持所有含温度自由度的 3D 和 2D 单元。使用此方法建立辐射模型的主要步骤有5个。

1. 定义辐射面

1）在前处理器（PREP7）中建立模型。在某些情况下辐射面支持对称条件。

2）使用 SF、SFA、SFE 或 SFL 命令定义每一个辐射面的辐射率及辐射对编号。对于所有相互之间有热辐射作用的辐射面，使用同一个辐射对编号。如果辐射率与温度有关，可在上述命令中定义 VALUE = −N。此时，对于材料 N，其辐射率的数值由 EMIS 属性表确定。

3）使用 /PSF 命令验证是否为已定义的辐射面指定了正确的辐射率、辐射对编号和辐射方向。

4）施加对称边界条件。可通过 RSYMM 命令来实现。

5）计算每个辐射面的辐射热流。通过 SURF251 或 SURF252 单元的 NMISC 输出数据来进行。

2. 定义分析选项

使用 Radiosity 求解器方法进行热辐射分析时，可以使用以下命令来定义分析选项：STEF、TOFFST、/AUX12、RADOPT、SPCTEMP、SPCNOD。

3. 定义形状系数选项

Ansys 使用不同的算法来计算 2D 和 3D 模型的形状系数（默认假设为 3D 模型）。用户可以使用以下两个命令来指定计算新形状系数的选项：对于 3D 模型，使用 HEMIOPT 命令；对于 2D 模型，使用 V2DOPT 命令。

4. 计算并验证形状系数选项

用户可以计算形状系数，并验证和计算形状系数的平均值。

使用 VFOPT 命令计算并存储形状系数。通过查询形状系数数据库可以列出所选单元对的形状系数，并通过 VFQUERY 命令计算平均形状系数。

用户可以使用 *GET,Par,RAD,,VFAVG 命令将计算出来的平均形状系数提取出来。

5. 定义载荷选项

如果模型有均匀的温度，用户需指定初始温度，然后指定载荷步数量或时间步长，并将边界条件的变化形式设定为渐进。

使用 TUNIF 命令对所有节点指定一个初始的均匀温度。使用 SUBST 或 DELTIM 命令设置载荷步数量或时间步长。由于热辐射是高度非线性的，因此应通过 KBC 命令指定渐进的边界条件。

第 8 章

热辐射分析实例详解

本章主要介绍了应用 Ansys 2024 进行热辐射分析的基本步骤，并以典型工程应用为示例，讲述了进行热辐射分析的基本思路及应用 Ansys 进行热辐射分析的基本步骤和技巧。

- Ansys 中 3 种热辐射分析的基本方法及基本操作步骤、命令
- Ansys 的表面效应单元的使用方法
- 热辐射分析问题的边界条件简化的基本方法

8.1 实例一——黑体热辐射分析

8.1.1 问题描述

应用热分析辐射线单元 LINK31 对一面积为 *A* 的物体进行稳态热辐射能的分析，几何模型如图 8-1 所示，有限元模型如图 8-2 所示，问题简化后的实常数及温度载荷见表 8-1。分析时，温度单位采用℉，其他单位采用英制单位。

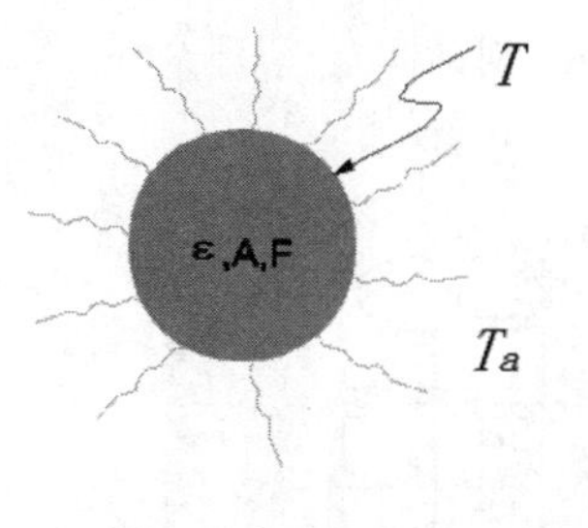

图 8-1 几何模型

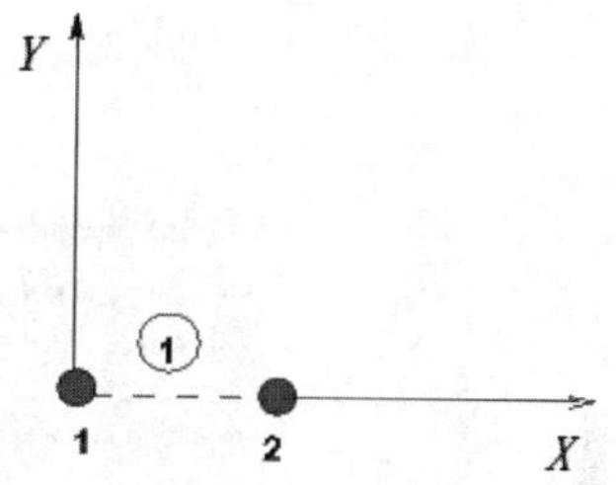

图 8-2 有限元模型

表 8-1 问题简化后的实常数及温度载荷

材料参数			温度载荷	
辐射面积 /ft^2	形状系数	辐射率	T/ ℉	T_a/ ℉
1	1	1	3000	0

8.1.2 问题分析

本例应用 LINK31 辐射线单元，分析两个点之间的热辐射，将物体辐射面积与斯蒂芬 - 波耳兹曼常数折合成等效的面积参数，定义到 LINK31 的面积实常数中。

8.1.3 GUI 操作步骤

01 定义分析文件名

选择 Utility Menu > File > Change Jobname，在弹出的对话框中输入“Exercise”，单击“OK”按钮。

02 定义单元类型

选择热分析辐射线单元。选择 Main Menu > Preprocessor > Element Type > Add/Edit/Delete，在弹出的“Element Types”对话框中选择“Add”按钮，在弹出的对话框中选择“Link”“radiation 31”三维辐射线单元，如图 8-3 所示，单击“OK”按钮。

03 定义实常数

选择 Main Menu > Preprocessor > Real Constants > Add/Edit/Delete，在弹出的对话框中选择 Type 1 Link31 单元，单击“OK”按钮，弹出如图 8-4 所示的对话框。在“Real Constant Set No.”中输入 1，在“AREA”中输入 144，在“FORMFACTOR”中输入 1，在“EMISSIVITY”

中输入 1，单击“OK”按钮。

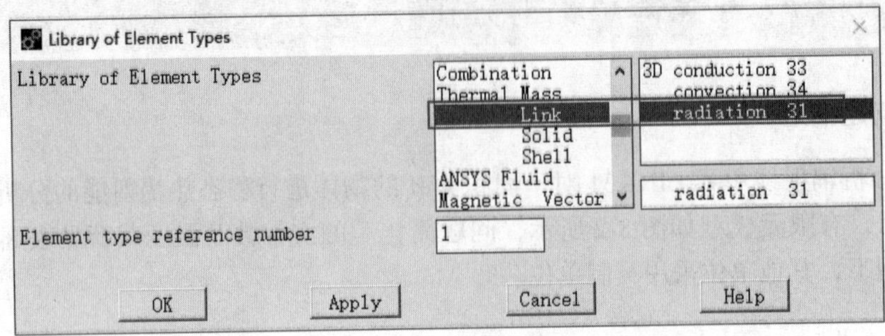

图 8-3 “Library of Element Types”对话框

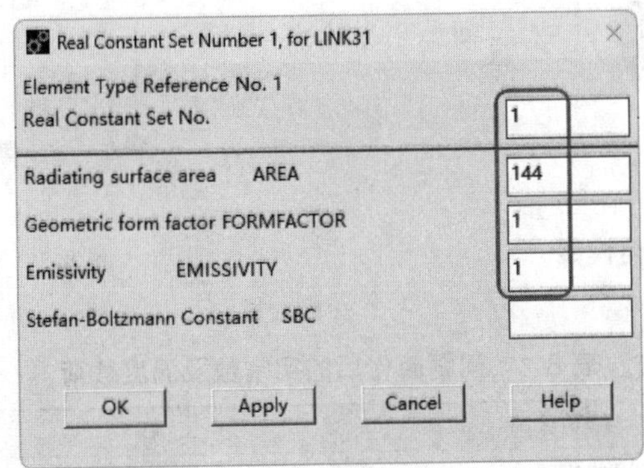

图 8-4 “Real Constant Set Number 1,for LINK31”对话框

04 建立有限元模型

❶ 建立节点。选择 Main Menu > Preprocessor > Modeling > Create > Nodes > In Active CS，在弹出的对话框中的“NODE”“X，Y，Z”“THXY，THYZ，THZX”中输入 1、0、0、0、0、0、0，单击“Apply”按钮，再输入 2、0、0、0、0、0、0，单击“OK”按钮。

❷ 建立单元。选择 Main Menu > Preprocessor > Modeling > Create > Elements > Auto Numbered > Thru Nodes，拾取节点“1”和“2”，单击“OK”按钮。

05 施加温度载荷

选择 Main Menu > Solution > Define Loads > Apply > Thermal > Temperature > On Nodes，在弹出的对话框中输入 2 后按 Enter 键，单击“OK”按钮，在弹出的对话框中的“Lab2”中选择“TEMP”，在“VALUE”中输入 0，单击“Apply”按钮；在弹出的对话框中输入 1 后按 Enter 键，单击“OK”按钮，在弹出的对话框中的“Lab2”中选择“TEMP”，在“VALUE”中输入 3000，单击“OK”按钮。

06 设置求解选项

❶ 选择 Main Menu > Solution > Analysis Type > New Analysis，在弹出的对话框中选择“Steady-State”，单击“OK”按钮。选择 Main Menu > Solution > Load Step Opts > Time/Frequenc > Time-Time Step，在弹出的对话框中的“KBC”中选择“Stepped”，单击“OK”按钮。

❷ 选择 Main Menu > Solution > Load Step Opts > Output Ctrls > Solu Printout，弹出如图 8-5a

所示的对话框，在对话框中的“Item”中选择“All items”，在“FREQ”中选择“Every Nth substp”，在“Value of N”中输入1，单击“Apply”按钮。

❸ 在弹出的对话框中的“Item”中选择“Element energies”，在“FREQ”中选择“None”，如图8-5b所示，单击“OK”按钮。

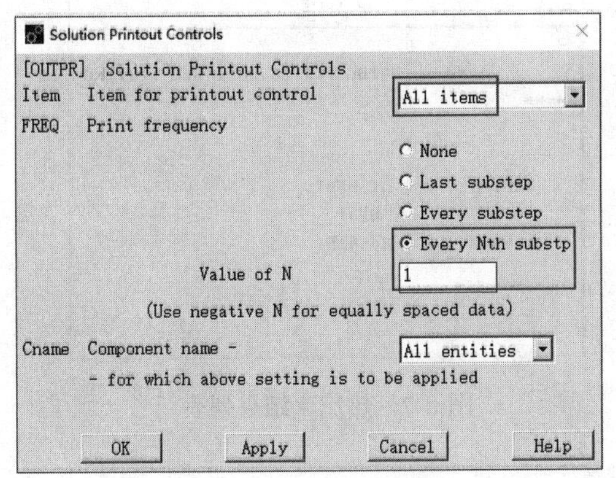

a)

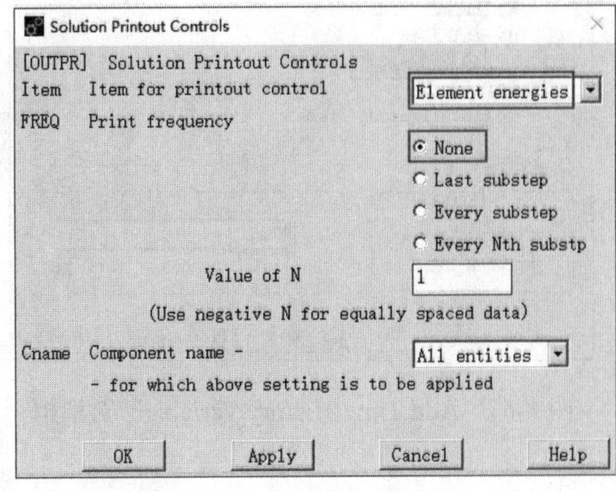

b)

图8-5 “Solution Printout Controls”对话框

07 定义温度偏移

选择Main Menu > Solution > Analysis Type > Analysis Options，在弹出的对话框中的“[TOFFST]”中输入460，单击“OK”按钮。

08 存盘

选择Utility Menu > Select > Everything，单击Ansys Toolbar中的“SAVE_DB”。

09 求解

选择Main Menu > Solution > Solve > Current LS，进行计算。

10 列出单元热流率结果

选择Main Menu > TimeHist Postpro，在弹出的对话框中单击“Add Data”图标，在弹出的对话框中单击Element Solution > Heat Flow > Heat Flow，在“Variable Name”中输入“HEAT”，如图8-6所示。单击“OK”按钮，拾取1号单元，再拾取1号节点，在弹出的对话框中单击“OK”按钮，再单击“List Data”图标。热流率结果列表如图8-7所示。

11 获取热流率最大值

❶ 选择Utility Menu > Parameters > Get Scalar Data，弹出如图8-8所示的对话框，在“Type of data to be retrieved”中选择“Results data”“Time-hist var's”，单击“OK”按钮。

❷ 弹出如图8-9所示的对话框，在“Name of parameter to be defined”中输入“HEAT”，在“Variable number N”中输入2，在“Data to be retrieved”中选择“Maximum val VMAX”，单击“OK”按钮。

❸ 选择Utility Menu > Parameters > Scalar Parameters，显示所获取的参数值，如图8-10所示。

12 退出Ansys

单击 Ansys Toolbar 中的“QUIT”，选择“Quit - No Save!”后单击“OK”按钮。

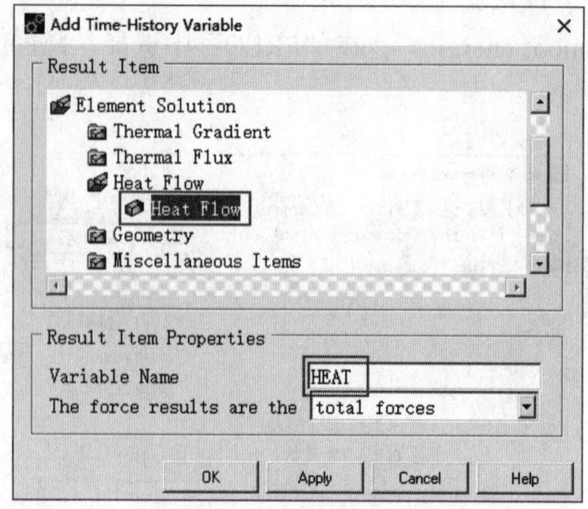

图 8-6 “Add Time-History Variable”对话框

PRVAR Command
File
***** MAPDL POST26 VARIABLE LISTING *****
TIME 1 HEAT
HEAT
1.0000 -245515.

图 8-7 热流率结果列表

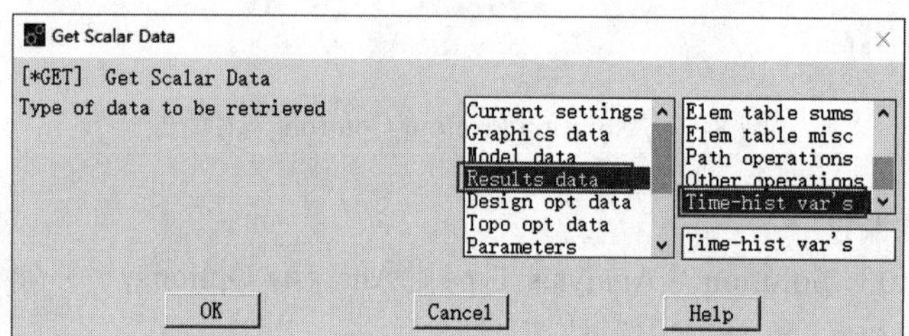

图 8-8 “Get Scalar Data”对话框

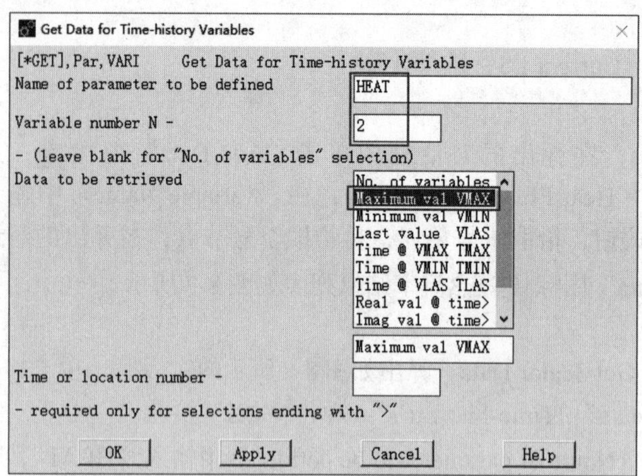

图 8-9 “Get Data for Time-history Variables”对话框

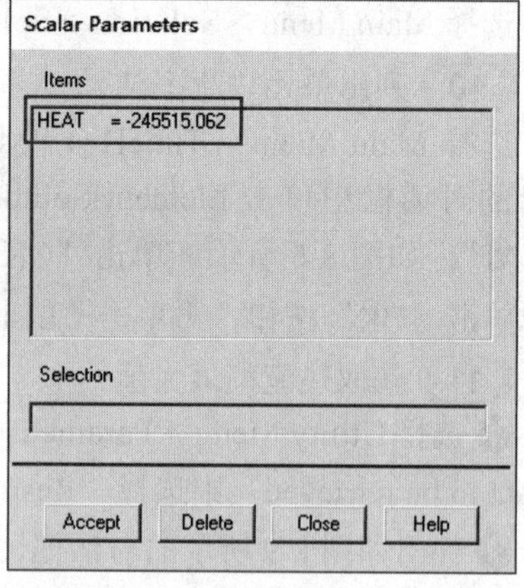

图 8-10 “Scalar Parameters”对话框

8.1.4 APDL 命令流程序

```
FINISH
/FILNAME,Exercise                              ！定义隐式热分析文件名
```

```
/PREP7                                  ! 进入前处理器
ET,1,LINK31                             ! 选择热辐射线单元
R,1,144,1,1                             ! 定义实常数
N,1
N,2                                     ! 在同一位置建立两节点
E,1,2                                   ! 建立单元
TOFFST,460                              ! 定义温度偏移值
D,1,TEMP,3000
D,2,TEMP,0                              ! 施加温度载荷
FINISH
/SOLU                                   ! 进入求解器
ANTYPE,STATIC                           ! 定义问题热分析类型
OUTPR,ALL,1
OUTPR,VENG,NONE                         ! 定义求解输出控制
KBC,1                                   ! 定义载荷施加方式
SOLVE                                   ! 进行求解
FINISH
/POST26                                 ! 进入时间历程处理器
ESOL,2,1,1,HEAT,,HEAT                   ! 定义时间显示变量
PRVAR,2                                 ! 列时间变量的计算结果
*GET,HEAT,VARI,2,EXTREM,VMAX            ! 获取热流率最大值
FINISH
/EXIT,NOSAV                             ! 退出 Ansys
```

8.2 实例二——两同心圆柱体间热辐射分析

8.2.1 问题描述

用 AUX12 热辐射矩阵生成器分析两圆柱体间的面与面之间的热辐射，几何尺寸及温度边界条件如图 8-11 所示。计算图中内圆环外壁 4 号节点和外圆环内壁对应点 13 号节点的热流率。材料参数见表 8-2。分析时，温度单位采用 K，其他单位采用法定计量单位。

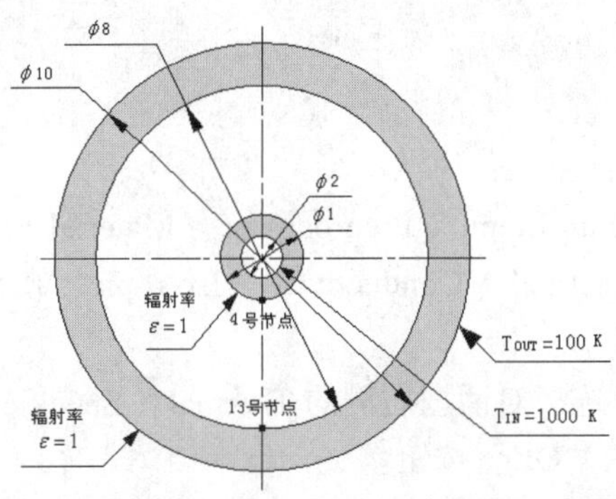

图 8-11　几何尺寸及温度边界条件

表 8-2 材料参数

热导率 /[W/(m·K)]	密度 /(kg/m³)	弹性模量 /Pa	泊松比	比热容 /[J/(kg·K)]	辐射率	斯蒂芬 - 波耳兹曼常数 /[W/(m²·K⁴)]
60.64	7850	2E11	0.3	460	1	5.67E-8

8.2.2 问题分析

假设两圆柱体无限长，忽略长度方向的影响，因而本例将该问题简化为二维平面分析问题，选用 PLANE35 6 节点二阶三角形平面单元进行分析。

8.2.3 GUI 操作步骤

01 定义分析文件名

选择 Utility Menu > File > Change Jobname，在弹出的对话框中输入“Exercise”，单击“OK”按钮。

02 定义单元类型

选择 Main Menu > Preprocessor > Element Type > Add/Edit/Delete，在弹出的“Element Types”对话框中单击“Add”，在弹出的对话框中选择“Solid”“Triangle 6node 35”平面 6 节点二阶单元，如图 8-12 所示，然后单击“OK”按钮。

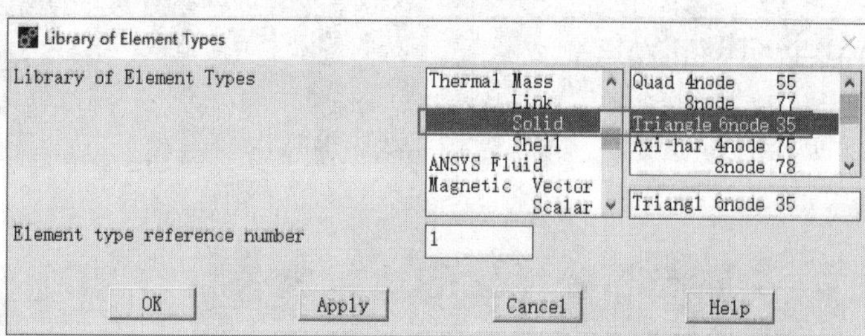

图 8-12 “Library of Element Types”对话框

03 定义参数

在命令输入窗口中输入

```
TIN=1000                    !定义内圆环内壁温度
TOUT=100                    !定义外圆环外壁温度
STFCONST=5.67E-8            !斯蒂芬 - 波耳兹曼常数
TOFF=0                      !定义温度偏移量
```

04 定义材料属性

❶ 定义热导率。选择 Main Menu > Preprocessor > Material Props > Material Models，在弹出的对话框中单击右侧的 Thermal > Conductivity > Isotropic，在弹出的对话框中输入热导率“KXX”为 60.64，单击“OK”按钮。

❷ 定义材料的比热容。选择对话框右侧的 Thermal > Specific Heat，在弹出的对话框中的“C”文本框中输入 460，单击“OK”按钮。

❸ 定义材料的密度。单击对话框右侧的 Thermal> Density，在“DENS”文本框中输入

7850，单击“OK”按钮。

❹ 定义弹性模量和泊松比。选择对话框右侧的 Structural > Linear > Elastic > Isotropic，在弹出的对话框中的“EX”中输入“2E11”，在“PRXY”中输入 0.3，单击“OK”按钮。

05 建立几何模型

选择 Main Menu > Preprocessor > Modeling > Create > Areas > Circle > By Dimensions，弹出如图 8-13 所示的对话框。在弹出的对话框中的“RAD1”“RAD2”中输入 0.5、1，单击“Apply”按钮；再输入 4、5，单击“OK”按钮。

06 划分单元

选择 Main Menu > Preprocessor > Meshing > Size Cntrls > SmartSize > Basic，弹出如图 8-14 所示的对话框，在“LVL”中选择“4”，单击“OK”按钮。选择 Main Menu > Preprocessor > Meshing > Mesh > Areas > Free，在弹出的对话框中单击“Pick All”按钮。两圆环的有限元模型如图 8-15 所示。

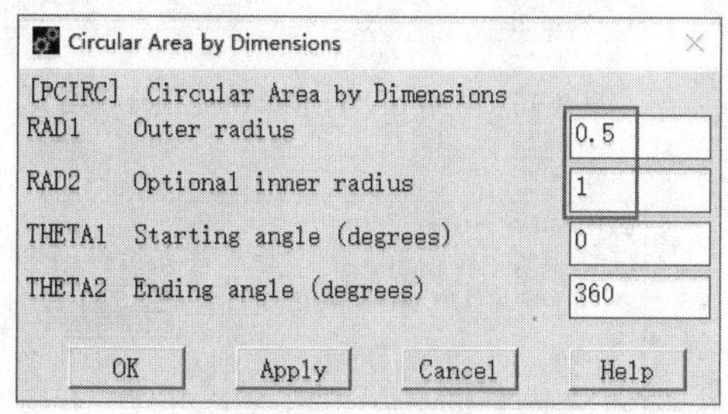

图 8-13 “Circular Area by Dimensions”对话框

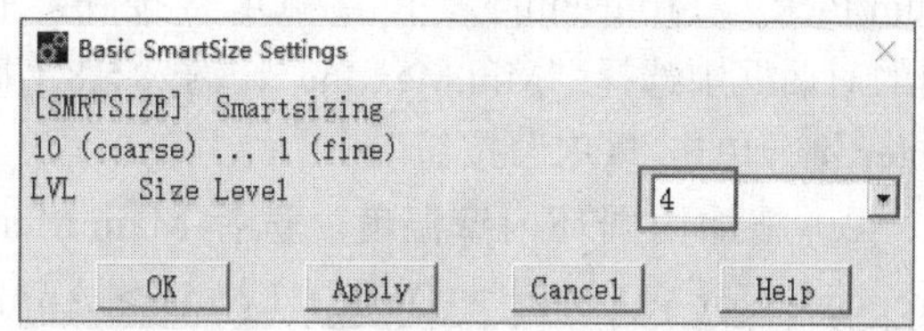

图 8-14 “Basic SmartSize Settings”对话框

07 施加辐射率

选择 Utility Menu > Select > Entities，在弹出的对话框中选择“Lines”“By Num/Pick”，然后单击“OK”按钮，首先选择“Min,Max,Inc”，输入 1,4,1 后按 Enter 键确认，再输入 13,16,1 后按 Enter 键，单击“OK”按钮。选择 Main Menu > Preprocessor > Loads > Define Loads > Apply > Thermal > Radiation > On Lines，在弹出的对话框中单击“Pick All”，弹出如图 8-16 所示的对话框，在“VALUE”和“VALUE2”中输入 1 后单击“OK”按钮。

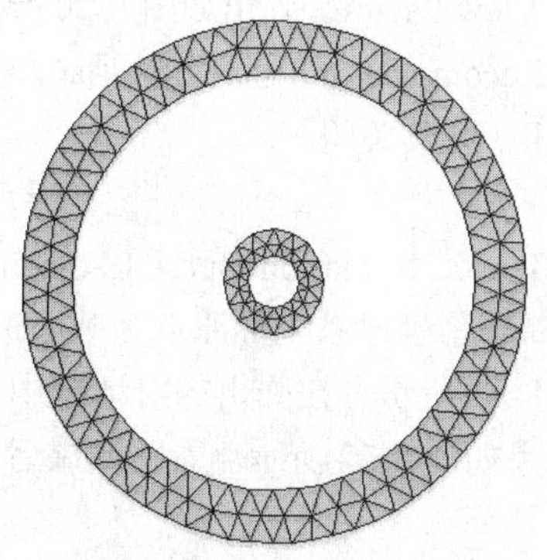

图 8-15 两圆环的有限元模型

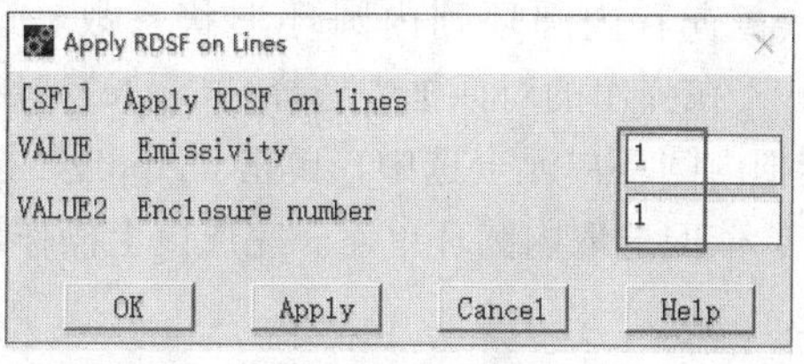

图 8-16 “Apply RDSF on Lines”对话框

08 施加温度边界条件

❶ 施加外圆环外壁温度。

1）选择外壁 4 条圆弧。选择 Utility Menu > Select > Entities，在弹出的对话框中选择“Lines”“By Num/Pick”“From Full”，单击“OK”按钮。选择“Min,Max,Inc”，输入 9，12，1 后按 Enter 键，单击“OK”按钮。

2）施加外圆环外壁温度。选择 Main Menu > Preprocessor > Loads > Define Loads > Apply >Thermal > Temperature > On Lines，在弹出的对话框中单击“Pick All”，在弹出的对话框中“Lab2”中选择“TEMP”，在“VALUE”中输入“TOUT”后单击“OK”按钮，如图 8-17 所示。”

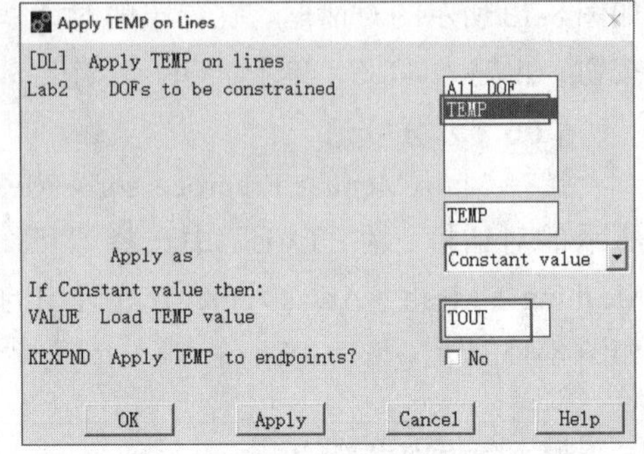

图 8-17 “Apply TEMP on Lines”对话框

❷ 施加内圆环内壁温度。

1）选择内壁 4 条圆弧。选择 Utility Menu > Select > Entities，在弹出的对话框中选择“Lines”“By Num/Pick”“From Full”，单击“OK”按钮。在弹出的对话框中选择“Min,Max,Inc”，输入 5,8,1 后按 Enter 键，单击“OK”按钮。

2）施加内圆环内壁温度。选择 Main Menu > Preprocessor > Loads > Define Loads > Apply > Thermal > Temperature > On Lines，在弹出的对话框中单击“Pick All”，在弹出的对话框中的“Lab2”中选择“TEMP”，在“VALUE”中输入“TIN”后单击“OK”按钮，如图 8-18 所示。

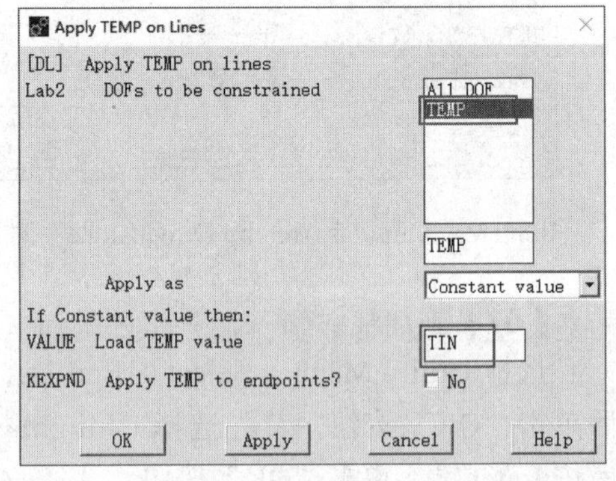

图 8-18 “Apply TEMP on Lines”对话框

09 进入热辐射矩阵生成器进行热辐射设置

选择 Utility Menu > Select > Everything。选择 Main Menu > Radiation Opt > Radiosity Meth > Solution Opt，弹出如图 8-19 所示的对话框，按照图中所示进行设置，单击“OK”按钮。

10 计算形状系数

选择 Main Menu > Radiation Opt > Radiosity Meth > View Factor，弹出如图 8-20 所示的对话框，在“View factor options”后面的下拉列表中选择“Recompute and save”选项，单击“OK”按钮，系统弹出“Warning”对话框，单击“Close”按钮，将其关闭。

11 查看形状系数并获取该参数

❶ 查看内圆环到内圆环形状系数。选择 Main Menu > Radiation Opt > Radiosity Meth > Query，在弹出的对话框中选择“Circle”，用鼠标左键以屏幕坐标系坐标原点为圆心进行拖拉，直到把内圆环单元全选中，单击“Apply”按钮，如图 8-21 所示。在弹出的对话框中重复以上操作，依旧选取内圆环单元。完成以上操作后的计算结果如图 8-22 所示。看完结果后，关闭对话框。

❷ 获取内圆环到内圆环形状系数参数。选择 Utility Menu > Parameters > Get Scalar Data，弹出如图 8-23 所示的对话框。在“Type of data to be retrieved”中选择“Radiosity”“Radiosity

Meth”。单击“OK”按钮，弹出如图 8-24 所示的对话框。在“Name of parameter to be defined”中输入“VFAVG1”，在“Encl Number”中输入 0，单击“OK”按钮。

Radiation Solution Options
[STEF] Stefan-Boltzmann Const. STFCONST
[TOFFST] Temperature difference- TOFF
- between absolute zero and zero of active temp scale
[RADOPT] Radiosity Solver Options
Radiation flux relax. factor 0.1
Convergence tolerance 0.1
Radiosity solver Iterative Solver
Additional Options for Iterative Solver
Maximum no. of iterations 1000
Convergence toler. 0.1
Over-relax. factor 0.1
Additional Options for Full Solver
Maximum no. of iterations 0
[SPCTEMP/SPCNOD] Space option Temperature
Value 0
Enclosure option Define
If "Define"- enter Encl. number 1
OK Apply Cancel Help

图 8-19 “Radiation Solution Options”对话框

View Factor Options
[HEMIOPT] 3D View Factor Options
Hemicube resolution 10
[V2DOPT] 2D View Factor Options
Type of geometry Plane
Number of divisions 20
- for axisymmetric
Type of procedure Hidden
Number of sampling zones 200
- for hidden procedure
[VFOPT] View factor options Recompute and save
File format options Binary
OK Apply Cancel Help

图 8-20 “View Factor Options”对话框

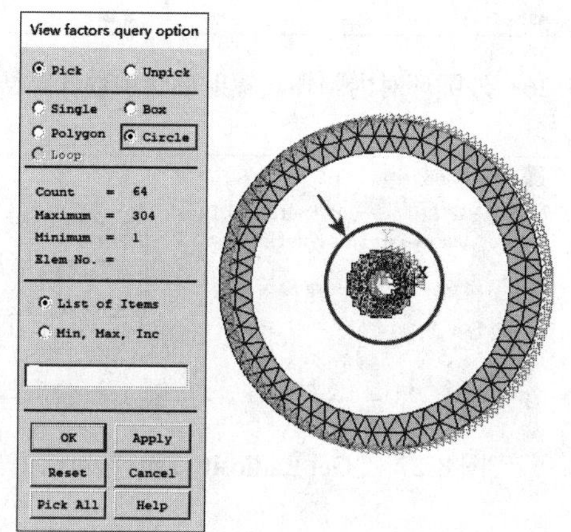

图 8-21 拾取内圆环单元

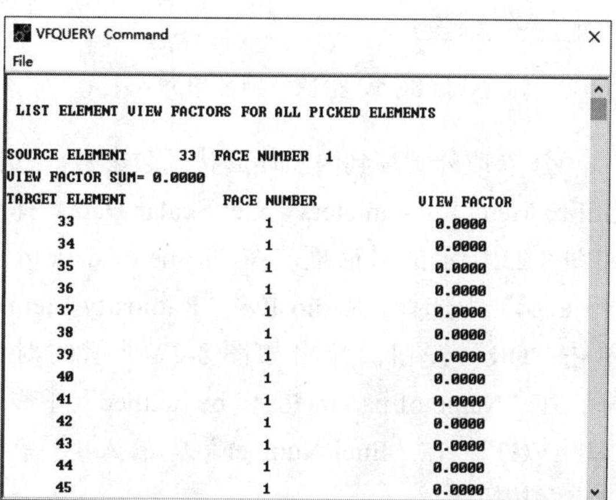

VFQUERY Command
File

LIST ELEMENT VIEW FACTORS FOR ALL PICKED ELEMENTS

SOURCE ELEMENT 33 FACE NUMBER 1
VIEW FACTOR SUM= 0.0000

TARGET ELEMENT	FACE NUMBER	VIEW FACTOR
33	1	0.0000
34	1	0.0000
35	1	0.0000
36	1	0.0000
37	1	0.0000
38	1	0.0000
39	1	0.0000
40	1	0.0000
41	1	0.0000
42	1	0.0000
43	1	0.0000
44	1	0.0000
45	1	0.0000

图 8-22 内圆环对内圆环热辐射形状系数计算结果

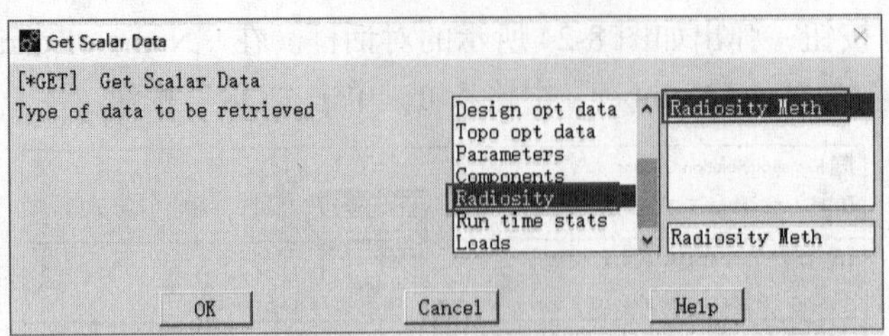

图 8-23 “Get Scalar Data”对话框

❸ 查看外圆环到内圆环形状系数。选择 Main Menu > Radiation Opt > Radiosity Meth > Query，在弹出的对话框中首先选择“Pick”和“Polygon”，用鼠标左键画一个环绕外圆环的任意多边形；然后选择“Unpick”和“Polygon”，用鼠标左键画一个仅环绕内圆环的任意多边形；最终将外圆环单元全选中后，如图 8-25 所示，单击“OK”按钮。在弹出的对话框中选择“Circle”，然后用鼠标左键以屏幕坐标系坐标原点为圆心进行拖拉，直到把内圆环单元全选中，然后单击“OK”按钮，如图 8-25 所示。完成以上操作后，计算结果如图 8-26 所示。看完结果后关闭对话框。

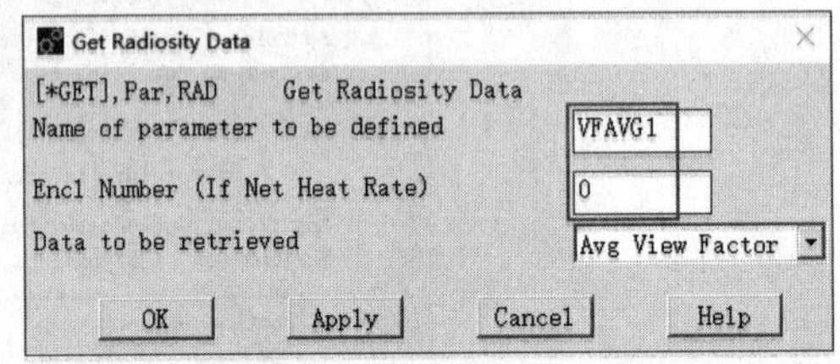

图 8-24 “Get Radiosity Data”对话框

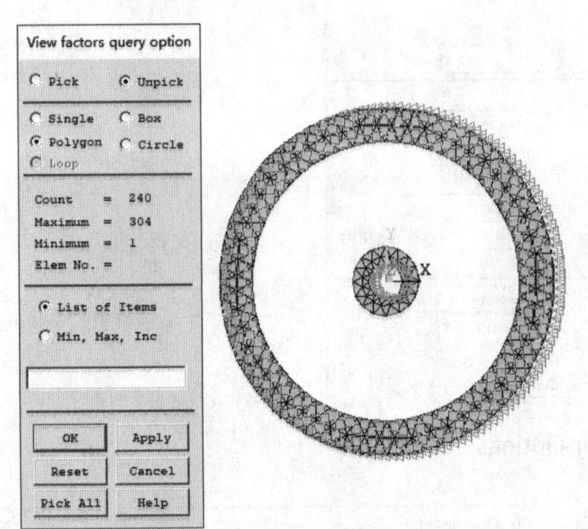

图 8-25 拾取外圆环单元

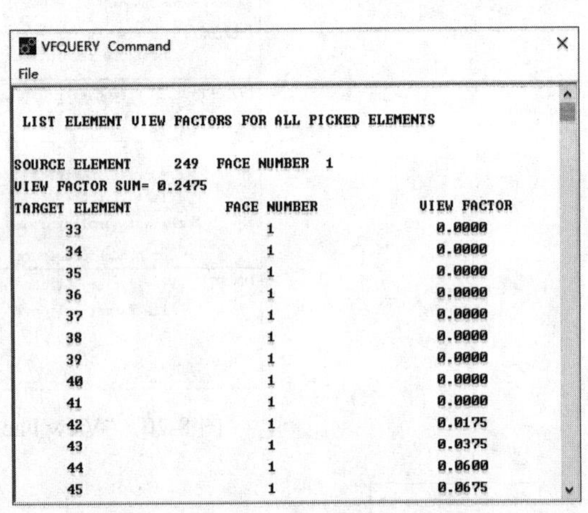

图 8-26 外圆环对内圆环热辐射形状系数计算结果

❹ 获取外圆环到内圆环形状系数参数。选择 Utility Menu > Parameters > Get Scalar Data，弹出如图 8-23 所示的对话框。在“Type of data to be retrieved”中选择“Radiosity”“Radiosity Meth”，单击“OK”按钮，弹出如图 8-27 所示的对话框，在“Name of parameter to be defined”中输入“VFAVG2”，在“Encl Number”中输入 1，单击“OK”按钮。

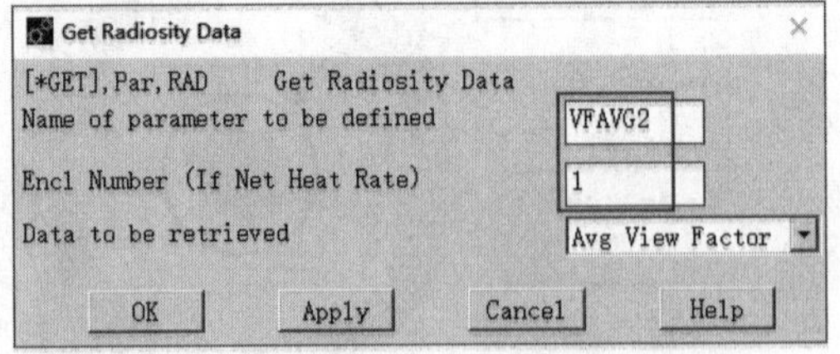

图 8-27 “Get Radiosity Data”对话框

❺ 查看外圆环到外圆环形状系数。选择 Main Menu > Radiation Opt > Radiosity Meth > Query，在弹出的对话框中选择“Polygon”，用鼠标左键分两次画两个封闭的任意多边形，将外圆环单元选中后单击“OK”按钮，如图 8-25 所示。在弹出的对话框中重复以上操作，依旧选取外圆环单元。完成以上操作后的计算结果如图 8-28 所示。看完结果后关闭对话框。

❻ 获取外圆环到外圆环形状系数参数。选择 Utility Menu > Parameters > Get Scalar Data，弹出如图 8-23 所示的对话框。在“Type of data to be retrieved”中选择“Radiosity”“Radiosity Meth”，单击“OK”按钮，弹出如图 8-29 所示的对话框，在“Name of parameter to be defined”中输入 VFAVG3，在“Encl Number”中输入 1，单击“OK”按钮。

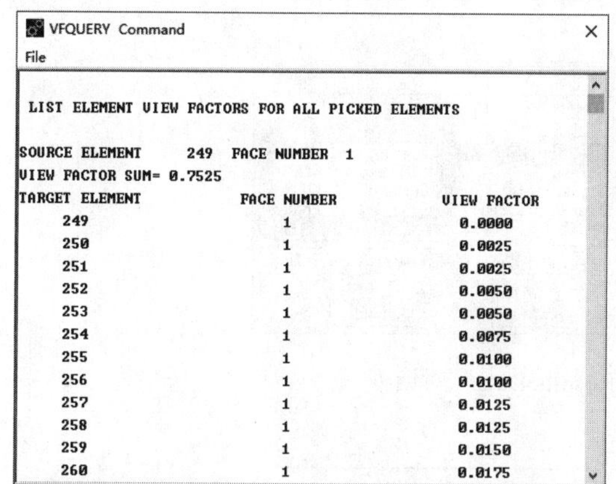

图 8-28 外圆环对外圆环热辐射形状系数计算结果

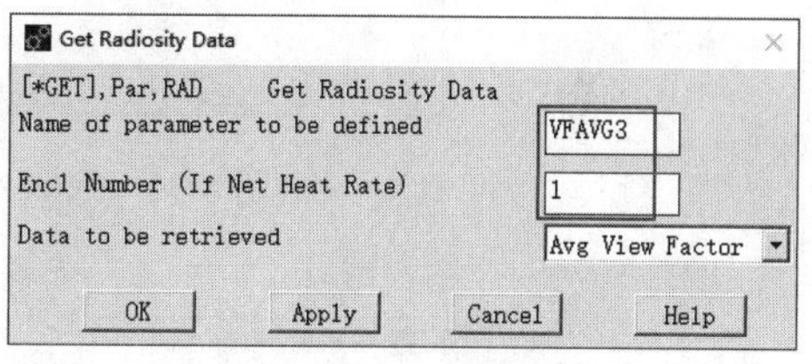

图 8-29 “Get Radiosity Data”对话框

(12) 设置求解选项

选择 Main Menu > Solution > Loads > Load Step Opts > Time/Frequenc > Time - Time Step，在弹出的对话框中的“TIME”中输入 1，在“DELTIM”中输入 0.5，单击“OK”按钮。

(13) 存盘

选择 Utility Menu > Select > Everything，单击 Ansys Toolbar 中的“SAVE_DB”。

(14) 求解

选择 Main Menu > Solution > Solve > Current LS，进行计算。

(15) 获取 4 号和 13 号节点温度

❶ 获取 4 号节点温度。选择 Main Menu > General Postproc > Read Results > Last Set，读取最后一个子步的分析结果，然后选择 Utility Menu > Parameters > Get Scalar Data，弹出如图 8-30 所示的对话框，在“Type of data to be retrieved”中选择“Results data”“Nodal results”。单击“OK”按钮，弹出如图 8-31 所示的对话框。在“Name of parameter to be defined ”中输入“TI”，在“Node number N”中输入 4，在“Results data to be retrieved”选择“DOF solution”“Temperature TEMP”，单击“OK”按钮。

❷ 获取 13 号节点温度。选择 Utility Menu > Parameters > Get Scalar Data，弹出如图 8-30 所示的对话框，在“Type of data to be retrieved”中选择“Results data”“Nodal results”。单击“OK”按钮，弹出如图 8-32 所示的对话框。在“Name of parameter to be defined”中输入“TO”，在“Node number N”中输入 13，在“Results data to be retrieved”选择“DOF solution”“Temperature TEMP”，单击“OK”按钮。

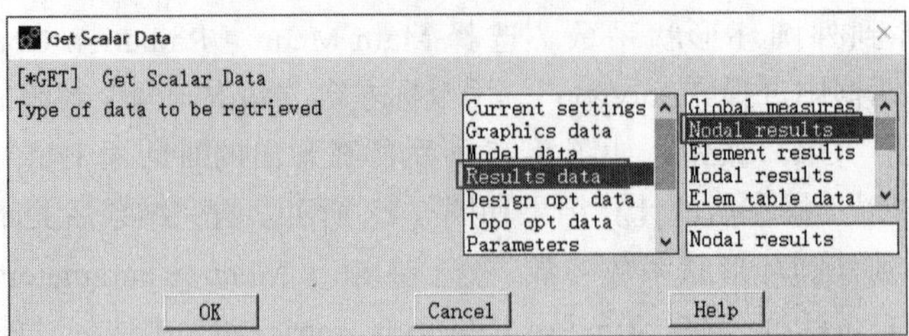

图 8-30 “Get Scalar Data”对话框

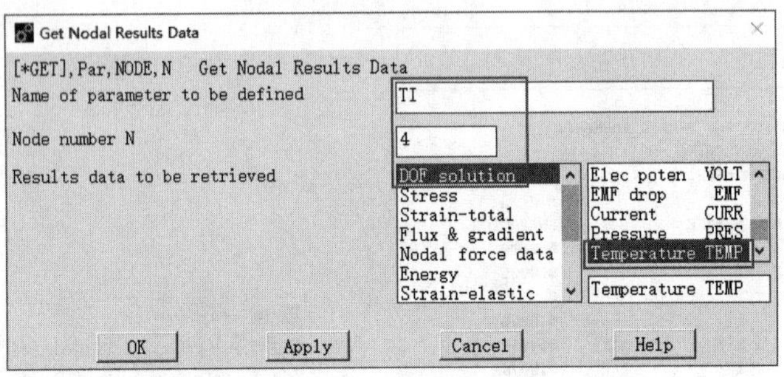

图 8-31 “Get Nodal Results Data”对话框

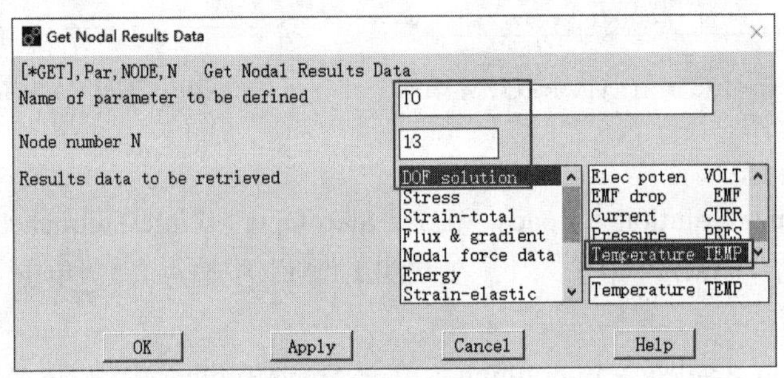

图 8-32 “Get Nodal Results Data”对话框

16 获取 4 号和 13 号节点热流率

❶ 获取 4 号节点热流率。选择 Utility Menu > Parameters > Get Scalar Data，弹出如图 8-30 所示的对话框，在“Type of data to be retrieved”中选择“Results data”“Nodal results”。单击“OK”按钮，弹出如图 8-33 所示的对话框。在“Name of parameter to be defined”中输入“HFI”，在“Node number N”中输入 4，在“Results data to be retrieved”中选择“Flux & gradient”“TFSUM”，单击“OK”按钮。

❷ 获取 13 号节点热流率。选择 Utility Menu > Parameters > Get Scalar Data，弹出如图 8-30 所示的对话框。在“Type of data to be retrieved”中选择“Results data”“Nodal results”。然后单击“OK”按钮，弹出如图 8-34 所示的对话框，在“Name of parameter to be defined”中输入 HFO，在“Node number N”中输入 13，在“Results data to be retrieved”中选择“Flux & gradient”“TFSUM”，单击“OK”按钮。

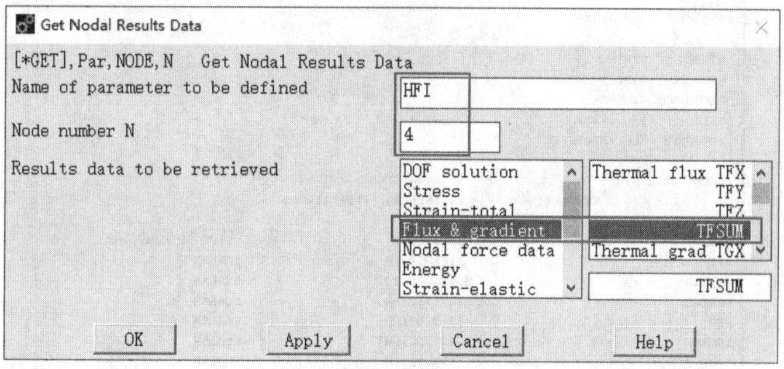

图 8-33 “Get Nodal Results Data”对话框

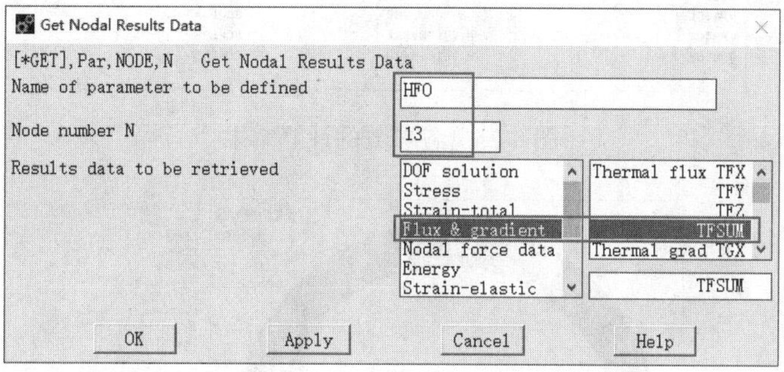

图 8-34 “Get Nodal Results Data”对话框

17 计算热流率及其计算误差

在命令输入窗口中输入：

```
HFIEXP=ABS((TO+TOFF)**4-(TI+TOFF)**4)*STFCONST/1     ! 4 号节点热流率
HFOEXP=ABS((TO+TOFF)**4-(TI+TOFF)**4)*STFCONST/4     ! 13 号节点热流率
HFIERR=(HFIEXP/HFI)                                  ! 4 号节点热流率误差
HFOERR=(HFOEXP/HFO)                                  ! 13 号节点热流率误差
```

18 列出各参数值

选择 Utility Menu > List > Status > Parameters > All Parameters，各参数的计算结果如图 8-35 所示。

19 显示温度场分布云图

选择 Utility Menu > PlotCtrls > Window Controls > Window Options，在弹出的对话框中的“INFO”中选择“Legend ON”，然后单击“OK”按钮。选择 Main Menu > General Postproc > Plot Results > Contour Plot > Nodal Solu，在弹出的对话框中选择“DOF Solution”“Nodal Temperature”，单击“OK”按钮。两圆环的温度场分布云图如图 8-36 所示。

20 显示热流率分布矢量图

选择 Main Menu > General Postproc > Plot Results > Vector Plot > Predefined，在弹出的对话框中的“Item”中选择“Flux & gradient”“Thermal flux TF”，如图 8-37 所示。两圆环的热流率矢量分布云图如图 8-38 所示。

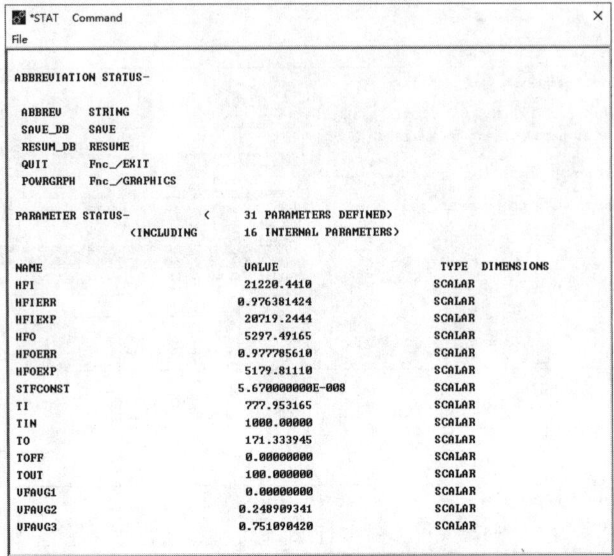

*STAT Command

File

ABBREVIATION STATUS-

ABBREV	STRING
SAVE_DB	SAVE
RESUM_DB	RESUME
QUIT	Fnc_/EXIT
POWRGRPH	Fnc_/GRAPHICS

PARAMETER STATUS- (31 PARAMETERS DEFINED)
(INCLUDING 16 INTERNAL PARAMETERS)

NAME	VALUE	TYPE	DIMENSIONS
HFI	21220.4410	SCALAR	
HFIERR	0.976381424	SCALAR	
HFIEXP	20719.2444	SCALAR	
HFO	5297.49165	SCALAR	
HFOERR	0.977785610	SCALAR	
HFOEXP	5179.81110	SCALAR	
STFCONST	5.670000000E-008	SCALAR	
TI	777.953165	SCALAR	
TIN	1000.00000	SCALAR	
TO	171.333945	SCALAR	
TOFF	0.00000000	SCALAR	
TOUT	100.000000	SCALAR	
VFAVG1	0.00000000	SCALAR	
VFAVG2	0.248909341	SCALAR	
VFAVG3	0.751090420	SCALAR	

图 8-35　各参数的计算结果

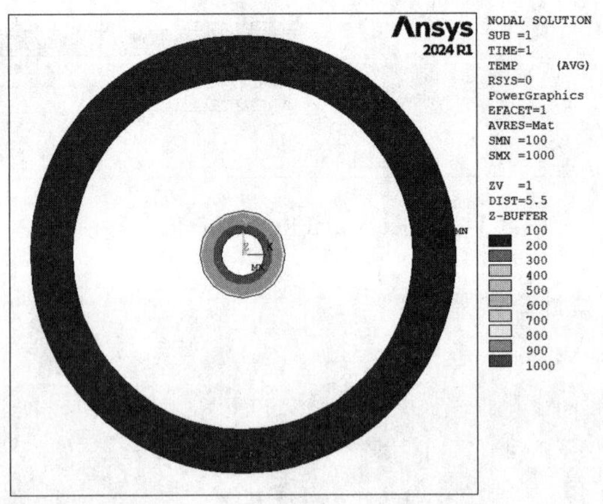

图 8-36　两圆环的温度场分布云图

Vector Plot of Predefined Vectors

[PLVECT] Vector Plot of Predefined Vectors
Item Vector item to be plotted　Flux & gradient　Thermal flux TF　Thermal grad TG
Thermal flux TF
Mode Vector or raster display　Vector Mode　Raster Mode
Loc Vector location for results　Elem Centroid　Elem Nodes
Edge Element edges　Hidden
[/VSCALE] Scaling of Vector Arrows
WN Window Number　Window 1
VRATIO Scale factor multiplier　1
KEY Vector scaling will be　Magnitude based
OPTION Vector plot based on　Undeformed Mesh
OK　Apply　Cancel　Help

图 8-37　“Vector Plot of Predefined Vectors”对话框

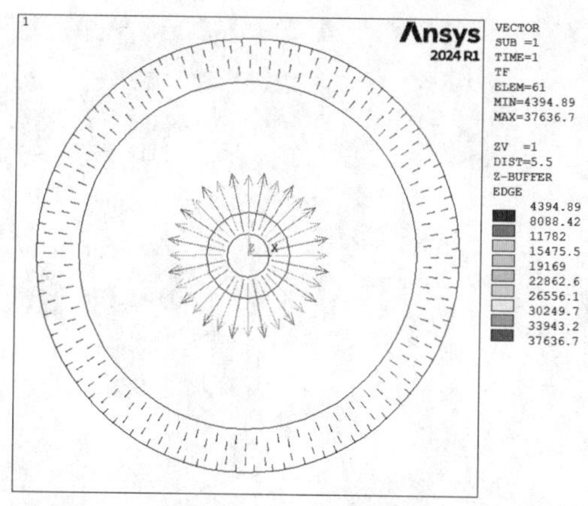

图 8-38 两圆环的热流率矢量分布云图

21 退出 Ansys

单击 Ansys Toolbar 中的“QUIT”，选择“Quit - No Save!”后单击“OK”按钮。

8.2.4 APDL 命令流程序

```
FINISH
/FILNAME,Exercise                    !定义隐式热分析文件名
/PREP7                               !进入前处理器
TIN=1000                             !定义内圆环的内壁温度
TOUT=100                             !定义外圆环的外壁温度
TOFF=0                               !定义温度偏移量
STFCONST=5.67e-8                     !定义斯蒂芬-波耳兹曼常数
ET,1,PLANE35                         !选择三维热分析实体单元
MPTEMP,,,,,,,,
MPTEMP,1,0
MPDATA,EX,1,,200E9                   !定义材料的弹性模量
MPDATA,PRXY,1,,0.3                   !定义材料的泊松比
MPTEMP,,,,,,,,
MPTEMP,1,0
MPDATA,DENS,1,,7.85e3                !定义材料密度
MPTEMP,,,,,,,,
MPTEMP,1,0
MPDATA,KXX,1,,60.64                  !定义材料热导率
MPTEMP,,,,,,,,
MPTEMP,1,0
MPDATA,C,1,,460                      !定义材料比热容
CYL4,0,0,0.5,,1                      !建立内圆环几何模型
CYL4,0,0,4, ,5                       !建立外圆环几何模型
MSHAPE,1,2D
MSHKEY,0
```

```
SMRT,4                                      ! 设置网格智能划分精度
AMES,ALL                                    ! 划分两圆环单元
LSEL,S,,,1,4                                ! 选择内圆环外壁
LSEL,A,,,13,16                              ! 选择外圆环内壁
SFL,ALL,RDSF,1, ,1,                         ! 施加热辐射率
LSEL,S,,,9,12                               ! 选择外圆环外壁
DL,ALL, ,TEMP,TOUT,1                        ! 施加外圆环温度载荷
LSEL,S,,,5,8                                ! 选择内圆环内壁
DL,ALL, ,TEMP,TIN,1                         ! 施加内圆环温度载荷
ASEL,S, , ,      1
ESLA,S
CM,INSIDE,ELEM                              ! 建立内圆环单元组
ASEL,S, , ,      2
ESLA,S
CM,OUTSIDE,ELEM                             ! 建立外圆环单元组
ALLSEL
FINI
/AUX12                                      ! 进入热辐射矩阵生成器
STEF,STFCONST                               ! 赋予斯蒂芬 - 波耳兹曼常数
TOFFST,TOFF                                 ! 定义温度偏移量
RADOPT,0.1,0.1,0.E+00,1000,0.1,0.1          ! 设置热辐射求解控制
SPCTEMP,1,0.E+00                            ! 定义热辐射空间温度
VFCALC                                      ! 计算热辐射形状系数
VFQUERY,INSIDE,INSIDE                       ! 查看内圆环对内圆环的形状系数
*GET,VFAVG1,RAD,,VFAVG                      ! 获取内圆环对内圆环的形状系数值
VFQUERY,OUTSIDE,INSIDE                      ! 查看外圆环对内圆环的形状系数
*GET,VFAVG2,RAD,,VFAVG                      ! 获取外圆环对内圆环的形状系数值
VFQUERY,OUTSIDE,OUTSIDE                     ! 查看外圆环对外圆环的形状系数
*GET,VFAVG3,RAD,,VFAVG                      ! 获取外圆环对内圆环的形状系数值
FINISH
/SOLU                                       ! 进入求解器
TIME,1                                      ! 定义求解时间
DELTIM,0.5                                  ! 定义初始时间步
SOLVE                                       ! 求解
/POST1                                      ! 进入通用后处理器
SET,LAST                                    ! 读取最后子步分析结果
*GET,TI,NODE,4,TEMP                         ! 获取 4 号节点温度
*GET,TO,NODE,13,TEMP                        ! 获取 13 号节点温度
*GET,HFI,NODE,4,TF,SUM                      ! 获取 4 号节点热流率
*GET,HFO,NODE,13,TF,SUM                     ! 获取 13 号节点热流率
HFIEXP=ABS((TO+TOFF)**4-(TI+TOFF)**4)*STFCONST/1         ! 4 号节点热流率
HFOEXP=ABS((TO+TOFF)**4-(TI+TOFF)**4)*STFCONST/4         ! 13 号节点热流率
HFIERR=(HFIEXP/HFI)                         ! 4 号节点热流率误差
```

```
HFOERR=(HFOEXP/HFO)                    ! 13 号节点热流率误差
*STATUS,PARM                           ! 列所有参数
PLNSOL,TEMP, ,0,                       ! 显示两圆环温度分布云图
PLVECT,TF, , , ,VECT,ELEM,ON,0         ! 显示两圆环热流率矢量分布图
FINISH
/EXIT,NOSAV                            ! 退出 Ansys
```

8.3 实例三——长方体钢坯料空冷过程分析

8.3.1 问题描述

一长方体的钢坯料，环境温度为 T_E，钢坯料温度为 T_B，计算 3.7h 后钢坯料的温度分布，几何模型如图 8-39 所示，有限元模型如图 8-40 所示，钢坯料的材料参数、几何尺寸及温度载荷见表 8-3。分析时，温度单位采用 K，其他单位采用英制单位。

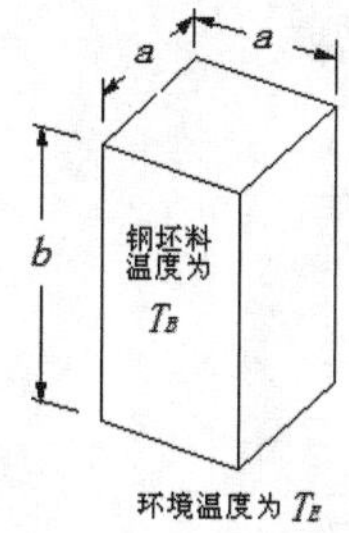

图 8-39　几何模型

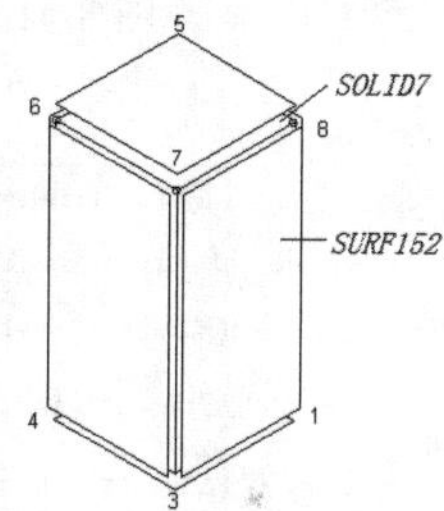

图 8-40　有限元模型

表 8-3　钢坯料的材料参数、几何尺寸及温度载荷

材料参数					几何参数		温度载荷	
热导率 / [Btu/（ft·s·°F）]	密度 /（lb/ft^3）	比热容 /Btu /[（lb·°F）]	辐射率	斯蒂芬 - 波耳兹曼常数 / [Btu/（ft^2·h·K）^{4}]	a/ft	b/ft	T_E/K	T_B/K
10000	487.5	0.11	1	0.1712E-9	1	0.6	530	2000

8.3.2 问题分析

本例采用三维 8 节点 SOLID70 六面体热分析单元，结合表面效应单元 SURF152，进行瞬态热辐射的有限元分析。

8.3.3 GUI 操作步骤

01 定义分析文件名

选择 Utility Menu > File > Change Jobname，在弹出的对话框中输入“Exercise”，单击“OK”按钮。

02 定义单元类型

❶ 选择热分析实体单元。选择 Main Menu > Preprocessor > Element Type > Add/Edit/Delete，单击对话框中的“Add”，选择“Solid”“8node 70”三维 8 节点六面体单元，单击“OK”按钮。

❷ 选择表面效应单元。选择 Main Menu > Preprocessor > Element Type > Add/Edit/Delete，在弹出的对话框中单击“Add”，选择“Surface Effect”“3D thermal 152”单元，如图 8-41 所示，单击“OK”按钮。选中“Type 2 SURF152”单元，单击“Options”按钮，弹出如图 8-42 所示的对话框，在“K4”中选择“Exclude”，在“K5”中选择“Include 1 node”，在“K9”中选择“Real const FORMF”，单击“OK”按钮。

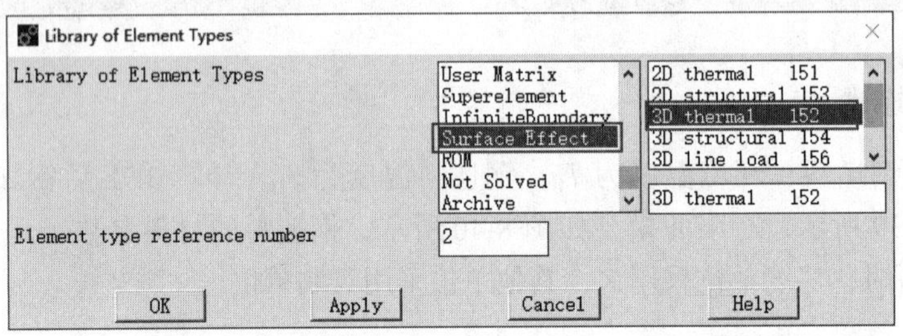

图 8-41 “Library of Element Types”对话框

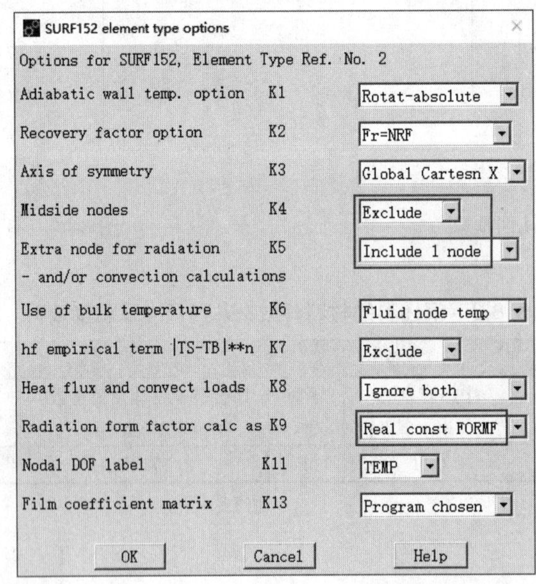

图 8-42 “SURF152 element type options”对话框

03 定义实常数

选择 Main Menu > Preprocessor > Real Constants > Add/Edit/Delete，在弹出的对话框中选择“Type 2 SURF152”单元，弹出如图 8-43 所示的对话框。在“Real Constant Set No.”中输入 2，在“FORMF”中输入 1，在“SBCONST”中输入“1.712E-9”，单击“OK”按钮。

04 定义材料属性

❶ 定义钢坯料材料属性。

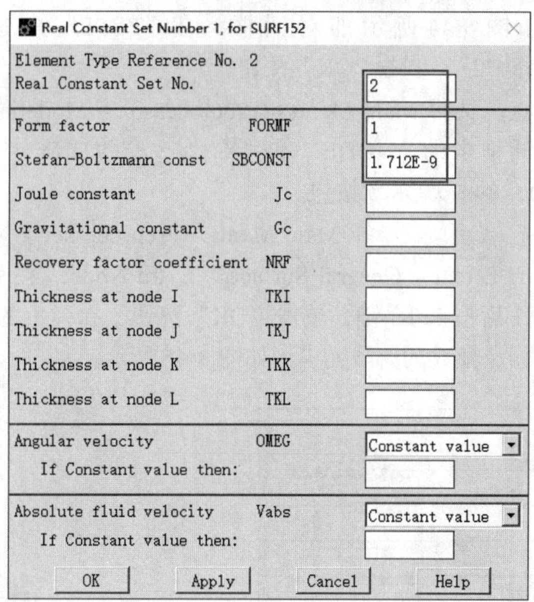

图 8-43 “Real Constant Set Number 1,for SURF152”对话框

1）定义热导率。选择 Main Menu > Preprocessor > Material Props > Material Models，在弹出的对话框中单击右侧的 Thermal > Conductivity > Isotropic，在弹出的对话框中输入热导率“KXX”为 10000，单击“OK”按钮。

2）定义材料的比热容。选择对话框右侧的 Thermal > Specific Heat，在弹出的对话框中的“C”文本框中输入 0.11，单击“OK”按钮。

3）定义材料的密度。单击对话框右侧的 Thermal> Density，在“DENS”文本框中输入 487.5，单击“OK”按钮。

❷ 定义表面效应热辐射参数。单击窗口中的 Material > New Model，在弹出的对话框单击“OK”按钮。选中材料模型 2，单击对话框右侧的 Thermal > Emissivity，在弹出的对话框中的“EMIS”中输入 1，单击“OK”按钮。

05 建立几何模型

选择 Main Menu > Preprocessor > Modeling > Create > Volumes > Block > By Dimensions，在弹出的对话框中的“X1，X2”“Y1，Y2”“Z1，Z2”中分别输入 0、2、0、2、0、4，建立三维几何模型。

06 设定网格密度

选择 Main Menu > Preprocessor > Meshing > Size Cntrls > ManualSize > Global > Size，在“NDIV”文本框中输入 1，单击“OK”按钮。

07 划分网格

选择 Main Menu > Preprocessor > Meshing > Mesh > Volumes > Mapped > 4 to 6 sides，单击“Pick All”按钮。

08 建立表面效应单元

❶ 设置单元属性。选择 Main Menu > Preprocessor > Modeling > Create > Elements > Element Attributes，弹出如图 8-44 所示的对话框，在“TYPE”中选择“2 SURF152”，在“MAT”“REAL”中都选择“2”，单击“OK”按钮。

❷ 建立空间辐射节点。选择 Main Menu > Preprocessor > Modeling > Create > Nodes > In Active CS，在弹出的对话框中的“NODE”和“X，Y，Z，THXY，THYZ，THZX”中输入 100 和 5，5，5，0，0，0，单击“OK”按钮。

❸ 建立表面效应单元。选择 Main Menu > Preprocessor > Modeling > Create > Elements > Surf/Contact > Surf Effect > General Surface > Extra Node，在弹出的对话框中选择“Min,Max,Inc”，输入 1,8,1 后按 Enter 键，单击“OK”按钮，在弹出的对话框中输入 100 后按 Enter 键，单击“OK”按钮，建立的有限元模型如图 8-45 所示。

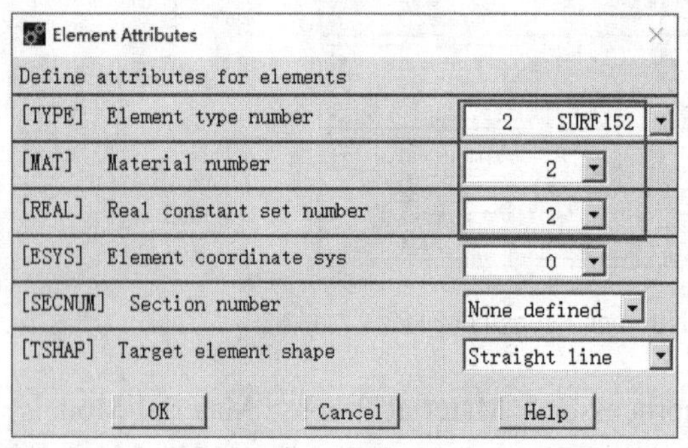

图 8-44 “Element Attributes”对话框

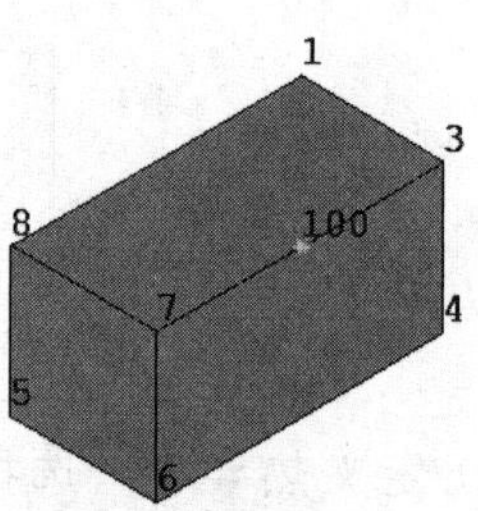

图 8-45 有限元模型

09 施加温度载荷

❶ 施加空间温度载荷。选择 Main Menu > Solution > Define Loads > Apply > Thermal > Temperature > On Nodes，选择 100 号节点，弹出如图 8-46 所示的对话框，在“Lab2”中选择“TEMP”，在“VALUE”中输入 530，单击“OK”按钮。

❷ 施加钢坯料温度载荷。选择 Main Menu > Solution > Define Loads > Apply > Thermal > Temperature > Uniform Temperature，在弹出的对话框中的“[TUNIF]”文本框中输入 2000，如图 8-47 所示。单击“OK”按钮。

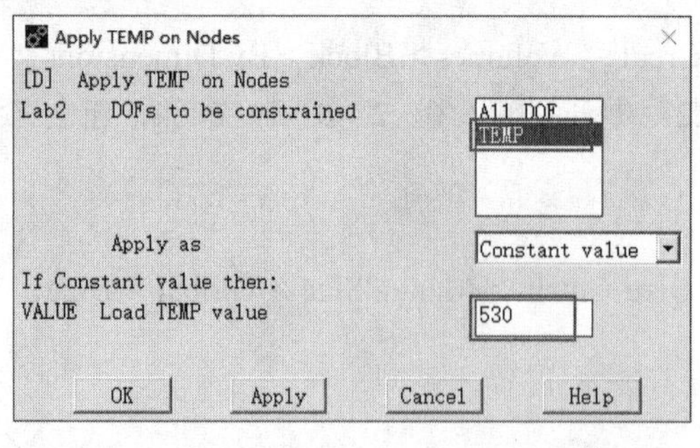

图 8-46 “Apply TEMP on Nodes”对话框

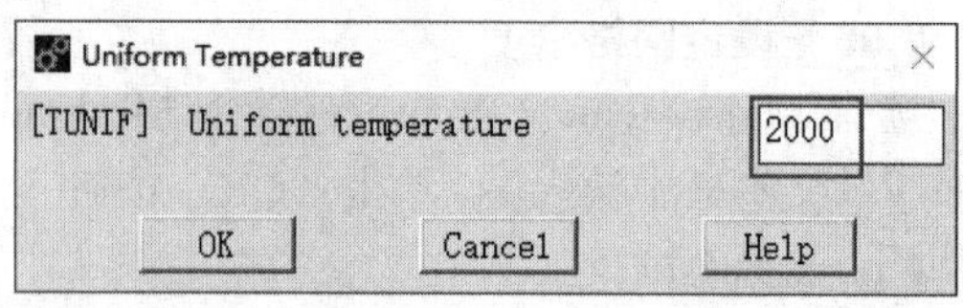

图 8-47 “Uniform Temperature”对话框

10 设置求解选项

❶ 选择 Main Menu > Solution > Analysis Type > New Analysis，在弹出的对话框中选择“Transient”，单击“OK”按钮，在弹出的对话框中单击“OK”按钮，关闭对话框。

❷ 选择 Main Menu > Solution > Load Step Opts > Time/Frequenc > Time-Time Step，弹出如图 8-48 所示的对话框。在“TIME”中输入 3.7，在“DELTIM”中输入 0.005，在“KBC”中选择“Stepped”，将“AUTOTS”设置为“ON”，单击“OK”按钮。

Time and Time Step Options

Time and Time Step Options
[TIME] Time at end of load step　3.7
[DELTIM] Time step size　0.005
[KBC] Stepped or ramped b.c.
○ Ramped
◉ Stepped
[AUTOTS] Automatic time stepping
◉ ON
○ OFF
○ Prog Chosen
[DELTIM] Minimum time step size
Maximum time step size
Use previous step size?　☑ Yes
[TSRES] Time step reset based on specific time points
Time points from :
◉ No reset
○ Existing array
○ New array
Note: TSRES command is valid for thermal elements, thermal-electric elements, thermal surface effect elements and FLUID116, or any combination thereof.
OK　Cancel　Help

图 8-48　“Time and Time Step Options”对话框

❸ 选择 Main Menu > Solution > Analysis Type > Sol'n Controls，在弹出的对话框中的“Frequency”中选择“Write every substep”，单击“OK”按钮。

(11) 存盘

选择 Utility Menu > Select > Everything，在弹出的对话框中单击 Ansys Toolbar 中的“SAVE_DB”。

(12) 求解

选择 Main Menu > Solution > Solve > Current LS，进行计算。

(13) 显示温度场分布云图

选择 Utility Menu > PlotCtrls > Window Controls > Window Options，在弹出的对话框中的“INFO”中选择“Legend ON”，单击“OK”按钮。选择 Main Menu > General Postproc > Read Results > Last Set，读取最后一个子步的分析结果，选择 Main Menu > General Postproc > Plot Results > Contour Plot > Nodal Solu，选择“Nodal Temperature”，温度场分布云图如图 8-49 所示。

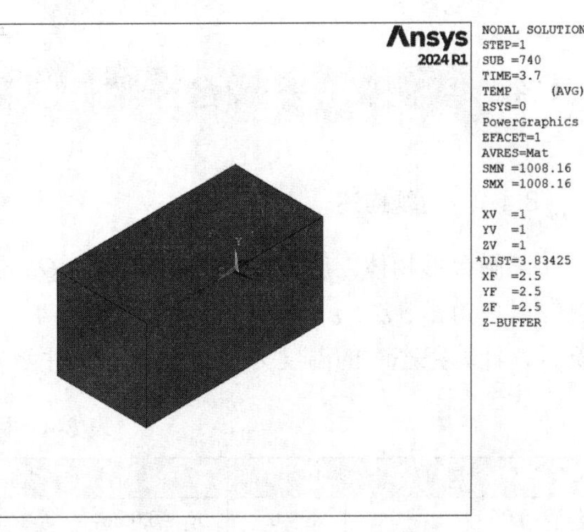

图 8-49　温度场分布云图

(14) 显示钢坯料 1 号节点温度随时间变化曲线

选择 Main Menu > TimeHist Postpro，在弹出的对话框中单击“Add Data”图标，在弹出的对话框中单击 Nodal Solution > DOF Solution > Nodal Temperature，单击“OK”按钮。在弹出的对话框中输入 1 后按 Enter 键，单击“OK”按钮，单击“Graph Data”图标，钢坯料 1 号节点温度随时间的变化曲线如图 8-50 所示。单击“List Data”图标，钢坯料 1 号节点温度随时间变化的结果列表如图 8-51 所示。

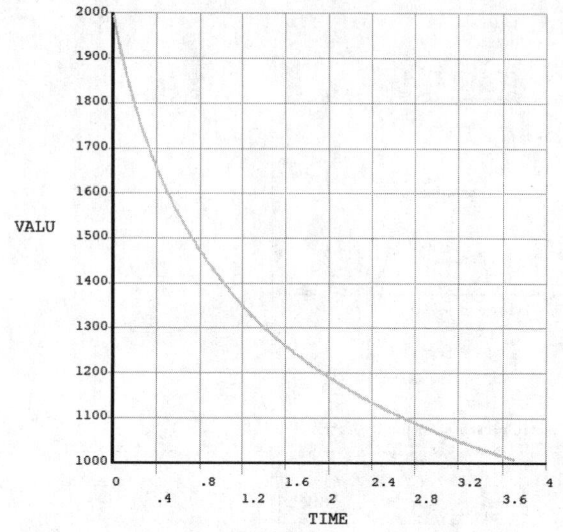

图 8-50　钢坯料 1 号节点温度随时间的变化曲线

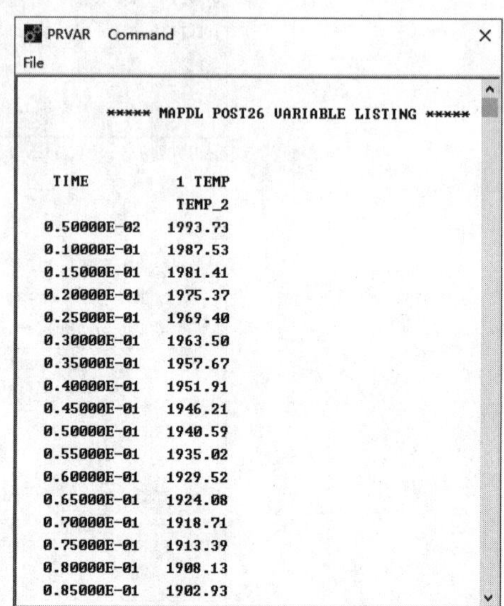

图 8-51　钢坯料 1 号节点温度随时间变化的结果列表

15 退出 Ansys

单击 Ansys Toolbar 中的“QUIT”，选择“Quit - No Save!”后单击“OK”按钮。

8.3.4 APDL 命令流程序

略，见随书电子资料包。

8.4 实例四——圆台形物体热辐射分析

8.4.1 问题描述

某圆台形物体，底面受到热流密度为 Q_1 的载荷，顶面温度为 T_3，侧面为绝热面，各面的热辐射率为 ε_1、ε_2、ε_3。材料的参数见表 8-4。几何模型如图 8-52 所示，有限元模型如图 8-53 所示，计算稳态时的温度为 T_1。分析时采用法定计量单位。

表 8-4　材料的参数

材料参数辐射率			几何参数			载荷	
$\varepsilon_1 = 0.06$	$\varepsilon_2 = 0.8$	$\varepsilon_3 = 0.5$	$R_1 = 0.05$m	$R_2 = 0.075$m	$H = 0.075$m	$T_3 = 550$K	$Q_1 = 6000$W/m^2

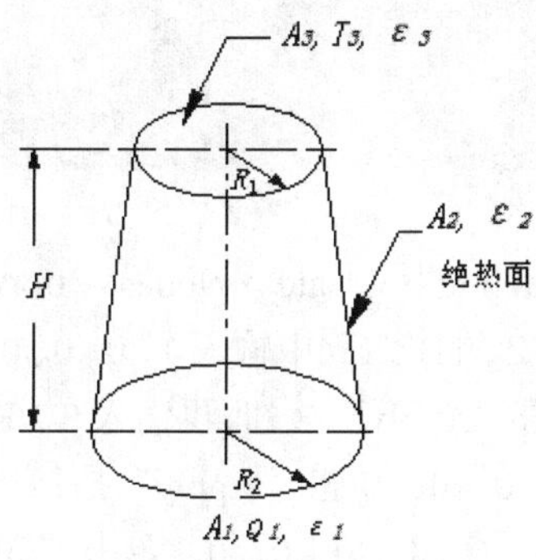

图 8-52　几何模型

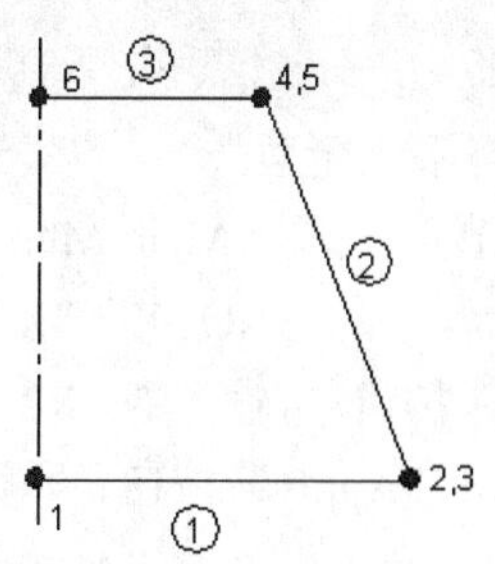

图 8-53　有限元模型

8.4.2　问题分析

该问题属于灰体稳态热辐射问题，用 AUX12 热辐射矩阵生成器生成超单元，结合表面效应单元 SURF151 进行热辐射分析。本例简化为二维轴对称进行分析。

8.4.3　GUI 操作步骤

01 生成超单元

❶ 定义分析文件名。选择 Utility Menu > File > Change Jobname，在弹出的对话框中输入“Exercise”，单击“OK”按钮。

❷ 定义单元类型。选择 Main Menu > Preprocessor > Element Type > Add/Edit/ Delete，在弹出的“Element Types”对话框中单击“Add”，在弹出的对话框中选择“Link”“3D conduction 33”传导单元，如图 8-54 所示，单击“OK”按钮。

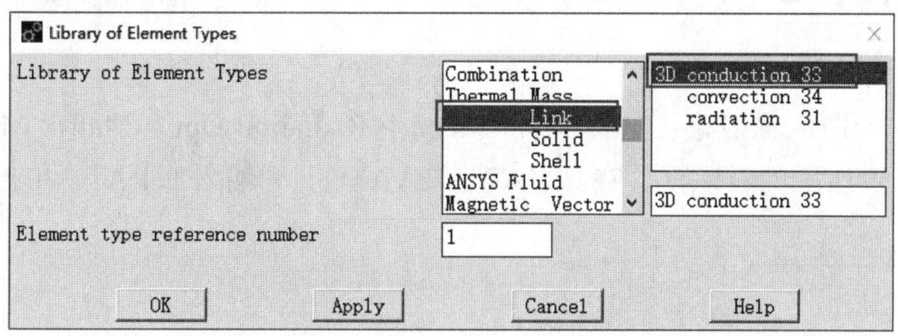

图 8-54　“Library of Element Types”对话框

❸ 定义参数。在命令输入窗口中输入：

```
RA1=0.6
RA2=0.8
RA3=0.5
R1=0.05
R2=0.075
H=0.075
T3=550
```

```
Q=6000
STFCONST=5.67E-8     !斯蒂芬 - 波耳兹曼常数
TOFFST=0             !定义温度偏移量
```

❹ 建立有限元模型。

1）建立节点。选择 Main Menu > Preprocessor > Modeling > Create > Nodes > In Active CS，在弹出的对话框中的“NODE”“X, Y, Z”“THXY, THYZ, THZX”中输入 1、0、0、0、0、0、0，单击“Apply”按钮；再输入 2、R2、0、0、0、0、0，单击“Apply”按钮；再输入 3、R2、0、0、0、0、0，单击“Apply”按钮；再输入 4、R1、H、0、0、0、0，单击“Apply”按钮；再输入 5、R1、H、0、0、0、0，单击“Apply”按钮；再输入 6、0、H、0、0、0、0，单击“OK”按钮。

注意：因为侧面为绝热面，因而在侧面的两个位置建立 2、3、4 和 5 四个节点。

2）建立单元。

① 建立底面单元。在命令输入窗口输入“MAT,1”，如图 8-55 所示，按 Enter 键，选择 Main Menu > Preprocessor > Modeling > Create > Elements > Auto Numbered > Thru Nodes，在弹出的对话框中输入“1,2”，按 Enter 键，单击“OK”按钮。

② 建立侧面单元。在命令输入窗口输入“MAT,2”，如图 8-56 所示，按 Enter 键，选择 Main Menu > Preprocessor > Modeling > Create > Elements > Auto Numbered > Thru Nodes，在弹出的对话框中输入“3,4”，按 Enter 键，单击“OK”按钮。

③ 建立顶面单元。在命令输入窗口输入“MAT,3”，如图 8-57 所示，按 Enter 键，选择 Main Menu > Preprocessor > Modeling > Create > Elements > Auto Numbered > Thru Nodes，在弹出的对话框中输入“5,6”，按 Enter 键，单击“OK”按钮，建立的有限元模型如图 8-58 所示。

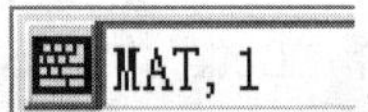

图 8-55 “MAT,1”窗口

MAT, 2

图 8-56 “MAT,2”窗口

MAT, 3

图 8-57 “MAT,3”窗口

❺ 定义 3 个面的辐射率。

1）定义第一个面的辐射率。选择 Main Menu > Radiation Opt > Matrix Method > Emissivities，弹出如图 8-59 所示的对话框，在“MAT”“EVALU”中输入 1、RA1，单击“Apply”按钮。

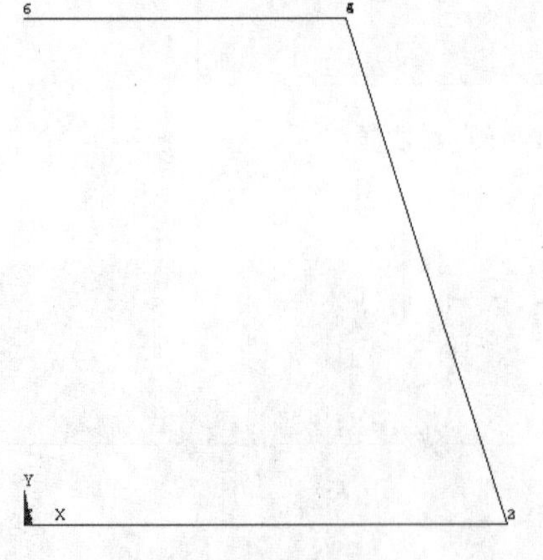

图 8-58 有限元模型

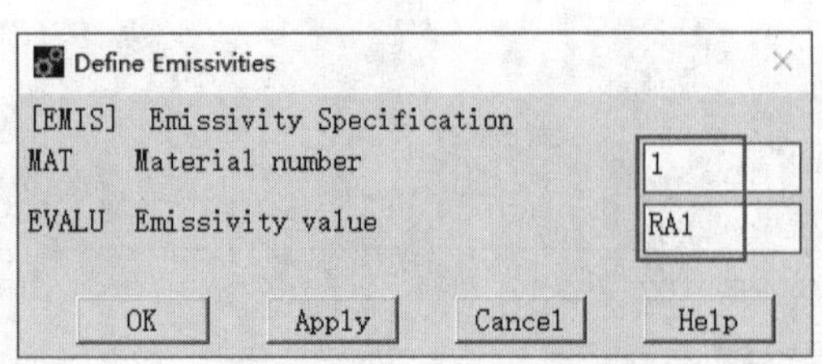

图 8-59 “Define Emissivities”对话框

2）定义第二个面辐射。在弹出的对话框中的“MAT”“EVALU”中输入 2、RA2，单击“Apply”按钮。

3）定义第三个面辐射。在弹出的对话框中的“MAT”“EVALU”中输入 3、RA3，单击“OK”按钮。

❻ 定义热辐射各参数。

选择 Main Menu > Radiation Opt > Matrix Method > Other Settings，在“STEF”中输入“STFCONST”，在“K2D”中选择“2-D geometry”，在“NDIV”中输入 50，单击“OK”按钮，如图 8-60 所示。选择 Main Menu > Radiation Opt > Matrix Method > Write Matrix，在弹出的对话框中的“NOHID”中选择“Non- hidden”，在“[MPRINT]”中选择“Print matrices”，在“[WRITE]”中输入“CONE”，单击“OK”按钮，如图 8-61 所示。

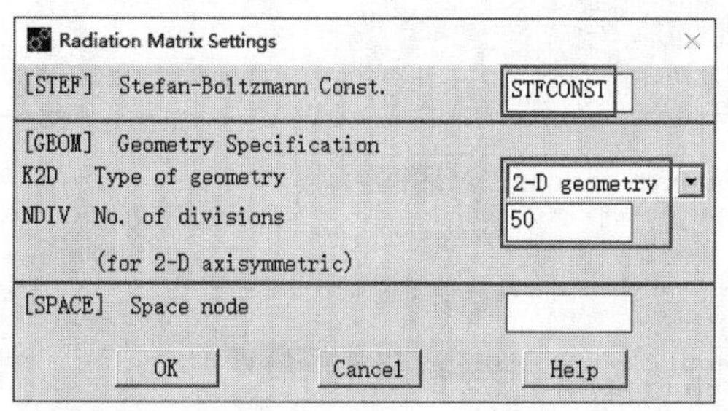

图 8-60 “Radiation Matrix Settings”对话框

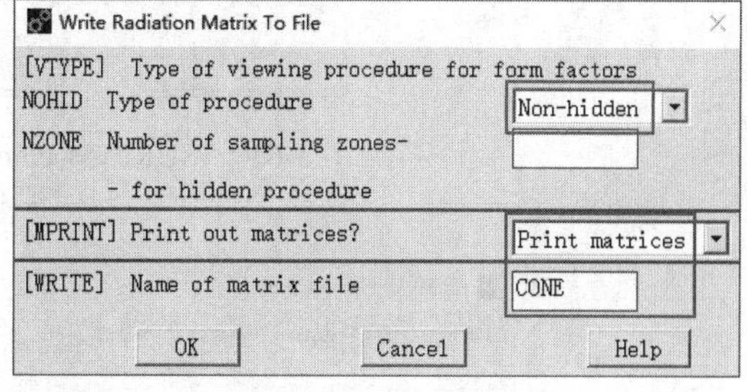

图 8-61 “Write Radiation Matrix To File”对话框

02 进行稳态热辐射分析

❶ 清除数据库。选择 Utility Menu > File > Clear & Start New，在弹出的对话框中单击“OK”按钮，在随后弹出的对话框单击“Yes”按钮。

❷ 选择表面效应单元。选择 Main Menu > Preprocessor > Element Type > Add/Edit/Delete，在弹出的对话框中单击“Add”，在弹出的对话框中选择“Surface Effect”“2D thermal 151”单元，如图 8-62 所示，单击“OK”按钮。选中 Type 1 SURF151 单元，单击“Options”按钮，在弹出的如图 8-63 所示的对话框中的“K3”中选择“Axisymmetric”，在“K4”中选择“Exclude”，在“K8”中选择“Heat flux only”，单击“OK”按钮。

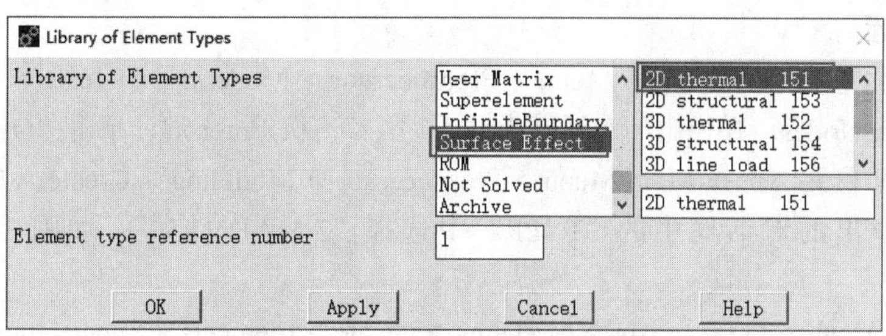

图 8-62 “Library of Element Types”对话框

再单击“Add”，在弹出的对话框中选择“Superelement”“Superelement 50”，如图 8-64 所示，单击“OK”按钮。选中 Type 2 MATRIX50 单元，单击“Options”按钮，在弹出的对话框中的“K1”中选择“Radiation substr”，单击“OK”按钮。

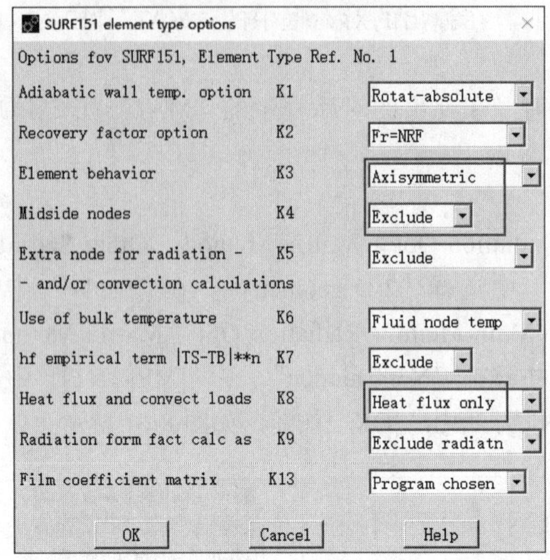

图 8-63 “SURF151 element type options”对话框

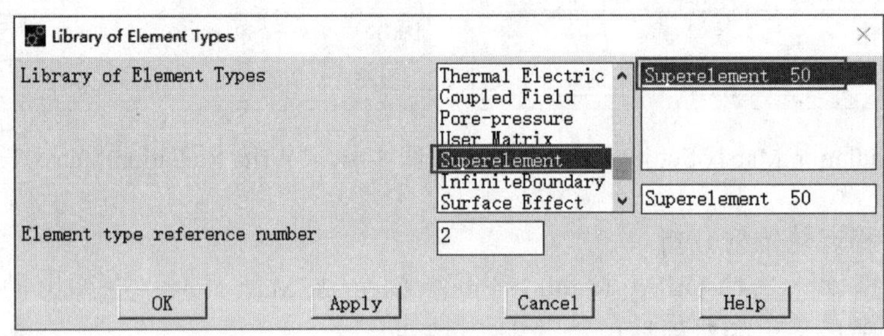

图 8-64 “Library of Element Types”对话框

❸ 建立有限元模型。

1）建立节点。选择 Main Menu > Preprocessor > Modeling > Create > Nodes > In Active CS，在弹出的对话框中的“NODE”“X，Y，Z”“THXY，THYZ，THZX”中输入 1、0、0、0、0、0、0，单击“Apply”按钮；再输入 2、0.075、0、0、0、0、0，单击“OK”按钮。

2）建立单元。

① 建立底面单元。选择 Main Menu > Preprocessor > Modeling > Create > Elements > Auto Numbered > Thru Nodes，在弹出的对话框中输入“1,2”，按 Enter 键，单击“OK”按钮。

② 建立侧面单元。选择 Main Menu > Preprocessor > Modeling > Create > Elements > Elem Attributes，在弹出的对话框中的“TYPE”中选择“2 MATRIX50”，如图 8-65 所示，单击“OK”按钮。

选择 Main Menu > Preprocessor > Modeling > Create > Elements > Superelements > From .SUB File，弹出如图 8-66 所示的对话框，在“File”中输入“CONE”，单击“OK”按钮。

❹ 施加热流密度载荷。选择 Main Menu > Solution > Define Loads > Apply > Thermal > Heat Flux > On Element，拾取 1 号单元，如图 8-67 所示，在弹出的对话框中的“LKEY”中输入 1，在“VAL1”中输入 6000，单击“OK”按钮，如图 8-68 所示。

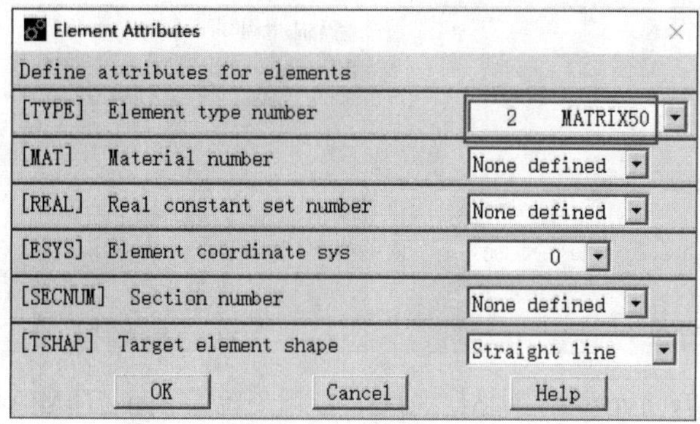

图 8-65 “Elements Attributes”对话框

Read in Superelement From Matrix File (.SUB)
[SE] Read in Superelement From Matrix File (.SUB)
File Jobname of matrix file CONE
TOLER Tolerance for coincidence 0.0001
- of use pass nodes and independent nodes on matrix file
OK Apply Cancel Help

图 8-66 “Read in Superelement From Matrix File (.SUB)”对话框

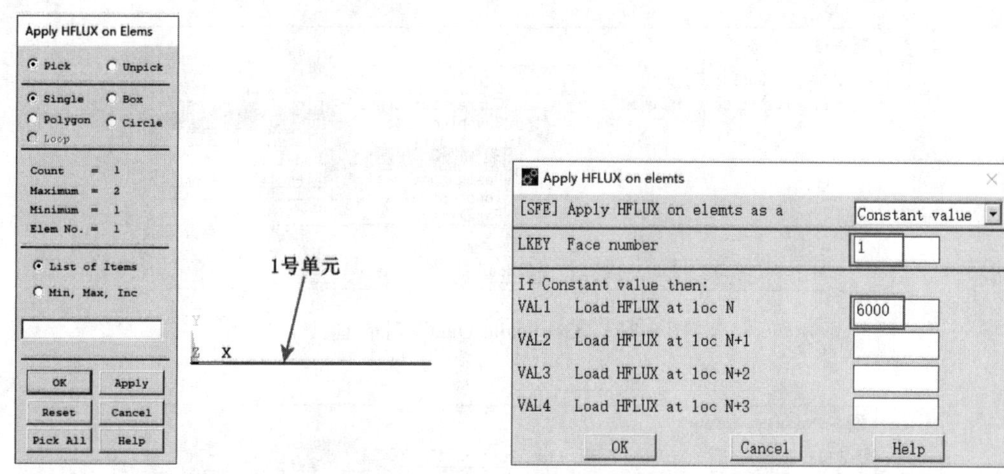

图 8-67 “Apply HFLUX on Elems”对话框　　图 8-68 “Apply HFLUX on elemts”对话框

❺ 施加温度载荷。选择 Main Menu > Solution > Define Loads > Apply > Thermal > Temperature > Uniform Temp，在弹出的对话框中的“[TUNIF]”文本框中输入 500，单击“OK”按钮，如图 8-69 所示。

❻ 定义温度约束条件。选择 Main Menu > Solution > Define Loads > Apply > Thermal > Temperature > On Nodes，在弹出的对话框中输入“5,6”，按 Enter 键，单击“OK”按钮，在弹出的对话框的“Lab2”中选择“TEMP”，在“VALUE”中输入 550，单击“OK”按钮，如图 8-70 所示。

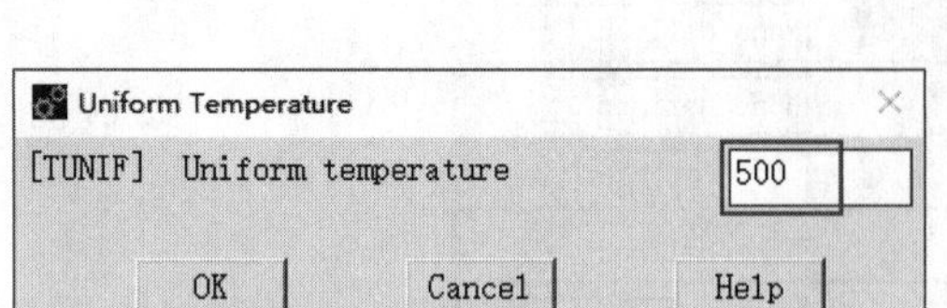

图 8-69 “Uniform Temperature”对话框

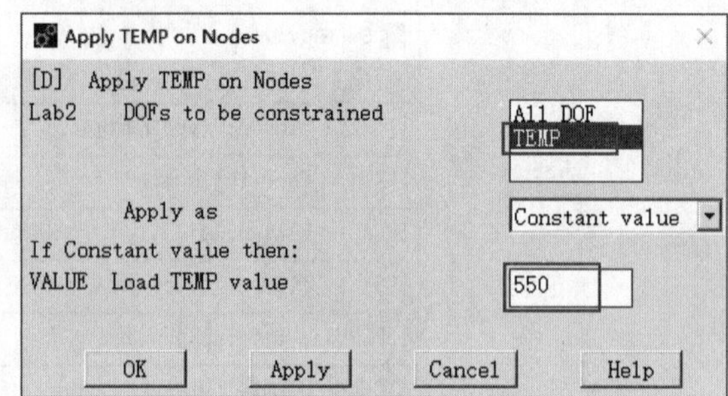

图 8-70 “Apply TEMP on Nodes”对话框

❼ 设置求解选项。选择 Main Menu > Solution > Analysis Type > New Analysis，在弹出的对话框中选择“Steady-State”，单击“OK”按钮。

❽ 存盘。选择 Utility Menu > Select > Everything，单击 Ansys Toolbar 中的“SAVE_DB”。

❾ 求解。选择 Main Menu > Solution > Solve > Current LS，进行计算。

❿ 获取 1 号节点温度。选择 Utility Menu > Parameters > Get Scalar Data，弹出如图 8-71 所示的对话框。在“Type of data to be retrieved”中选择“Results data”“Nodal results”，单击“OK”按钮，弹出如图 8-72 所示的对话框，在“Name of parameter to be defined”中输入“T1”，在“Node number N”中输入 1，在“Results data to be retrieved”章选择“DOF solution”“Temperature TEMP”，单击“OK”按钮。

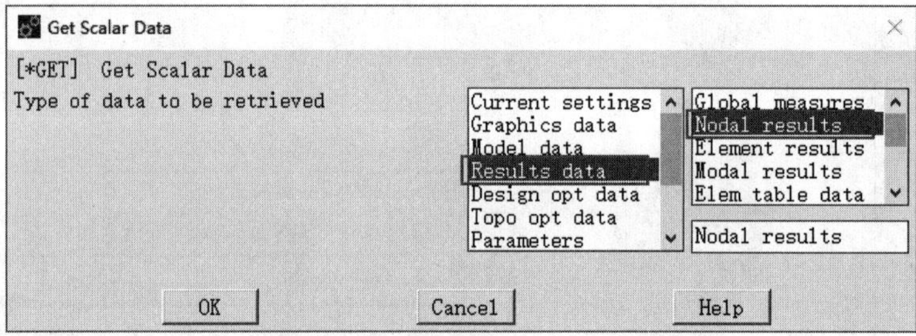

图 8-71 “Get Scalar Data”对话框

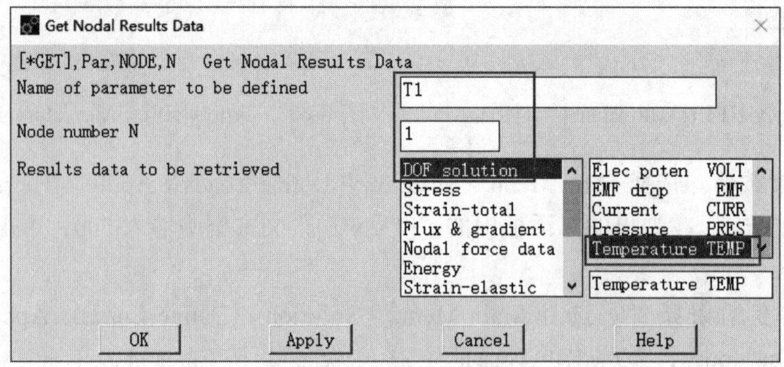

图 8-72 “Get Nodal Results Data”对话框

⓫ 列出各节点计算结果。选择 Main Menu > General Postproc > List Results > Nodal Solution，在弹出的对话框中的“Item”中选择“DOF Solution”“Nodal Temperature”，然后单击“OK”按钮，如图 8-73 所示。节点计算结果如图 8-74 所示。

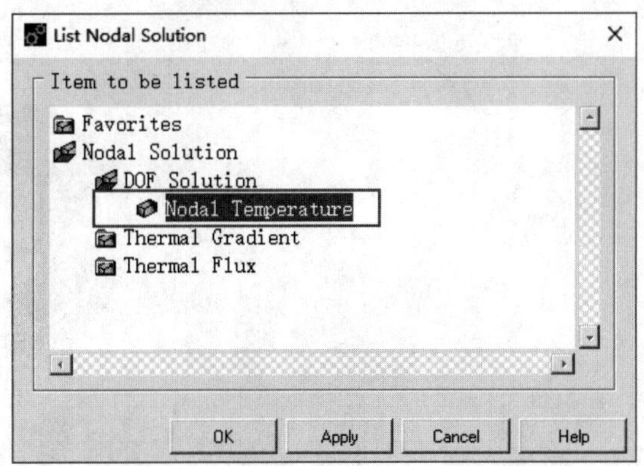

图 8-73 “List Nodal Solution”对话框

⓬ 列出各参数值。选择 Utility Menu > List > Status > Parameters > All Parameters，各参数的计算结果如图 8-75 所示。

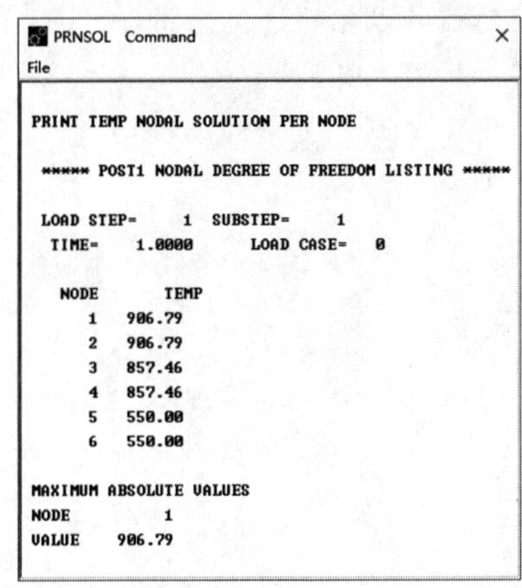

```
PRNSOL  Command
File

PRINT TEMP NODAL SOLUTION PER NODE

 ***** POST1 NODAL DEGREE OF FREEDOM LISTING *****

 LOAD STEP=     1  SUBSTEP=     1
  TIME=    1.0000      LOAD CASE=   0

   NODE       TEMP
      1    906.79
      2    906.79
      3    857.46
      4    857.46
      5    550.00
      6    550.00

MAXIMUM ABSOLUTE VALUES
NODE           1
VALUE     906.79
```

图 8-74 节点计算结果

```
*STAT  Command
File

ABBREVIATION STATUS-

 ABBREV    STRING
 SAVE_DB   SAVE
 RESUM_DB  RESUME
 QUIT      Fnc_/EXIT
 POWRGRPH  Fnc_/GRAPHICS

PARAMETER STATUS-           (      9 PARAMETERS DEFINED)
                  (INCLUDING        8 INTERNAL PARAMETERS)

NAME                          VALUE                      TYPE  DIMENSIONS
T1                            906.791268                 SCALAR
```

图 8-75 各参数的计算结果

⓭ 退出 Ansys。单击 Ansys Toolbar 中的“QUIT”，选择“Quit - No Save!”后单击“OK”按钮。

8.4.4 APDL 命令流程序

略，见随书电子资料包。

第 9 章

相变分析

本章主要介绍了相变分析的基本术语，并详细讲述了在 Ansys 中进行相变分析的基本思路，并以铝的焓值计算为例说明了在 Ansys 中定义焓值的方法。

- 相变分析的基本术语
- 焓值的计算方法
- Ansys 进行相变分析的基本思路

9.1 相变基本术语

9.1.1 相和相变

1. 相

物质的一种确定原子结构形态，均匀同性称为相。有气体、液体、固体 3 种基本的相，如图 9-1 所示。

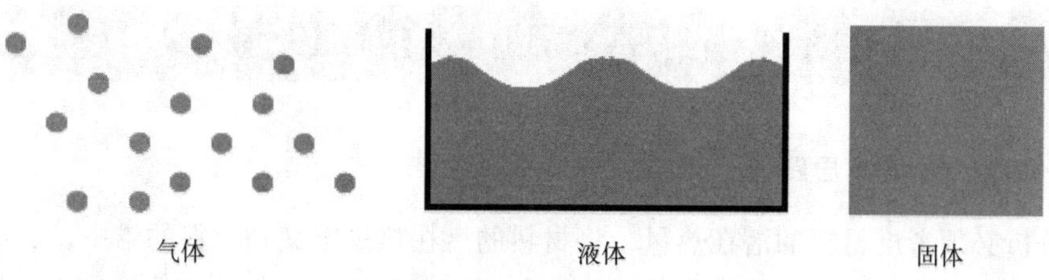

图 9-1 相的示意图

2. 相变

系统能量的变化（增加或减少）可能导致物质的原子结构发生改变称为相变。通常的相变过程称为固结、融化、汽化或凝固。

9.1.2 潜在热量和焓

1. 潜在热量

当物质相变时，温度保持不变，在物质相变过程中需要的热量称为融化的潜在热量。例如，0℃的冰溶化为 0℃的水需要吸收热量。

2. 焓

在热力学上，焓由下式确定：

$$H = U + pV \tag{9-1}$$

式中，H 为焓；U 为力学能；p 为系统的压力；V 为系统的体积。

焓在化学热力学中是个重要的物理量，可以从以下几个方面来理解它的含义和性质：

1）焓是状态函数，具有能量的量纲。

2）焓是体系的广度性质，它的量值与物质的量有关，具有加和性。

3）焓与热力学能一样，其绝对值至今尚无法确定。但状态变化时，体系的焓变 ΔH 却是确定的，而且是可求的。

4）对于一定量的物质而言，由固态变为液态或液态变为气态都必须吸热，所以有：

$$H(g) > H(l) > H(s) \tag{9-2}$$

式中，$H(g)$ 为气体焓值；$H(l)$ 为液体焓值；$H(s)$ 为固体焓值。

5）当某一过程或反应逆向进行时，其 ΔH 要改变符号，即 $\Delta H_{(正)} = -\Delta H_{(逆)}$。

潜在热量即在相变过程吸收或释放的热量。焓材料特性用来计入潜在热量。经典（热动力学）焓数值单位是能量单位，为 kJ 或 BTU。比焓单位为能量 / 质量，为 kJ/kg 或 Btu/lb。在 Ansys 中，焓材料特性为比焓，在比焓在某些材料中不能使用时，它可以用密度、比热容和物质潜在热量得出：

$$H = \int \rho c(T) \mathrm{d}T \tag{9-3}$$

式中，H 为焓值；ρ 为密度；$c(T)$ 为随温度变化的比热容。

9.2 Ansys 中的相变分析基本思路及求解设置

9.2.1 相变分析基本思路

相变分析必须考虑材料的潜在热量，将材料的潜在热量定义到材料的焓中，其中焓数值随温度变化，相变时焓变化相对温度变化而言十分迅速。对于纯材料，液体温度 (T_l) 与固体温度 (T_s) 之差 ($T_1 - T_s$) 应该为 0，在计算时，通常取很小的温度差值，因此热分析是非线性的。在 Ansys 中，将焓 (ENTH) 作为材料属性定义，通过温度来区分相，通过相变分析，可以获得物质在各时刻的温度分布，以及典型位置节点的温度随时间的变化曲线。通过温度云图，可以得到完全相变所需时间（融化或凝固时间），并对物质在任何时间间隔融化、凝固进行预测。

1. 相变分析的控制方程

在相变分析过程中，控制方程为：

$$[C]\{\dot{T}_t\} + [K]\{T_t\} = \{Q_f\} \tag{9-4}$$

式中，$[C]$ 为比热容矩阵；$\{\dot{T}_t\}$为单元节点矩阵形函数；$[K]$ 为传导矩阵；$\{T_t\}$为节点温度向量；$\{Q_f\}$为节点热流率向量。

$$[C] = \int \rho c [N]^{\mathrm{T}} [N] \mathrm{d}V \tag{9-5}$$

式中，$[N]^{\mathrm{T}}$ 为单元节点矩阵形函数；$[N]$ 为单元节点矩阵。

在式（9-5）中计入相变，而在控制方程中的其他两项不随相变改变。

2. 焓的计算方法

焓曲线根据温度可以分成 3 个区，在固体温度 (T_s) 以下，物质为纯固体；在固体温度 (T_s) 与液体温度 (T_l) 之间，物质为相变区；在液体温度 (T_l) 以上，物质为纯液体。根据比热容及潜热可计算各处温度的焓值，如图 9-2 所示。计算方程为：

1）低于固体温度 $T < T_s$ 时：

$$H = \rho C_s (T - T_1) \tag{9-6}$$

式中，C_s 为固体比热容。

2）等于固体温度 $T = T_s$ 时：

$$H_s = \rho c_s (T_s - T_1) \tag{9-7}$$

3）在固体和液体温度之间（相变区域）$T_s < T < T_l$ 时

$$H = H_s + \rho c^*(T - T_s) \tag{9-8}$$

$$C_{avg} = \frac{(c_s + c_l)}{2} \tag{9-9}$$

$$C^* = C_{avg} + \frac{L}{(T_l - T_s)} \tag{9-10}$$

式中，c^* 为比热系数；c_l 为液体比热容；L 为潜热。

4）等于液体温度 $T = T_l$ 时

$$H_l = H_s + \rho c^*(T_l - T_s) \tag{9-11}$$

5）高于液体温度 $T_l < T$ 时

$$H = H_l + \rho c_l(T - T_l) \tag{9-12}$$

下面以铝的焓数据计算为例，来介绍在 Ansys 中对焓材料特性的处理方法。此处，铝的焓值没有直接给出，比热容等材料性能参数见表 9-1。在计算时，根据铝的熔点，选择 T_s = 695℃和 T_l = 697℃，根据式（9-6）~ 式（9-12）可以计算焓。铝在各温度下的焓值见表 9-2。铝的焓随温度变化曲线如图 9-3 所示。

表 9-1　铝的材料性能参数

材料物理性能	数值
熔点	696℃
密度（ρ）	2707kg/m^3
固体时的比热容（c_s）	896J/（kg · ℃）
液体时的比热容（c_l）	1050J/（kg · ℃）
单位质量的潜热（L）	3956440J/kg
单位体积的潜热（$L \times \rho$）	1.0704e^{9}J/m^3

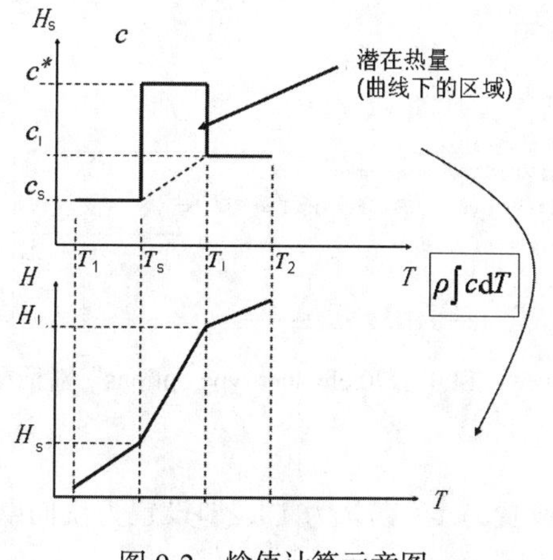

图 9-2　焓值计算示意图

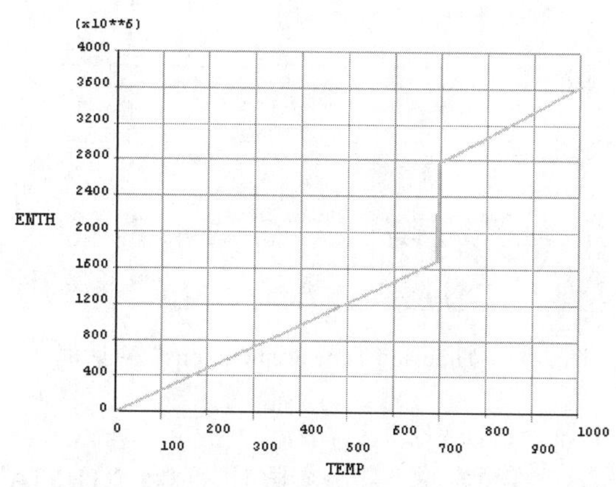

图 9-3　铝的焓随温度变化曲线

表 9-2　铝在各温度下的焓值

温度 /℃	焓值 /(J/m³)
0	0
695	1.6857e9
697	2.7614e9
1000	3.6226e9

9.2.2　求解设置

相变问题属于瞬态非线性热分析问题，为了保证求解的收敛，采取以下措施：

1）设定足够小的时间步长，并将自动时间步长设置为 ON。

GUI 操作：选择 Main Menu > Solution > Load Step Opts > Time/Frequenc > Time-Time Step，弹出如图 9-4 所示的对话框，在“[AUTOTS]”中选择“ON”，在“[DELTIM]”(Minimum time step size，Maximum time step size) 中根据实际情况设定较小的时间步长。

命令：AUTOTS,ON。

　　DELTIM。

2）选用低阶的热单元，如 SOLID90。如果必须选用高阶单元，则打开对角比热容矩阵选项，即将单元选项 KEYOPT(1) 设置为 1。

GUI 操作：选择 Main Menu > Prepocessor > Element Type > Add/Edit/Delete > Options，在弹出的对话框中的“Specific heat matrix K1”中选择“Diagonalized”，如图 9-5 所示。

Time and Time Step Options
Time and Time Step Options
[TIME] Time at end of load step　0
[DELTIM] Time step size
[KBC] Stepped or ramped b.c.　Ramped　Stepped
[AUTOTS] Automatic time stepping　ON　OFF　Prog Chosen
[DELTIM] Minimum time step size
Maximum time step size
Use previous step size?　Yes
[TSRES] Time step reset based on specific time points
Time points from :　No reset　Existing array　New array
Note: TSRES command is valid for thermal elements, thermal-electric elements, thermal surface effect elements and FLUID116, or any combination thereof.
OK　Cancel　Help

图 9-4　“Time and Time Step Options”对话框

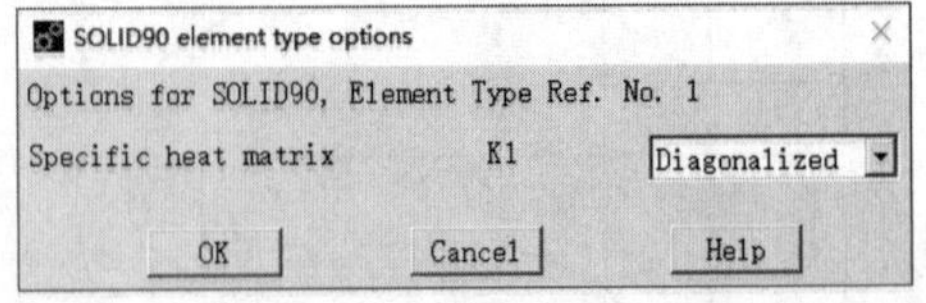

图 9-5　“SOLID90 element type options”对话框

命令：KEYOPT,1。

3）在设定瞬态积分参数时，请将“THETA”值设置为 1（默认为 1），即设置为反向欧拉时间积分（反向微分），这在求解控制打开时是默认设置。

GUI操作：选择Main Menu > Solution > Load Step Opts > Time/Frequence > Time Integration > Amplitude Decay，弹出如图 9-6 所示的对话框。在“THETA”中输入 1。

命令：TINTP。

图 9-6 “Time Integration Controls”对话框

4）将线性搜索设置为 ON。

GUI 操作：选择 Main Menu > Solution > Load Step Opts > Nonlinear > Line Search，弹出如图 9-7 所示的对话框。

命令：LNSRCH

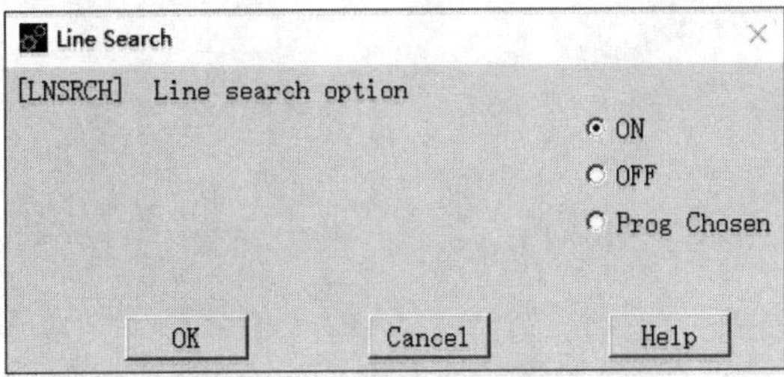

图 9-7 “Line Search”对话框

第 10 章

相变分析实例详解

本章主要介绍了应用 Ansys 2024 进行相变分析的基本步骤，并以铸造和焊接等典型工程应用为示例，讲述了进行相变分析的基本思路及应用 Ansys 进行相变分析的基本步骤和技巧。

- Ansys 进行相变分析的基本思路
- Ansys 进行相变分析的基本操作步骤、命令

10.1 实例——茶杯中水结冰过程分析

10.1.1 问题描述

对一茶杯中水的结冰过程进行分析。水的初始温度为 0℃，环境温度为 −20℃，杯中水的顶面和侧面表面传热系数为 12.5 W/（m^2 · ℃），几何模型如图 10-1 所示，水焓值随温度变化曲线如图 10-2 所示，水的材料参数见表 10-1。计算 45min 以后茶杯中水的温度场分布。分析时，温度单位采用℃，其他单位采用法定计量单位。

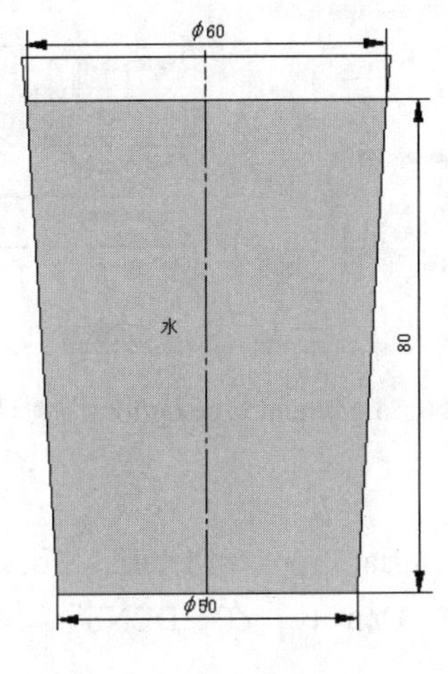

图 10-1 几何模型

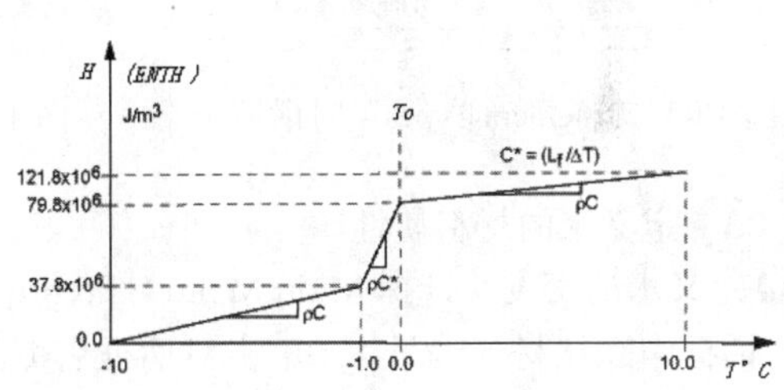

图 10-2 水焓值随温度变化曲线

表 10-1 水的材料参数

温度 /℃	焓 /（J/m^3）	热导率 /[W/（m · ℃）]	比热容 /[J/（kg · ℃）]	密度 /(kg/m^3)	表面传热系数 /[W/（m^2 · ℃）]
−10	0	0.6	4200	1000	45
−1	3.78E7				
0	7.98E7				
10	1.218E8				

10.1.2 问题分析

本例属于轴对称问题，采用二维 4 节点平面热分析 PLANE55 单元进行有限元分析。假设 0℃水结成 0℃的冰需要放出 42000J/（kg · ℃）的热能，通过定义焓曲线来实现，假设温度区间长度为 1℃，因而温度低于 −1℃表示水已结成冰。

10.1.3 GUI 操作步骤

01 定义分析文件名

选择 Utility Menu > File > Change Jobname，在弹出的对话框中输入“Exercise”，单击“OK”按钮。

02 定义单元类型

选择 Main Menu > Preprocessor > Element Types > Add/Edit/Delete，在弹出的“Element Types”对话框中单击“Add”，在弹出的对话框中选择“Solid”“Quad 4node 55”二维 4 节点平面单元，在如图 10-3 所示的对话框中单击“Options”按钮，弹出如图 10-4 所示的对话框，在“K3”中选择“Axisymmetric”，单击“OK”按钮，再单击图 10-3 中的“Close”按钮，关闭单元类型对话框。

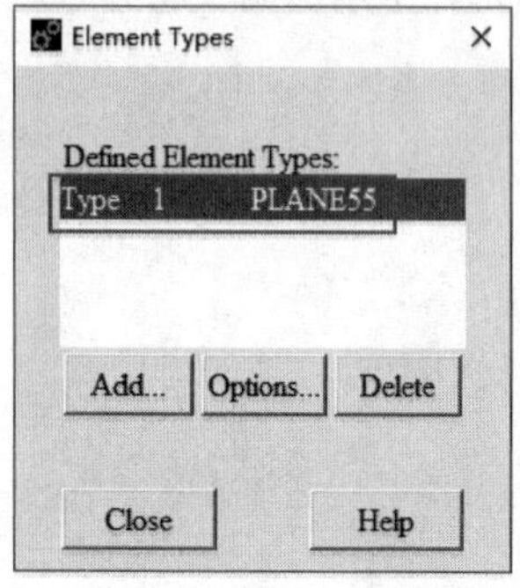

图 10-3 “Element Types”对话框

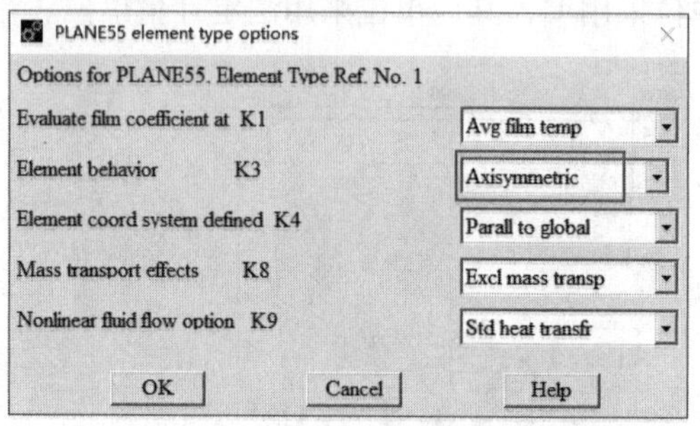

图 10-4 “PLANE55 element type options”对话框

03 定义水的材料属性

❶ 定义水的密度。选择 Main Menu > Preprocessor > Material Props > Material Models，在弹出的对话框中默认材料编号 1，单击对话框右侧的 Thermal> Density，在“DENS”文本框中输入 1000，单击“OK”按钮。

❷ 定义水的热导率。单击对话框右侧的 Thermal > Conductivity > Isotropic, 在弹出的对话框中输入热导率“KXX”为 0.6，单击“OK”按钮。

❸ 定义水的比热容。单击对话框右侧的 Thermal > Specific Heat，在弹出的对话框中的“C”文本框中输入 4200。

❹ 定义水与温度相关的焓参数。选择 Main Menu > Preprocessor > Material Props > Material Models，单击对话框右侧的 Thermal > Enthalpy，在弹出的如图 10-5 所示的对话框左下方单击“Add Temperature”，增加温度到 T4，按照图 10-5 所示输入材料参数。单击对话框右下方的“Graph”。水焓参数随温度的变化曲线如图 10-6 所示。单击“OK”按钮，完成以上操作后关闭材料属性定义对话框。

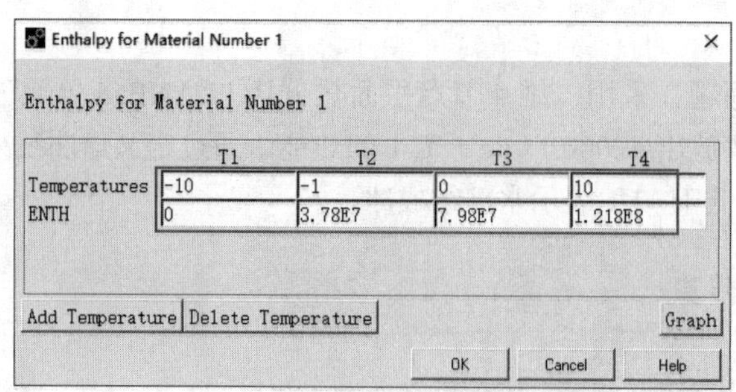

	T1	T2	T3	T4
Temperatures	-10	-1	0	10
ENTH	0	3.78E7	7.98E7	1.218E8

图 10-5 “Enthalpy for Material Number 1”对话框

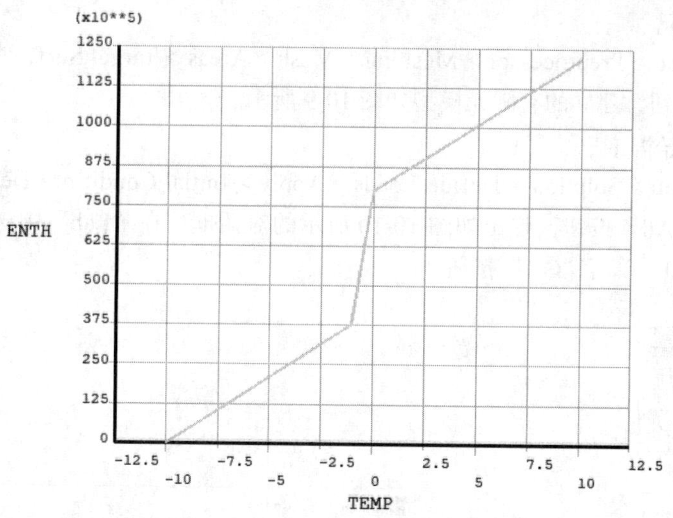

图 10-6 水焓参数随温度的变化曲线

04 建立几何模型

❶ 建立关键点。选择 Main Menu > Preprocessor > Modeling > Create > Keypoints > In Active CS，在弹出的对话框中的“NPT”和“X、Y、Z”中分别输入 1 和 0、0、0，单击“Apply”按钮；再分别输入 2 和 0.025、0、0，单击“Apply”按钮；再分别输入 3 和 0.03、0.08、0，单击“Apply”按钮；再分别输入 4 和 0、0.08、0，单击“OK”按钮。完成几何模型上 4 个关键点的建立。

❷ 建立线。选择 Main Menu > Preprocessor > Modeling > Create > Lines > Lines > Straight Line，选择 1 号和 2 号关键点，在弹出的对话框中单击“Apply”按钮，再依次选择 2 号和 3 号、3 号和 4 号、4 号和 1 号关键点，建立 4 条直线。

❸ 建立四边形。选择 Main Menu > Preprocessor > Modeling > Create > Areas > Arbitrary > By Lines，选择 4 条直线，单击“OK”按钮。建立的几何模型如图 10-7 所示。

05 设置单元密度

选择 Main Menu > Preprocessor > Meshing > Size Cntrls > ManualSize > Global > Size，在弹出的对话框中“SIZE”文本框中输入 0.005，如图 10-8 所示，单击“OK”按钮。

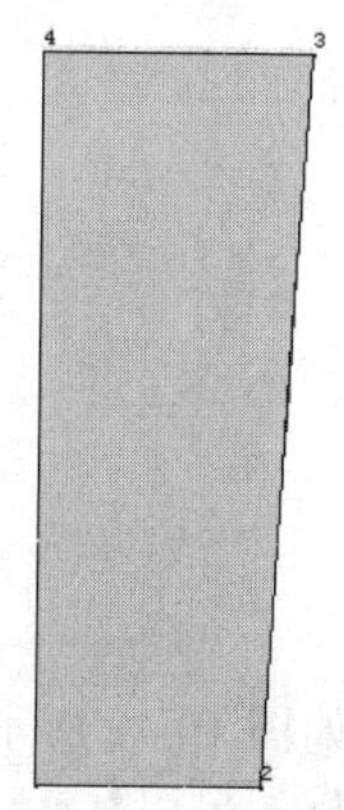

图 10-7 几何模型

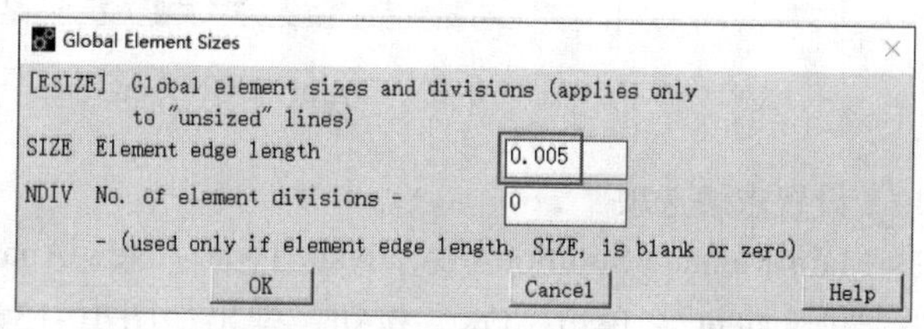

图 10-8 “Global Element Sizes”对话框

06 划分单元

选择 Main Menu > Preprocessor > Meshing > Mesh > Areas > Target Surf，在弹出的对话框中单击“Pick All”按钮，建立的有限元模型如图 10-9 所示。

07 施加初始温度

选择 Main Menu > Solution > Define Loads > Apply > Initial Condit'n > Define，在弹出的对话框中单击“Pick All”按钮，弹出如图 10-10 所示的对话框。在“Lab”中选择“TEMP”，在“VALUE”中输入 0，单击“OK”按钮。

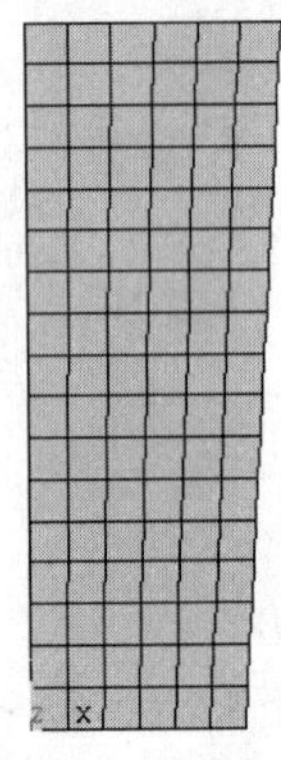

图 10-9　有限元模型

Define Initial Conditions

[IC] Define Initial Conditions on Nodes

Lab　DOF to be specified　TEMP

VALUE　Initial value of DOF　0

OK　Apply　Cancel　Help

图 10-10　“Define Initial Conditions”对话框

08 在顶面施加对流载荷

选择 Main Menu > Solution > Define Loads > Apply > Thermal > Convection > On Lines，拾取侧面和顶面的 2 号和 3 号线。单击“OK”按钮，弹出如图 10-11 所示的对话框，在“VALI”中输入 12.5，在“VAL2I”中输入 -20，单击“OK”按钮。

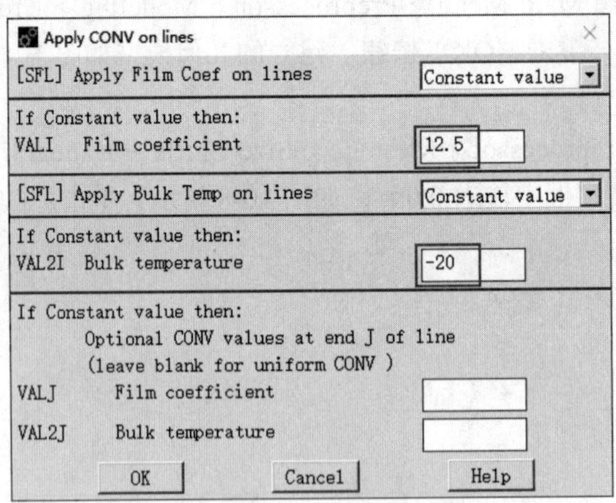

图 10-11　“Apply CONV on lines”对话框

09 设置求解选项

选择 Main Menu > Solution > Analysis Type > New Analysis，弹出如图 10-12 所示的对话框。选择“Transient”，单击“OK”按钮，弹出如图 10-13 所示的对话框，采用默认设置，单击“OK”按钮。

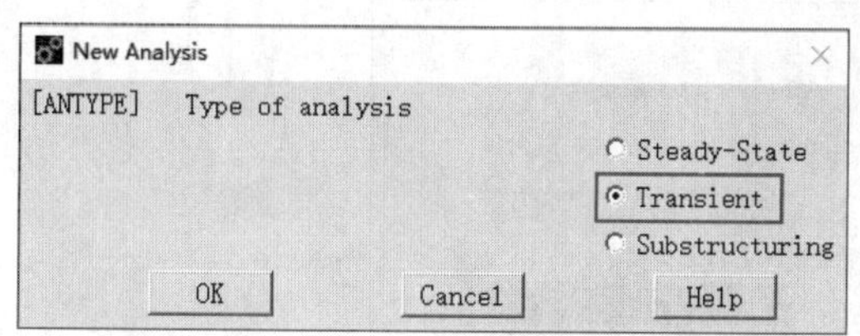

图 10-12 "New Analysis"对话框

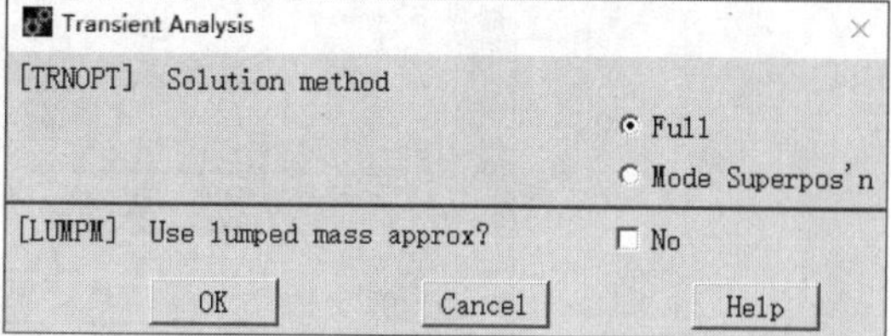

图 10-13 "Transient Analysis"对话框

选择 Main Menu > Preprocessor > Loads > Load Step Opts > Time/Frequenc > Time - Time Step，在弹出的对话框中的"[TIME]"中输入 2700，在"[DELTIM]"中输入 30，在"[KBC]"中选择"Stepped"，在"[AUTOTS]"中选择"ON"，在"[DELTIM]"中的"Minimum time step size"中输入30，在"[DELTIM]"中的"Maximum time step size"中输入100，单击"OK"按钮，如图 10-14 所示。

Time and Time Step Options
Time and Time Step Options
[TIME] Time at end of load step 2700
[DELTIM] Time step size 30
[KBC] Stepped or ramped b.c.
Ramped
Stepped
[AUTOTS] Automatic time stepping
ON
OFF
Prog Chosen
[DELTIM] Minimum time step size 30
Maximum time step size 100
Use previous step size? Yes
[TSRES] Time step reset based on specific time points
Time points from :
No reset
Existing array
New array
Note: TSRES command is valid for thermal elements, thermal-electric elements, thermal surface effect elements and FLUID116, or any combination thereof.
OK　Cancel　Help

图 10-14 "Time and Time Step Options"对话框

10 设置温度偏移量

选择 Main Menu > Solution > Analysis Type > Analysis Options，在弹出的对话框中的"[TOFFST]"中输入 273，单击"OK"按钮。

11 输出控制对话框

选择Main Menu > Solution > Analysis Type > Sol'n Controls，弹出如图10-15所示的对话框，在"Frequency"中选择"Write every substep"，单击"OK"按钮。

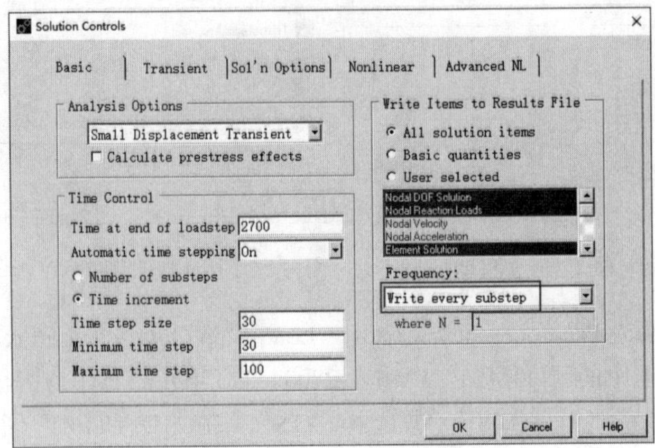

图 10-15 "Solution Controls"对话框

12 存盘

选择 Utility Menu > Select > Everything，单击 Ansys Toolbar 中的"SAVE_DB"。

13 求解

选择 Main Menu > Solution > Solve > Current LS，进行计算。

14 显示沿径向和对称轴高度方向路径温度分布

❶ 显示沿径向温度分布。

1）定义径向路径。选择 Main Menu > General Postproc > Read Results > Last Set，读取最后一个子步的分析结果，选择 Utility Menu > Plot > Elements。

选择 Main Menu > General Postproc > Path Operations > Define Path > By Nodes，拾取如图 10-16 所示的对话框中的 Y=0 的所有节点，单击"OK"按钮，弹出如图 10-17 所示的对话框。在"Name"中输入"RAD"，单击"OK"按钮。

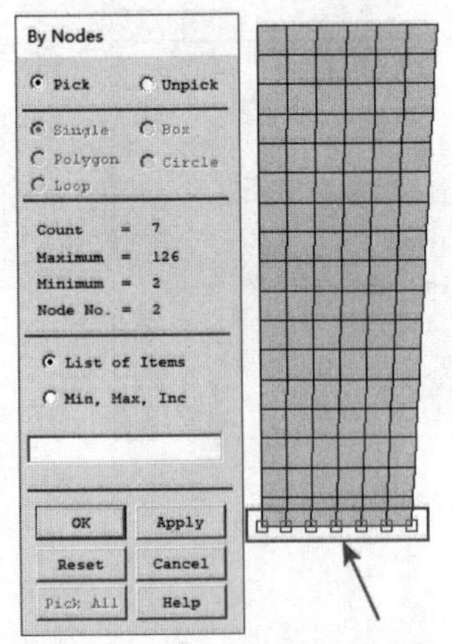

图 10-16 沿径向路径拾取的节点

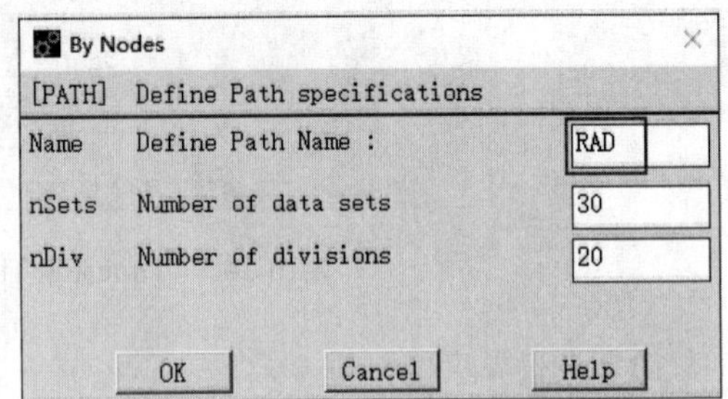

图 10-17 " By Nodes"对话框

2）将温度场分析结果映射到径向路径上。选择 Main Menu > General Postproc > Path Operations > Map onto Path，弹出如图 10-18 所示的对话框。在"Lab"中输入"TRAD"，在"Item, Comp"中选择"DOF solution"和"Temperature TEMP"，单击"OK"按钮。

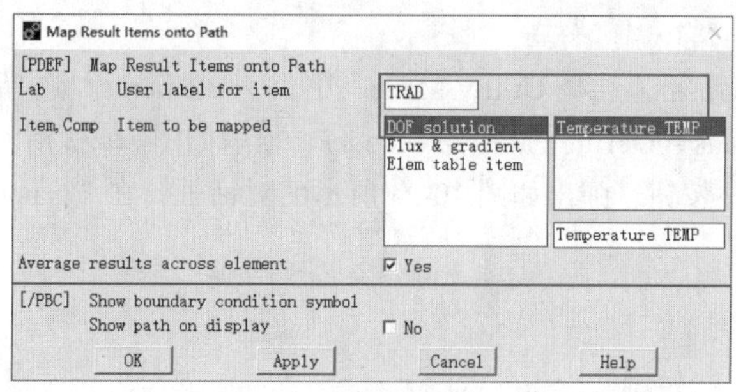

图 10-18 “Map Result Items onto Path”对话框

3）显示沿径向路径温度分布曲线。选择 Main Menu > General Postproc > Path Operations > Plot Path Item > On Graph，弹出如图 10-19 所示的对话框，在“Lab1-6”中选择“TRAD”，单击“OK”按钮。沿径向路径温度分布曲线如图 10-20 所示。

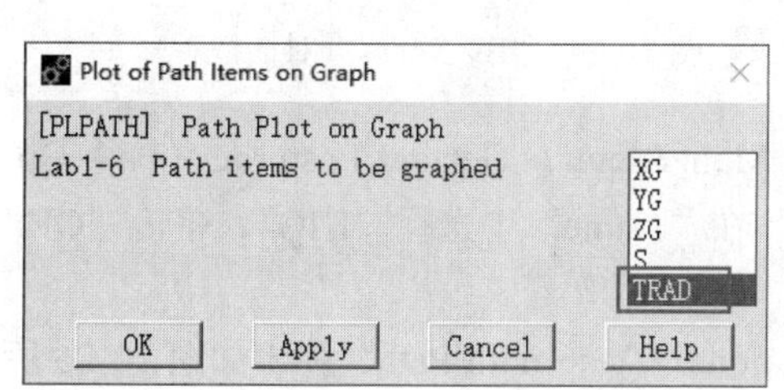

图 10-19 “Plot of Path Items on Graph”对话框

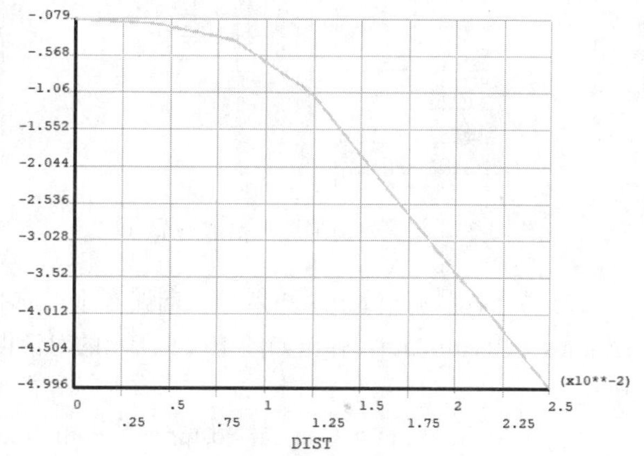

图 10-20 沿径向路径温度分布曲线

4）显示沿径向路径温度场分布云图。选择 Main Menu > General Postproc > Plot Results > Plot Path Item > On Geometry，弹出如图 10-21 所示的对话框，在“Item Path items to be displayed”中选择“TRAD”，单击“OK”按钮。沿径向路径温度场分布云图如图 10-22 所示。

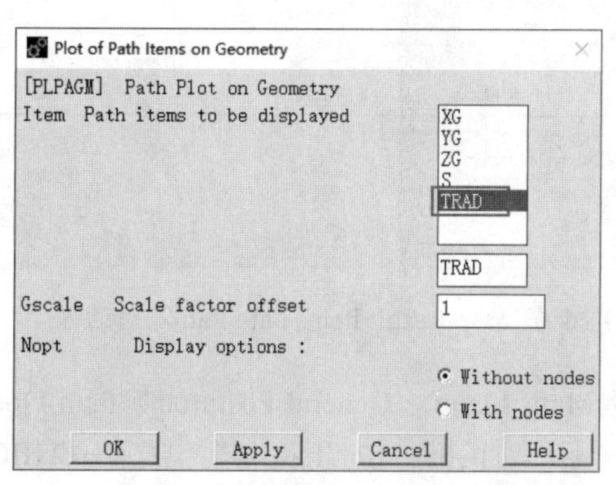

图 10-21 “Plot of Path Items on Geometry”对话框

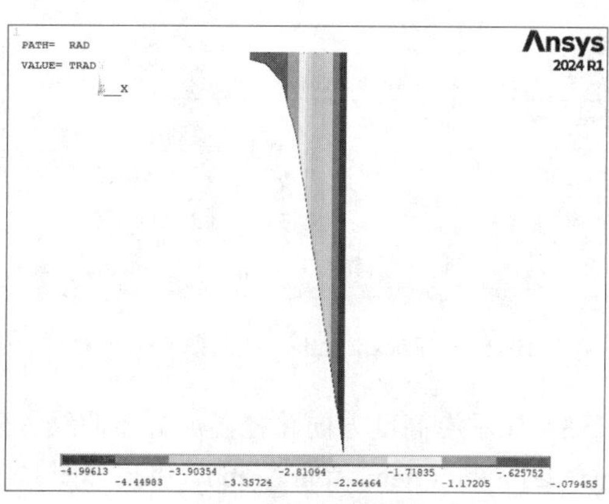

图 10-22 沿径向路径的温度场分布云图

❷ 显示沿高度方向路径温度分布。

1）定义高度方向路径。选择 Utility Menu > Plot > Elements。选择 Main Menu > General Postproc > Path Operations > Define Path > By Nodes，拾取如图 10-23 所示的对话框中的 X=0 的所有节点，单击“OK”按钮，弹出如图 10-24 所示的对话框，在“Name”中输入“HIG”，单击“OK”按钮。

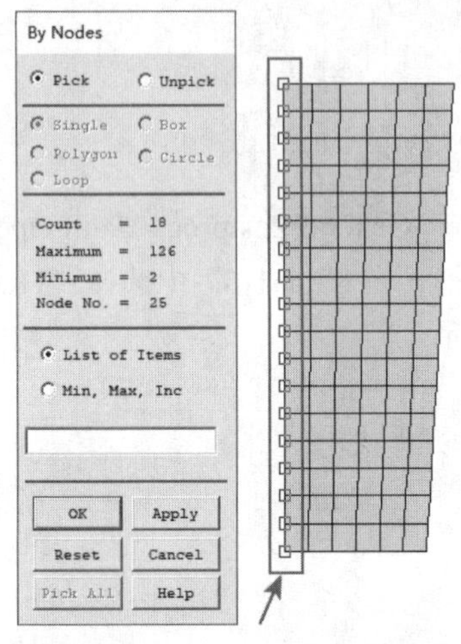

图 10-23 沿高度方向路径拾取的节点

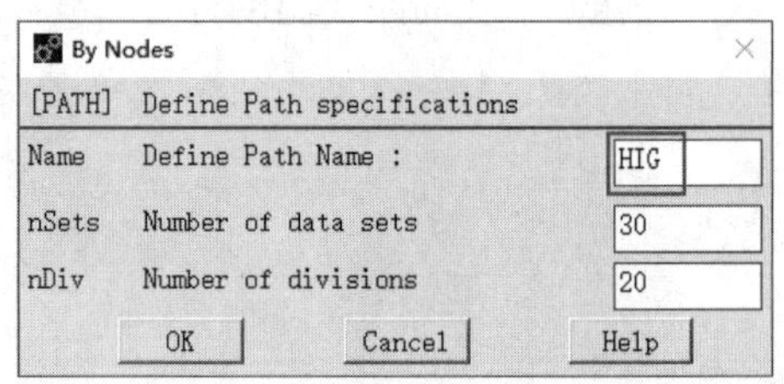

图 10-24 “By Nodes”对话框

2）将温度场分析结果映射到径向路径上。选择 Main Menu > General Postproc > Path Operations > Recall Path，弹出如图 10-25 所示的对话框。在“Name”中选择“HIG”，单击“OK”按钮。

选择 Main Menu > General Postproc > Path Operations > Map onto Path，弹出如图 10-26 所示的对话框，在“Lab”中输入“THIG”，在“Item，Comp”中选择“DOF solution”和“Temperature TEMP”，单击“OK”按钮。

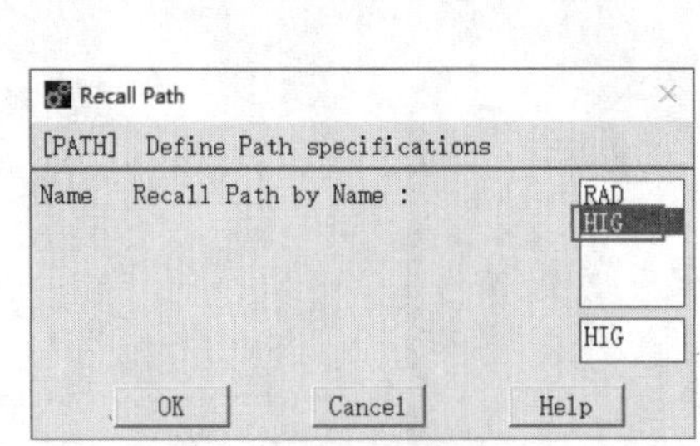

图 10-25 “Recall Path”对话框

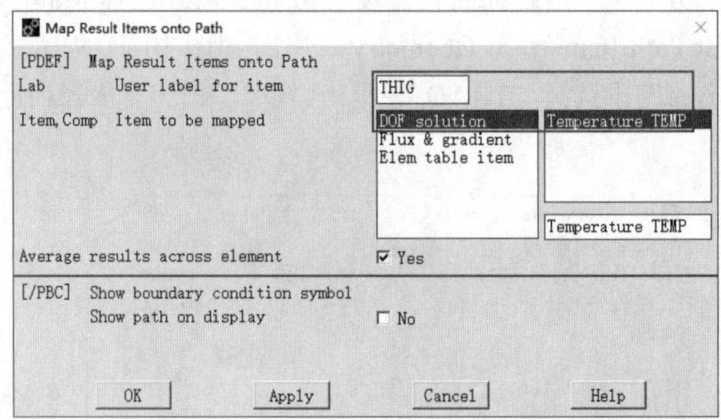

图 10-26 “Map Result Items onto Path”对话框

3）显示沿高度方向路径温度分布曲线。选择 Main Menu > General Postproc > Path Operations > Plot Path Item > On Graph，弹出如图 10-27 所示的对话框，在“Lab1-6”中选择“THIG”，单击“OK”按钮。沿高度方向的温度分布曲线如图 10-28 所示。

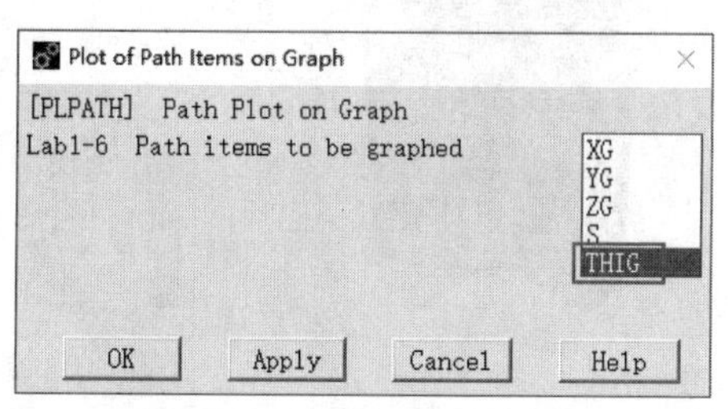

图 10-27 “Plot of Path Items on Graph”对话框

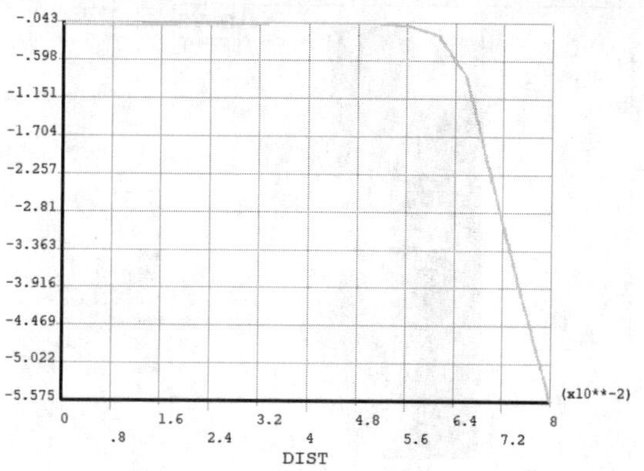

图 10-28 沿高度方向的温度分布曲线

4）显示沿高度方向温度场分布云图。选择 Main Menu > General Postproc > Plot Results > Plot Path Item > On Geometry，弹出如图 10-29 所示的对话框。在“Item”中选择“THIG”，单击“OK”按钮。沿高度方向温度场分布云图如图 10-30 所示。

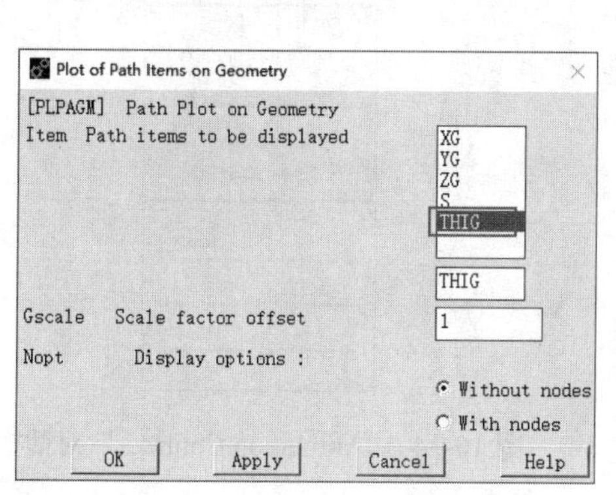

图 10-29 “Plot of Path Items on Geometry”对话框

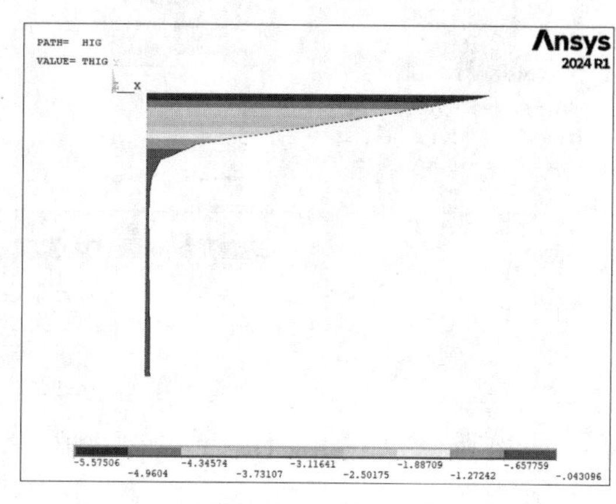

图 10-30 沿高度方向的温度场分布云图

15 显示温度场分布云图

❶ 选择 Utility Menu > PlotCtrls > Window Controls > Window Options, 在弹出的对话框中的“INFO”中选择“Legend ON”，单击“OK”按钮。

❷ 选择 Main Menu > General Postp roc > Plot Results > Contour Plot > Nodal Solu，选择“DOF solution”和“Nodal Temperature”，单击“OK”按钮。水的温度场分布云图如图 10-31 所示。选择 Utility Menu > PlotCtrls > Style > Symmetry Expansion > 2D Axi-Symmetric，在弹出的对话框中的“Select expansion amount”中选择“3/4 expansion”，然后单击“OK”按钮，水三维扩展的温度场分布云图如图 10-32 所示。

16 生成水结冰过程动画

选择 Utility Menu > PlotCtrls > Animate > Over Results，弹出如图 10-33 所示的对话框，在“Auto contour scaling”中设置“Off”，在“Display Type”中选择“DOF solution”“Temperature TEMP”，单击“OK”按钮。在放映的过程中，选择 Utility Menu > PlotCtrls > Animate > Save Animation，可存储动画。观看完结果后可单击如图 10-34 所示的“Close”按钮，结束动画放映。

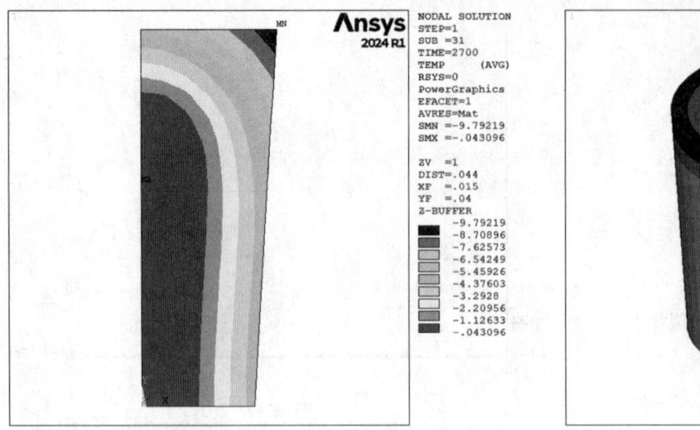

图 10-31　水的温度场分布云图

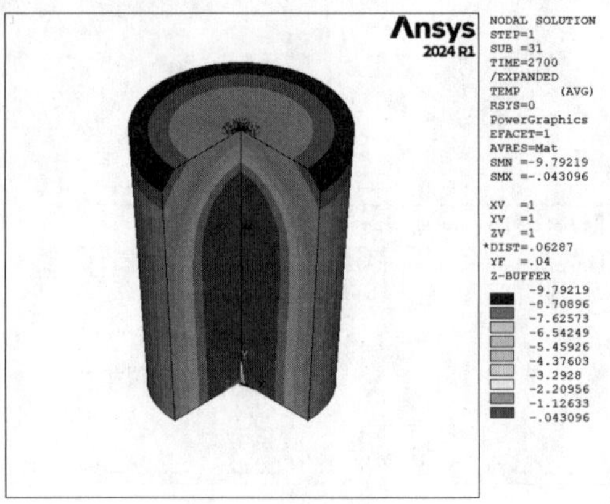

图 10-32　水三维扩展的温度场分布云图

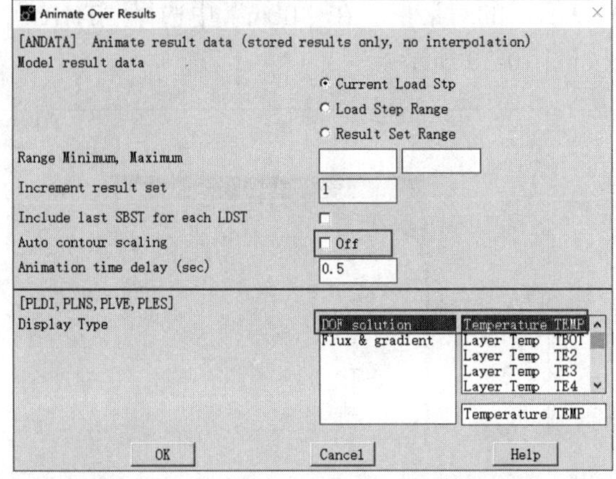

图 10-33　“Animate Over Results”对话框

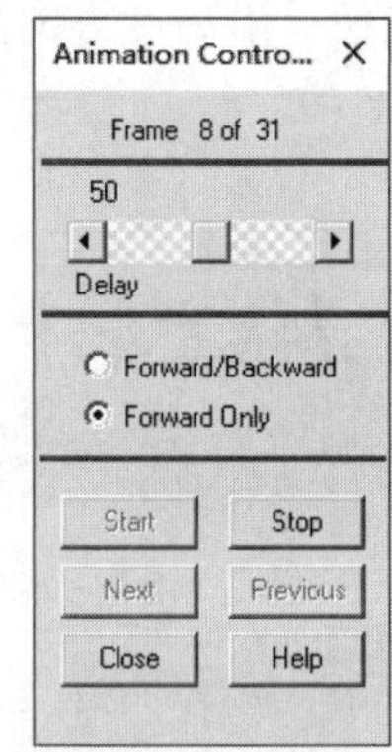

图 10-34　“Animation Contro...”对话框

17 显示水和冰的区域

❶ 选择 Utility Menu > PlotCtrls > Style > Contours > Non-uniform Contours，弹出如图 10-35 所示的对话框。在对话框中的“V1”和“V2”中分别输入 -1、-0.04，单击“OK”按钮。

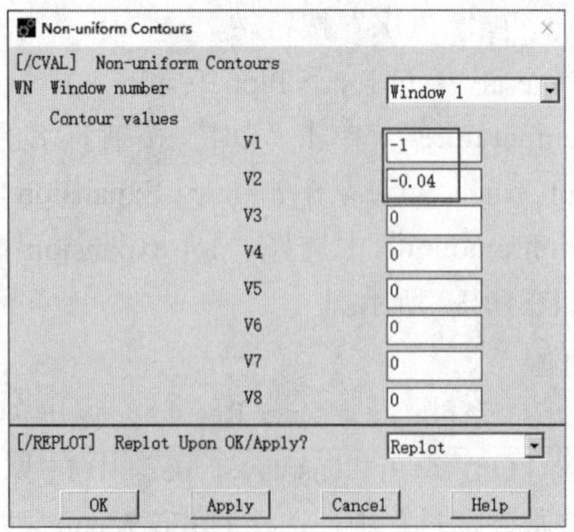

图 10-35　“Non-uniform Contours”对话框

❷ 选择 Main Menu > General Postproc > Plot Results > Contour Plot > Nodal Solu，在弹出的对话框中选择“DOF solution”和“Nodal Temperature”，然后单击“OK”按钮。45min 后的温度场分布云图如图 10-36 所示。从图中可见，里面红色的区域为没有结冰的水的区域，外面蓝色的区域为结冰的冰的区域。

(18) 显示水中的节点温度随时间变化曲线图

❶ 显示如图 10-37 所示的 9 个节点温度随时间的变化曲线。选择 Utility Menu > PlotCtrls > Style > Symmetry Expansion > No Expansion。

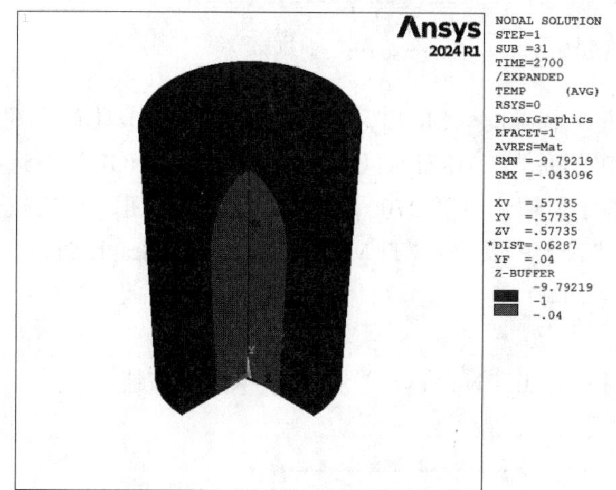

图 10-36 45min 后的温度场分布云图

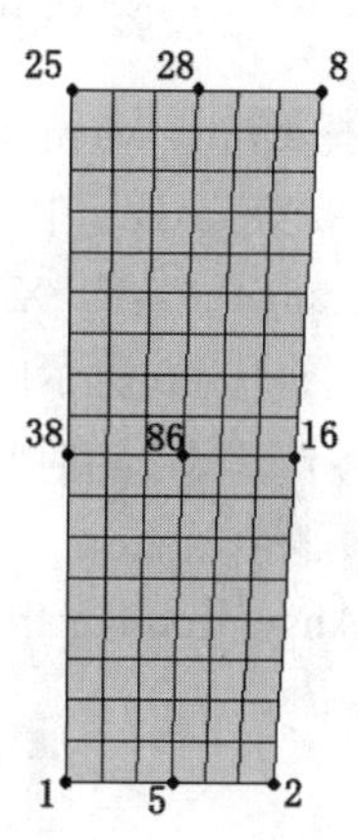

图 10-37 9 个所要显示的节点

❷ 选择 Main Menu > TimeHist Postpro，在弹出的对话框中单击“Add Data”图标，弹出如图 10-38 所示的对话框，选择 Nodal Solution > DOF Solution > Nodal Temperature，单击“OK”按钮，弹出如图 10-39 所示的对话框，在文本框中输入 1 后按 Enter 键确认，单击“OK”按钮；再重复以上操作，依次选择 5、2、38、86、16、25、28、8 号节点，完成以上操作后的对话框如图 10-40 所示。

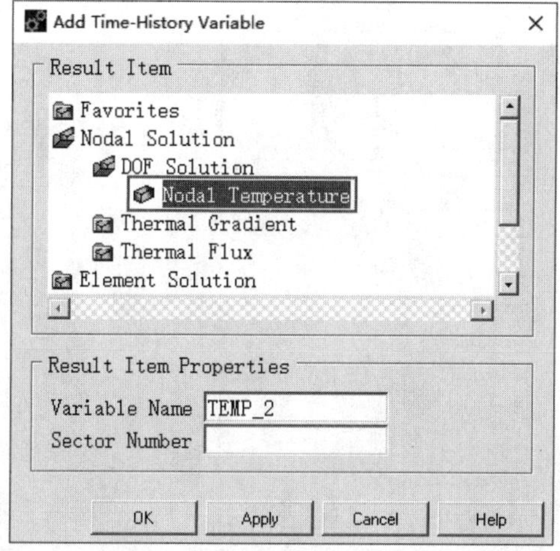

图 10-38 “Add Time-History Variable”对话框

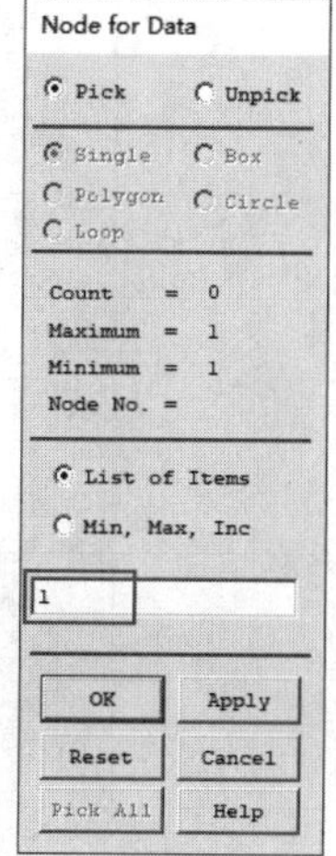

图 10-39 “Node for Data”对话框

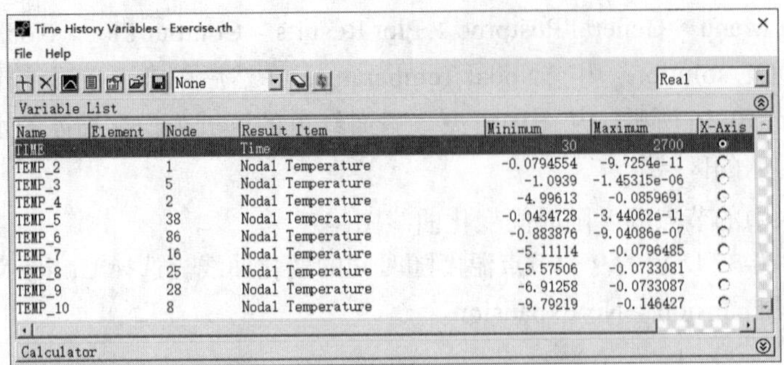

图 10-40 “Time History Variables - Exercise.rth”对话框

❸ 选择 Utility Menu > PlotCtrls > Style > Graphs > Modify Axes，弹出如图 10-41 所示的对话框，在“/AXLAB”中分别输入“TIME”和“TEMPERATURE”，在“/XRANGE”中选择“Specified range”，在“XMIN,XMAX”中分别输入 0 和 2700，单击“OK”按钮。然后按住 Ctrl 键，在图 10-40 所示的对话框中选择“TEMP_2”到“TEMP_10”，单击“Graph Data”图标。9 个节点温度随时间的变化曲线如图 10-42 所示。

(19) 退出 Ansys

单击 Ansys Toolbar 中的“QUIT”，选择“Quit - No Save!”后单击“OK”按钮。

Axes Modifications for Graph Plots

[/AXLAB] X-axis label	TIME
[/AXLAB] Y-axis label	TEMPERATURE
[/GTHK] Thickness of axes	Double
[/GRTYP] Number of Y-axes	Single Y-axis
[/XRANGE] X-axis range	○ Auto calculated ◉ Specified range
XMIN,XMAX Specified X range	0 / 2700
[/YRANGE] Y-axis range	◉ Auto calculated ○ Specified range
YMIN,YMAX Specified Y range -	
NUM - for Y-axis number	1
[/GROPT],ASCAL Y ranges for -	Individual calcs
[/GROPT] Axis Controls	
LOGX X-axis scale	Linear
LOGY Y-axis scale	Linear
AXDV Axis divisions	☑ On
AXNM Axis scale numbering	On - back plane
AXNSC Axis number size fact	1
DIG1 Signif digits before -	4
DIG2 - and after decimal pt	3
XAXO X-axis offset [0.0-1.0]	0
YAXO Y-axes offset [0.0-1.0]	0
NDIV Number of X-axis divisions	
NDIV Number of Y-axes divisions	
REVX Reverse order X-axis values	☐ No
REVY Reverse order Y-axis values	☐ No
LTYP Graph plot text style	☐ System derived

OK Apply Cancel Help

图 10-41 “Axes Modifications for Graph Plots”对话框

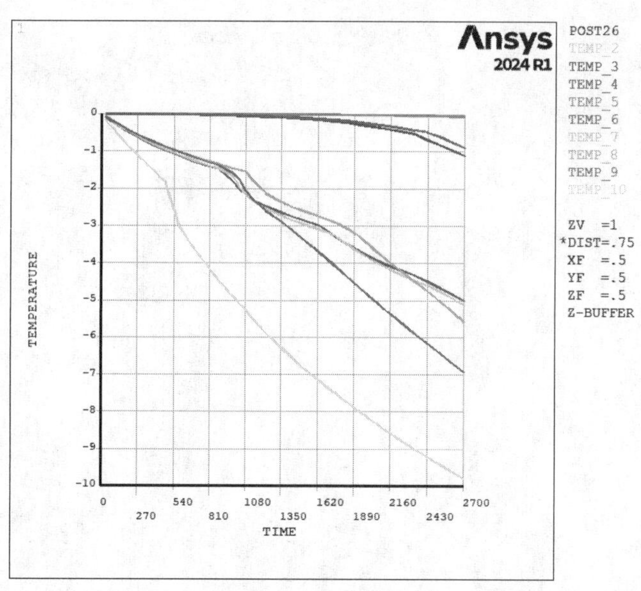

图 10-42　9 个节点温度随时间的变化曲线

10.1.4　APDL 命令流程序

```
FiNISH
/FiLNAME,Exercise                              ！定义隐式热分析文件名
/PREP7                                         ！进入前处理器
ET,1,PLANE55                                   ！选择单元类型
KEYOPT,1,3,1                                   ！设置为轴对称分析
MP,DENS,1,1000                                 ！定义水的密度
MP,KXX,1,0.6                                   ！定义水的热导率
MPTEMP,1,-10,-1,0,10                           ！定义焓变化温度
MPDATA,ENTH,1,1,0,37.8E6,79.8E6,121.8E6       ！定义与温度所对应的焓值
K,1
K,2,0.025
K,3,0.03,0.08
K,4,,0.08                                      ！建立几何模型的 4 个关键点
L,1,2
L,2,3
L,3,4
L,1,4                                          ！建立 4 条线
A,1,2,3,4                                      ！建立矩形
ESIZE,0.005,0,                                 ！定义单元划分尺寸
MSHKEY,2                                       ！选择映射单元划分选项
AMESH,1                                        ！划分单元
FiNISH
/SOLU                                          ！进入求解器
```

```
IC,ALL,TEMP,0                          ！定义初始温度
SFL,2,CONV,12.5, , -20,                ！在 2 号线上施加表面传热载荷
SFL,3,CONV,12.5, , -20,                ！在 3 号线上施加表面传热载荷
ANTYPE,TRANS                           ！设置为瞬态求解
OUTRES,,ALL                            ！定义结果输出
TOFFST,273                             ！定义温度偏移量
NSEL,ALL                               ！选择所有节点
KBC,1                                  ！设置载荷为阶越载荷
AUTOTS,ON                              ！打开自动时间开关
DELTIM,30,30,100                       ！定义时间子步
TIME,2700                              ！定义求解时间
SOLVE                                  ！求解
FiNISH
/POST1                                 ！进入后处理器
SET,LAST                               ！读入最后子步结果
FLST,2,7,1
FiTEM,2,1
FiTEM,2,3
FiTEM,2,4
FiTEM,2,5
FiTEM,2,6
FiTEM,2,7
FiTEM,2,2
PATH,RAD,7,30,20,                      ！建立径向路径
PPATH,P51X,1
PATH,STAT
PDEF,TRAD,TEMP, ,AVG                   ！向所定义路径映射温度分析结果
PLPATH,TRAD                            ！显示沿路径温度变化曲线
PLPAGM,TRAD,1,Blank                    ！在几何模型上显示径向温度场分布云图
EPLOT                                  ！显示单元
FLST,2,18,1
FiTEM,2,1
FiTEM,2,31
FiTEM,2,32
FiTEM,2,33
FiTEM,2,34
FiTEM,2,35
FiTEM,2,36
FiTEM,2,37
FiTEM,2,38
FiTEM,2,39
FiTEM,2,40
FiTEM,2,41
```

```
FiTEM,2,42
FiTEM,2,43
FiTEM,2,44
FiTEM,2,45
FiTEM,2,46
FiTEM,2,25
PATH,HIG,18,30,20,                          ! 建立沿高度方向路径
PPATH,P51X,1
PATH,STAT
PATH,HIG                                    ! 选择沿高度方向的路径
PDEF,THIG,TEMP, ,AVG                        ! 向所定义路径映射温度分析结果
PLPATH,THIG                                 ! 显示沿路径温度变化曲线
PLPAGM,THIG,1,Blank                         ! 在几何模型上显示沿高度方向路径温度场分布云图
PLNSOL,TEMP                                 ! 显示温度场分布云图
/EXPAND,27,AXIS,,,10                        ! 设置轴对称扩展选项
PLNSOL,TEMP                                 ! 显示三维扩展的温度场分布云图
/CVAL,1, -1, -0.04,0,0,0,0,0,0              ! 设置显示比例
PLNSOL,TEMP                                 ! 显示三维扩展的温度场分布云图
/EXPAND                                     ! 关闭三维扩展
FiNISH
/POST26                                     ! 进入时间历程后处理器
NSOL,2,1,TEMP,, TEMP_2
NSOL,3,5,TEMP,, TEMP_3
NSOL,4,2,TEMP,, TEMP_4
NSOL,5,38,TEMP,, TEMP_5
NSOL,6,86,TEMP,, TEMP_6
NSOL,7,16,TEMP,, TEMP_7
NSOL,8,25,TEMP,, TEMP_8
NSOL,9,28,TEMP,, TEMP_9
NSOL,10,8,TEMP,, TEMP_10                    ! 定义 9 个节点温度变量
/AXLAB,X,TIME
/AXLAB,Y,TEMPERATURE
/GTHK,AXIS,2
/GRTYP,0
/GROPT,ASCAL,ON
/GROPT,LOGX,OFF
/GROPT,LOGY,OFF
/GROPT,AXDV,1
/GROPT,AXNM,ON
/GROPT,AXNSC,1,
/GROPT,DIG1,4,
/GROPT,DIG2,3,
/GROPT,XAXO,0,
```

```
/GROPT,YAXO,0,
/GROPT,DIVX,
/GROPT,DIVY,
/GROPT,REVX,0
/GROPT,REVY,0
/GROPT,LTYP,0
/XRANGE,0,2700
/YRANGE,DEFAULT,,1                         ! 定义坐标轴
PLVAR,2,3,4,5,6,7,8,9,10                   ! 显示 9 个节点随温度变化曲线
/EXIT,NOSAV                                ! 退出 Ansys
```

10.2 实例二——某零件铸造过程分析

10.2.1 问题描述

某铸钢零件的几何模型如图 10-43 所示，计算模型如图 10-44 所示。砂型的热物理性能和铸钢的热物理性能分别见表 10-2 和表 10-3。初始条件：铸钢的温度为 2875 ℉，砂型的温度为 80 ℉。砂型外边界的对流边界条件：传热系数为 0.014Btu/(h · in^2 · ℉)，空气温度为 80 ℉。试求 15min 后铸钢及砂型的温度分布。

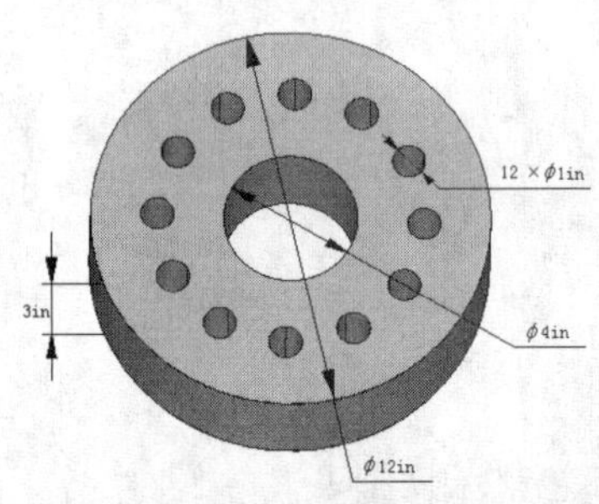

图 10-43　铸钢零件的几何模型

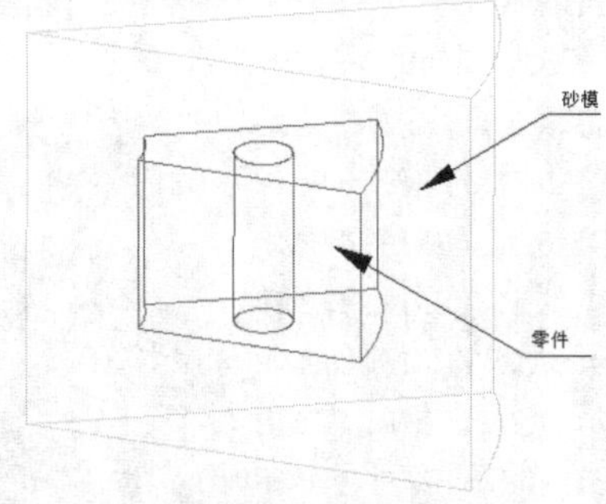

图 10-44　铸钢零件的计算模型

表 10-2　砂型的热物理性能

材料参数	数值
热导率 (KXX)/[Btu/(in · h · ℉)]	0.025
密度 (DENS)/(lb/in^3)	0.054
比热容 (*c*)/[Btu/(lb · ℉)]	0.28

表 10-3　铸钢的热物理性能

材料参数	0 ˚F	2643 ˚F	2750 ˚F	2875 ˚F
热导率 /[Btu/(in · h · ˚F)]	1.44	1.54	1.22	1.22
焓 /(Btu/in^3)	0	128.1	163.8	174.2

10.2.2　问题分析

本例属于周期对称问题，对模型的 1/12 进行分析，采用 8 节点三维六面体热分析 SOLID70 单元。分析时，采用英制单位。

10.2.3　GUI 操作步骤

01 定义分析文件名

选择 Utility Menu > File > Change Jobname，在弹出的对话框中输入 Exercise，单击“OK”按钮。

02 定义单元类型

选择 Main Menu > Preprocessor > Element Type > Add/Edit/Delete，在弹出的“Element Types”对话框中单击“Add”，在弹出的对话框中选择“Solid”“8node 70”三维 8 节点六面体单元，然后单击“OK”按钮，再单击单元类型对话框中的“Close”按钮，关闭单元类型对话框。

03 定义砂型和铸钢的材料属性

❶ 定义砂型的材料属性。

1）定义砂型的密度。选择 Main Menu > Preprocessor > Material Props > Material Models，在弹出的对话框中默认材料编号 1，单击对话框右侧的 Thermal> Density，在弹出的对话框的“DENS”文本框中输入 0.054，单击“OK”按钮。

2）定义砂型的热导率。单击对话框右侧的 Thermal > Conductivity > Isotropic, 在弹出的对话框中输入热导率 KXX 为 0.025，单击“OK”按钮。

3）定义砂型的比热容。单击对话框右侧的 Thermal > Specific Heat，在弹出的对话框中的“C”文本框中输入 0.28，单击“OK”按钮。

❷ 定义铸钢的材料属性。

1）定义铸钢与温度相关的热传导参数。单击材料属性定义对话框中的 Material > New Model，在弹出的对话框中单击“OK”按钮。选中材料 2，单击对话框右侧 Thermal > Conductivity > Isotropic，在弹出的如图 10-45 所示的对话框中单击“Add Temperature”，增加温度到 T4，按照图 10-45 所示输入材料参数，单击对话框右下方的“Graph”，铸钢热导率随温度的变化曲线如图 10-46 所示。

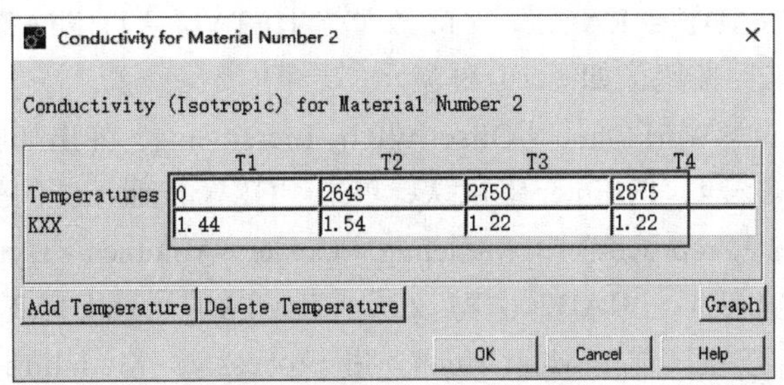

图 10-45 “Conductivity for Material Number 2”对话框

2）定义铸钢与温度相关的焓参数。单击材料属性定义对话框右侧的 Thermal > Enthalpy，在弹出的如图 10-47 所示的对话框的左下方单击“Add Temperature”，增加温度到 T4，按照图 10-47 所示输入材料参数，单击对话框右下方的“Graph”。铸钢焓随温度的变化曲线如图 10-48 所示。单击“OK”按钮。完成以上操作后关闭材料属性定义对话框。

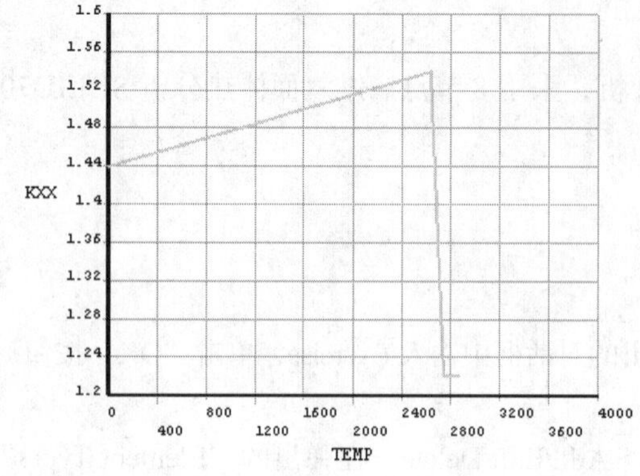

图 10-46　铸钢热导率随温度的变化曲线

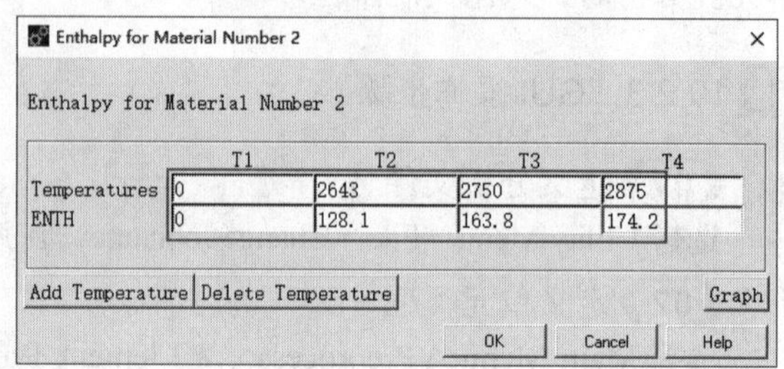

图 10-47　“Enthalpy for Material Number 2”对话框

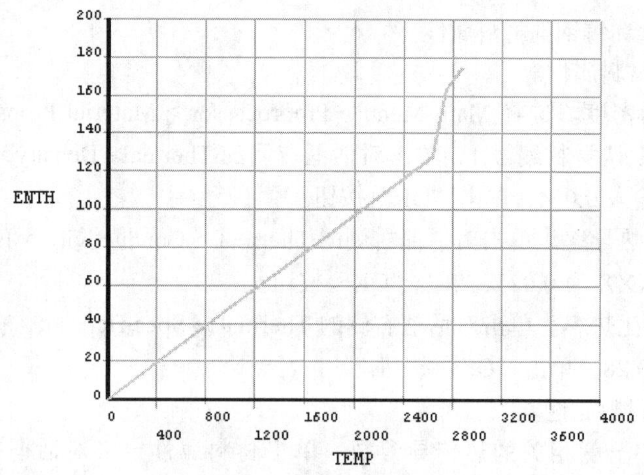

图 10-48　铸钢焓随温度的变化曲线

04 建立几何模型

❶ 选择 Main Menu > Preprocessor > Modeling > Create > Volumes > Cylinder > By Dimensions，在弹出的对话框中的“RAD1”“RAD2”“Z1，Z2”“THETA1”“THETA2”中分别输入 6、2、0、3、-15、15，单击“OK”按钮，如图 10-49 所示。

❷ 选择 Utility Menu > WorkPlane > Offset WP by Increments，弹出如图 10-50 所示的对话框，在“X,Y,Z Offsets”中输入 4，按 Enter 键确认，单击“OK”按钮，关闭坐标系平移对话框。

❸ 选择 Main Menu > Preprocessor > Modeling > Create > Volumes > Cylinder > By Dimensions，在弹出的对话框中的“RAD1”“RAD2”“Z1，Z2”“THETA1”“THETA2”中分别输入 0.5、0、0、3、0、360，单击“OK”按钮。选择 Main Menu > Preprocessor > Modeling > Operate > Booleans > Subtract > Volumes，在弹出的对话框中输入 1 后按 Enter 键，单击“Apply”按钮。在弹出的对话框中输入 2 后按 Enter 键，单击“OK”按钮。

❹ 选择 Utility Menu > WorkPlane > Offset WP to > Global Origin，选择 Main Menu > Preprocessor > Modeling > Create > Volumes > Cylinder > By Dimensions，在弹出的对话框中的“RAD1”“RAD2”“Z1，Z2”“THETA1”“THETA2”中分别输入 8、0、–2、5、–15、15，单击“OK”按钮。

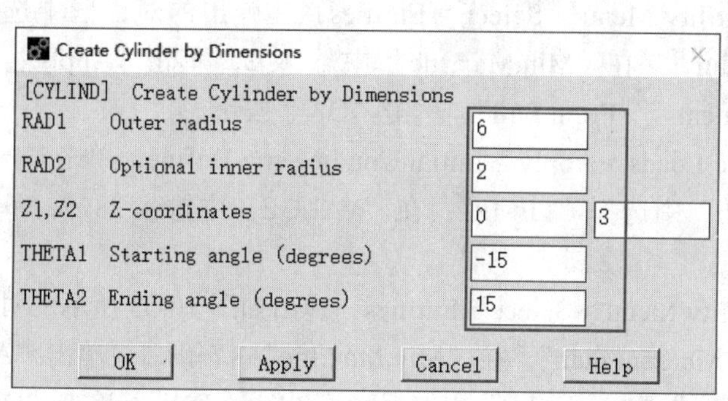

图 10-49 “Create Cylinder by Dimensions”对话框

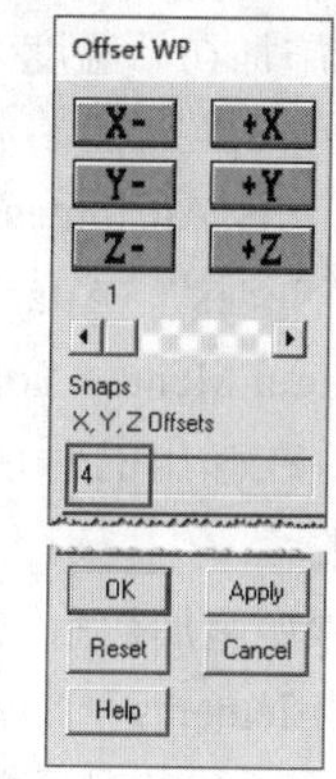

图 10-50 “Offset WP”对话框

05 布尔操作

选择 Main Menu > Preprocessor > Modeling > Operate> Booleans > Overlap > Volumes，在弹出的对话框中单击“Pick All”按钮。建立的几何模型如图 10-51 所示。

06 赋予材料属性

❶ 设置砂型属性。选择 Main Menu > Preprocessor > Meshing > Mesh Attributes > Picked Volumes，输入 2 后按 Enter 键，单击“OK”按钮，在弹出的对话框中的“MAT”和“TYPE”中选择“1”和“1 SOLID70”，单击“OK”按钮。

❷ 设置铸钢材料属性。选择 Main Menu > Preprocessor > Meshing > Mesh Attributes > Picked Volumes，输入 3 后按 Enter 键，单击“OK”按钮，在弹出的对话框中的“MAT”和“TYPE”中分别选择“2”和“1 SOLID70”，单击“OK”按钮。

07 设置单元密度

选择 Main Menu > Preprocessor > Meshing > Size Cntrls > ManualSize > Global > Size, 在弹出的对话框中的“SIZE”文本框中输入 0.35，单击“OK”按钮。

08 划分单元

选择 Main Menu > Preprocessor > Meshing > Mesh > Volumes > Free，单击“Pick All”按钮，当出现警告提示对话框时关闭该对话框。选择 Utility Menu > PlotCtrls > Numbering，在弹出的“Plot Numbering Controls”对话框中设置“Elem/Attrib numbering”为“Material numbers”，设置“Numbering shown with”为“Colors only”，单击“OK”按钮，此时有限元模型如图 10-52 所示。

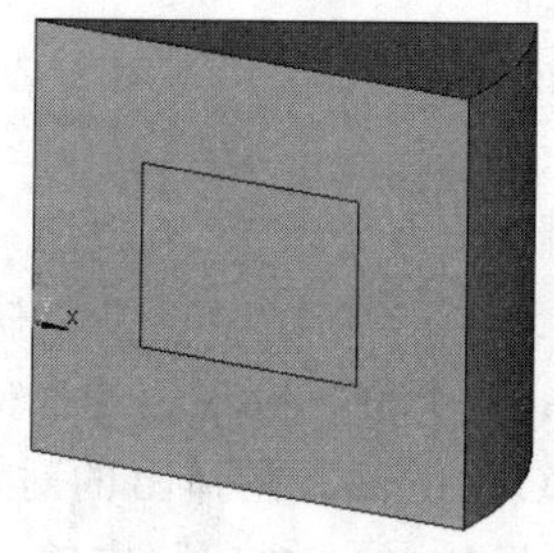

图 10-51 建立的几何模型

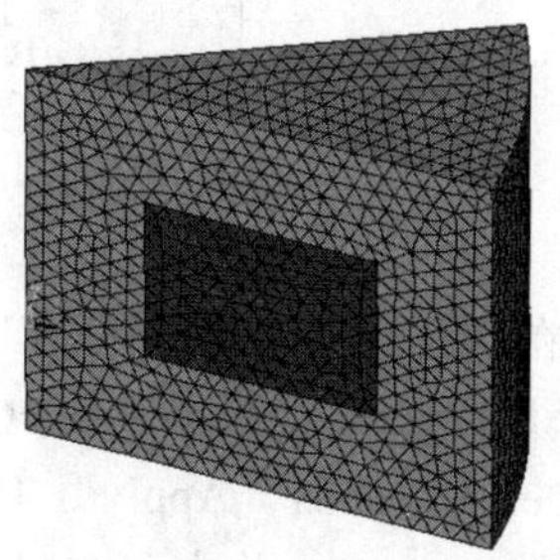

图 10-52 有限元模型

09 施加初始温度

❶ 对铸钢施加初始温度。选择 Utility Menu > Select > Entities，在弹出的对话框中选择“Elements”“By Attributes”“Material num”，在“Min,Max,Inc”中输入 2，单击“Apply”按钮；选择“Nodes”“Attached to”“Elements”“From Full”，单击“OK”按钮。

选择 Main Menu > Solution > Define Loads > Apply > Initial Condit’n > Define，单击“Pick All”按钮，在弹出的对话框中的“Lab”中选择“TEMP”，在“VALUE”中输入 2875，单击“OK”按钮。

❷ 对砂型施加初始温度。选择 Utility Menu > Select > Entities，弹出如图 10-53 所示的对话框，选择“Elements”“By Attributes”“Material num”，在“Min,Max,Inc”中输入 1，单击“Apply”按钮；在弹出的对话框中选择“Nodes”“Attached to”“Elements”“From Full”，单击“OK”按钮，如图 10-54 所示。

选择 Main Menu > Solution > Define Loads > Apply > Initial Condit’n > Define，单击“Pick All”按钮，弹出如图 10-55 所示的对话框。在“Lab”中选择“TEMP”，在“VALUE”中输入 80，单击“OK”按钮。

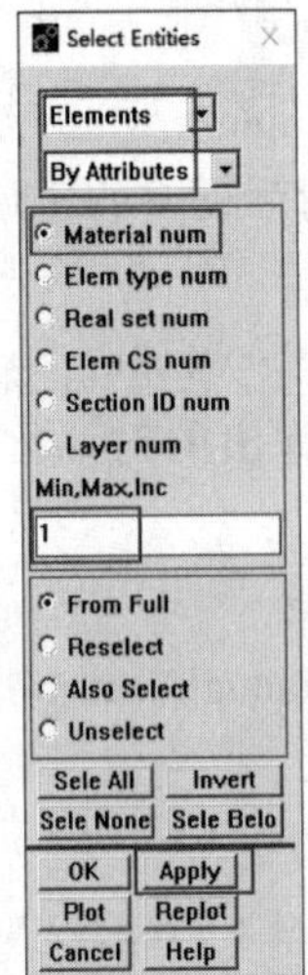

图 10-53 “Select Entities”对话框

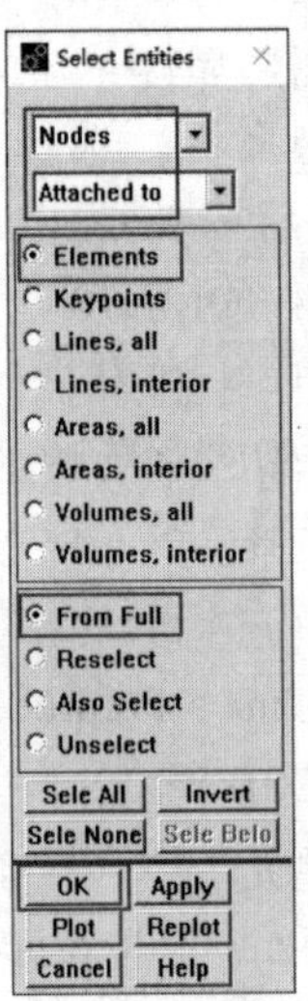

图 10-54 “Select Entities”对话框

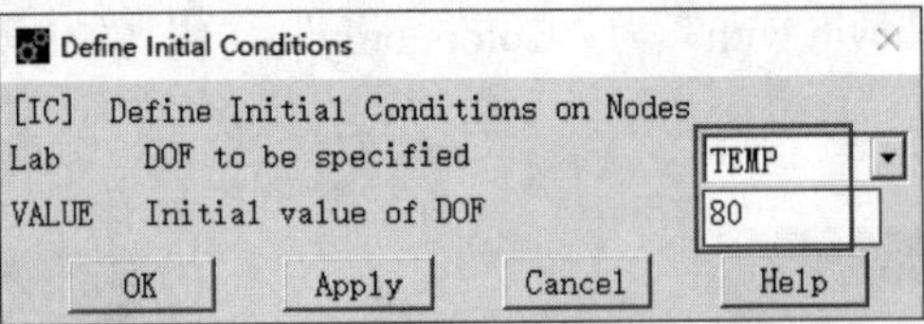

图 10-55 “Define Initial Conditions”对话框

10 在顶面施加对流载荷

选择 Utility Menu > Select > Everything，选择 Utility Menu > Plot > Areas，选择 Main Menu > Solution > Define Loads > Apply > Thermal > Convection > On Areas，在弹出的对话框中输入“1,2,7”后按 Enter 键，单击“OK”按钮，在弹出的对话框中的“VALI”中输入 0.014，在“VAL2I”中输入 80，单击“OK”按钮。

11 设置求解选项

❶ 选择 Main Menu > Solution > Analysis Type > New Analysis，在弹出的对话框中选择“Transient”，单击“OK”按钮，在弹出的对话框采用默认设置，单击“OK”按钮。

❷ 选择 Main Menu > Preprocessor > Loads > Load Step Opts > Time/Frequenc > Time - Time Step，在弹出的对话框中的“[TIME]”中输入 0.25，在“[DELTIM]”中的“Time step size”输入 0.01，在“[KBC]”中选择“Stepped”，在“[AUTOTS]”中选择“ON”，在“[DELTIM]”中的“Minimum time step size”输入 0.01，在“DELTIM”中的“Maximum time step size”输入 0.01，单击“OK”按钮。

12 输出控制对话框

选择 Main Menu > Solution > Analysis Type > Sol’n Controls，在弹出的对话框中的“Frequency”中选择“Write every substep”，单击“OK”按钮。

13 存盘

选择 Utility Menu > Select > Everything, 单击 Ansys Toolbar 中的“SAVE_DB”。

14 求解

选择 Main Menu > Solution > Solve > Current LS，进行计算。

15 显示 15min 后温度场分布云图

❶ 显示砂型温度场分布云图。选择 Utility Menu > PlotCtrls > Window Controls > Window Options, 在弹出的对话框中的“INFO”中选择“Legend ON”，单击“OK”按钮。

选择 Main Menu > General Postproc > Read Results > Last Set，读取最后一个子步的分析结果。选择 Utility Menu > Select > Entities，在弹出的对话框中选择“Elements”“By Attributes”“Material num”，在“Min,Max,Inc”中输入 1，单击“Apply”按钮；选择“Nodes”“Attached to”“Elements”“From Full”，单击“OK”按钮。

选择 Utility Menu > Plot > Elements，选择 Main Menu > General Postproc > Plot Results > Contour Plot > Nodal Solu，在弹出的对话框中选择“DOF Solution”和“Nodal Temperature”，单击“OK”按钮。砂型的温度场分布云图如图 10-56 所示。

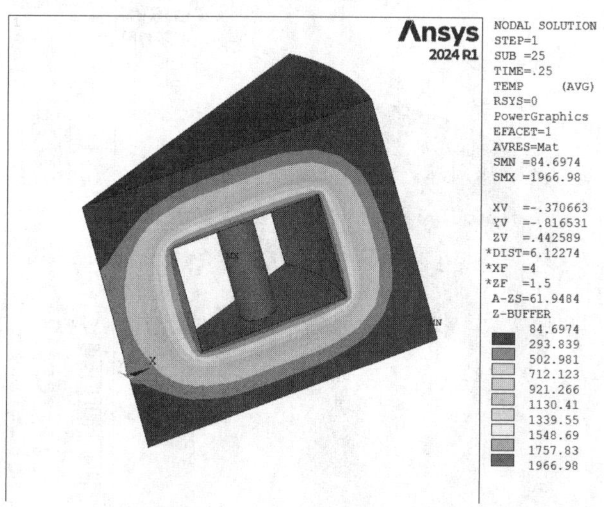

图 10-56　砂型的温度场分布云图

选择 Utility Menu > PlotCtrls > Style > Symmetry Expansion > User Specified Expansion，在弹出的对话框“[/EXPAND] 1st Expansion of Symmetry”区域中的“NREPEAT”中输入 9，在“TYPE”中选择“Polar”，在“DY”中输入 30，单击“OK”按钮。砂型的扩展的温度场分布云图如图 10-57 所示。

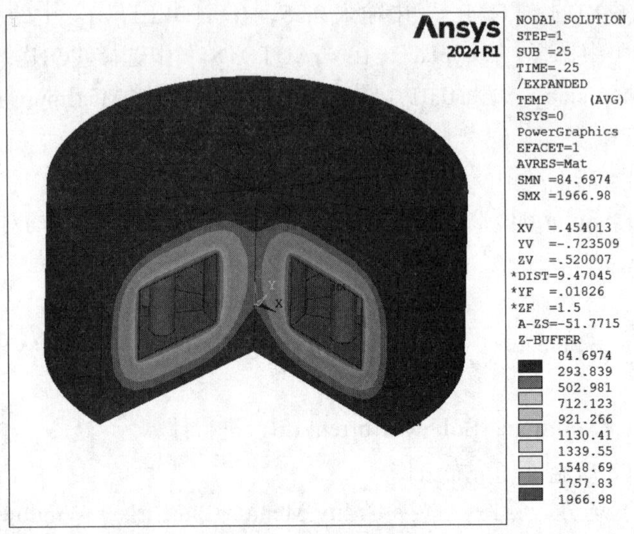

图 10-57　砂型的扩展的温度场分布云图

❷ 显示零件温度场分布云图。选择 Utility Menu > Select > Entities，在弹出的对话框中选择“Elements”“By Attributes”“Material num”，在“Min,Max,Inc”中输入 2，单击“Apply”按钮；选择“Nodes”“Attached to”“Elements”“From Full”，单击“OK”按钮。

选择 Main Menu > General Postproc > Plot Results > Contour Plot > Nodal Solu，在弹出的对话框中选择“DOF solution”和“Nodal Temperature”，单击“OK”按钮，零件的扩展的温度场分布云图如图 10-58 所示。

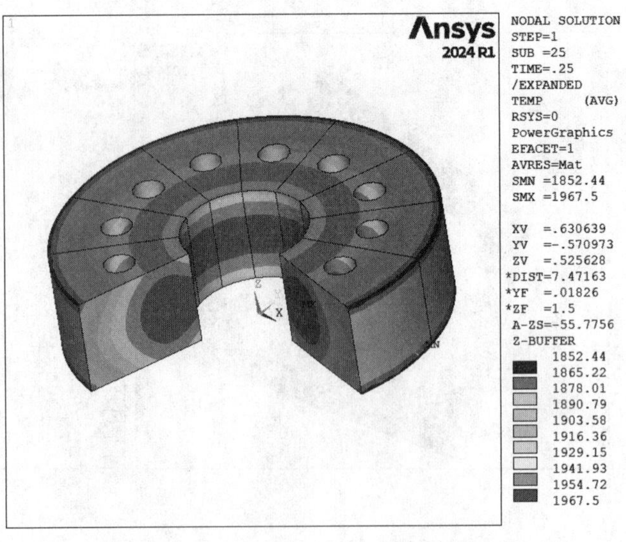

图 10-58　零件的扩展的温度场分布云图

选择 Utility Menu > PlotCtrls > Style > Symmetry Expansion > No Expansion。选择 Main Menu > General Postproc > Plot Results > Contour Plot > Nodal Solu, 在弹出的对话框中，选择“DOF solution”和“Nodal Temperature”，单击“OK”按钮。零件的温度场分布云图如图 10-59 所示。

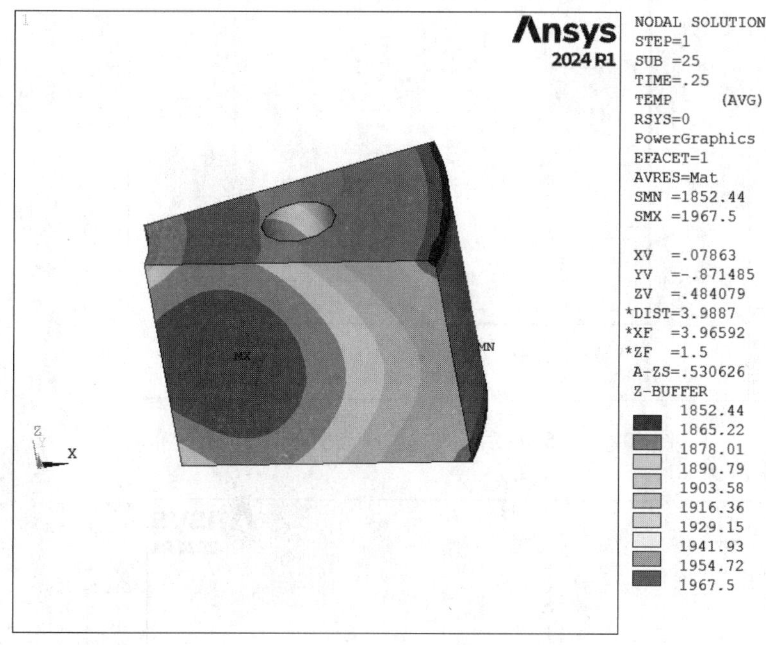

图 10-59 零件的温度场分布云图

16 显示 15min 沿零件内壁温度分布

❶ 定义径向路径。选择 Utility Menu > Plot > Elements，然后选择 Main Menu > General Postproc > Path Operations > Define Path > By Nodes，拾取 Y=2*sin(−15°)、X=2*cos(−15°) 的所有节点。单击“OK”按钮，在弹出的对话框中的“Name”中输入 R2，单击“OK”按钮。

❷ 将温度场分析结果映射到路径上。选择 Main Menu > General Postproc > Path Operations > Map onto Path，在弹出的对话框中的“Lab”中输入“TR”，在“Item，Comp”中选择“DOF solution”和“Temperature TEMP”，单击“OK”按钮。

❸ 显示沿路径温度分布曲线。选择 Main Menu > General Postproc > Path Operations > Plot Path Item > On Graph，在弹出的对话框中的“Lab1-6”中选择“TR”，单击“OK”按钮。15min 后零件内壁沿高度方向的温度分布曲线如图 10-60 所示。

❹ 显示沿路径温度场分布云图。选择 Main Menu > General Postproc > Plot Results > Plot Path Item > On Geometry，在弹出的对话框中的“Item”中选择“TR”，单击“OK”按钮。15min 后零件内壁沿高度方向温度的分布云图如图 10-61 所示。

17 显示零件的某些节点在铸造过程中温度随时间变化曲线

❶ 显示如图 10-62 所示的顶面 4 个节点温度随时间的变化曲线。单击 Main Menu > Time-Hist Postpro，在弹出的对话框中单击“Add Data”图标十，在弹出的对话框中单击 Nodal Solution > DOF Solution >Nodal Temperature，单击“OK”按钮。在弹出的对话框中输入 210 后按 Enter 键确认，单击“OK”按钮。重复以上操作，选择 603、596、20 号节点。

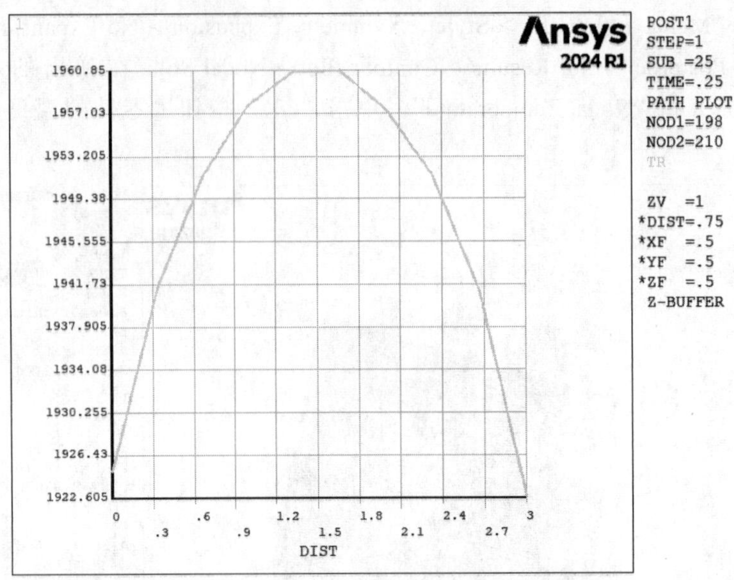

图 10-60　15min 后零件内壁沿高度方向的温度分布曲线

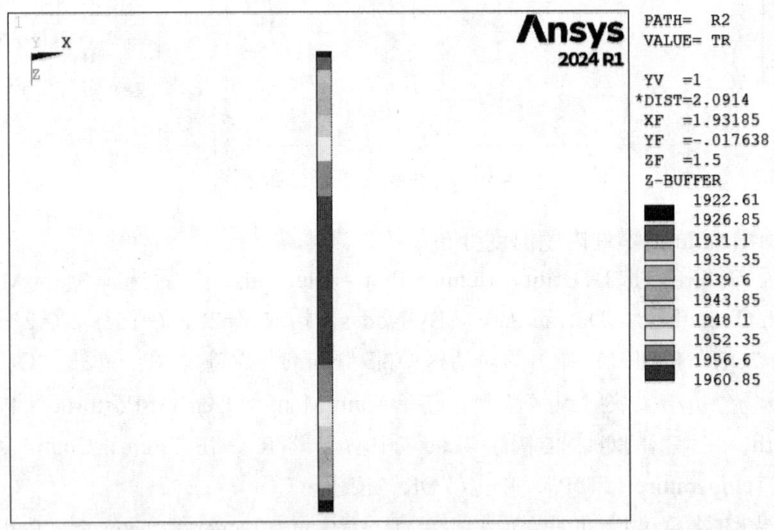

图 10-61　15min 后零件内壁沿高度方向温度的分布云图

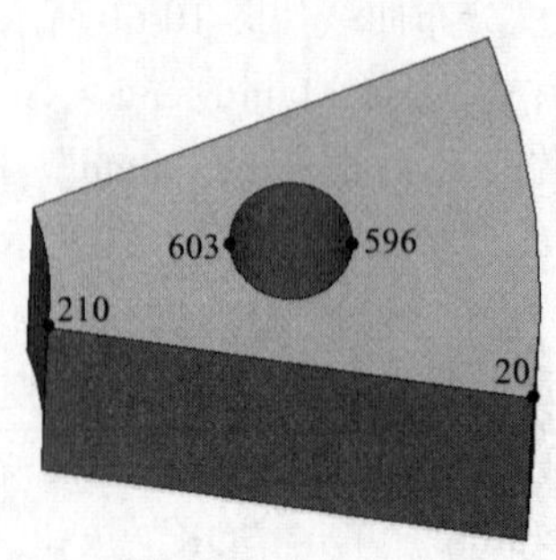

图 10-62　4 个所要显示的节点

❷ 选择 Utility Menu > PlotCtrls > Style > Graphs > Modify Axes，在弹出的对话框中，的“[/AXLAB]”中分别输入“TIME”和“TEMPERATURE”，在“[/XRANGE]”中选择“Specified range”，在“XMIN，XMAX”中输入 0 和 0.25，单击“OK”按钮。按住 Ctrl 键，选择“TEMP_2”到“TEMP_5”，单击“Graph Data”图标。零件上某些位置节点温度随时间的变化曲线如图 10-63 所示。

18 生成零件铸造过程动画

选择 Main Menu > General Postproc，然后选择 Utility Menu > PlotCtrls > Animate > Over Results，在弹出的对话框中的“Display Type”中选择“DOF solution”“Temperature TEMP”，在“Auto contour scaling”中选择“On”，单击“OK”按钮。观看完结果后可单击对话框中的“Close”按钮，结束动画放映。

19 显示 6s 后零件状态

❶ 选择 Main Menu > General Postproc > Read Results > First Set，读取第一个子步的分析结果，选择 Utility Menu > PlotCtrls > Style > Contours > Non-uniform Contours，弹出如图 10-64 所示的对话框。在对话框中的“V1”“V2”“V3”中分别输入 0、2643、2767，单击“OK”按钮。

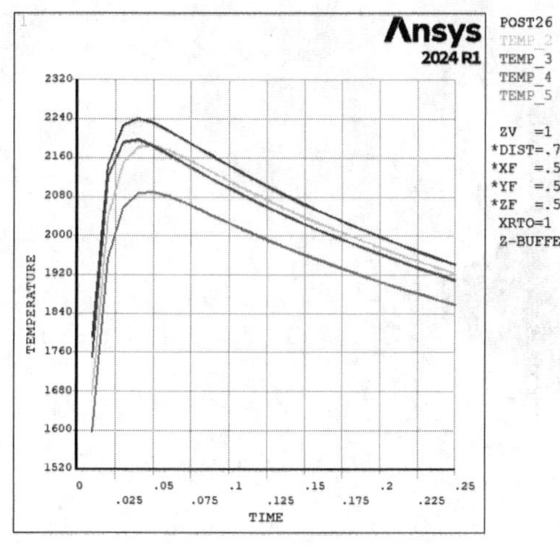

图 10-63　零件上某些位置节点温度随时间的变化曲线

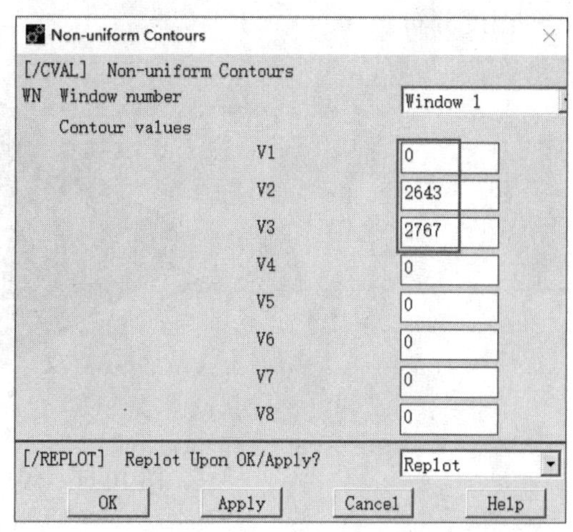

图 10-64　“Non-uniform Contours”对话框

❷ 选择 Utility Menu > PlotCtrls > Style > Symmetry Expansion > User Specified Expansion，在弹出的对话框中的“[/EXPAND] 1st Expansion of Symmetry”区域的“NREPEAT”中输入 9，在“DY”中输入 30，在“TYPE”中选择“Polar”，单击“OK”按钮。

❸ 选择 Main Menu > General Postproc > Plot Results > Contour Plot > Nodal Solu，选择“DOF solution”和“Nodal Temperature”，然后单击“OK”按钮。6s 后零件的温度场分布云图如图 10-65 所示。从图中可见，里面酱紫色的区域

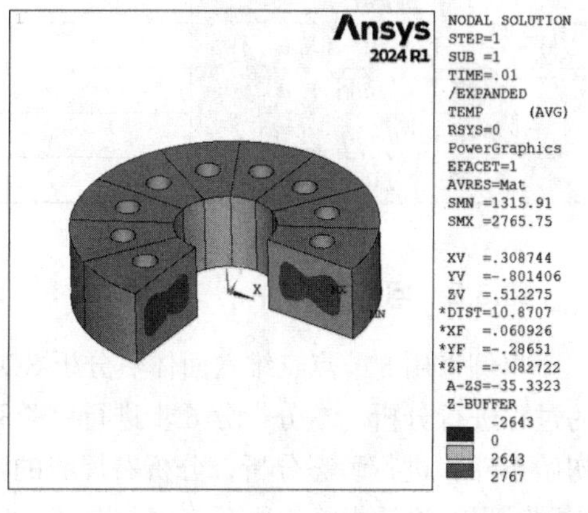

图 10-65　6s 后零件的温度场分布云图

为没有凝固的区域，外面绿色的区域为凝固的区域。

(20) 退出 Ansys

单击 Ansys Toolbar 中的“QUIT”，选择“Quit - No Save!”后单击“OK”按钮。

10.2.4 APDL 命令流程序

略，见随书电子资料包。

10.3 实例三——某焊接件两焊缝在顺序焊接过程分析

10.3.1 问题描述

对一焊接件两个焊缝的凝固过程的温度场进行分析。焊接件的几何模型如图 10-66 所示。材料为钢，其热物理性能见表 10-4。初始条件：焊接件的温度为 70 ℉，焊缝的温度为 3000 ℉。对流边界条件：传热系数为 0.00005 Btu/(in^2 · s · ℉)，空气温度为 70 ℉，试求 2000s 后整个焊接件的温度分布。

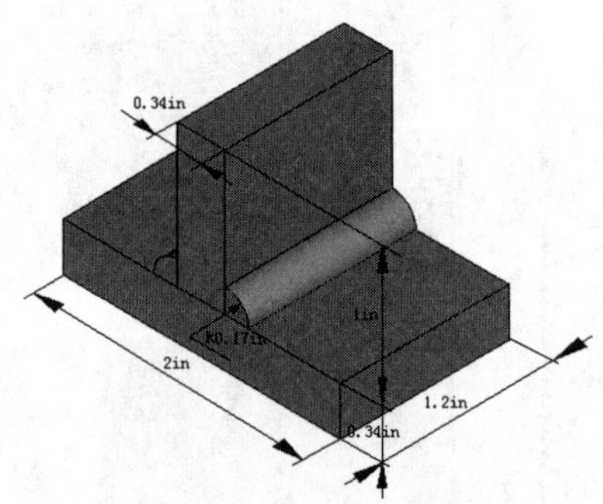

图 10-66 焊接件的几何模型

表 10-4 焊接件的热物理性能

温度	0 ℉	2643 ℉	2750 ℉	2875 ℉	3000 ℉
热导率 /[Btu/ (in · s · °F)]	0.5E-3				
密度 / (lb/in^3)	0.2833				
比热容 /[Btu/ (lb · °F)]	0.2				
焓 / (Btu/in^3)	0	128.1	163.8	174.2	184.6

10.3.2 问题分析

本例采用 8 节点三维六面体热分析 SOLID70 单元，利用生死单元技术对两个焊缝连续凝固的过程进行分析。本分析分 6 步进行：杀死一个焊缝的所有单元，进行稳态分析，得到温度的初始条件；进行瞬态分析，分析右焊缝的液固相变的转换过程；进行瞬态分析，分析右焊缝的凝固过程；激活焊缝的所有单元，进行短时间的瞬态分析，得到温度初始条件；进行瞬态分析，分析左焊缝的液固相变的转换过程；进行瞬态分析，分析左焊缝的凝固过程。分析时采用英制单位。

10.3.3 GUI 操作步骤

01 定义分析文件名

选择 Utility Menu > File > Change Jobname，在弹出的对话框中输入“Exercise”，单击“OK”按钮。

02 定义单元类型

选择 Main Menu > Preprocessor > Element Type > Add/Edit/Delete，在弹出的“Element Types”对话框中单击“Add”，在弹出的对话框中选择“Solid”“8node 70”三维 8 节点六面体单元，单击“OK”按钮，再单击单元类型对话框中的“Close”按钮，关闭单元类型对话框。

03 定义焊缝及钢板的材料属性

❶ 定义右焊缝的材料属性。

1）定义密度。选择 Main Menu > Preprocessor > Material Props > Material Models, 在弹出的对话框中默认材料编号 1, 单击对话框右侧的 Thermal>Density，在弹出的对话框中的“DENS”文本框中输入 0.2833，单击“OK”按钮。

2）定义热导率。单击对话框右侧的 Thermal > Conductivity > Isotropic，在弹出的对话框中输入热导率“KXX”为 0.5E-3，单击“OK”按钮。

3）定义比热容。单击对话框右侧的 Thermal > Specific Heat，在弹出的对话框中的“C”文本框中输入 0.2，单击“OK”按钮。

4）定义与温度相关的焓参数。单击对话框右侧的 Thermal > Enthalpy，在弹出的如图 10-67 所示的对话框的左下方单击“Add Temperature”，增加温度到 T5，按照图 10-67 所示输入材料参数。单击对话框右下角的“Graph”。材料焓参数随温度变化的曲线如图 10-68 所示，单击“OK”按钮。完成以上操作后关闭材料属性定义对话框。

❷ 定义两钢板的材料属性。

1）定义密度。单击材料属性窗口中的 Material > New Model，在弹出的对话框中单击“OK”按钮。选中材料 2，单击对话框右侧的 Thermal>Density，在弹出的对话框中的“DENS”文本框中输入 0.2833，单击“OK”按钮。

2）定义热导率。单击对话框右侧的 Thermal > Conductivity > Isotropic，在弹出的对话框中输入热导率 KXX 为 0.5E-3，单击“OK”按钮。

3）定义比热容。单击对话框右侧的 Thermal > Specific Heat，在弹出的对话框中的“C”文本框中输入 0.2，单击“OK”按钮。

❸ 定义左焊缝的材料属性。

1）定义密度。单击材料属性定义对话框中的 Material > New Model，在弹出的对话框中单击“OK”按钮。选中材料 3，单击对话框右侧的“Thermal”，单击“Density”，在弹出的对话框中的“DENS”文本框中输入 0.2833，单击“OK”按钮。

2）定义热导率。单击对话框右侧的 Thermal > Conductivity > Isotropic，在弹出的对话框中的“KXX”文本框中输入热导率为 0.5E-3，单击“OK”按钮。

3）定义比热容。单击对话框右侧的 Thermal > Specific Heat，在弹出的对话框中的“C”文本框中输入 0.2，单击“OK”按钮。

4）定义与温度相关的焓参数。单击对话框右侧的 Thermal > Enthalpy，在弹出的如图 10-67 所示的对话框左下方单击“Add Temperature”，增加温度到 T5，按照图 10-67 所示输入材料参数，单击对话框右下方的“Graph”。材料焓参数随温度变化的曲线如图 10-68 所示，单击“OK”按钮。完成以上操作后关闭材料属性定义对话框。

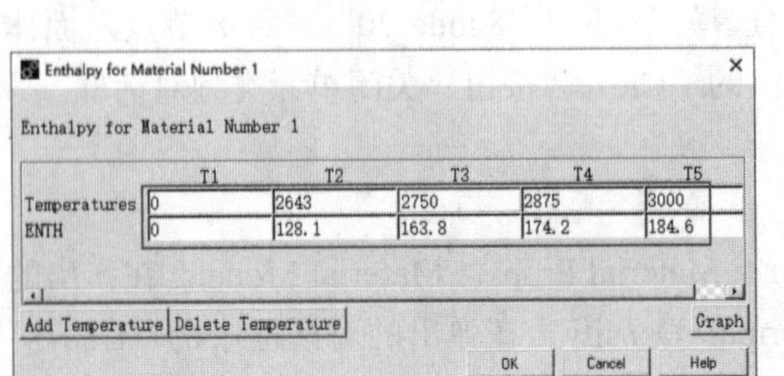

图 10-67 “Enthalpy for Material Number 1”对话框

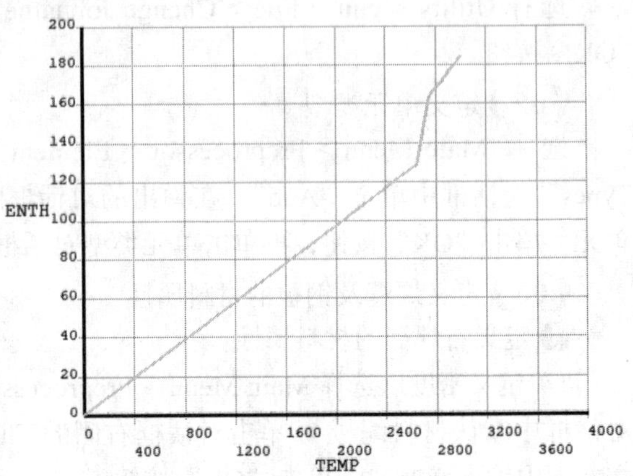

图 10-68 材料焓参数温度变化曲线

04 建立几何模型

❶ 选择 Main Menu > Preprocessor > Modeling > Create > Volumes > Block > By Dimensions，在弹出的对话框中的“X1，X2”“Y1，Y2”“Z1，Z2”中分别输入 –0.17、0.17、0、0.34、0、1.2，单击“Apply”按钮，如图 10-69 所示。

❷ 再分别输入 0.17、0.34、0、0.34、0、1.2，单击“Apply”按钮；再分别输入 0.34、1、0、0.34、0、1.2，单击“Apply”按钮；再分别输入 –0.17、0.17、0.34、0.51、0、1.2，单击“Apply”按钮；再分别输入 –0.17、0.17、0.51、1.34、0、1.2，单击“OK”按钮。

❸ 选择 Utility Menu > WorkPlane > Display Working Plane，选择 Utility Menu > WorkPlane > Offset WP by Increments，弹出如图 10-70 所示的对话框。在“X，Y，Z Offsets”中输入“0.17,0.34,0”，按 Enter 键，单击“OK”按钮，关闭坐标系平移对话框。

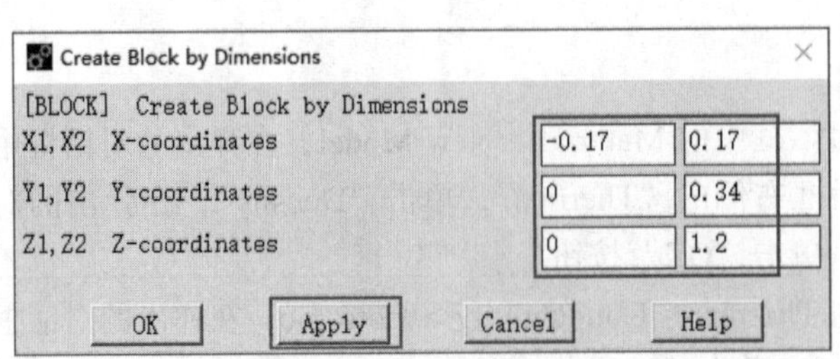

图 10-69 “Create Block By Dimensions”对话框

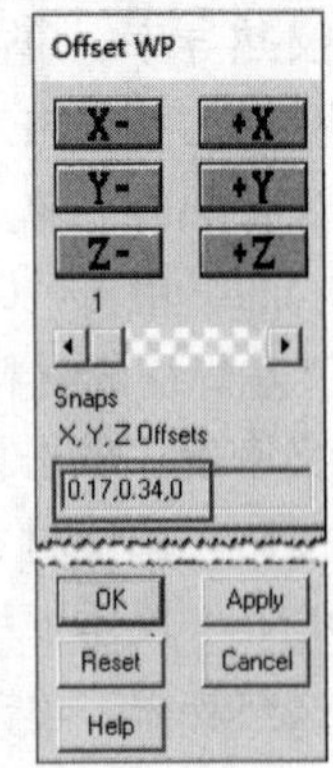

图 10-70 “Offset WP”对话框

❹ 选择 Main Menu > Preprocessor > Modeling > Create > Volumes > Cylinder > By Dimensions，弹出的如图 10-71 所示对话框。在“RAD1”“RAD2”“Z1，Z2”“THETA1”“THETA2”中分别输入 0.17、0、0、1.2、0、90，单击“OK”按钮。

❺ 选择 Utility Menu > WorkPlane > Offset WP to > Global Origin。

❻ 选择 Main Menu > Preprocessor > Modeling > Reflect > Volumes，在弹出的对话框中选择“Min,Max,Inc”，输入“2,3,1”后按 Enter 键，再输入 6 后按 Enter 键，单击“OK”按钮，弹出如图 10-72 所示的对话框，在对话框中单击“OK”按钮，建立的几何模型如图 10-73 所示。

05 布尔操作

选择 Main Menu > Preprocessor > Modeling > Operate > Booleans > Glue > Volumes，在弹出的对话框中单击“Pick All”按钮。

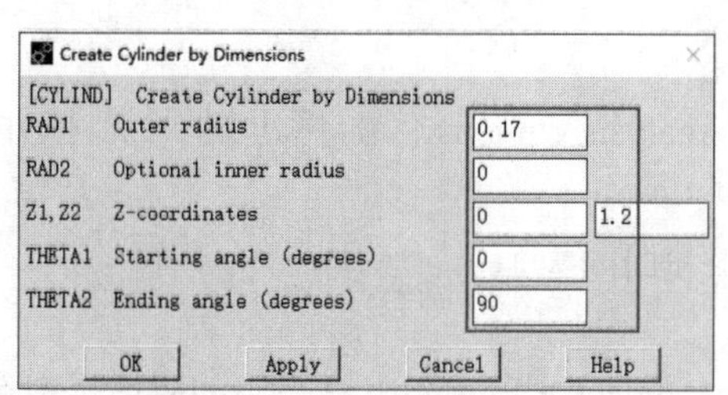

图 10-71 “Create Cylinder by Dimensions”对话框

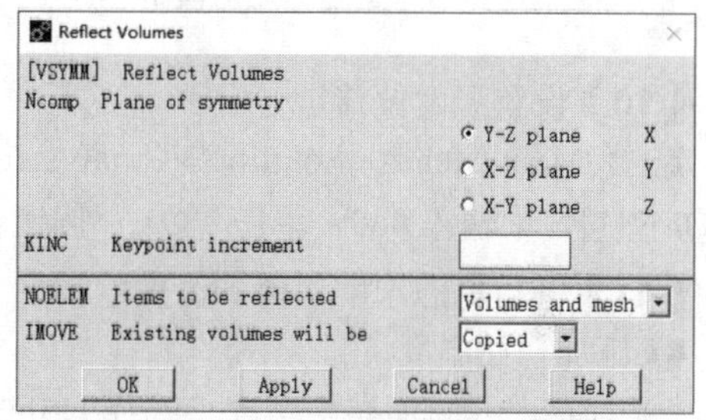

图 10-72 “Reflect Volumes”对话框

06 设置单元密度

选择 Main Menu > Preprocessor > Meshing > Size Cntrls > ManualSize > Global > Size, 在弹出的对话框中的“SIZE”文本框中输入 0.05，单击“OK”按钮。

07 赋予焊接件属性

❶ 设置右焊缝属性。选择 Main Menu > Preprocessor > Meshing > Mesh Attributes > Picked Volumes，选择“Min,Max,Inc”，输入 10 后按 Enter 键，单击“OK”按钮，在弹出的对话框中的“MAT”和“TYPE”中分别选择“1”和“1 SOLID70”。

❷ 设置两钢板属性。选择 Main Menu > Preprocessor > Meshing > Mesh Attributes > Picked Volumes，在弹出的对话框中选择“Min,Max,Inc”，输入1后按Enter键，再输入“12,17,1”后按Enter键，单击“OK”按钮，在弹出的对话框中的“MAT”和“TYPE”中分别选择“2”和“1 SOLID70”。

❸ 设置左焊缝属性。选择 Main Menu > Preprocessor > Meshing > Mesh Attributes > Picked Volumes，在弹出的对话框中选择“Min,Max,Inc”，输入 11 后按 Enter 键，单击“OK”按钮，在弹出的对话框中的“MAT”和“TYPE”中分别选择“3”和“1 SOLID70”。

08 划分单元

选择Utility Menu > Select > Everything。选择Main Menu > Preprocessor > Meshing > Mesh > Volume Sweep > Sweep，在弹出的对话框中单击“Pick All”按钮。建立的有限元模型如图 10-74 所示。

09 杀死左焊缝单元

选择 Main Menu > Preprocessor > Loads > Load Step Opts > Other > Birth & Death > Kill Elements，在弹出的对话框中选择“Min,Max,Inc”，输入“9577,9888,1”后按Enter键，单击“OK”按钮。选择 Utility Menu > Select > Everything。

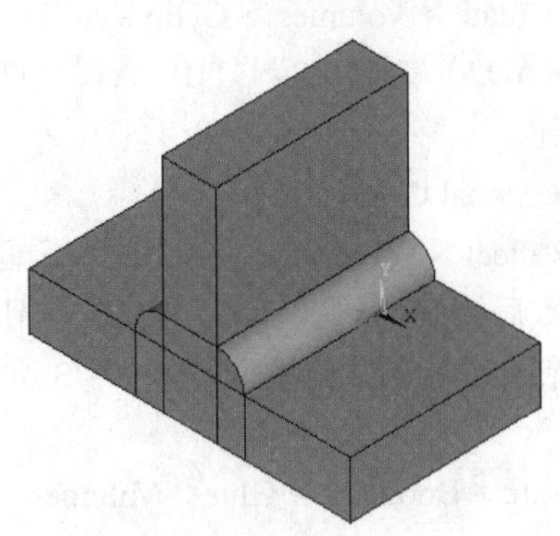

图 10-73　建立的几何模型

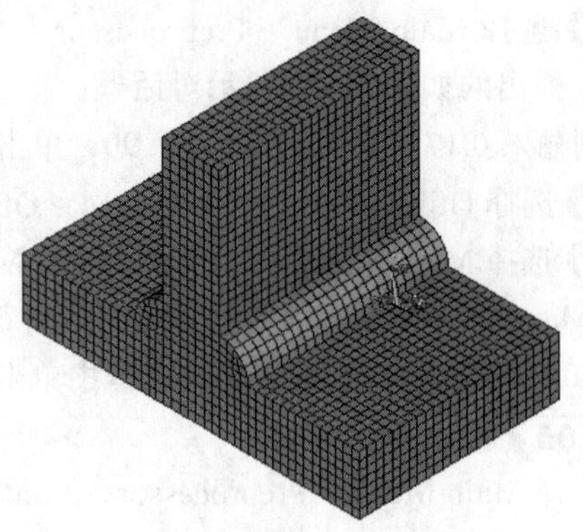

图 10-74　建立的有限元模型

10 设置温度偏移量

选择 Main Menu > Solution > Analysis Type > Analysis Options，在弹出的对话框中的“[TOFFST]”中输入 460，单击“OK”按钮。

11 进行稳态求解，得到温度的初始条件（分析时间为 1s）

❶ 施加初始温度。

1）对右焊缝施加初始温度。选择 Utility Menu > Select > Entities，在弹出的对话框中选择“Elements”“By Attributes”“Material num”，在“Min,Max,Inc”中输入 1，单击“Apply”按钮；选择“Nodes”“Attached to”“Elements”“From Full”，单击“OK”按钮。

选择 Main Menu > Solution > Define Loads > Apply > Thermal > Temperature > On Nodes，单击“Pick All”按钮，弹出如图 10-75 所示的对话框，在“Lab2”中选择“TEMP”，在“VALUE”中输入 3000，单击“OK”按钮。

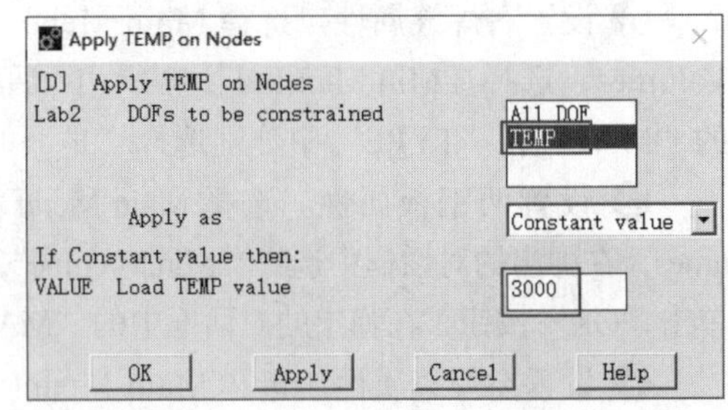

图 10-75　“Apply TEMP on Nodes”对话框

2）对两钢板施加初始温度。选择 Utility Menu > Select Entities，在弹出的对话框中选择“Nodes”“By Num/Pick”“From Full”，单击“Invert”按钮后单击“Cancel”按钮。

选择 Main Menu > Solution > Define Loads > Apply > Thermal > Temperature > On Nodes，在弹出的对话框中单击“Pick All”按钮，在弹出的对话框中的“Lab2”中选择“TEMP”，在“VALUE”中输入 70，单击“OK”按钮。

❷ 设置求解选项。

1）选择 Main Menu > Solution > Analysis Type > New Analysis，在弹出的对话框中选择“Transient”，单击“OK”按钮，在弹出的对话框采用默认设置，单击“OK”按钮。

2）选择 Main Menu > Solution > Load Step Opts > Time/Frequenc > Time Integration > Newmark Parameters，在弹出的对话框中将“TIMINT”设置为“Off”，然后单击“OK”按钮，即定义为稳态分析。

3）选择 Main Menu > Solution > Load Step Opts > Time/Frequenc > Time - Time Step，在弹出的对话框中设定“TIME”为 1，单击“OK”按钮。

❸ 存盘。选择 Utility Menu > Select > Everything，在弹出的对话框中单击 Ansys Toolbar 中的“SAVE_DB”。

❹ 求解。选择 Main Menu > Solution > Solve > Current LS，进行计算。

(12) 进行瞬态求解，分析右焊缝液固相变过程（分析时间为 1 ~ 100s）

❶ 删除温度载荷。选择 Main Menu > Solution > Define Loads > Delete > Thermal > Temperature > On Nodes，在弹出的对话框中单击“Pick All”按钮，在弹出的对话框中的“Lab”中选择“TEMP”，单击“OK”按钮，如图 10-76 所示。

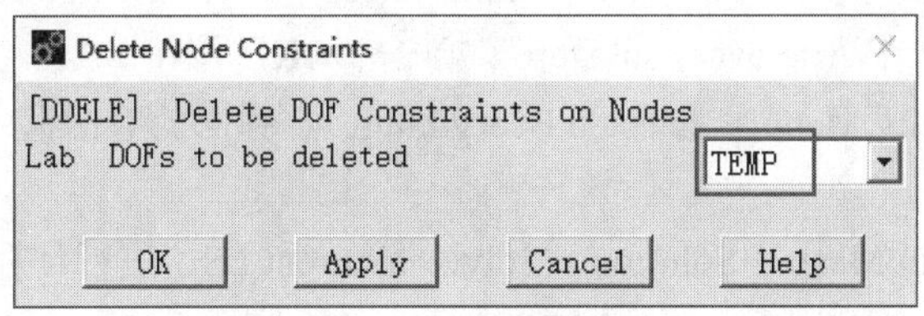

图 10-76 “Delete Node Constraints”对话框

❷ 施加表面传热载荷。选择 Utility Menu > Select > Entities，在弹出的对话框中选择“Areas”“Exterior”“From Full”，单击“Apply”按钮，如图 10-77a 所示，选择“Areas”“By Location”“Y coordinates”，在“Min,Max”中输入 0，选择“Unselect”，单击“OK”按钮，如图 10-77b 所示。

选择 Main Menu > Solution > Define Loads > Apply > Thermal > Convection > On Areas，在弹出的对话框中单击“Pick All”按钮，在弹出的对话框中的“VALI”中输入“5E-5”，在“VAL2I”中输入 70，单击“OK”按钮，如图 10-78 所示。

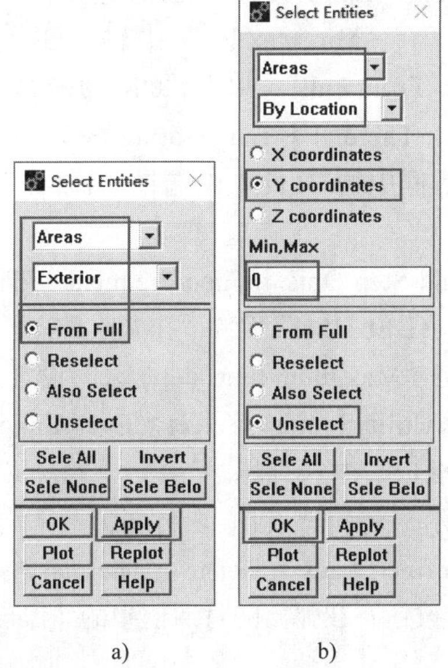

图 10-77 “Select Entities”对话框

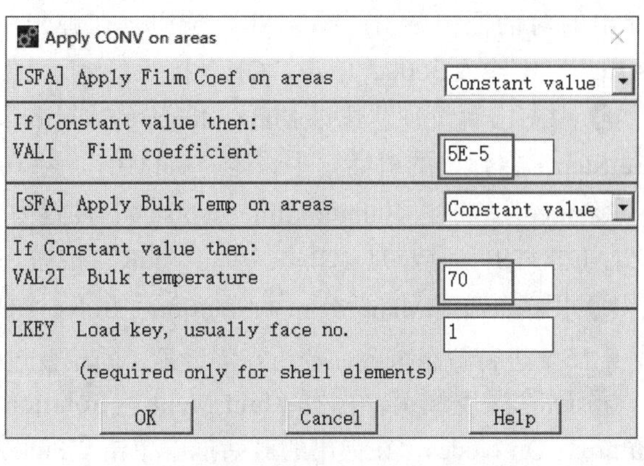

图 10-78 “Apply CONV on areas”对话框

❸ 瞬态求解设置。选择 Main Menu > Solution > Load Step Opts > Time/Frequenc > Time Integration > Newmark Parameters, 在弹出的对话框中将“TIMINT”设置为“On”，单击“OK”按钮，即定义为瞬态分析。

选择 Main Menu > Solution > Load Step Opts > Time/Frequenc > Time - Time Step，在弹出的对话框中设定“[TIME]”为 100、“[DELTIM]”为 1，在“[KBC]”中选择“Stepped”，将“Minimum time step size”设置为 0.5，将“Maximum time step size”设置为 10，将“[AUTOTS]”设置为“ON”，单击“OK”按钮。

❹ 输出控制对话框。选择 Main Menu > Analysis Type > Sol'n Controls，在弹出的对话框中的“Frequency”中选择“Write every substep”，单击“OK”按钮。

❺ 存盘。选择 Utility Menu > Select > Everything，在弹出的对话框中单击 Ansys Toolbar 中的“SAVE_DB”。

❻ 求解。选择 Main Menu > Solution > Solve > Current LS，进行计算。

(13) 进行瞬态求解，分析右焊缝凝固过程（分析时间为 100 ~ 1000s）

❶ 瞬态求解设置。选择 Main Menu > Solution > Load Step Opts > Time/Frequenc > Time - Time Step，在弹出的对话框中设定“[TIME]”为 1000、“[DELTIM]”为 50，将“Minimum time step size”设置为 10，将“Maximum time step size”设置为 100，单击“OK”按钮。

❷ 求解。选择 Main Menu > Solution > Solve > Current LS，进行计算。

(14) 激活所有单元进行短暂的瞬态求解（进行为稳态分析），得到温度的初始条件（分析时间为 1000 ~ 1001s）

❶ 激活左焊缝单元。选择 Main Menu > Solution > Load Step Opts > Other > Birth & Death > Activate Elem，在弹出的对话框中选择“Min,Max,Inc”，输入“9577,9888,1”后按 Enter 键，单击“OK”按钮。选择 Utility Menu > Select > Everything。

❷ 施加左焊缝的温度载荷。选择 Utility Menu > Select > Entities，在弹出的对话框中选择“Elements”“By Attributes”“Material num”“From Full”，在“Min,Max,Inc”中输入 3，单击“Apply”按钮；选择“Nodes”“Attached to”“Elements”“From Full”，单击“OK”按钮。

选择 Main Menu > Solution > Define Loads > Apply > Thermal > Temperature > On Nodes，在弹出的对话框中单击“Pick All”按钮，在弹出的对话框中的“Lab”中选择“TEMP”，在“VALUE”中输入 3000，单击“OK”按钮。

❸ 瞬态求解设置。选择 Main Menu > Solution > Load Step Opts > Time/Frequenc > Time - Time Step，在弹出的对话框中设定“[TIME]”为 1001、“[DELTIM]”为 1，在“[KBC]”中选择“Ramped”，将“Minimum time step size”设置为 1，将“Maximum time step size”设置为 1，将“[AUTOTS]”设置为“ON”，单击“OK”按钮。选择 Utility Menu > Select > Everything。

❹ 求解。选择 Main Menu > Solution > Solve > Current LS，进行计算。

(15) 进行瞬态求解，分析左焊缝液 - 固相变过程（分析时间为 1001 ~ 1100s）

❶ 删除温度载荷。选择 Main Menu > Solution > Define Loads > Delete > Thermal > Temperature > On Nodes，在弹出的对话框中单击“Pick All”按钮，在弹出的对话框中的“Lab”中选择“TEMP”，单击“OK”按钮。

❷ 瞬态求解设置。选择 Main Menu > Solution > Load Step Opts > Time/Frequenc > Time - Time Step，在弹出的对话框中设定“[TIME]”为 1100、“[DELTIM]”为 1，在“[KBC]”中选

择“Stepped”，将“Minimum time step size”设置为 0.5，将“Maximum time step size”设置为 10，将“[AUTOTS]”设置为“ON”，单击“OK”按钮。

❸ 求解。选择 Main Menu > Solution > Solve > Current LS，进行计算。

(16) 进行瞬态求解，分析左焊缝凝固过程（分析时间：1100 ~ 2000s）

❶ 瞬态求解设置。选择 Main Menu > Solution > Load Step Opts > Time/Frequenc > Time - Time Step，在弹出的对话框中设定“[TIME]”为 2000、“[DELTIM]”为 100，将“Minimum time step size”设置为 10，将“Maximum time step size”设置为 200，单击“OK”按钮。

❷ 求解。选择 Main Menu > Solution > Solve > Current LS，进行计算。

(17) 后处理

❶ 显示 1s 和 2s 后温度场分布云图。

1）选择 Utility Menu > PlotCtrls > Window Controls > Window Options, 在弹出的对话框中的“INFO”中选择“Legend ON”，单击“OK”按钮。

2）选择 Main Menu > General Postproc > Read Results > By Pick，弹出如图 10-79 所示的对话框，选中第 1 个载荷步的分析结果，单击“Read”按钮，再单击“Close”按钮，关闭该对话框。

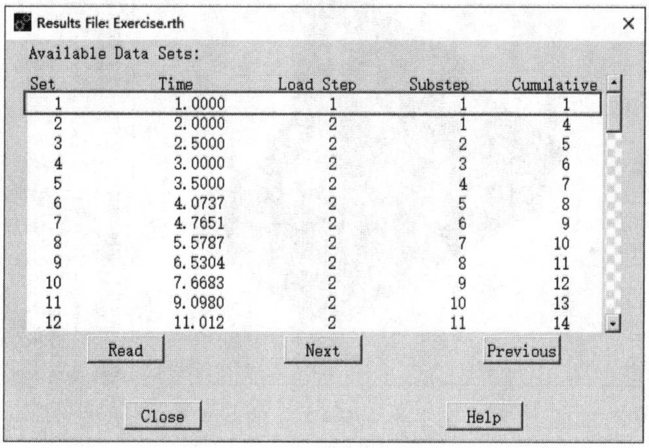

Results File: Exercise.rth

Available Data Sets:

Set	Time	Load Step	Substep	Cumulative
1	1.0000	1	1	1
2	2.0000	2	1	4
3	2.5000	2	2	5
4	3.0000	2	3	6
5	3.5000	2	4	7
6	4.0737	2	5	8
7	4.7651	2	6	9
8	5.5787	2	7	10
9	6.5304	2	8	11
10	7.6683	2	9	12
11	9.0980	2	10	13
12	11.012	2	11	14

Read　Next　Previous

Close　Help

图 10-79 “Results File:Exercise.rth”对话框

3）选择 Main Menu > General Postproc > Plot Results > Contour Plot > Nodal Solu, 在弹出的对话框中选择“DOF solution”和“Nodal Temperature”，单击“OK”按钮。第 1 载荷步（时间为 1s）的温度场分布云图如图 10-80 所示。与前面读取结果的方法相同，读取第 2 载荷步（时间为 2s）的分析结果，其温度场分布云图如图 10-81 所示。

❷ 显示 100s 后温度场分布云图。与前面读取结果和显示结果的方法相同，读取第 24 载荷步（时间为 100s）的分析结果，其温度场分布云图如图 10-82 所示。

❸ 显示 1000s 后温度场分布云图。与前面读取结果和显示结果的方法相同，读取第 36 载荷步（时间为 1000s）的分析结果，其温度场分布云图如图 10-83 所示。

❹ 显示 1001s 和 1002s 后温度场分布云图。与前面读取结果和显示结果的方法相同，读取第 37 载荷步（时间为 1001s）的分析结果，其温度场分布云图如图 10-84 所示。然后读取第 38 载荷步（时间为 1002s）的分析结果，其温度场分布云图如图 10-85 所示。

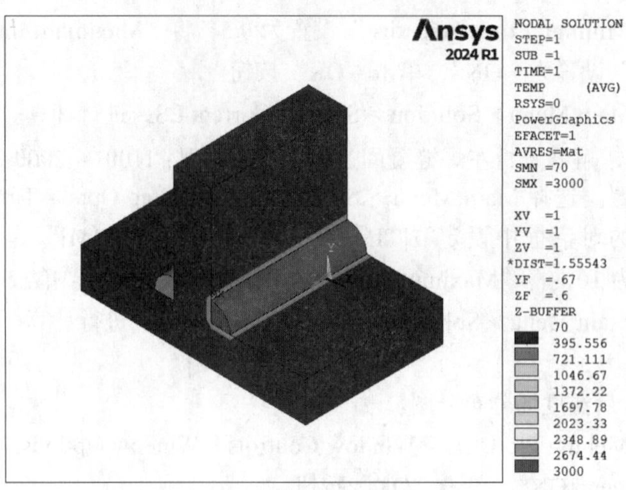

图 10-80　第 1 载荷步（1s）的温度场分布云图

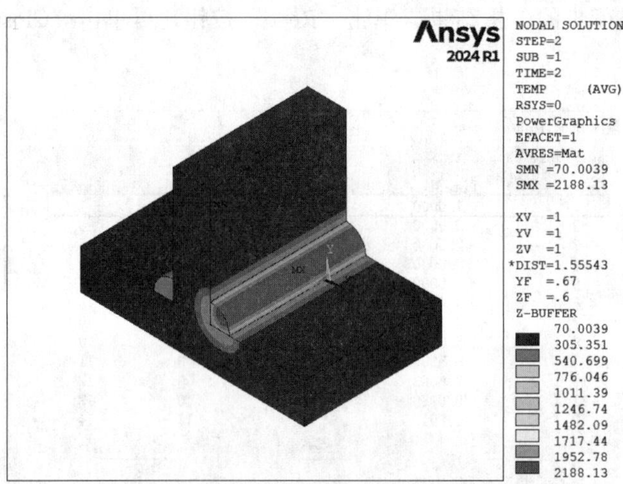

图 10-81　第 2 载荷步（2s）的温度场分布云图

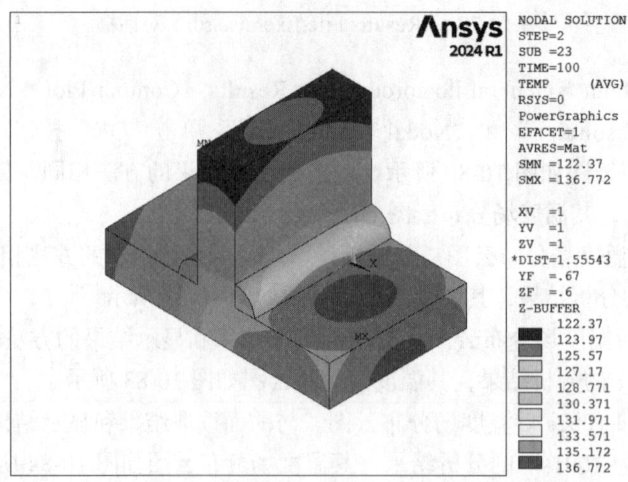

图 10-82　第 24 载荷步（100s）的温度场分布云图

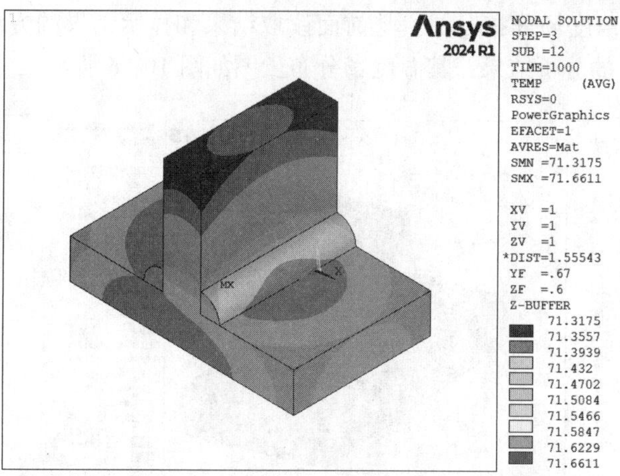

图 10-83　第 36 载荷步（1000s）的温度场分布云图

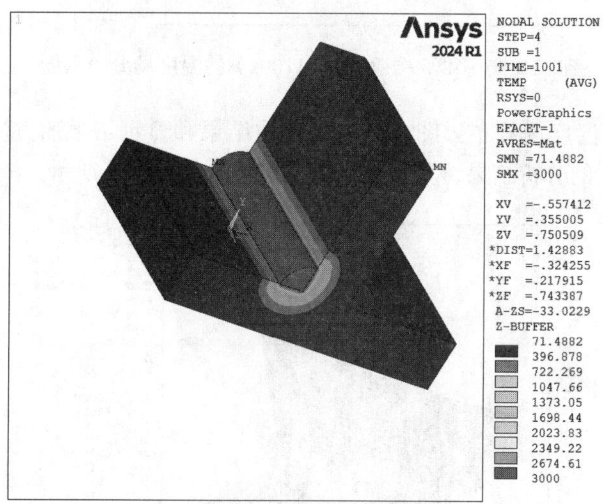

图 10-84　第 37 载荷步（1001s）的温度场分布云图

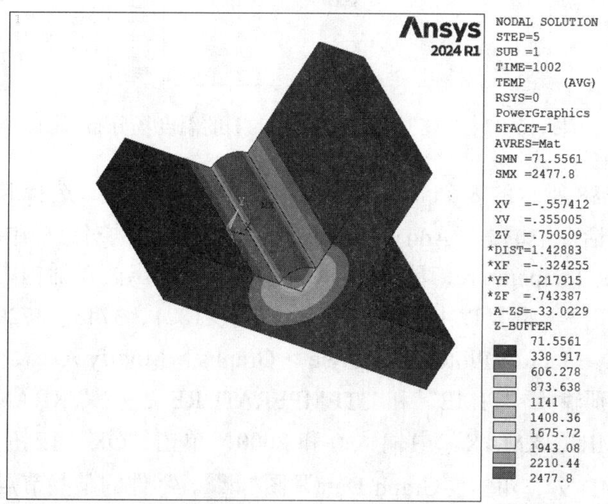

图 10-85　第 38 载荷步（1002s）的温度场分布云图

❺ 显示 1100s 后温度场分布云图。与前面读取结果和显示结果的方法相同，读取第 59 载荷步（时间为 1100s）的分析结果，其温度场分布云图如图 10-86 所示。

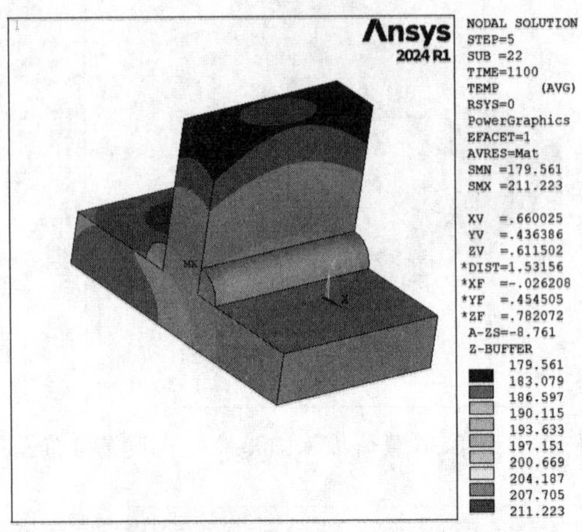

图 10-86　第 59 载荷步（1100s）的温度场分布云图

❻ 显示 2000s 后温度场分布云图。与前面读取结果和显示结果的方法相同，读取第 67 载荷步（时间为 2000s）的分析结果，其温度场分布云图如图 10-87 所示。

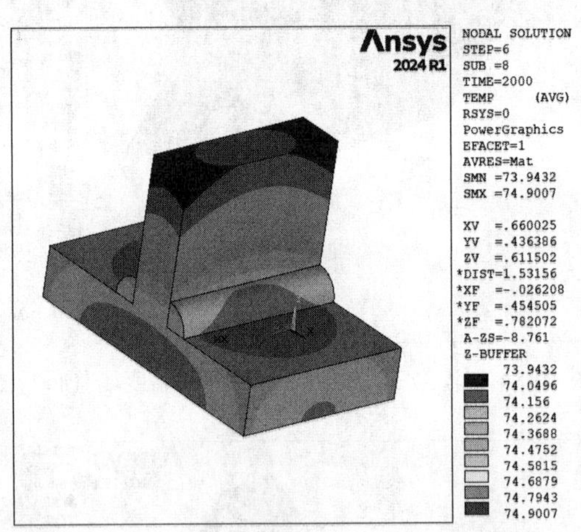

图 10-87　第 67 载荷步（2000s）的温度场分布云图

❼ 显示如图 10-88 所示的 8 个节点温度随时间的变化曲线。选择 Main Menu > TimeHist Postpro，在弹出的对话框中单击“Add Data”图标，在弹出的对话框中单击 Nodal Solution > DOF Solution > Nodal Temperature，单击“OK”按钮。在弹出的对话框中输入 2819 后按 Enter 键，单击“OK”按钮。再重复以上操作，选择 1797、1821、3746、3729、1222、1216、4741 号节点。选择 Utility Menu > PlotCtrls > Style > Graphs > Modify Axes，在弹出的对话框中的“/AXLAB”中分别输入“TIME”和“TEMPERATURE”，在“/XRANGE”中选择“Specified range”，在“XMIN，XMAX”中输入 0 和 2000，单击“OK”按钮。按住 Ctrl 键，选择“TEMP_2”到“TEMP_9”，单击“Graph Data”图标。零件的某些节点在焊接过程中温度随时间的变化曲线如图 10-89 所示。

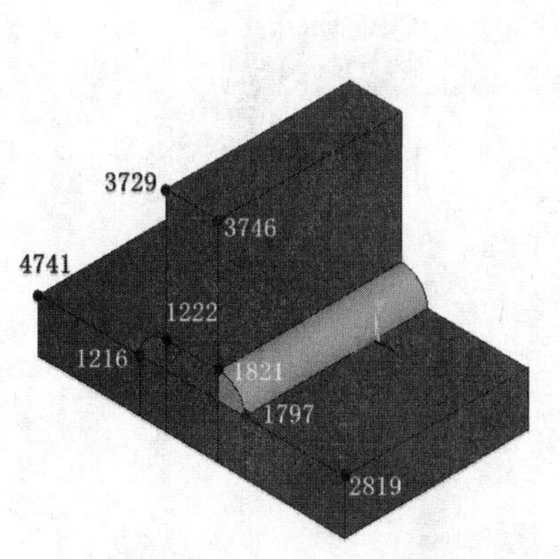

图 10-88　所要显示的节点

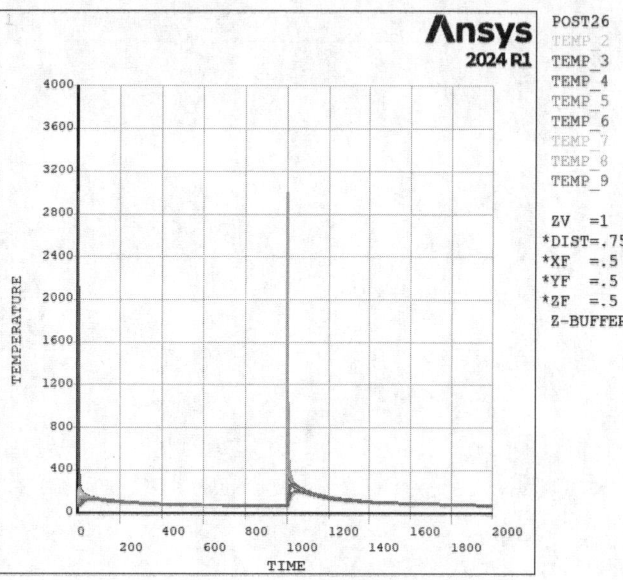

图 10-89　零件的某些节点在焊接过程中温度随时间的变化曲线

❽ 生成零件焊接过程动画。Main Menu > General Postproc > Read Results > Last Set，读取最后一步。选择 Utility Menu > PlotCtrls > Animate > Over Results，在弹出的对话框中的“Model result data”选择“Load Step Range”，在“Range Minimum,Maximum”中分别输入 1、6，在“Display Type”中选中“DOF solution”“Nodal Temperature”，将“Auto contour scaling”设置为“On”，单击“OK”按钮。在放映的过程中，选择 Utility Menu > PlotCtrls > Animate > Save Animation，可存储动画。观看完结果后可单击对话框中的“Close”按钮，结束动画放映。

❾ 退出 Ansys。单击 Ansys Toolbar 中的“QUIT”，选择“Quit - No Save!”后单击“OK”按钮。

10.3.4　APDL 命令流程序

略，见随书电子资料包。

第 11 章

生死单元技术

本章主要介绍了在一些工程热分析中常用的生死单元技术，并详细讲述了在 Ansys 中这种技术的应用方法、计算原理及注意事项。

- Ansys 中生死单元技术的处理及应用方法
- 应用生死单元技术的注意事项

11.1 单元的生和死的定义

如果在模型中加入（或删除）材料，模型中相应的单元就“存在”（或“消亡”）。单元生死选项可用于在这种情况下杀死或重新激活选择的单元（常用的具有生死能力的单元见表 11-1）。本选项主要用于钻孔（如开矿和挖通道等）、建筑物施工过程（如桥的建筑过程）、顺序组装（如分层的计算机芯片组装）和用户可以根据单元位置来方便地激活和不激活它们的一些应用中。单元生死功能只适用于 Ansys Multiphysics、Ansys Mechanical 和 Ansys Structural。

表 11-1 常用的具有生死能力的单元

SOLID5	MATRIX27	SHELL63	PLANE78	PLANE121	SURF154
LINK11	LINK31	LINK68	PLANE83	SOLID122	SHELL157
PLANE13	LINK33	SOLID70	SOLID87	SOLID123	TARGE169
COMBIN14	LINK34	MASS71	SOLID90	SURF151	TARGE170
MASS21	PLANE35	PLANE75	SOLID96	SURF152	CONTA172
PLANE25	PLANE55	PLANE77	SOLID98	SURF153	CONTA174

在一些情况下，单元的生死状态可以由 Ansys 的计算数值来决定，如温度、应力和应变等。可以用“ETABLE”命令（Main Menu > General Postproc > Element Table > Define Table）和“ESEL”命令（Utility Menu > Select > Entities）来确定选择的单元的相关数据，也可以改变单元的状态（融合、固结、捕获等）。本过程对于由相变引起的模型效应（如焊接过程中原不生效的熔融材料变为生效的模型体的一部分）、失效扩展和另外一些分析过程中的单元变化是有效的。

11.2 单元生死的基本原理

要激活“单元死”的效果，Ansys 程序并不是将“杀死”的单元从模型中删除，而是将其刚度（或传导，或其他分析特性）矩阵乘以一个很小的因子“[ESTIF]”。因子的默认值为 1.0E-6，也可以赋予其他数值。死单元的单元载荷将为 0，从而不对载荷向量生效（但仍然在单元载荷的列表中出现）。同样，死单元的质量、阻尼、比热容和其他类似效果也设为 0 值。死单元的质量和能量将不包括在模型求解结果中。单元的应变在“杀死”的同时也将设为 0。

与上面的过程相似，如果单元“出生”，并不是将其加到模型中，而是重新激活它们。用户必须在 PREP7 中生成所有单元，包括后面要被激活的单元。在求解器中不能生成新的单元，要“加入”一个单元，需先杀死它，然后在合适的载荷步中重新激活它。

当一个单元被重新激活时，其刚度、质量、单元载荷等将恢复其原始的数值。重新激活的单元没有应变记录（也无热量存储等）。但是，初应变以实常数形式输入的单元不为单元生死选项所影响，而且一些单元类型将以它们以前的几何特性恢复，除非是打开了大变形选项“[NLGEOM,ON]”（大变形效果有时用来得到合理的结果）。单元在被激活后的第一个求解过程中同样可以有热应变 [等于 a*(T-TREF)]，如果其承受热量体载荷。

可以在大多数的静态分析和非线性瞬态分析中使用单元生死，其基本过程与相应的分析过程是一致的。对于其他分析来说，这一过程主要包括以下 3 步。

1. 建模

在 PREP7 中生成所有单元，包括那些只有在以后载荷步中才激活的单元。在 PREP7 外不能生成新的单元。

2. 施加载荷并求解

在 SOLUTION 中完成以下操作：

1）定义第一个载荷步。在第一个载荷步中，用户必须选择分析类型和所有的分析选项。用下列方法指定分析类型：

GUI 操作：选择 Main Menu > Solution > Analysis Type > New Analysis。

命令：ANTYPE。

在结构分析中，大变形效果应打开。用下列命令设置该选项：

GUI 操作：选择 Main Menu > Solution > Analysis Options。

命令：NLGEOM,ON。

对于所有单元生死的应用，在第一个载荷步中应设置牛顿 - 拉夫森选项，因为程序不能预知“EKILL”命令是否出现在后面的载荷步中。用下列命令完成该操作：

GUI 操作：选择 Main Menu > Solution > Analysis Options。

命令：NROPT。

杀死（EKILL）所有要加入到后续载荷步中的单元，用下列命令：

GUI 操作：选择 Main Menu > Solution > Load Step Opts > Other > Birth & Death > Kill Elements。

命令：EKILL。

单元在载荷步的第一个子步被杀死（或激活）后，在整个载荷步中应保持该状态。要注意，使用默认的矩阵缩减因子不会引起一些问题。有些情况下还要考虑用严格的缩减因子。可用下列方法指定缩减因子数值：

GUI 操作：选择 Main Menu > Solution > Load Step Opts > Other > Birth & Death > Stiffness-Mult，弹出的对话框如图 11-1 所示。

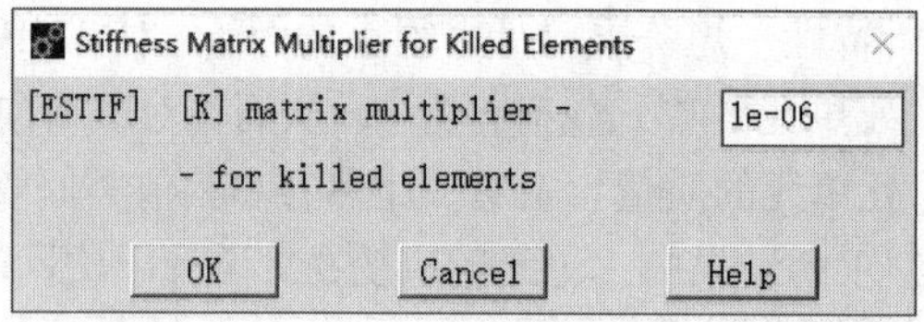

图 11-1 “Stiffness Matrix Multiplier for Killed Elements”对话框

命令：ESTIF。

不与任何激活的单元相连的节点将“漂移”，或具有浮动的自由度数值。在一些情况下，用户可能想约束不活动的自由度（D,CP 等）以减少要求解的方程的数目，并防止出现位置错误。约束不活动自由度时，对重新激活有特定的（或温度等）的单元时会有影响，因为在重新激活单元时要删除这些人为的约束。同时要删除不活动自由度的节点载荷（也就是不与任意激活的单元相连的节点）。同样，用户必须在重新激活的自由度上施加新的节点载荷。

下面是第一个载荷步中命令输入示例：

```
!第一个载荷步
TIME,...                                !设定时间值（静力分析选项）
NLGEOM,ON                               !打开大变形效果
NROPT,FULL                              !设定牛顿－拉夫森选项
ESTIF,...                               !设定非默认缩减因子（可选）
ESEL,...                                !选择在本载荷步中将不激活的单元
EKILL,...                               !不激活选择的单元
ESEL,S,LIVE                             !选择所有活动单元
NSLE,S                                  !选择所有活动节点
NSEL,INVE                               !选择所有非活动节点（不与活动单元相连的节点）
D,ALL,ALL,0                             !约束所有不活动的节点自由度（可选）
NSEL,ALL                                !选择所有节点
ESEL,ALL                                !选择所有单元
D,...                                   !施加合适的约束
F,...                                   !施加合适的活动节点自由度载荷
SF,...                                  !施加合适的单元载荷
BF,...                                  !施加合适的体载荷
SAVE
SOLVE
```

请参阅“TIME”“NLGEOM”“NROPT”“ESTIF”“ESEL”“EKILL”“NSLE”“NSEL”“D”“F”“SF”和“BF”命令得到更详细的解释，也可在Ansys帮助文件中查阅。

2）后继载荷步：可以随意杀死或重新激活单元。像上面提到的，要正确地施加和删除约束和节点载荷。

用下列命令杀死单元：

GUI操作：选择Main Menu > Solution > Load Step Opts > Other > Birth & Death > Kill Elements。

命令：EKILL。

用下列命令重新激活单元：

GUI操作：选择Main Menu > Solution > Load Step Opts > Other > Birth & Death > Activate Elem。

命令：EALIVE。

下面是第二个载荷步中命令输入示例：

```
!第二个（或后继）载荷步
TIME,...
ESEL,...
EKILL,...                               !杀死选择的单元
ESEL,...
EALIVE,...                              !重新激活选择的单元
FDELE,...                               !删除不活动自由度的节点载荷
D,...                                   !约束不活动自由度
F,...                                   !在活动自由度上施加合适的节点载荷
DDELE,...                               !删除重新激活的自由度上的约束
```

```
SAVE
SOLVE
```

请参阅“TIME”“ESEL”“EKILL”“EALIVE”“FDELE”“D”“F”和“DDELE”命令得到更详细的解释，也可在 Ansys 帮助文件中查阅。

3. 查看结果

用户在对包含不激活或重新激活的单元操作时应按照标准的过程来做。但是必须清楚的是杀死的单元仍在模型中，尽管对刚度（传导）矩阵的贡献可以忽略。因此，它们将包括在单元显示和输出列表等操作中。例如，不激活的单元在节点结果平均（“PLNSOL”命令或 Main Menu > General Postproc > Plot Results > Nodal Solu）时将“污染”结果。整个不激活单元的输出应当被忽略，因为很多项带来的效果都很小。建议在单元显示和其他后处理操作前，用选择功能将不激活的单元选出选择集。

11.3 使用 Ansys 结果控制单元生死方法

在许多时候，并不清楚要杀死和重新激活单元的确切位置。例如，要在热分析中“杀死”熔融的单元（在模型中移去熔化的材料），事先不会知道这些单元的位置，必须根据 Ansys 计算出的温度来确定这些单元。当依靠 Ansys 计算结果（如温度，应力，应变等）决定杀死或重新激活单元时，可以使用命令识别并选择关键单元。

用下列方法识别关键单元：

GUI 操作：选择 Main Menu > General Postproc > Element Table > Define Table。

命令：ETABLE。

用下列方法选择关键单元：

GUI 操作：选择 Utility Menu > Select > Entities。

命令：ESEL。

然后用户可以杀死或重新激活选择的单元（也可以用 Ansys APDL 语言编写宏以完成这些操作）。

用下列方法杀死选择的单元：

GUI 操作：选择 Main Menu > Solution > Load Step Opts > Other > Birth & Death > Kill Elements。

命令：EKILL。

用下列方法重新激活选择的单元：

GUI 操作：选择 Main Menu > Solution > Load Step Opts > Other > Birth & Death > Activate Elem。

命令：EALIVE。

下面的例子是杀死总应变超过许用值的单元：

```
/SOLU                                    ! 进入求解器。
...                                      ! 标准的求解过程。
SOLVE
FiNISH
```

```
!
/POST1                                  ! 进入 POST1。
SET,...
ETABLE,STRAIN,EPTO,EQV                  ! 将总应变存入 ETABLE。
ESEL,S,ETAB,STRAIN,0.20                 ! 选择所有总应变大于或等于 0.20 的单元。
FiNISH
!
/SOLU                                   ! 重新进入求解器。
ANTYPE,,REST
EKILL,ALL                               ! 杀死选择（超过允许值）的单元。
ESEL,ALL                                ! 读入所有单元。
...                                     ! 继续求解。
```

请参阅“ETABLE”“ESEL”“ANTYPE”和“EKILL”命令，得到更详细的解释，也可在 Ansys 帮助文件中查阅。

11.4 应用单元生死技术的注意事项

不活动的自由度上不能施加约束方程（CE、CEINTF 等）（不活动的自由度是当节点不与活动的单元相连时出现）。

可以通过先杀死然后重新激活单元的方法做应力松弛（如退火）操作。

在非线性分析中，注意不要因为杀死或重新激活单元引起奇异性（如结构分析中的尖角）或刚度突变。

在有单元生死的分析中打开 FULL 牛顿 - 拉夫森方法中的适应下降选项，将得到好的结果。

GUI 操作：选择 Main Menu > Solution > Analysis Options。

命令：NROPT,FULL,,ON。

可以通过一个参数值来指示单元生死状态（如 *GET、Par、ELEM、n、ATTR、LIVE）(Utility Menu > Parameters > Get Scalar Data)。该参数可以用于 APDL 逻辑分支（*IF 等）或其他要控制单元生死的应用场合中。

用户可能想通过改变材料特性来杀死或重新激活单元 [MPCHG](Main Menu > Preprocessor > Material Props > Change Mat Num)，但是在这个过程中要特别小心。软件保护系统和限制使得“杀死”的单元在求解器中改变材料特性时将不生效（单元集中载荷不能自动删除，应变、质量和比热容等也不能删除）。不当的使用“MPCHG”命令将带来许多问题。例如，如果将单元的刚度缩减到近于 0，而保留其质量，在有加速度和惯性载荷的问题中将产生奇异性。

一个“MPCHG”命令的应用是在建立模型时涉及“出生”单元的应变历程的情况下。使用“MPCHG”命令可以得到单元在变形的节点构造中的初始应变。

在单元生死中不能用多载荷步求解 [LSWRITE]，因为不激活或重新激活的单元状态将不写入载荷步文件中。有多个载荷步的生死单元分析应该用一系列的“MPCHG”命令（Main Menu > Solution > Current LS）来做。

第 12 章

与温度场相关的耦合场分析

本章主要介绍了 Ansys 中耦合场分析的基本原理及分析方法，并着重介绍了热-结构耦合分析的直接耦合和间接耦合分析方法的基本原理及详细步骤，还介绍了摩擦生热在 Ansys 中的计算方法。

- Ansys 中耦合场分析的基本思路
- Ansys 中间接耦合分析中物理环境法的应用方法及优缺点
- Ansys 中摩擦生热的计算方法及相关参数的设置

12.1 耦合场分析概述

12.1.1 耦合场分析的定义

耦合场分析是指在有限元分析的过程中考虑了两种或者多种工程学科（物理场）的交叉作用和相互影响（耦合），如压电分析考虑了结构和电场的相互作用，它主要解决由于所施加的位移载荷引起的电压分布问题，反之亦然。其他的耦合场分析还有热 - 应力耦合分析、热 - 电耦合分析、流体 - 结构耦合分析、磁 - 热耦合分析和磁 - 结构耦合分析等。

12.1.2 耦合场分析的类型

耦合场分析的过程取决于所需解决的问题是由哪些场的耦合作用引起的，但是，耦合场分析最终可归结为两种不同的方法：间接耦合解法和直接耦合解法。

1. 间接耦合解法

间接耦合解法是按照顺序进行两次或更多次的相关场分析。它是通过把第一次场分析的结果作为第二次场分析的载荷来实现两种场的耦合的，如间接热 - 应力耦合分析是将热分析得到的节点温度作为“体力”载荷施加在后序的应力分析中来实现耦合的。

许多问题需要热到结构的耦合（温度引起的热膨胀），但反之不可，因为结构到热耦合是可以忽略的（小的应变将不对初始的热分析结果产生影响），如图 12-1 所示。在实际问题中，这种方法比直接耦合要方便一些，因为分析使用的是单场单元，不用进行多次迭代计算。

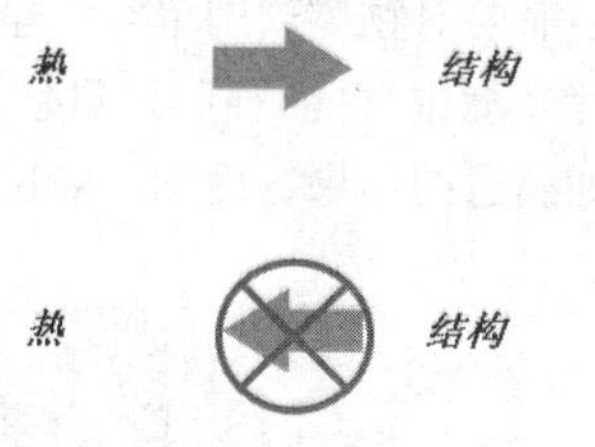

图 12-1　间接耦合分析中热和结构两场在分析中的关系示意图

在 Ansys 中有两种基本方法用于进行间接耦合场分析：

1）物理环境方法。单独的数据库文件在所有场中使用。用多个物理环境文件来表示每个场的特性。

2）手工方法。多个数据库被建立和存储，每次研究一种场。每个场的数据都存储在数据库中。

它们主要区别在于每个场的特性是如何表示的。下面详细讨论物理环境方法。

为了自动进行间接顺序耦合场分析，Ansys 允许在一个模型中定义多个物理环境。一个物理环境代表模型在一个场中的行为特性。物理环境文件是 ASCII 码文件，包括以下内容：

1）单元类型和选项。

2）节点和单元坐标系。

3）耦合和约束方程。

4）分析和载荷步选项。

5）载荷和边界条件。

6）GUI 界面和标题。

在建立带有物理环境的模型时，要选择相容于所有物理场的单元类型。例如，8 节点的六面体热分析单元与 8 节点的六面体结构单元相容，而不与 10 节点四面体二阶结构单元相容，如图 12-2 所示。

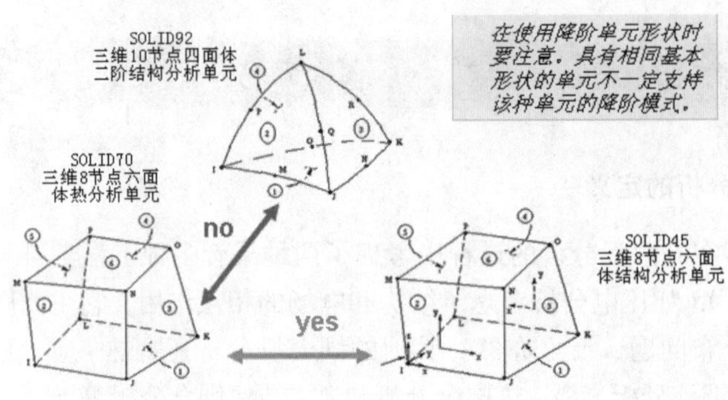

图 12-2　间接耦合分析中热和结构两场单元相容关系示意图

除了相似的单元阶次（形函数阶次）和形状，绝大多数单元需要相似的单元选项(如平面 2-D 单元的轴对称)以满足相容性。但是，许多载荷类型不需要环境之间完全相容。例如，8 节点热体单元可以用来给 20 节点结构块单元提供温度。许多单元需要特殊单元选项设置来与不同阶次的单元相容。单元属性号码（MAT，REAL，TYPE）在环境之间的号码必须连续。对于在某种特殊物理环境中不参与分析的区域使用空单元类型（type # zero）来划分（如在电磁场分析中需要对物体周围单空气建模，而热和结构分析中不用）。同时，确认网格划分的密度在所有物理环境中都能得到可以接受的结果。例如，在图 12-3a 中网格划分密度在温度场分析中可以得到满意的结果，而图 12-3b 中网格划分密度在结构场中才能得到准确的分析结果。

a) 温度场的有限元模型

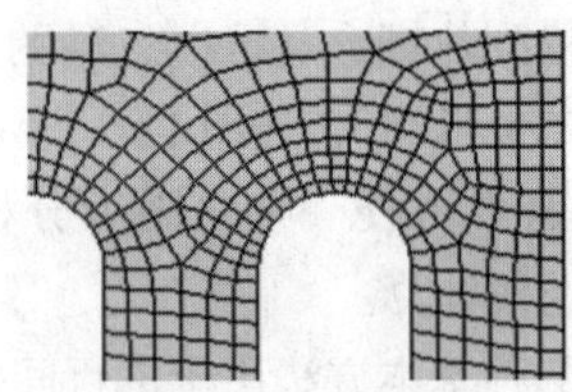

b) 结构场的有限元模型

图 12-3　温度场热和结构场有限元模型对比

物理环境方法允许在一个模型中最多定义 9 种物理环境，当考虑多于两个场的相互作用时或不能在每个环境中使用不同的数据库文件的情况下这种方法比较适用。关于间接问题的物理环境方法具体的应用方法，详见本书第 15 章的实例二和实例四。

以热 - 结构场耦合为例，应用物理环境方法进行分析的步骤如下：

1）进行热分析前处理操作。

2）写热分析物理文件。

3）清理边界条件和存储数据。

4）进行结构分析前处理操作。

5）写结构分析物理文件。

6）读取热分析物理文件。

7）对热分析进行求解和后处理。

8）读取结构分析物理文件。

9）从热分析场中读取温度分析结果。

10）对结构场进行求解和后处理。

2. 直接耦合解法

直接耦合解法利用包含所有必须自由度的耦合单元类型，仅仅通过一次求解就能得出耦合场分析结果，适用于多个物理场各自的响应互相依赖的情况。由于平衡状态要满足多个准则才能取得，所以直接耦合分析往往是非线性的。每个结点上的自由度越多，矩阵方程就越庞大，耗费的机时也越多。在这种情形下，耦合是通过计算包含所有必须项的单元矩阵或单元载荷向量来实现的。例如，利用单元 SOLID5，PLANE13 或 SOLID98 可直接进行压电分析。在 Ansys 中具有耦合场分析能力的单元见表 12-1。

表 12-1　Ansys 中具有耦合场分析能力的单元

单元名称			
LINK68	CONTA174	CPT217	FLUID29
LINK228	CONTA175	SOLID5	FLUID30
PLANE13	CONTA178	SOLID98	FLUID116
PLANE222	CPT212	SOLID225	TRANS126
PLANE223	CPT213	SOLID226	CIRCU94
SHELL157	CPT215	SOLID227	CIRCU124
CONTA172	CPT216		

在直接耦合场分析中要注意以下方面：

1）使用耦合场单元的自由度序列应该符合需要的耦合场要求。模型中不需要耦合的部分应使用普通单元。

2）仔细研究每种单元类型的单元选项，材料特性和实常数。耦合场单元相对来说有更多的限制，如 PLANE13 不允许热质量交换而 PLANE55 单元可以，SOLID5 不允许塑性和蠕变而 SOLID45 可以。

3）不同场之间使用统一的单位制。例如，在热 - 电分析中，如果功率的单位使用 W（J/s），热单位就不能使用 Btu/s。

4）由于需要迭代计算，热耦合场单元不能使用子结构。

在直接耦合解法的加载，求解和后处理中应注意以下方面：

1）如果对带有温度自由度的耦合场单元选择瞬态分析类型：

① 瞬态温度效果可以在所有耦合场单元中使用。

② 瞬态电效果（电容，电感）不能包括在热 - 电分析中（除非只有 TEMP 和 VOLT 自由度被激活）。

③ 带有磁向量势自由度的耦合场单元（如 SOLID227）可以用来对瞬态磁场问题建模，带有标量势自由度的单元（SOLID5）只能模拟静态现象。

2）学习每种单元的自由度和允许的载荷。耦合场单元允许在相同位置（节点，单元面等）施加多种类型的载荷（D，F，SF，BF）。

3）耦合场分析可以是高度非线性的，这时考虑使用 Predictor 和 Line Search 功能改善收敛性。

4）考虑使用 Multi-Plots 功能将不同场的结果同时输出到多个窗口中。

12.1.3 直接耦合解法或间接耦合解法的应用范围

对于不存在高度非线性相互作用的情况，间接耦合解法更为有效和方便，因为可以独立地进行两种场的分析。例如，对于间接热 - 应力耦合分析，可以先进行非线性瞬态热分析，再进行线性静态应力分析，然后用热分析中任意载荷步或时间点的节点温度作为载荷进行应力分析。这里的耦合是一个循环过程，其中的迭代在两个物理场之间进行，直到结果收敛到所需要的精度。

直接耦合解法在解决耦合场相互作用具有高度非线性时更具优势，并且可利用耦合公式一次性得到最好的计算结果。直接耦合解法的应用包括压电分析、伴随流体流动的热传导问题以及电路 - 电磁场耦合分析。求解这类耦合场相互作用的问题都有专门的单元供直接选用。

12.1.4 涉及热分析的直接耦合分析和间接耦合分析典型应用实例

1. 直接耦合分析典型应用实例

（1）热 - 结构耦合。钢板和铝板的热轧过程、热模锻等都是热 - 结构直接耦合的典型工程实例。热轧铝板示意图如图 12-4 所示。因为，在此过程中，钢板、铝板、模锻工件的温度将影响材料的弹塑性特性和热应变，而机械和热载荷使得钢板、铝板、模锻工件产生大应变，因此在新的热分析中必须计入形状改变。可见，热、结构两场相互影响，因此属于热 - 结构直接耦合。

（2）热 - 电磁场耦合。钢芯的热传递是热 - 电磁场直接耦合的典型应用，其示意图如图 12-5 所示。因为传导线圈在钢芯周围产生电磁场，该区域的交变电流在钢芯内产生焦耳热，而钢芯在热作用下产生高温，由于温度变化梯度很大，因此必须考虑钢芯材料特性随温度的变化，而且磁场变化的强度和方向都会改变。可见，热、电、磁场相互影响，因此属于热 - 电磁场直接耦合。

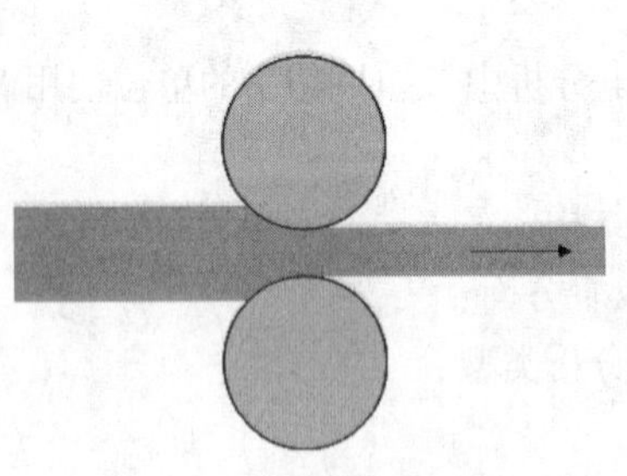

图 12-4　热轧铝板示意图

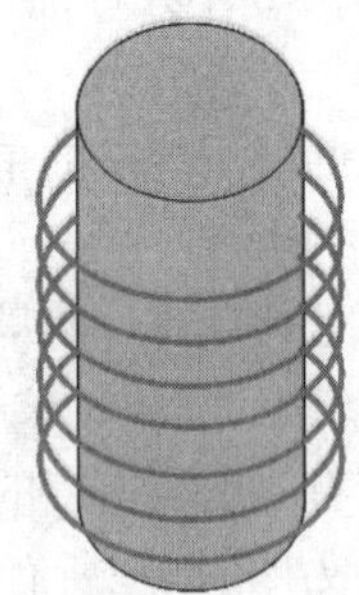

图 12-5　钢芯加热示意图

2. 间接耦合分析典型应用实例

（1）热 - 结构耦合。涡轮机叶片部件分析属于热 - 结构间接耦合分析，如图 12-6 所示。叶片和盘中的温度会产生热膨胀应变，这会显著影响应力状态。由于应变较小，而且接触区域是平面对平面的，因此温度解不用更新。

（2）热 - 电耦合。嵌于玻璃盘的电热器分析属于热 - 电间接耦合分析，如图 12-7 所示。嵌于玻璃盘的电热器中有电流。这使得电热器中有焦耳热产生。由于热效应，电热器和盘中温度增加。由于系统的温度变化不大，热引起的电阻变化可以忽略，因此电流也是不变的。

图 12-6 涡轮机叶片部件

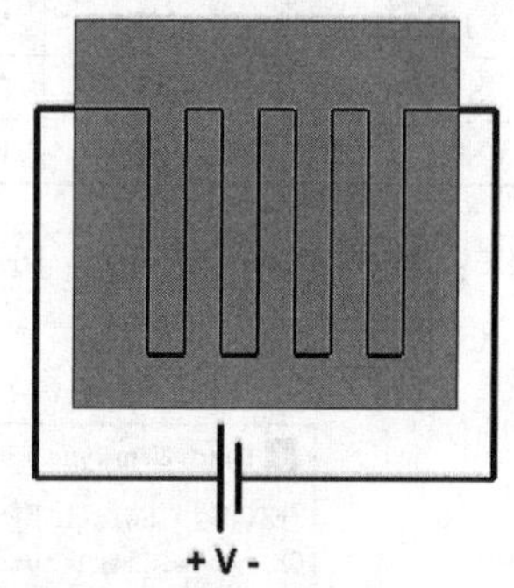

图 12-7 嵌于玻璃盘的电热器

12.2 间接手工热 - 应力耦合分析

在工程应用中，热 - 应力耦合分析是一种最常见的耦合分析问题。由热分析得到的温度对结构分析的应变和应力有显著的影响，但结构的响应对热分析结果没有很大的影响，都可以应用间接耦合分析方法对其进行分析。因为热 - 应力分析只涉及两个场之间的连续作用，可以使用手工方法 (MM) 进行顺序耦合而不必使用相对复杂的物理环境方法 (PEM)。这里对间接热 - 应力耦合分析的方法进行详细的介绍。

12.2.1 基本特点

与物理环境方法 (PEM) 相比，手工方法 (MM) 具有以下特点。

1. 优点

1）在建立热模型和结构模型时有较少的限制，如属性号码和网格划分在热和结构模型中可以不同，而 PEM 则需要所有的模型都是一致的。

2）MM 分析简单而且适应性强，Ansys 和用户已经对它进行了多年的检验。

2. 缺点

1）必须建立热和结构的数据库和结果文件。这与单独模型的 PEM 对比，需要占用较多的存储空间。

2）如果再考虑其他场，MM 会比较麻烦。

12.2.2 基本过程

在热 - 应力分析中，由温度求解得到的节点温度将在结构分析中用作体载荷。当在顺序求解使用手工方法时，将节点温度施加到结构单元上有两种方法。这两种方法选择的原则在于结构模型和热模型是否具有相似的网格划分。

1. 如果热模型和结构模型的网格有相同的节点号

1）热模型自动转换为结构模型。温度场单元和结构场单元的对应关系见表 12-2。

表 12-2 Ansys 中温度场单元和结构场单元对应关系

温度场	结构场	温度场	结构场	温度场	结构场	温度场	结构场
LINK33	LINK180	PLANE35	PLANE183	SOLID90	SOLID186	MASS71	MASS21
SHELL131	SHELL181	PLANE55	PLANE182	SOLID87	SOLID187	SURF151	SURF153
SHELL132	SHELL281	PLANE77	PLANE183	SOLID70	SOLID185	SURF152	SURF154

GUI 操作：选择 Main Menu > Preprocessor > Element Type > Switch Elem Type，弹出的对话框如图 12-8 所示。

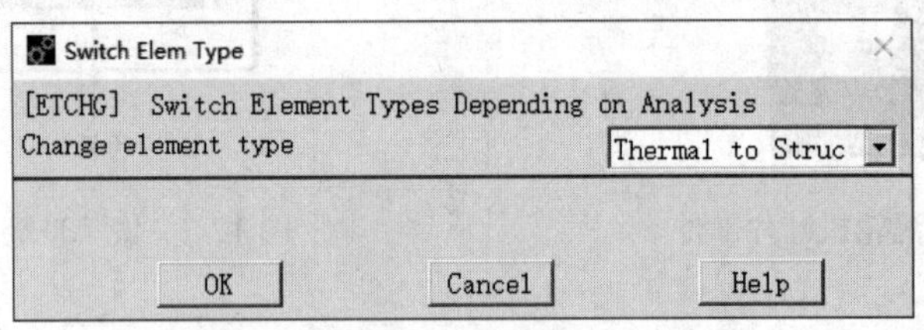

图 12-8 “Switch Elem Type”对话框

命令：ETCHG。

2）温度可以直接从热分析结果文件中读出，并施加到结构模型上。热 - 应力耦合分析温度载荷读取流程图如图 12-9 所示。

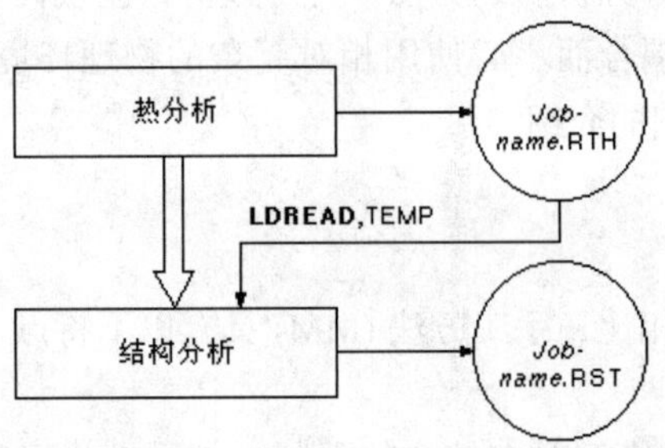

图 12-9 热 - 应力耦合分析温度载荷读取流程图

GUI 操作：选择 Main Menu > Solution > Define Loads > Apply > Structural > Temperature > From Therm Analy，弹出的对话框如图 12-10 所示。

Apply TEMP from Thermal Analysis
[LDREAD],TEMP Apply Temperature from Thermal Analysis
Identify the data set to be read from the results file
LSTEP, SBSTEP, TIME
Load step and substep no.
or
Time-point
Fname Name of results file
Browse...
OK Apply Cancel Help

图 12-10 “Apply TEMP from Thermal Analysis”对话框

命令：LDREAD。

2. 如果热模型和结构模型的网格有不同的节点号

结构模型与热模型网格划分不同，是为了得到更好的结构结果。结构体载荷是从热分析中映射过来的，这需要一个较复杂的过程，而对热分析结果进行插值，然后再施加到结构场中，在物理环境中不能使用该方法。

使用相同或不同网格的区别如图 12-11 所示。

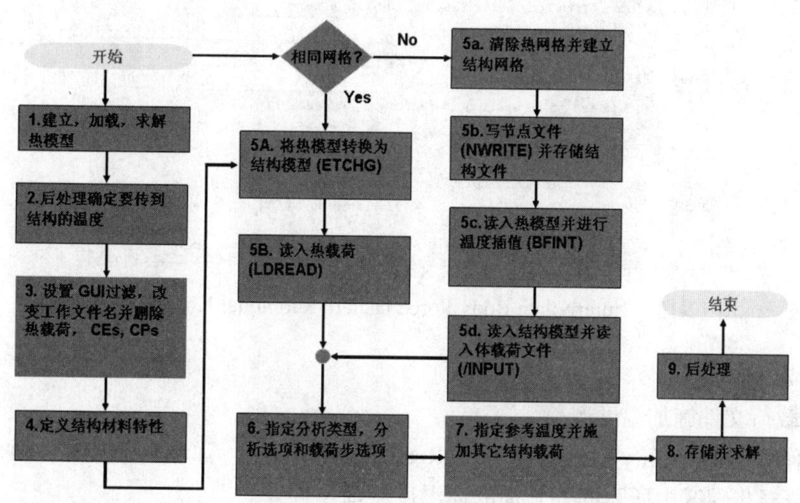

图 12-11 间接手工热 - 应力耦合分析流程图

12.2.3 基本操作步骤

手动进行间接热 - 应力耦合场基本分析步骤如下：

1）建立热模型并进行瞬态或稳态热分析，得到节点上的温度。

2）查看热结果并确定大温度梯度的时间点 (或载荷步 / 子步)。

3）修改工作文件名。

4）删除所有热载荷、耦合序列和约束方程。

5）当热网格不在结构模型中使用时，还需进行如下操作：

① 清除热网格，删除热单元类型并定义结构单元类型，改变网格控制并划分结构模型。

② 选择温度体载荷的所有节点并写入节点文件。

GUI 操作：选择 Main Menu > Preprocessor > Modeling > Create > Nodes > Write Node File，弹出如图 12-12 所示的对话框。

命令：NWRITE。

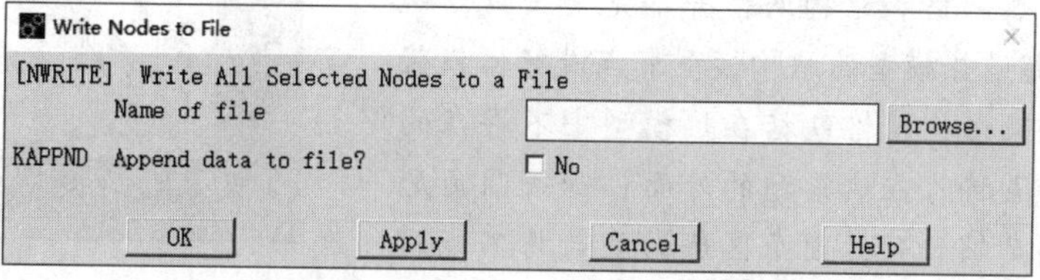

图 12-12 “Write Nodes to File”对话框

③ 读入需要的结果序列，并进行体载荷插值。

GUI 操作：选择 Main Menu > General Postproc > Submodeling > Interp Body Forc，弹出如图 12-13 所示的对话框。在“Fname1”中输入步骤②中所写的节点文件，在“Fname2”中输入所要施加的体温度载荷。

Interpolate Body Force Data to Submodel Nodes

[BFINT] Interpolate Body Force Data to Submodel Nodes

Fname1 File containing nodes - Browse...

- on the submodel (defaults to jobname.NODE)

Fname2 File to which body forc- Browse...

- data are to be written (defaults to jobname.BFIN)

KPOS Append to Fname2 file? No

Clab Label for data block

(up to 7 characters; defaults to BFn)

KSHS Type of submodeling Solid-to-solid

OK Apply Cancel Help

图 12-13 “Interpolate Body Force Data to Submodel Nodes”对话框

命令：BFINT

④ 读入载荷文件施加温度载荷。

GUI 操作：选择 Utility Menu > File > Read Input from...，弹出如图 12-14 所示的对话框，在对话框中选择步骤③中所写的要施加的体温度载荷文件。

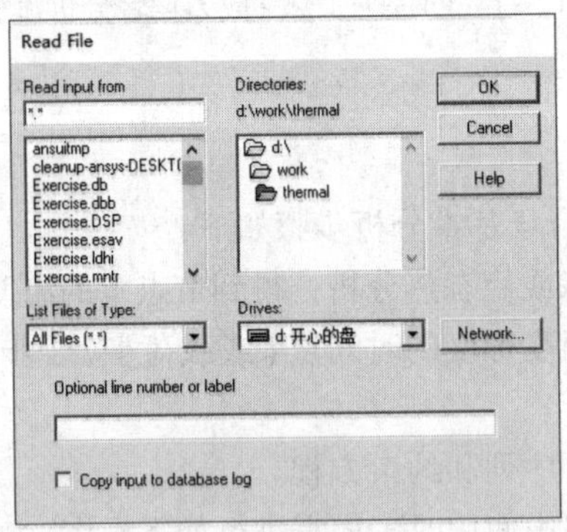

图 12-14 “Read File”对话框

命令：/INPUT

注意

有些情况下热网格和结构网格并不完全一致，这时，Ansys 会对超过热模型的结构模型节点进行体载荷插值。例如，如果结构网格包括在热模型中不存在的圆角时，许多节点将落在热模型的外面；如果圆角足够大而且热模型足够细致，圆角区域的载荷将不能写出，如图 12-15 所示。

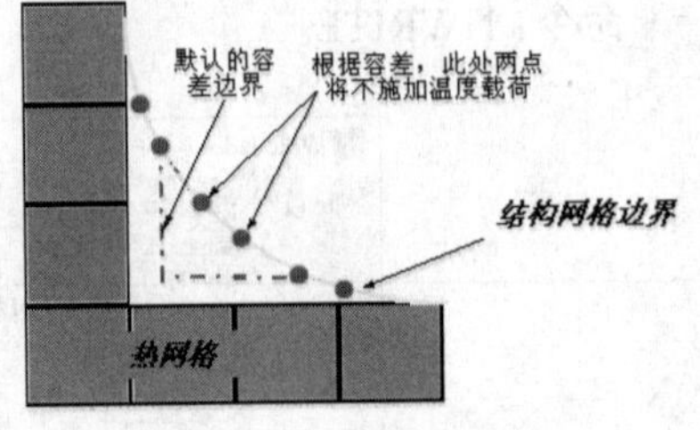

图 12-15 温度载荷插值示意图

默认的判断准则是看插值的结构节点到热单元边界的距离是否小于单元边长的0.5倍。也可以设定这个判断准则的数值，该项操作不支持GUI操作，只能通过输入以下命令BFiNT,Fname1,Ext1,,Fname2,Ext2,,KPOS,Clab,KSHS,TOLOUT,TOLHGT来实现。其中，TOLOUT为判断准则的数值。

6）定义结构材料特性，包括热线系数（ALPX）、弹性模量、泊松比。如果需要，还可以定义它的塑性硬化曲线、蠕变特性等。

7）改变单元类型并设置单元分析选项，从热到结构（ETCHG命令）。

8）从热分析中读取温度体载荷（LDREAD命令）。

9）定义结构分析类型（默认为静态）。

10）指定分析选项（如求解器选项）。

11）指定载荷步选项（如载荷子步，指定施加载荷为阶越或斜坡载荷以及输出控制等）。

12）设置求解热膨胀时自由应变参考温度（TREF）。

13）施加其他结构载荷。

14）存储模型并求解当前载荷步。

15）结果后处理。

12.3 摩擦生热在Ansys中的计算方法

在Ansys中，两物体由于摩擦产生的总热流率q由下式计算：

$$q = FHTG \times \tau \times \upsilon \tag{12-1}$$

式中，$FHTG$为摩擦生热的能量转化因子（默认为1）；τ为等效摩擦应力；υ为两物体的相对滑动速率。

接触面的热流率为：

$$q_c = FWGT \times FHTG \times \tau \times \upsilon \tag{12-2}$$

式中，$FWGT$为目标面和接触面热量分配权因子（默认值为0.5）。

目标面的热流率为：

$$q_c = (1 - FWGT) \times FHTG \times \tau \times \upsilon \tag{12-3}$$

式中，q_c为目标面所得到的热流率。

$FWGT$，$FHTG$可以在接触向导中建立接触对时设置。

第 13 章

热结构耦合分析实例详解

本章主要介绍了应用 Ansys 2024 进行热结构耦合分析的基本步骤，并以典型工程应用为示例，讲述了应用 Ansys 间接方法和直接方法进行热结构耦合分析的基本思路、基本步骤和技巧。

- Ansys 的间接和直接方法进行热结构耦合分析的基本操作步骤、命令
- Ansys 的物理环境方法的基本思路和基本操作步骤
- Ansys 的热接触的处理方法

13.1 实例一——两种不同线胀系数的物体热应力分析

13.1.1 问题描述

用直接耦合分析的方法分析具有不同线胀系数的两种材料的热应力耦合分析。几何模型如图 13-1 所示，计算模型如图 13-2 所示。材料的参数、几何尺寸及温度载荷见表 13-1。初始参考温度为 0 ℉，分析时采用英制单位。

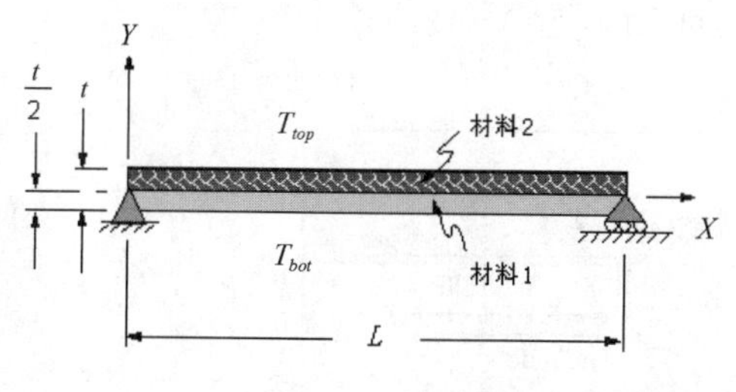

图 13-1 几何模型

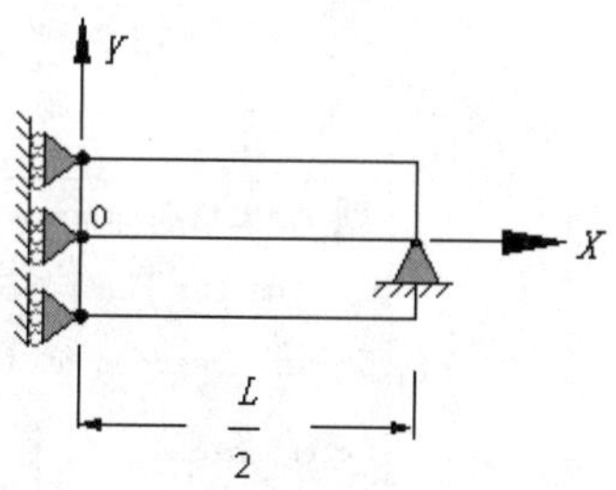

图 13-2 计算模型

表 13-1 材料的参数、几何尺寸及温度载荷

材料名称	材料参数			几何参数		温度载荷	
	热导率 /[Btu/(ft · h · °F)]	弹性模量 /psi	线胀系数 /°F^{-1}	L /in	t /in	T_{top} /°F	T_{bot} /°F
材料 1	5	10E6	14.5E-6	10	0.1	400.0	400.0
材料 2			2.5E-6				

13.1.2 问题分析

本例应用直接耦合分析的方法，选择耦合场二维 4 节点 PLANE13 平面单元。该问题为平面应力问题，并且具有对称性，因而只对模型的一半进行分析。

13.1.3 GUI 操作步骤

01 定义分析文件名

选择 Utility Menu > File > Change Jobname，在弹出的对话框中输入“Exercise”，单击“OK”按钮。

02 定义单元类型

选择平面耦合场分析单元。选择 Main Menu > Preprocessor > Element Type > Add/Edit/Delete，在弹出的对话框中单击“Add”按钮，在弹出的对话框中选择“Coupled Field”“Vector Quad 13”二维 4 节点平面直接耦合场分析单元，如图 13-3 所示。单击单元类型对话框中的“Options”按钮，弹出图 13-4 所示的对话框。在“K1”中选择“UX UY TEMP AZ”，在“K3”中选择“Plane stress”，单击“OK”按钮。

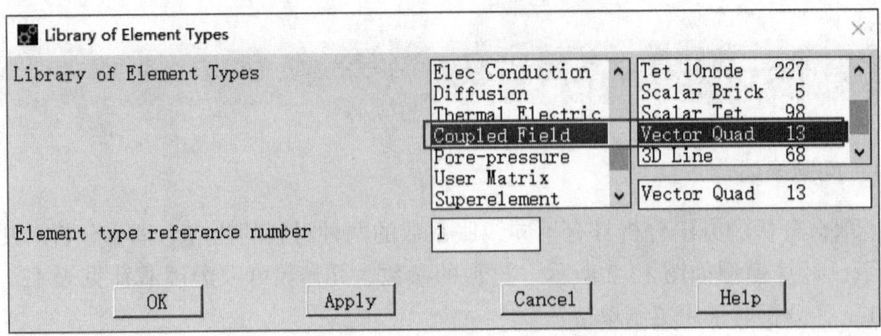

图 13-3 “Library of Element Types”对话框

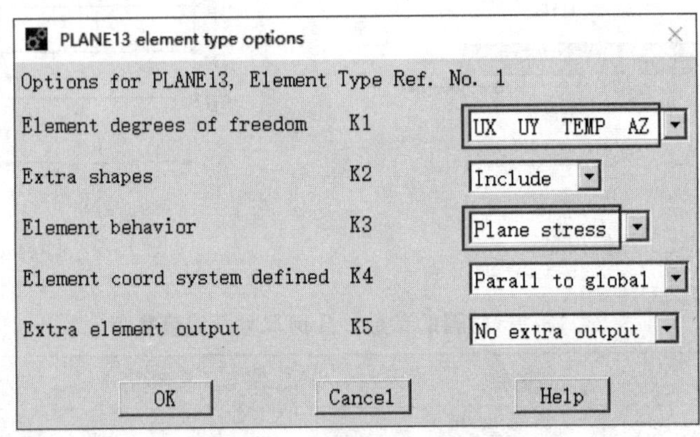

图 13-4 “PLANE13 element type options”对话框

03 定义材料属性

❶ 定义材料 1 属性。

1）定义热导率。选择 Main Menu > Preprocessor > Material Props > Material Models，在弹出的对话框中单击右侧的 Thermal > Conductivity > Isotropic, 在弹出的对话框中输入热导率“KXX”为 5，单击“OK”按钮。

2）定义线胀系数。选择对话框右侧的 Structural > Thermal Expansion > Secant Coefficient > Isotropic，在弹出的对话框中的“ALPX”中输入“14.5E-6”，单击“OK”按钮。

3）定义弹性模量和泊松比。选择对话框右侧的 Structural > Linear > Elastic > Isotropic，在弹出的对话框中的“EX”输入“10E6”，单击“OK”按钮。

❷ 定义材料 2 属性。

1）定义热导率。单击材料属性定义对话框中的 Material > New Model，在弹出的对话框中单击“OK”按钮。选中材料 2，单击对话框右侧的 Thermal > Conductivity > Isotropic，在弹出的对话框中输入热导率“KXX”为 5，单击“OK”按钮。

2）定义线胀系数。选择对话框右侧的 Structural > Thermal Expansion > Secant Coefficient > Isotropic，在弹出的对话框中的“ALPX”中输入“2.5E-6”，单击“OK”按钮。

3）定义弹性模量和泊松比。选择对话框右侧的 Structural > Linear > Elastic > Isotropic，在弹出的对话框中的“EX”中输入“10E6”，单击“OK”按钮。

注意

出现泊松比为零的提示，单击确定。

04 建立几何模型

选择 Main Menu > Preprocessor > Modeling > Create > Areas > Rectangle > By Dimensions，在弹出的对话框中的“X1，X2”“Y1，Y2”中分别输入 0、5、0、0.05，单击“Apply”按钮；在弹出的对话框中的“X1、X2、Y1、Y2”中分别输入 0、5、0.05、0.1，单击“OK”按钮。

05 几何模型布尔操作

选择 Main Menu > Preprocessor > Modeling > Operate > Booleans > Glue > Areas，在弹出的对话框中单击“Pick All”按钮。

06 改变上顶面的材料属性

选择 Main Menu > Preprocessor > Meshing > Mesh Attributes > Picked Areas，选中 3 号面，单击“OK”按钮。在弹出的对话框中的“MAT”中选择 2，如图 13-5 所示，单击“OK”按钮。

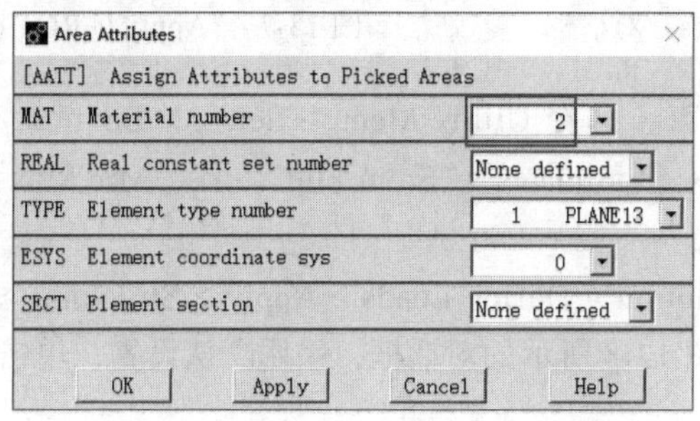

图 13-5 “Area Attributes”对话框

07 设置单元密度

选择 Main Menu > Preprocessor > Meshing > Size Cntrls > ManualSize > Global > Size，在弹出的对话框中的“SIZE”中输入 0.2，单击“OK”按钮。

08 划分单元

选择 Main Menu > Preprocessor > Meshing > Mesh > Areas > Target Surf，在弹出的对话框中单击“Pick All”按钮。

09 施加位移和温度边界条件

❶ 施加位移约束。

1）施加端点 Y 向约束。选择 Utility Menu > Select > Entities，在弹出的对话框中选择“Nodes”“By Location”“X coordinates”，在“Min,Max”中输入 5 后单击“Apply”按钮，如图 13-6a 所示；选中“Ycoordinates”，在“Min,Max”中输入 0.05，选中“Reselect”，单击“OK”按钮，如图 13-6b 所示。

选择 Main Menu > Solution > Define Loads > Apply > Structural > Displacement > On Nodes，在弹出的对话框中单击“Pick All”按钮，再在弹出的对话框中的“Lab2”中选择“UY”，在“VALUE”中输入 0，如图 13-7 所示，单击“OK”按钮。

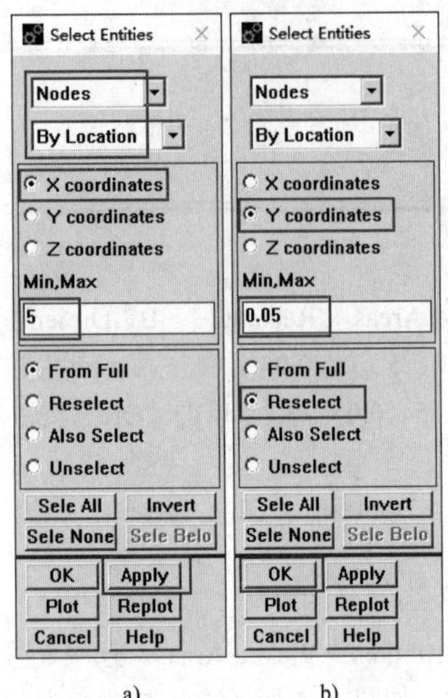

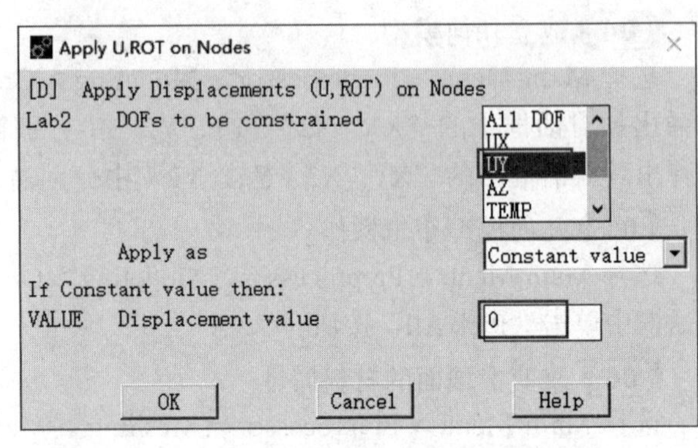

图 13-6 “Select Entities”对话框　　图 13-7 “Apply U,ROT on Nodes”对话框

2）施加对称位移约束。选择 Utility Menu > Select > Entities，在弹出的对话框中选择“Nodes”“By Location”“X coordinates”“From Full”，在“Min,Max”文本框中输入 0，单击“OK”按钮。

选择 Main Menu > Solution > Define Loads > Apply > Structural > Displacement > Symmetry B.C. > On Nodes，弹出如图 13-8 所示的对话框，采用默认设置，单击“OK”按钮。

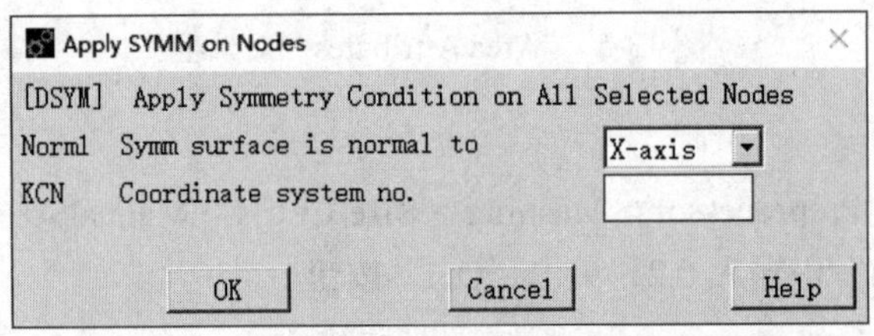

图 13-8 “Apply SYMM on Nodes”对话框

❷ 施加温度约束。选择 Utility Menu > Select > Everything，选择 Utility Menu > Plot > Elements，选择 Main Menu > Solution > Define Loads > Apply > Thermal > Temperature > On Nodes，在弹出的对话框中单击“Pick All”按钮，再在弹出的对话框中的“Lab2”中选择“TEMP”，在“VALUE”中输入 400，如图 13-9 所示，单击“OK”按钮。施加完载荷的有限元模型如图 13-10 所示。

10 设置求解选项

选择 Main Menu > Solution > Analysis Type > New Analysis，采用默认的稳态设置，单击“OK”按钮。选择 Main Menu > Solution > Analysis Type > Analysis Options，弹出如图 13-11 所示的对话框。将“[NLGEOM]”设置为“On”，单击“OK”按钮。

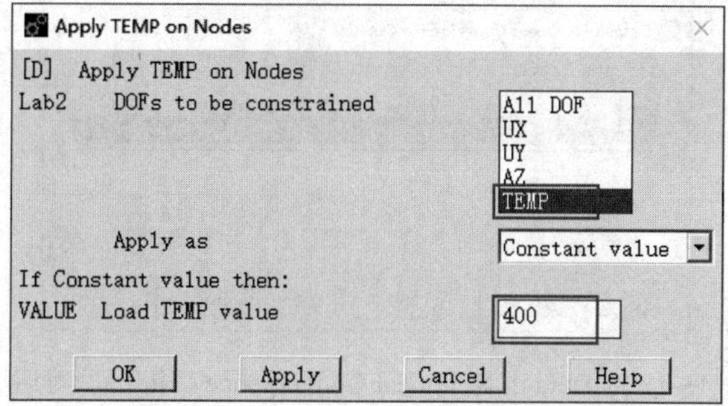

图 13-9 “Apply TEMP on Nodes”对话框

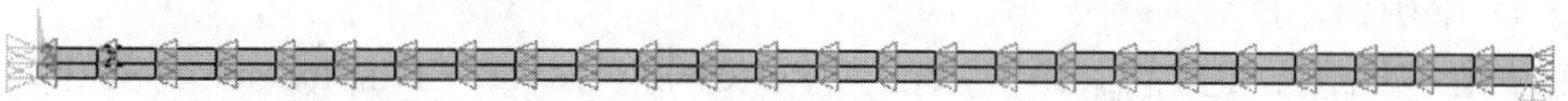

图 13-10 施加完载荷的有限元模型

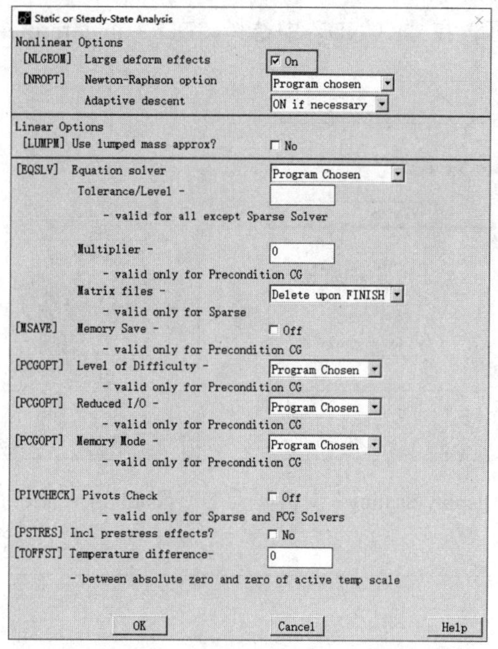

图 13-11 “Static or Steady-State Analysis”对话框

(11) 设置收敛准则

选择 Main Menu > Solution > Load Step Opts > Nonlinear > Static，在弹出的对话框中选中“F”，单击“Replace”，在弹出的对话框中的“MINREF”中输入 0.1，单击“OK”按钮。完成以上操作后的对话框如图 13-12 所示，单击“Close”按钮。

(12) 存盘

单击 Ansys Toolbar 中的“SAVE_DB”。

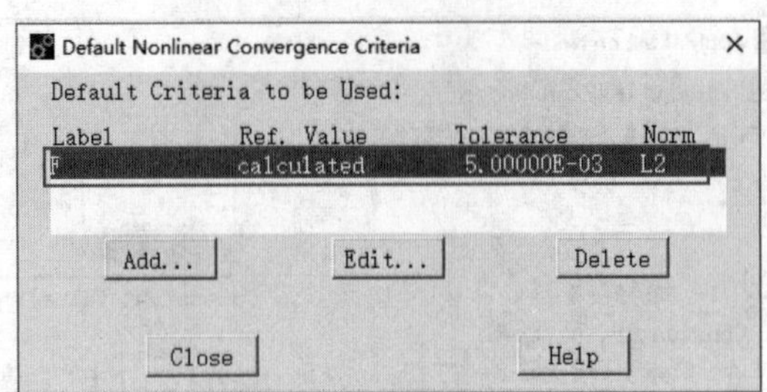

图 13-12 “Default Nonlinear Convergence Criteria”对话框

13 求解

选择 Main Menu > Solution > Solve > Current LS，进行计算。

14 显示物体变形

❶ 设置显示比例。选择 Utility Menu > PlotCtrls > Style > Displacement Scaling，弹出如图 13-13 所示的对话框。在“DMULT”中选择“1.0(true scale) ”，在“User specified factor”中输入 1，单击“OK”按钮。

❷ 显示物体变形。选择 Main Menu > General Postproc > Plot Results > Deformed Shape，弹出如图 13-14 所示的对话框，在“KUND”中选择“Def + undeformed”，单击“OK”按钮。物体变形图如图 13-15 所示。

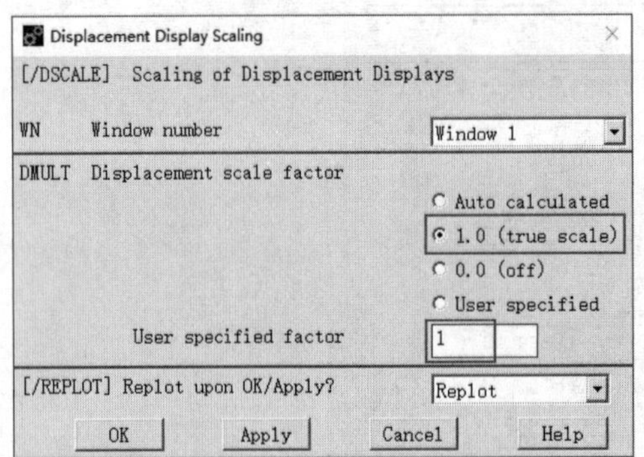

图 13-13 “Displacement Display Scaling”对话框

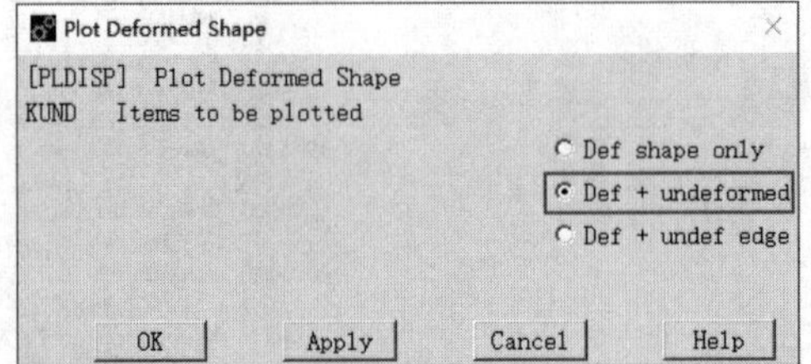

图 13-14 “Plot Deformed Shape”对话框

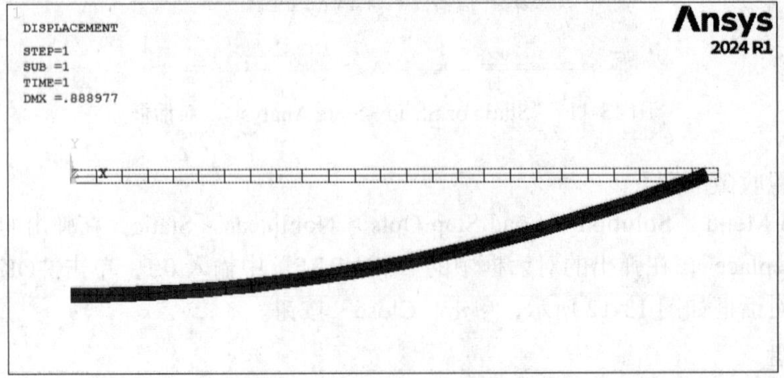

图 13-15 物体变形图

15 显示变形分布云图

1）选择 Utility Menu > PlotCtrls > Window Controls > Window Options，在弹出的对话框中的“INFO”中选择“Legend ON”，然后单击“OK”按钮。

2）选择 Main Menu > General Postproc > Read Results > Last Set，读取最后一个子步的分析结果。选择Main Menu > General Postproc > Plot Results > Contour Plot > Nodal Solu，选择“DOF Solution”“Displacement vector sum”。两物体总变形分布云图如图 13-16 所示。

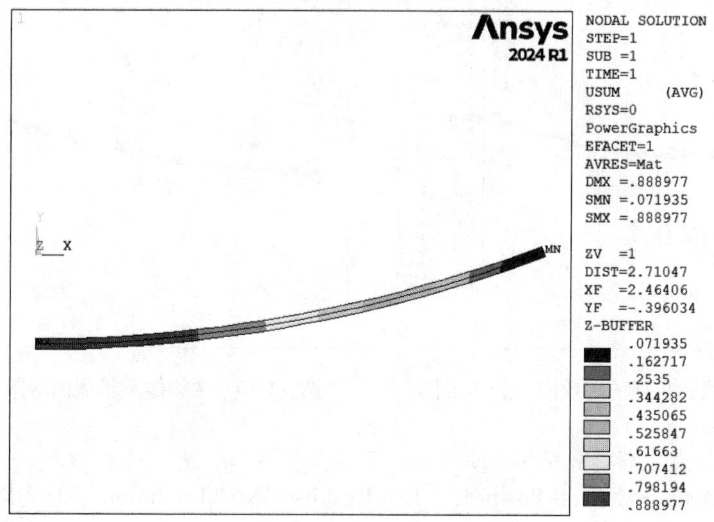

图 13-16 两物体总变形分布云图

3）选择 Utility Menu > PlotCtrls > Style > Symmetry Expansion > Periodic /Cyclic Symmetry，弹出如图 13-17 的对话框，选择“Reflect about YZ”，单击“OK”按钮，两物体扩展的总变形分布云图如图 13-18 所示。

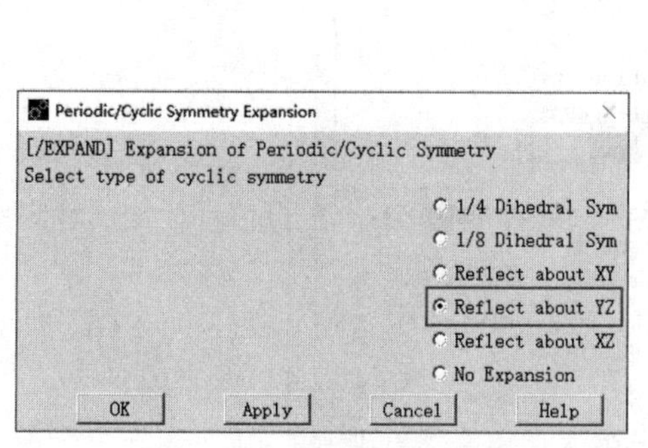

图 13-17 “Periodic/Cyclic Symmetry Expansion”对话框

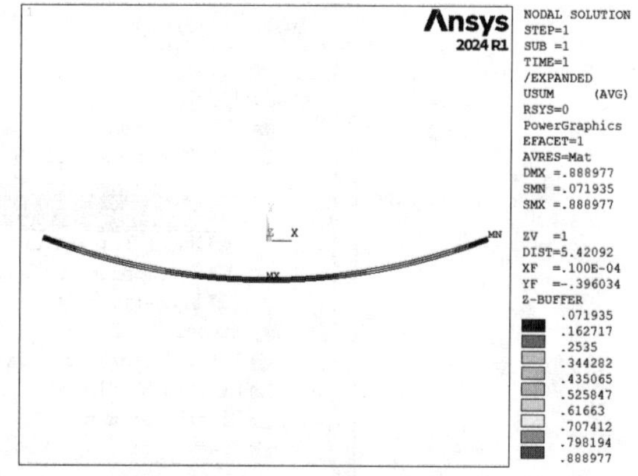

图 13-18 两物体扩展的总变形分布云图

16 显示等效应力分布云图

❶ 选择 Main Menu > General Postproc > Plot Results > Contour Plot > Nodal Solu，在弹出的

对话框中选择“Stress”和“von Mises Stress”，单击“OK”按钮。两物体扩展的等效应力分布云图如图 13-19 所示。

❷ 选择 Utility Menu > PlotCtrls > Style > Symmetry Expansion > No Expansion，然后选择 Utility Menu > Plot > Replot。两物体不扩展的等效应力分布云图如图 13-20 所示。

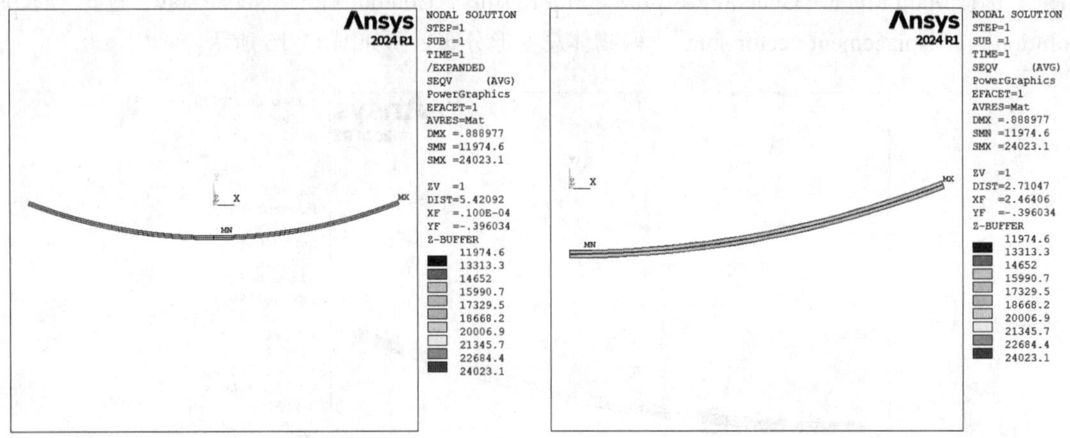

图 13-19　两物体扩展的等效应力分布云图　　图 13-20　两物体不扩展的等效应力分布云图

17 列出节点位移计算结果

选择 Main Menu > General Postproc > List Results > Nodal Solution，在弹出的对话框中选择 Nodal Solution > DOF Solution > Displacement vector sum，如图 13-21 所示。单击“OK”按钮，节点位移计算结果列表如图 13-22 所示。

18 退出 Ansys

单击 Ansys Toolbar 中的“QUIT”，选择“Quit - No Save!”后单击“OK”按钮。

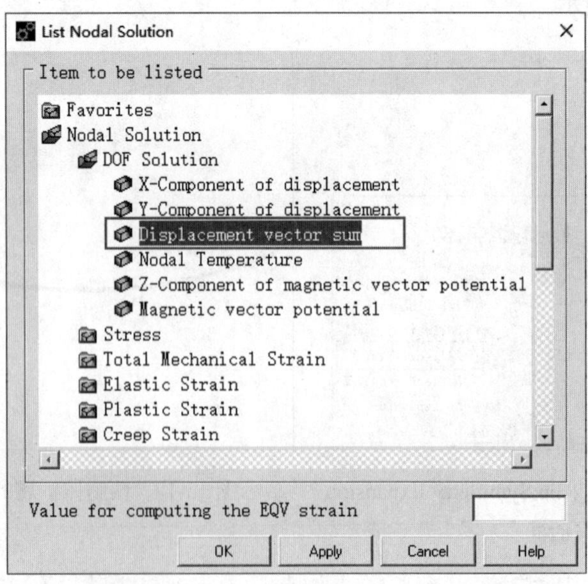

图 13-21　“List Nodal Solution”对话框

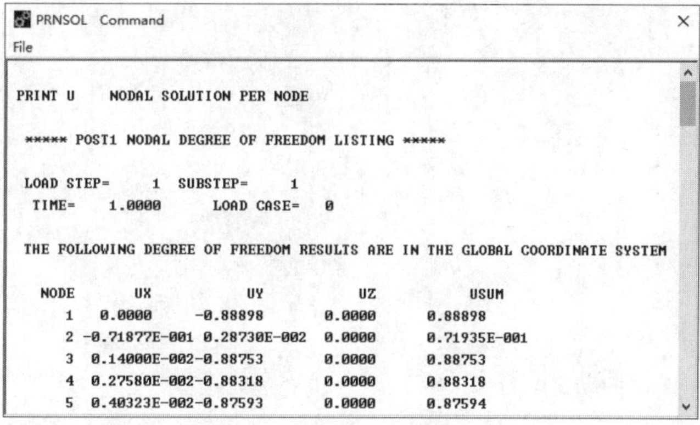
```
PRINT U     NODAL SOLUTION PER NODE

 ***** POST1 NODAL DEGREE OF FREEDOM LISTING *****

 LOAD STEP=      1  SUBSTEP=      1
  TIME=    1.0000      LOAD CASE=   0

 THE FOLLOWING DEGREE OF FREEDOM RESULTS ARE IN THE GLOBAL COORDINATE SYSTEM

   NODE       UX          UY          UZ          USUM
      1   0.0000      -0.88898      0.0000      0.88898
      2 -0.71877E-001 0.28730E-002  0.0000      0.71935E-001
      3  0.14000E-002-0.88753       0.0000      0.88753
      4  0.27580E-002-0.88318       0.0000      0.88318
      5  0.40323E-002-0.87593       0.0000      0.87594
```

图 13-22　节点位移计算结果列表

13.1.4　APDL 命令流程序

```
FiNISH
/FiLNAME,Exercise                    ! 定义隐式热分析文件名
/PREP7                               ! 进入前处理器
ET,1,PLANE13,4,,2                    ! 选择二维耦合场分析单元
MP,EX,1,10E6                         ! 定义材料 1 的弹性模量
MP,EX,2,10E6                         ! 定义材料 2 的弹性模量
MP,ALPX,1,14.5E-6                    ! 定义材料 1 的线胀系数
MP,ALPX,2,2.5E-6                     ! 定义材料 2 的线胀系数
MP,KXX,1,5                           ! 定义材料 1 的热导率
MP,KXX,2,5                           ! 定义材料 2 的热导率
RECTNG,0,5,0,.05
RECTNG,0,5,.05,.10                   ! 建立几何模型
AGLUE,ALL                            ! 进行粘接的布尔操作
ASEL,S,AREA,,3
AATT,2                               ! 赋予材料 1 属性
ALLSEL,ALL
ESIZE,,1                             ! 定义单元划分尺度
AMESH,ALL                            ! 划分单元
NSEL,S,LOC,X,0
NSEL,R,LOC,Y,.05
D,ALL,UY                             ! 施加端部中心的 Y 向约束
NSEL,S,LOC,X,5
DSYM,SYMM,0,X                        ! 施加对称约束
ALLSEL,ALL
D,ALL,TEMP,400                       ! 施加温度载荷
FiNISH
/SOLU                                ! 进入求解器
ANTYPE,STATIC                        ! 定义问题求解分析类型
```

```
NLGEOM,ON                              ! 设置大变形分析
CNVTOL,F,,,,0.1                        ! 定义收敛准则
SOLVE                                  ! 求解
FiNISH
/POST1                                 ! 进入通用后处理器
SET,1                                  ! 读取分析结果
/DSCALE,1,1                            ! 设置显示比例
PLDISP,1                               ! 显示物体变形前后图
PLNSOL,U,SUM,0,1                       ! 显示物体总变形分布云图
/EXPAND,2,RECT,HALF,0.00001            ! 设置为对称扩展显示方式
/REPLOT                                ! 重新显示物体总变形分布云图
PLNSOL,S,EQV,2                         ! 显示等效应力分布云图
/EXPAND                                ! 关闭扩展显示开关
/REPLOT                                ! 重新显示等效应力分布云图
PRNSOL,U,COMP                          ! 列出各节点的位移分析结果
FiNISH
/EXIT,NOSAV                            ! 退出 Ansys
```

13.2 实例二——两厚壁筒热应力分析

13.2.1 问题描述

应用物理环境分析方法对不同材料的两厚壁筒进行热 - 结构耦合场分析，几何模型如图 13-23 所示，材料参数见表 13-2。分析时采用英制单位。

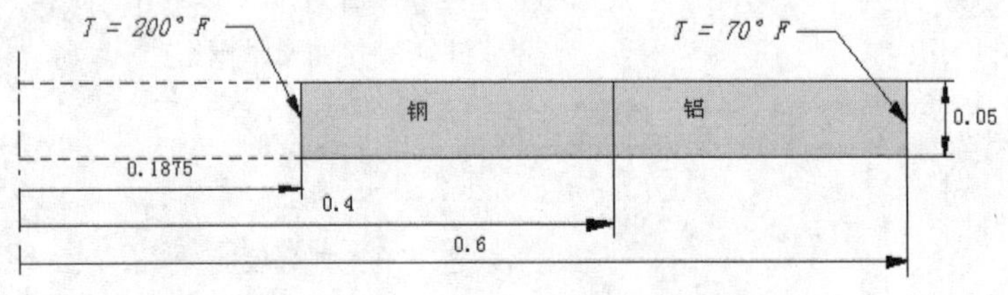

图 13-23　几何模型

表 13-2　材料参数

材料名称	热导率 /[Btu/（ft · h · °F）]	线胀系数 / °F^{-1}	泊松比	弹性模量 /psi
钢	2.2	0.65E−5	0.3	30E6
铝	10.8	1.35E−5	0.33	10.6E6

13.2.2 问题分析

本例应用物理环境分析方法进行热 - 结构场分析，该问题属于轴对称问题，在热分析时选

用二维 8 节点 PLANE77 单元。

13.2.3 GUI 操作步骤

01 进行温度场分析的前处理并写温度场物理分析文件

❶ 定义分析文件名。选择 Utility Menu > File > Change Jobname，在弹出的对话框中输入 Exercise，单击“OK”按钮。

❷ 定义单元类型。

1）选择单元类型。选择 Main Menu > Preprocessor > Element Type > Add/Edit/Delete, 在弹出的“Element Types”对话框中单击“Add”，在弹出的对话框中选择“Solid”“8node 77”二维 8 节点平面单元，如图 13-24 所示，单击“OK”按钮。

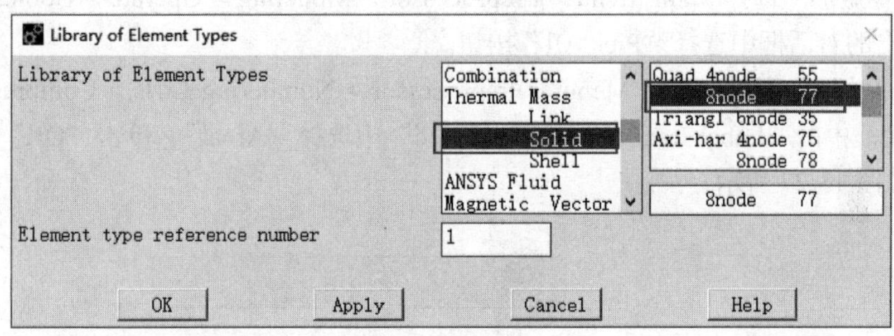

图 13-24 “Library of Element Types”对话框

2）更改单元选项。在图 13-25 所示的对话框中首先选择“Type 1 PLANE77”，然后单击“Options”按钮，弹出如图 13-26 所示的对话框。在“K3”中选择“Axisymmetric”轴对称分析选项，单击“OK”按钮，再单击“Close”按钮，关闭单元类型对话框。

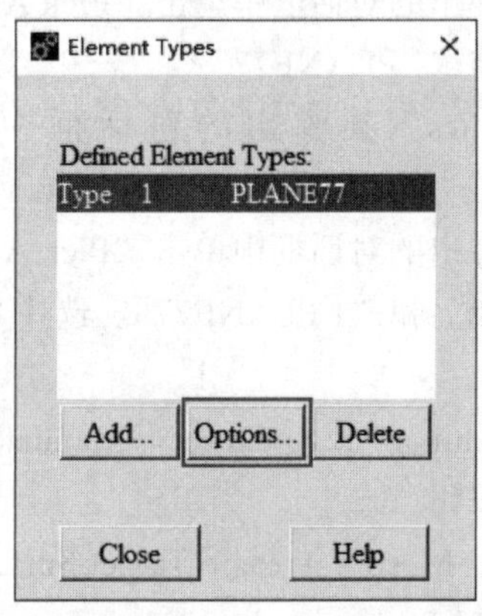

图 13-25 “Element Type”对话框

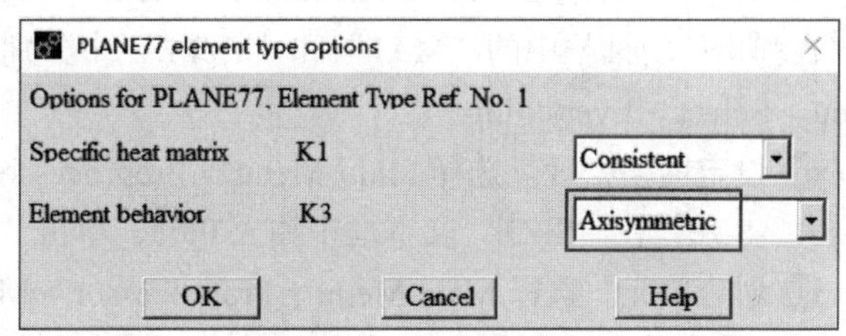

图 13-26 “PLANE77 element type options”对话框

❸ 定义材料属性。

1）定义钢筒材料热属性。选择 Main Menu > Preprocessor > Material Props > Material Models，在弹出的对话框中默认材料编号 1，单击对话框右侧的 Thermal > Conductivity > Isotropic，在弹出的对话框中输入热导率“KXX”为 2.2，单击“OK”按钮。

2）定义铝筒材料热属性。单击材料属性定义对话框中的 Material > New Model，在弹出的对话框单击“OK”按钮，选中材料模型 2，单击对话框右侧的 Thermal > Conductivity > Isotropic，在弹出的对话框中输入热导率“KXX”为 10.8，单击“OK”按钮。

❹ 建立几何模型。

1）建立钢筒几何模型。选择 Main Menu > Preprocessor > Modeling > Create > Areas > Rectangle > By Dimensions，在弹出的对话框中的“X1，X2”“Y1，Y2”中分别输入 0.1875、0.4、0、0.05，单击“Apply”按钮。

2）建立铝筒几何模型。在弹出的对话框中的“X1，X2”“Y1，Y2”中分别输入 0.4、0.6、0、0.05，单击“OK”按钮。

❺ 几何模型布尔操作。

1）粘接各矩形。选择 Main Menu > Preprocessor > Modeling > Operate > Booleans > Glue > Areas，在弹出的对话框中选择“Pick All”按钮。

2）压缩面编号。选择 Main Menu > Preprocessor > Numbering Ctrls > Compress Numbers，在弹出的对话框中的“Label Item to be compressed”中选择“Areas”，单击“OK”按钮。建立的几何模型如图 13-27 所示。

图 13-27　建立的几何模型

❻ 赋予材料属性。

1）设置钢筒属性。选择 Utility Menu > Select > Entities，在弹出的对话框中选择“Areas”“By Num/Pick”，单击“OK”按钮，选择1号面，单击“OK”按钮。选择Main Menu > Preprocessor > Meshing > Mesh Attributes > Picked Areas，在弹出的对话框中单击“Pick All”按钮，在弹出的对话框中的“MAT”和“TYPE”中选择“1”和“1 PLANE77”。

2）设置铝筒属性。选择 Utility Menu > Select > Entities，在弹出的对话框中选择“Areas”“By Num/Pick”，单击“OK”按钮。选择2号面后单击“OK”按钮。选择Main Menu > Preprocessor > Meshing > Mesh Attributes > Picked Areas，在弹出的对话框中单击“Pick All”按钮，在弹出的对话框中的“MAT”和“TYPE”中分别选择“2”和“1 PLANE77”。选择 Utility Menu > Select > Everything。

❼ 设定网格密度。选择 Main Menu > Preprocessor > Meshing > Size Cntrls > ManualSize > Global > Size，在“SIZE”文本框中输入 0.05，单击“OK”按钮。

❽ 划分单元。选择 Main Menu > Preprocessor > Meshing > Mesh > Areas > Target Surf，在弹出的对话框中单击“Pick All”按钮，建立的有限元模型如图 13-28 所示。

❾ 施加温度场边界条件。

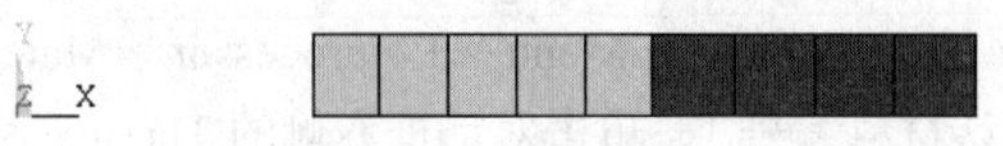

图 13-28　建立的有限元模型

1）选择 Utility Menu > Select > Entities，在弹出的对话框中选择“Nodes”“By Location”“X coordinates”，在“Min,Max”文本框中输入 0.1875，单击“OK”按钮。

2）选择 Main Menu > Solution > Define Loads > Apply > Thermal > Temperature > On Nodes，在弹出的对话框中单击“Pick All”按钮，选择“TEMP”，输入 200，单击“OK”按钮。

3）选择 Utility Menu > Select > Entities，在弹出的对话框中选择“Nodes”“By Location”“X coordinates”，在“Min,Max”文本框中输入 0.6，单击“OK”按钮。

4）选择 Main Menu > Solution > Define Loads > Apply > Thermal > Temperature > On Nodes，在弹出的对话框中单击“Pick All”按钮，输入 70。选择 Utility Menu > Select > Everything。

02 进行求解和后处理

❶ 求解。选择 Main Menu > Solution > Solve > Current LS，进行求解。

❷ 显示沿路径温度分布曲线。

1）按位置定义路径。选择 Main Menu > General Postproc > Path Operations > Define Path > By Location，弹出路径定义对话框，如图 13-29 所示，在“Name”中输入“RADIAL”，其余保持默认。单击“OK”按钮，弹出全局坐标位置对话框，如图 13-30 所示，在“NPT”中输入 1，在“X、Y、Z”中输入“0.1875、0、0”，单击“OK”按钮，又弹出该对话框，在“NPT”中输入 2，在“X，Y，Z”中输入 0.6、0、0，单击“OK”按钮，再单击“Cancel”按钮，关闭该对话框。

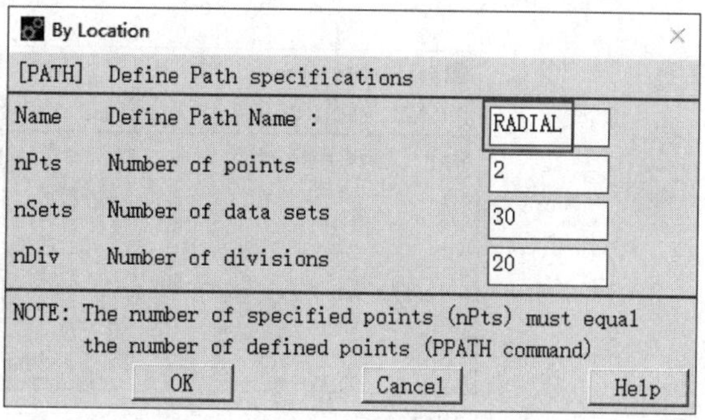

图 13-29 “By Location”对话框

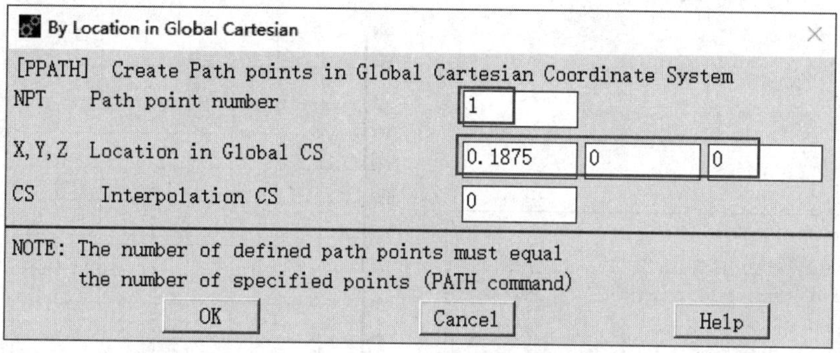

图 13-30 “By Location in Clobal Cartesian”对话框

2）将温度分析结果映射到路径上。选择 Main Menu > General Postproc > Path Operations > Map onto Path，弹出如图 13-31 所示的对话框，在“Lab”中输入“TEMP”，在“Item,Comp”中选择“DOF solution”和“Temperature TEMP”，单击“OK”按钮。

3）存储路径。选择 Main Menu > General Postproc > Path Operations > Archive Path > Store > Paths in file，弹出如图 13-32 所示的对话框，在“Existing options”中选择“Selected paths”。单击“OK”按钮，弹出如图 13-33 所示的对话框，在“Name”中选择“RADIAL”，在“File,ext,dir Write to file”中输入文件名 filea，单击“OK”按钮。

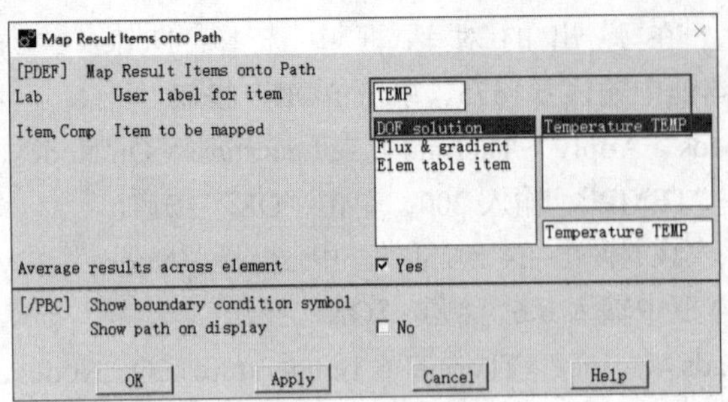

图 13-31 “Map Result Items onto Path”对话框

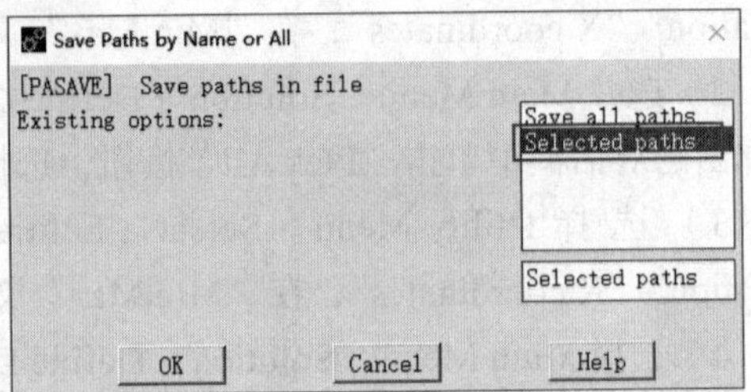

图 13-32 “Save Paths by Name or All”对话框

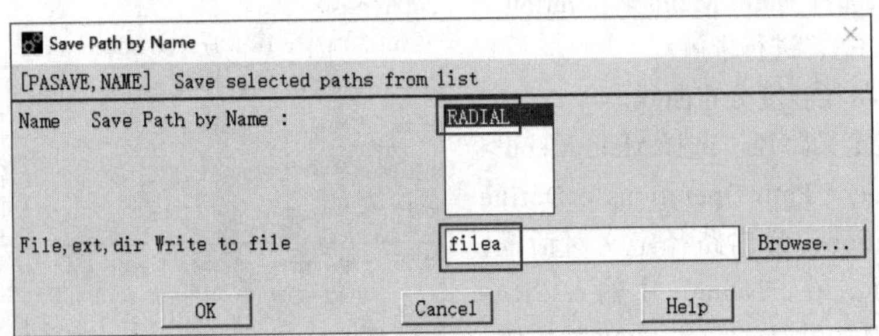

图 13-33 “Save Path by Name”对话框

4）显示沿路径温度分布曲线。选择 Main Menu > General Postproc > Path Operations > Plot Path Item > On Graph，弹出如图 13-34 所示的对话框，在“Lab1-6”中选择“TEMP”，单击“OK”按钮。沿路径温度分布曲线如图 13-35 所示。

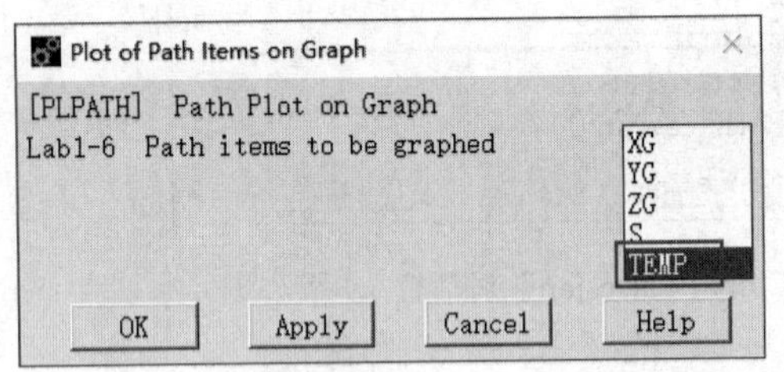

图 13-34 “Plot of Path Items on Graph”对话框

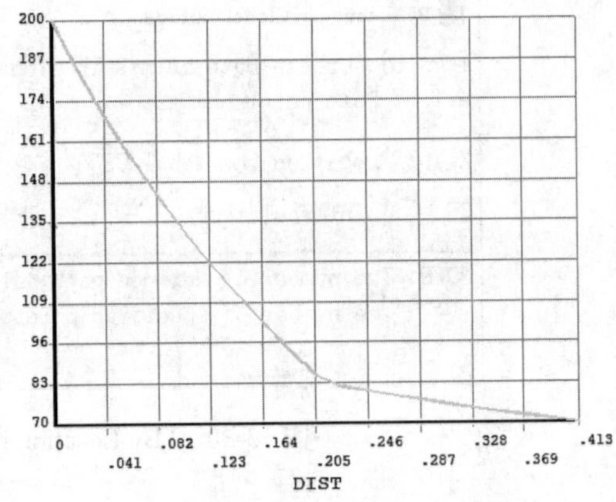

图 13-35 沿路径温度分布曲线

03 进行结构场分析的前处理

❶ 将温度场单元转化为结构场分析单元并更改单元分析选项。

1）选择 Main Menu > Preprocessor > Element Type > Switch Elem Type，弹出如图 13-36 所示的对话框，选择“Thermal to Struc”。单击“OK”按钮，此时会弹出一个警示对话框，直接将其关闭。

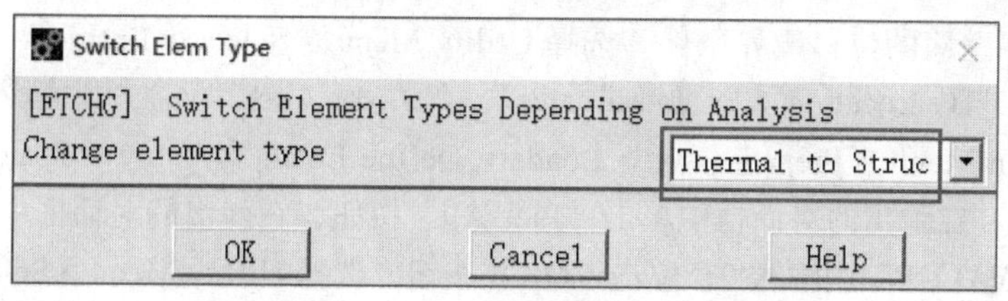

图 13-36 “Switch Elem Type”对话框

2）更改单元选项。选择 Main Menu > Preprocessor > Element Type > Add/Edit/Delete, 在弹出的对话框中选择“Type 1 PLANE183”。单击“Options”按钮，在弹出的对话框中的“K3”中选择“Axisymmetric”轴对称分析选项。单击“OK”按钮，再单击“Close”按钮，关闭单元类型对话框。

❷ 定义材料属性。

1）定义钢筒结构场属性。选择 Main Menu > Preprocessor > Material Props > Material Models，在弹出的对话框中，选择材料编号 1，单击对话框右侧的 Structure > Linear > Elastic > Isotropic，在弹出的对话框中的“EX”和“PRXY”中分别输入“30E6”和 0.3；单击对话框右侧的 Structure > Thermal Expansion > Secant Coefficient > Isotropic，在弹出的对话框中输入“0.65E-5”，单击“OK”按钮。

2）定义铝筒结构场属性。选择材料编号 2，单击对话框右侧的 Structure > Linear > Elastic > Isotropic，在弹出的对话框中的“EX”和“PRXY”分别输入“10.6E6”和 0.33；单击对话框右侧的 Structural > Thermal Expansion > Secant Coefficient > Isotropic，在弹出的对话框中输入“1.35E-5”，单击“OK”按钮。

❸ 耦合两厚壁筒上端面节点 Y 向和里面的钢筒内壁节点 X 向自由度。

1）耦合两厚壁筒上端面节点 Y 向自由度。选择 Utility Menu > Select > Entities，在弹出的对话框中选择“Nodes”“By Location”“Y coordinates”，在“Min,Max”中输入 0.05，单击“OK”按钮。选择 Main Menu > Preprocessor > Coupling/Ceqn > Couple DOFs，在弹出的对话框中单击“Pick All”按钮，弹出如图 13-37 所示的对话框，在“NSET”中输入 1，在“Lab”中选择“UY”，单击“OK”按钮。

2）耦合里面的钢筒内壁节点 X 向自由度。选择 Utility Menu > Select > Entities，在弹出的对话框中选择“Nodes”“By Location”“X coordinates”，在“Min,Max”文本框中输入 0.1875，单击“OK”按钮。选择 Main Menu > Preprocessor > Coupling/Ceqn > Couple DOFs，在弹出的对话框中单击“Pick All”按钮，弹出如图 13-38 所示的对话框，在“NSET”中输入 2，在“Lab”中选择“UX”，单击“OK”按钮。

图 13-37 “Define Coupled DOFs”对话框

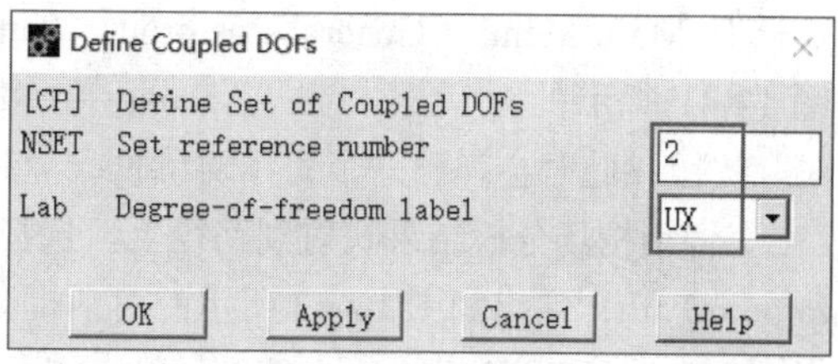

图 13-38 “Define Coupled DOFs”对话框

❹ 施加两厚壁筒的位移边界条件。选择 Utility Menu > Select > Entities，在弹出的对话框中选择“Nodes”“By Location”“Y coordinates”，在“Min,Max”文本框中输入 0，单击“OK”按钮。选择 Main Menu > Preprocessor > Loads > Define Loads > Apply > Structural > Displacement > On Nodes，在弹出的对话框中单击“Pick All”按钮，在弹出的对话框中的“Lab2”中选择“UY”，在“VALUE”中输入 0，单击“OK”按钮。选择 Utility Menu > Select > Everything。

❺ 定义参考分析温度。选择 Main Menu > Solution > Define Loads > Settings > Reference Temp，在弹出的对话框中输入 70，单击“OK”按钮。

❻ 存盘。选择 Utility Menu > Select > Everything，单击 Ansys Toolbar 中的“SAVE_DB。

04 读取温度场计算结果进行结构场求解和后处理

❶ 读取温度场计算结果。选择 Main Menu > Solution > Define Loads > Apply > Structural > Temperature > From Thermal Analysis，弹出如图 13-39 所示的对话框，单击“Browse”按钮，选择扩展名为“*.rth”温度场结果文件，单击“OK”按钮。

Apply TEMP from Thermal Analysis
[LDREAD],TEMP Apply Temperature from Thermal Analysis
Identify the data set to be read from the results file
LSTEP,SBSTEP,TIME
Load step and substep no.
or
Time-point
Fname Name of results file Exercise.rth Browse...
OK Apply Cancel Help

图 13-39 “Apply TEMP from Thermal Analysis”对话框

❷ 求解。选择 Main Menu > Solution > Solve > Current LS，进行计算。

❸ 显示沿径向应力分布。

1）读取已存储前面所定义的路径。选择 Main Menu > General Postproc > Path Operations > Archive Path > Retrieve > Paths from file，弹出如图 13-40 所示的对话框。单击“Browse”，选择所存储的路径文件“filea”，单击“OK”按钮。

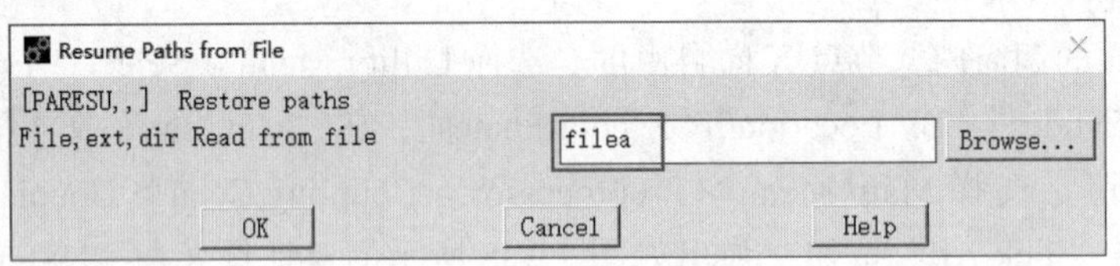

图 13-40 “Resume Paths from File”对话框

选择 Main Menu > General Postproc > Path Operations > Define Path > Path Options，弹出如图 13-41 所示的对话框，在“Account for discontinuities”中选择“Mat discontinuit”。单击“OK”按钮，此时会弹出一个警示对话框，直接将其关闭。

2）将结构场分析结果映射到路径上。选择 Main Menu > General Postproc > Path Operations > Map onto Path，弹出如图 13-42 所示的对话框。在“Lab”中输入“SX”，在“Item，Comp”中选择“Stress”和“X-direction SX”，单击“Apply”按钮；再在“Lab”中输入 SZ，在“Item，Comp”中选择“Stress”和“Z-direction SZ”，单击“OK”按钮。

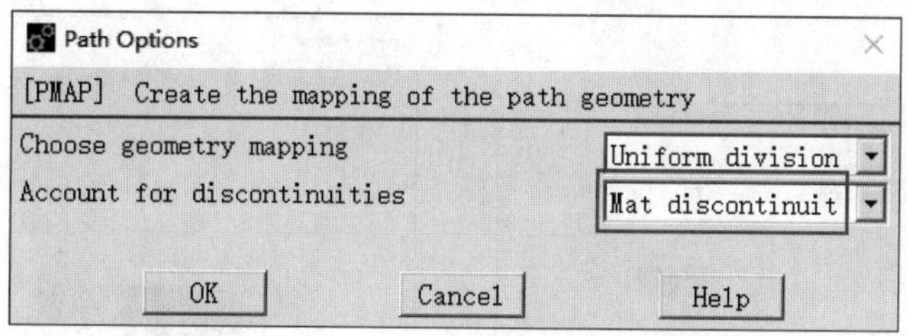

图 13-41 “Path Options”对话框

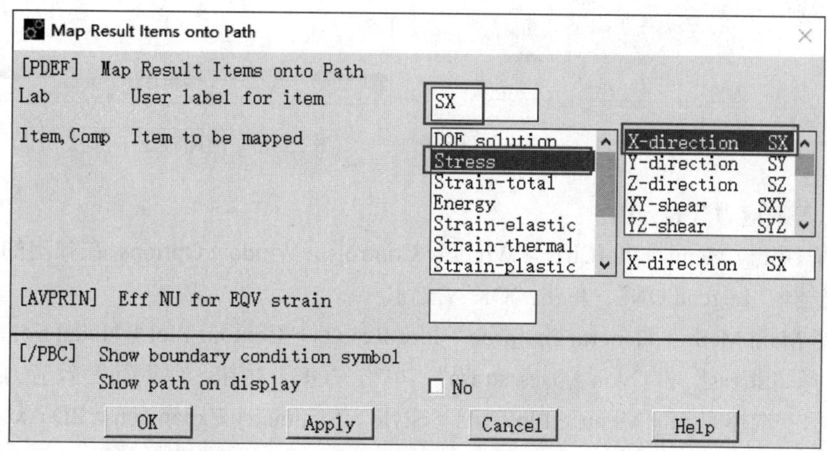

图 13-42 “Map Result Items onto Path”对话框

3）显示沿路径 X 向和 Z 向应力分布曲线。选择 Main Menu > General Postproc > Path Operations > Plot Path Item > On Graph，弹出如图 13-43 所示的对话框。在“Lab1-6”中选择“SX”和“SZ”，单击“OK”按钮。沿路径 X 向和 Z 向应力分布曲线如图 13-44 所示。

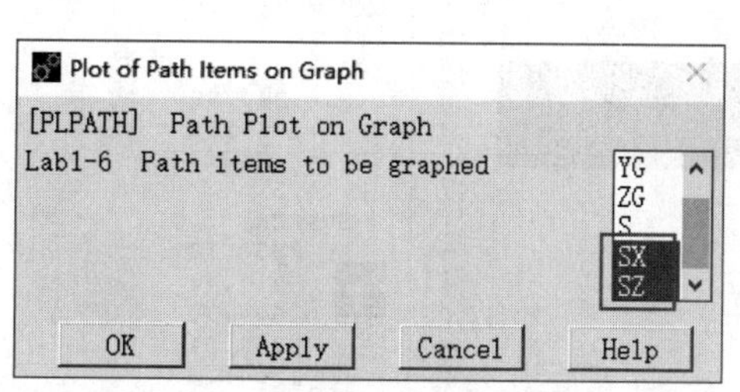

图 13-43 “Plot of Path Items on Graph”对话框

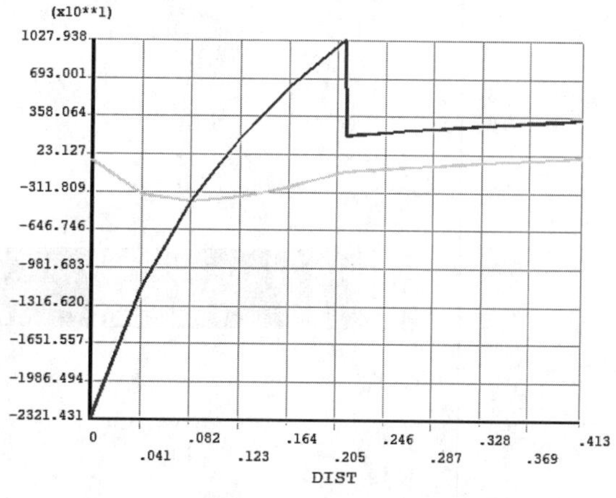

图 13-44 沿路径 X 向和 Z 向应力分布曲线

4）显示沿路径 X 向应力分布云图。选择 Main Menu > General Postproc > Plot Results > Plot Path Item > On Geometry，弹出如图 13-45 所示的对话框。在“Item”中选择“SX”，单击“OK”按钮。沿路径 X 向应力分布云图如图 13-46 所示。

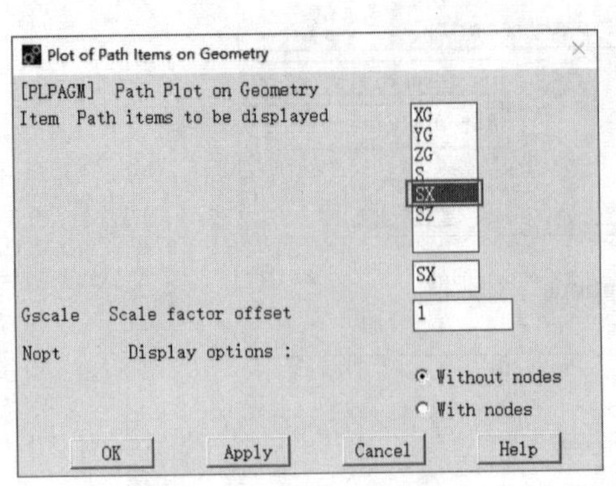

图 13-45 “Plot of Path Items on Geometry”对话框

图 13-46 沿路径 X 向应力分布云图

❹ 显示等效应力分布云图。

1）选择 Utility Menu > PlotCtrls > Window Controls > Window Options, 在弹出的对话框中的“INFO”中选择“Legend ON”，单击“OK”按钮。

2）选择 Main Menu > General Postproc > Plot Results > Contour Plot > Nodal Solu，在弹出的对话框中选择“Stress”和“von Mises stress”，单击“OK”按钮。厚壁筒等效应力分布云图如图 13-47 所示。选择 Utility Menu > PlotCtrls > Style > Symmetry Expansion > 2D Axi-Symmetric，弹出如图 13-48 所示的对话框，在“Select expansion amount”中选择“3/4 expansion”，单击“OK”按钮。厚壁筒三维扩展的等效应力分布云图如图 13-49 所示。

❺ 退出 Ansys。单击 Ansys Toolbar 中的“QUIT”，选择“Quit - No Save!”后单击“OK”按钮。

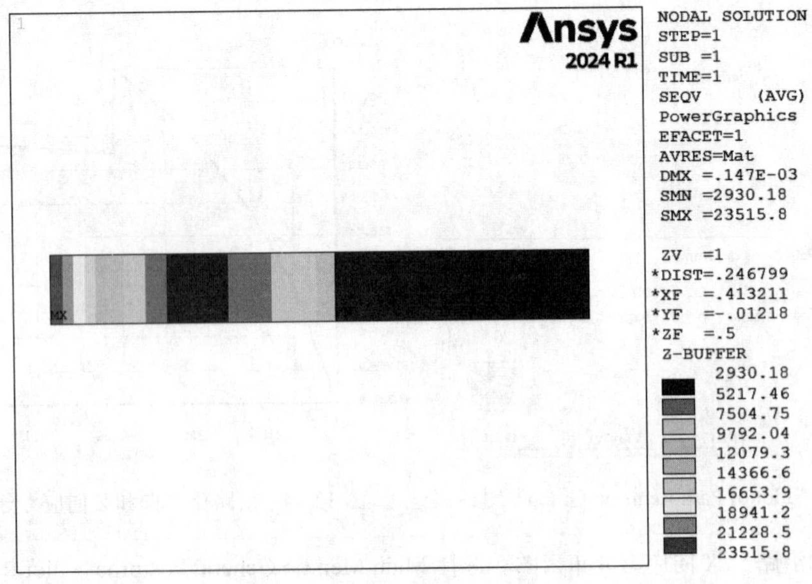

图 13-47 厚壁筒等效应力分布云图

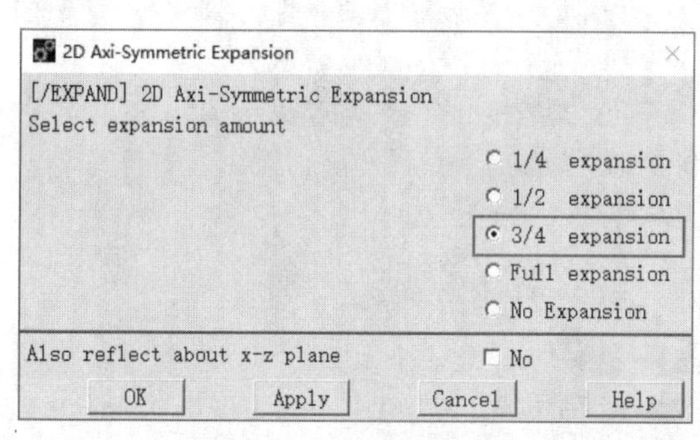

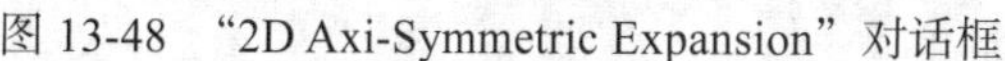

图 13-48 “2D Axi-Symmetric Expansion”对话框

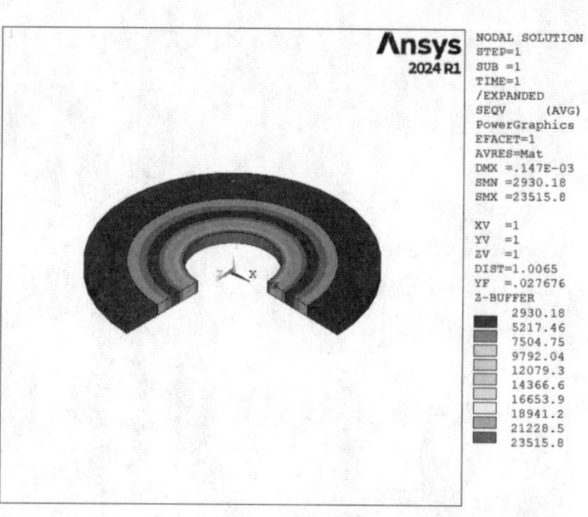

图 13-49 厚壁筒三维扩展的等效应力分布云图

13.2.4 APDL 命令流程序

```
FiNISH
/FiLNAME,Exercise                       ! 定义分析文件名
! 第一步：进行温度场分析的前处理并写温度场物理分析文件
/prep7                                  ! 进入前处理器
et,1,plane77,,,1                        ! 选择 PLANE77 热分析单元并设置为轴对称分析
mp,kxx,1,2.2                            ! 定义钢筒热导率
mp,kxx,2,10.8                           ! 定义铝筒热导率
rectng,.1875,.4,0,.05                   ! 建立钢筒几何模型
rectng,.4,.6,0,.05                      ! 建立铝筒几何模型
aglue, all                              ! 粘接各矩形
numcmp,area                             ! 压缩面编号
asel,s,,,1
aatt,1,1,1                              ! 赋予钢筒属性
asel,s,,,2
aatt,2,1,1                              ! 赋予铝筒属性
asel,all
esize,.05                               ! 定义单元划分尺寸
mshkey,2                                ! 设置为映射单元划分类型
amesh,all                               ! 划分单元
nsel,s,loc,x,.1875
d,all,temp,200                          ! 施加钢筒内壁温度边界条件
nsel,s,loc,x,.6
d,all,temp,70                           ! 施加钢筒内壁温度边界条件
nsel,all
finish
/solu
solve                                   ! 求解
```

```
finish
/post1                                  ! 进入通用后处理器
path,radial,2                           ! 定义径向显示路径
ppath,1,,.1875
ppath,2,,.6
pdef,temp,temp                          ! 向所定义路径映射温度分析结果
pasave,radial,filea                     ! 保存路径文件
plpath,temp                             ! 显示沿路径温度变化曲线图
finish
/prep7
et,1,82,,,1                             ! 选择结构分析单元
mp,ex,1,30e6                            ! 定义钢筒结构场材料属性
mp,alpx,1,.65e-5
mp,nuxy,1,.3
mp,ex,2,10.6e6                          ! 定义铝筒结构场材料属性
mp,alpx,2,1.35e-5
mp,nuxy,2,.33
nsel,s,loc,y,.05                        ! 选择两厚壁筒顶面节点
cp,1,uy,all                             ! 耦合节点 Y 向自由度
nsel,s,loc,x,.1875                      ! 选择钢筒内壁节点
cp,2,ux,all                             ! 耦合节点 X 向自由度
nsel,s,loc,y,0                          ! 选择两厚壁筒底面节点
d,all,uy,0                              ! 施加 Y 向位移约束
nsel,all
finish
/solu
tref,70                                 ! 定义参考温度
save                                    ! 存盘
! 第四步：读取温度场计算结果进行结构场求解和后处理
ldread,temp,,,,,,rth                    ! 读取温度场分析结果
solve                                   ! 求解
finish
/post1                                  ! 进入通用后处理器
paresu,raidal,filea                     ! 读取已存路径文件
pmap,,mat                               ! 定义沿路径不连续区域处理方法
pdef,sx,s,x                             ! 向所定义路径映射 X 向应力分析结果
pdef,sz,s,z                             ! 向所定义路径映射 Z 向应力分析结果
plpath,sx,sz                            ! 显示沿路径 X 和 Z 向应力分析曲线
plpagm,sx,,node                         ! 在几何模型上显示 X 向应力分布云图
plnsol,s,eqv,0,1                        ! 显示等效应力分析结果
/expand,27,axis,,,10                    ! 设置轴对称分析结果扩展选项
plnsol,s,eqv,0,1                        ! 显示两厚壁筒三维扩展的等效应力分析结果
finish
/exit,nosav                             ! 退出 Ansys
```

13.3 实例三——两物体热接触分析

13.3.1 问题描述

两物体的几何尺寸及材料参数见表 13-3 和表 13-4，两物体的几何模型如图 13-50 所示，有限元模型如图 13-51 所示，各载荷步施加温度载荷见表 13-5。参考温度为 100℃，分析时温度单位采用℃，其他单位采用法定计量单位。

表 13-3　两物体的几何尺寸

h/m	l_1/m	l_2/m	δ_L/m
0.1	0.4	0.5	0.0035

表 13-4　两物体的材料参数

弹性模量 /Pa	泊松比	热导率 /[W/（m · ℃）]	线胀系数 /℃$^{-1}$	接触热导率 /[W/（m · ℃）]
10E6	0.3	250	1.2E-5	100

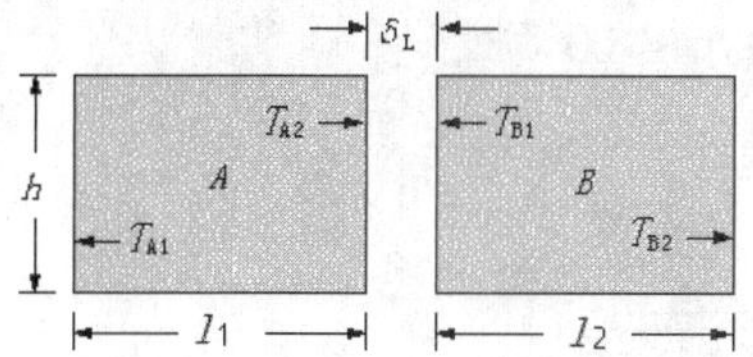

图 13-50　两物体的几何模型

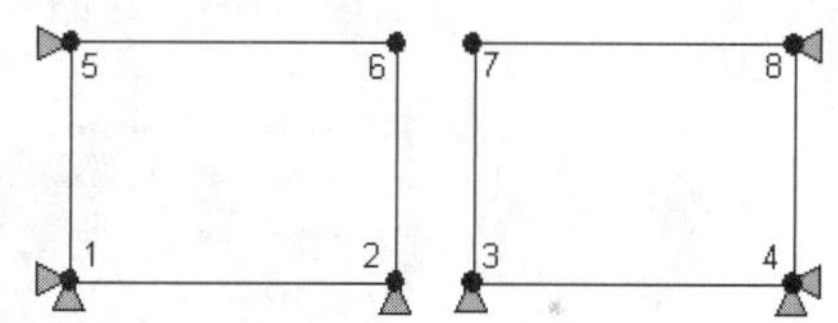

图 13-51　两物体的有限元模型

表 13-5　各载荷步施加温度载荷

载荷步 1	载荷步 2	载荷步 3
E_{A1}=500℃	E_{A1}=500℃	E_{A1}=500℃
E_{B1}=100℃	E_{B1}=0℃	E_{B1}=0℃
E_{B2}=100℃	E_{B2}=850℃	E_{B2}=100℃

13.3.2 问题分析

本例属于含接触的温度和结构耦合场分析，选用耦合场二维 4 节点 PLANE13 平面单元，该问题为平面应力问题，用手动建立接触的方法，选用 CONTAC175 和 TARGET169 二维接触单元建立物体 A 和物体 B 的点 - 面接触关系。

13.3.3 GUI 操作步骤

01 定义分析文件名

选择 Utility Menu > File > Change Jobname，在弹出的对话框中输入 Exercise，单击“OK”按钮。

02 定义单元类型

❶ 选择平面耦合场分析单元。选择 Main Menu > Preprocessor > Element Type > Add/Edit/Delete, 在弹出的对话框中单击“Add”按钮，选择“Coupled Field”“Vector Quad 13”二维 4 节点平面直接耦合场分析单元。单击“Options”按钮，在弹出的对话框中的“K1”中选择“UX UY TEMP AZ”，在“K3”中选择“Plane stress”，单击“OK”按钮。

❷ 选择接触单元。选择 Main Menu > Preprocessor > Element Type > Add/Edit/Delete，在弹出的对话框中单击“Add”按钮，在弹出的对话框中选择“Contact”“pt-to-surf 175”点对面二维平面接触单元，如图 13-52 所示，单击“OK”按钮。在弹出的对话框中选中“Type 2 CONTA175”，单击“Options”按钮，弹出如图 13-53 所示的对话框，在“K1”中选择“UX/UY(/UZ)/TEMP”，单击“OK”按钮。

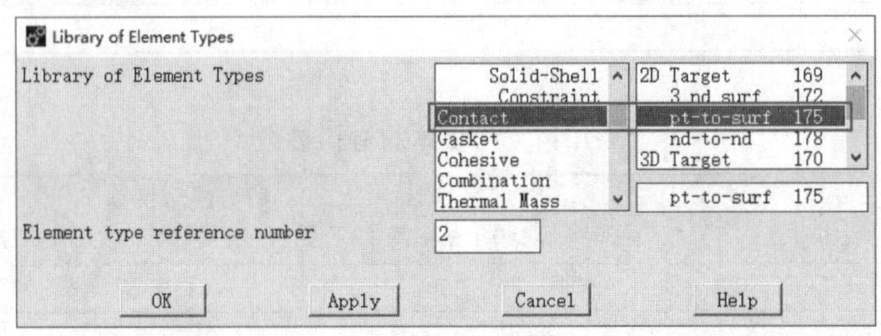

图 13-52 “Library of Element Types”对话框

CONTA175 element type options

Options for CONTA175, Element Type Ref. No. 2

Elem degree(s) of freedom	K1	UX/UY(/UZ)/TEMP
Contact algorithm	K2	Augmented method
Contact model	K3	Contact force based
Cntc Normal or CERIGID/RBE3	K4	Normal to target surface/CERIGI
Auto CNOF/ICONT adjustment	K5	No Auto. Adjust.
Auto Contact stiffness change	K6	Standard
Contact time/load prediction	K7	No predictions
Asymmetric contact selection	K8	No
Initial penetration/gap	K9	Include
Contacting stiffness update	K10	Each iteration
Shell thickness effect	K11	Exclude
Behavior of contact surface	K12	Standard
ContactTargetDOF ThermShell	K13	TEMP/TEMP
Effect of stabiliz. damping	K15	Active in 1st load step
Input of squeal dampings	K16	Damping factor
Sliding tracking logic	K18	Finite sliding

OK　Cancel　Help

图 13-53 “CONTAC175 element type options”对话框

❸ 选择目标单元。选择 Main Menu > Preprocessor > Element Type > Add/Edit/Delete，在弹出的对话框中单击“Add”按钮，在弹出的对话框中选择“Contact”“2D Target 169”点对面二维平面目标单元，如图 13-54 所示，单击“OK”按钮，然后单击“Close”按钮，关闭单元类型对话框。

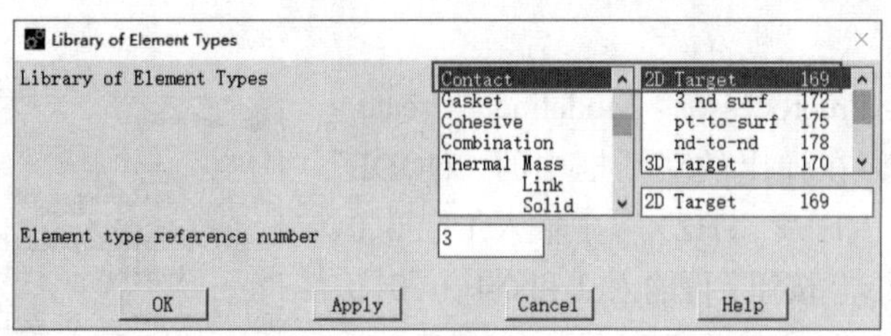

图 13-54 “Library of Element Types”对话框

03 定义材料属性

❶ 定义热导率。选择 Main Menu > Preprocessor > Material Props > Material Models，在弹出的材料属性定义对话框中默认材料编号 1，选择对话框右侧的 Thermal > Conductivity > Isotropic，在弹出的对话框中输入热导率“KXX”为 250，单击“OK”按钮。

❷ 定义线胀系数。选择对话框右侧的 Structural > Thermal Expansion > Secant Coefficient > Isotropic，在弹出的对话框中的“ALPX”中输入 1.2E-5，单击“OK”按钮。

❸ 定义弹性模量和泊松比。选择对话框右侧的 Structural > Linear > Elastic > Isotropic，在弹出的对话框中的“EX”中输入“10E6”，在“PRXY”中输入 0.3，单击“OK”按钮。

04 定义实常数

选择 Main Menu > Preprocessor > Real Constants > Add/Edit/Delete，在弹出的对话框中单击“Add”按钮，在弹出的对话框中选择“Type 2 CONTA175”，如图 13-55 所示。然后单击“OK”按钮，弹出如图 13-56 所示的对话框，在“Real Constant Set No.”中输入 2，在“FKN”中输入 -1000，在“FTOLN”中输入 -0.005，在“FKT”中输入 -100，在“TCC”中输入 100，在“TOLS”中输入 0.01。

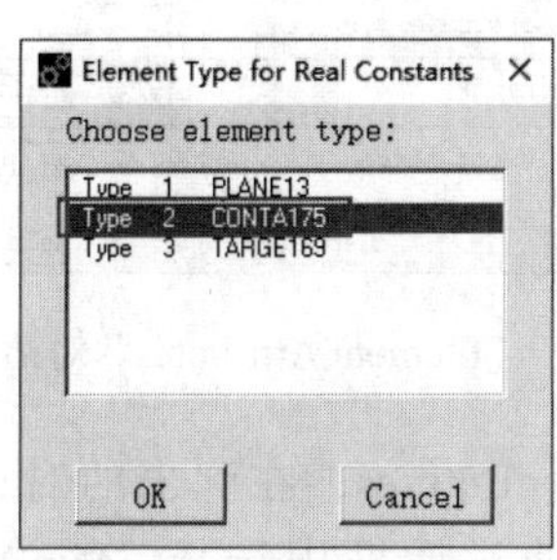

图 13-55 “Element Type for Real Constants”对话框

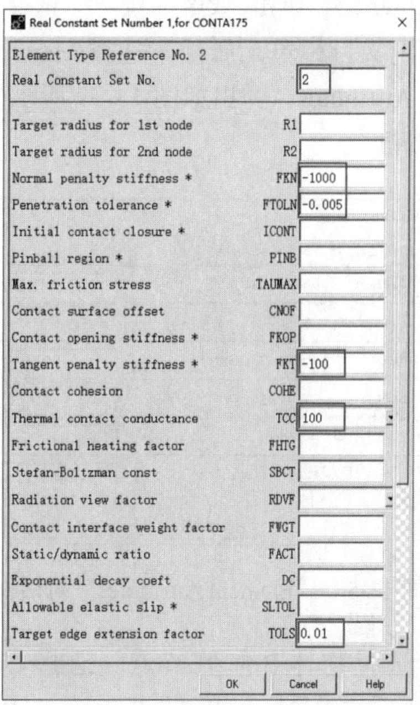

图 13-56 “Real Constant Set Number 1,for CONTA175”对话框

05 建立节点

选择 Main Menu > Preprocessor > Modeling > Create > Nodes > In Active CS，在弹出的对话框中的“NODE”和“X,Y,Z”“THXY,THYZ,THZX”中输入 1 和 0、0、0、0、0、0，单击“Apply”按钮；再输入 2 和 0.4、0、0、0、0、0，单击“Apply”按钮；再输入 3 和 0.4035、0、0、0、0、0，单击“Apply”按钮；再输入4和0.9035、0、0、0、0、0，单击“OK”按钮。选择 Main Menu > Preprocessor > Modeling > Copy > Nodes > Copy，在弹出的对话框中单击“Pick All”按钮，弹出如图 13-57 所示的对话框。在“DY”中输入 0.1 后单击“OK”按钮。

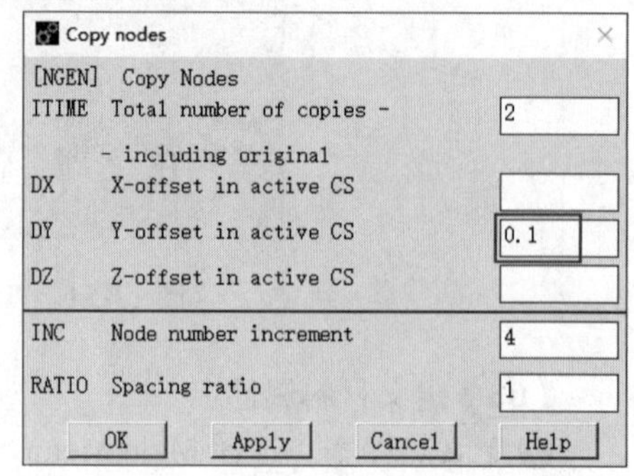

图 13-57 “Copy nodes”对话框

06 通过节点建立单元

选择 Main Menu > Preprocessor > Modeling > Create > Elements > Auto Numbered > Thru Nodes，依次拾取节点 1、2、6 和 5，单击“Apply”按钮，再依次拾取节点 3、4、8 和 7，单击“OK”按钮。

07 建立接触对

❶ 定义接触单元属性。选择 Main Menu > Preprocessor > Modeling > Create > Elements > Element Attributes，弹出如图 13-58 所示的对话框，在“TYPE”中选择“2 CONTA175”，在“REAL”中选择“2”，单击“OK”按钮。

❷ 建立接触面。选择 Main Menu > Preprocessor > Modeling > Create > Elements > Auto Numbered > Thru Nodes，在弹出的对话框中输入 2 后按 Enter 键，单击“Apply”按钮；再输入 6 后按 Enter 键，单击“OK”按钮。选择 Utility Menu > Plot > Elements，显示单元。

❸ 定义目标单元属性。选择 Main Menu > Preprocessor > Modeling > Create > Elements > Element Attributes，弹出如图 13-59 所示的对话框，在“TYPE”中选择“3 TARGE169”，单击“OK”按钮。

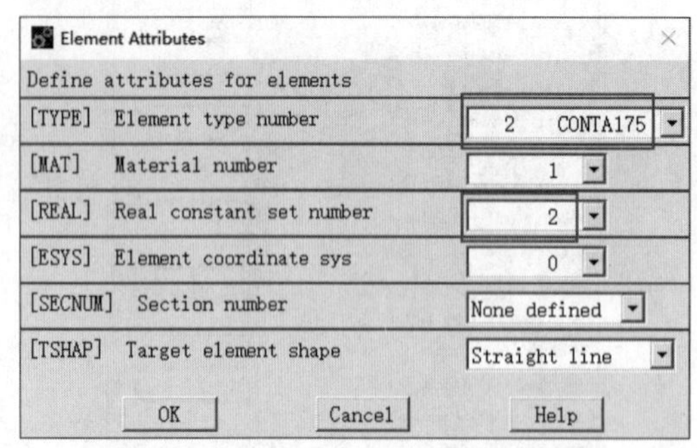

图 13-58 “Element Attributes”对话框

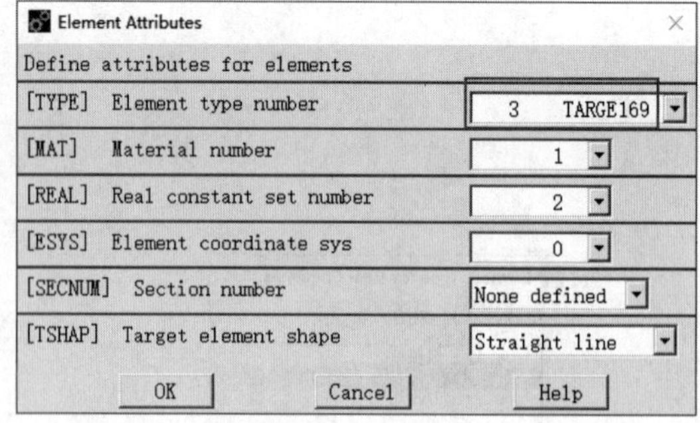

图 13-59 “Element Attributes”对话框

❹ 选择物体 B 左侧节点。选择 Utility Menu > Select > Entities，在弹出的对话框中选择“Nodes”“By Num/ Pick”，单击“OK”按钮，在弹出的对话框中选择“Min,Max,Inc”，输入“3,7,4”后按 Enter 键，单击“OK”按钮；选择 Utility Menu > Select > Entities，选择“Elements”“Attached to”“Nodes”，单击“OK”按钮。

❺ 建立目标面。选择 Main Menu > Preprocessor > Modeling > Create > Elements > Surf/Contact > Surf to Surf，弹出如图 13-60 所示的对话框，单击“OK”按钮，在弹出的对话框中单击“Pick All”按钮。

08 施加磁通势和位移约束条件

❶ 施加磁通势约束条件。选择 Utility Menu > Select > Everything。选择 Main Menu > Solution > Define Loads > Apply > Magnetic > Boundary > Vector Poten > On Nodes，在弹出的对话框中单击“Pick All”按钮，在弹出的对话框中的“Lab”中选择“AZ”，在“VALUE”中输入 0，单击“OK”按钮，如图 13-61 所示。

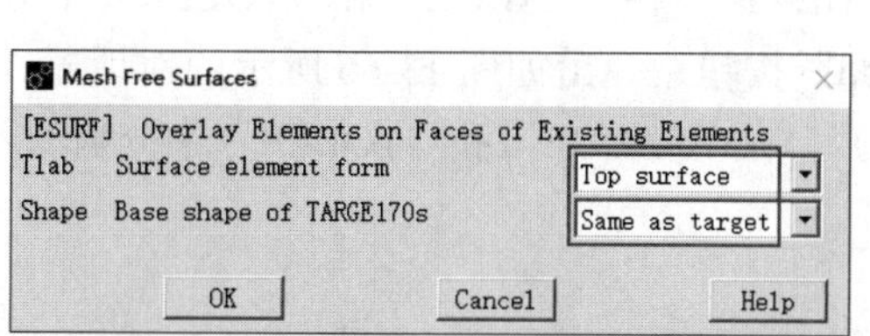

图 13-60 “Mesh Free Surfaces”对话框

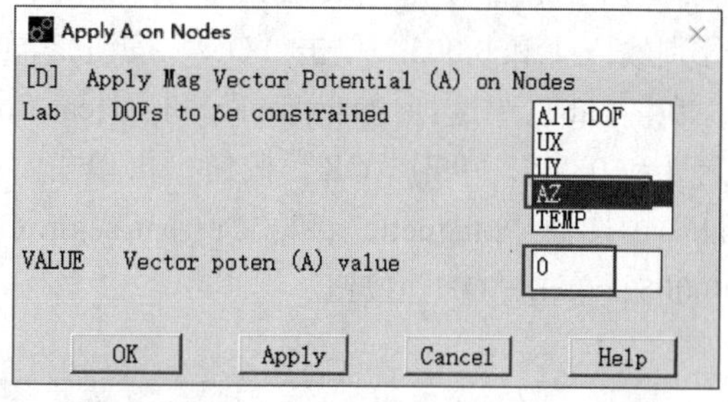

图 13-61 “Apply A on Nodes”对话框

❷ 施加位移约束条件。选择 Main Menu > Solution > Define Loads > Apply > Structural > Displacement > On Nodes，在弹出的对话框中选择“Min,Max,Inc”，输入“1,4,1”后按 Enter 键，单击“Apply”按钮，在弹出的对话框中的“Lab2”中选择“UY”，在“VALUE”中输入 0，单击“OK”按钮，如图 13-62 所示。再次选择 Main Menu > Solution > Define Loads > Apply > Structural > Displacement > On Nodes，在弹出的对话框中选择“Min,Max,Inc”，输入“1,5,4”后按 Enter 键，再输入“4,8,4”后按 Enter 键，单击“OK”按钮，在弹出的对话框中的“Lab”中选择“UX”，在“VALUE”中输入 0，单击“OK”按钮。

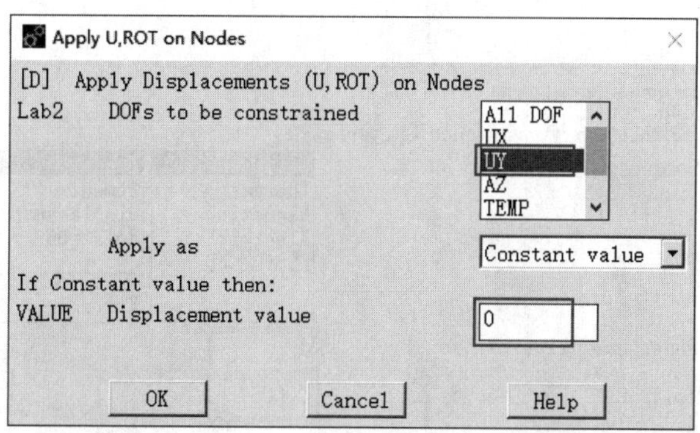

图 13-62 “Apply U, ROT on Nodes”加对话框

09 施加温度载荷

选择 Main Menu > Solution > Define Loads > Apply > Thermal > Temperature > On Nodes，选中 1 号和 5 号节点，在弹出的对话框中选择“TEMP”，输入 500，单击“Apply”按钮，选中 3 号、4 号、7 号和 8 号节点，在弹出的对话框中输入 100，单击“OK”按钮。

10 设置参考温度

选择 Main Menu > Solution > Define Loads > Settings > Reference Temp，在弹出的对话框中输入 100，单击“OK”按钮。

11 设置求解控制

选择Main Menu > Solution > Analysis Type > Sol’n Controls，在弹出的对话框中的“Analysis Options”中选择“Large Displacement Static”，单击“OK”按钮，关闭求解控制对话框。

12 定义收敛准则

选择 Main Menu > Solution > Load Step Opts > Nonlinear > Static，弹出如图 13-63 所示的对话框，选中“F”，单击“Replace”，弹出如图 13-64 所示的对话框，在“VALUE”和“TOLER”中分别输入 1 和 0.005，单击“OK”按钮，再单击“Add”按钮，弹出如图 13-65 所示的对话框，在“Lab”中选择“Thermal”和“Heat flow HEAT”，在“VALUE”和“TOLER”中分别输入 1 和 0.005，单击“OK”按钮，再单击“Add”按钮，弹出如图 13-66 所示的对话框，在“Lab”中选择“Magnetic”和“Current segm CSG”，在“VALUE”和“TOLER”中分别输入 1 和 0.005，单击“OK”按钮。

Default Nonlinear Convergence Criteria

Default Criteria to be Used:

Label	Ref. Value	Tolerance	Norm	Min. Ref.
F	calculated	.001	L2	1.0
CSG	calculated	.001	L2	0.0
HEAT	calculated	.001	L2	1.0e-6

Replace...

Close　　Help

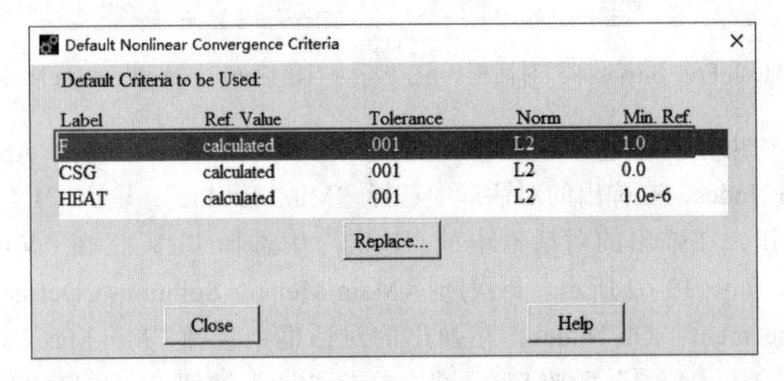

图 13-63　“Default Nonlinear Convergence Criteria”对话框

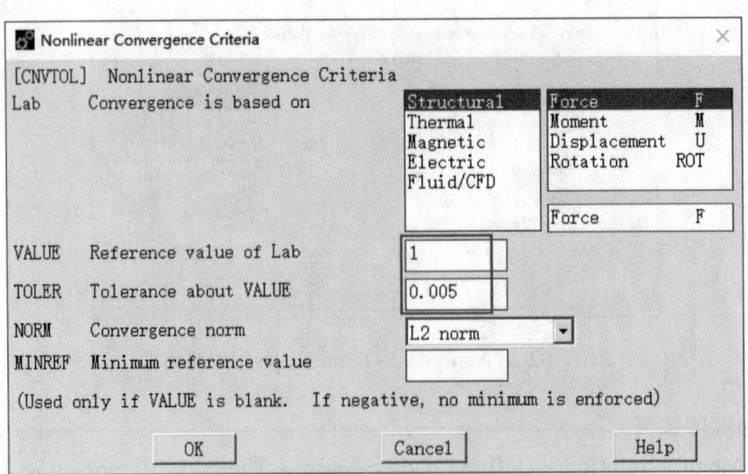

图 13-64　“Nonlinear Convergence Criteria”对话框

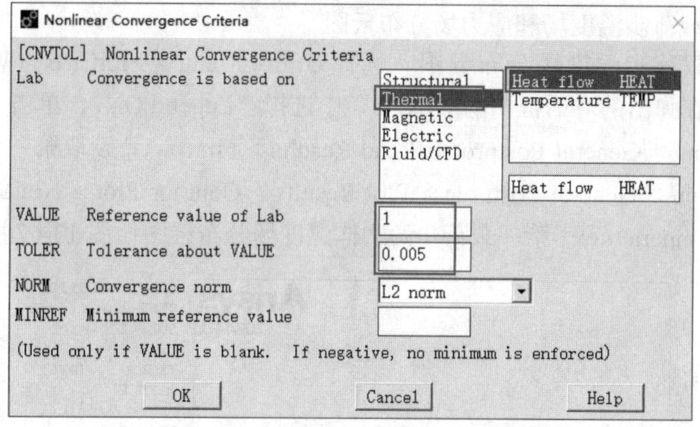

图 13-65 “Nonlinear Convergence Criteria”对话框

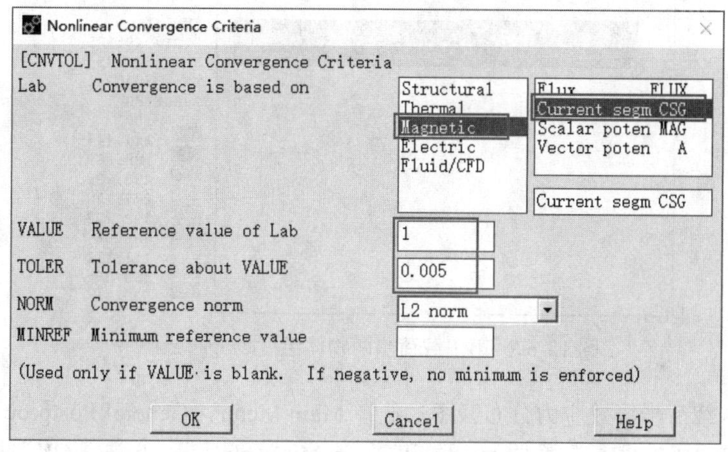

图 13-66 “Nonlinear Convergence Criteria”对话框

13 求解第一载荷步

选择 Main Menu > Solution > Solve > Current LS，进行求解。

14 求解第二载荷步

❶ 删除 3 号和 7 号节点温度载荷。选择 Main Menu > Solution > Define Loads > Delete > Thermal > Temperature > On Nodes，选中 3 号和 7 号节点，在“Lab”中选择“TEMP”，单击“OK”按钮。

❷ 在 4 号和 8 号节点施加温度载荷。选择 Main Menu > Solution > Define Loads > Apply > Thermal > Temperature > On Nodes，选中 4 号和 8 号节点，在弹出的对话框中输入 850，单击“OK”按钮。

❸ 求解：选择 Main Menu > Solution > Solve > Current LS，进行求解。

15 求解第三载荷步

❶ 在 4 号和 8 号节点施加温度载荷。选择 Main Menu > Solution > Define Loads > Apply > Thermal > Temperature > On Nodes，选中 4 号和 8 号节点，在弹出的对话框中输入 100，单击“OK”按钮。

❷ 求解。选择 Main Menu > Solution > Solve > Current LS，进行求解。

16 显示各载荷步温度场和应力场分布云图

❶ 显示第一载荷步温度场分布云图。选择 Utility Menu > PlotCtrls > Window Controls > Window Options，在弹出的对话框中的“INFO”中选择“Legend ON”，单击“OK”按钮。

选择 Main Menu > General Postproc > Read Results > First Set，读取第一个载荷步的分析结果。选择 Main Menu > General Postproc > Plot Results > Contour Plot > Nodal Solu，选择 DOF Solution > Nodal Tempera ture。第一载荷步两物体温度场分布云图如图 13-67 所示。

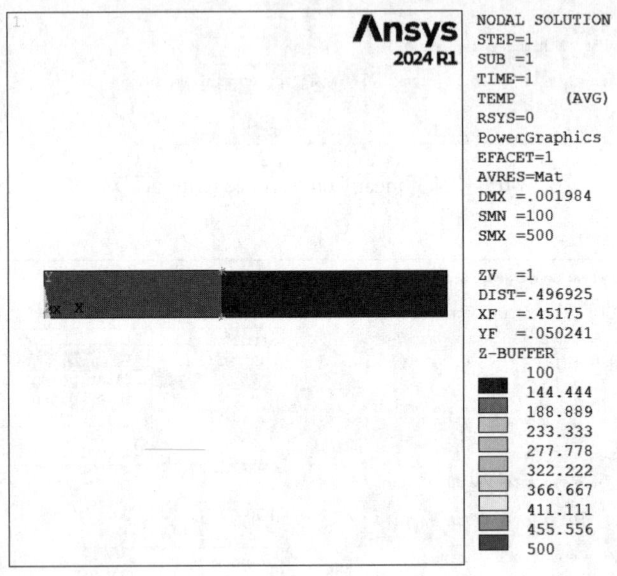

图 13-67　第一载荷步两物体温度场分布云图

❷ 显示第一载荷步等效应力分布云图。选择 Main Menu > General Postproc > Plot Results > Contour Plot > Nodal Solu，选择“Stress”和“von Mises stress”，单击“OK”按钮，第一载荷步两物体等效应力分布云图如图 13-68 所示。

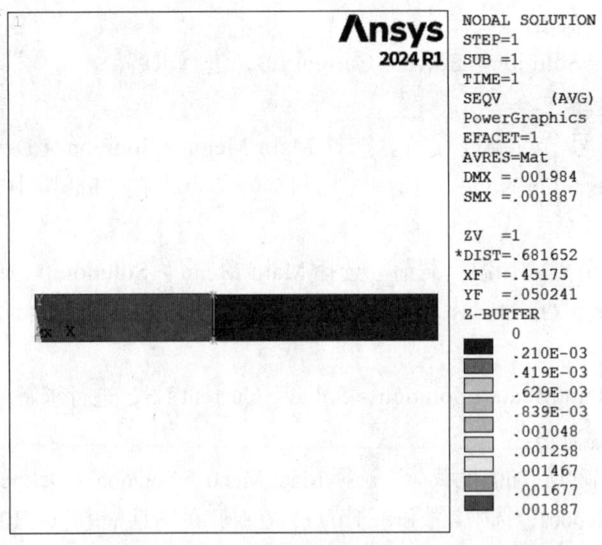

图 13-68　第一载荷步两物体等效应力分布云图

❸ 显示第二载荷步温度场分布云图。选择 Main Menu > General Postproc > Read Results > Next Set，读取第二个载荷步的分析结果。选择 Main Menu > General Postproc > Plot Results > Contour Plot > Nodal Solu，选择 DOF Solution > Nodal Temperature。第二载荷步两物体温度场分布云图如图 13-69 所示。

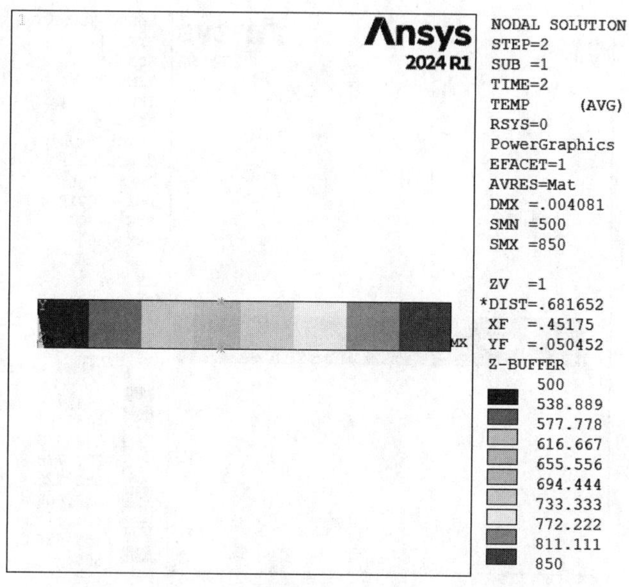

图 13-69　第二载荷步两物体温度场分布云图

❹ 显示第二载荷步等效应力分布云图。选择 Main Menu > General Postproc > Plot Results > Contour Plot > Nodal Solu，选择 “Stress” 和 “von Mises stress”，单击 “OK” 按钮，第二载荷步两物体等效应力分布云图如图 13-70 所示。

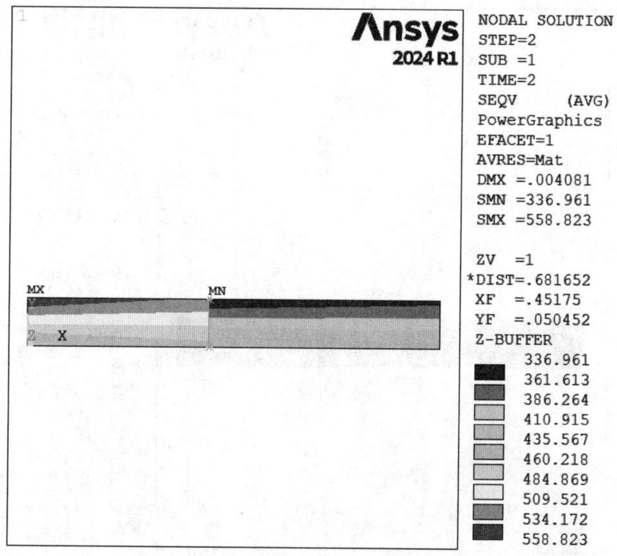

图 13-70　第二载荷步两物体等效应力分布云图

❺ 显示第三载荷步温度场分布云图。选择 Main Menu > General Postproc > Read Results > Next Set，读取第一个载荷步的分析结果，选择 Main Menu > General Postproc > Plot Results > Contour Plot > Nodal Solu，选择 DOF Solution > Nodal Temperature。第三载荷步两物体温度场分布云图如图 13-71 所示。

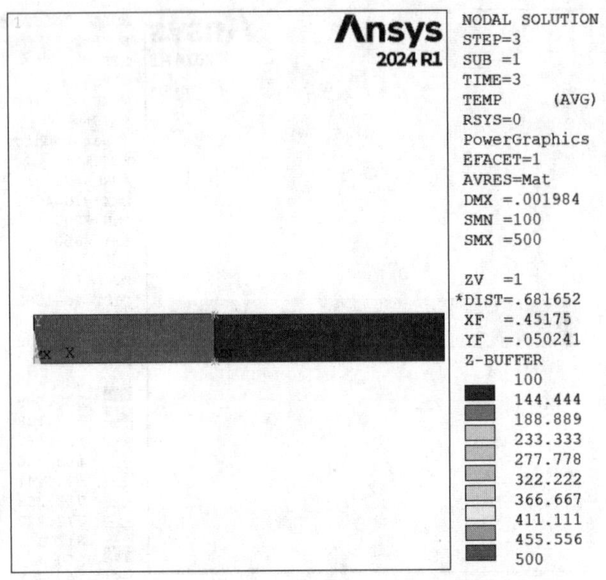

图 13-71　第三载荷步两物体温度场分布云图

❻ 显示第三载荷步等效应力分布云图。选择 Main Menu > General Postproc > Plot Results > Contour Plot > Nodal Solu，选择“Stress”和“von Mises stress”，单击“OK”按钮。第三载荷步两物体等效应力分布云图如图 13-72 所示。

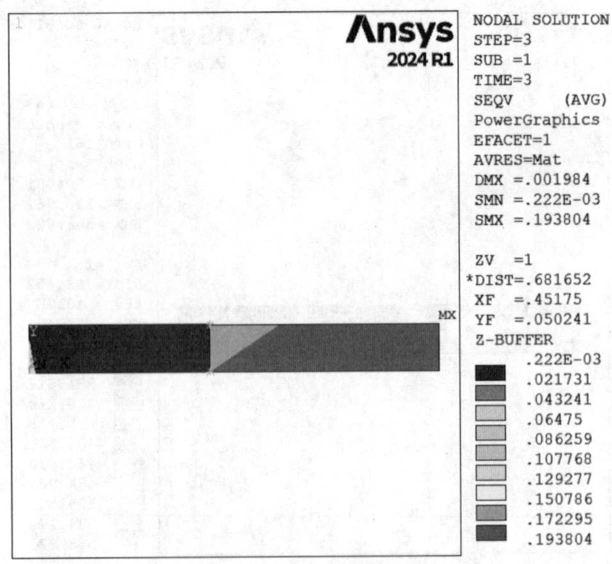

图 13-72　第三载荷步两物体等效应力分布云图

17 退出 Ansys

单击 Ansys Toolbar 中的“QUIT”，选择“Quit - No Save!”后单击“OK”按钮。

13.3.4 APDL 命令流程序

略，见随书电子资料包。

13.4 实例四——梁的结构 - 热谐波耦合分析

13.4.1 问题描述

被夹紧的薄硅片梁长度 L=300μm，宽度 W=5μm，梁在 Y 方向均布压力 P=0.1MPa 下发生横向振动，梁的温度 T_0=27℃。梁的结构示意图如图 3-73 所示。

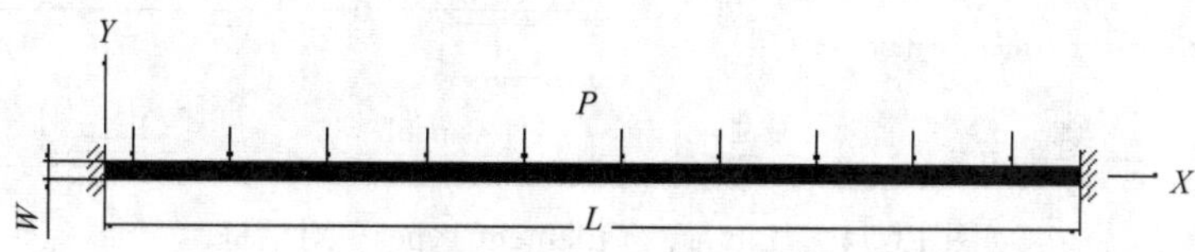

图 13-73 梁的结构示意图

梁的材料属性见表 13-6。

表 13-6 材料属性

材料属性	数值
弹性模量	1.3E5 MPa
泊松比	0.28
密度	2.33E-15 kg/μm^3
热导率	9E7 pW/(μm · K)
比热容	6.99E14 pJ/(kg · K)
线胀系数	7.8E-6 K^{-1}

13.4.2 问题分析

在 PLANE223 耦合场单元下采用平面应力热电分析选项建立梁的有限元模型，在 10kHz ~ 10MHz 的频率范围内进行结构 - 热谐波耦合分析。

13.4.3 GUI 操作步骤

01 定义工作文件名和工作标题

❶ 定义分析文件名。选择 Utility Menu > File > Change Jobname，在弹出的对话框中输入 Exercise，单击“OK”按钮。

❷ 选择 Utility Menu >File > Change Title，打开“Change Title”对话框，在对话框中输入工作标题 Thermoelastic Damping in a Silicon Beam，单击“OK”按钮。

02 定义单元类型

❶ 选择 Main Menu > Preprocessor > Element Type > Add/Edit/Delete，打开“Element Types”对话框。

❷ 单击“Add”按钮，打开“Library of Element Types”对话框，如图 13-74 所示。在“Library of Element Types”中选择“Coupled Field”“Quad 8node 223”，在“Element type reference number”文本框中输入 1。单击“OK”按钮，关闭“Library of Element Types”对话框。

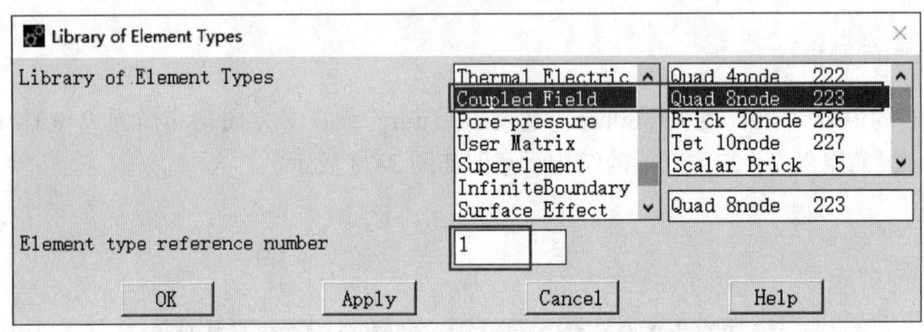

图 13-74 “Library of Element Types”对话框

❸ 单击“Element Types”对话框中的“Options”按钮，打开“PLANE223 element type options”对话框，如图 13-75 所示。在“Analysis Type K1”中选择“Strurctual-thermal”，其余选项采用系统默认设置，单击“OK”按钮。

PLANE223 element type options

Options for PLANE223, Element Type Ref. No. 1

Analysis Type	K1	Structural-thermal
Structural-thermal coupling	K2	Strong (matrix)
Element behavior	K3	Plane stress
Electro(static/magnetic)force	K4	Applied to every element node
Eddy/velocity currents	K5	Eddy & velocity currents on
Electromagnetic force output	K7	Corner + midside
Electromagnetic force calc	K8	Maxwell
Thermoelastic damping	K9	Active
Specific heat matrix	K10	Consistent
Element formulation (struc)	K11	Pure displacemnt

OK Cancel Help

图 13-75 “PLANE223 element type options”对话框

❹ 单击“Close”按钮，关闭“Element Types”对话框。

03 设置标量参数

选择 Utility Menu >Parameters > Scalar Parameters，打开“Scalar Parameters”对话框，如图 13-76 所示。在“Selection”文本框中依次输入：

```
E=1.3E5
NU=0.28
K=90E6
RHO=2330E-15
CP=699E14
ALP=7.8E-6
L=300
W=5
T0=27
TOFF=273
P=0.1
FMIN=0.1E6
FMAX=10E6
NSBS=100
```

04 定义材料性能参数

❶ 选择 Main Menu > Preprocessor > Material Props > Material Models，打开“Define Material Model Behavior”对话框。

❷ 在“Material Models Available”中依次单击 Structual > Linear > Elastic > Isotropic，打开“Linear Isotropic Properties for Material Number 1”对话框，如图 13-77 所示。在“EX”文本框中输入弹性模量“1.3E5”，在“PRXY”文本框中输入泊松比 0.28，单击“OK”按钮。

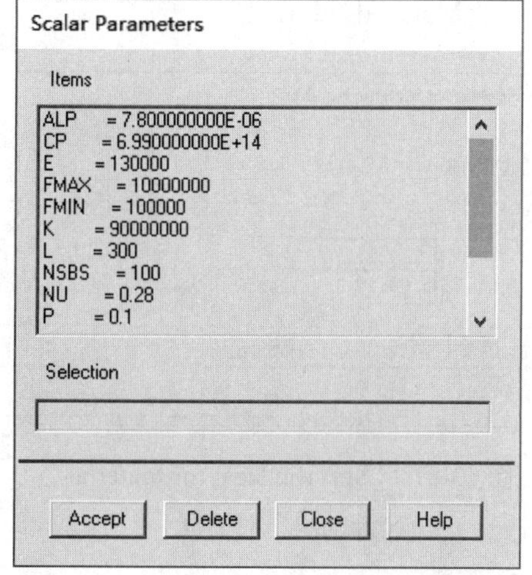

图 13-76 “Scalar Parameters”对话框

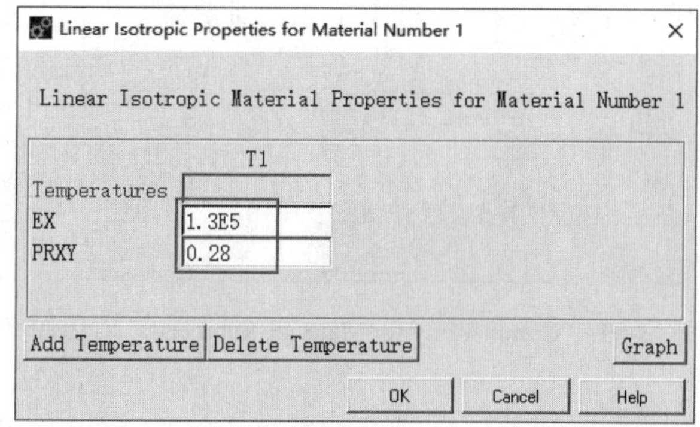

图 13-77 “Linear Isotropic Properties for Material Number 1”对话框

❸ 在“Material Models Available”中依次单击 Structual > Density，打开“Density for Material Number 1”对话框，如图 13-78 所示。在“DENS”文本框中输入密度“2.33E-15”，单击“OK”按钮。

❹ 在“Material Models Available”中依次单击 Structual > Thermal Expansion > Secant Coefficient > Isotropic，打开“Thermal Expansion Secant Coefficient for Material Number 1”对话框，如图 13-79 所示。在“ALPX”文本框中输入“7.8E-6”，单击“OK”按钮。

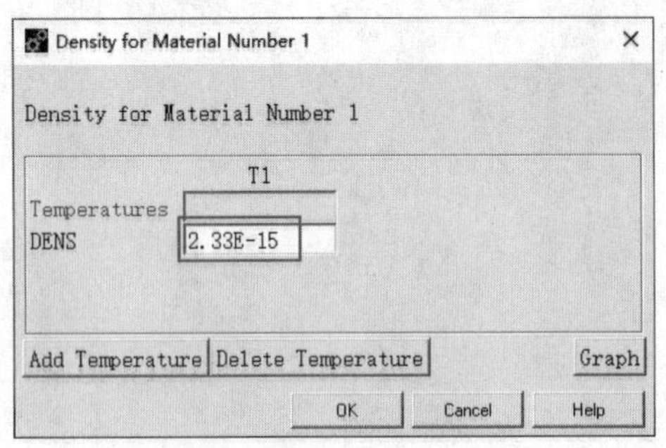

图 13-78 “Density for Material Number 1”对话框

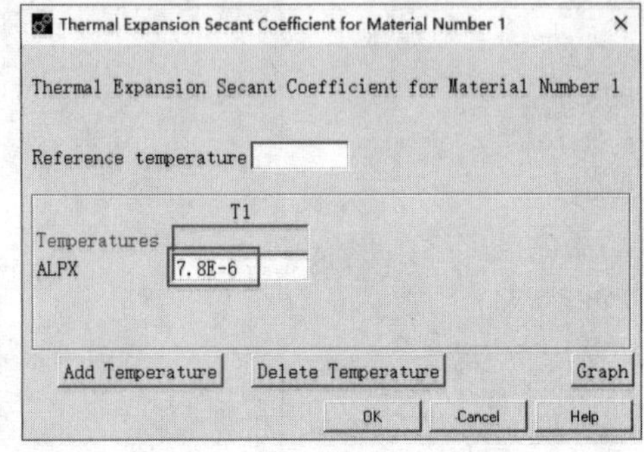

图 13-79 “Thermal Expansion Secant Coefficient for Material Number 1”对话框

❺ 在“Material Models Available”中依次单击 Thermal > Conductivity > Isotropic，打开“Conductivity for Material Number 1”对话框，如图 13-80 所示。在“KXX”文本框中输入热导率“9E7”，单击“OK”按钮。

❻ 在“Material Models Available”中依次单击 Thermal > Specific Heat，打开“Specific Heat for Material Number 1”对话框，如图 13-81 所示。在“C”文本框中输入比热容“6.99E14”，单击“OK”按钮。

❼ 在“Define Material Model Behavior”对话框中单击 Material > Exit 命令。

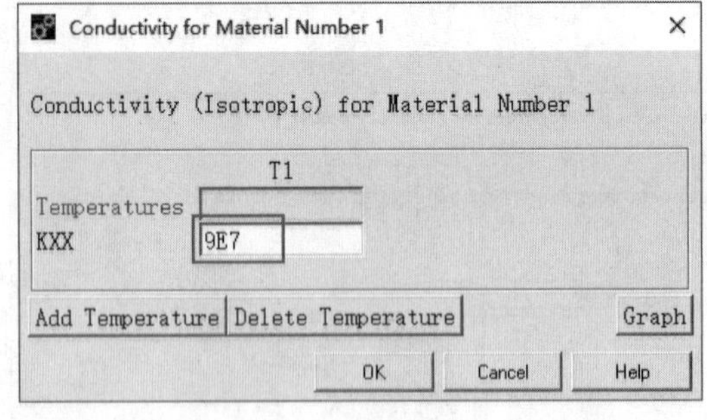

图 13-80 “Conductivity for Material Number 1”对话框

Specific Heat for Material Number 1

Specific Heat for Material Number 1

T1

Temperatures

C 6.99E14

Add Temperature Delete Temperature Graph

OK Cancel Help

图 13-81 “Specific Heat for Material Number 1”对话框

05 建立几何模型

❶ 选择 Main Menu > Preprocessor > Material Props > Temperature Units，打开“Specify Temperature Units”对话框，如图 13-82 所示。在“[TOFFST]”下拉列表中选择“Celsius”，单击“OK”按钮。

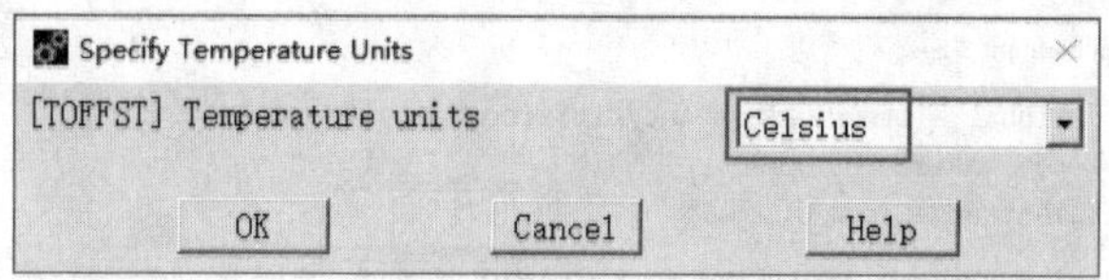

图 13-82 “Specify Temperature Units”对话框

❷ 选择 Main Menu > Preprocessor > Modeling > Create > Areas > Rectangle > By Dimensions，打开“Create Rectangle by Dimensions”对话框，如图 13-83 所示。在“X1,X2”文本框中输入 0、L，在“Y1,Y2”文本框中输入 0、W，单击“OK”按钮。生成的几何模型如图 13-84 所示。

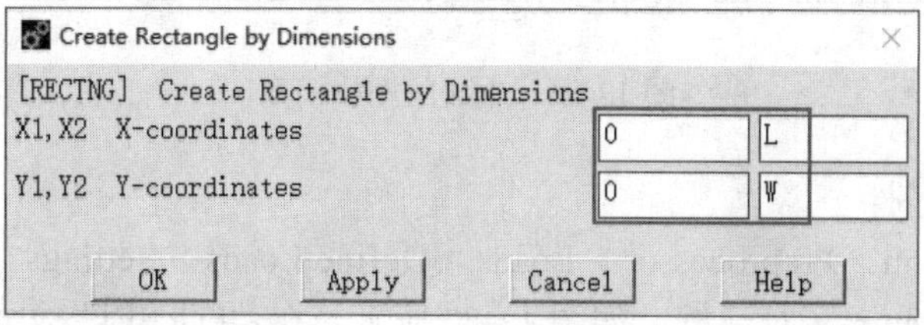

图 13-83 “Create Rectangle by Dimensions”对话框

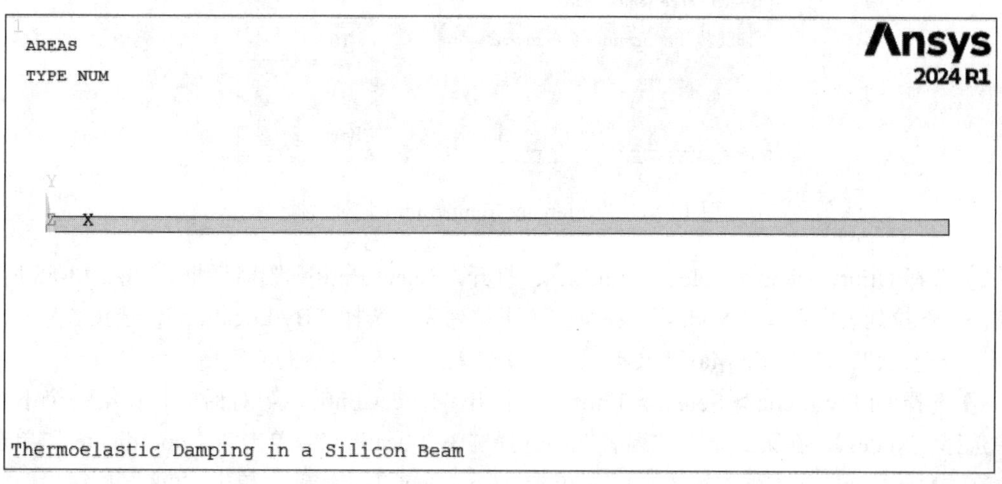

图 13-84 生成的几何模型

06 划分网格

❶ 选择 Main Menu > Preprocessor > Meshing > Size Cntrls > ManualSize > Global > Size，打开“Global Element Sizes”对话框，如图 13-85 所示。在“SIZE”文本框中输入 W/2，其余选项采用系统默认设置。单击“OK”按钮。

❷ 选择 Main Menu > Preprocessor > Meshing > Mesh > Areas > Mapped > 3 to 4 sided，打开“Mesh Volumes”对话框，单击“Pick All”按钮，关闭该对话框。生成的网格模型如图 13-86 所示。

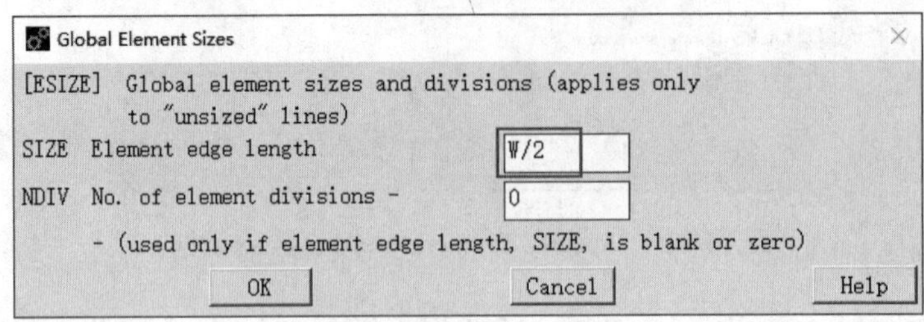

图 13-85 “Global Element Sizes”对话框

图 13-86 生成的网格模型

07 设置边界条件

❶ 选择 Main Menu > Preprocessor > Loads > Define Loads > Settings > Reference Temp，打开“Reference Temperature”对话框，如图 13-87 所示。在“[TREF]”文本框中输入 T0。单击“OK”按钮。

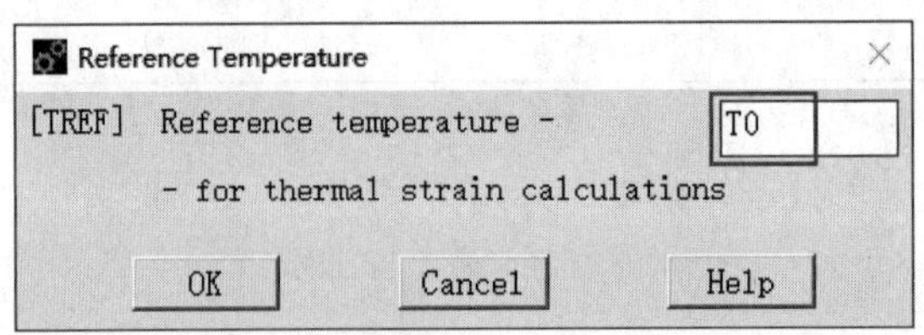

图 13-87 “Reference Temperature”对话框

❷ 选择 Utility Menu > Select > Entities，打开“Select Entities”对话框，如图 13-88 所示。在第一个下拉列表中选择“Nodes”，在第二个下拉列表中选择“By Location”，选择“X coordinates”单选按钮，在“Min,Max”文本框输入 0。单击“OK”按钮。

❸ 选择 Utility Menu > Select > Entities，打开“Select Entities”对话框，在第一个下拉列表中选择“Nodes”，在第二个下拉列表框中选择“By Location”，单击“X coordinates”单选按钮，在“Min,Max”文本框中输入“L”，单击 Also Select 单选按钮，单击“OK”按钮。

❹ 选择 Main Menu > Preprocessor > Loads > Define Loads > Apply > Structural > Displacement > On Nodes，在弹出的对话框中选择“Pick All”按钮，打开“Apply U，ROT on Nodes”对话框，如图 13-89 所示。在“Lab2”中选择“UX”，在“VALUE”文本框中输入 0，单击“OK”按钮。

❺ 选择 Utility Menu > Select > Entities，打开“Select Entities”对话框，在第一个下拉列表中选择“Nodes”，在第二个下拉列表中选择“By Location”，选择“Y coordinates”单选按钮，在“Min,Max”文本框中输入 0，选择“Reselect”单选按钮。单击“OK”按钮，关闭该对话框。

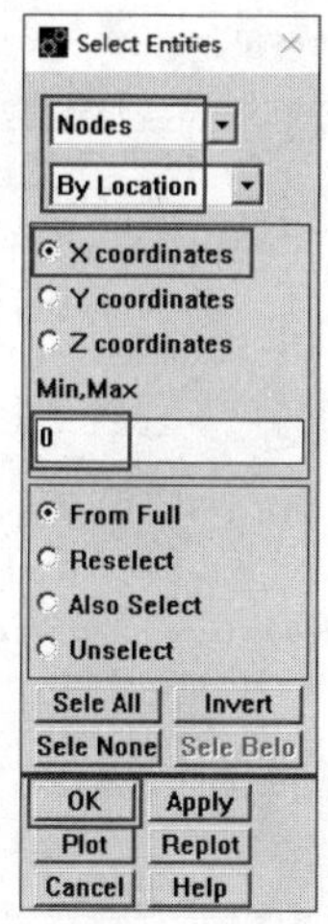

图 13-88 “Select Entities”对话框

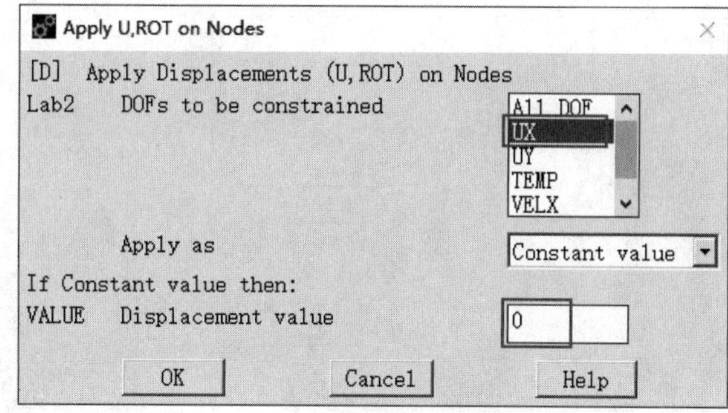

图 13-89 “Apply U,ROT on Nodes”对话框

❻ 选择 Main Menu > Preprocessor > Loads > Define Loads > Apply > Structural > Displacement > On Nodes，在弹出的对话框中单击“Pick All”按钮，打开“Apply U，ROT on Nodes”对话框，在“Lab2”中仅选择“UY”，在“VALUE”文本框中输入 0，单击“OK”按钮，关闭该对话框。

❼ 选择 Utility Menu > Select > Entities，打开“Select Entities”对话框，在第一个下拉列表中选择“Nodes”，在第二个下拉列表中选择“By Location”，选择“Y coordinates”单选按钮，在“Min,Max”文本框中输入 W，选择“From Full”单选按钮，单击“OK”按钮，关闭该对话框。

❽ 选择 Main Menu > Preprocessor > Loads > Define Loads > Apply > Structural > Pressure > On Nodes，在弹出的对话框中单击“Pick All”按钮，打开“Apply PRES on nodes”对话框，如图 13-90 所示。在“VALUE”文本框输入 P。单击“OK”按钮，关闭该对话框。

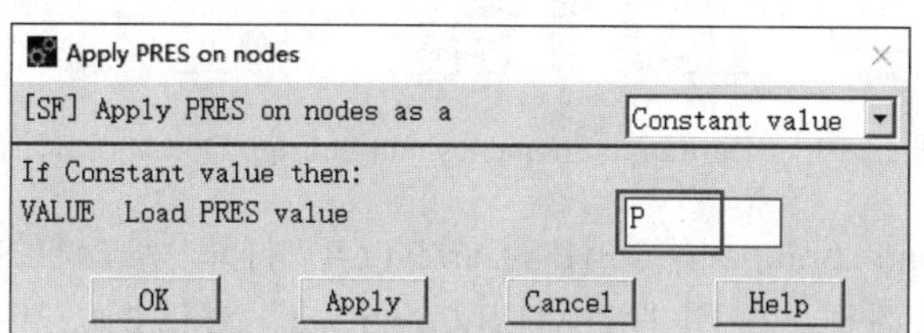

图 13-90 “Apply PRES on nodes”对话框

❾ 选择 Utility Menu > Select > Everything。

08 求解

❶ 选择 Main Menu > Solution > Analysis Type > New Analysis，打开“New Analysis”对话框，如图 13-91。在“[ANTYPE]”选项组中选择“Harmonic”单选按钮。单击“OK”按钮。

❷ 选择 Main Menu > Solution > Load Step Opts > Output Ctrls > DB/Results File，打开“Controls for Database and Results File Writing”对话框。在对话框中设置选项如图 13-92 所示。单击“OK”按钮。

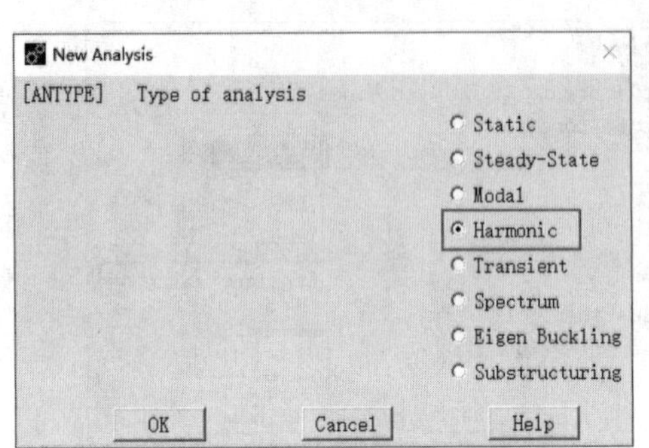

图 13-91 “New Analysis”对话框

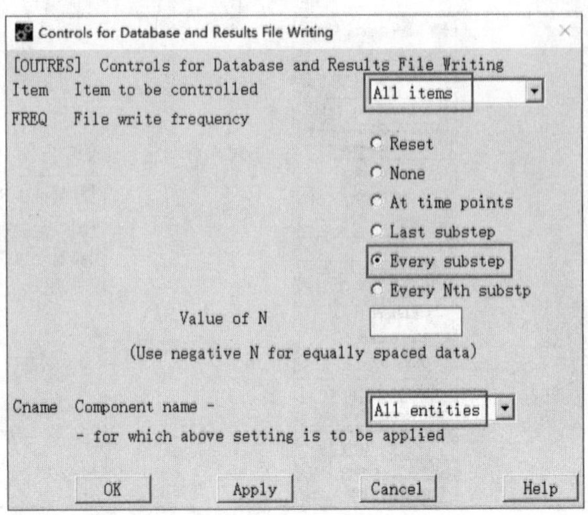

图 13-92 “Controls for Database and Results File Writing”对话框

❸ 选择 Main Menu > Solution > Load Step Opts > Time/Frequenc > Freq and Substps，打开“Harmonic Frequency and Substep Options”对话框，如图 13-93 所示。在“[HARFRQ]”文本框中输入 FMIN、FMAX，在“[NSUBST]”文本框中输入“NSBS”，在“[KBC]”选项组中选择“Stepped”单选按钮，单击“OK”按钮。

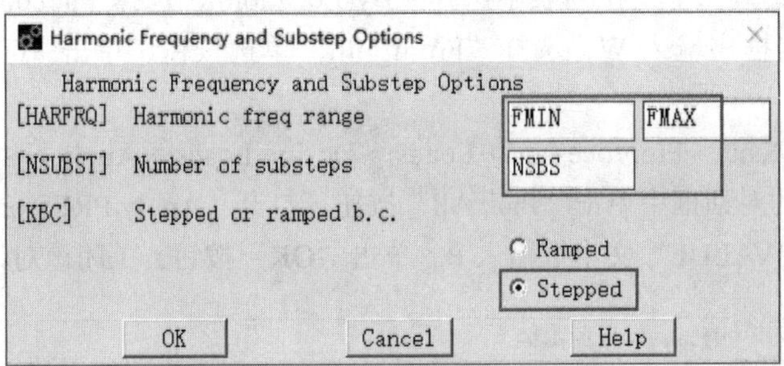

图 13-93 “Harmonic Frequency and Substep Options”对话框

❹ 选择 Main Menu > Solution > Solve > Current LS，打开“/STATUS Command”和“Solve Current Load Step”对话框。关闭“/STATUS Command”对话框，单击“Solve Current Load Step”对话框中的“OK”按钮，Ansys 开始求解。

❺ 求解结束后，弹出“Note”对话框，单击“Close”按钮。

❻ 单击 Ansys Toolbar 中的“SAVE_DB”。

09 后处理

❶ 选择 Utility Menu > Parameters > Scalar Parameters，打开“Scalar Parameters”对话框，在“Selection”文本框中依次输入：

```
DELTA=E*ALP**2*(T0+TOFF)/(RHO*CP)
PI=ACOS(-1)
TAU=RHO*CP*W**2/(K*PI**2)
```

```
F_QMIN=1/(2*PI*TAU)
F_0=0.986
F_1=0.012
F_2=0.0016
TAU0=TAU
TAU1=TAU/9
TAU2=TAU/25
```

❷ 选择 Utility Menu > Parameters > Array Parameters > Define/Edit，打开“Array Parameters”对话框，单击“Add”按钮，打开“Add New Array Parameter”对话框，如图 13-94 所示。在“Par”文本框中输入“FREQ”，在“Type”选项组中选择“Table”单选按钮，在“I,J,K”的第一个文本框中输入“NSBS”，其余文本框空白。单击“OK”按钮。

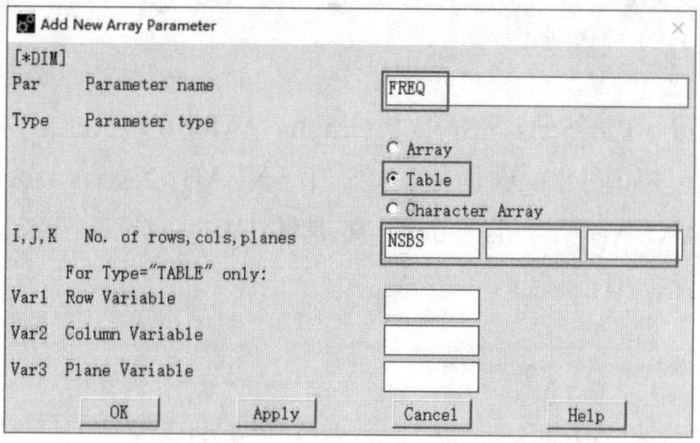

图 13-94 “Add New Array Parameter”对话框

❸ 单击“Array Parameters”对话框中的“Add”按钮，再次打开“Add New Array Parameter”对话框，在“Par”文本框中输入“Q”，在“Type”选项组中选择“Table”单选按钮，在“I，J，K”的前两个文本框中输入“NSBS、2”，其余文本框空白。单击“OK”按钮。

❹ 单击“Close”按钮，关闭“Array Parameters”对话框。

❺ 选择 Utility Menu > Parameters > Scalar Parameters，打开“Scalar Parameters”对话框，在“Selection”文本框中依次输入：

```
DF=(FMAX-FMIN)/NSBS
F=FMIN+DF
```

❻ 在 Ansys 命令文本框中输入以下内容，按 Enter 键完成输入。

```
/POST1
*do,I,1,nsbs
set, , ,1,0,f, ,
etab,w_r,nmisc,4
set, , ,1,1,f, ,
etab,w_i,nmisc,4
ssum
*get,WR,ssum, ,item,w_r
*get,WI,ssum, ,item,w_i
```

```
Qansys=Wr/Wi
om=2*pi*f
omt0=om*tau0
omt1=om*tau1
omt2=om*tau2
Q1=delta*f_0*omt0/(1+omt0**2)
Q1=Q1+delta*f_1*omt1/(1+omt1**2)
Q1=Q1+delta*f_2*omt2/(1+omt2**2)
Qzener=1/Q1
freq(i)=f
Q(i,1)=1/Qansys
Q(i,2)=1/Qzener
f=f+df
*enddo
```

❼ 选择 Utility Menu > PlotCtrls > Style > Graphs > Modify Axes，打开“Axes Modifications for Graph Plots”对话框，如图 13-95 所示。在“[/AXLAB] X-axis label”文本框中输入“Frequency f (Hz)”，在“[/AXLAB] Y-axis label”文本框中输入“Thermoelastic Damping 1/Q”，其余选项采用系统默认设置，单击“OK”按钮。

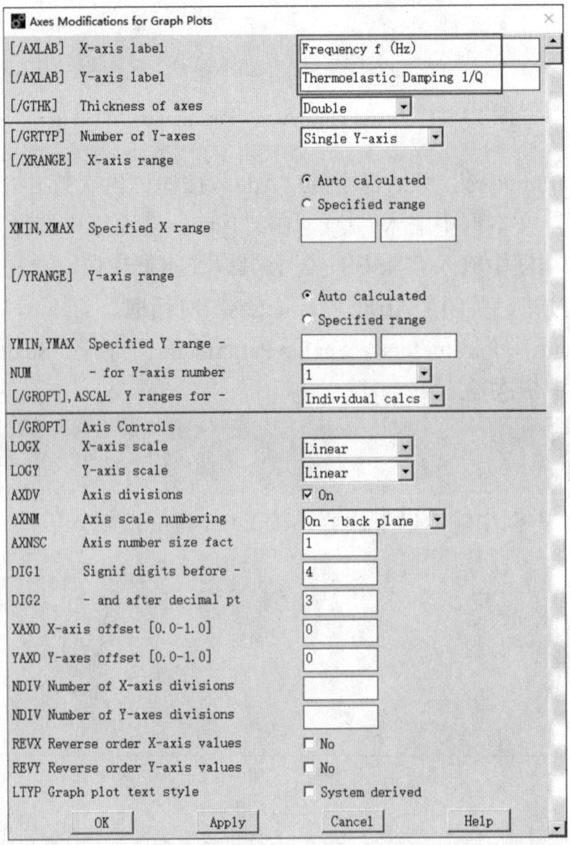

Axes Modifications for Graph Plots
[/AXLAB] X-axis label — Frequency f (Hz)
[/AXLAB] Y-axis label — Thermoelastic Damping 1/Q
[/GTHK] Thickness of axes — Double
[/GRTYP] Number of Y-axes — Single Y-axis
[/XRANGE] X-axis range — Auto calculated / Specified range
XMIN, XMAX Specified X range
[/YRANGE] Y-axis range — Auto calculated / Specified range
YMIN, YMAX Specified Y range -
NUM - for Y-axis number — 1
[/GROPT], ASCAL Y ranges for - — Individual calcs
[/GROPT] Axis Controls
LOGX X-axis scale — Linear
LOGY Y-axis scale — Linear
AXDV Axis divisions — On
AXNM Axis scale numbering — On - back plane
AXNSC Axis number size fact — 1
DIG1 Signif digits before - — 4
DIG2 - and after decimal pt — 3
XAXO X-axis offset [0.0-1.0] — 0
YAXO Y-axes offset [0.0-1.0] — 0
NDIV Number of X-axis divisions
NDIV Number of Y-axes divisions
REVX Reverse order X-axis values — No
REVY Reverse order Y-axis values — No
LTYP Graph plot text style — System derived
OK Apply Cancel Help

图 13-95 “Axes Modifications for Graph Plots”对话框

❽ 选择 Utility Menu > PlotCtrls > Style > Graphs > Modify Curve，打开“Curve Modifications for Graph Plots”对话框，如图 13-96 所示。在“[/GCOLUMN] Specify string label”区域的“CURVE number（1-10）”文本框中输入 1，在“LABEL for curve”文本框中输入“1/Qansys”，其余选项采用系统默认设置。

❾ 单击对话框中“Apply”按钮，再次打开“Curve Modifications for Graph Plots”对话框，如图 13-96 所示。在“[/GCOLUMN] Specify string label”区域的“CURVE number（1-10）”文本框中输入 2，在“LABEL for curve”文本框中输入“1/Qzener”，其余选项采用系统默认设置，单击“OK”按钮。

❿ 选择 Utility Menu > Plot > Array Parameters，打开“Graph Array Parameters”对话框，如图 13-97 所示。在“ParX”文本框中输入“FREQ(1)”，在“ParY”文本框中输入“Q(1,1)”，在“Y2”文本框中输入 2，其余选项采用系统默认设置。

Curve Modifications for Graph Plots
[/GTHK] Thickness of curves: Double
[/GROPT],FILL Area under curve: Not filled
[/GROPT],CURL Curve labels: In Legend
[/GCOLUMN] Specify string label
CURVE number (1-10): 1
LABEL for curve: 1/Qansys
[/GMARKER] Specify marker type for curve
CURVE number (1-10): 1
KEY to define marker type: None
Increment (1-255): 1
OK Apply Cancel Help

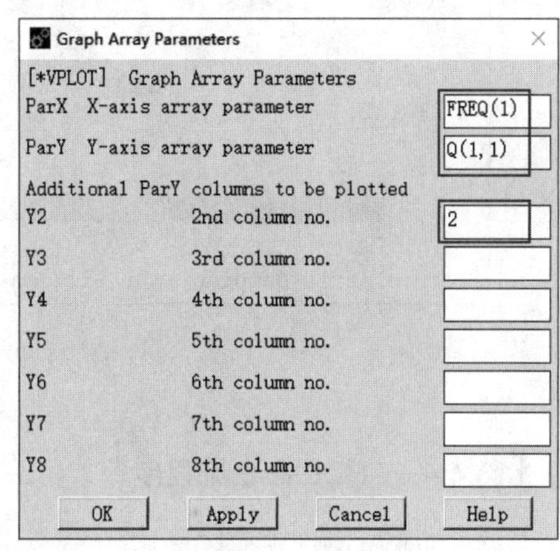

图 13-96 “Curve Modifications for Graph Plots”对话框　　图 13-97 “Graph Array Parameters”对话框

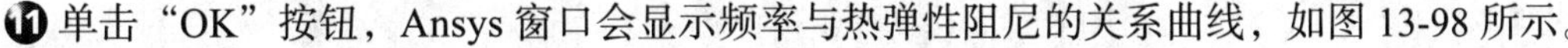

⓫ 单击“OK”按钮，Ansys 窗口会显示频率与热弹性阻尼的关系曲线，如图 13-98 所示。

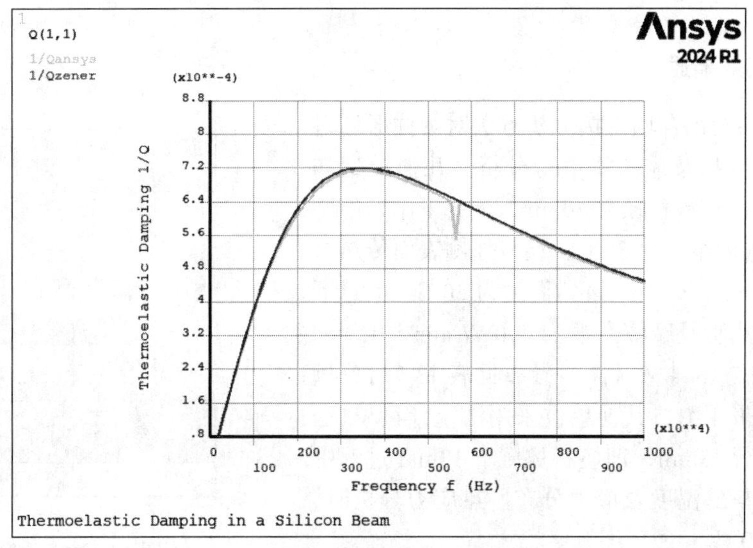

图 13-98 频率与热弹性阻尼的关系曲线

⓬ 选择 Main Menu > General Postproc > Plot Results > Contour Plot > Nodal Solu，打开"Contour Nodal Solution Date"对话框。在"Item to be contoured"中单击"Nodal Solution"，选择"DOF Solution""Displacement vector sum"，单击"OK"按钮，关闭该对话框。Ansys 窗口将显示位移矢量分布等值线图，如图 13-99 所示。

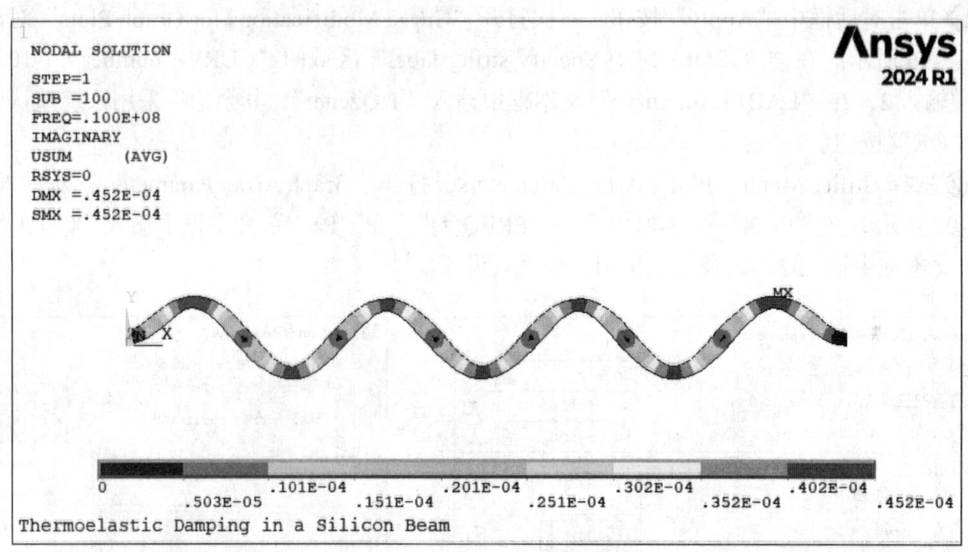

图 13-99 位移矢量分布等值线图

13.4.4 APDL 命令流程序

略，见随书电子资料包。

13.5 实例五——圆柱形坯料镦粗过程分析

13.5.1 问题描述

应用热 - 结构耦合场直接分析方法对圆柱形坯料镦粗过程的温度场及应力场进行分析。几何模型如图 13-100 所示。坯料直径为 40mm，上、下砧的温度为 400℃，坯料温度为 1130℃，坯料外侧表面传热系数为 0.0003W/(mm^2·℃)，环境温度为 20℃，上、下砧和坯料间的热阻及摩擦系数为 400W/(mm·℃) 和 0.3，上、下砧与坯料材料性能参数见表 13-7，分析时，温度单位采用℃，其他单位采用法定计量单位。试计算上砧下行 13mm，即坯料被压下 13mm 过程中上、下砧和坯料的温度及应力分布。热应力分析时，参考温度为 400℃。

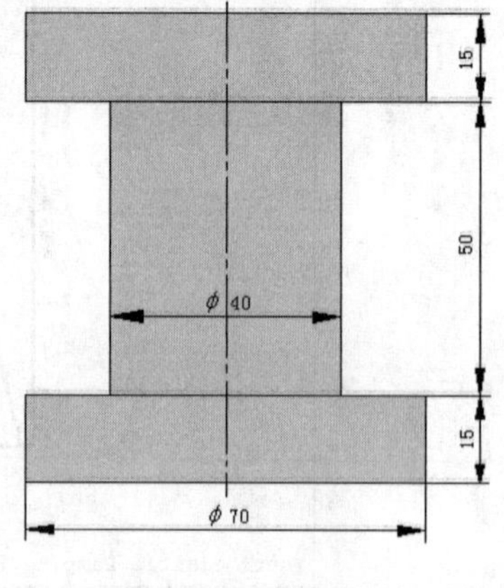

图 13-100 几何模型

表 13-7 材料性能参数

名称		温度 /℃					
		400	850	1000	1100	1150	1200
坯料	热导率 /[W/(mm · ℃)]	0.05	0.0394	0.0324	0.0295	0.0295	0.0265
	比热容 /[J/(kg · ℃)]	400	607	770	636	636	636
	泊松比	0.495					
	弹性模量 /MPa	18.8E4	11.8E4	11.2E4	10E4	9.5E4	9E4
	线胀系数 /$℃^{-1}$	1E-5					
	屈服应力 /MPa	350	193	119	85	71	60
	切线模量 /MPa	500	400	305	200	183	82
	密度 /（kg/mm^3）	7.85E-6					
上、下砧	热导率 /[W/(mm · ℃)]	0.05	0.0394	0.0324	0.0295	0.0295	0.0265
	比热容 /[J/(kg · ℃)]	400	607	770	636	636	636
	泊松比	0.3					
	弹性模量 /MPa	21E4					
	密度 /(kg/mm^3)	7.85E-6					
	线胀系数 /$℃^{-1}$	1E-5					

13.5.2 问题分析

本例应用直接耦合分析方法，利用接触向导建立上、下砧和坯料之间的接触对，该问题属于轴对称问题，在热分析时选用二维 8 节点 PLANE55 热分析单元，坯料材料模型采用双线性各向同性硬化模型，在结构场分析时选用支持大变形的 PLANE182 单元，在温度场向结构场单元转化过程中，结构场的 PLANE182 单元与温度场 PLANE55 热分析单元不是一一对应。在分析过程中，忽略了变形对温度场分布的影响。

13.5.3 GUI 操作步骤

01 进行热分析

❶ 定义分析文件名。选择 Utility Menu > File > Change Jobname，在弹出的对话框中输入 Exercise-1，单击“OK”按钮。

❷ 定义单元类型。选择 Main Menu > Preprocessor > Element Type > Add/Edit/Delete，在弹出的“Element Types”对话框中单击“Add”按钮，在弹出的对话框中选择“Solid”“Quad 4node 55”二维 4 节点平面单元，单击“OK”按钮。在单元类型对话框中选择“Type 1 PLANE55”单元，单击“Options”按钮，在弹出的对话框中的“K3”中选择“Axisymmetric”，单击“OK”按钮，然后单击“Close”按钮，关闭单元类型对话框。

❸ 定义材料属性。

1）定义坯料属性。

① 定义坯料与温度相关的热导率。选择 Main Menu > Preprocessor > Material Props > Material Models，然后选中材料 1，单击对话框右侧的 Thermal > Conductivity > Isotropic，弹出如图 13-101 所示的对话框。单击“Add Temperature”按钮，增加温度到 T6，然后按照图 13-101 所示输入材料参数，单击对话框右下方的“Graph”。坯料热导率随温度的变化曲线如图 13-102 所示。单击“OK”按钮。

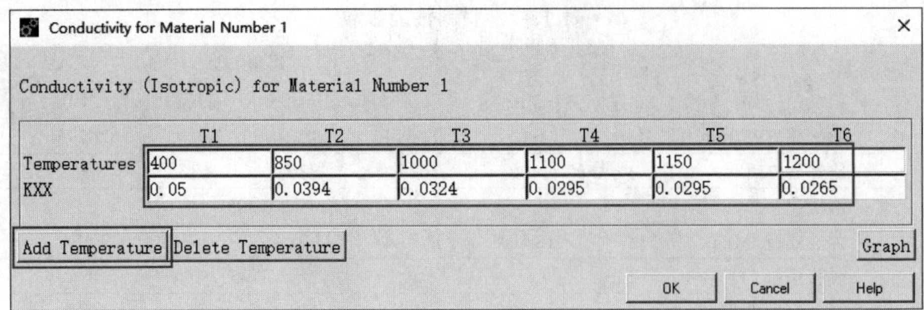

图 13-101 “Conductivity for Material Number 1”对话框

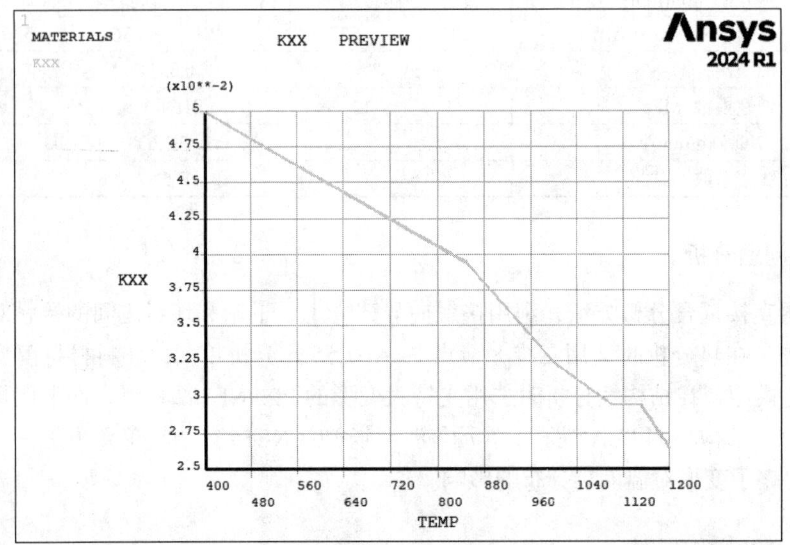

图 13-102 坯料热导率随温度的变化曲线

② 定义坯料与温度相关的比热容。单击对话框右侧的 Thermal > Specific Heat，弹出如图 13-103 所示的对话框。单击“Add Temperature”按钮，增加温度到 T6，按照图 13-103 所示输入材料参数，单击对话框右下方的“Graph”，坯料比热容随温度的变化曲线如图 13-104 所示。单击“OK”按钮。

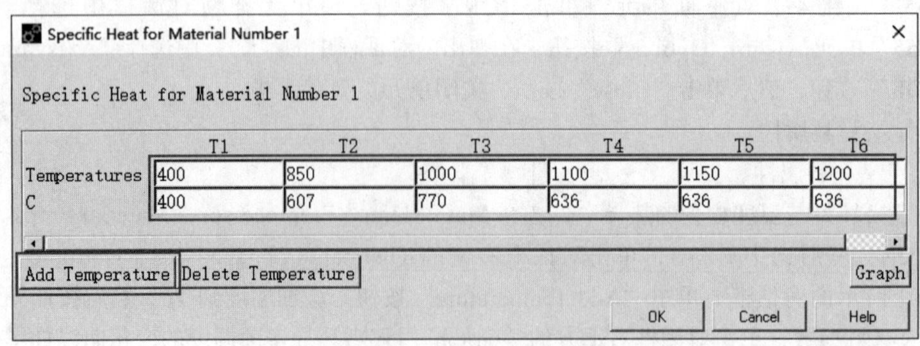

图 13-103 “Specific Heat for Material Number 1”对话框

③ 定义坯料密度。单击对话框右侧的 Thermal > Density，在弹出的对话框中的“DENS”文本框在输入“7.85E-6,”单击“OK”按钮，如图 13-105 所示。

④ 定义坯料的线胀系数。单击对话框右侧的 Structural > Thermal Expansion > Secant Coefficient > Isotropic，在弹出的对话框中的“Reference temperature”中输入 400，在“ALPX”中输入“1E-5”，单击“OK”按钮，如图 13-106 所示。

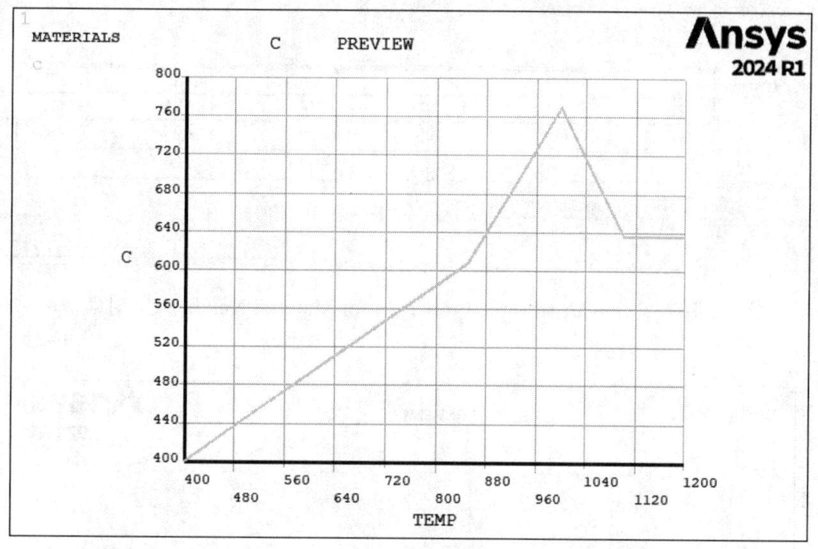

图 13-104　坯料比热容随温度的变化曲线

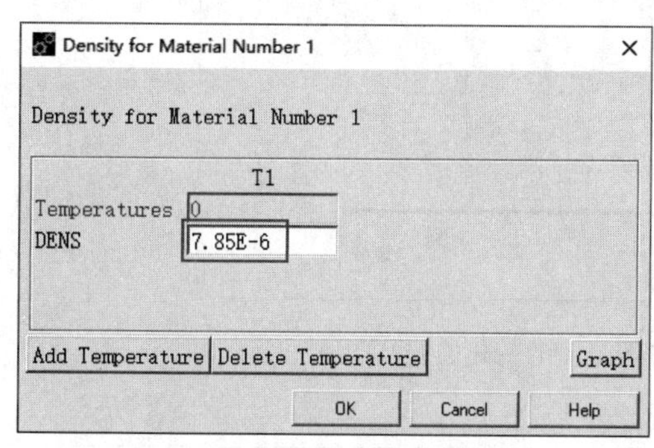

图 13-105　“Density for Material Number 1”对话框

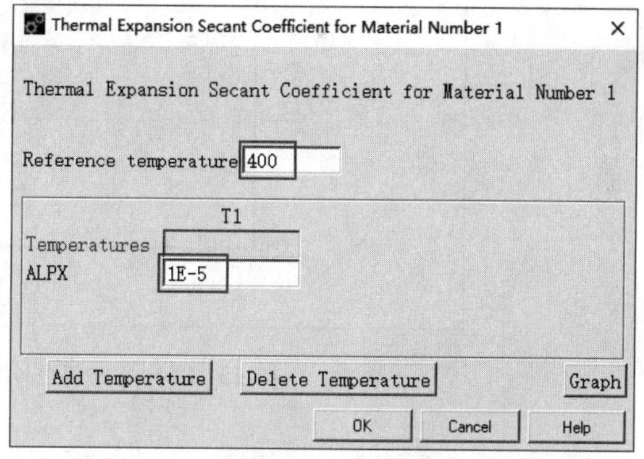

图 13-106　“Thermal Expansion Secant Coefficient for Material Number 1”对话框

⑤ 定义坯料的弹性模量和泊松比。单击对话框右侧的 Structural > Linear > Elastic > Isotropic，在弹出的如图 13-107 所示的对话框中单击“Add Temperature”按钮，增加温度到T6，按照图 13-107 所示输入材料参数，单击对话框右下方的 Graph > EX。坯料的弹性模量随温度的变化曲线如图 13-108 所示。单击“OK”按钮。

⑥ 定义坯料的各向同性双线性硬化材料模型。单击对话框右侧的 Structural > Nonlinear > Inelastic > Rate Independent > Isotropic Hardening Plasticity > Mises Plasticity > Bilinear，在弹出

的如图 13-109 所示的对话框中单击“Add Temperature”按钮，增加温度到 T6，然后按照图 13-109 所示输入材料参数，单击对话框右下方的“Graph”。坯料各温度下材料的硬化曲线如图 13-110 所示。单击“OK”按钮。

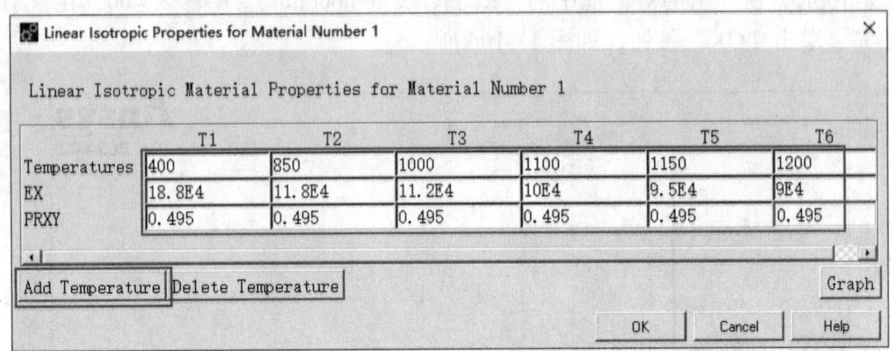

Linear Isotropic Properties for Material Number 1

Linear Isotropic Material Properties for Material Number 1

	T1	T2	T3	T4	T5	T6
Temperatures	400	850	1000	1100	1150	1200
EX	18.8E4	11.8E4	11.2E4	10E4	9.5E4	9E4
PRXY	0.495	0.495	0.495	0.495	0.495	0.495

图 13-107 “Linear Isotropic Properties for Material Number 1”对话框

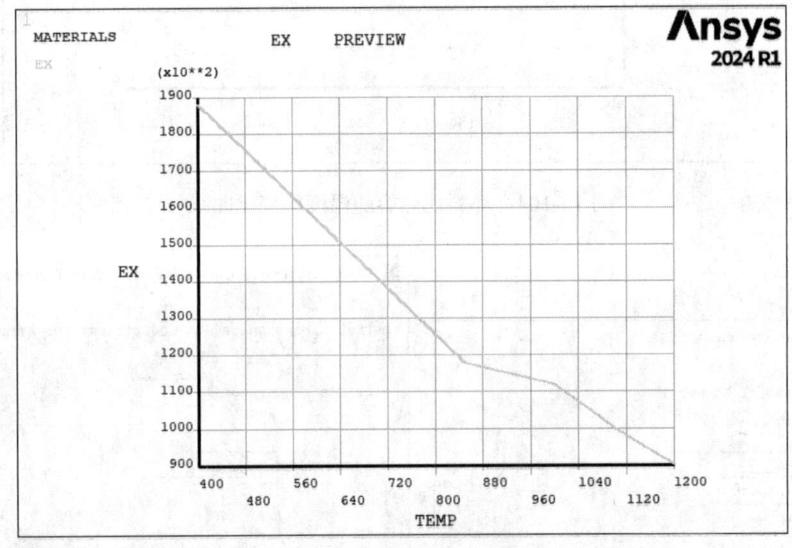

图 13-108 坯料弹性模量随温度的变化曲线

Bilinear Isotropic Hardening for Material Number 1

Bilinear Isotropic Hardening for Material Number 1

	T1	T2	T3	T4	T5	T6
Temperature	400	850	1000	1100	1150	1200
Yield Stss	350	193	119	85	71	60
Tang Mod	500	400	305	200	183	82

Add Temperature　Delete Temperature　Add Row　Delete Row　Graph

OK　Cancel　Help

图 13-109 “Bilinear Isotropic Hardening for Material Number 1”对话框

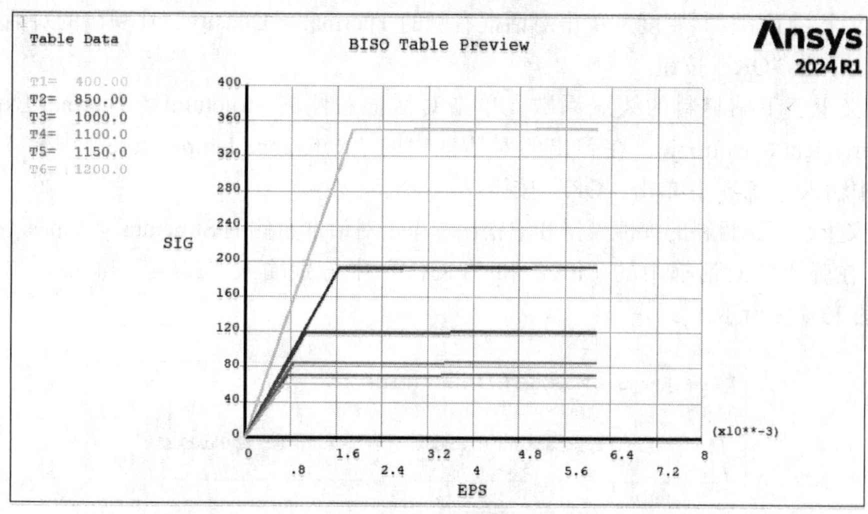

图 13-110　坯料各温度下材料的硬化曲线

2）定义上、下砧材料。

① 定义上、下砧材料与温度相关的热导率。单击材料属性定义对话框中的 Material > New Model，在弹出的对话框中单击“OK”按钮。选中材料 2，单击对话框右侧的 Thermal > Conductivity > Isotropic，在弹出的对话框中单击“Add Temperature”按钮，增加温度到 T6，按照图 13-111 所示输入材料参数，单击“OK”按钮。

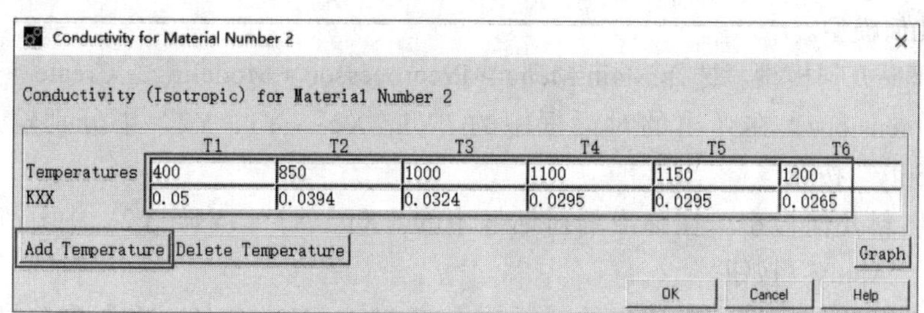

图 13-111　“Conductivity for Material Number 2”对话框

② 定义上、下砧材料与温度相关的比热容。单击对话框右侧的 Thermal > Specific Heat，在弹出的对话框中单击“Add Temperature”按钮，增加温度到 T6，按照图 13-112 所示输入材料参数，单击“OK”按钮。

Specific Heat for Material Number 2

Specific Heat for Material Number 2

	T1	T2	T3	T4	T5	T6
Temperatures	400	850	1000	1100	1150	1200
C	400	607	770	636	636	636

Add Temperature　Delete Temperature　Graph

OK　Cancel　Help

图 13-112　“Specific Heat for Material Number 2”对话框

③ 定义上、下砧材料密度。单击对话框右侧的 Thermal > Density，在弹出的对话框中输入“7.85E-6”，单击“OK”按钮。

④ 定义上、下砧材料的线胀系数。单击对话框右侧的 Structural > Thermal Expansion > Secant Coefficient > Isotropic，在弹出的对话框中的“Reference temperature”中输入 400，在“ALPX”中输入“1E-5”，单击“OK”按钮。

⑤ 定义上、下砧材料的弹性模量和泊松比。单击对话框右侧的 Structural > Linear > Elastic > Isotropic，在弹出的对话框中的“EX”和“PRXY”中分别输入“21E4”和 0.3，单击“OK”按钮，如图 13-113 所示。

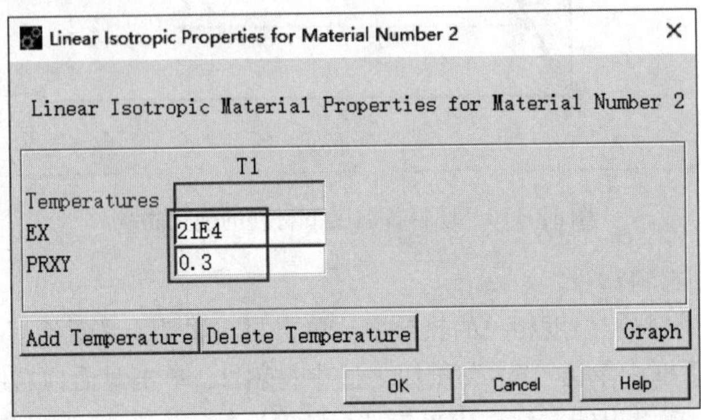

图 13-113 “Linear Isotropic Properties for Material Number 2”对话框

❹ 建立几何模型。

1）建立下砧几何模型。选择 Main Menu > Preprocessor > Modeling > Create > Areas > Rectangle > By Dimensions，在弹出的对话框中的“X1，X2”“Y1，Y2”中分别输入 0、35、0、15，单击“Apply”按钮。

2）建立坯料几何模型。在弹出的对话框中的“X1，X2”“Y1，Y2”中分别输入 0、20、15、65，单击“Apply”按钮。

3）建立上砧几何模型。在弹出的对话框中的“X1，X2”“Y1，Y2”中分别输入 0、35、65、80，单击“OK”按钮。

❺ 赋予材料属性。

1）设置上、下砧属性。选择 Utility Menu > Select > Entities，在弹出的对话框中选择“Areas”“By Num/Pick”，单击“OK”按钮，选择 1 号和 3 号面（上、下砧），单击“OK”按钮。

选择 Main Menu > Preprocessor > Meshing > Mesh Attributes > Picked Areas，在弹出的对话框中单击“Pick All”按钮，在弹出的对话框中的“MAT”和“TYPE”中分别选择“2”和“1 PLANE55”。

2）设置坯料属性。选择 Utility Menu > Select > Entities，选择“Areas”“By Num/Pick”，单击“OK”按钮，选择 2 号面（坯料）后，单击“OK”按钮。

选择 Main Menu > Preprocessor > Meshing > Mesh Attributes > Picked Areas，在弹出的对话框中单击“Pick All”按钮，在弹出的对话框中的“MAT”和“TYPE”中分别选择“1”和“1 PLANE55”。建立的几何模型如图 13-114 所示。选择 Utility Menu > Select > Everything。

❻ 设定网格密度。选择 Main Menu > Preprocessor > Meshing > Size Cntrls > Manual Size > Global > Size，在弹出的“SIZE”文本框中输入 1，单击“OK”按钮。

❼ 划分单元。选择 Main Menu > Preprocessor > Meshing > Mesh > Areas > Target Surf，在弹出的对话框中单击“Pick All”按钮。建立的有限元模型如图 13-115 所示。

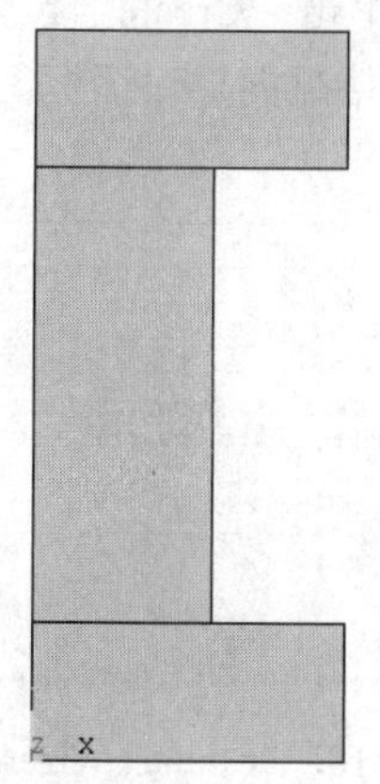

图 13-114 建立的几何模型

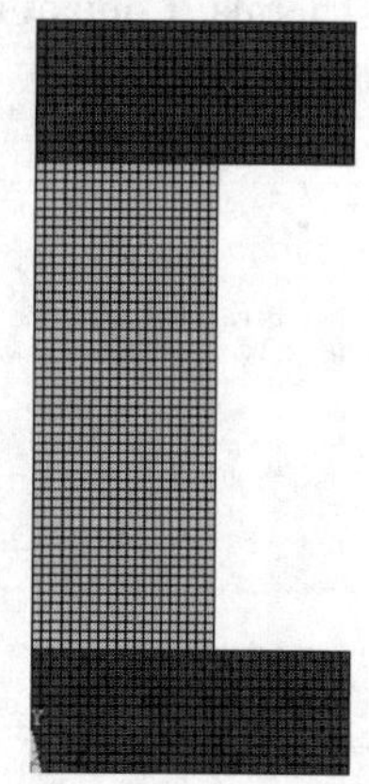

图 13-115 建立的有限元模型

❽ 建立接触单元。

1）建立下砧与坯料之间的接触对。选择 Main Menu > Preprocessor > Modeling > Create > Contact Pair，在弹出的“Pair Based Contact Manager”对话框中单击“Contact Wizard”按钮，在弹出的对话框中单击“Pick Target”，在弹出的对话框中输入 3 后按 Enter 键，单击“OK”按钮，单击“Next”按钮，在弹出的对话框中单击“Pick Contact”，弹出对话框中输入 5 后按 Enter 键，单击“OK”按钮，单击“Next”按钮，弹出如图 13-116 所示的对话框，在“Thermal Contact Conductance”中输入 400，单击“Create”按钮。建立的下砧和坯料间接触对如图 13-117 所示，单击“Finish”按钮。

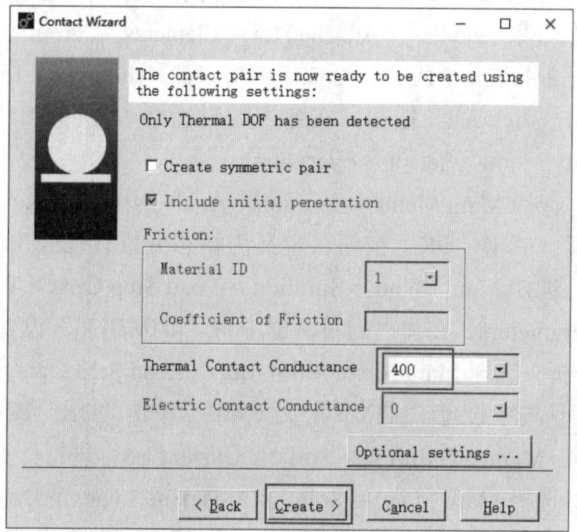

图 13-116 “Contact Wizard”对话框

2）建立上砧与坯料之间的接触对。在“Pair Based Contact Manager”对话框中再次单击“Contact Wizard”按钮，在弹出的对话框中单击“Pick Target”，在弹出对话框中输入9后按Enter键，单击“OK”按钮，单击“Next”按钮，在弹出的对话框中单击“Pick Contact”，在弹出的对话框中输入7后按Enter键，单击“OK”按钮，单击“Next”按钮，弹出如图13-116所示对话框。在“Thermal Contact Conductance”中输入400，单击“Create”按钮。建立的上砧与坯料间的接触如图13-118所示。单击“Finish”按钮，关闭接触向导对话框。

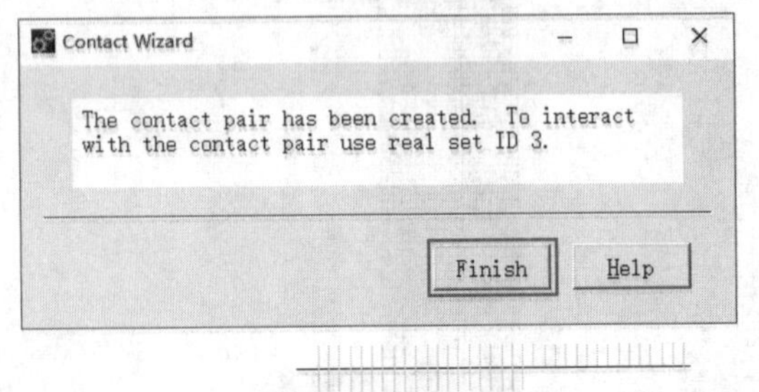

图13-117 “Contact Wizard”对话框

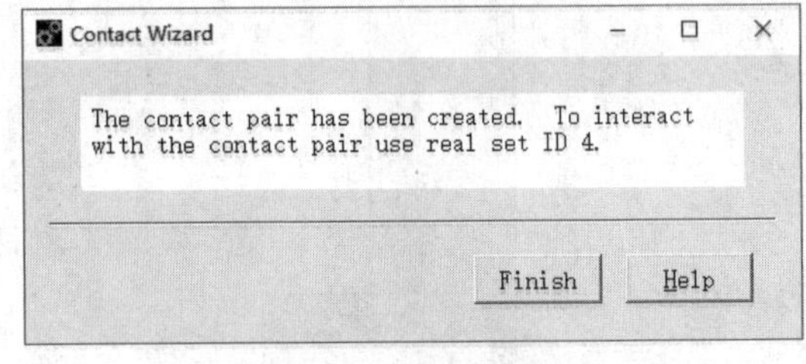

图13-118 “Contact Wizard”对话框

❾ 施加坯料和上、下砧初始温度。

1）施加坯料初始温度。选择Utility Menu > Select > Entities，在弹出的对话框中选择“Elements”“By Attributes”“Material num”，在“Min,Max,Inc”文本框中输入1，单击“Apply”按钮；选择“Elem type num”，在“Min,Max,Inc”文本框中输入1，选择“Reselect”，单击“Apply”按钮；选择“Nodes”“Attached to”“Elements”“From Full”，单击“OK”按钮。

选择Main Menu > Solution > Define Loads > Apply > Thermal > Temperature > On Nodes，在弹出的对话框中单击“Pick All”按钮，在弹出的对话框中选择“TEMP”，输入1130，单击“OK”按钮。

2）施加上、下砧初始温度。选择Utility Menu > Select > Entities，在弹出的对话框中选择“Elements”“By Attributes”“Material num”，在“Min,Max,Inc”文本框中输入2，单击“Apply”按钮；在弹出的对话框中选择“Nodes”“Attached to”“Elements”“From Full”，单击“OK”按钮。

选择Main Menu > Solution > Define Loads > Apply > Thermal > Temperature > On Nodes，在弹出的对话框中单击“Pick All”按钮，在弹出的对话框中选择“TEMP”，输入400，单击“OK”按钮。选择Utility Menu > Select > Everything。

❿ 稳态求解设置。选择Main Menu > Solution > Analysis Type > New Analysis，在弹出的对话框中选择“Transient”，单击“OK”按钮，定义为瞬态分析；在弹出的对话框中采用默认设置，单击“OK”按钮。选择Main Menu > Solution > Load Step Opts > Time/Frequenc > Time Integration > Newmark Parameters，在弹出的对话框中将“[TIMINT]”设置为“Off”，单击“OK”按钮，即定义为稳态分析；选择Main Menu > Solution > Load Step Opts > Time/Frequenc > Time-Time Step，在弹出的对话框中设定“[TIME]”为0.001，单击“OK”按钮。

⓫ 求解。选择Main Menu > Solution > Solve > Current LS，进行计算。

⓬ 删除温度载荷。选择Main Menu > Solution > Define Loads > Delete > Thermal > Temperature > On Nodes，在弹出的对话框中单击“Pick All”按钮，在弹出的对话框中选择“TEMP”选项，然后单击“OK”按钮。

⑬ 施加对流换热载荷。选择 Utility Menu > Select > Entities，在弹出的对话框中选择“Lines”“By Num/Pick”“From Full”，单击“Apply”按钮；在弹出的对话框中输入 6，然后单击“OK”按钮。在弹出的对话框中选择“Nodes”“Attached to”“Lines,all”“From Full”，然后单击“OK”按钮。选择 Main Menu > Solution > Define Loads > Apply > Thermal > Convection > On Nodes，在弹出的对话框中单击“Pick All”按钮，在弹出的对话框中的“VALI”中输入“3E-4”，在“VAL2I”中输入 20，单击“OK”按钮，如图 13-119 所示。

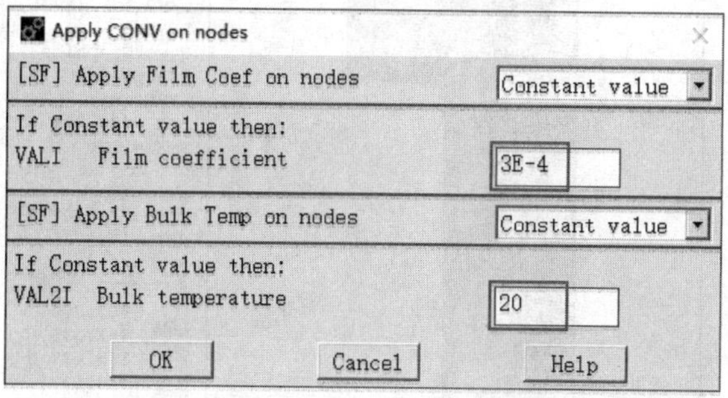

图 13-119 “Apply CONV on nodes”对话框

⑭ 设置为瞬态求解设置。选择 Main Menu > Solution > Load Step Opts > Time/Frequenc > Time Integration > Newmark Parameters，在弹出的对话框中将“[TIMINT]”设置为“On”，单击“OK”按钮，定义为瞬态分析；选择 Main Menu > Solution > Load Step Opts > Time/Frequenc > Time-Time Step，在弹出的对话框中设定“[TIME]”为 1，在“[KBC]”中选择“Stepped”，在“[AUTOTS]”中选择“ON”，单击“OK”按钮。

⑮ 存盘。选择 Utility Menu > Select > Everything, 在弹出的对话框中单击 Ansys Toolbar 中的“SAVE_DB”。

⑯ 求解。选择 Main Menu > Solution > Solve > Current LS，进行计算。

⑰ 显示温度分布云图。

1）选择 Utility Menu > PlotCtrls > Window Controls > Window Options，在弹出的对话框中的“INFO”中选择“Legend ON”，单击“OK”按钮。

2）选择 Utility Menu > PlotCtrls > Style > Displacement Scaling，弹出如图 13-120 所示的对话框，在“DMULT”中选择“1.0(true scale)”。

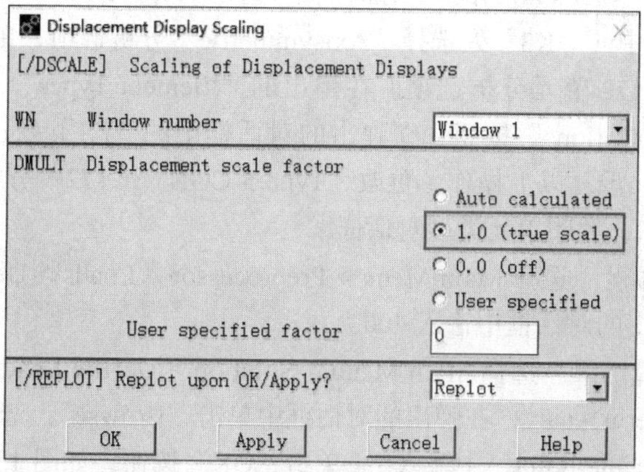

图 13-120 “Displacement Display Scaling”对话框

3）选择 Main Menu > General Postproc > Read Results > Last Set。选择 Main Menu > General Postproc > Plot Results > Contour Plot > Nodal Solu，在弹出的对话框中选择“DOF Solution”和“Nodal Temperature”，单击“OK”按钮。上、下砧和坯料的温度分布云图如图 13-121 所示。

4）选择 Main Menu > Finish，退出后处理器。

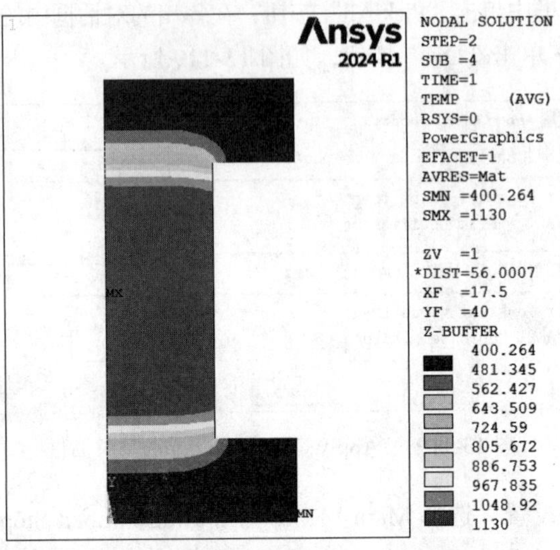

图 13-121　上、下砧和坯料的温度分布云图

02 进行结构场分析

❶ 更改分析文件名。选择 Utility Menu > File > Change Jobname，在弹出的对话框中输入“Exercise-2”，单击“OK”按钮。

❷ 删除温度场边界条件及对流换热载荷。选择 Main Menu > Solution > Define Loads > Delete > All Load Data > All Loads & Opts，在弹出的对话框中单击“OK”按钮。

❸ 将温度场单元转化为结构场分析单元。选择 Main Menu > Preprocessor > Element Type > Switch Elem Type，在弹出的对话框中选择“Thermal to Struc”，单击“OK”按钮。选择 Utility Menu > Plot > Elements。

❹ 更改单元分析选项。

1）更改 PLANE182 单元分析选项。选择 Main Menu > Preprocessor > Element Type > Add/Edit/Delete，在弹出的“Element Types”对话框中选择“Type 1 PLANE182”，单击“Options”按钮，在弹出的对话框中的“K3”处选择“Axisymmetric”分析选项，单击“OK”按钮。

2）更改 CONTAC172 单元分析选项。在弹出的“Element Types”对话框中选择“Type 3 CONTAC172”，单击“Options”按钮，在弹出的对话框中的“K1”处选择“UX/UY”分析选项，单击“OK”按钮；重复以上操作，更改“Type 5 CONTAC172”分析选项。完成以上操作后，单击“Close”按钮，关闭单元类型对话框。

❺ 定义参考分析温度。选择 Main Menu > Preprocessor > Loads > Define Loads > Settings > Reference Temp，在弹出的对话框中输入 400。

❻ 读取温度场计算结果。选择 Main Menu > Solution > Define Loads > Apply > Structural > Temperature > From Therm Analy，在弹出的对话框中单击“Browse”，选择温度场结果文件，即“Exercise-1.rth”，在“Time-point”中输入 1，单击“OK”按钮，如图 13-122 所示。

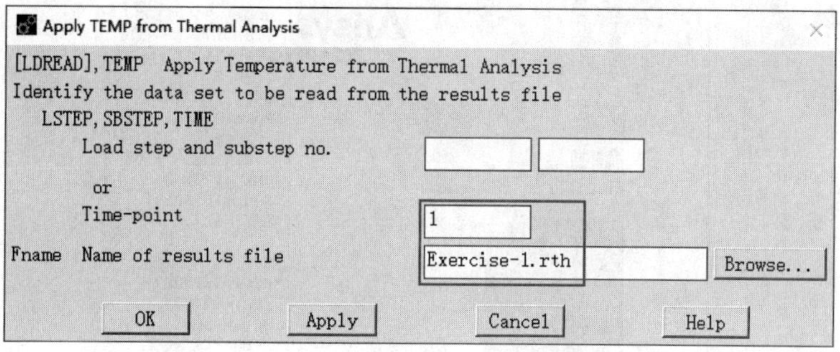

Apply TEMP from Thermal Analysis
[LDREAD],TEMP Apply Temperature from Thermal Analysis
Identify the data set to be read from the results file
LSTEP,SBSTEP,TIME
Load step and substep no.
or
Time-point 1
Fname Name of results file Exercise-1.rth Browse...
OK Apply Cancel Help

图 13-122 “Apply TEMP from Thermal Analysis”对话框

❼ 约束条件施加。

1）施加下砧底面约束条件。选择 Utility Menu > Select > Entities，在弹出的对话框中选择“Nodes”“By Location”“Y coordinates”，在“Min,Max”文本框中输入 0，单击“OK”按钮。

选择 Main Menu > Solution > Define Loads > Apply > Structural > Displacement > On Nodes，单击“Pick All”按钮。在弹出的对话框中的“Lab2”中选择“UY”，在“VALUE”中输入 0，单击“OK”按钮。选择 Utility Menu > Select > Everything。

2）施加上砧顶面约束条件。选择 Utility Menu > Select > Entities，在弹出的对话框中选择“Nodes”“By Location”“Y coordinates”，在“Min,Max”文本框中输入 80，单击“OK”按钮。

选择 Main Menu > Solution > Define Loads > Apply > Structural > Displacement > On Nodes，在弹出的对话框中单击“Pick All”按钮，在弹出的对话框中的“Lab2”中选择“UY”，在“VALUE”中输入 -13，单击“OK”按钮。

3）施加对称约束条件。选择 Utility Menu > Select > Entities，在弹出的对话框中选择“Nodes”“By Location”“X coordinates”，在“Min,Max”文本框中输入 0，单击“OK”按钮。

选择 Main Menu > Solution > Define Loads > Apply > Structural > Displacement > On Nodes，在弹出的对话框中单击“Pick All”按钮，在弹出的对话框中的“Lab2”中仅选择“UX”，在“VALUE”中输入 0，单击“OK”按钮。选择 Utility Menu > Select > Everything。

❽ 求解选项设置。选择 Main Menu > Solution > Analysis Type > Sol’n Controls，在弹出的对话框中的“Analysis Options”中选择“Large Displacement Static”，在“Time Control”中的“Time at end of loadstep”中输入求解时间 2，选择“Time increment”，在“Time step size”中输入 0.01，在“Minimum time step”中输入 0.001，在“Maximum time step”中输入 0.2，在“Frequency”中选择“Write every substep”，单击“OK”按钮。

❾ 存盘。单击 Ansys Toolbar 中的“SAVE_DB”。

❿ 求解。选择 Main Menu > Solution > Solve > Current LS，进行求解。

⓫ 显示等效应力分布。

1）选择 Main Menu > General Postproc > Read Results > Last Set。选择 Main Menu > General Postproc > Plot Results > Contour Plot > Nodal Solu，选择“Stress”和“von Mises stress”，单击“OK”按钮。上、下砧和坯料等效应力分布云图如图 13-123 所示。

2）选择 Utility Menu > PlotCtrls > Style > Symmetry Expansion > 2D Axi-Symmetric，在弹出的对话框中的“Select expansion amount”中选择“3/4 expansion”，单击“OK”按钮。上、下砧和坯料三维扩展的等效应力分布云图如图 13-124 所示。

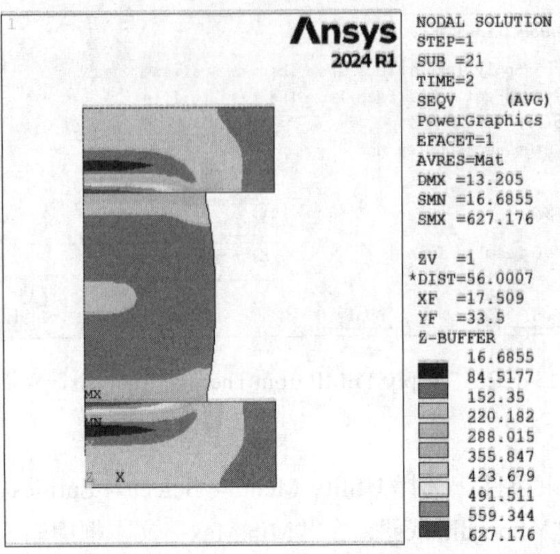

图 13-123　上、下砧和坯料等效应力分布云图

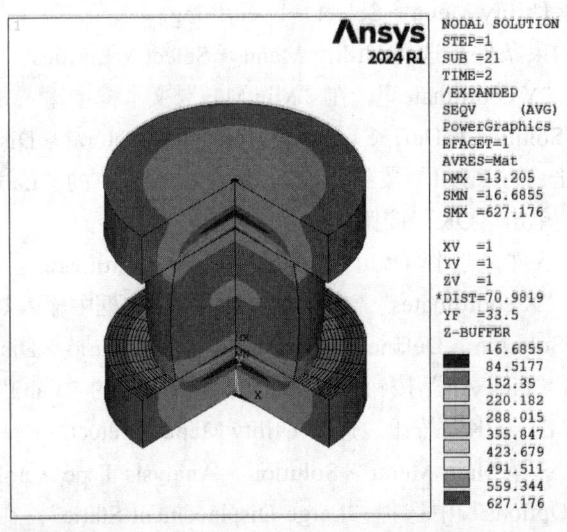

图 13-124　上、下砧和坯料三维扩展的等效应力分布云图

⑫ 生成镦粗动画。选择 Utility Menu > PlotCtrls > Animate > Over Results，在弹出的对话框中的“Contour data for animation”中选中“Stress”和“von Mises SEQV”，将“Auto contour scaling”设置为“On”，单击“OK”按钮。在放映的过程中可单击对话框中的“Close”按钮，结束动画放映。

⑬ 退出 Ansys。单击 Ansys Toolbar 中的“QUIT”，选择“Quit-No Save!”后单击“OK”按钮。

13.5.4　APDL 命令流程序

略，见随书电子资料包。

第 14 章

摩擦生热分析实例详解

本章主要介绍了应用 Ansys 2024 进行摩擦生热分析的基本步骤，并以两物体相对滑动和转动摩擦生热为示例，讲述了进行摩擦生热分析的基本思路以及操作步骤和技巧。

- 应用 Ansys 进行滑动和转动摩擦生热分析的基本思路
- 应用 Ansys 进行摩擦生热分析的基本操作步骤、命令
- 接触对摩擦面参数设置方法

14.1 实例——两物体相对滑动过程中的摩擦生热分析

14.1.1 问题描述

一个铜块在钢块上滑动，钢块固定，钢块和铜块的几何模型如图 14-1 所示，其材料参数见表 14-1。钢块和铜块间的摩擦系数为 0.2，滑动速度为 1000m/s，计算时间为 0.00375s。试计算钢块和铜块由于摩擦产生的温度场，以及钢块和铜块的应力分布。初始温度为 30℃。分析时，温度单位采用℃，其他单位采用法定计量单位。

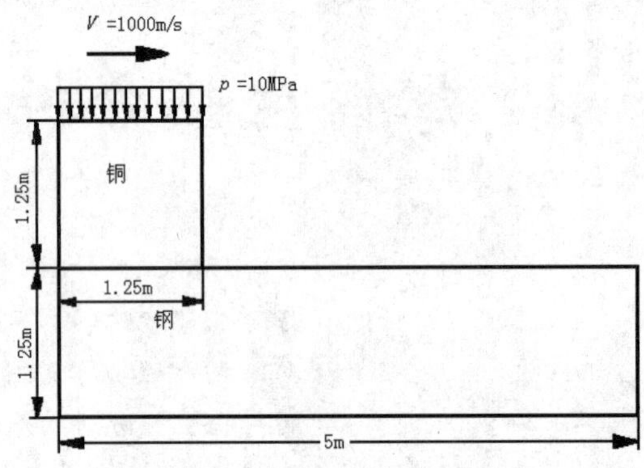

图 14-1　铜块和钢块几何模型

表 14-1　铜块和钢块的材料参数

材料	温度 /℃	弹性模量 /GPa	密度 /(kg/m^3)	热导率 /[W/(m・℃)]	比热容 /[J/(kg・℃)]	线胀系数 /℃$^{-1}$	泊松比
铜	30	103	8900	383	390	1.75E-5	0.3
钢	30	206	7800	66.6	460	1.06E-5	0.3

14.1.2 问题分析

本例属于摩擦生热的温度和结构耦合场分析，选用耦合场二维 4 节点 PLANE13 平面单元进行分析，将速度载荷转化为位移载荷施加在铜块上。

14.1.3 GUI 操作步骤

01 定义分析文件名

选择 Utility Menu > File > Change Jobname，在弹出的对话框中输入 Exercise，单击“OK”按钮。

02 定义单元类型

选择 Main Menu > Preprocessor > Element Type > Add/Edit/Delete，在弹出的“Element Types”对话框中单击“Add”按钮，在弹出的对话框中选择“Coupled Field”“Vector Quad 13”二维 4 节点平面直接耦合场分析单元，如图 14-2 所示。单击单元类型对话框中的“Options”，在弹出的对话框中的“K1”中选择“UX UY TEMP AZ”，单击“OK”按钮。

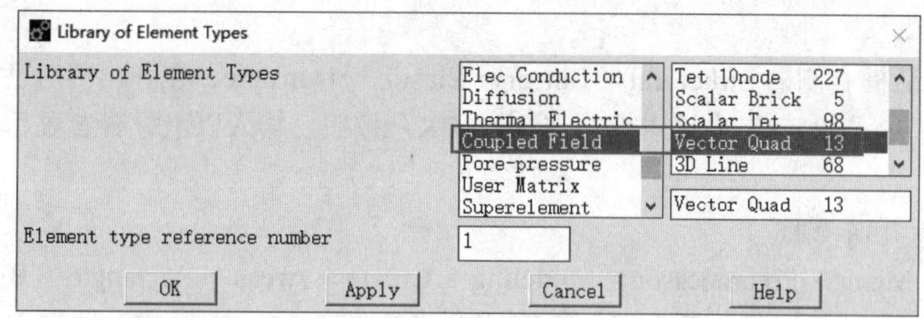

图 14-2 “Library of Element Types”对话框

03 定义材料属性

❶ 选择 Main Menu > Preprocessor > Material Props > Material Models，在弹出的对话框中默认材料编号 1，单击对话框右侧的 Thermal>Density，在“DENS”文本框中输入 7800，单击“OK”按钮。

❷ 单击对话框右侧的 Thermal > Conductivity > Isotropic，在弹出的对话框中输入热导率“KXX”为 66.6，单击“OK”按钮。

❸ 单击对话框右侧的 Thermal > Specific Heat，在弹出的对话框中输入比热容 C 为 460。

❹ 单击对话框右侧的 Structural > Thermal Expansion > Secant Coefficient > Isotropic，在弹出的如图 14-3 所示对话框中的“Reference temperature”中输入 30，在“ALPX”中输入“1.06E-5”，单击“OK”按钮。

Thermal Expansion Secant Coefficient for Material Number 1

Thermal Expansion Secant Coefficient for Material Number 1

Reference temperature 30

T1

Temperatures

ALPX 1.06E-5

Add Temperature　Delete Temperature　Graph

OK　Cancel　Help

图 14-3 “Thermal Expansion Secant Coefficient for Material Number 1”对话框

❺ 单击对话框右侧的 Structural > Linear > Elastic > Isotropic，在弹出的对话框中的“EX”中输入“206E9”，在“PRXY”中输入 0.3，单击“OK”按钮。

❻ 单击窗口中的 Material > New Model，在弹出的对话框中单击“OK”按钮，建立铜块的材料模型。选中材料模型 2，单击对话框右侧的 Thermal > Density，在“DENS”文本框中输入 8900，单击“OK”按钮。

❼ 单击对话框右侧的 Thermal > Conductivity > Isotropic，在弹出的对话框中输入热导率“KXX”为 383，单击“OK”按钮。

❽ 单击对话框右侧的 Thermal > Specific Heat，在弹出的对话框中输入比热容 C 为 390。

❾ 单击对话框右侧的 Structural > Thermal Expansion > Secant Coefficient > Isotropic，在弹出的对话框中的“Reference temperature”中输入 30，在“ALPX”中输入 1.75E-5，单击“OK”

按钮。

❿ 单击对话框右侧的 Structural > Linear > Elastic > Isotropic，在弹出的对话框中的“EX”中输入 103E9，在“PRXY”中输入 0.3，单击“OK”按钮。输入以上材料参数后，关闭材料属性定义对话框。

04 建立几何模型

选择 Main Menu > Preprocessor > Modeling > Create > Areas > Rectangle > By Dimensions，在弹出的对话框中的“X1，X2”“Y1，Y2”中分别输入 0、5、0、1.25，单击“Apply”按钮，建立固定的钢块；在弹出的对话框中的“X1，X2”“Y1，Y2”中分别输入 0、1.25、1.25、2.5，建立滑动的铜块，单击“OK”按钮。

05 设定网格密度

选择 Main Menu > Preprocessor > Meshing > Mesh Tool，弹出如图 14-4 所示的对话框。在对话框中选择“Size Controls”中“Global”的“Set”，在弹出的对话框中的“SIZE”文本框中输入 0.25，单击“OK”按钮，如图 14-5 所示。

06 划分网格

单击图 14-4 中的“Mesh”按钮，选中图 14-1 中下面的矩形，单击“OK”按钮；单击图 14-4 中的“Element Attributes”中的“Set”，弹出如图 14-6 所示的对话框，在对话框中的“MAT”中选择 2，单击“OK”按钮；单击图 14-4 中的“Mesh”按钮，选中图 14-1 中上面的矩形，单击“OK”按钮。

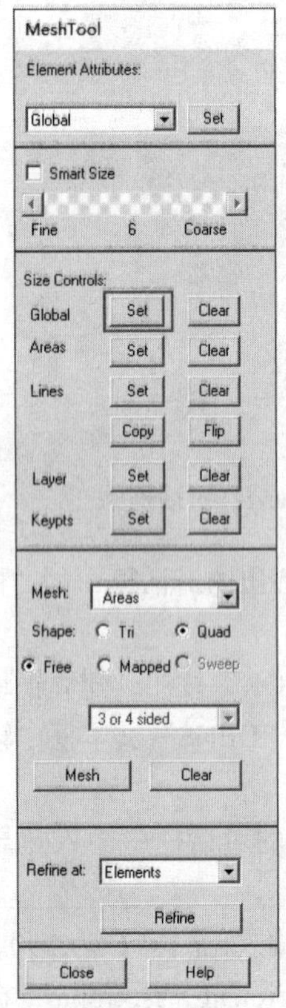

图 14-4 “Mesh Tool”对话框

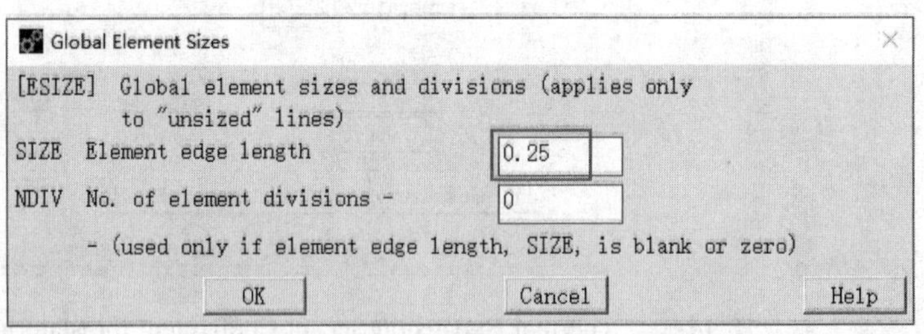

图 14-5 “Global Element Sizes”对话框

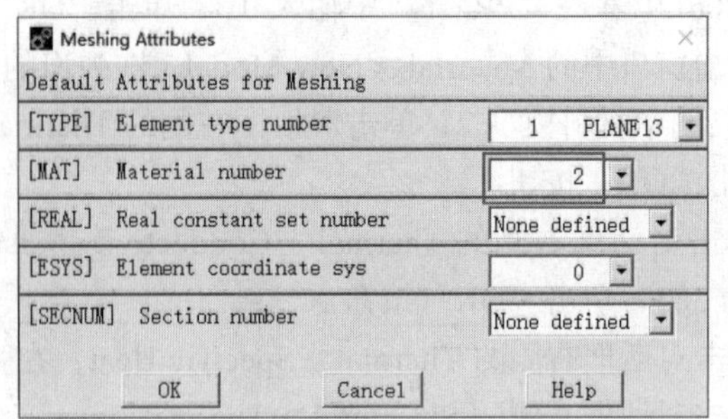

图 14-6 “Meshing Attributes”对话框

07 建立接触对

❶ 选择 Main Menu > Preprocessor > Modeling > Create > Contact Pair，在弹出的对话框中单击“Contact Wizard”按钮，弹出如图 14-7 所示的对话框，单击“Pick Target”，弹出对话框，用鼠标左键选中两块交界处下面矩形的那条长线，单击“OK”按钮，单击“Next”按钮，弹出如图 14-8 所示的对话框。单击“Pick Contact”，弹出对话框，选中图 14-1 中两块交界处上面矩形的那条短线，单击“OK”按钮，单击“Next”按钮，在弹出的如图 14-9 所示对话框中的“Coefficient of Friction”中输入 0.2，单击“Optional settings”，在弹出的对话框中单击上面的“Thermal”，弹出如图 14-10 所示的对话框，在图中输入各参数，单击“OK”按钮，再单击图 14-9 中的“Create”按钮。建立的接触对如图 14-11 所示。单击“Finish”按钮，关闭接触向导对话框。

❷ 选择 Utility Menu > Plot > Elements 命令，显示单元。

08 施加压力载荷

选择 Main Menu > Solution > Define Loads > Apply > Structural > Pressure > On Lines，选择滑块上端的 7 号线，单击“OK”按钮，弹出如图 14-12 所示的对话框，在“[SFL]”中选择“Constant value”，在“Load PRES value”后面的文本框中输入“10E6”，单击“OK”按钮。

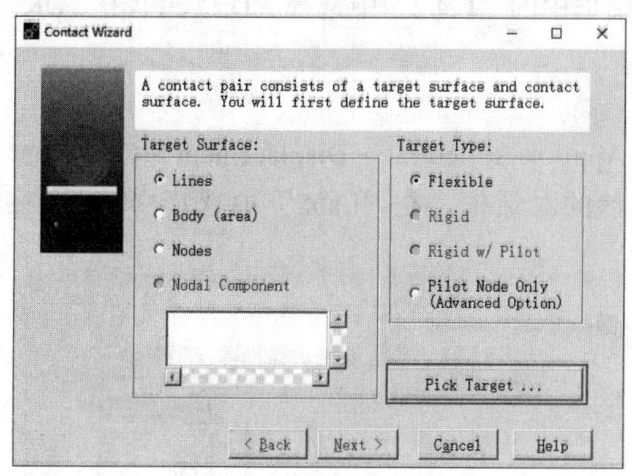

图 14-7 “Contact Wizard”对话框

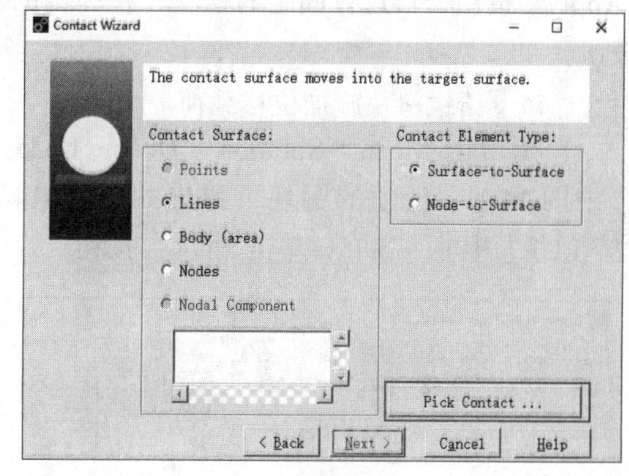

图 14-8 “Contact Wizard”对话框

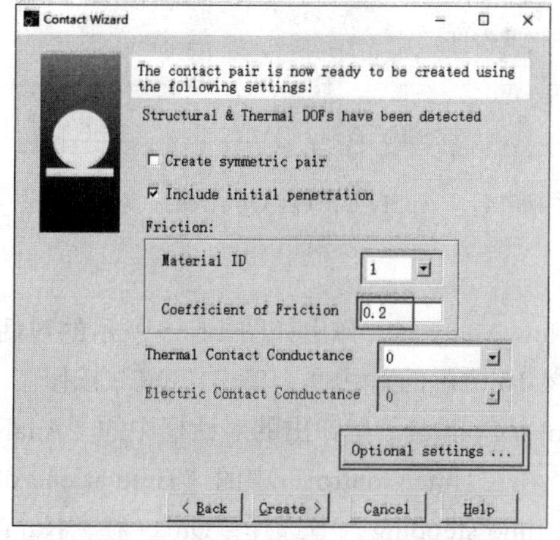

图 14-9 “Contact Wizard”对话框

图 14-10 “Contact Properties”对话框

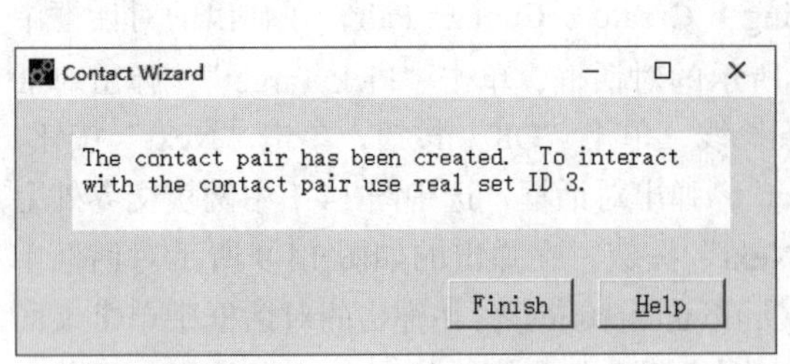

图 14-11 “Contact Wizard”对话框

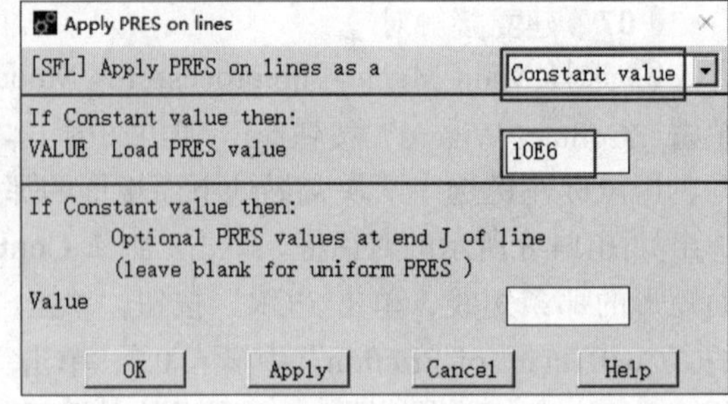

图 14-12 “Apply PRES on lines”对话框

09 施加温度载荷

选择 Main Menu > Solution > Define Loads > Apply > Structural > Temperature > Uniform Temp，在弹出的对话框中输入初始温度 30℃。

10 施加约束条件

选择 Main Menu > Solution > Define Loads > Apply > Structural > Displacement > On Areas，选中图 14-1 中固定的钢块，弹出如图 14-13 所示的对话框。在“Lab2”中选择“UX”，单击“Apply”按钮，再选择固定的钢块，在弹出的对话框中的“Lab2”中选择“UY”，单击“OK”按钮。

11 给铜滑块施加位移载荷

选择 Main Menu > Solution > Define Loads > Apply > Structural > Displacement > On Areas，选中图 14-1 中滑动的铜块，弹出如图 14-14 所示的对话框。在“Lab2”中选择“UX”，在“VALUE”中输入 3.75，单击“OK”按钮。

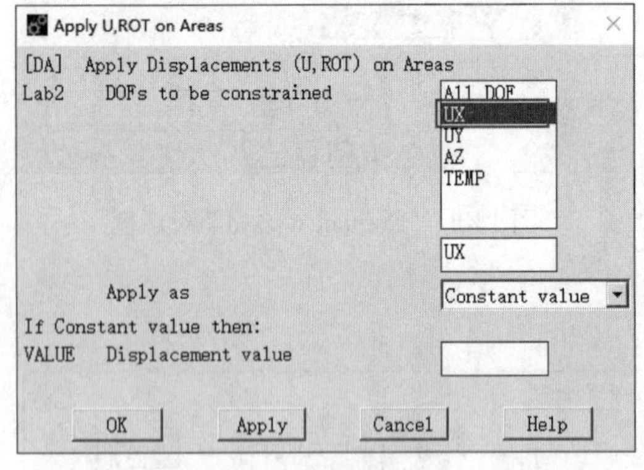

图 14-13 “Apply U,ROT On Areas”对话框

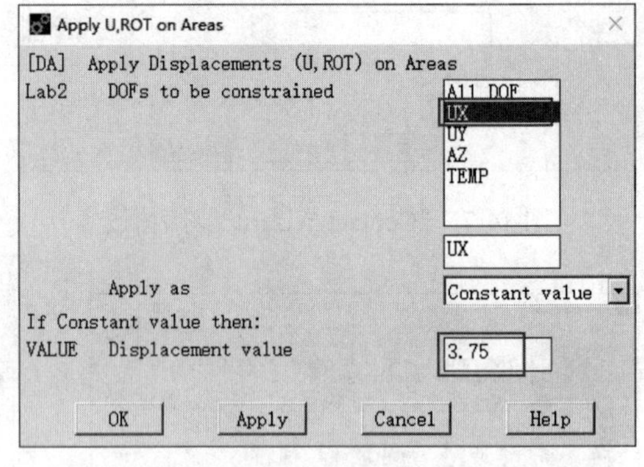

图 14-14 “Apply U,ROT On Areas”对话框

12 设置求解选项

❶ 选择 Main Menu > Solution > Analysis Type > New Analysis，弹出如图 14-15 所示的对话框。选择“Transient”，单击“OK”按钮，弹出如图 14-16 所示的对话框，单击“OK”按钮。

❷ 选择 Main Menu > Solution > Analysis Type > Sol'n Control，在弹出的对话框中的“Analysis Options”中选择“Large Displacement Transient”，在“Time Control”中的“Time at end of loadstep”中输入求解时间“3.75E-3”，在“Automatic time stepping”中选择“On”，在“Number of substeps”中输入 100，在“Max no. of substeps”中输入 1000，在“Min no. of substeps”

中输入 100，在“Frequency”中选择“Write every Nth substep”，在“where N”中输入 10，如图 14-17 所示。选择对话框上边的“Transient”，弹出如图 14-18 所示的对话框，在对话框中的“Full Transient Options”中选择“Ramped loading”，单击“OK”按钮，关闭对话框。

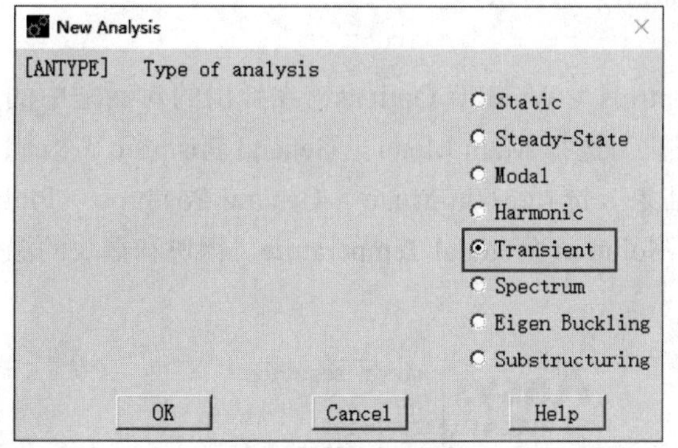

图 14-15 “New Analysis”对话框

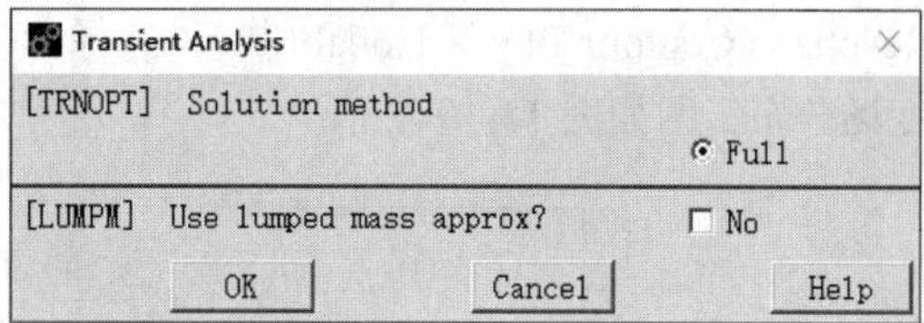

图 14-16 “Transient Analysis”对话框

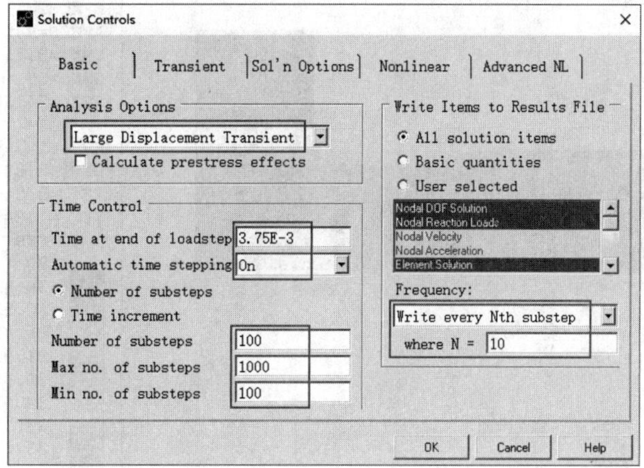

图 14-17 “Solution Controls”对话框

图 14-18 “Solution Controls”对话框

13 存盘

选择 Utility Menu > Select > Everything，单击 Ansys Toolbar 中的“SAVE_DB”。

14 求解

选择 Main Menu > Solution > Solve > Current LS，进行求解。

15 显示温度场分布云图

选择 Utility Menu > PlotCtrls > Window Controls > Window Options，在弹出的对话框中的“INFO”中选择“Legend ON”，单击“OK”按钮。选择 Main Menu > General Postproc > Read Results > Last Set，读取最后一个子步的分析结果。选择 Main Menu > General Postproc > Plot Results > Contour Plot > Nodal Solu，选择 DOF Solution > Nodal Temperature。钢块和铜块的温度场分布云图如图 14-19 所示。

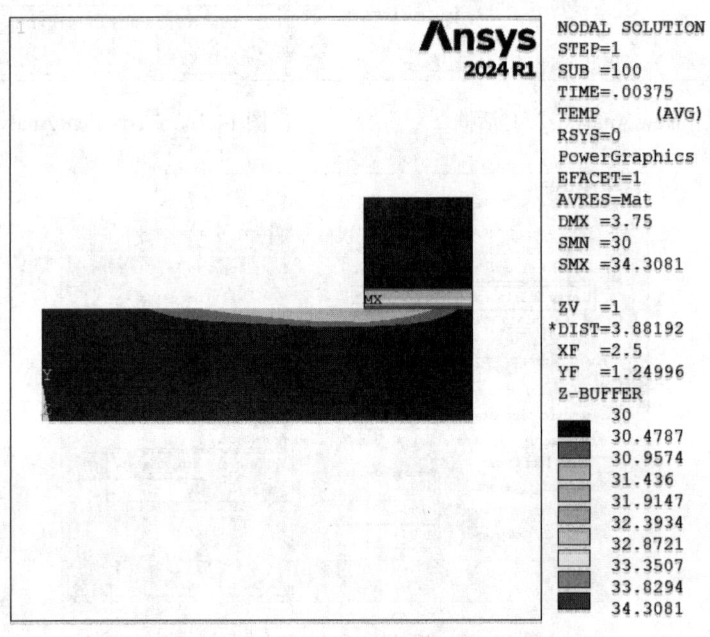

图 14-19 钢块和铜块的温度场分布云图

16 显示等效应力分布云图

选择 Main Menu > General Postproc > Plot Results > Contour Plot > Nodal Solu，选择 DOF Solution > Stress > von Mises stress，在“Undisplaced shape key”中选择 Deformed shape with undeformed edge，单击“OK”按钮。钢块和铜块的等效应力分布云图如图 14-20 所示。

17 生成滑动动画

选择 Utility Menu > PlotCtrls > Animate > Over Results，弹出如图 14-21 所示的对话框。在“Display Type”中选择“DOF solution”“Temperature TEMP”，将“Auto contour scaling”设置为“Off”，单击“OK”按钮。观看完结果后可单击如图 14-22 所示对话框中的“Close”按钮，结束动画放映。

18 退出 Ansys

单击 Ansys Toolbar 中的“QUIT”，选择“Quit-No Save!”后单击“OK”按钮。

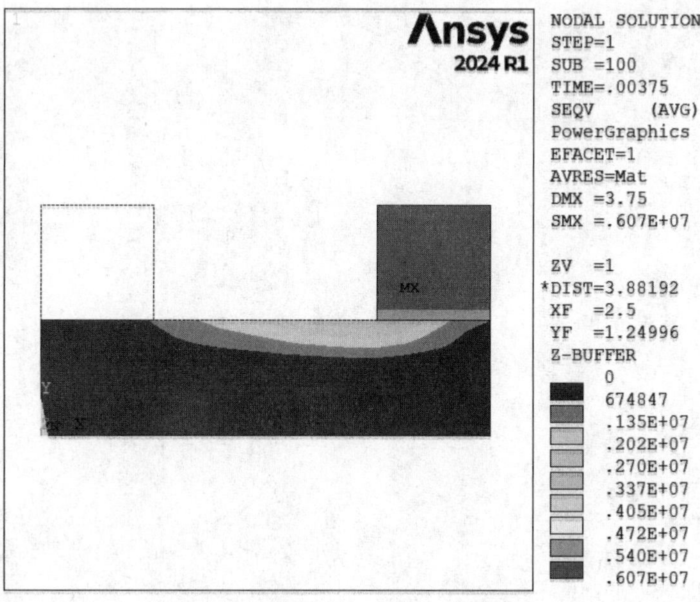

图 14-20　钢块和铜块的等效应力分布云图

Animate Over Results

[ANDATA] Animate result data (stored results only, no interpolation)

Model result data

- Current Load Stp
- Load Step Range
- Result Set Range

Range Minimum, Maximum

Increment result set　1

Include last SBST for each LDST

Auto contour scaling　Off

Animation time delay (sec)　0.5

[PLDI, PLNS, PLVE, PLES]

Display Type

DOF solution / Stress / Strain-total / Flux & gradient / Nodal force data / Energy / Strain ener dens

Temperature TEMP / MagScalPoten MAG / MagVectPoten AX / AY / AZ

Temperature TEMP

OK　Cancel　Help

图 14-21　“Animate Over Results”对话框

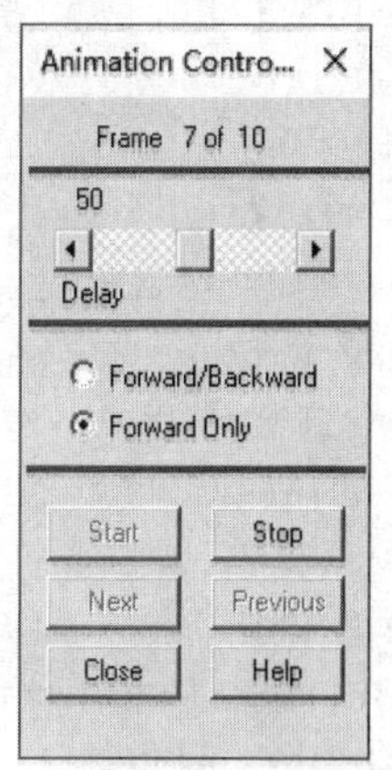

图 14-22　“Animation Contro...”对话框

14.1.4　APDL 命令流程序

```
/FILNAME,Exercise,0                  ! 定义隐式热分析文件名
/PREP7                               ! 进入前处理器
ET,1,PLANE13                         ! 选择单元类型
KEYOPT,1,1,4
KEYOPT,1,2,0
```

```
KEYOPT,1,3,0
KEYOPT,1,4,0
KEYOPT,1,5,0
MPTEMP,,,,,,,,
MPTEMP,1,0
MPDATA,DENS,1,,7800                    ! 定义材料 1 的密度
MPTEMP,,,,,,,,
MPTEMP,1,0
MPDATA,KXX,1,,66.6                     ! 定义材料 1 的热导率
MPTEMP,,,,,,,,
MPTEMP,1,0
MPDATA,C,1,,460                        ! 定义材料 1 的比热容
MPTEMP,,,,,,,,
MPTEMP,1,0
UIMP,1,REFT,,,30                       ! 定义材料 1 的线胀系数的参考温度
MPDATA,ALPX,1,,1.06e-005               ! 定义材料 1 的线胀系数
MPTEMP,,,,,,,,
MPTEMP,1,0
MPDATA,EX,1,,206e9                     ! 定义材料 1 的弹性模量
MPDATA,PRXY,1,,0.3                     ! 定义材料 1 的泊松比
MPTEMP,,,,,,,,
MPTEMP,1,0
MPDATA,DENS,2,,8900                    ! 定义材料 2 的密度
MPTEMP,,,,,,,,
MPTEMP,1,0
MPDATA,KXX,2,,383                      ! 定义材料 2 的热导率
MPTEMP,,,,,,,,
MPTEMP,1,0
MPDATA,C,2,,390                        ! 定义材料 2 的比热容
MPTEMP,,,,,,,,
MPTEMP,1,0
UIMP,2,REFT,,,30                       ! 定义材料 2 的线胀系数的参考温度
MPDATA,ALPX,2,,1.75e-5                 ! 定义材料 2 的线胀系数
MPTEMP,,,,,,,,
MPTEMP,1,0
MPDATA,EX,2,,103e9                     ! 定义材料 2 的弹性模量
MPDATA,PRXY,2,,0.3                     ! 定义材料 2 的泊松比
RECTNG,0,5,0,1.25,                     ! 建立钢固定块的几何模型
RECTNG,0,1.25,1.25,2.5,                ! 建立铜滑块的几何模型
ESIZE,0.25,0,                          ! 设置单元划分尺寸
MSHAPE,0,2D
MSHKEY,0
!*
```

```
CM,_Y,AREA
ASEL, , , ,     1
CM,_Y1,AREA
CHKMSH,'AREA'
CMSEL,S,_Y
!*
AMESH,_Y1
!*
CMDELE,_Y
CMDELE,_Y1
CMDELE,_Y2                                    ! 给钢固定块划分单元
!*
TYPE,   1
MAT,      2
REAL,                                         ! 给铜滑块赋予材料属性
ESYS,      0
SECNUM,
!*
CM,_Y,AREA
ASEL, , , ,     2
CM,_Y1,AREA
CHKMSH,'AREA'
CMSEL,S,_Y
!*
AMESH,_Y1
!*
CMDELE,_Y
CMDELE,_Y1
CMDELE,_Y2                                    ! 给铜滑块划分单元
!*
/UI,MESH,OFF
!*
!*
/COM, CONTACT PAIR CREATION-START
CM,_NODECM,NODE
CM,_ELEMCM,ELEM
CM,_KPCM,KP
CM,_LINECM,LINE
CM,_AREACM,AREA
CM,_VOLUCM,VOLU
/GSAV,cwz,gsav,,temp
MP,MU,1,0.2
MAT,1
```

```
MP,EMIS,1,
R,3
REAL,3
ET,2,169
ET,3,172
R,3,,,1.0,0.1,0,
RMORE,,,1.0E20,0.0,1.0,
RMORE,0.0,0,1.0,0,1.0,0.5
RMORE,0,1.0,1.0,0.0,,1.0
RMORE,,,,,,1.0
KEYOPT,3,3,0
KEYOPT,3,4,0
KEYOPT,3,5,0
KEYOPT,3,7,0
KEYOPT,3,8,0
KEYOPT,3,9,0
KEYOPT,3,10,0
KEYOPT,3,11,0
KEYOPT,3,12,0
KEYOPT,3,14,0
KEYOPT,3,18,0
KEYOPT,3,2,0
KEYOPT,3,1,1
! Generate the target surface
LSEL,S,,,3
CM,_TARGET,LINE
TYPE,2
NSLL,S,1
ESLN,S,0
ESURF
CMSEL,S,_ELEMCM
! Generate the contact surface
LSEL,S,,,5
CM,_CONTACT,LINE
TYPE,3
NSLL,S,1
ESLN,S,0
ESURF
ALLSEL
ESEL,ALL
ESEL,S,TYPE,,2
ESEL,A,TYPE,,3
ESEL,R,REAL,,3
```

```
/PSYMB,ESYS,1
/PNUM,TYPE,1
/NUM,1
EPLOT
ESEL,ALL
ESEL,S,TYPE,,2
ESEL,A,TYPE,,3
ESEL,R,REAL,,3
CMSEL,A,_NODECM
CMDEL,_NODECM
CMSEL,A,_ELEMCM
CMDEL,_ELEMCM
CMSEL,S,_KPCM
CMDEL,_KPCM
CMSEL,S,_LINECM
CMDEL,_LINECM
CMSEL,S,_AREACM
CMDEL,_AREACM
CMSEL,S,_VOLUCM
CMDEL,_VOLUCM
/GRES,cwz,gsav
CMDEL,_TARGET
CMDEL,_CONTACT
/COM, CONTACT PAIR CREATION-END          ! 用接触向导建立滑块和固定块间的接触面
/MREP,EPLOT
EPLOT
FINISH
/SOL
FLST,2,1,4,ORDE,1
FITEM,2,7
/GO
!*
SFL,P51X,PRES,10e6,                      ! 在铜滑块上表面施加压力载荷
TUNIF,30,                                ! 给铜块和钢块施加初始温度
FLST,2,1,5,ORDE,1
FITEM,2,1
!*
/GO
DA,P51X,UX,                              ! 将下面的钢块施加 X 向约束
FLST,2,1,5,ORDE,1
FITEM,2,1
!*
/GO
```

```
DA,P51X,UY,                              ! 将下面的钢块施加 Y 向约束
FLST,2,1,5,ORDE,1
FITEM,2,2
!*
/GO
DA,P51X,UX,3.75                          ! 给铜块右侧的线加 X 向位移载荷
!*
ANTYPE,4                                 ! 设置为瞬态分析
!*
TRNOPT,FULL
LUMPM,0
!*
ANTYPE,4
NLGEOM,1                                 ! 定义大变形
NSUBST,100,1000,100                      ! 定义载荷步
OUTRES,ERASE
OUTRES,ALL,10                            ! 定义结果输出子步间隔
AUTOTS,1                                 ! 打开时间开关
KBC,0
TIME,3.75e-3                             ! 定义求解时间
ALLSEL,ALL                               ! 选择所有的节点、单元、几何体
SAVE                                     ! 保存参数
/STATUS,SOLU
SOLVE                                    ! 求解
/PLOPTS,INFO,1
/PLOPTS,LEG1,1
/PLOPTS,LEG2,1
/PLOPTS,LEG3,1
/PLOPTS,FRAME,1
/PLOPTS,TITLE,1
/PLOPTS,MINM,1
/PLOPTS,FILE,0
/PLOPTS,SPNO,0
/PLOPTS,LOGO,1
/PLOPTS,WINS,1
/PLOPTS,WP,0
/PLOPTS,DATE,2
/TRIAD,ORIG
/REPLOT
!*
FINISH
/POST1                                   ! 进入后处理器
SET,LAST                                 ! 读取最后子步结果
```

```
/EFACET,1
PLNSOL, TEMP,, 0,1.0                    ! 显示温度分布云图
SET,LAST                                ! 读取最后子步结果
/EFACET,1
PLNSOL, S,EQV, 2,1.0                    ! 显示等效应力分布云图
PLNS,TEMP,
ANDATA,0.5, ,0,0,0,1,0,1
FINISH
! /EXIT,NOSAV                           ! 退出 Ansys
```

14.2 实例二——两物体相对转动过程中的摩擦生热分析

14.2.1 问题描述

一个铜块在钢环上滑动，钢环固定，其材料参数见表 14-2，钢块和铜块的几何模型如图 14-23 所示。钢块和铜块间的摩擦系数为 0.2，滑块的角速度为 0.00333rad/s，计算时间为 10s。试计算钢块和铜块由于摩擦产生的温度场，以及钢块和铜块的应力分布。初始温度为 20℃。分析时，温度单位采用℃，其他单位采用法定计量单位。

表 14-2 铜块和钢块的材料参数

材料	温度 /℃	弹性模量 /GPa	密度 /(kg/m^3)	热导率 /[W/(m · ℃)]	比热容 /[J/(kg · ℃)]	线胀系数 /℃$^{-1}$	泊松比
铜	20	103	8900	383	390	1.75E-5	0.3
钢	20	206	7800	66.6	460	1.06E-5	0.3

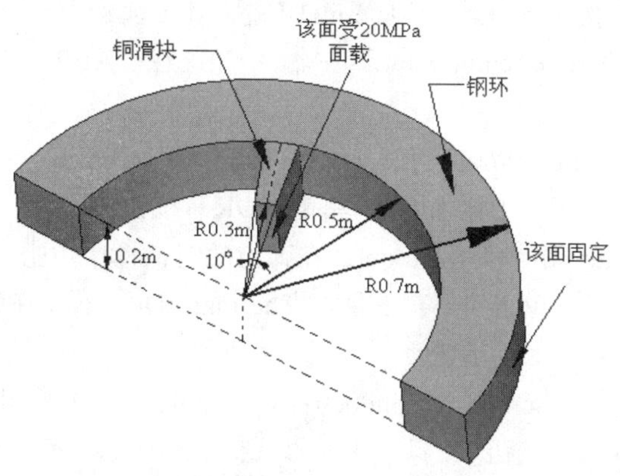

图 14-23 钢块和铜块的几何模型

14.2.2 问题分析

本例属于热 - 结构耦合场分析、旋转摩擦生热问题，选用耦合场三维 8 节点六面体 SOLID5 单元进行分析，将角速度载荷转化为切向位移载荷施加在铜块上。

14.2.3 GUI 操作步骤

01 定义分析文件名

选择 Utility Menu > File > Change Jobname，在弹出的对话框中输入“Exercise”，单击“OK”按钮。

02 定义单元类型

选择 Main Menu > Preprocessor > Element Type > Add/Edit/Delete，在弹出的“Element Types”对话框中单击“Add”按钮，在弹出的对话框中选择“Coupled Field”“Scalar Brick 5”三维 8 节点六面体耦合场分析单元，如图 14-24 所示。

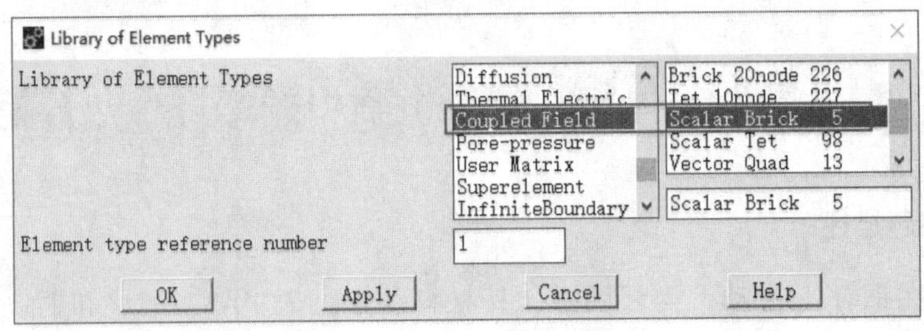

图 14-24 “Library of Element Types”对话框

03 定义材料属性

❶ 选择 Main Menu > Preprocessor > Material Props > Material Models，在弹出的材料属性定义对话框中默认材料编号 1，单击对话框右侧的 Thermal> Density，在弹出的对话框中的“DENS”文本框中输入 7800，单击“OK”按钮。

❷ 单击对话框右侧的 Thermal > Conductivity > Isotropic，在弹出的对话框中输入热导率“KXX”为 66.6，单击“OK”按钮。

❸ 单击对话框右侧的 Thermal > Specific Heat，在弹出的对话框中输入比热容 460。

❹ 单击对话框右侧的 Structural > Thermal Expansion > Secant Coefficient > Isotropic，在弹出的对话框中的“Reference temperature”中输入 20，在“ALPX”中输入“1.06E-5”，单击“OK”按钮。

❺ 单击对话框右侧的 Structural > Linear > Elastic > Isotropic，在弹出的对话框中的“EX”中输入“206E9”，在“PRXY”中输入 0.3，单击“OK”按钮。

❻ 单击窗口中的 Material > New Model，在弹出的对话框中单击“OK”按钮，建立铜块的材料模型。选中材料模型 2，单击对话框右侧的 Thermal> Density，在弹出的对话框的“DENS”文本框中输入 8900，单击“OK”按钮。

❼ 单击对话框右侧的 Thermal > Conductivity > Isotropic，在弹出的对话框中输入热导率“KXX”为 383，单击“OK”按钮。

❽ 单击对话框右侧的 Thermal > Specific Heat，在弹出的对话框中输入比热容 C 为 390。

❾ 单击对话框右侧的 Structural > Thermal Expansion > Secant Coefficient > Isotropic，在弹出的对话框中的“Reference temperature”中输入 20，在“ALPX”中输入“1.75E-5”，单击“OK”按钮。

❿ 单击对话框右侧的 Structural > Linear > Elastic > Isotropic，在弹出的对话框中的“EX”中输入“103E9”，在“PRXY”中输入 0.3，单击“OK”按钮。输入以上材料参数后，关闭材

料属性定义对话框。

04 建立几何模型

选择 Main Menu > Preprocessor > Modeling > Create > Volumes > Cylinder > By Dimensions，在弹出的对话框中的“RAD1”“RAD2”“Z1, Z2”“THETA1”“THETA2”中分别输入 0.7、0.5、0、0.2、0、180，如图 14-25 所示，单击“Apply”按钮，建立固定的钢环；在弹出的对话框中的“RAD1”“RAD2”“Z1，Z2”“THETA1”“THETA2”中分别输入 0.5、0.3、0、0.2、60、70，如图 14-26 所示，建立滑动的铜块，单击“OK”按钮。

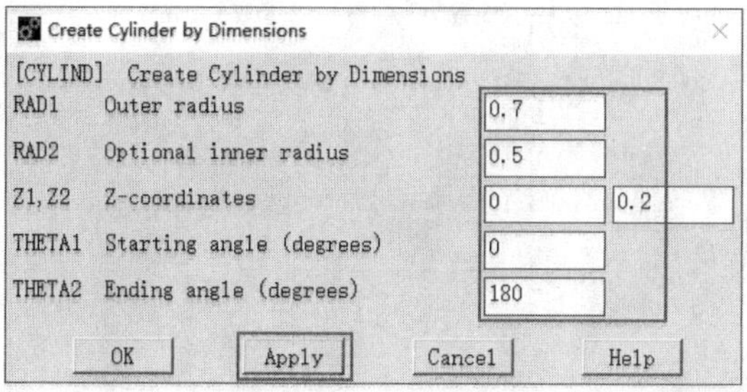

图 14-25 “Create Cylinder by Dimensions”对话框

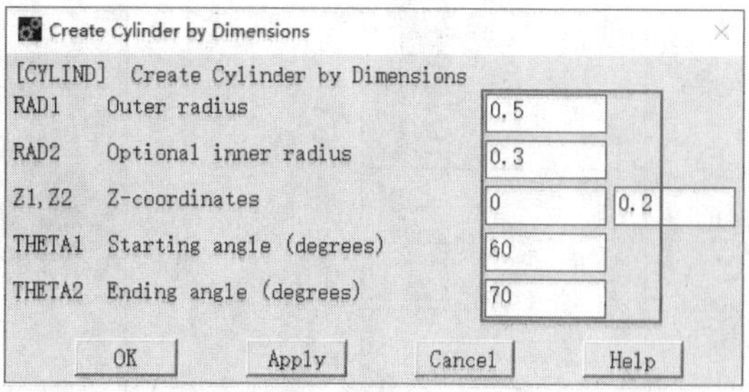

图 14-26 “Create Cylinder by Dimensions”对话框

05 设定网格密度

选择 Main Menu > Preprocessor > Meshing > Mesh Tool，在弹出的对话框中选择“Size Controls”中“Lines”中的“Set”，选中 8、12、20、24 号线，弹出如图 14-27 所示的对话框，在 NDIV 中输入 4，单击“Apply”按钮；再选择 2、5、7 号线，在弹出的对话框中的“NDIV”中输入 36，单击“Apply”按钮；再选择 17、19 号线，在弹出的对话框中的“NDIV”中输入 2，单击“OK”按钮。

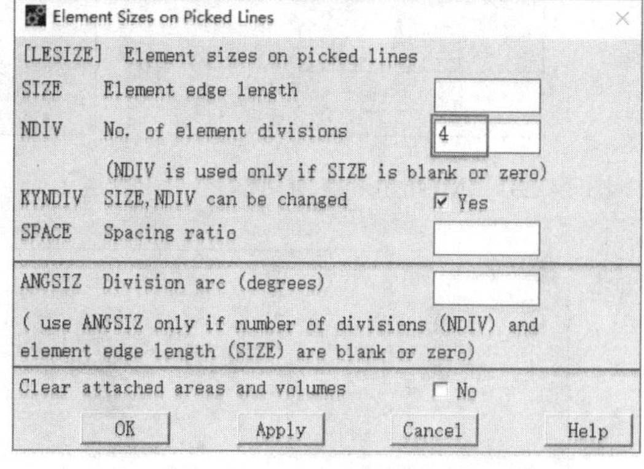

图 14-27 “Element Size on Picked Lines”对话框

06 划分网格

在“Mesh Tool”对话框中选择“Shape”中的“Hex/Wedge”和“Sweep”，单击“Sweep”，如图 14-28 所示。选中钢环，然后单击“OK”按钮；单击“Element Attributes”中的“Set”，在弹出的对话框中的“MAT”中选择 2，单击“OK”按钮，再单击“Sweep”按钮，选中铜滑块，单击“OK”按钮。然后单击“Mesh Tool”对话框中的“Close”按钮，关闭该对话框。

07 建立接触对

选择 Main Menu > Preprocessor > Modeling > Create > Contact Pair，在弹出的对话框中单击“Contact Wizard”按钮，在弹出的对话框中选择“Target Surface”下方的“Areas”选项，再单击“Pick Target”按钮，选中钢环的 4 号面，单击“OK”按钮，单击“Next”按钮，在弹出的对话框中选择“Contact Surface”下方的“Areas”选项，再单击“Pick Contact”（选择接触面），选中铜滑块的 9 号面，单击“OK”按钮，单击“Next”按钮，弹出如图 14-29 所示的对话框，在“Coefficient of Friction”（摩擦系数）中输入 0.2，单击“Create”按钮。建立的接触对如图 14-30 所示。单击“Finish”按钮，关闭接触向导对话框。

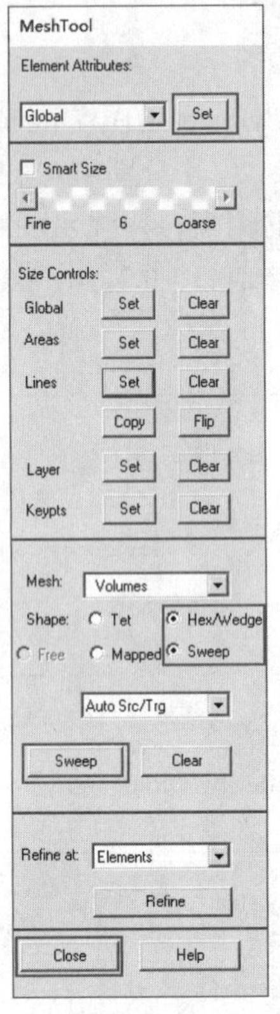

图 14-28 “Mesh Tool”对话框

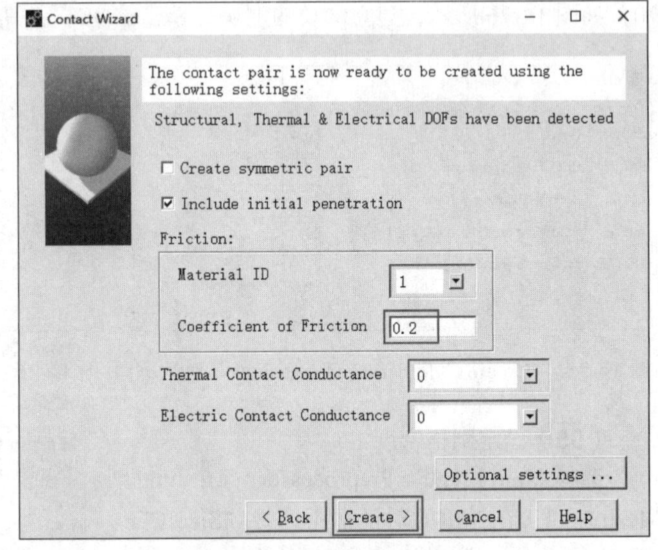

图 14-29 “Contact Wizard”对话框

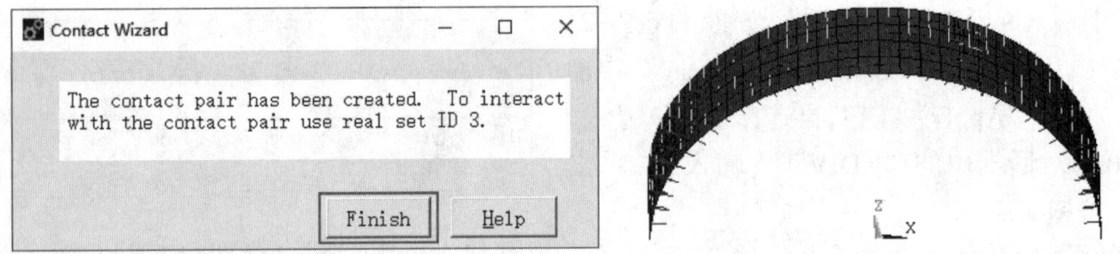

图 14-30 “Contact Wizard”对话框

08 施加压力载荷

选择 Main Menu > Solution > Define Loads > Apply > Structural > Pressure > On Areas，选择铜滑块上端的 10 号面，单击“OK”按钮，在弹出的对话框中的“[SFA]”中选择“Constant value”，在“VALUE”后面的文本框中输入“20E6”，单击“OK”按钮。

09 施加温度载荷

选择 Main Menu > Solution > Define Loads > Apply > Structural > Temperature > Uniform Temp，在弹出的对话框中输入 20，单击 OK 按钮。

10 施加约束条件

选择 Main Menu > Solution > Define Loads > Apply > Structural > Displacement > On Areas，选中固定的钢块 3 号面，在弹出的对话框中的“Lab2”中选择“UX”，单击“Apply”按钮，再选择钢块 3 号面，单击“Apply”按钮，在弹出的对话框中的“Lab2”中选择“UY”，单击

“Apply”按钮；再选择钢块 3 号面，单击“Apply”按钮，在弹出的对话框中的“Lab2”中选择“UZ”，单击“OK”按钮。

11 施加位移载荷

❶ 选择铜滑块节点。选择 Utility Menu > Select > Entities，在弹出的对话框中选择“Elements”“By Attributes”（按属性），选择“Material num”，在“Min,Max,Inc”文本框中输入 2，如图 14-31 所示。单击“Apply”按钮，选择“Nodes”“Attached to”“Elements”，如图 14-32 所示，单击“OK”按钮。

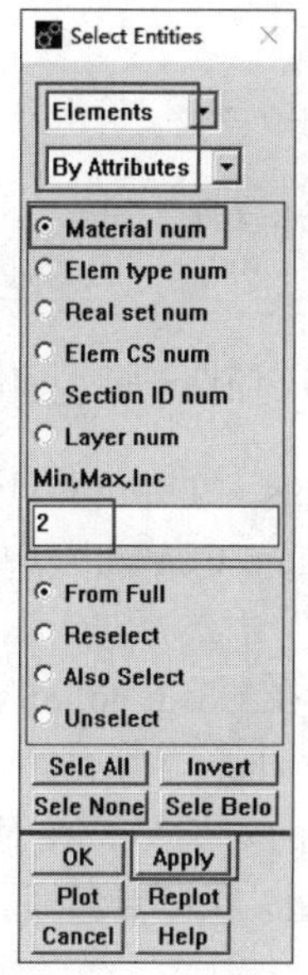

图 14-31　“Select Entities”对话框

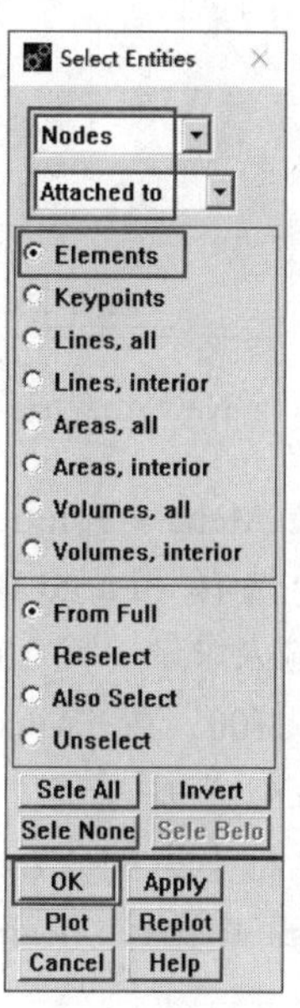

图 14-32　“Select Entities”对话框

❷ 旋转节点坐标系。选择 Utility Menu > WorkPlane > Change Active CS to> Global Cylindrical，如图 14-33 所示。选择 Main Menu > Preprocessor > Modeling > Move/Modify > Rotate Node CS> To Active CS，在弹出的对话框中单击“Pick All”按钮。

❸ 施加位移载荷。选择 Main Menu > Solution > Define Loads > Apply > Structural> Displacement > On Nodes，在弹出的对话框中单击“Pick All”按钮，弹出如图 14-34 所示的对话框。在“Lab2”中选择“UY”，在“VALUE”中输入 0.0333，单击“OK”按钮。

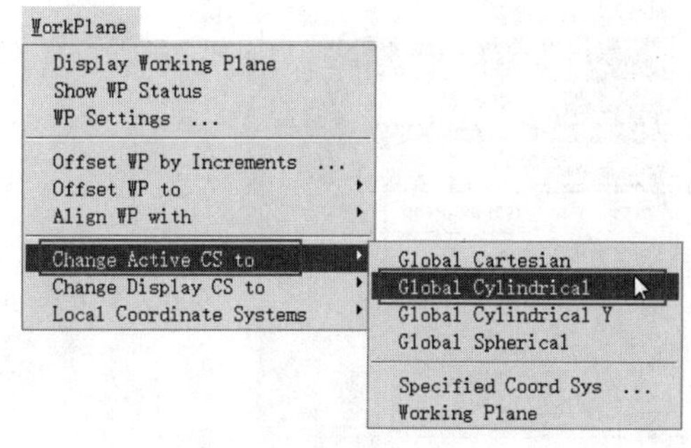

图 14-33　选择活动坐标系

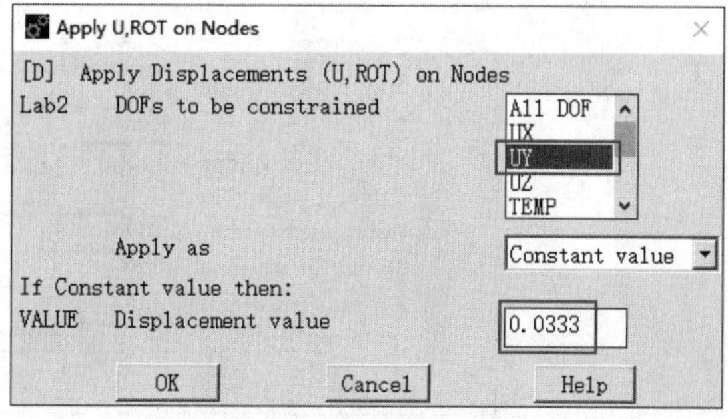

图 14-34　“Apply U,ROT on Nodes”对话框

(12) 设置求解选项

❶ 选择 Main Menu > Solution > Analysis Type > New Analysis，弹出的对话框如图 14-35 所示，选择“Transient”，在弹出如图 14-36 所示的对话框中单击“OK”按钮。

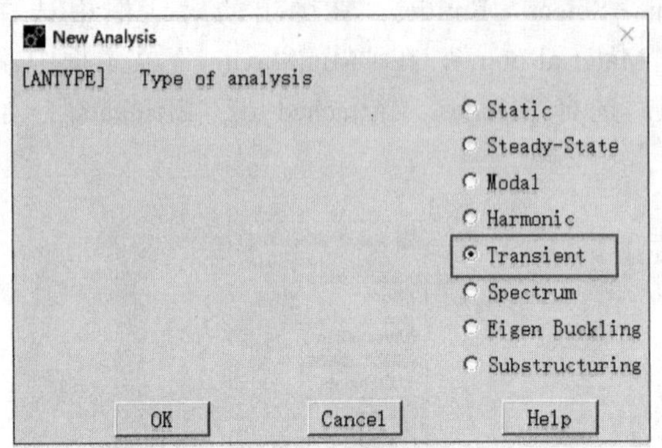

图 14-35 “New Analysis”对话框

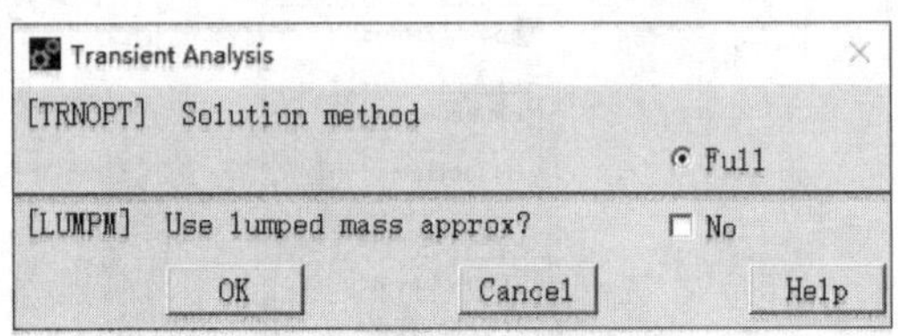

图 14-36 “Transient Analysis”对话框

❷ 选择 Main Menu > Solution > Analysis Type > Sol'n Controls，在弹出的对话框中的“Analysis Options”中选择“Large Displacement Transient”，在“Time Control”中的“Time at end of loadstep”中输入求解时间 10，在“Automatic time stepping”中选择“On”，在“Number of substeps”中输入 100，在“Max no. of substeps”中输入 200，在“Min no. of substeps”中输入 100，在“Frequency”中选择“Write every Nth substep”，在“where N”中输入 2，如图 14-37 所示。选择对话框上方的“Transient”，弹出如图 14-38 所示的对话框，在对话框中的“Full Transient Options”中选择“Ramped loading”。单击“OK”按钮，关闭对话框。

(13) 存盘

选择 Utility Menu > Select > Everything，单击 Ansys Toolbar 中的“SAVE_DB”。

(14) 求解

选择 Main Menu > Solution > Solve > Current LS，进行求解。

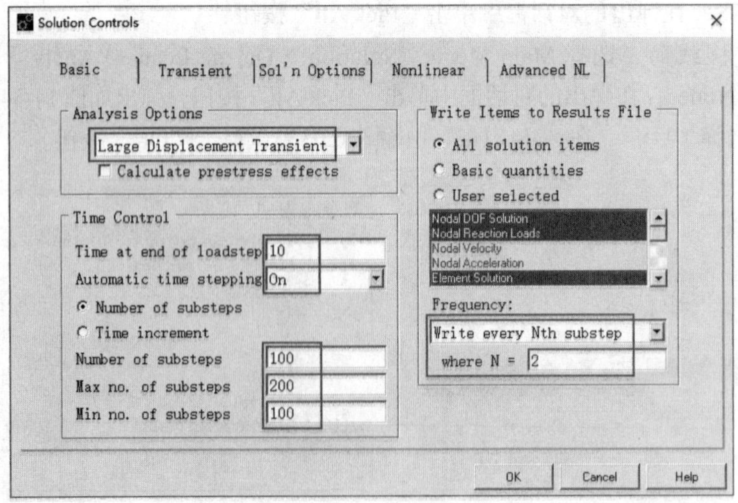

图 14-37 “Solution Controls”对话框

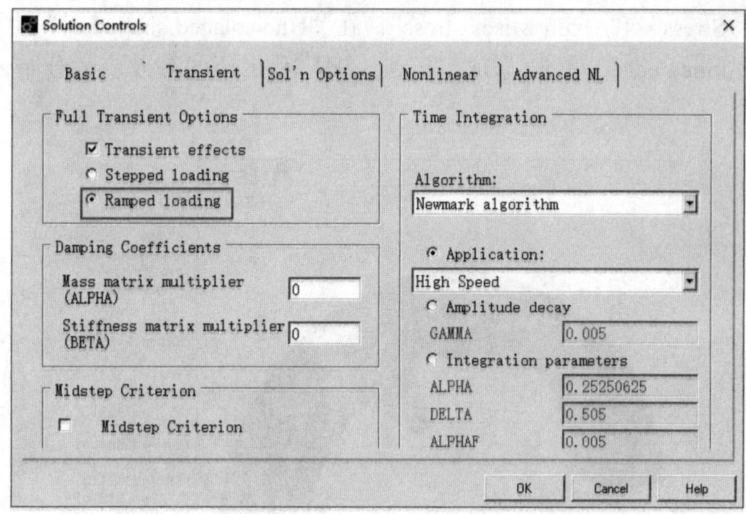

图 14-38　“Solution Controls”对话框

15 显示温度场分布云图

❶ 选择 Utility Menu > PlotCtrls > Window Controls > Window Options，在弹出的对话框中的“INFO”中选择“Legend ON”，单击“OK”按钮。

❷ 选择 Main Menu > General Postproc > Read Results > Last Set，读取最后一个子步的分析结果。选择 Main Menu > General Postproc > Plot Results > Contour Plot > Nodal Solu，在弹出的对话框中选择“DOF Solution”和“Nodal Temperature”。铜块和钢环温度场的分布云图如图 14-39 所示。

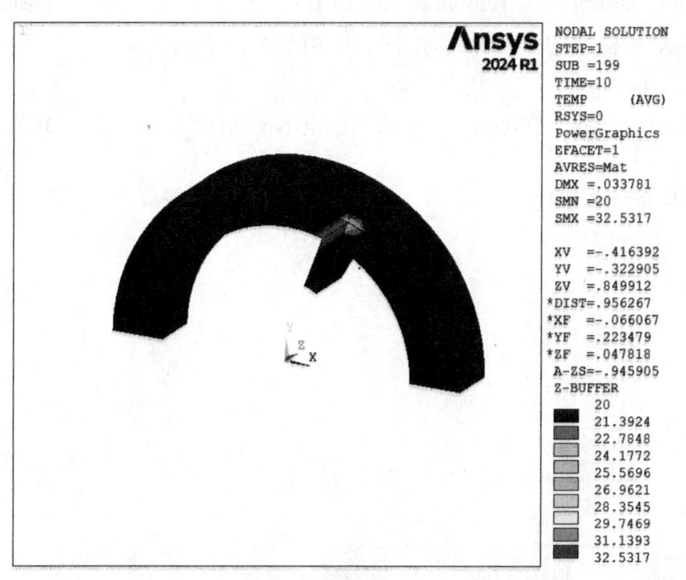

图 14-39　铜块和钢环温度场的分布云图

16 显示等效应力分布云图

选择 Main Menu > General Postproc > Plot Results > Contour Plot > Nodal Solu，在弹出的

对话框中选择“Stress”和“von Mises stress”，在“Undisplaced shape key”中选择 Deformed shape with undeformed edge，单击“OK”按钮，铜块和钢环的等效应力分布云图如图 14-40 所示。

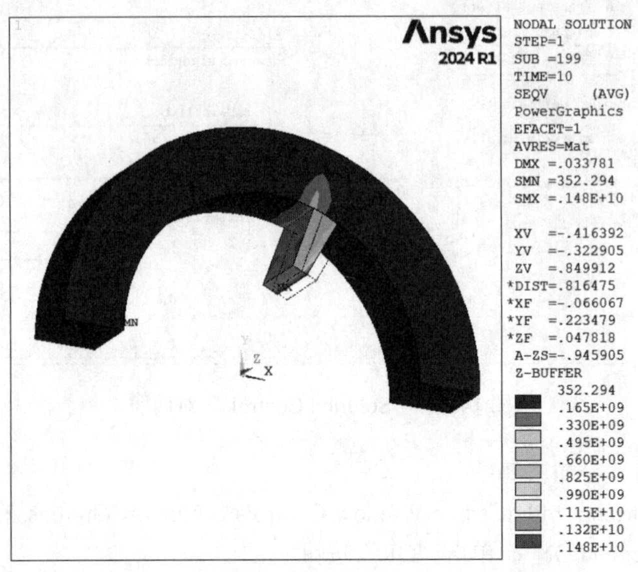

图 14-40 铜块和钢环的等效应力分布云图

17 生成滑动动画

选择 Utility Menu > PlotCtrls > Animate > Over Results，在弹出的对话框中的“Display Type”中选择“DOF solution”“Temperature TEMP”，然后单击“OK”按钮。观看完结果后可单击动画放映控制对话框中的“Close”按钮，结束动画放映。

18 退出 Ansys

单击 Ansys Toolbar 中的“QUIT”，选择“Quit-No Save!”后单击“OK”按钮。

14.2.4 APDL 命令流程序

略，见随书电子资料包。

第 15 章

高级应用实例详解

本章主要介绍了应用 Ansys 2024 进行热分析的高级应用技术，包括和自适应网格技术、五维 Table 表加载、热电耦合、电磁热耦合、隐式热 - 结构分析方法的综合应用、类比热传导进行地下弥散过程分析，并以典型应用为示例，讲述了应用 Ansys 进行以上分析的基本步骤和技巧。

- Ansys 的 Table 表加载方法和自适应网格技术
- Ansys 的电热耦合和电磁热三场耦合的基本思路和基本操作步骤
- Ansys 的隐式热 - 结构分析的综合应用方法

15.1 实例——地下弥散过程分析

15.1.1 问题描述

对一地下弥散过程进行分析，几何模型及有限元模型如图 15-1 所示。几何模型的参数见表 15-1。

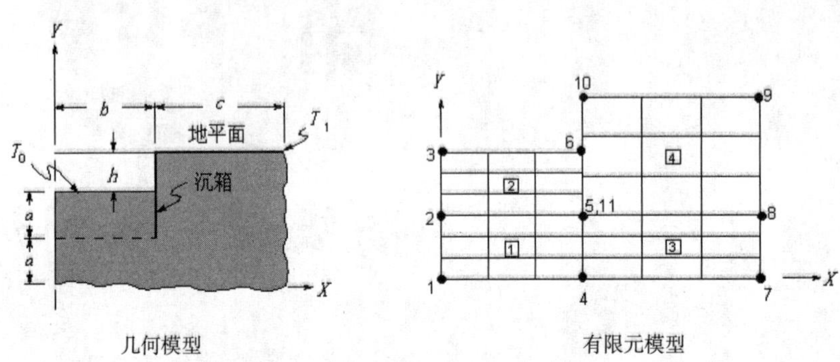

图 15-1 几何模型及有限元模型

表 15-1 几何模型的参数

材料参数	几何参数				温度载荷	
热导率 /[W/(m·K)]	a/m	b/m	c/m	h/m	T_0/m	T_1/m
0.864	3.5	8	0.2	3	0	3

15.1.2 问题分析

本例应用热分析方法对地下弥散过程进行分析。本问题属于轴对称问题，选用二维 4 节点平面热分析 PLANE55 单元进行分析。热参数与弥散参数对应关系见表 15-2。

表 15-2 热参数和弥散参数对应关系

热	弥散参数
温度差	流动位势（压差）
热流量	热导率
热扩散率	弥散系数

15.1.3 GUI 操作步骤

01 定义分析文件名

选择 Utility Menu > File > Change Jobname，在弹出的对话框中输入 Exercise，单击“OK”按钮。

02 定义单元类型

选择 Main Menu > Preprocessor > Element Type > Add/Edit/Delete，在弹出的“Element Types”对话框中单击“Add”按钮，在弹出的对话框中选择“Solid”“Quad 4node 55”二维 4

节点平面单元，返回到“Element Types”对话框。单击“Options”按钮，在弹出的对话框中的“K3”中选择“Axisymmetric”。单击“OK”按钮，关闭单元类型选择对话框。

03 定义材料属性

选择 Main Menu > Preprocessor > Material Props > Material Models，在弹出的对话框中单击右侧的 Thermal > Conductivity > Isotropic，在弹出的对话框中输入热导率“KXX”为 0.864，单击“OK”按钮。

04 建立几何模型

❶ 建立关键点。选择 Main Menu > Preprocessor > Modeling > Create > Keypoints > In Active CS，在弹出的对话框中的“NPT”和“X，Y，Z”中分别输入 1 和 0、0、0，单击“Apply”按钮；在弹出的对话框中的“NPT”和“X，Y，Z”中分别输入 2 和 0、3.5、0，单击“Apply”按钮；在弹出的对话框中的“NPT”和“X，Y，Z”中分别输入 3 和 0、7、0，单击“OK”按钮。

选择 Main Menu > Preprocessor > Modeling > Copy > Keypoints，拾取 1、2、3 号关键点，单击“OK”按钮，弹出如图 15-2 所示的对话框。在“DX”和“KINC”中分别输入 8 和 3，单击“Apply”按钮。拾取 4 号和 5 号关键点，在弹出的对话框中的“DX”和“KINC”中分别输入 10 和 3，单击“OK”按钮。

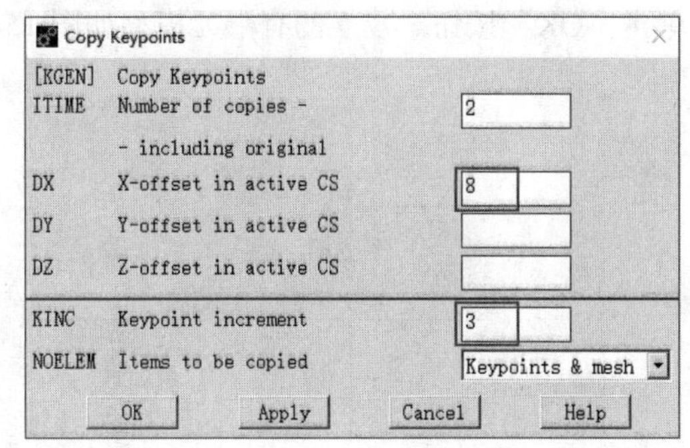

图 15-2 “Copy Keypoints”对话框

选择 Main Menu > Preprocessor > Modeling > Create > Keypoints > In Active CS，在弹出的对话框中的“NPT”和“X，Y，Z”中分别输入 9 和 18、10、0，单击“Apply”按钮；在弹出的对话框中的“NPT”和“X，Y，Z”中分别输入 10 和 8、10、0，单击“Apply”按钮；在弹出的对话框中的“NPT”和“X，Y，Z”中分别输入 11 和 8、3.5、0，单击“OK”按钮，建立的关键点如图 15-3 所示。

❷ 建立线。选择 Main Menu > Preprocessor > Modeling > Create > Lines > Lines > Straight Line，选择 1 号和 4 号关键点，单击“Apply”按钮，依次选择 4 和 7、2 和 5、11 和 8、3 和 6、10 和 9，建立 6 条直线，如图 15-4 所示。

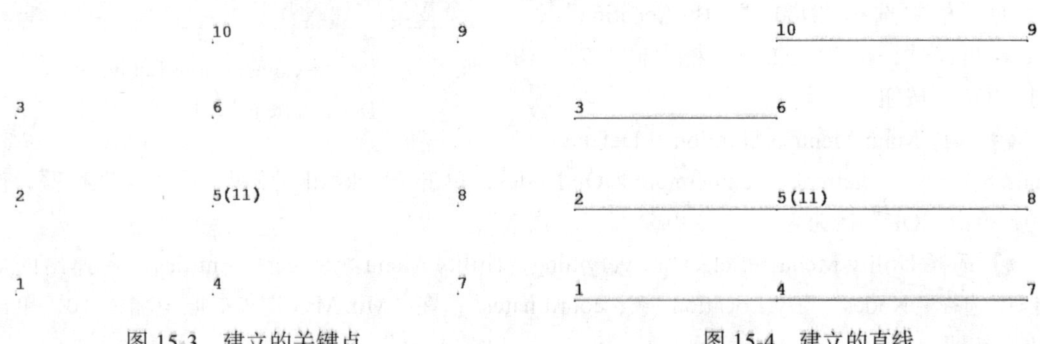

图 15-3 建立的关键点

图 15-4 建立的直线

❸ 建立矩形。选择 Main Menu > Preprocessor > Modeling > Create > Areas > Arbitrary > Through KPs，选择 1、4、5、2 号 4 个关键点，单击“Apply”按钮；选择 2、5、6、3 号 4 个

关键点，单击“Apply”按钮；选择 4、7、8、5 号 4 个关键点，单击“Apply”按钮；选择 11、8、9、10 号 4 个关键点，单击“OK”按钮。建立的矩形如图 15-5 所示。

05 设定网格密度

选择 Main Menu > Preprocessor > Meshing > Mesh Tool，在弹出的对话框中单击“Size Controls”中“Line”中的“Set”，选中 1~6 号 6 条线，在弹出的对话框中的“NDIV”中输入 8，然后单击“OK”按钮，接下来单击“Size Controls”中“Global”中的“Set”，在弹出的对话框中的“NDIV”中输入 5，单击“OK”按钮。

06 划分网格

在“Shape”中选中“Quad”和“Mapped”，单击“Mesh”按钮，选中 1、2、3 号面，单击“OK”按钮；在“Shape”中选中“Quad”和“Free”，单击“Mesh”按钮，选中 4 号面，单击“OK”按钮。建立的有限元模型如图 15-6 所示。

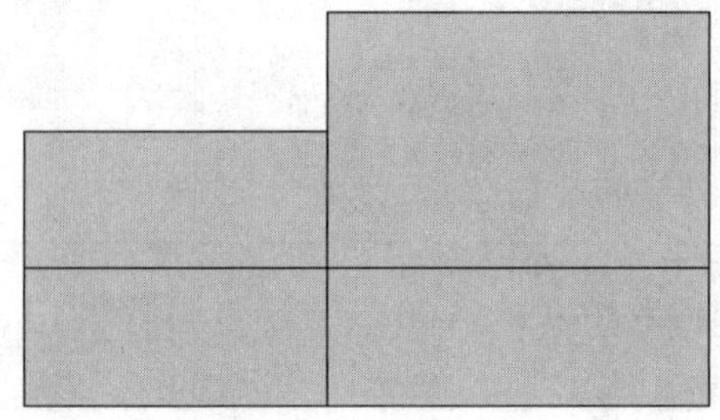

图 15-5　建立的矩形

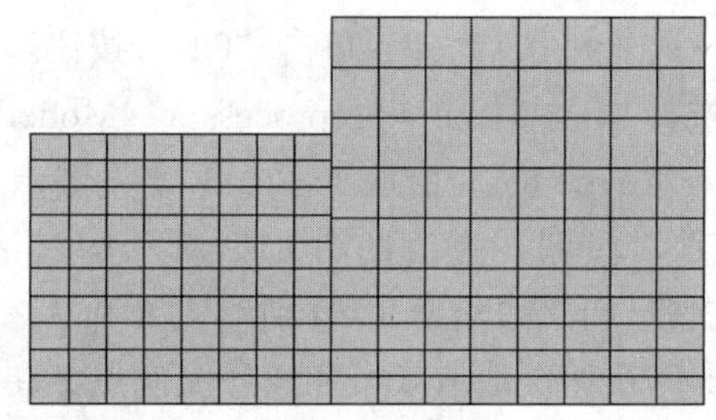

图 15-6　建立的有限元模型

07 合并相同位置的节点

选择 Main Menu > Preprocessor > Numbering Ctrls > Merge Items，弹出如图 15-7 所示的对话框。在“Label”选择“Nodes”，单击“OK”按钮，合并相同位置的节点。

Merge Coincident or Equivalently Defined Items
[NUMMRG] Merge Coincident or Equivalently Defined Items
Label　Type of item to be merge　Nodes
TOLER　Range of coincidence
GTOLER　Solid model tolerance
ACTION　Merge items or select?
Merge items
Select w/o merge
SWITCH　Retain lowest/highest?　LOWest number
OK　Apply　Cancel　Help

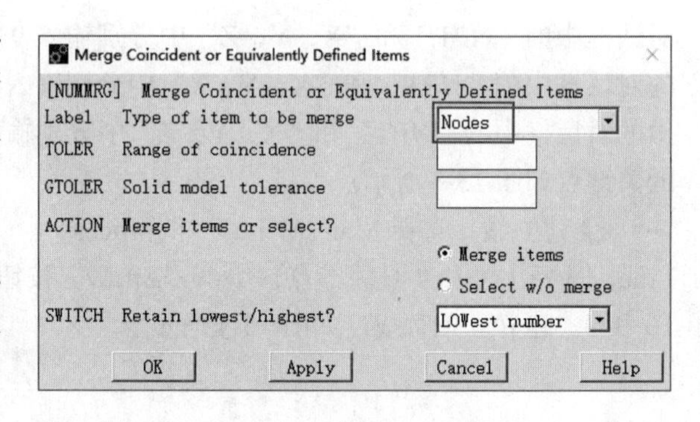

图 15-7　“Merge Coincident or Equivalently Defined Items”对话框

08 施加压差载荷

❶ 选择 Utility Menu > Select > Everything，Utility Menu > Select > Entities，在弹出的对话框中选择“Nodes”“By Location”“Y coordinates”，在“Min,Max”框中输入 7，单击“OK”按钮。

❷ 选择 Main Menu > Solution > Define Loads > Apply > Thermal > Temperature > On Nodes，单击“Pick All”按钮，选择“TEMP”，输入 0，单击“OK”按钮。

❸ 选择 Utility Menu > Select > Everything，Utility Menu > Select > Entities，在弹出的对话框中选择“Nodes”“By Location”“Y coordinates”，在“Min,Max”文本框中输入 10，单击“OK”按钮。

❹ 选择 Main Menu > Solution > Define Loads > Apply > Thermal > Temperature > On Nodes，在弹出的对话框中单击“Pick All”按钮，选择“TEMP”，输入 3，单击“OK”按钮。

09 设置求解选项

选择 Main Menu > Solution > Analysis Type > New Analysis，在弹出的对话框中选择“Steady-State”，单击“OK”按钮。

10 存盘

选择 Utility Menu > Select > Everything，在弹出的对话框中单击“Ansys Toolbar”中的“SAVE_DB”。

11 求解

选择 Main Menu > Solution > Solve > Current LS，进行计算。

12 列出节点热流量结果

选择 Utility Menu > Select > Entities，在弹出的对话框中选择“Nodes”“By Location”“Y coordinates”，在“Min,Max”文本框中输入 7，单击“OK”按钮。选择 Main Menu > General Postproc > List Results > Reaction Solu，单击“OK”按钮，节点的热流量计算结果如图 15-8 所示。

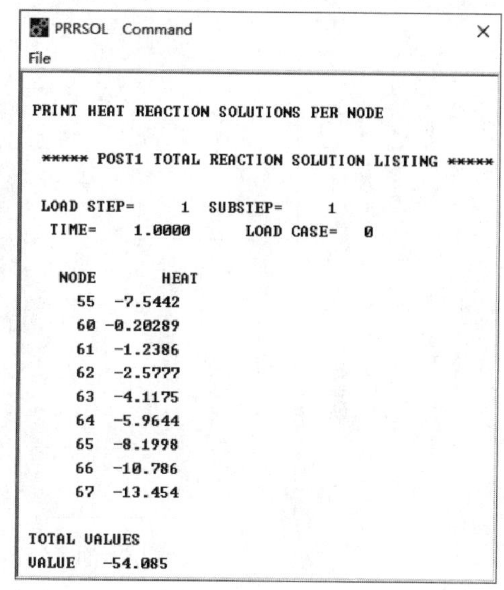

```
PRRSOL  Command
File

PRINT HEAT REACTION SOLUTIONS PER NODE

 ***** POST1 TOTAL REACTION SOLUTION LISTING *****

 LOAD STEP=     1  SUBSTEP=     1
  TIME=    1.0000      LOAD CASE=   0

   NODE       HEAT
     55  -7.5442
     60 -0.20289
     61  -1.2386
     62  -2.5777
     63  -4.1175
     64  -5.9644
     65  -8.1998
     66  -10.786
     67  -13.454

TOTAL VALUES
VALUE   -54.085
```

图 15-8　节点的热流量计算结果

13 显示温度场分布云图

❶ 选择 Utility Menu > Select > Everything。选择 Utility Menu > PlotCtrls > Window Controls > Window Options，在弹出的对话框中的“INFO”中选择“Legend ON”，然后单击“OK”按钮。

❷ 选择 Main Menu > General Postproc > Read Results > Last Set，读取最后一个子步的分析结果。选择 Main Menu > General Postproc > Plot Results > Contour Plot > Nodal Solu，选择“DOF Solution”和“Nodal Temperature”，温度场分布云图如图 15-9 所示。

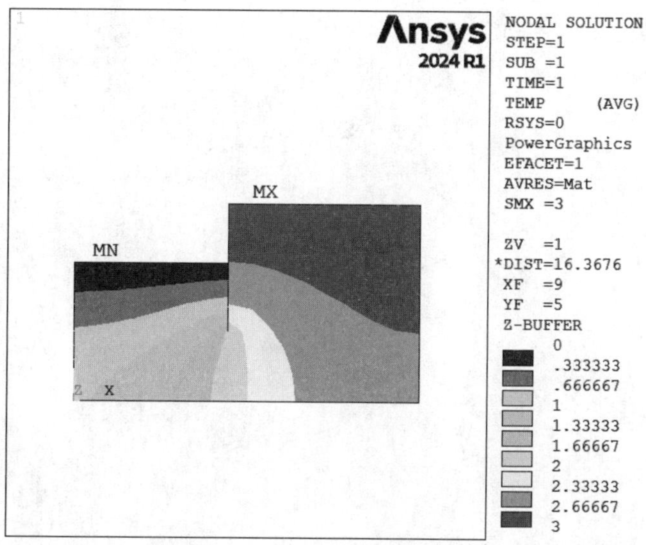

图 15-9　温度场分布云图

❸ 选择 Main Menu > General Postproc > Plot Results > Vector Plot > Predefined，在弹出的对话框中的“Item”中选择“Flux&gradient”和“Thermal grad TG”，在“Loc”中选择“Elem Nodes”选项。单击“OK”按钮。温度梯度的矢量分布图如图 15-10 所示。

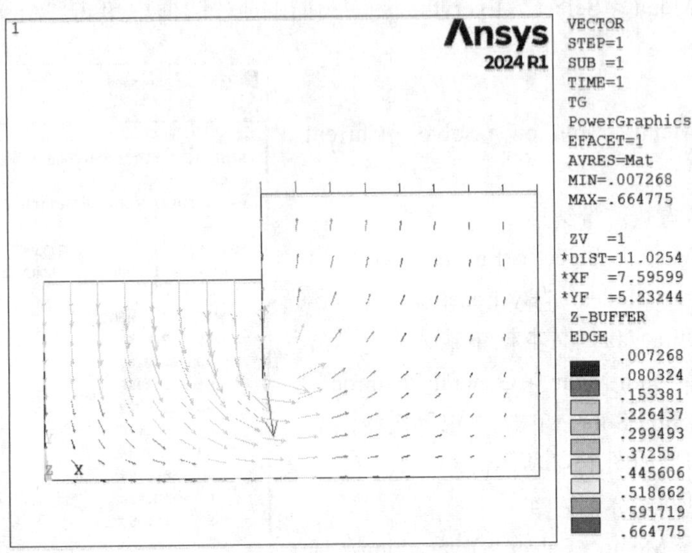

图 15-10　温度梯度矢量分布图

14 退出 Ansys

单击 Ansys Toolbar 中的“QUIT”，选择“Quit-No Save!”后单击“OK”按钮。

15.1.4　APDL 命令流程序

```
FINISH
/FILNAME,Exercise                    ! 定义隐式热分析文件名
/PREP7                               ! 进入前处理器
ET,1,PLANE55 ,,,1,,,,1               ! 选择单元类型
MP,KXX,1, 0.864                      ! 设置材料热导率
K,1
*REPEAT,3,1,,3.5
KGEN,2,1,3,1,8.0
KGEN,2,1,2,1,18.0
K,9,18,10
K,10,8,10
K,11,8.0,3.5                         ! 建立关键点
L,1,4
*REPEAT,3,1,1
L,10,9
L,11,8
```

```
L,4,7
LESIZE,ALL,,,8                     ! 设置线划分段数
A,1,4,5,2
A,2,5,6,3
A,4,7,8,5
A,11,8,9,10
ESIZE,,5                           ! 设置单元划分尺寸
MSHK,2                             ! 划分映射网格
MSHA,0,2D                          ! 设置划分形状为四边形自由网格
AMESH,ALL                          ! 划分另一区域的单元
NUMMRG,NODE                        ! 合并同一位置节点
NSEL,S,LOC,Y,7.0                   ! 选择 Y=7 处的节点
D,ALL,TEMP,0                       ! 施加压差载荷
NSEL,S,LOC,Y,10                    ! 选择 Y=10 处的节点
D,ALL,TEMP,3                       ! 施加压差载荷
NSEL,ALL                           ! 选择所有节点
FINISH
/SOLU                              ! 进入求解器
ANTYPE,STATIC                      ! 设置为稳态求解
SOLVE                              ! 求解
FINISH
/POST1                             ! 进入后处理器
NSEL,S,LOC,Y,7.0                   ! 选择 Y=7 处的节点
PRRSOL,HEAT                        ! 列所选节点的热流量
ALLSEL,ALL
PLNSOL,TEMP                        ! 显示温度分布云图
PLVECT,TG                          ! 显示温度梯度矢量显示图
/EXIT,NOSAV                        ! 退出 Ansys
```

15.2 实例二——矩形截面梁稳态热交换过程的分析

15.2.1 问题描述

对矩形截面梁应用自适应网格划分技术进行稳态热分析，几何模型如图 15-11 所示，材料、几何参数及温度载荷见表 15-3。分析时，温度单位采用℃，其他单位采用法定计量单位。

表 15-3 材料、几何参数及温度载荷

材料参数		几何参数			温度载荷	
热导率 /[W/(m · ℃)]	表面传热系数 /[W/(m^2 · ℃)]	a/m	b/m	d/m	T_0/℃	T_a/℃
52	750	1	0.6	0.2	100	0

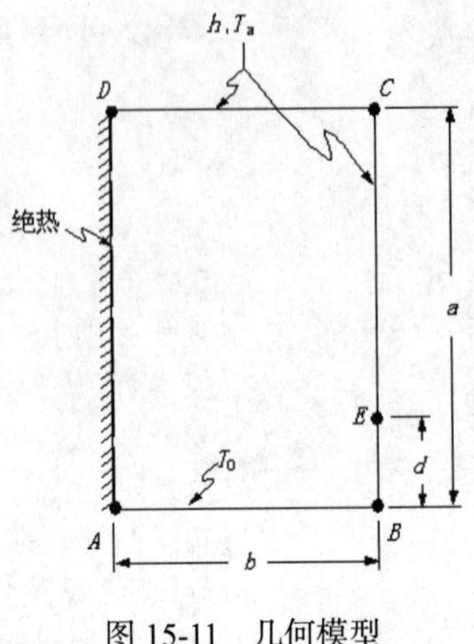

图 15-11　几何模型

15.2.2　问题分析

本例采用二维 4 节点平面热分析 PLANE55 单元进行有限元分析。

15.2.3　GUI 操作步骤

01 定义分析文件名

选择 Utility Menu > File > Change Jobname，在弹出的对话框中输入“Exercise”，单击“OK”按钮。

02 定义单元类型

选择 Main Menu > Preprocessor > Element Type > Add/Edit/Delete，在弹出的“Element Types”对话框中单击“Add”按钮，在弹出的对话框中选择“Solid”“Quad 4node 55”二维 4 节点平面单元。

03 定义材料属性

选择 Main Menu > Preprocessor > Material Props > Material Models，在弹出的对话框中单击右侧的 Thermal > Conductivity > Isotropic, 在弹出的对话框中输入热导率“KXX”为 52，单击“OK”按钮。

04 建立几何模型

❶ 建立关键点。选择 Main Menu > Preprocessor > Modeling > Create > Keypoints > In Active CS，在弹出的对话框中的“NPT”和“X, Y, Z”中分别输入 1 和 0、0、0，单击“Apply”按钮；在弹出的对话框中的“NPT”和“X，Y，Z”中分别输入 2 和 0.6、0、0，单击“Apply”按钮；在弹出的对话框中的“NPT”和“X，Y，Z”中分别输入 3 和 0.6、1、0，单击“Apply”按钮；在弹出的对话框中的“NPT”和“X，Y，Z”中分别输入 4 和 0、1、0，单击“Apply”按钮；在弹出的对话框中的“NPT”和“X，Y，Z”中分别输入 5 和 0.6、0.2、0，单击“OK”按钮，建立几何模型的 5 个关键点。

❷ 建立线。选择 Main Menu > Preprocessor > Modeling > Create > Lines > Lines > Straight Line，选择 1 号和 2 号关键点，单击“Apply”按钮，依次选择 2 和 5、5 和 3、3 和 4、4 和 1，

建立 5 条直线。

❸ 建立矩形。选择 Main Menu > Preprocessor > Modeling > Create > Areas > Arbitrary > By Lines，选择 5 条直线，单击“OK”按钮，建立矩形。

05 施加温度载荷和对流载荷

选择Main Menu > Solution > Define Loads > Apply > Thermal > Temperature > On Keypoints，选择 1 号和 2 号关键点，单击“OK”按钮，弹出如图 15-12 所示的对话框，在“Lab2”中选择“TEMP”，在“VALUE”中输入 100，设置“KEXPND”为“Yes”，单击“OK”按钮。选择 Main Menu > Solution > Define Loads > Apply > Thermal > Convection > On Lines，选择 2、3、4 号线，单击“OK”按钮，弹出如图 15-13 所示的对话框，在“VALI”中输入 750，在“VAL2I”中输入 0，单击“OK”按钮。

06 设置求解选项

❶ 选择 Main Menu > Solution > Analysis Type > New Analysis，在弹出的对话框中选择“Steady-State”，单击“OK”按钮。

❷ 选择 Main Menu > Preprocessor > Loads > Analysis Type > Analysis Options，在弹出的对话框中的“[TOFFST]”中输入 273。

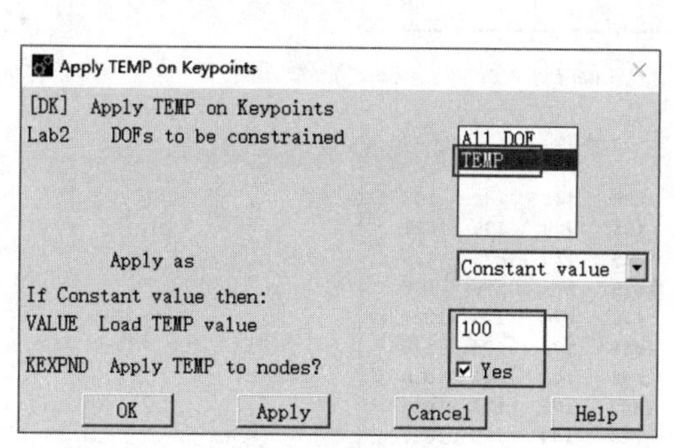

图 15-12 “Apply TEMP on Keypoints”对话框

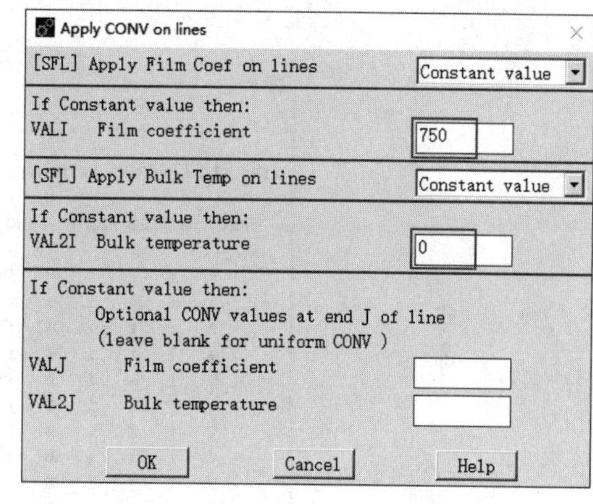

图 15-13 “Apply CONV on lines”对话框

07 划分单元

选择 Main Menu > Preprocessor > Meshing > Mesh Tool，在弹出的对话框中单击“Size Controls”中“Global”中的“Set”，在弹出的对话框中的“SIZE”中输入0.025，单击“OK”按钮。然后单击“Mesh”按钮。选中矩形，单击“OK”按钮，网格划分尺寸为 0.025 时的网格划分图如图 15-14 所示。选择 Utility Menu > List > Elements > Nodes+Attributes，网格划分尺寸为 0.025 时的网格列表如图 15-15 所示。

08 设置求解选项

选择 Main Menu > Solution > Analysis Type > New Analysis，在弹出的对话框中选择“Steady-State”，单击“OK”按钮。

09 求解

选择 Main Menu > Solution > Solve > Current LS，进行计算。

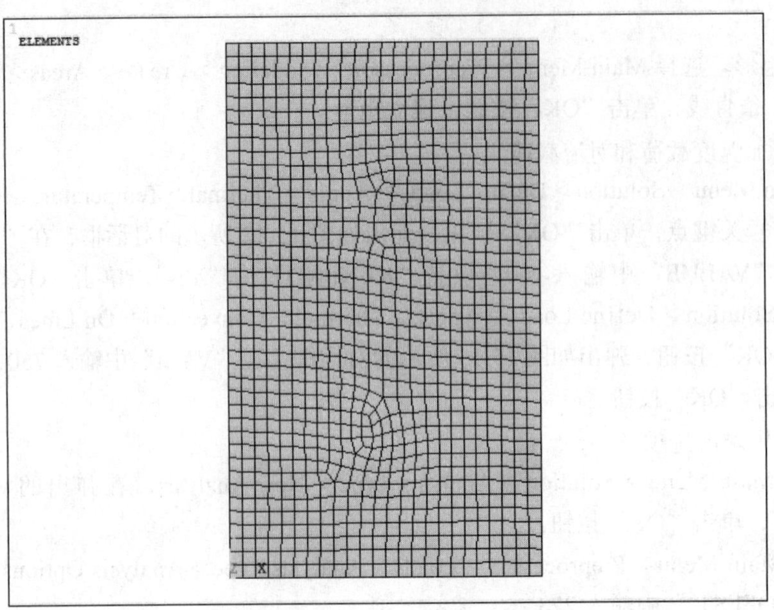

图 15-14　网格划分尺寸为 0.025 时的网格划分图

ELIST　Command

File

LIST ALL SELECTED ELEMENTS.　(LIST NODES)

ELEM	MAT	TYP	REL	ESY	SEC	NODES			
1	1	1	1	0	1	1028	131	141	142
2	1	1	1	0	1	131	1028	136	1021
3	1	1	1	0	1	1029	130	1021	136
4	1	1	1	0	1	1029	175	176	130
5	1	1	1	0	1	136	174	175	1029
6	1	1	1	0	1	1028	173	174	136
7	1	1	1	0	1	142	143	1027	1028
8	1	1	1	0	1	1027	172	173	1028
9	1	1	1	0	1	143	144	135	1027
10	1	1	1	0	1	135	171	172	1027
11	1	1	1	0	1	144	145	1026	135
12	1	1	1	0	1	1026	170	171	135
13	1	1	1	0	1	145	146	1025	1026
14	1	1	1	0	1	1025	169	170	1026

图 15-15　网格划分尺寸为 0.025 时的网格列表

10 显示温度场分布云图

选择 Utility Menu > PlotCtrls > Window Controls > Window Options，在弹出的对话框中的“INFO”中选择“Legend ON”，单击“OK”按钮。选择 Main Menu > General Postproc > Read Results > Last Set，读取最后一个子步的分析结果，选择 Main Menu > General Postproc > Plot Results > Contour Plot > Nodal Solu，选择“DOF Solution”和“Nodal Temperature”，网格划分尺寸为 0.025 时计算的温度场分布云图如图 15-16 所示。

11 退出 Ansys

单击 Ansys Toolbar 中的“QUIT”，选择“Quit-No Save!”后单击“OK”按钮。

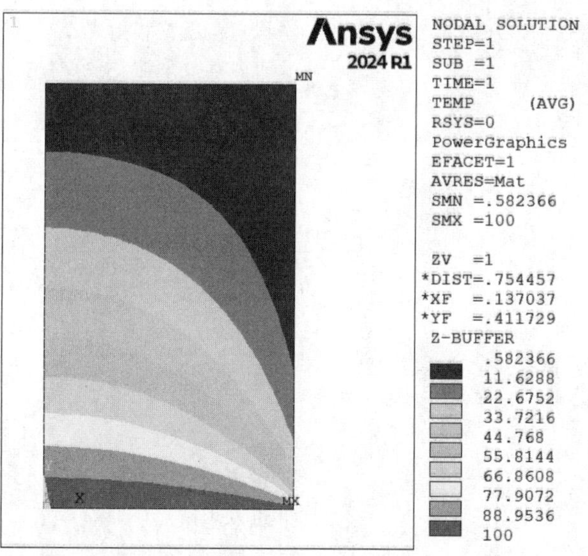

图 15-16 网格划分尺寸为 0.025 时计算的温度场分布云图

15.2.4 APDL 命令流程序

```
FINISH
/FILNAME,Exercise                     !定义隐式热分析文件名
/PREP7                                !进入前处理器
ET,1,PLANE55                          !选择单元类型
MP,KXX,1,52.0                         !设置材料热导率
K,1
K,2,.6
K,3,.6,1.0
K,4,,1.0
K,5,.6,.2                             !建立几何模型的 5 个关键点
L,1,2
L,2,5
L,5,3
L,3,4
L,4,1                                 !建立 5 条线
AL,ALL                                !建立矩形
DK,1,TEMP,100,,1                      !给关键点 1 施加温度载荷
DK,2,TEMP,100,,1                      !给关键点 2 施加温度载荷
SFL,2,CONV,750.0,,0.0                 !给 2 号线施加对流载荷
SFL,3,CONV,750.0,,0.0                 !给 3 号线施加对流载荷
SFL,4,CONV,750.0,,0.0                 !给 4 号线施加对流载荷
FINISH
/SOLU                                 !进入求解器
ANTYPE,STATIC                         !设置为稳态求解
```

```
TOFFST,273                                  ! 设置温度偏移量
/PREP7                                      ! 进入前处理器
ESIZE,0.025,0,                              ! 设置单元划分尺寸
CM,_Y,AREA
ASEL, , , ,      1
CM,_Y1,AREA
CHKMSH,'AREA'
CMSEL,S,_Y
AMESH,_Y1
CMDELE,_Y
CMDELE,_Y1
CMDELE,_Y2                                  ! 划分矩形单元
ANTYPE,STATIC                               ! 设置为稳态求解
/SOLU                                       ! 进入求解器
SOLVE                                       ! 求解
FINISH
/POST1                                      ! 进入后处理器
SET,LAST                                    ! 读取分析结果
PLNSOL,TEMP                                 ! 显示温度分布云图
/EXIT,NOSAV                                 ! 退出 Ansys
```

15.3 实例三——表面受变压力载荷的矩形截面梁的分析

15.3.1 问题描述

矩形截面梁一端固定，其余 5 个面受压力载荷，压力是 x、y、z、时间、温度的函数，要对结构进行热 - 应力分析。压力用 Table 进行预定义，然后以 Table 的方式作为压力边界条件加载到矩形梁的表面，时间与温度被分成两个载荷步进行求解。几何模型如图 15-17 所示，材料性能参数见表 15-4。在分析时，温度单位采用℃，其他单位采用法定计量单位。分两个载荷步对该梁进行稳态分析。第一载荷步，该梁初始温度为 0℃，计算时间为 0.001s；第二载荷步，该梁初始温度为 150℃，计算时间为 30s。计算时参考温度为 20℃。

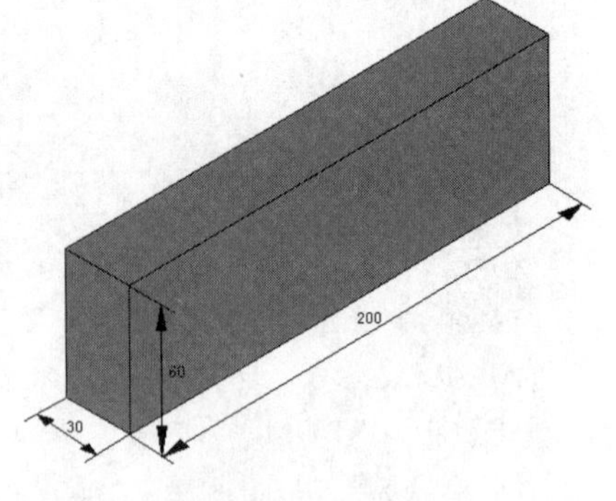

图 15-17　几何模型

表 15-4　材料性能参数

材料名称	热导率 /[W/(mm · ℃)]	线胀系数 /℃$^{-1}$	泊松比	弹性模量 /MPa
钢	0.05	1E-5	0.3	2E5

15.3.2 问题分析

本例应用直接耦合分析方法对该梁进行热 - 结构场分析，选用三维 8 节点直接耦合 SOLID5 单元。注意，4-D、5-DTable 不能通过 GUI 的方式进行定义，必须使用命令方式。

15.3.3 GUI 操作步骤

01 定义分析文件名

选择 Utility Menu > File > Change Jobname，在弹出的对话框中输入“Exercise”，单击“OK”按钮。

02 定义单元类型

选择 Main Menu > Preprocessor > Element Type > Add/Edit/Delete，在弹出的“Element Types”对话框中单击“Add”按钮，在弹出的对话框中选择“Coupled Field”“Scalar Brick 5”二维 8 节点平面单元，然后单击“OK”按钮，如图 15-18 所示。单击“Close”按钮，关闭单元类型对话框。

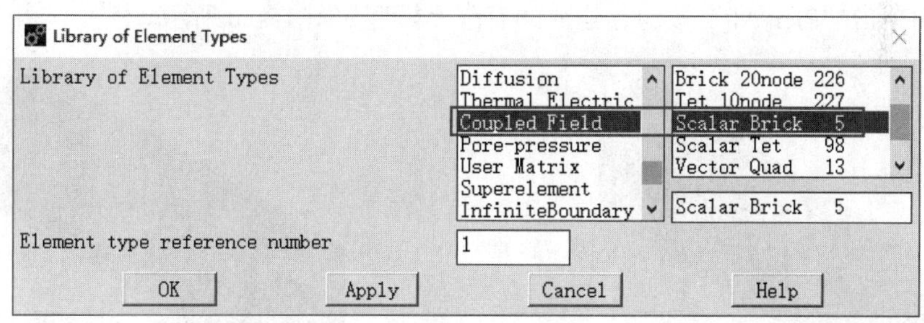

图 15-18 “Library of Element Types”对话框

03 定义材料属性

❶ 定义热导率。选择 Main Menu > Preprocessor > Material Props > Material Models，在弹出的对话框中默认材料编号 1，单击对话框右侧的 Thermal > Conductivity > Isotropic，在弹出的对话框中输入热导率“KXX”为 0.05，单击“OK”按钮。

❷ 定义线胀系数。单击对话框右侧的 Structure > Thermal Expansion > Secant Coefficient > Isotropic，在弹出的对话框中的“ALPX”输入 1E-5，单击“OK”按钮。

❸ 定义弹性模量和泊松比。单击对话框右侧的 Structure > Linear > Elastic > Isotropic，在弹出的对话框中的“EX”和“NUXY”分别输入 2E5 和 0.3，单击“OK”按钮。完成以上操作后，关闭材料属性定义对话框。

04 定义参数

单击菜单栏中的 Parameters > Scalar Parameters 命令，打开“Scalar Parameters”对话框，在“Selection”文本框中依次输入（每次输入后都要单击“Accept”按钮，全部输入完成之后单击“Close”按钮关闭该对话框）：

```
X1=2
Y1=2
Z1=10
```

```
D4=5
D5=5
LEN=200
WID=30
HTH=60
```

05 建立几何模型

选择 Main Menu > Preprocessor > Modeling > Create > Volumes > Block > By Dimensions，在弹出的对话框中的“X1，X2”“Y1，Y2”“Z1，Z2”中分别输入 0、WID、0、HTH、0、LEN，单击“OK”按钮。建立的几何模型如图 15-19 所示。

06 设定网格密度

选择 Main Menu > Preprocessor > Meshing > Size Cntrls > ManualSize > Global > Size，在弹出的对话框的“SIZE”文本框中输入 5，单击“OK”按钮。

07 划分单元

选择 Main Menu > Preprocessor > Meshing > Mesh > Volumes > Mapped > 4 to 6 sided，在弹出的对话框中单击“Pick All”按钮，建立的有限元模型如图 15-20 所示。

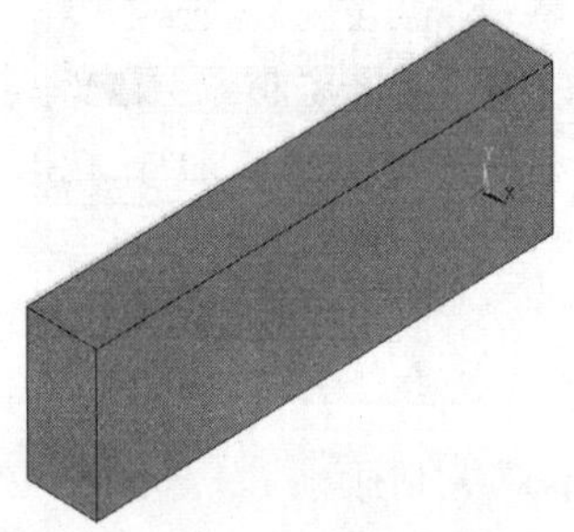

图 15-19　建立的几何模型

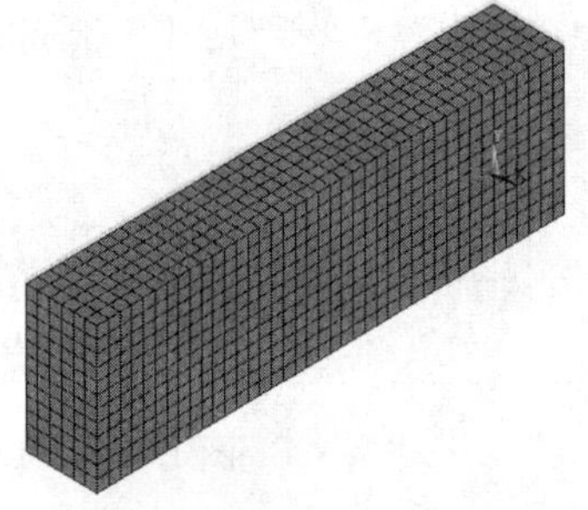

图 15-20　建立的有限元模型

08 施加悬臂梁右端面固定约束条件

❶ 选择 Utility Menu > Select > Entities，然后选择“Nodes”“By Location”“Z coordinates”，在“Min,Max”文本框中输入 0，单击“OK”按钮。

❷ 选择 Main Menu > Solution > Define Loads > Apply > Structural > Displacement > On Nodes，在弹出的对话框中单击“Pick All”按钮，在弹出的对话框中的“Lab2”中选择“All DOF”，在“VALUE”中输入 0，单击“OK”按钮，如图 15-21 所示。

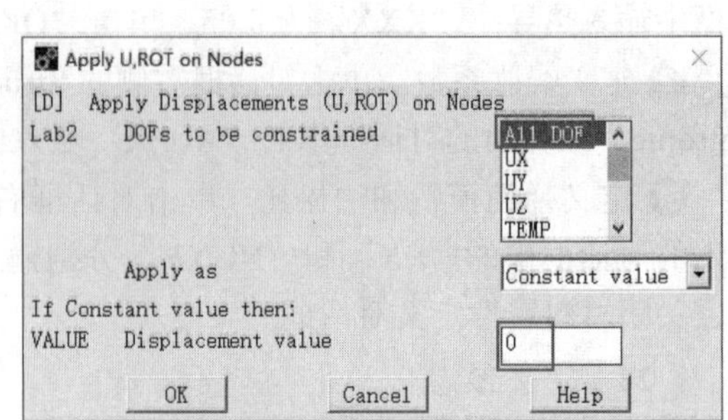

图 15-21　“Apply U,ROT on Nodes”对话框

❸ 选择 Utility Menu > Select > Everything。选择 Utility Menu > Plot > Elements。

09 定义压力载荷 Table 表

因为五维 Table 表用 GUI 方式不能建立，只能通过命令实现，因此新建一记事本，输入以下命令，将该文档存为 Table1，关闭该文档。

❶ 定义X、Y、Z、TIME、TEMPERATURE初始数组：

```
*DIM,XVAL,array,X1
XVAL(1)=0,60                                    ! 定义X坐标初始数组
*DIM,YVAL,array,Y1
YVAL(1)=0,60                                    ! 定义Y坐标初始数组
*DIM,ZVAL,array,10
ZVAL(1)=20,40,60,80,100,120,140,160,180,200     ! 定义Z坐标初始数组
*DIM,TVAL,array,5
TVAL(1)=1,0.9,0.8,0.7,0.6                       ! 定义时间初始数组
*DIM,TEVL,array,5
TEVL(1)=1,1.2,1.3,1.6,1.8                       ! 定义温度初始数组
```

❷ 定义五维Table表，压力是X,Y,Z,TIME,TEMPERATURE的函数：

```
*DIM,CCC,tab5,X1,Y1,Z1,D4,D5,X,Y,Z,TIME,TEMP
*TAXIS,CCC(1,1,1,1,1),1,0,WID                                   ! X-Dim
*TAXIS,CCC(1,1,1,1,1),2,0,HTH                                   ! Y-Dim
*TAXIS,CCC(1,1,1,1,1),3,2,24,46,68,90,112,134,156,158,200       ! Z-Dim
*TAXIS,CCC(1,1,1,1,1),4,0,10,20,30,40                           ! Time
*TAXIS,CCC(1,1,1,1,1),5,0,50,100,150,200                        ! Temp
*DO,II,1,2
  *DO,JJ,1,2
    *DO,KK,1,10
      *DO,LL,1,5
        *DO,MM,1,5
        CCC(II,JJ,KK,LL,MM)=(XVAL(II)+YVAL(JJ)+ZVAL(KK))*TVAL(LL)*TEVL(MM)*0.004
        *ENDDO
      *ENDDO
    *ENDDO
  *ENDDO
*ENDDO
```

所建立的Table表命令文档如图15-22所示。

```
Table1.txt - 记事本
文件(F) 编辑(E) 格式(O) 查看(V) 帮助(H)
*TAXIS,CCC(1,1,1,1,1),4,0,10,20,30,40            ! Time
*TAXIS,CCC(1,1,1,1,1),5,0,50,100,150,200           ! Temp
*DO,II,1,2
  *DO,JJ,1,2
    *DO,KK,1,10
      *DO,LL,1,5
        *DO,MM,1,5
         CCC(II,JJ,KK,LL,MM)=(XVAL(II)+YVAL(JJ)+ZVAL(KK))*TVAL(LL)*TEVL(MM)*0.004
        *ENDDO
      *ENDDO
    *ENDDO
  *ENDDO
*ENDDO
第1行，第1列   100%   Windows (CRLF)   UTF-8
```

图15-22　建立的Table表命令文档

❸ 读入该文档 (Table1)。选择 Utility Menu > File > Read Input from，弹出如图 15-23 所示的对话框。选择“Table1.txt”文档，单击“OK”按钮。选择 Utility Menu > Parameters > Array Parameters > Define/Edit，弹出如图 15-24 所示的对话框，查看后将其关闭。注意，五维 Table 表不能查看。

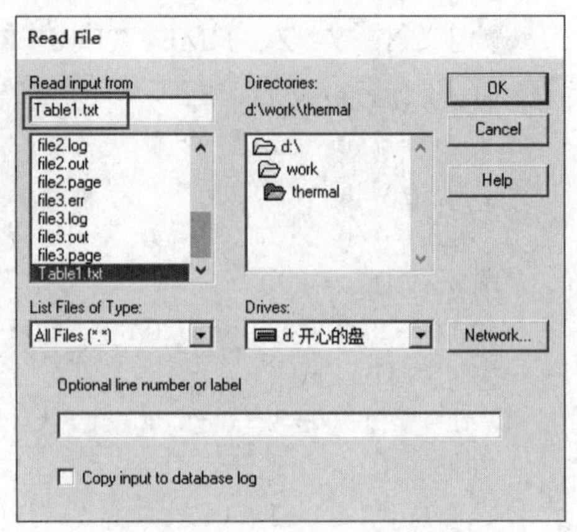

图 15-23 “Read File”对话框

10 设置求解选项

选择 Main Menu > Solution > Analysis Type > New Analysis，在弹出的对话框中选择“Steady-State”，单击“OK”按钮。

11 设置温度偏移量

选择 Main Menu > Solution > Analysis Type > Analysis Options，在弹出的对话框中的“[TOFFST]”中输入 273，单击“OK”按钮。

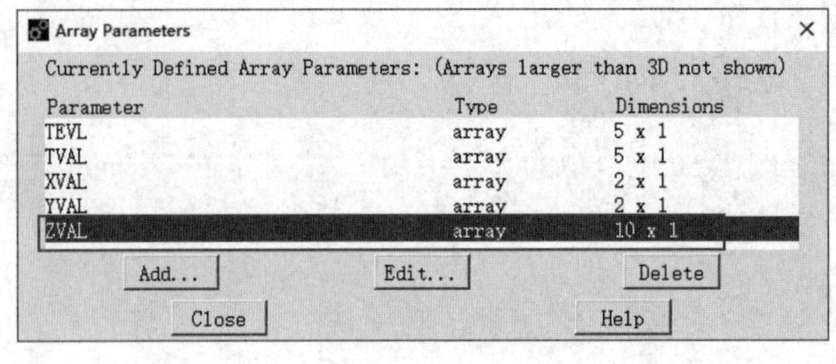

图 15-24 “Array Parameters”对话框

12 施加压力载荷

选择 Main Menu > Solution > Define Loads > Apply > Structural > Pressure > On Areas，在弹出的对话框中选择“Min,Max,Inc”，输入“2,6,1”后按 Enter 键，单击“OK”按钮，在弹出的对话框中的“[SFA]”中选择“Existing table”，单击“OK”按钮，如图 15-25 所示。弹出如图 15-26 所示的对话框。选择“CCC”，单击“OK”按钮。

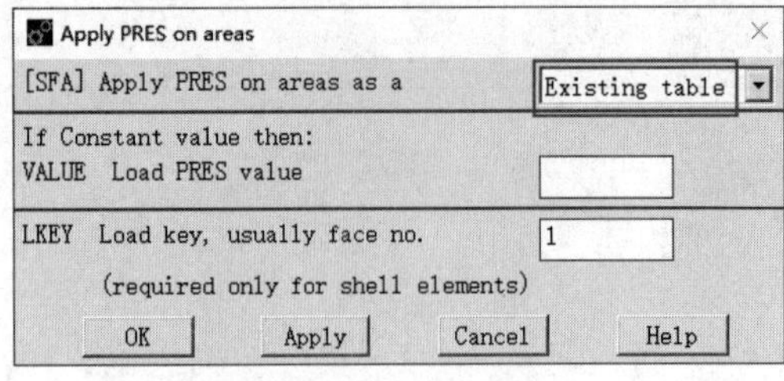

图 15-25 “Apply PRES on areas”对话框

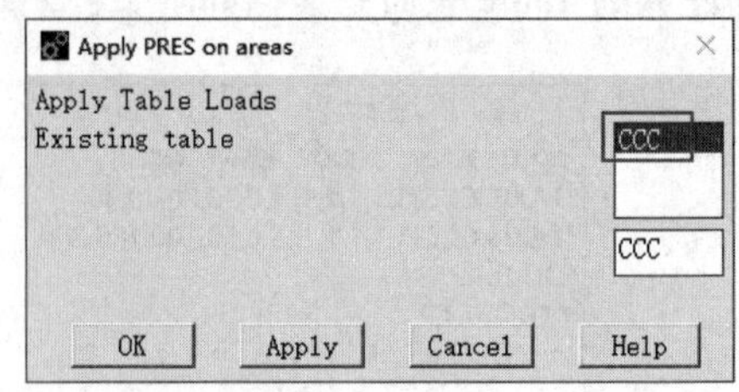

图 15-26 “Apply PRES on areas”对话框

13 施加温度场边界条件

选择 Utility Menu > Select > Everything，选择 Main Menu > Solution > Define Loads > Apply > Thermal > Temperature > On Nodes，在弹出的对话框中单击“Pick All”按钮，弹出如图 15-27 所示的对话框，在“Lab2”中选择“TEMP”，在“VALUE”中输入 0，单击“OK”按钮。

14 定义参考分析温度

选择 Main Menu > Preprocessor > Loads > Define Loads > Settings > Reference Temp，在弹出的对话框中输入 20。

15 求解选项设置

选择 Main Menu > Solution > Analysis Type > Sol'n Controls，在弹出的对话框中的“Analysis Options”中选择“Small Displacement Static”，在“Time Control”中的“Time at end of load-step”中输入求解时间 1E-3，单击“OK”按钮，如图 15-28 所示。

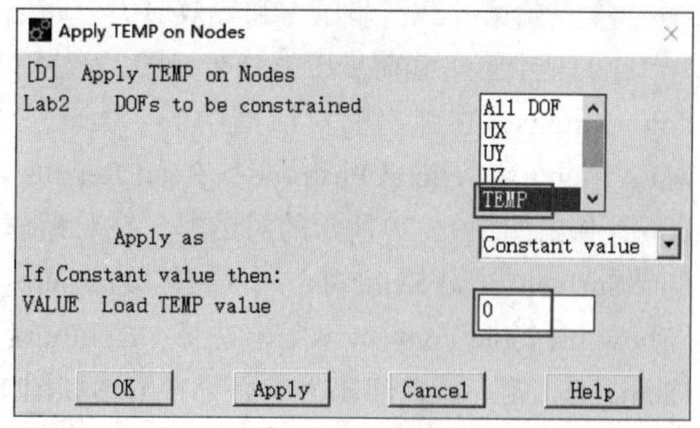

图 15-27 “Apply TEMP on Nodes”对话框

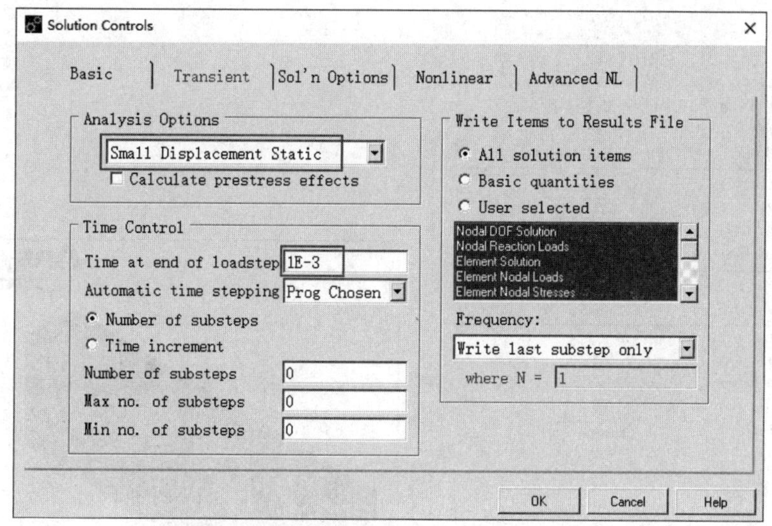

图 15-28 “Solution Controls”对话框

16 求解

选择 Main Menu > Solution > Solve > Current LS，进行求解。

17 施加温度场边界条件

选择 Utility Menu > Select > Everything。选择 Main Menu > Solution > Define Loads > Apply > Thermal > Temperature > On Nodes，在弹出的对话框中单击“Pick All”按钮，在弹出的对话框中的“Lab2”中选择“TEMP”，在“VALUE”中输入 150，单击“OK”按钮。

18 求解选项设置

选择 Main Menu > Solution > Analysis Type > Sol'n Controls，在弹出的对话框中的“Time Control”中的“Time at end of loadstep”中输入求解时间 30，单击“OK”按钮。

19 存盘

选择 Utility Menu > Select > Everything，单击 Ansys Toolbar 中的“SAVE_DB”。

20 求解

选择 Main Menu > Solution > Solve > Current LS，进行求解。

(21) 显示两个载荷步压力和等效应力分布

❶ 显示第一载荷步压力和等效应力分布云图。

1）显示第一载荷步压力分布云图。选择 Utility Menu > PlotCtrls > Window Controls > Window Options，在弹出的对话框中的“INFO”中选择“Legend ON”，单击“OK”按钮。选择 Main Menu > General Postproc > Read Results > First Set。选择 Utility Menu > PlotCtrls > Symbols，弹出如图 15-29 所示的对话框，在对话框中的“[/PBC]”中选择“None”，在“[/PSF]”中的“Surface Load Symbols”中选择“Pressures”，将“Plot symbols in color”设置为“On”，在“Show pres and convect as”中选择“Contours”，单击“OK”按钮。选择 Utility Menu > Plot > Elements，第一载荷步压力应力分布云图如图 15-30 所示。

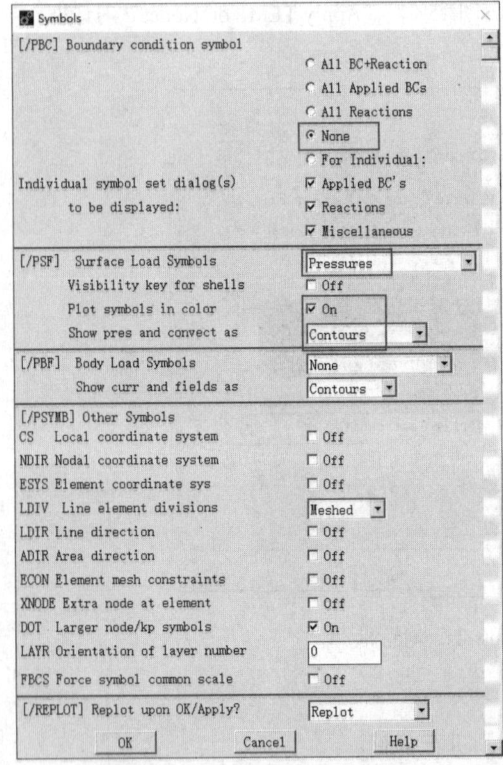

图 15-29 “Symbols”对话框

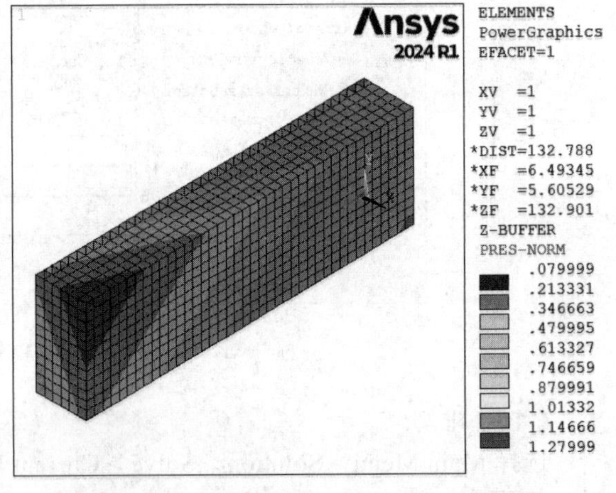

图 15-30 第一载荷步压力应力分布云图

2）显示第一载荷步等效应力分布云图。选择 Utility Menu > PlotCtrls > Symbols，在弹出的对话框中的“[/PBC]”中选择“None”，在“[/PSF]”中的“Surface Load Symbols”中选择“None”，单击“OK”按钮。选择 Main Menu > General Postproc > Plot Results > Contour Plot > Nodal Solu，在弹出的对话框中选择“Stress”和“von Mises stress”，单击“OK”按钮。第一载荷步等效应力分布云图如图 15-31 所示。

❷ 显示第二载荷步压力和等效应力分布云图。

1）显示第二载荷步压力分布云图。选择 Main Menu > General Postproc > Read Results > Next Set。在弹出的对话框中选择 Utility Menu > PlotCtrls > Symbols，在弹出的对话框中的“[/PBC]”中选择“None”，在“[/PSF]”中的“Surface Load Symbols”中选择“Pressures”，将

"Plot symbols in color"设置为"On"，在"Show pres and convect as"中选择"Contours"，单击"OK"按钮。选择 Utility Menu > Plot > Elements。第二载荷步压力分布云图如图 15-32 所示。

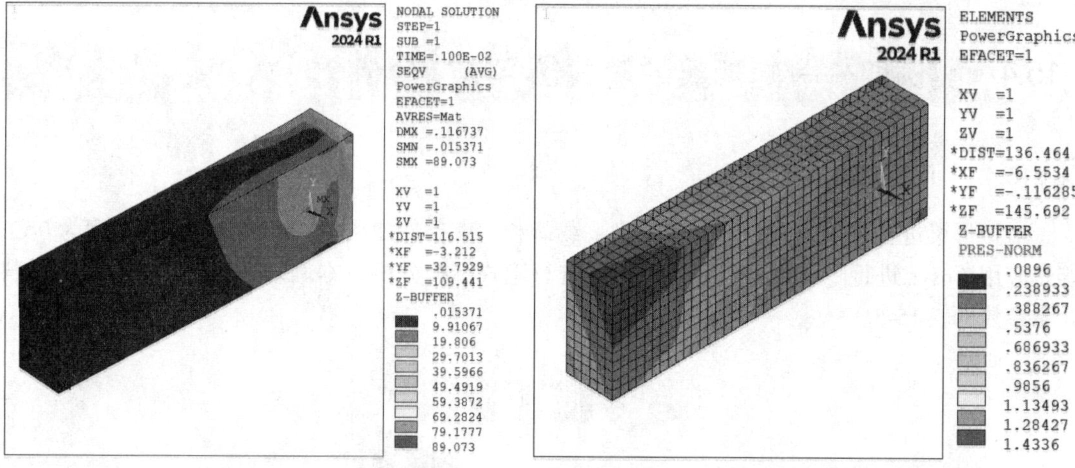

图 15-31 第一载荷步等效应力分布云图

图 15-32 第二载荷步压力分布云图

2）显示第二载荷步等效应力分布云图。选择 Utility Menu > PlotCtrls > Symbols，在弹出的对话框中的"[/PBC]"中选择"None"，在"[/PSF]"中的"Surface Load Symbols"中选择"None"，单击"OK"按钮。选择 Main Menu > General Postproc > Plot Results > Contour Plot > Nodal Solu，在弹出的对话框中选择"Stress"和"von Mises stress"，单击"OK"按钮。第二载荷步等效应力分布云图如图 15-33 所示。

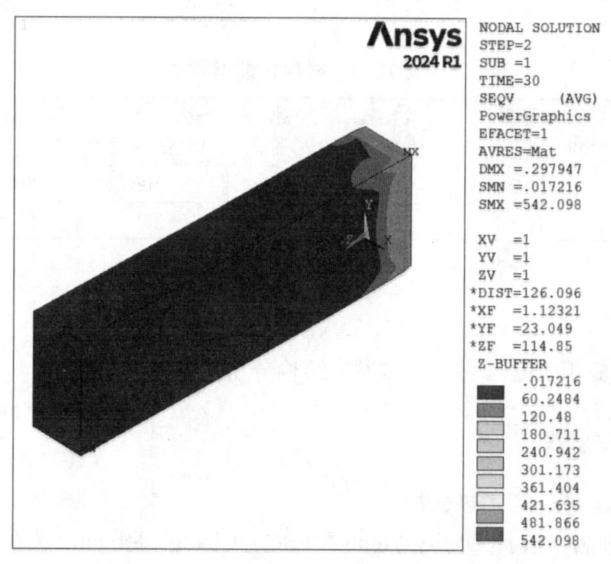

图 15-33 第二载荷步等效应力分布云图

22 退出 Ansys

单击 Ansys Toolbar 中的"QUIT"，选择"Quit-No Save!"后单击"OK"按钮。

15.3.4 APDL 命令流程序

略，见随书电子资料包。

15.4 实例四——矩形梁的隐式热 - 结构分析

15.4.1 问题描述

对矩形梁进行有限元分析。几何模型、载荷和约束条件如图 15-34 所示。参考温度为 0℃。首先应用 Ansys 进行隐式热分析，然后对梁进行隐式结构分析，本例采用法定计量单位，材料性能参数见表 15-5。

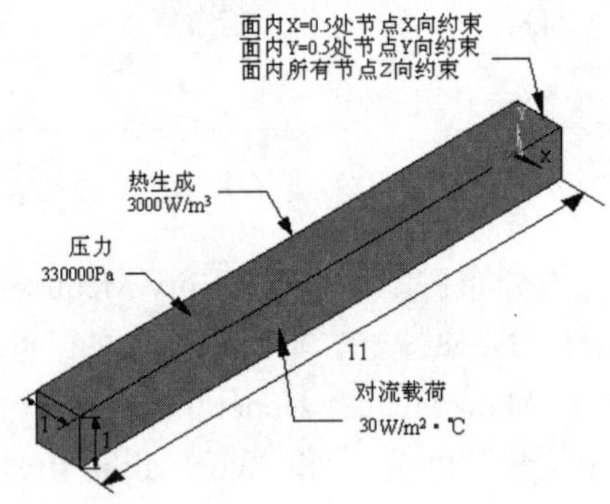

图 15-34 几何模型、载荷和约束条件

表 15-5 材料性能参数

温度 /℃	泊松比	弹性模量 /Pa	热导率 /[W/(m·℃)]	比热容 /[J/(kg·℃)]	密度 /(kg/m^3)	表面传热系数 /[W/(m^2·℃)]	线胀系数 /℃$^{-1}$	屈服强度 /Pa	切向模量 /Pa
0	0.29	1.93E11	16.3	502	8030	30	1.8E-5	66.7E6	1.93E9
500	0.28	9.3E10	16.3	502	8030	30	1.6E-5	60E6	9.3E8

15.4.2 问题分析

本例详细介绍了应用 Ansys 进行隐式热 - 结构分析的基本步骤。

15.4.3 GUI 操作步骤

01 应用 Ansys 进行隐式热分析

❶ 定义分析文件名。选择 Utility Menu > File > Change Jobname，在弹出的对话框中输入 Exercise-1，单击“OK”按钮。

❷ 定义单元类型。选择 Main Menu > Preprocessor > Element Type > Add/Edit/Delete，在弹出的“Element Types”对话框中单击“Add”按钮，在弹出的对话框中选择“Solid”“8node 70”8 节点六面体单元，如图 15-35 所示。

❸ 定义材料属性。

1）选择 Main Menu > Preprocessor > Material Props > Material Models，在弹出的材料属性定义对话框中默认材料编号 1，单击对话框右侧的 Thermal > Density，在“DENS”文本框中输入 8030，单击“OK”按钮。

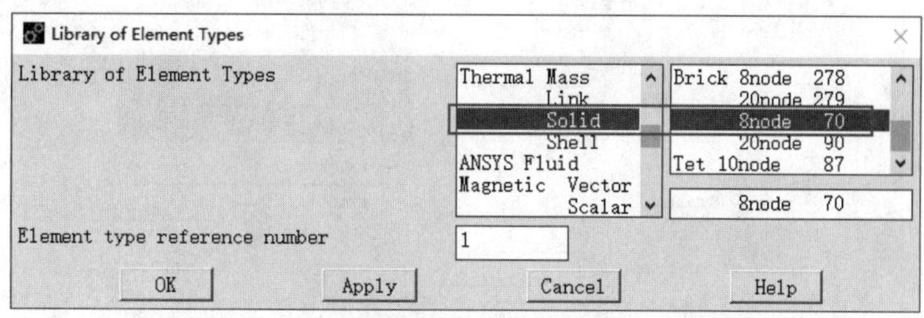

图 15-35　“Library of Element Types”对话框

2）单击对话框右侧的 Thermal > Conductivity > Isotropic，在弹出的对话框中输入热导率“KXX”为 16.3，单击“OK”按钮。

3）单击对话框右侧的 Thermal > Specific Heat，在弹出的对话框中输入比热容 C 为 502。输入以上材料参数后，关闭材料属性定义对话框。

❹ 建立几何模型。选择 Main Menu > Preprocessor > Modeling > Create > Volumes > Block > By Dimensions，在弹出的对话框中输入如图 15-36 所示的尺寸，建立三维几何模型。

Create Block by Dimensions
[BLOCK] Create Block by Dimensions
X1, X2 X-coordinates　0　1
Y1, Y2 Y-coordinates　0　1
Z1, Z2 Z-coordinates　0　11
OK　Apply　Cancel　Help

图 15-36　“Create Block by Dimensions”对话框

❺ 设定网格密度。选择 Main Menu > Preprocessor > Meshing > Size Cntrls > Manual Size > Global > Size，在弹出的对话框的“SIZE”文本框中输入 0.25，单击“OK”按钮。

❻ 划分网格。选择 Main Menu > Preprocessor > Meshing > Mesh > Volumes > Mapped > 4 to 6 sides，在弹出的对话框中单击“Pick All”按钮。

❼ 定义求解类型及选项。

1）选择 Main Menu > Solution > Analysis Type > New Analysis，在弹出的对话框中选择“Steady-State”。

2）选择 Main Menu > Solution > Analysis Type > Sol’n Controls，在弹出的对话框中的“Time Control”的“Time at end of loadstep”中输入求解时间 1，如图 15-37 所示。

❽ 施加对流载荷和热生成率载荷。

1）在梁的左端施加热生成率载荷。选择 Utility Menu > Select > Entities，在弹出的对话框中选择“Nodes”“By Location”“X coordinates”，在“Min,Max”文本框中输入 0，单击“OK”按钮，如图 15-38 所示。

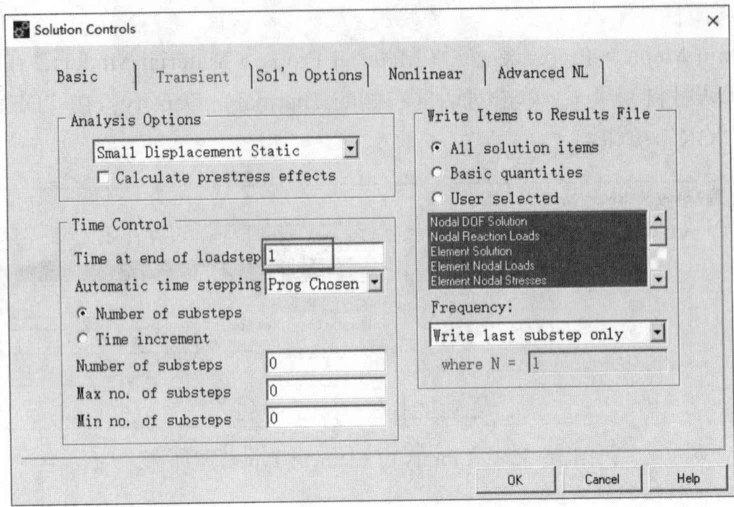

图 15-37 “Solution Controls”对话框

选择 Main Menu > Solution > Define Loads > Apply > Thermal > Heat Generat > On Nodes，在弹出的对话框中单击“Pick All”按钮，输入 3000，单击“OK”按钮。

2）在梁的右端施加对流载荷。选择 Utility Menu > Select > Everything，然后选择 Utility Menu > Select > Entities，在弹出的对话框中选择“Nodes”“By Location”“X coordinates”，在“Min,Max”文本框中输入 1，单击“OK”按钮。

选择 Main Menu > Solution > Define Loads > Apply > Thermal > Convection > On Nodes，在弹出的对话框中单击“Pick All”按钮。在弹出的对话框中的“VALI”文本框中输入 30，在“VAL2I”文本框中输入 0，如图 15-39 所示，单击“OK”按钮。施加载荷后的有限元模型如图 15-40 所示。

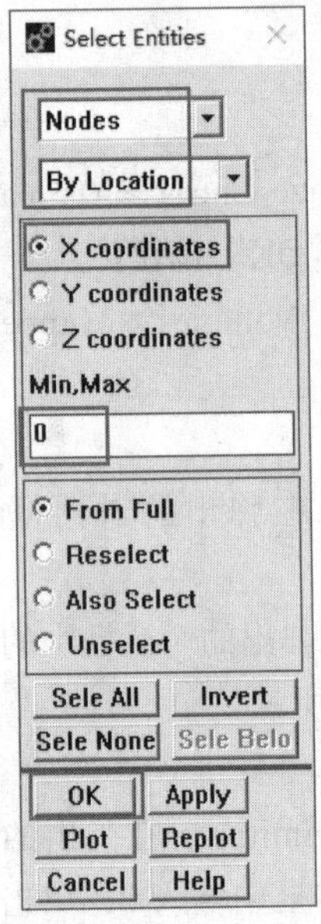

图 15-38 “Select Entities”对话框

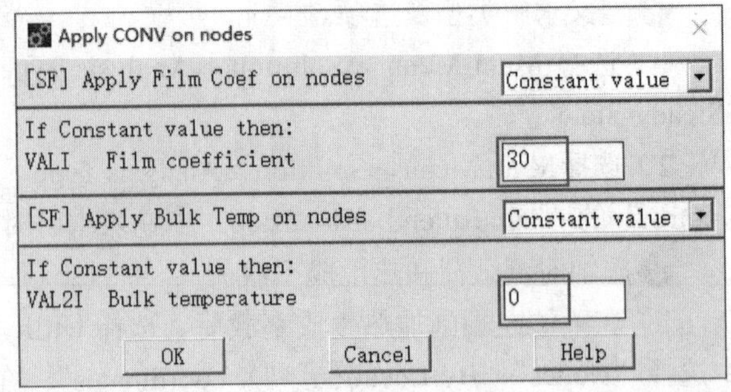

图 15-39 “Apply CONV on nodes”对话框

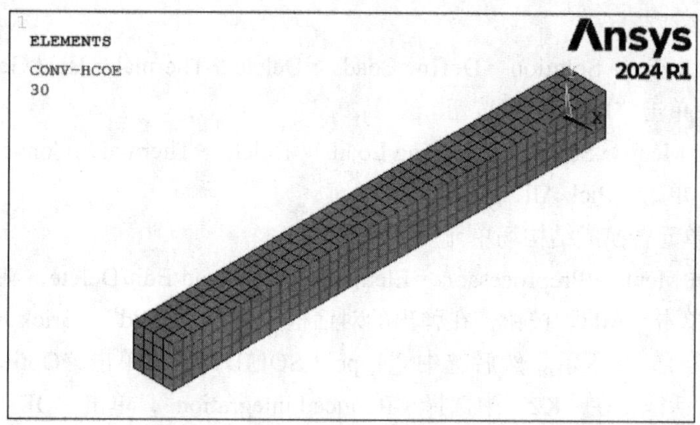

图 15-40 施加载荷后的有限元模型

❾ 存盘。选择 Utility Menu > Select > Everything，在弹出的对话框中单击 Ansys Toolbar 中的“SAVE_ DB”。

❿ 求解。选择 Main Menu > Solution > Solve > Current LS，进行求解。

显示温度分布彩色云图。选择 Utility Menu > PlotCtrls > Window Controls > Window Options，在弹出的对话框中的“INFO”中选择“Legend ON”，单击“OK”按钮。选择 Main Menu > General Postproc > Plot Results > Contour Plot > Nodal Solu，选择“DOF Solution”和“Nodal Temperature”。隐式分析温度分布云图如图 15-41 所示。

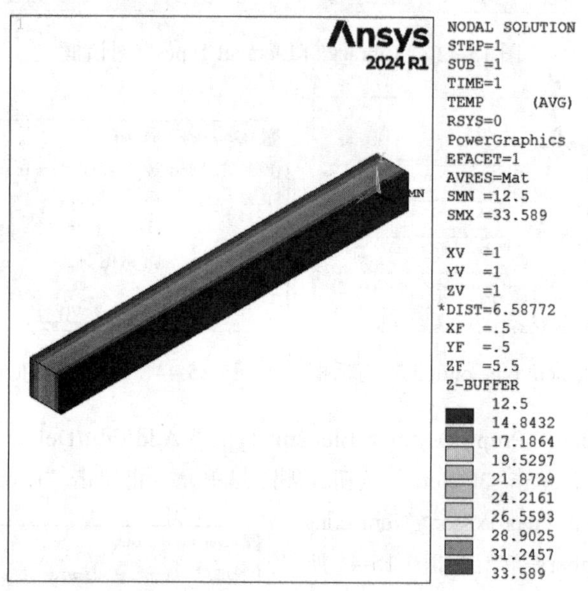

图 15-41 隐式分析温度分布云图

⓫ 单击 Main Menu > Finish，退出求解器。

02 转入 Ansys 结构场进行隐式结构分析

❶ 定义分析文件名。选择 Utility Menu > File > Change Jobname，在弹出的对话框中输入 Exercise-2，单击“OK”按钮。

❷ 删除温度场载荷。

1）选择 Main Menu > Solution > Define Loads > Delete > Thermal > Heat Generat > On Nodes，在弹出的对话框中单击“Pick All”按钮。

2）选择 Main Menu > Solution > Define Loads > Delete > Thermal > Convection > On Nodes，在弹出的对话框中单击“Pick All”按钮。

❸ 将温度场单元转换成结构场单元。

1）选择 Main Menu > Preprocessor > Element Type > Add/Edit/Delete，在弹出的“Element Types”对话框中单击“Add”按钮，在弹出的对话框中选择“Solid”“Brick 8node 185”8 节点六面体单元，如图 15-42 所示。然后选中“Type 2 SOLID185”，单击“Option”按钮，弹出如图 15-43 所示的对话框，在“K2”中选择“Reduced integration”，单击“OK”按钮。

2）选择 Main Menu > Preprocessor > Modeling > Move/Modify > Elements > Modify Attrib，单击“Pick All”按钮，弹出如图 15-44 所示的对话框，在“STLOC”选择“Elem type TYPE”，在“I1”中输入 2，单击“OK”按钮。

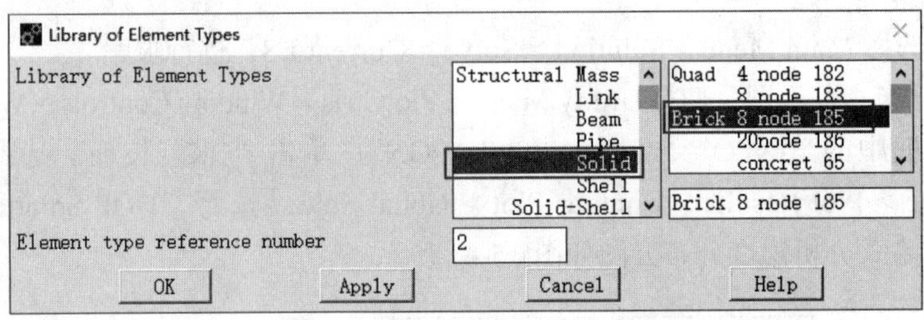

图 15-42 “Library of Element Types”对话框

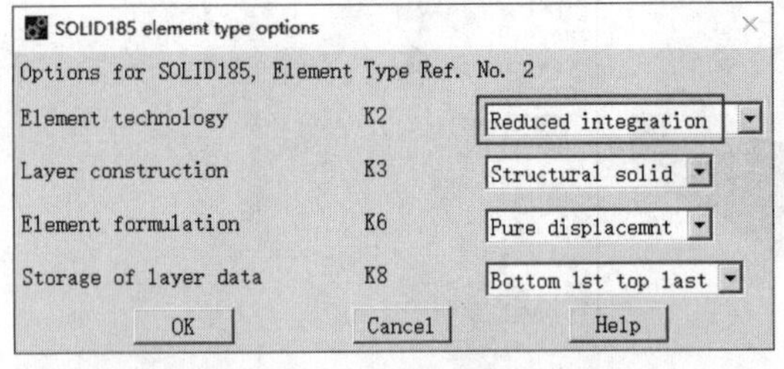

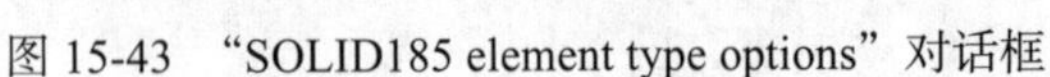
图 15-43 “SOLID185 element type options”对话框

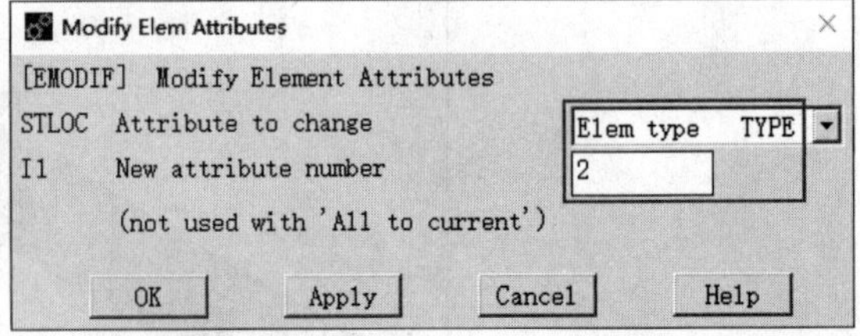

图 15-44 “Modify Elem Attributes”对话框

3）选择 Main Menu > Preprocessor > Element Type > Add/Edit/Delete，在弹出的对话框中选择“Type 1 SOLID70”，单击“Delete”按钮，删除热单元，再单击“Close”按钮。

4）选择 Main Menu > Preprocessor > Numbering Ctrls > Compress Numbers，弹出如图 15-45 所示的对话框，在“Label”中选择“Element types”，单击“OK”按钮，压缩单元类型号。

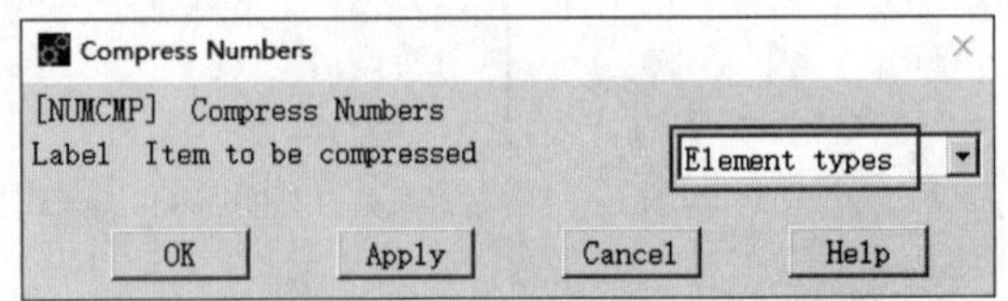

图 15-45 “Compress Numbers”对话框

❹ 定义材料属性。

1）删除温度场材料属性，选择 Main Menu > Preprocessor > Material Props > Material Models，弹出如图 15-46 所示的对话框。选中材料 1，选择 Edit > Delete，删除温度场材料属性。

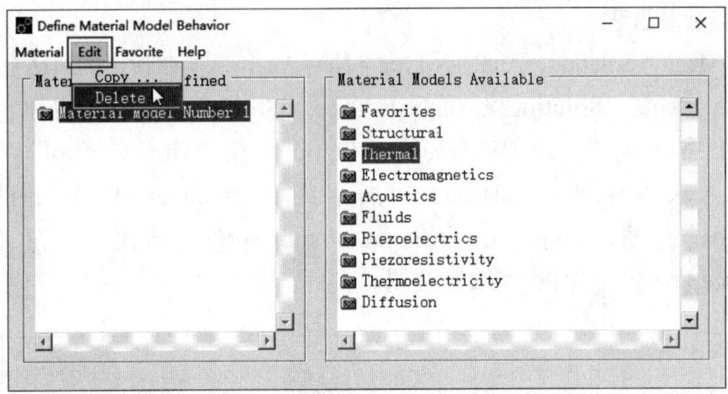

图 15-46 “Define Material Model Behavior”对话框

2）定义结构场材料属性。在窗口左侧选择“Material Model Number 1”后，单击对话框右侧的 Structure > Density，在弹出的对话框中的“DENS”文本框中输入 8030，单击“OK”按钮；单击对话框右侧的 Structure > Linear > Elastic > Isotropic，弹出如图 15-47 所示的对话框。单击对话框左下角的“Add Temperture”，输入材料参数，单击“OK”按钮。单击对话框右侧的 Structure > Thermal Expansion > Secant Coefficient > Isotropic，弹出如图 15-48 所示的对话框，单击对话框左下角的“Add Temperature”，输入材料性能参数，单击“OK”按钮。

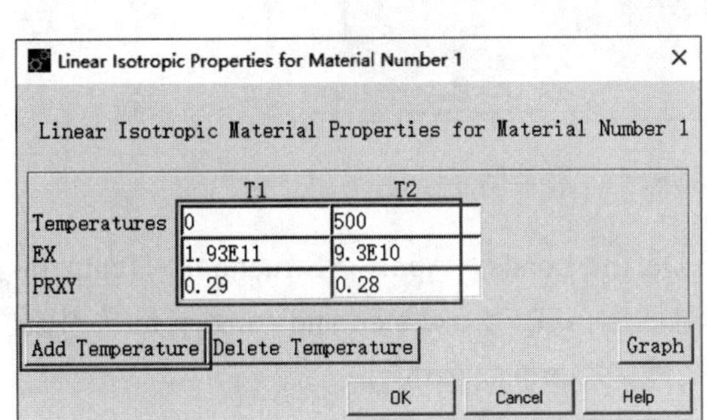

图 15-47 “Linear Isotropic Properties for Material Number 1”对话框

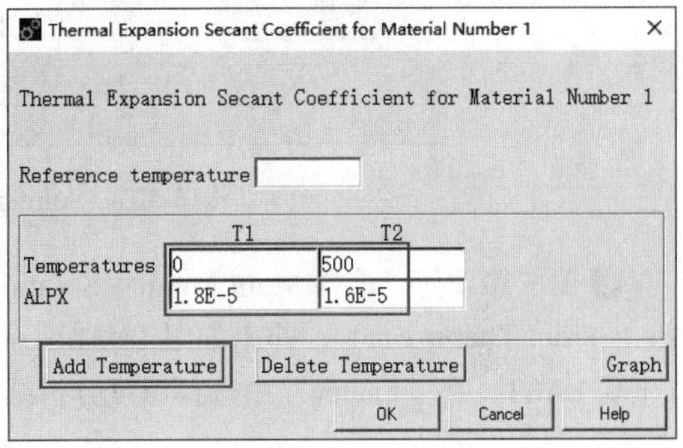

图 15-48 “Thermal Expansion Secant Coefficient for Material Number 1”对话框

单击对话框右侧的 Structural > Nonlinear > Inelastic > Rate Independent > Isotropic Hardening Plasticity > Mises Plasticity > Bilinear，在弹出的如图 15-49 所示的对话框中单击“Add Temperature”按钮，输入材料参数，单击“OK”按钮。

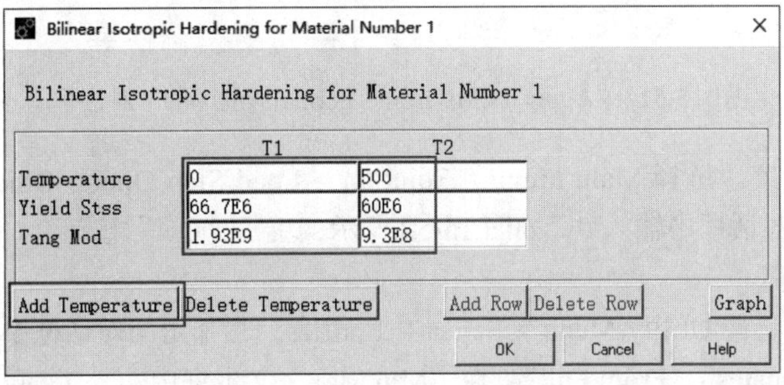

Bilinear Isotropic Hardening for Material Number 1

	T1	T2
Temperature	0	500
Yield Stss	66.7E6	60E6
Tang Mod	1.93E9	9.3E8

Add Temperature　Delete Temperature　Add Row　Delete Row　Graph　OK　Cancel　Help

图 15-49 “Bilinear Isotropic Hardening for Material Number 1”对话框

❺ 定义求解类型及选项。

1）选择 Main Menu > Solution > Analysis Type > New Analysis，在弹出的对话框中选择“Static”。

2）选择 Main Menu > Solution > Analysis Type > Sol'n Controls，在弹出的对话框中的“Analysis Options”中选择“Large Displacement Static”，在“Time Control”中的“Time at end of loadstep”中输入求解时间 1，如图 15-50 所示。在“Number of substeps”中输入 50，在“Max no. of substeps”中输入 1000，在“Min no. of substeps”中输入 50，在“Frequency”中选择“Write last substep only”，单击“OK”按钮。

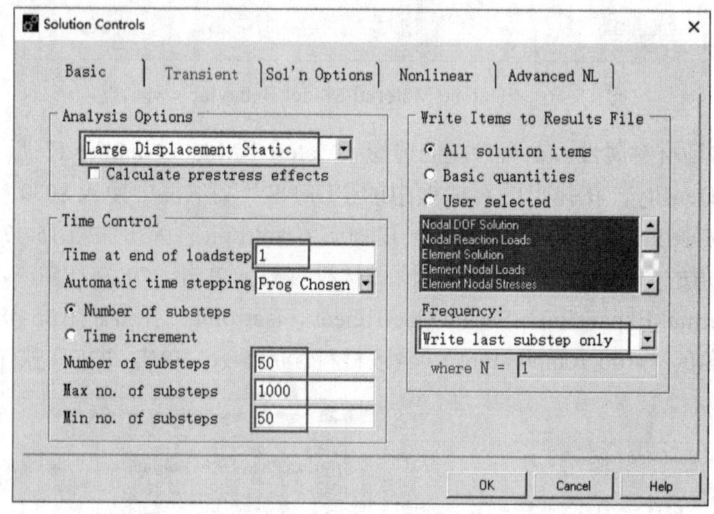

图 15-50 “Solution Controls”对话框

❻ 读取热载荷。选择 Main Menu > Solution > Define Loads > Apply > Structural > Temperature > From Therm Analy，弹出如图 15-51 所示的对话框，在“Load step and substep no.”中输入 1 和 LAST，在“Fname”中选择温度分析结果文件“Exercise-1.rth”。

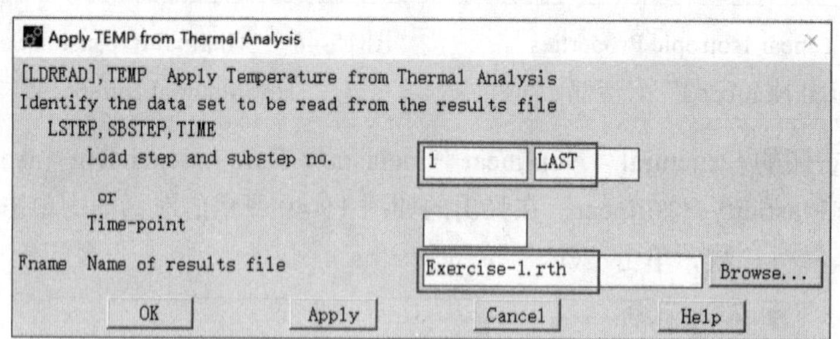

图 15-51 “Apply TEMP from Thermal Analysis”对话框

❼ 定义参考温度。选择 Main Menu > Solution > Load Step Opts > Other > Reference Temperature，在弹出的对话框中输入 0，如图 15-52 所示，单击“OK”按钮。

❽ 施加压力载荷。

1）选择节点。选择 Utility Menu > Select > Entities，在弹出的对话框中选择“Nodes”“By Location”“Y coordinates”“From Full”，在“Min,Max”文本框中输入 1，单击“OK”按钮。

2）施加压力载荷。选择 Main Menu > Solution > Define Loads > Apply > Structural > Pressure > On Nodes，在弹出的对话框中单击“Pick All”按钮，在弹出的对话框中的“VALUE”中输入 3.3E5，如图 15-53 所示，单击“OK”按钮。施加压力载荷后的有限元模型如图 15-54 所示。

Reference Temperature
[TREF] Reference temperature - 0
- for thermal strain calculations
OK Cancel Help

图 15-52 “Reference Temperature”对话框

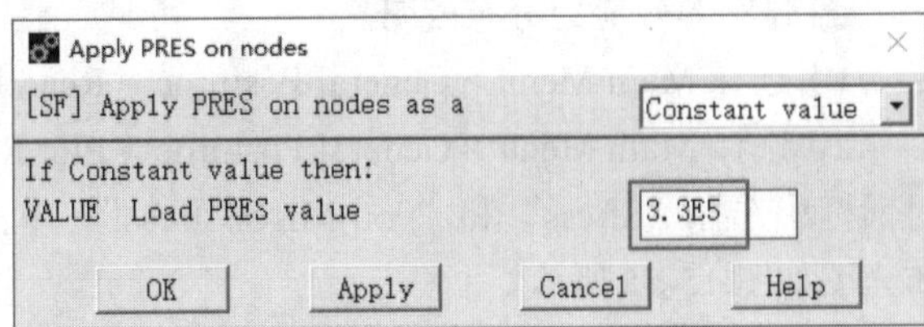

图 15-53 “Apply PRES on nodes”对话框

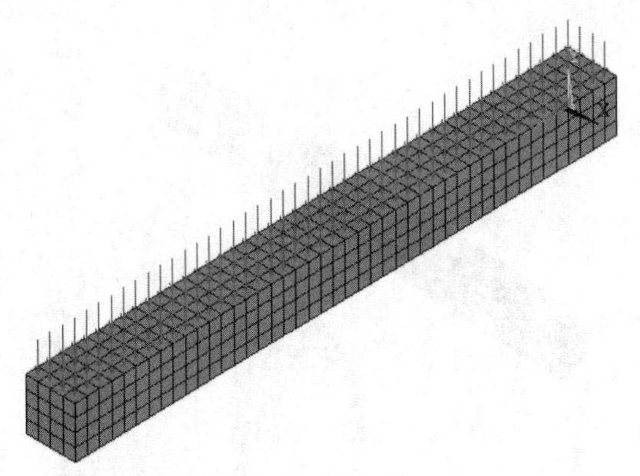

图 15-54 施加压力载荷后的有限元模型（以箭头形式显示压力载荷）

❾ 施加约束条件。

1）施加 Z 向约束。选择 Utility Menu > Select > Entities，在弹出的对话框中选择“Nodes”“By Location”“Z coordinates”“From Full”，在“Min,Max”文本框中输入 0，单击“OK”按钮。选择 Main Menu > Solution > Define Loads > Apply > Structural > Displacement > On Nodes，在弹出的对话框中单击“Pick All”按钮，在弹出的对话框中的“Lab2”中选择“UZ”，在“VALUE”中输入 0，单击“OK”按钮。

2）施加 Y 向约束。选择 Utility Menu > Select > Entities，在弹出的对话框中选择“Nodes”“By Location”“Y coordinates”，在“Min,Max”文本框中输入 0.5，选择“Reselect”，单击“OK”按钮。选择 Main Menu > Solution > Define Loads > Apply > Structural > Displacement > On Nodes，在弹出的对话框中单击“Pick All”按钮，在弹出的对话框中的“Lab2”中仅选择“UY”，在“VALUE”中输入 0，单击“OK”按钮。

3）施加 X 向约束。选择 Utility Menu > Select > Entities，在弹出的对话框中选择“Nodes”“By Location”“Z coordinates”“From Full”，在“Min,Max”文本框中输入 0，单击“Apply”按钮；选择“Nodes”“By Location”“X coordinates”，在“Min,Max”文本框中输入 0.5，并选择“Reselect”，单击“OK”按钮。选择 Main Menu > Solution > Define Loads > Apply > Structural > Displacement > On Nodes，在弹出的对话框中单击“Pick All”按钮，在弹出的对话框中的“Lab2”中仅选择“UX”，在“VALUE”中输入 0，单击“OK”按钮。

❿ 存盘。选择 Utility Menu > Select > Everything，在弹出的对话框中单击 Ansys Toolbar 中的“SAVE_DB”。

⓫ 求解。选择 Main Menu > Solution > Solve > Current LS，进行求解。

⓬ 显示等效应力分布云图。

1）选择 Main Menu > General Postproc > Read Results > Last Set，读取最后一步计算结果。

2）选择 Main Menu > General Postproc > Plot Results > Contour Plot > Nodal Solu，在弹出的对话框中选择“Stress”和“von Mises stress”，单击“OK”按钮。隐式结构分析的等效应力分布云图如图 15-55 所示。

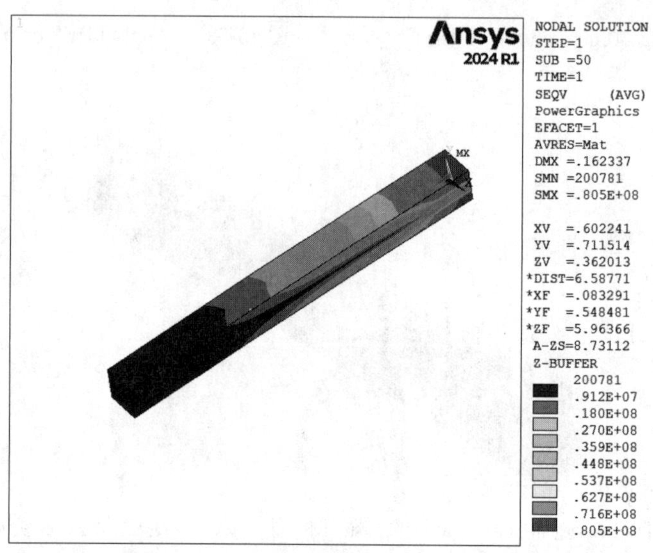

图 15-55　隐式结构分析的等效应力分布云图

15.4.4　APDL 命令流程序

略，见随书电子资料包。

15.5　实例五——由铜板连接的两个半导体热电耦合分析

15.5.1　问题描述

应用 Ansys 的热电分析模块对热电冷却器进行分析。该冷却器由两个半导体单元组成，两个半导体间由一铜盖板连接，一块半导体为 N 型，另一块半导体为 P 型，冷却器冷端温度为 T_c，冷却器热端温度为 T_h，在热端通有电流强度为 I 的电流，冷却器几何模型如图 15-56 所示，图中各参数值见表 15-6，材料性能参数见表 15-7，分析时，温度单位采用℃，其他单位采用法定计量单位。

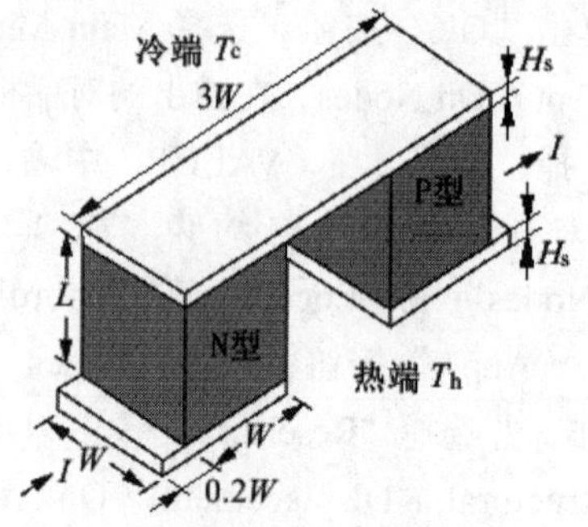

图 15-56　几何模型

表 15-6 图中各参数值

L/mm	W/mm	H_s/mm	T_c/℃	T_h/℃	I/A
10	10	1	0	54	28.7

表 15-7 材料性能参数

材料名称	电阻率 /Ω · cm	热导率 /[W/(cm · ℃)]	塞贝克系数 /(μV/℃)
N 型半导体	$\rho_n = 1.05 \times 10^{-3}$	$\lambda_n = 0.013$	$\alpha_n = -165$
P 型半导体	$\rho_p = 0.98 \times 10^{-3}$	$\lambda_p = 0.012$	$\alpha_p = 210$
铜盖板	1.7×10^{-6}	400	

15.5.2 问题分析

本例属于稳态热电分析，进入 Ansys 时，选择 Ansys Multiphysics 分析模块，单元选用 20 节点六面体 SOLID226 单元。

15.5.3 GUI 操作步骤

01 定义分析文件名

选择 Utility Menu > File > Change Jobname，在弹出的对话框中输入“Exercise”，单击“OK”按钮。

02 定义单元类型

选择 Main Menu > Preprocessor > Element Type > Add/Edit/Delete，在弹出的“Element Types”对话框中单击“Add”按钮，在弹出的对话框中选择“Thermal Electric”“Brick 20node 226”三维 20 节点热电分析单元，单击“OK”按钮，如图 15-57 所示。

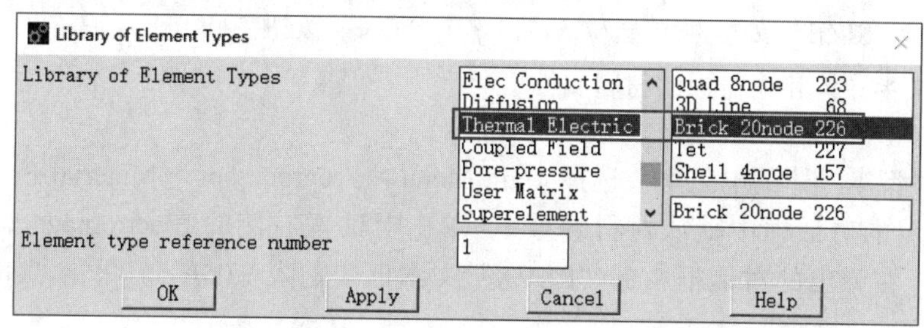

图 15-57 “Library of Element Types”对话框

03 定义参数

在命令窗口输入以下参数：

```
L=1E-2
W=1E-2
HS=0.1E-2
I=28.7
```

04 建立几何模型

❶ 选择 Main Menu > Preprocessor > Modeling > Create > Volumes > Block > By Dimensions，

在弹出的对话框中的“X1，X2”“Y1，Y2”“Z1，Z2”中分别输入 W/2、3*W/2、0、W、0、L，单击“Apply”按钮。

❷ 在弹出的对话框中的“X1，X2”“Y1，Y2”“Z1，Z2”中分别输入 -3*W/2、-W/2、0、W、0、L，单击“Apply”按钮。

❸ 在弹出的对话框中的“X1，X2”“Y1，Y2”“Z1，Z2”中分别输入 -3*W/2、-W/2、0、W、L、L+HS，单击“Apply”按钮。

❹ 在弹出的对话框中的“X1，X2”“Y1，Y2”“Z1，Z2”中分别输入 -W/2、W/2、0、W、L、L+HS，单击“Apply”按钮。

❺ 在弹出的对话框中的“X1，X2”“Y1，Y2”“Z1，Z2”中分别输入 W/2、3*W/2、0、W、L、L+HS，单击“Apply”按钮。

❻ 在弹出的对话框中的“X1，X2”“Y1，Y2”“Z1，Z2”中分别输入 -1.7*W、-1.5*W、0、W、-HS、0，单击“Apply”按钮。

❼ 在弹出的对话框中的“X1，X2”“Y1，Y2”“Z1，Z2”中分别输入 -1.5*W、-0.5*W、0、W、-HS、0，单击“Apply”按钮。

❽ 在弹出的对话框中的“X1，X2”“Y1，Y2”“Z1，Z2”中分别输入 0.5*W、1.5*W、0、W、-HS、0，单击“Apply”按钮。

❾ 在弹出的对话框中的“X1，X2”“Y1，Y2”“Z1，Z2”中分别输入 1.5*W、1.7*W、0、W、-HS、0，单击“OK”按钮。

05 布尔操作

选择 Main Menu > Preprocessor > Modeling > Operate > Booleans > Glue > Volumes，在弹出的对话框中单击“Pick All”按钮。建立的几何模型如图 15-58 所示。

06 设置单元密度

选择 Main Menu > Preprocessor > Meshing > Size Cntrls > ManualSize > Global > Size，在弹出的对话框中的“SIZE”文本框中输入 W/5，单击“OK”按钮。

07 定义半导体和铜盖板的材料属性

❶ 定义 N 型半导体的材料属性。

1）定义 N 型半导体的电阻率。选择 Main Menu > Preprocessor > Material Props > Material Models，在弹出的对话框中默认材料编号 1，单击对话框右侧的 Electromagnetics > Resistivity > Constant，在弹出的对话框中的“RSVX”文本框中输入 1.05E-5，单击“OK”按钮，如图 15-59 所示。

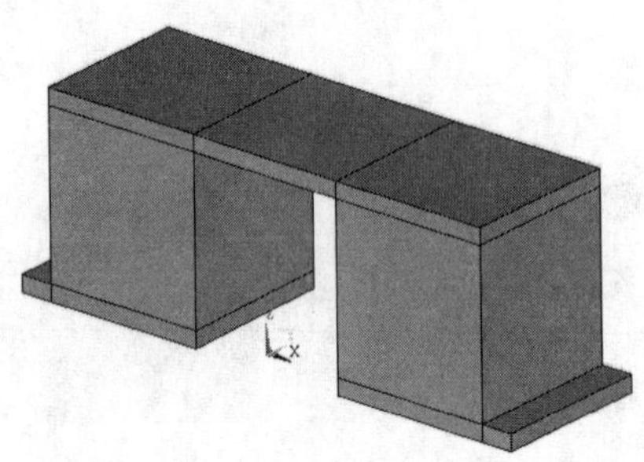

图 15-58 建立的几何模型

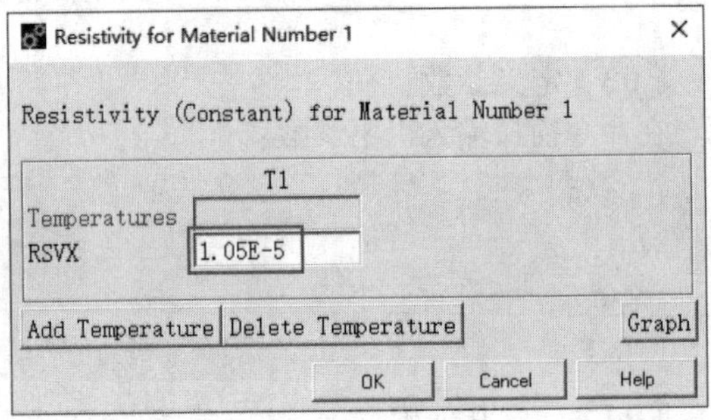

图 15-59 “Resistivity for Material Number 1”对话框

2）定义N型半导体的热导率。单击对话框右侧的 Thermal > Conductivity > Isotropic，在弹出的对话框中输入热导率“KXX”为1.3，单击“OK”按钮。

3）定义N型半导体的塞贝克系数。单击对话框右侧的 Thermoelectricity > Isotropic，在弹出的对话框中的“SBKX”文本框中输入塞贝克系数值 -165E-6，单击“OK”按钮，如图 15-60 所示。

❷ 定义P型半导体的材料属性。

1）定义P型半导体的电阻率。单击材料属性定义对话框中的 Material > New Model，在弹出的对话框中单击“OK”按钮。选中材料2，单击对话框右侧的 Electromagnetics > Resistivity > Constant，在弹出的对话框中的“RSVX”文本框中输入 0.98E-5，单击“OK”按钮。

2）定义P型半导体的热导率。单击对话框右侧的 Thermal > Conductivity > Isotropic，在弹出的对话框中输入热导率“KXX”为1.2，单击“OK”按钮。

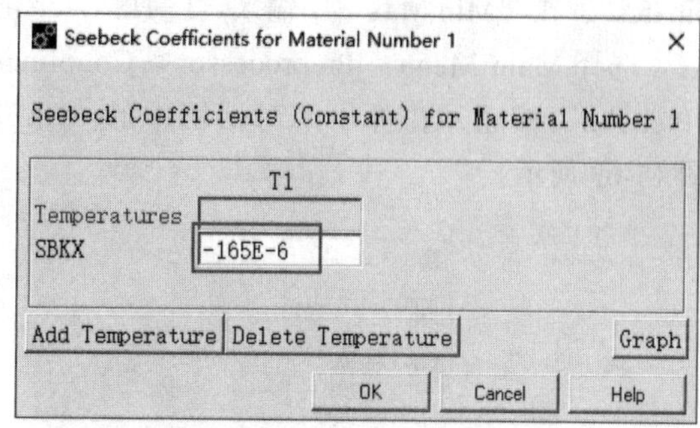

图 15-60 “Seebeck Coefficients for Material Number 1”对话框

3）定义P型半导体的塞贝克系数。单击对话框右侧的 Thermoelectricity > Isotropic，在弹出的对话框中的“SBKX”文本框中输入 210E-6，单击“OK”按钮。

❸ 定义铜盖板的材料属性。

1）定义铜盖板的电阻率。单击材料属性定义对话框中的 Material > New Model，在弹出的对话框中单击“OK”按钮。选中材料3，单击对话框右侧的 Electromagnetics > Resistivity > Constant，在弹出的对话框中的“RSVX”文本框中输入 1.7E-8，单击“OK”按钮。

2）定义铜盖板的热导率。单击对话框右侧的 Thermal > Conductivity > Isotropic，在弹出的对话框中输入热导率“KXX”为 40000，单击“OK”按钮。

08 赋予材料属性

❶ 设置N型半导体属性。选择 Main Menu > Preprocessor > Meshing > Mesh Attributes > Picked Volumes，在弹出的对话框中输入1后按 Enter 键，单击“OK”按钮，在弹出的对话框中的“MAT”和“TYPE”中选择“1”和“1 SOLID226”。

❷ 设置P型半导体属性。选择 Main Menu > Preprocessor > Meshing > Mesh Attributes > Picked Volumes，输入2后按 Enter 键，单击“OK”按钮，在弹出的对话框中的“MAT”和“TYPE”中选择“2”和“1 SOLID226”。

❸ 设置铜盖板属性。选择 Main Menu > Preprocessor > Meshing > Mesh Attributes > Picked Volumes，在弹出的对话框中选择“Min,Max,Inc”，输入“10,16,1”后按 Enter 键，单击“OK”按钮，在弹出的对话框中的“MAT”和“TYPE”中选择“3”和“1 SOLID226”。

09 划分单元

选择 Main Menu > Preprocessor > Meshing > Mesh > Volumes > Mapped > 4 to 6 sided，在弹出的对话框中单击“Pick All”按钮。建立的有限元模型如图 15-61 所示。

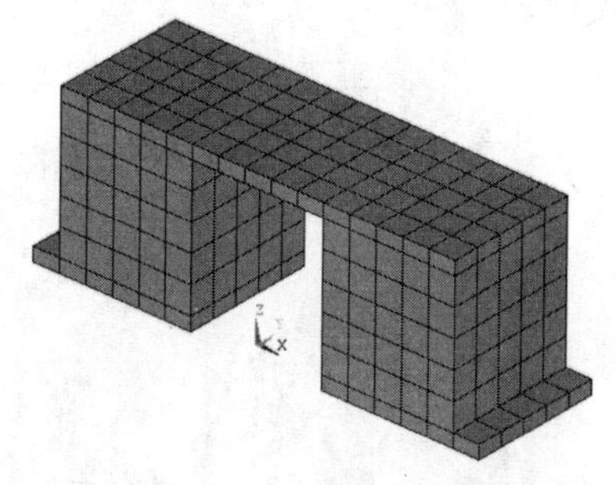

图 15-61 建立的有限元模型

(10) 施加边界约束条件

❶ 施加温度边界约束条件。

1）耦合边界节点温度自由度。选择 Utility Menu > Select > Everything。在弹出的对话框中选择 Utility Menu > Select > Entities，在弹出的对话框中选择“Nodes”“By Location”“Z coordinates”，在“Min,Max”中输入“L+HS”，单击“OK”按钮，如图 15-62 所示。

选择 Main Menu > Preprocessor > Coupling/Ceqn > Couple DOFs，在弹出的对话框中单击“Pick All”按钮，在弹出的对话框中的“NSET”中输入 1，在“Lab”中选择“TEMP”，如图 15-63 所示。

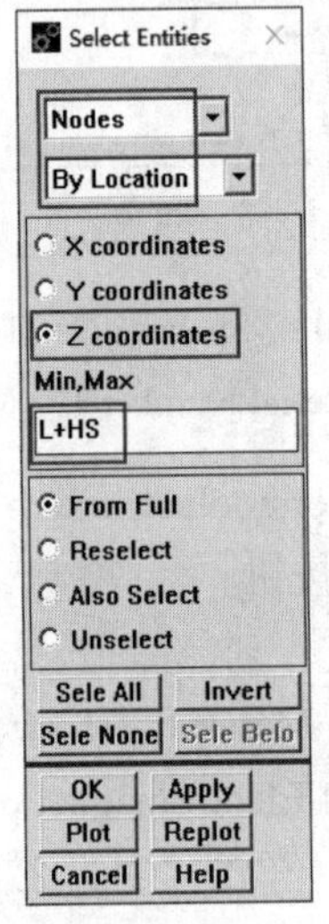

图 15-62 “Select Entities”对话框

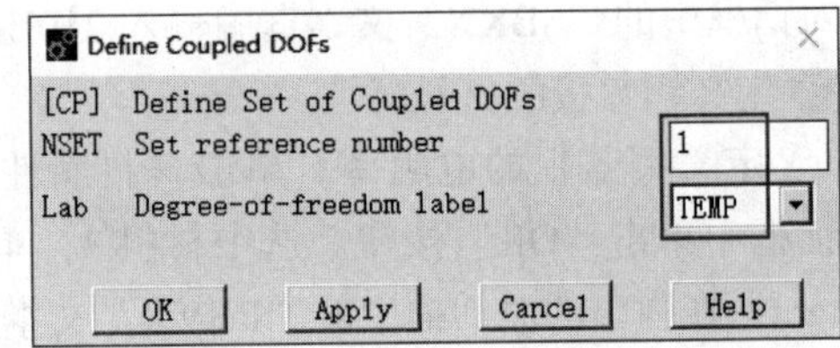

图 15-63 “Define Coupled DOFs”对话框

2）获取冷端主节点号。选择 Utility Menu > Parameters > Get Scalar Data，在弹出的对话框中的“Type of data to be retrieved”中选择“Model data”“Nodes”，如图 15-64 所示，单击“OK”按钮。在弹出的对话框中的“Name of parameter to be defined”中输入 NC，在“Node number N”中输入 0，在“Nodal data to be retrieved”中选择“Next higher node”，单击“OK”按钮，如图 15-65 所示。

3）施加边界温度约束条件。选择 Utility Menu > Select > Entities，在弹出的对话框中选择“Node”“By Location”“Z coordinates”，在“Min,Max”文本框中输入“−HS”，单击“OK”按钮。

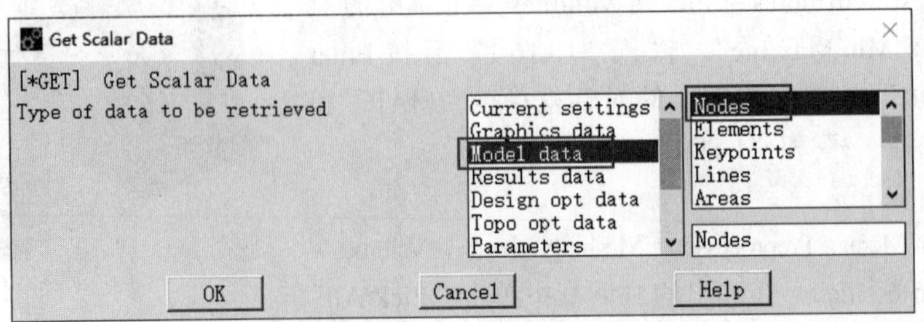

图 15-64 “Get Scalar Data”对话框

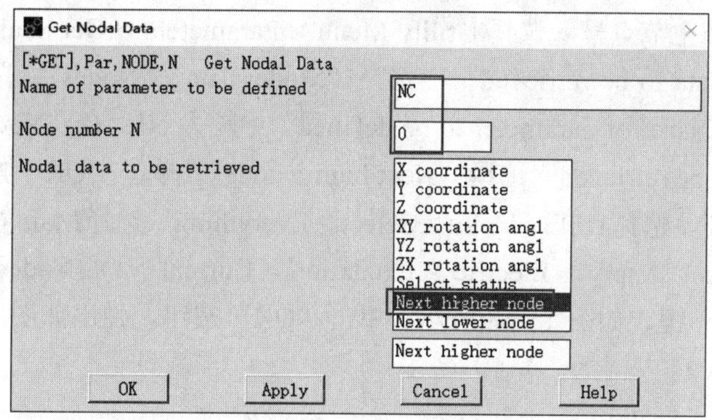

图 15-65 “Get Scalar Data”对话框

选择 Main Menu > Solution > Define Loads > Apply > Thermal > Temperature > On Nodes，在弹出的对话框中单击“Pick All”按钮，在弹出的对话框中选择“TEMP”，在“VALUE”中输入 54，单击“OK”按钮。选择 Utility Menu > Select > Everything。

❷ 施加电场边界约束条件。选择 Utility Menu > Select > Entities，在弹出的对话框中选择“Nodes”“By Location”“X coordinates”，在“Min,Max”文本框中输入“-1.7*W”，单击“OK”按钮。选择 Main Menu > Solution > Define Loads > Apply > Electric > Boundary > Voltage > On Nodes，在弹出的对话框中单击“Pick All”按钮，在弹出的对话框中的“VALUE”中输入 0，单击“OK”按钮。

(11) 施加电流载荷

❶ 耦合边界节点电压自由度。选择 Utility Menu > Select Entities，在弹出的对话框中选择“Nodes”“By Location”“X coordinates”，在“Min,Max”文本框中输入“1.7*W”，单击“OK”按钮，如图 15-66 所示。

选择 Main Menu > Preprocessor > Coupling / Ceqn > Couple DOFs，在弹出的对话框中单击“Pick All”按钮，在弹出的对话框中的“NSET”中输入 2，在“Lab”中选择“VOLT”，如图 15-67 所示。

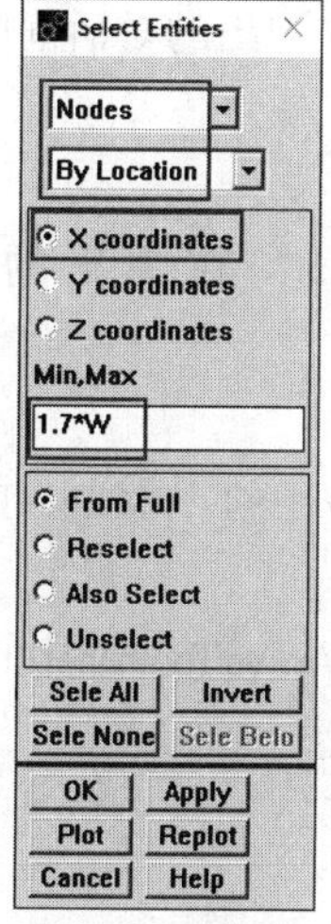

图 15-66 “Select Entities”对话框

图 15-67 “Define Coupled DOFs”对话框

❷ 获取耦合电压主节点号。选择 Utility Menu > Parameters > Get Scalar Data，在弹出的对话框中的“Type of data to be retrieved”中选择“Model data”“Nodes”，单击“OK”按钮，在弹出的对话框中的“Name of parameter to be defined”中输入 NI，在“Node number N”中输入 0，在“Nodal data to be retrieved”选择“Next higher node”，单击“OK”按钮。

❸ 施加电流载荷。选择 Utility Menu > Select > Everything。选择 Main Menu > Preprocessor > Loads > Define Loads > Apply > Electric > Excitation > Current > On Nodes，在弹出的对话框中输入“NI”后按 Enter 键，如图 15-68 所示。单击“OK”按钮。弹出如图 15-69 所示的对话框，在“VALUE”中输入 I。

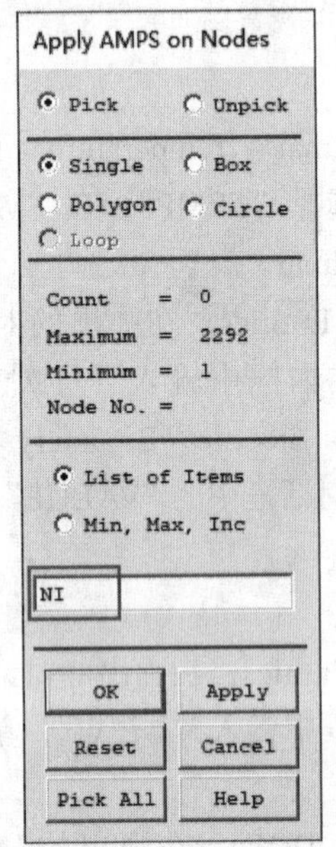

图 15-68 “Apply AMPS on Nodes”对话框

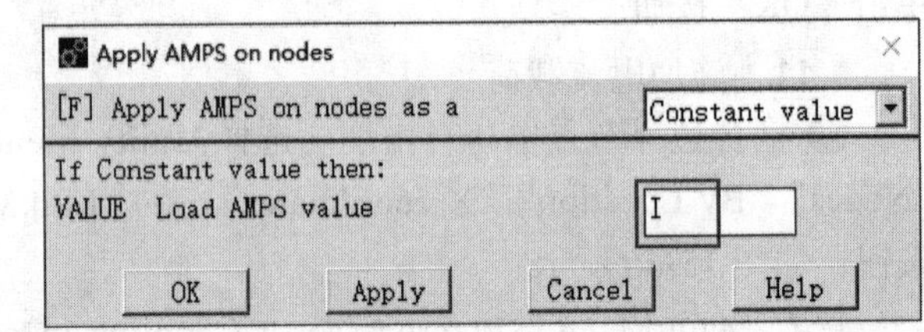

图 15-69 “Apply AMPS on nodes”对话框

选择 Main Menu > Solution > Define Loads > Apply > Thermal > Temperature > On Nodes，在弹出的对话框中输入 NC 后按 Enter 键，单击“OK”按钮。在弹出的对话框中选择“TEMP”，在“VALUE”中输入 0，单击“OK”按钮。

12 定义稳态求解分析类型

选择 Main Menu > Solution > Analysis Type > New Analysis，在弹出的对话框中选择“Steady-State”，单击“OK”按钮。

13 设置温度偏移量

选择 Main Menu > Solution > Analysis Options，在弹出的对话框中的“[TOFFST]”中输入 273。

14 存盘

选择 Utility Menu > Select > Everything，在弹出的对话框中单击 Ansys Toolbar 中的“SAVE_DB”。

15 求解

选择 Main Menu > Solution > Solve > Current LS，进行计算。

16 显示温度场分布云图

❶ 选择 Utility Menu > PlotCtrls > Window Controls > Window Options，在弹出的对话框中

的“INFO”中选择“Legend ON”，单击“OK”按钮。

❷ 选择 Main Menu > General Postproc > Read Results > Last Set，读取最后一个子步的分析结果。

❸ 选择 Main Menu > General Postproc > Plot Results > Contour Plot > Nodal Solu，在弹出的对话框中选择“DOF Solution”“Nodal Temperature”，单击“OK”按钮。温度场分布云图如图 15-70 所示。

❹ 选择 Main Menu > General Postproc > Plot Results > Contour Plot > Nodal Solu，选择“DOF solution”“Electric potential”，单击“OK”按钮，电压分布云图如图 15-71 所示。

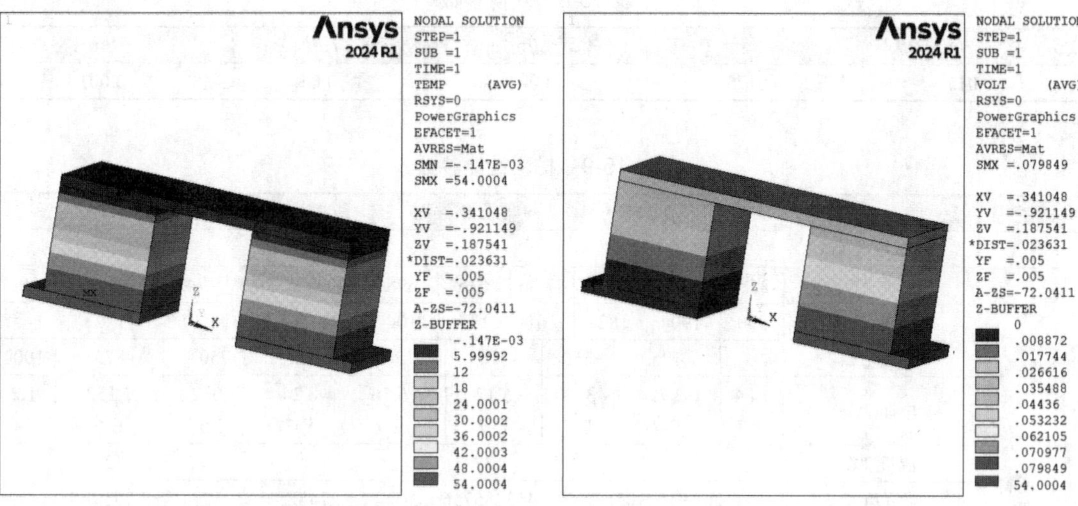

图 15-70 温度场分布云图　　　　图 15-71 电压分布云图

17 退出 Ansys

单击 Ansys Toolbar 中的“QUIT”，选择“Quit-No Save!”后单击“OK”按钮。

15.5.4 APDL 命令流程序

略，见随书电子资料包。

15.6 实例六——圆柱形钢坯的电磁感应加热过程分析

15.6.1 问题描述

本实例为交变电磁谐波分析和瞬态传热分析的综合问题。钢坯经过表面感应线圈装置的处理，迅速提高钢坯表面温度。线圈被放置在靠近钢坯表面的位置，由一个大的高频率的交变电流激活。交变电流引起钢坯发热，尤其是在表面上，并迅速使表面温度上升。

应用多场耦合求解分析方法对钢坯的电磁感应加热过程进行分析。几何模型如图 15-72 所示，几何参数见表 15-8，材料性能参数见表 15-9，电磁边界条件和热边界条件分别如图 15-73 和图 15-74 所示。电磁分析时采用法定计量单位，热分析时温度单位采用℃。

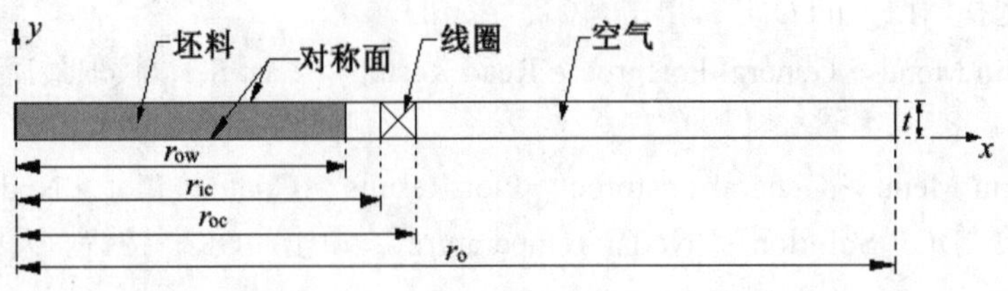

图 15-72　几何模型

表 15-8　几何参数

r_{ow}/m	r_{ic}/m	r_{oc}/m	r_o/m	t/m
0.015	0.0175	0.02	0.05	0.001

表 15-9　材料性能参数

材料名称	性能及参数											
空气	相对磁导率	1										
钢坯料	温度 /℃	25.5	160	291.5	477.6	635	698	709	720.3	742	761	1000
	相对磁导率	200	190	182	161	135	104	84	35	17	1	1
	温度 /℃	0	125	250	375	500	625	750	875	1000		
	电阻 /Ω	1.84E-7	2.72E-7	3.84E-7	5.12E-7	6.56E-7	8.24E-7	1.032E-6	1.152E-6	1.2E-6		
	温度 /℃	0	27	127	327	527						
	焓 /(J/m³)	0	91609056	453285756	1.2748E9	2.2519E9						
	温度 /℃	727	765	765.001	927							
	焓 /(J/m³)	3.3396E9	3.548547E9	3.548556E9	4.352E9							
	温度 /℃	0	730	930	1000							
	热导率 /[W/(m·℃)]	60.64	29.5	28	28							
	热辐射系数	0.68										
线圈	相对磁导率	1										

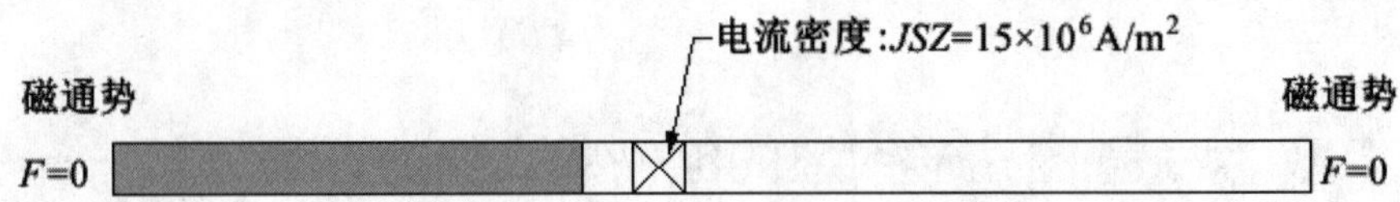

图 15-73　电磁边界条件

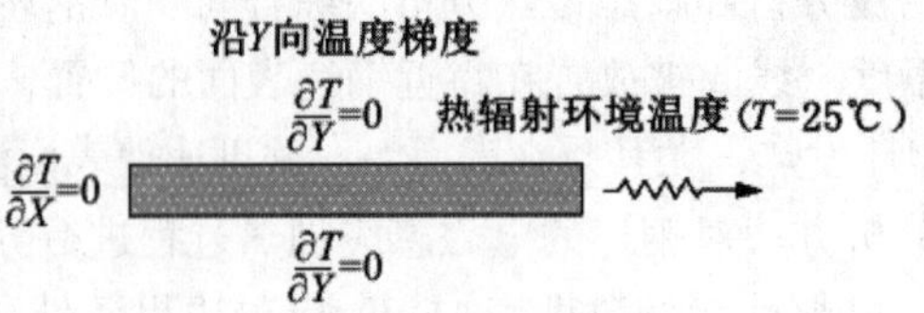

图 15-74　热边界条件

钢坯将会升温至700℃。材料要达到这个温度必须考虑它的热和电磁的问题。首先做交流电磁谐波分析和瞬态热分析，然后在不同的时间间隔重复进行电磁分析。图15-75所示为解决方案的流程图。

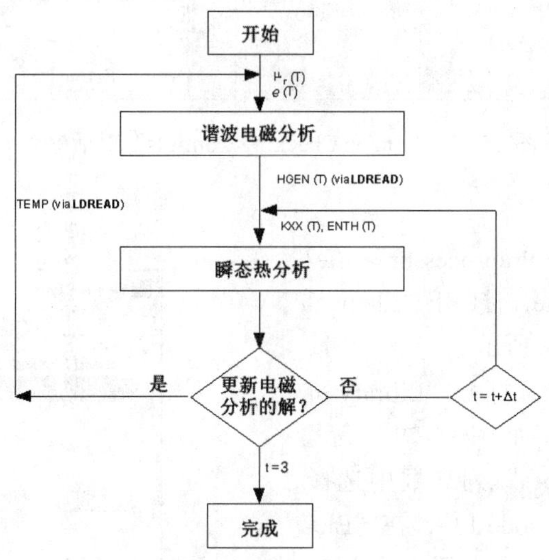

图15-75 解决方案的流程图

15.6.2 问题分析

本例应用多场耦合、间接耦合场分析方法对钢坯的电磁感应加热过程进行分析，本问题属于轴对称问题。电磁分析选用二维4节点PLANE13平面单元，热分析选用二维4节点PLANE55单元。

15.6.3 GUI操作步骤

01 定义工作文件名和工作标题

❶ 选择Utility Menu > File > Change Jobname，打开如图15-76所示的“Change Jobname”对话框，在对话框中输入Exercise，单击“OK”按钮。

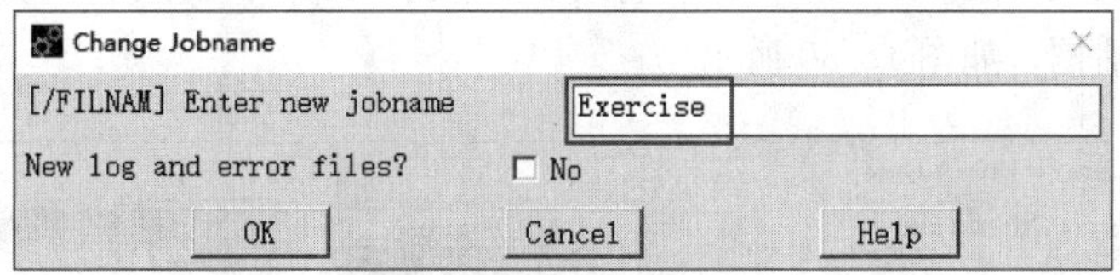

图15-76 “Change Jobname”对话框

❷ 选择Utility Menu > File > Change Title，打开“Change Title”对话框，在对话框中输入工作标题Induction heating of a solid cylinder billet，单击“OK”按钮。

02 关闭单元形状检查

选择Main Menu > Preprocessor > Checking Ctrls > Shape Checking，打开“Shape Checking

Controls”对话框，如图 15-77 所示，在该对话框中设置“[SHPP]”为“Off”，单击“OK”按钮，关闭对话框，此时会弹出一个警示对话框，单击“Close”按钮。

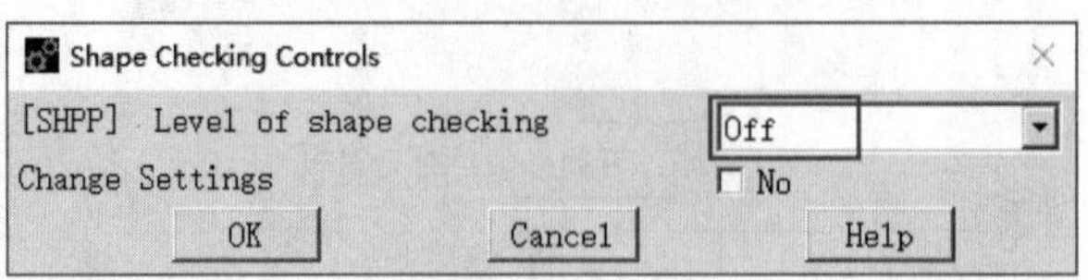

图 15-77 “Shape Checking Controls”对话框

03 定义单元类型

❶ 选择 Main Menu > Preprocessor > Element Type > Add/Edit/Delete，打开“Element Types”对话框，如图 15-78 所示。

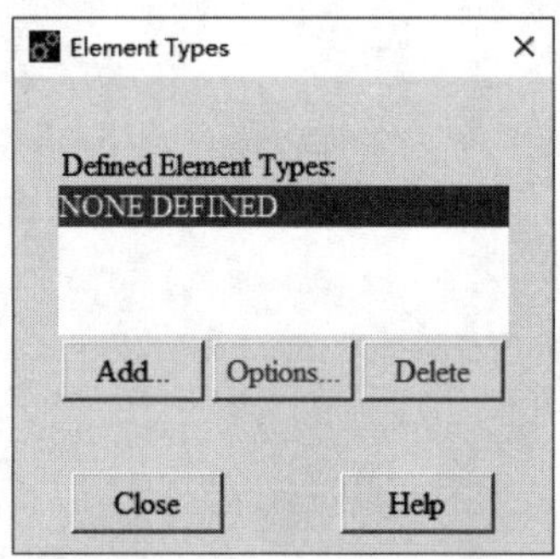

图 15-78 “Element Types”对话框

❷ 单击“Add”按钮，打开“Library of Element Types”对话框，如图 15-79 所示。在“Library of Element Types”列表框中选择“Magnetic Vector”“Quad 4 node 13”，在“Element type reference number”文本框中输入 1，单击“Apply”按钮，再次打开“Library of Element Types”对话框。

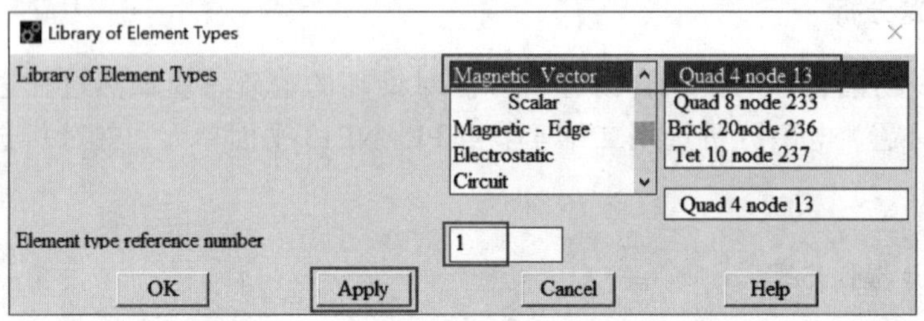

图 15-79 “Library of Element Types”对话框

❸ 在“Library of Element Types”列表框中选择“Magnetic Vector”“Quad 4 node 13”，在“Element type reference number”文本框中输入 2，单击“Apply”按钮，再次打开“Library of Element Types”对话框，如图 15-80 所示。

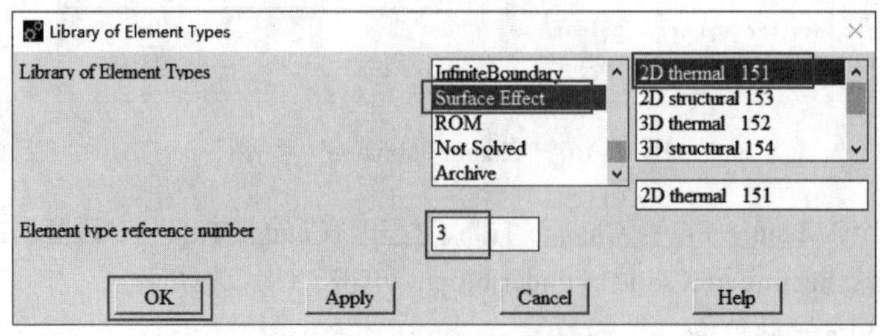

图 15-80 “Library of Element Types”对话框

❹ 在“Library of Element Types”列表框中选择“Surface Effect”“2D thermal 151”，在“Element type reference number”文本框中输入 3，单击“OK”按钮。

❺ 在“Element Types”对话框中选择“Type 1 PLANE13”，单击“Options”按钮，打开“PLANE13 element type options”对话框，如图 15-81 所示。在“K3”下拉列表框中选择“Axisymmetric”，其余选项采用系统默认设置，单击“OK”按钮。

❻ 在“Element Types”对话框中选择“Type 2 PLANE13”，单击“Options”按钮，打开“PLANE13 element type options”对话框。在“K3”下拉列表框中选择“Axisymmetric”，其余选项采用系统默认设置，单击“OK”按钮。

❼ 在“Element Types”对话框中选择“Type 3 SURF151”，单击“Options”按钮，打开“SURF151 element type options”对话框，如图 15-82 所示。在“K3”下拉列表框中选择“Axisymmetric”，在“K4”下拉列表框中选择“Exclude”，在“K5”下拉列表框中选择“Include 1 node”，其余选项采用系统默认设置，单击“OK”按钮。

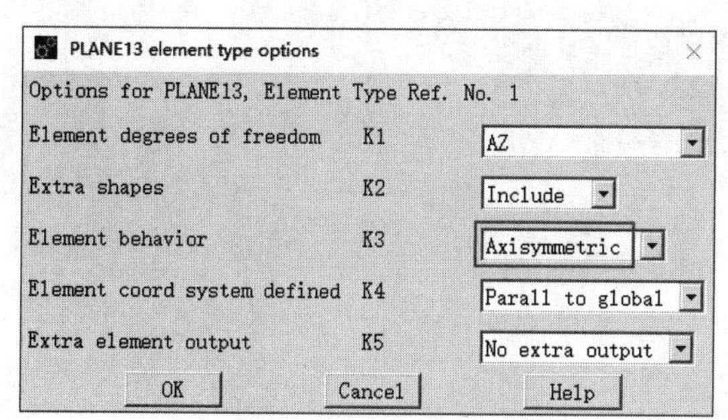

图 15-81 “PLANE13 element type options”对话框

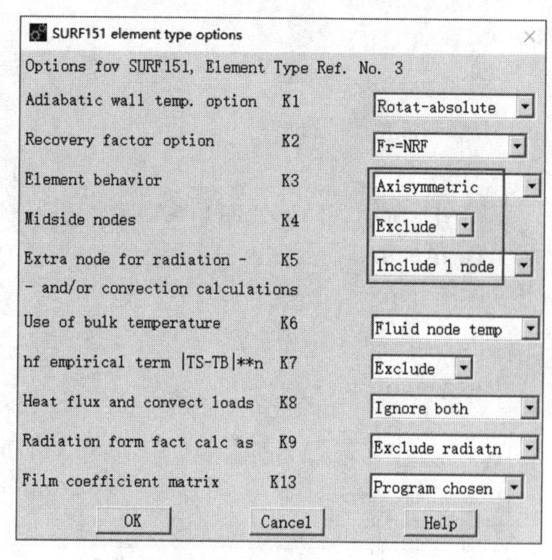

图 15-82 “SURF151 element type options”对话框

❽ 单击“Close”按钮，关闭“Element Types”对话框。

04 定义实常数

❶ 选择 Main Menu > Preprocessor > Real Constants > Add/Edit/ Delete，打开“Real Constants”对话框，如图 15-83 所示。

❷ 单击“Add”按钮，打开“Element Type for Real Constants”对话框，如图 15-84 所示。

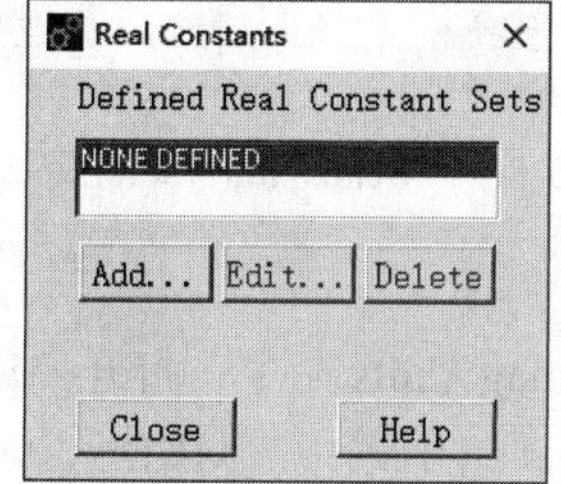

图 15-83 “Real Constants”对话框

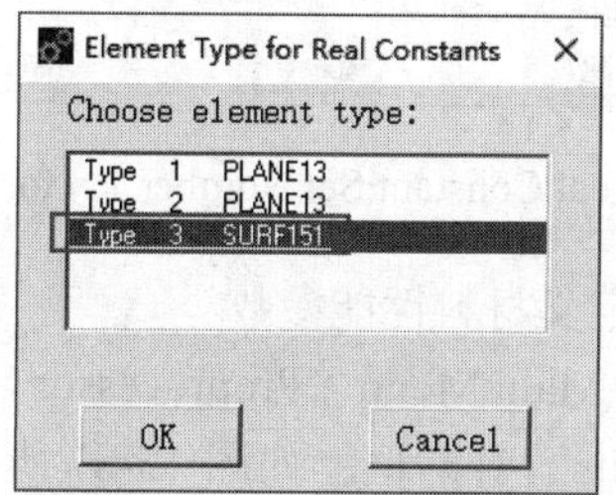

图 15-84 “Element Type for Real Constants”对话框

❸ 选择“Choose element type”列表框中的“Type 3 SURE151”，单击“OK”按钮，打开“Real Constant Set Number 1，for SURF151”对话框，如图 15-85 所示。在“Real Constant Set No.”文本框中输入 3，在“FORMF”文本框中输入 0，单击“OK”按钮。

❹ 单击“Close”按钮，关闭“Real Constants”对话框。

05 设置标量参数

选择 Utility Menu > Parameters > Scalar Parameters，打开“Scalar Parameters”对话框，如图 15-86 所示。在“Selection”文本框中依次输入：

```
ROW=0.015
RIC=0.0175
ROC=0.02
RO=0.05
T=0.001
FREQ=150000
PI=4*ATAN(1)
COND=0.392E7
MUZERO=4E-7*PI
MUR=200
SKIND=SQRT(1/(PI*FREQ*COND*MUZERO*MUR))
FTIME=3.0
TINC=0.05
TIME=0
DELT=0.01
```

Real Constant Set Number 1, for SURF151
Element Type Reference No. 3
Real Constant Set No. 3
Real Constants for Plane or Axisymmetric (KEYOPT(3) = 0 or 1)
Form factor FORMF 0
Stefan-Boltzmann const SBCONST
Joule constant Jc
Gravitational constant Gc
Recovery factor coefficient NRF
In-plane thickness at I TKI
In-plane thickness at J TKJ
Angular velocity OMEG Constant value
If Constant value then:
Absolute fluid velocity Vabs Constant value
If Constant value then:
OK Apply Cancel Help

图 15-85 “Real Constant Set Number 1，for SURF151”对话框

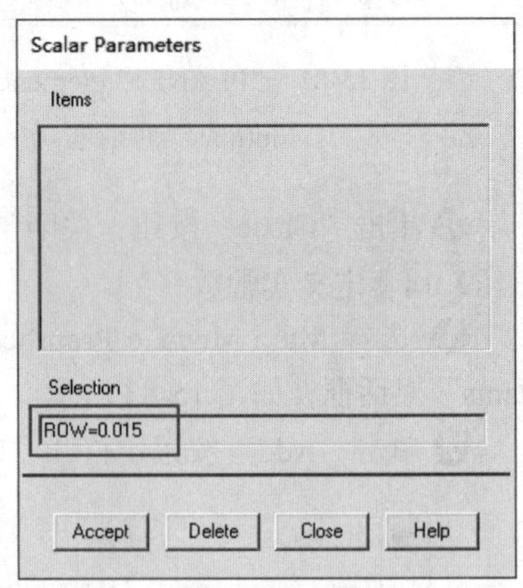

图 15-86 “Scalar Parameters”对话框

06 定义材料性能参数

❶ 选择 Main Menu > Preprocessor > Material Props > Electromag Units 命令，打开“Electromagnetic Units”对话框，如图 15-87 所示。在“[EMUNIT]”选项组中选中“MKS system”单选按钮，单击“OK”按钮。

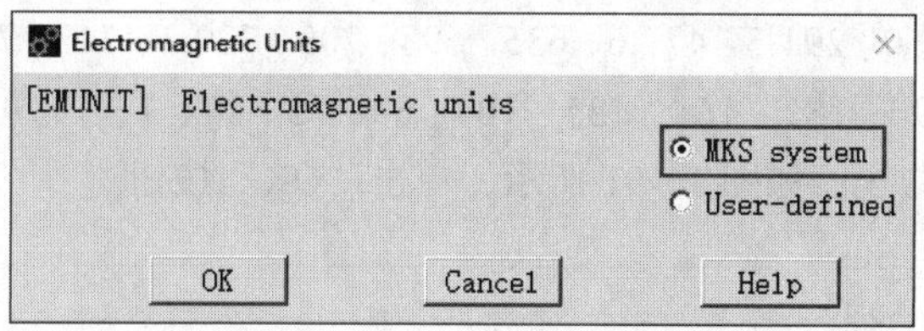

图 15-87 “Electromagnetic Units”对话框

❷ 选择 Main Menu > Preprocessor > Material Props > Material Models，打开“Define Material Model Behavior”对话框，如图 15-88 所示。

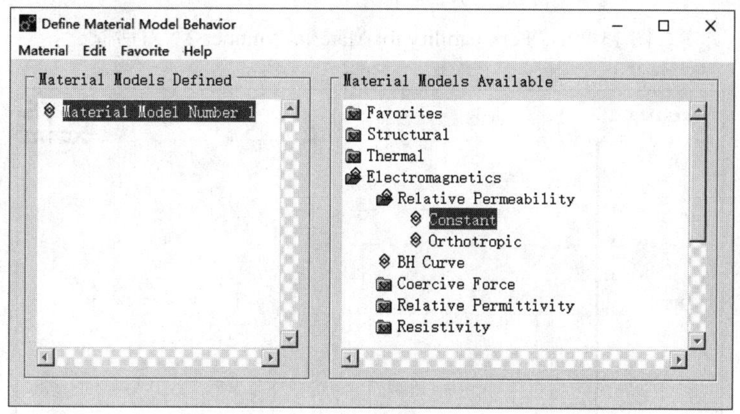

图 15-88 “Define Material Model Behavior”对话框

❸ 在“Material Models Available”列表框中依次单击 Electromagnetics > Relative Permeability > Constant，弹出“Permeability for Material Number 1”对话框，如图 15-89 所示，在该对话框中的“MURX”文本框中输入 1，单击“OK”按钮。

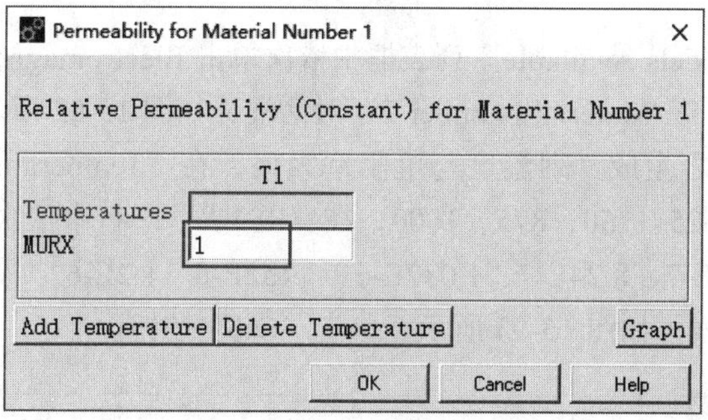

图 15-89 “Permeability for Material Number 1”对话框

❹ 在“Define Material Model Behavior”对话框中单击 Material > New Model 命令，打开“Define Material ID”对话框，在“Define Material ID”文本框中输入 2，单击“OK”按钮。

❺ 在“Material Models Available”列表框中依次单击 Electromagnetics > Relative Permeability > Constant，弹出“Permeability for Material Number 2”对话框，如图 15-90 所示。连续单击 10 次“Add Temperature”按钮，使之生成 11 列温度与相对磁导率表格，在“Temperature”

一行中依次输入 25.5、160、291.5、477.6、635、698、709、720.3、742、761、1000，在“MURX”一行中依次输入 200、190、182、161、135、104、84、35、17、1、1，可以单击“Graph”按钮，查看温度与相对磁导率曲线，如图 15-91 所示，单击“OK”按钮。

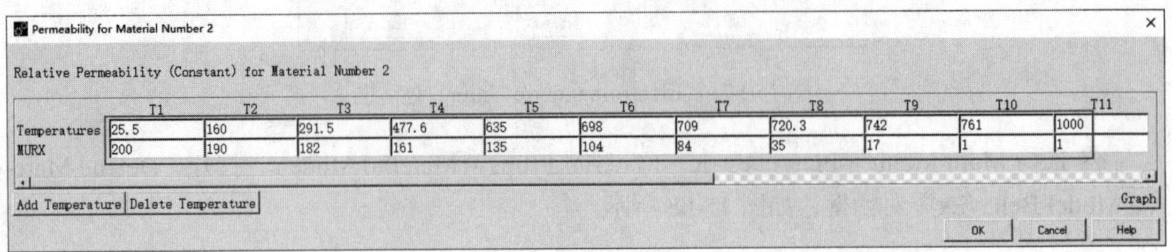

图 15-90 “Permeability for Material Number 2”对话框

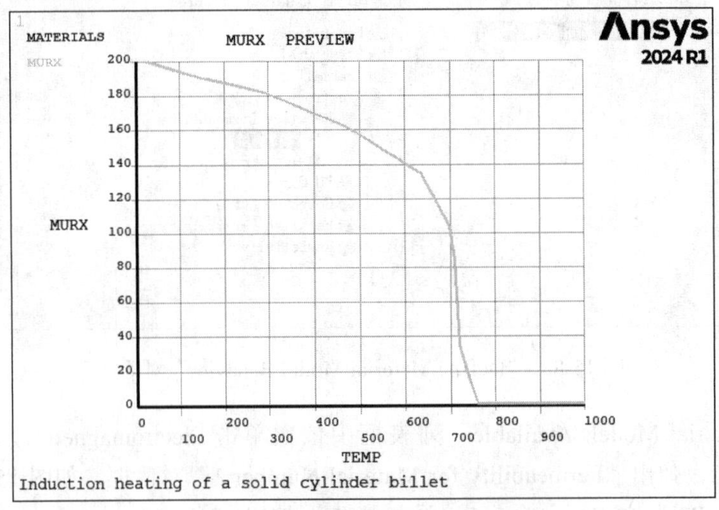

图 15-91 温度与相对磁导率曲线

❻ 在“Material Models Available”列表框中依次单击 Electromagnetics > Resistivity > Constant，弹出“Resistivity for Material Number 2”对话框，如图 15-92 所示。连续单击 8 次“Add Temperature”按钮，使之生成 9 列温度与电阻率表格，在“Temperature”一行中依次输入 0、125、250、375、500、625、750、875、1000，在“RSVX”一行中依次输入 1.84E-7、2.72E-7、3.84E-7、5.12E-7、6.56E-7、8.24E-7、1.032E-6、1.152E-6、1.2E-6。单击“Graph”按钮，查看温度与电阻率关系曲线，如图 15-93 所示。单击“OK”按钮。

Resistivity for Material Number 2

Resistivity (Constant) for Material Number 2

	T1	T2	T3	T4	T5	T6	T7	T8	T9
Temperatures	0	125	250	375	500	625	750	875	1000
RSVX	1.84E-7	2.72E-7	3.84E-7	5.12E-7	6.56E-7	8.24E-7	1.032E-6	1.152E-6	1.2E-6

Add Temperature　Delete Temperature　Graph

OK　Cancel　Help

图 15-92 “Resistivity for Material Number 2”对话框

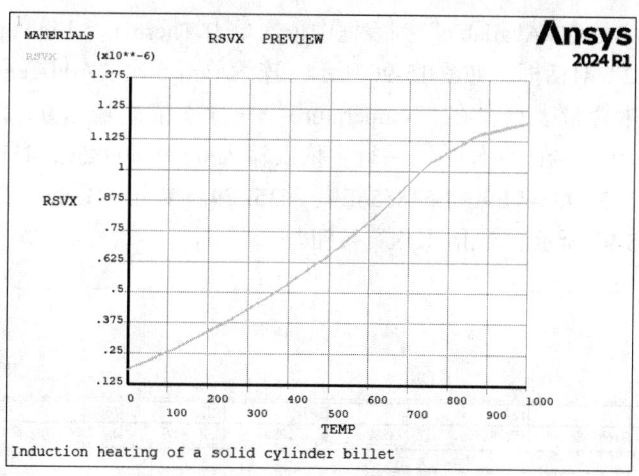

图 15-93　温度与电阻率关系曲线

❼ 在“Material Models Available”列表框中依次单击 Thermal > Conductivity > Isotropic，打开“Conductivity for Material Number 2”对话框，如图 15-94 所示。连续单击 3 次“Add Temperature”按钮，使之生成 4 列温度与热导率表格，在“Temperature”一行中依次输入 0、730、930、1000，在“KXX”一行中依次输入 60.64、29.5、28、28。单击“Graph”按钮，查看温度与热导率关系曲线，如图 15-95 所示，单击“OK”按钮。

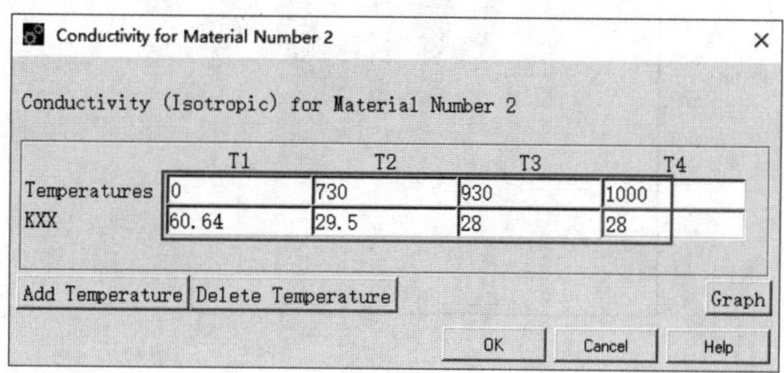

图 15-94　“Conductivity for Material Number 2”对话框

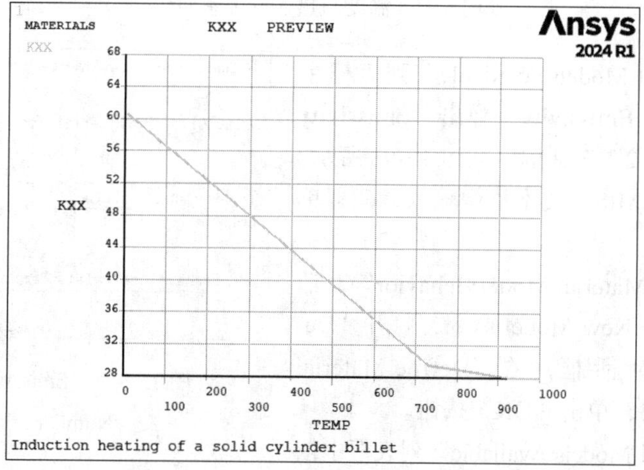

图 15-95　温度与热导率关系曲线

❽ 在“Material Models Available”列表框中依次单击 Thermal > Enthalpy，弹出“Enthalpy for Material Number 2”对话框，如图 15-96 所示。连续单击 8 次“Add Temperature”按钮，使之生成 9 列温度与热含量表格，在“Temperature”一行中依次输入 0、27、127、327、527、727、765、765.001、927，在“ENTH”一行中依次输入 0、91609056、453285756、1.2748E9、2.2519E9、3.3396E9、3.548547E9、3.548556E9、4.352E9。单击“Graph”按钮查看温度与热含量关系曲线，如图 15-97 所示。单击“OK”按钮。

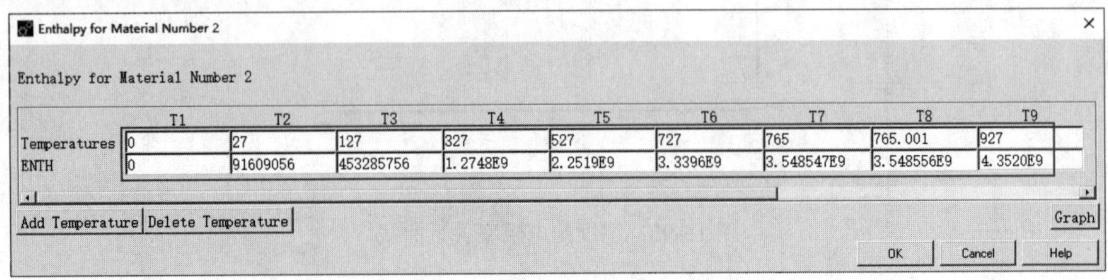

图 15-96 “Enthalpy for Material Number 2”对话框

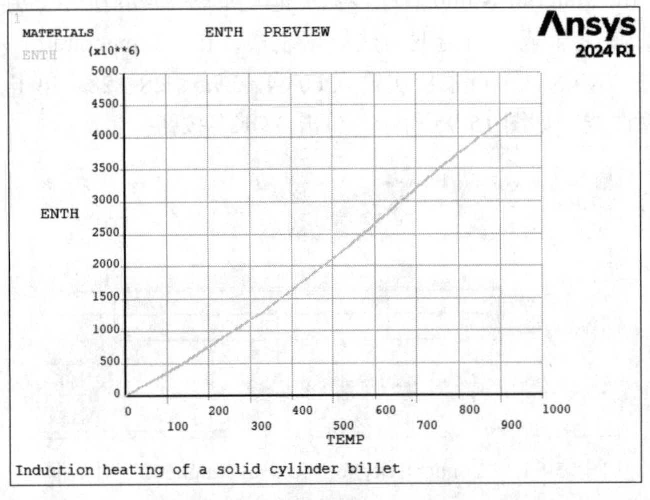

图 15-97 温度与热含量关系曲线

❾ 在“Material Models Available”列表框中依次单击 Thermal > Emissivity，弹出“Emissivity for Material Number 2”对话框，如图 15-98 所示。在该对话框中的“EMIS”文本框中输入 0.68，单击“OK”按钮。

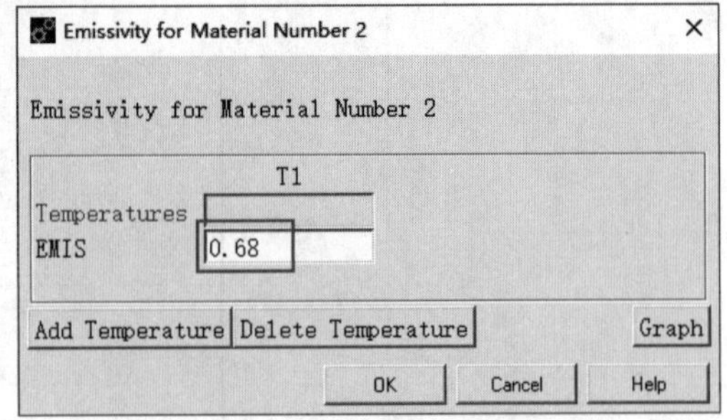

图 15-98 “Emissivity for Material Number 2”对话框

❿ 在“Define Material Model Behavior”对话框中单击 Material > New Model 命令，打开“Define Material ID”对话框，在“Define Material ID”文本框中输入 3，单击“OK”按钮。

⓫ 在“Material Models Available”列表框中依次单击 Electromagnetics > Relative Permeability > Constant，弹出“Permeability for Material Number

3”对话框，在该对话框中的“MURX”文本框中输入1，单击“OK”按钮。单击Material > Exit。

07 建立几何模型

❶ 选择Main Menu > Preprocessor > Modeling > Create > Areas > Rectangle > By Dimensions，打开“Create Rectangle by Dimensions”对话框，如图15-99所示。在“X1，X2”文本框中分别输入0、ROW，在“Y1，Y2”文本框中分别输入0、T。

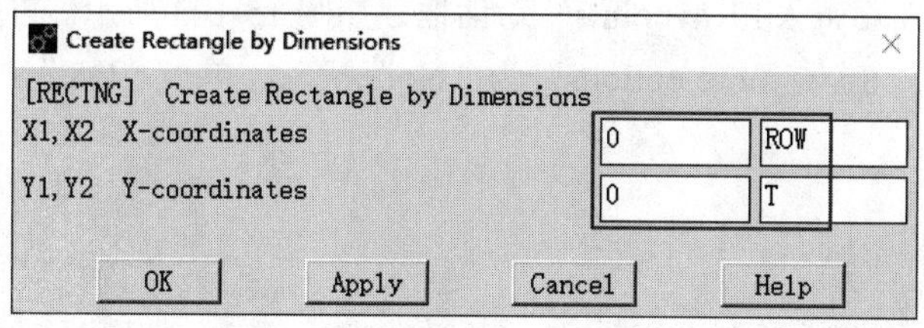

图15-99 “Create Rectangle by Dimensions”对话框

❷ 单击“Apply”按钮，再次打开“Create Rectangle by Dimensions”对话框。在“X1，X2”文本框中依次输入ROW、RIC，在“Y1，Y2”文本框中依次输入0、T。

❸ 单击“Apply”按钮，再次打开“Create Rectangle by Dimensions”对话框。在“X1，X2”文本框中依次输入RIC、ROC，在“Y1，Y2”文本框中依次输入0、T。

❹ 单击“Apply”按钮会再次打开“Create Rectangle by Dimensions”对话框。在“X1，X2”文本框中依次输入ROC、RO，在“Y1，Y2”文本框依次输入0、T，单击“OK”按钮。

❺ 单击Main Menu > Preprocessor > Modeling > Operate > Booleans > Glue > Areas，打开“Glue Areas”对话框。单击“Pick All”按钮，关闭该对话框。

❻ 单击Main Menu > Preprocessor > Numbering Ctrls > Compress Numbers，弹出“Compress Numbers”对话框，如图15-100所示。在“Label”中选择“Areas”，单击“OK”按钮。此时生成的几何模型如图15-101所示。

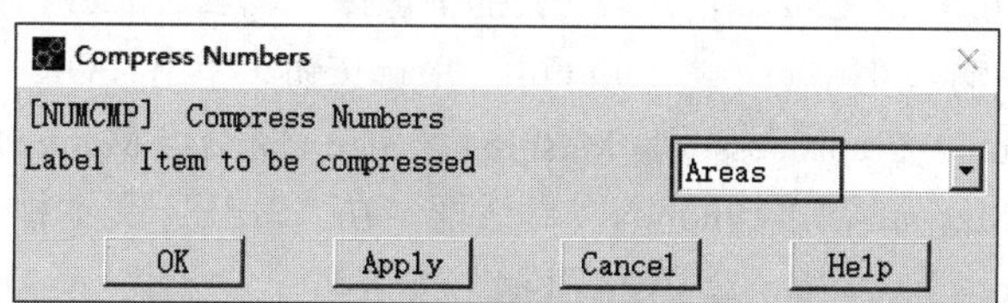

图15-100 “Compress Numbers”对话框

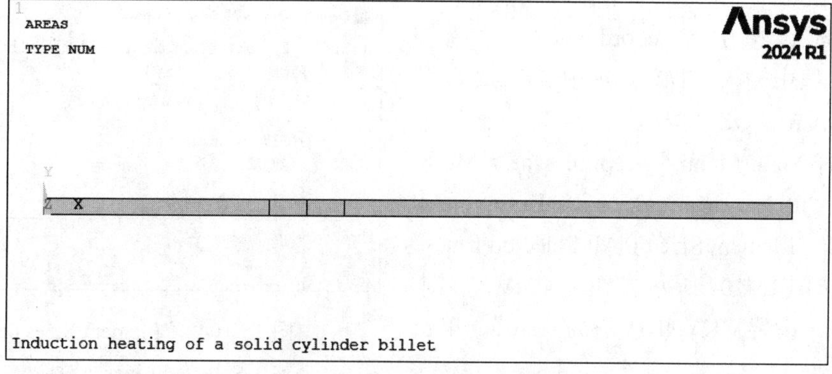

图15-101 生成的几何模型

08 划分网格

❶ 选择 Utility Menu > Select > Entities，打开“Select Entities”对话框，如图 15-102 所示。在第一个下拉列表框中选择“Keypoints”，在第二个下拉列表框中选择“By Location”，选中“X coordinates”单选按钮，在文本框中输入 ROW，选中“From Full”单选按钮，单击“OK”按钮。

❷ 选择 Main Menu > Preprocessor > Meshing > Size Cntrls > ManualSize > Keypoints > All KPs，打开“Element Size at All Keypoints”对话框，如图 15-103 所示。在“SIZE”文本框中输入“SKIND/2”，设置“Show more options”为“No”状态，单击“OK”按钮。

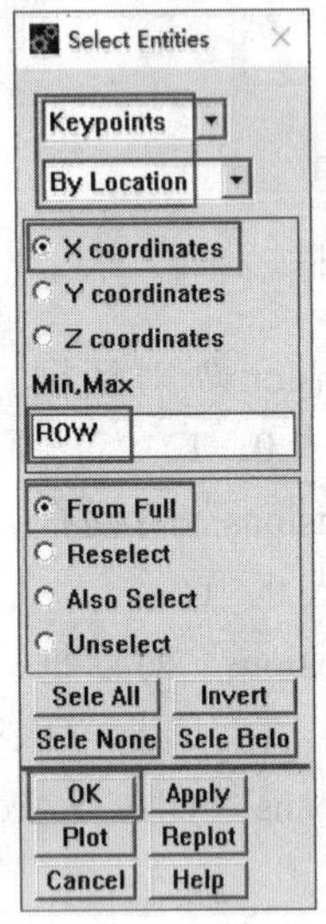

图 15-102 “Select Entities”对话框

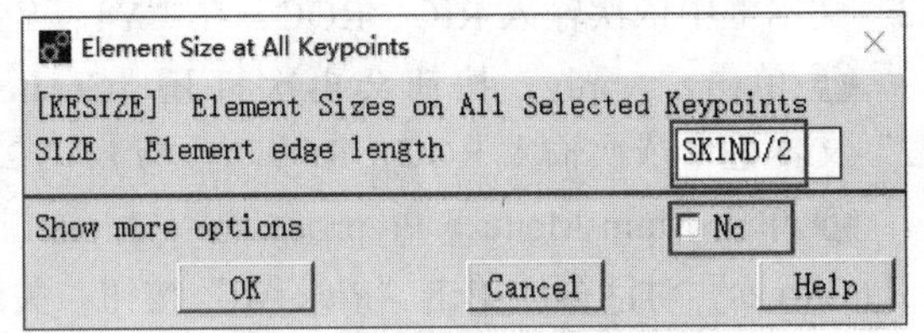

图 15-103 “Element Size at All Keypoints”对话框

❸ 选择 Utility Menu > Select > Entities，再次打开“Select Entities”对话框。在第一个下拉列表框中选择“Keypoints”，在第二个下拉列表框中选择“By Location”，选中“X coordinates”单选按钮，在文本框中输入 0，选中“From Full”单选按钮，单击“OK”按钮。

❹ 选择 Main Menu > Preprocessor > Meshing > Size Cntrls > ManualSize > Keypoints > All KPs，打开“Element Size at All Keypoints”对话框。在“SIZE”文本框中输入“40*SKIND”，设置“Show more options”为“No”，单击“OK”按钮。

❺ 选择 Utility Menu > Select > Entities，打开“Select Entities”对话框。在第一个下拉列表框中选择“Lines”，在第二个下拉列表框中选择“By Location”，选中“Y coordinates”单选按钮，在文本框中输入“T/2”，选中“From Full”单选按钮，单击“OK”按钮。

❻ 选择 Main Menu > Preprocessor > Meshing > Size Cntrls > ManualSize > Lines > All Lines，打开“Element Size on All Selected Lines”对话框，如图 15-104 所示。在“NDIV”文本框中输入 1，设置“KYNDIV”为“No”，单击“OK”按钮。

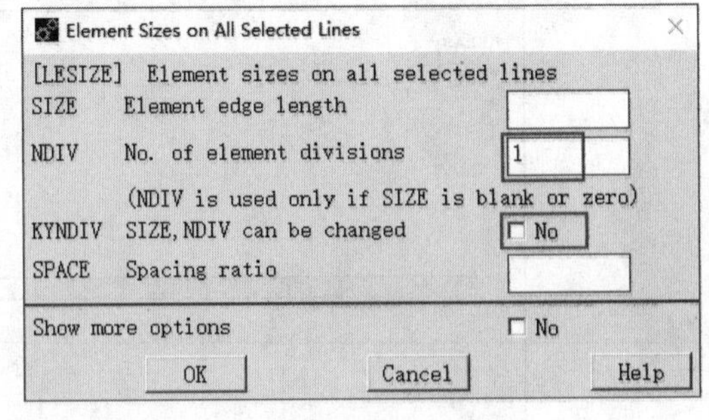

图 15-104 “Element Sizes on All Selected Lines”对话框

❼ 选择 Utility Menu > Select > Entities，打开“Select Entities”对话框。在第一个下拉列表框中选择“Lines”，在第二个下拉列表框中选择“By Num/Pick”，选中“From Full”单选按钮，单击“Sele All”按钮，然后单击“Cancel”按钮。

❽ 选择 Main Menu > Preprocessor > Meshing > Mesh Attributes > Picked Areas，打开“Area Attributes”对话框，如图 15-105 所示，在文本框中输入 1。

❾ 单击“OK”按钮，打开“Area Attributes”对话框，如图 15-106 所示。在“MAT”下拉列表框中选择“2”，在“TYPE”下拉列表框中选择“1 PLANE13”，其余选项采用系统默认设置，单击“OK”按钮。

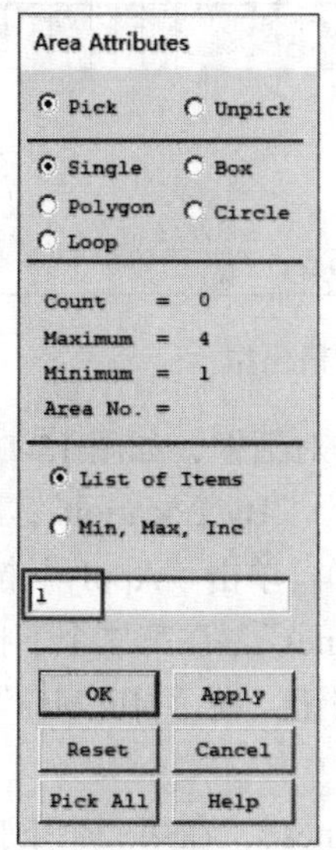

图 15-105 “Area Attributes”对话框

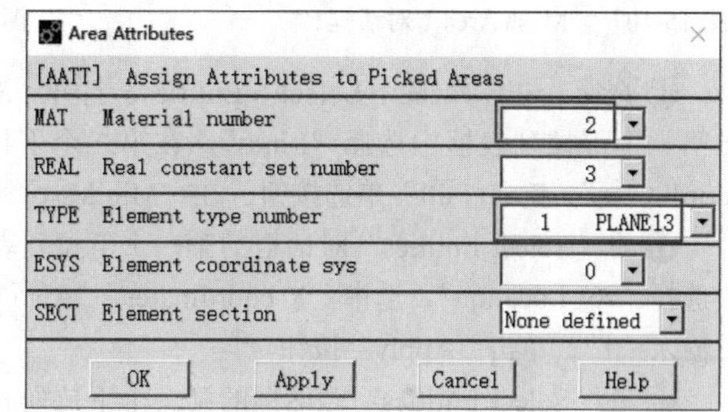

图 15-106 “Area Attributes”对话框

❿ 选择 Main Menu > Preprocessor > Meshing > Mesh Attributes > Picked Areas，打开“Area Attributes”对话框，在文本框中输入 3。

⓫ 单击“OK”按钮，打开“Area Attributes”对话框。在“MAT”下拉列表框中选择“3”，在“TYPE”下拉列表框中选择“2 PLANE13”，其余选项采用系统默认设置，单击“OK”按钮。

⓬ 选择 Main Menu > Preprocessor > Meshing > Mesh Attributes > Picked Areas，打开“Area Attributes”对话框，在文本框中输入“2,4”。

⓭ 单击“OK”按钮，打开“Area Attributes”对话框。在“MAT”下拉列表框中选择“1”，在“TYPE”下拉列表框中选择“2 PLANE13”，其余选项采用系统默认设置，单击“OK”按钮。

⓮ 选择 Utility Menu > Select > Entities，打开“Select Entities”对话框。在第一个下拉列表框中选择“Areas”，在第二个下拉列表框中选择“By Num/Pick”，选中“From Full”单选按钮，单击“Sele All”按钮，然后单击“Cancel”按钮。

⓯ 选择 Main Menu > Preprocessor > Meshing > Mesh > Areas > Mapped > 3 or 4 sided，弹出“Mesh Areas”对话框，如图 15-107 所示，在文本框中输入 1，单击“OK”按钮。划分的网格模型如图 15-108 所示。

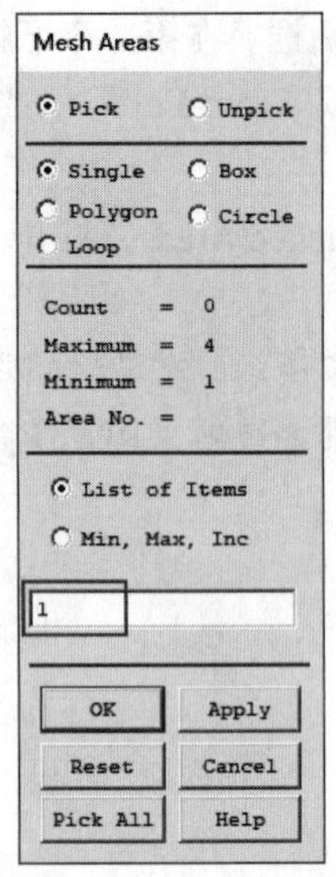

图 15-107 “Mesh Area”对话框

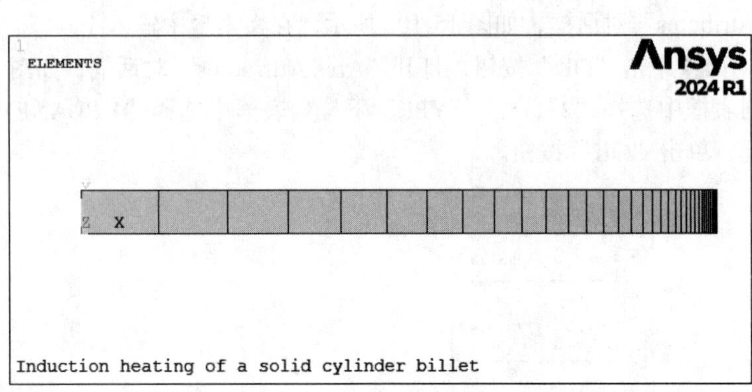

图 15-108 划分网格模型

⑯ 选择 Utility Menu > Select > Entities，打开“Select Entities”对话框，如图 15-109 所示。在第一个下拉列表框中选择“Lines”，在第二个下拉列表框中选择“By Location”，选中“Y coordinates”“From Full”单选按钮，在“Min,Max”文本框中输入 0，单击“Apply”按钮。

⑰ 在“Select Entities”对话框的第一个下拉列表框中选择“Lines”，在第二个下拉列表框中选择“By Location”，选中“Y coordinates”“Also Select”单选按钮，在“Min,Max”文本框中输入“T”，单击“Apply”按钮。

⑱ 在“Select Entities”对话框的第一个下拉列表框中选择“Lines”，在第二个下拉列表框中选择“By Location”，选中“X coordinates”“Unselect”单选按钮，在“Min,Max”文本框中输入“ROW/2”，单击“OK”按钮。

⑲ 选择 Main Menu > Preprocessor > Meshing > Size Cntrls > ManualSize > Lines > All Lines，打开“Element Sizes on All Selected Lines”对话框，如图 15-110 所示。在“SIZE”文本框中输入 0.001，设置“KYNDIV”为“No”，其余选项采用系统默认设置，单击“OK”按钮。

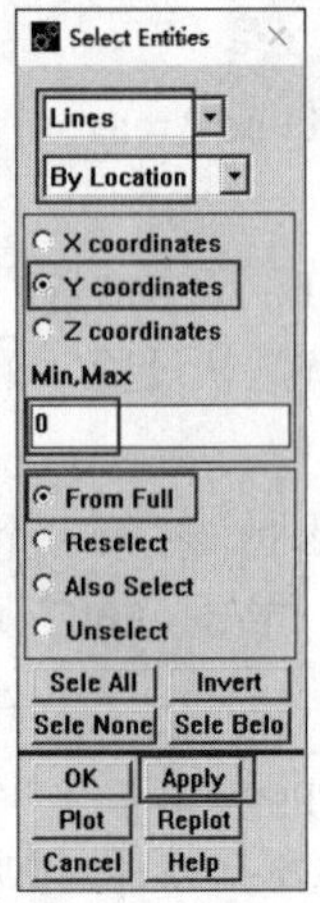

图 15-109 “Select Entities”对话框

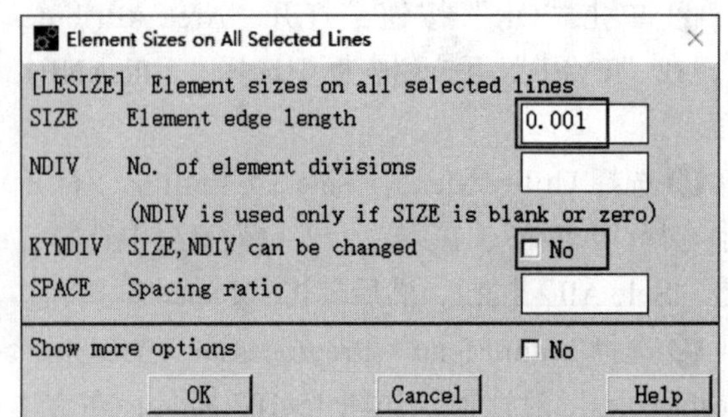

图 15-110 “Element Sizes on All Selected Lines”对话框

⑳ 选择 Utility Menu > Select > Entities，打开“Select Entities”对话框，如图 15-111 所示。在第一个下拉列表框中选择“Lines”，在第二个下拉列表框中选择“By Num/Pick”，选中“From Full”单选按钮，单击“Sele All”按钮，然后单击“Cancel”按钮。

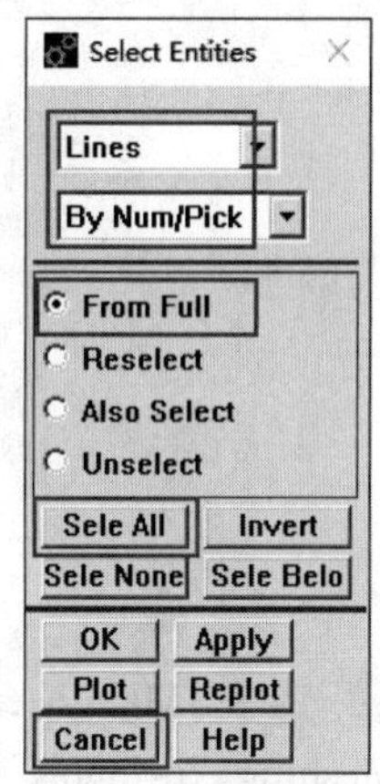

图 15-111 “Select Entities”对话框

㉑ 选择 Main Menu > Preprocessor > Meshing > Mesh > Areas > Mapped > 3 or 4 sided，弹出“Mesh Areas”对话框，在文本框中输入“2,3,4”，单击“OK”按钮进行网格划分。划分的网格模型如图 15-112 所示。

㉒ 选择 Main Menu > Preprocessor > Modeling > Create > Nodes > In Active CS，打开“Create Nodes in Active Coordinate System”对话框，采用系统默认设置，单击“OK”按钮，创建空节点。

㉓ 选择 Utility Menu > Parameters > Get Scalar Data，打开“Get Scalar Data”对话框，如图 15-113 所示。在“Type of data to be retrieved”列表框中选择“Model data”“Nodes”。

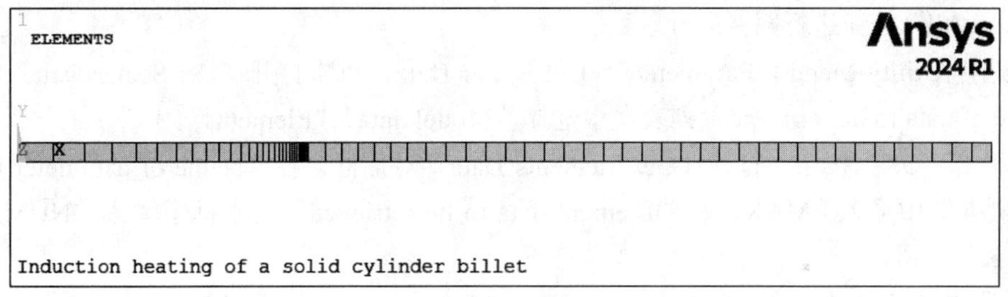

图 15-112 划分网格模型

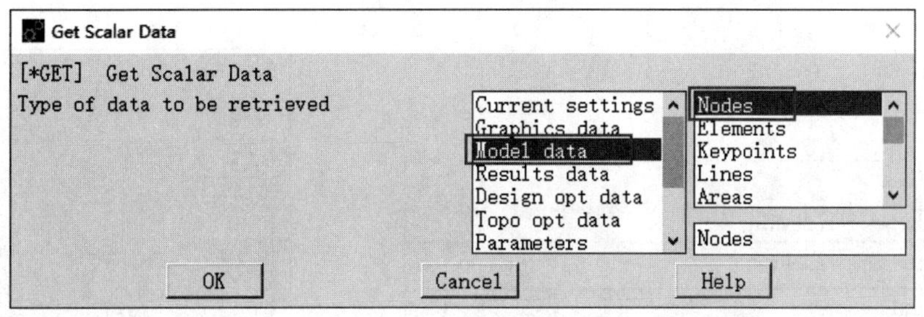

图 15-113 “Get Scalar Data”对话框

㉔ 单击“OK”按钮，打开“Get Nodal Data”对话框，如图 15-114 所示。在“Name of parameter to be defined”文本框中输入“NMAX”，在“Nodal data to be retrieved”文本框中输入“NUM,MAX”，单击“OK”按钮。

㉕ 选择 Utility Menu > Select > Entities，打开“Select Entities”对话框。在第一个下拉列表框中选择“Lines”，在第二个下拉列表框中选择“By Location”，选中“X coordinates”“From Full”单选按钮，在文本框中输入 ROW，单击“OK”按钮。

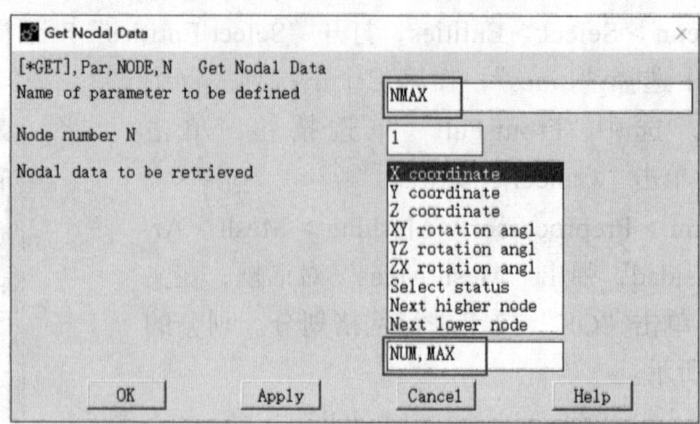

图 15-114 “Get Nodal Data”对话框

㉖ 选择 Main Menu > Preprocessor > Meshing > Mesh Attributes > Default Attributes，打开“Meshing Attributes”对话框，如图 15-115 所示。在“[TYPE]”下拉列表框中选择“3 SURF151”，在“[MAT]”下拉列表框中选择“2”，其余选项采用系统默认设置，单击“OK”按钮。

㉗ 选择 Main Menu > Preprocessor > Meshing > Mesh > Lines，弹出“Mesh Lines”对话框，单击“Pick All”按钮进行网格划分。

㉘ 选择 Utility Menu > Parameters > Get Scalar Data，再次打开“Get Scalar Data”对话框，在“Type of data to be retrieved”列表框中选择“Model data”“Elements”。

㉙ 单击“OK”按钮，打开“Get Elements Data”对话框，在“Name of parameter to be defined”文本框中输入 EMAX，在“Element data to be retrieved”文本框中输入“NUM,MAX”，单击“OK”按钮。

㉚ 选择 Utility Menu > Parameters > Scalar Parameters，打开“Scalar Parameters”对话框，如图 15-116 所示。在“Items”列表框中可看到“EMAX=72”“NMAX=145”，然后单击“Close”按钮。

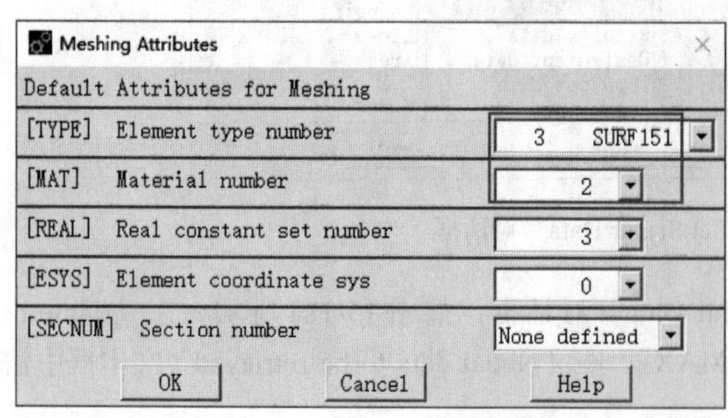

图 15-115 “Meshing Attributes”对话框

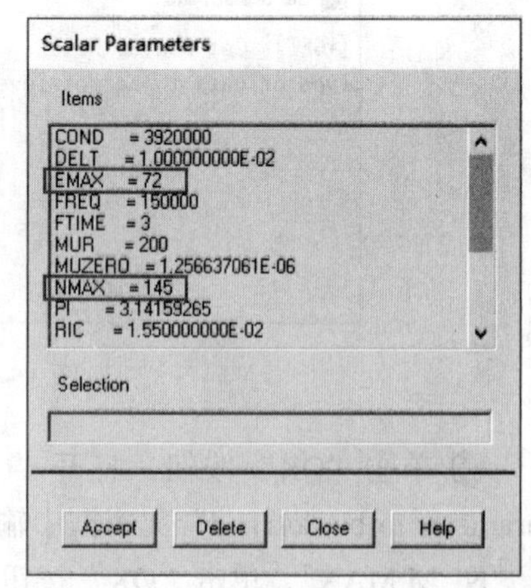

图 15-116 “Scalar Parameters”对话框

㉛ 选择 Main Menu > Preprocessor > Modeling > Move/Modify > Elements > Modify Nodes，打开“Modify Node Numbers”对话框，如图 15-117 所示。在文本框中输入“EMAX”。

㉜ 单击“OK”按钮，打开“Modify Node Numbers”对话框，如图 15-118 所示。在“STLOC”文本框中输入 3，在“I1”文本框中输入 NMAX，单击“OK”按钮。

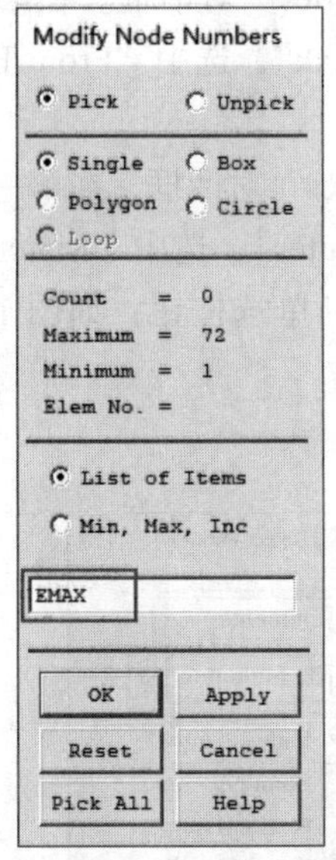

图 15-117 “Modify Node Numbers”对话框

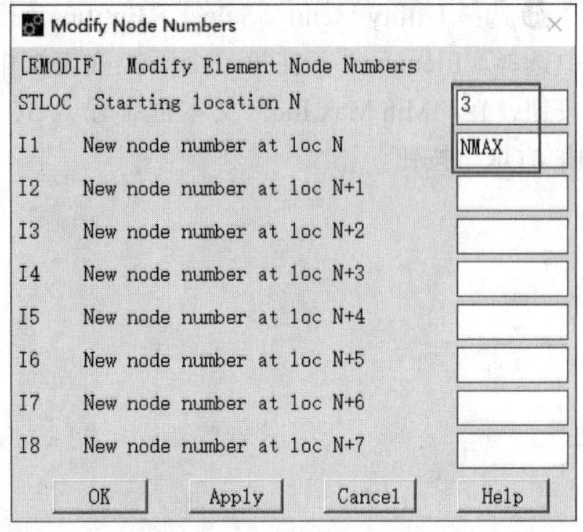

图 15-118 “Modify Node Numbers”对话框

㉝ 选择 Main Menu > Preprocessor > Element Type > Add/Edit/Delete，打开 Element Types 对话框。

㉞ 单击“Add”按钮，打开“Library of Element Types”对话框，如图 15-119 所示。在“Library of Element Types”列表框中选择“Not Solved”“Null Element 0”，在“Element type reference number”文本框中输入 3，单击“OK”按钮。

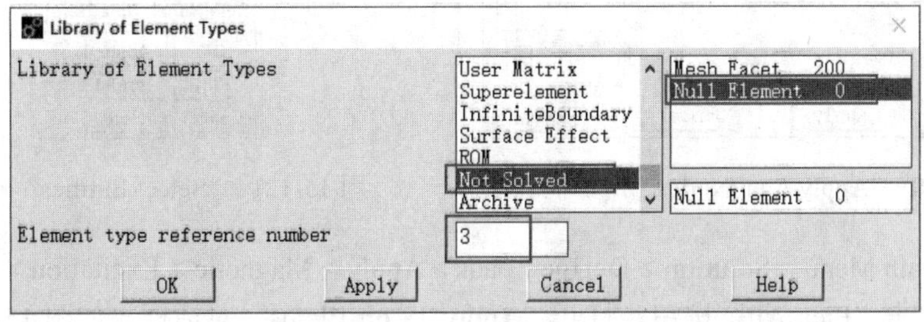

图 15-119 “Library of Element Types”对话框

㉟ 单击“Close”按钮，关闭“Element Types”对话框。

09 设置载荷条件

❶ 选择 Utility Menu > Select > Entities，打开“Select Entities”对话框。在第一个下拉列表框中选择“Nodes”，在第二个下拉列表框中选择“By Location”，选中“X coordinates”“From Full”单选按钮，在文本框中输入 0，单击“OK”按钮。

❷ 选择 Main Menu > Solution > Define Loads > Apply > Magnetic > Boundary > Vector Poten > On Nodes，打开“Apply A on Nodes”对话框，单击“Pick All”按钮，打开“Apply A on

Nodes”对话框，如图 15-120 所示。在“Lab”列表框中选择“AZ”，在“VALUE”文本框中输入 0，其余选项采用系统默认设置，单击“OK”按钮。

❸ 选择 Utility Menu > Select > Entities，打开“Select Entities”对话框。在第一个下拉列表框中选择“Nodes”，在第二个下拉列表框中选择“By Num/Pick”，选中“From Full”单选按钮，单击“Sele All”按钮，然后单击“Cancel”按钮。

❹ 选择 Utility Menu > Select > Entities，打开“Select Entities”对话框，在第一个下拉列表框中选择“Elements”，在第二个下拉列表框中选择“By Attributes”，选中“Material num”单选按钮，在“Min,Max,Inc”文本框中输入 3，再选中 From Full 单选按钮，如图 15-121 所示，单击“OK”按钮。

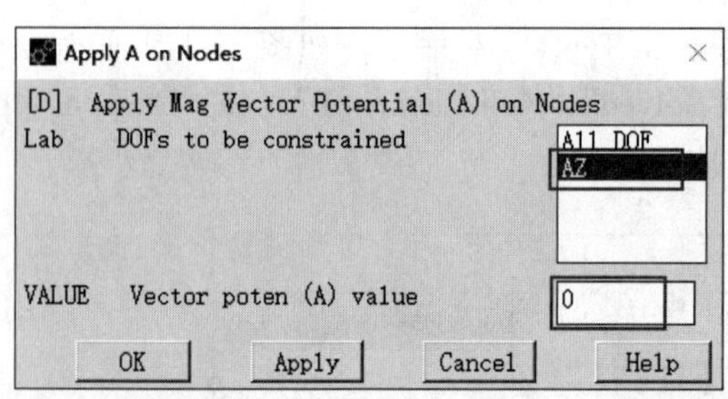

图 15-120 “Apply A on Nodes”对话框

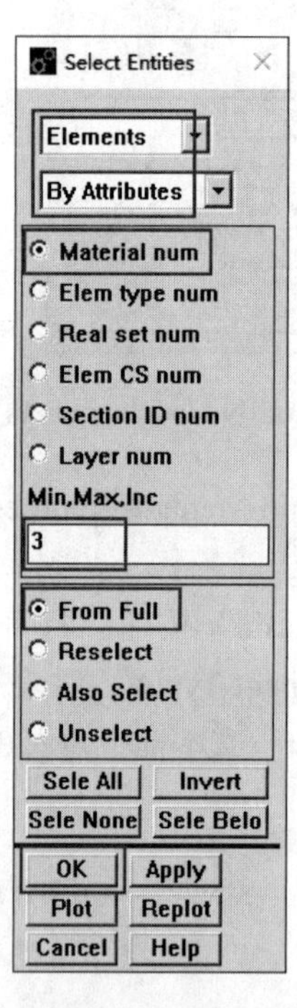

图 15-121 “Select Entities”对话框

❺ 选择 Main Menu > Solution > Define Loads > Apply > Magnetic > Excitation > Curr Density > On Elemes，单击“Pick All”按钮，打开“Apply JS on Elems”对话框，如图 15-122 所示。在“VAL3”文本框中输入 15E6，其余选项采用系统默认设置，单击“OK”按钮。

❻ 选择 Utility Menu > Select > Entities，打开“Select Entities”对话框。在第一个下拉列表框中选择“Elements”，在第二个下拉列表框中选择“By Num/Pick”，选中“From Full”单选按钮，单击“Sele All”按钮，然后单击“Cancel”按钮。

❼ 退出载荷求解器。选择 Main Menu > Finish。

❽ 选择 Utility Menu > Parameters > Scalar Parameters，打开“Scalar Parameters”对话框，如图 15-123 所示。在“Selection”文本框中输入下面的参数：

```
NSTEPS=FTIME/TINC
```

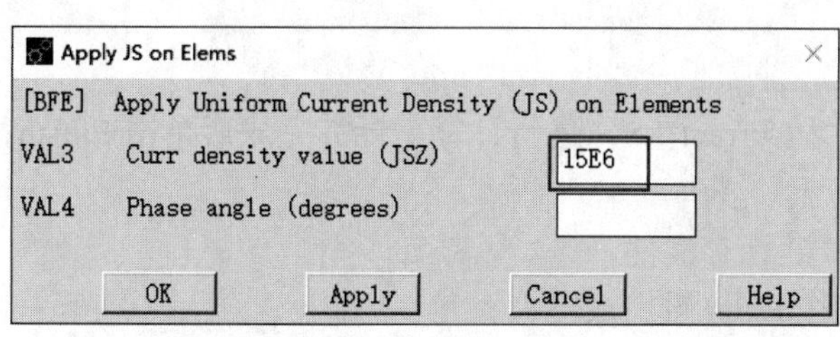

图 15-122 “Apply JS on Elems”对话框

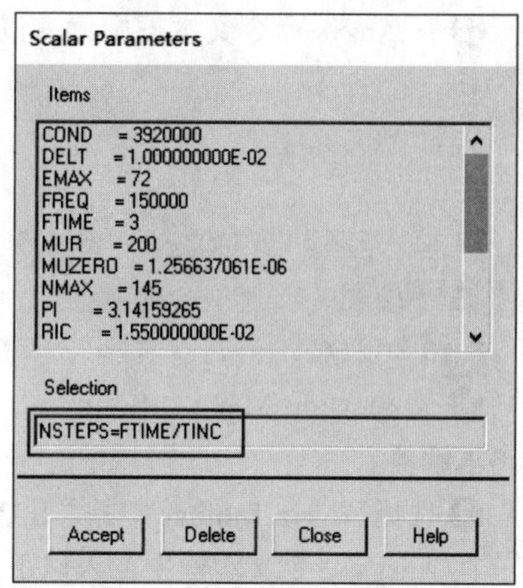

图 15-123 “Scalar Parameters”对话框

❾ 在 Ansys 命令文本框中输入以下循环语句内容，按 Enter 键完成输入。

```
*DO,I,1,NSTEPS
TIME=TIME+TINC
/FILNAM,INDUC
*IF,I,NE,1,THEN
PARSAV,SCALAR
RESUME
PARRES,NEW
*ENDIF
```

❿ 选择 Main Menu > Solution > Analysis Type > New Analysis，打开“New Analysis”对话框，如图 15-124。在“[ANTYPE]”选项组中选中 Harmonic 单选按钮，单击“OK”按钮，关闭该对话框。

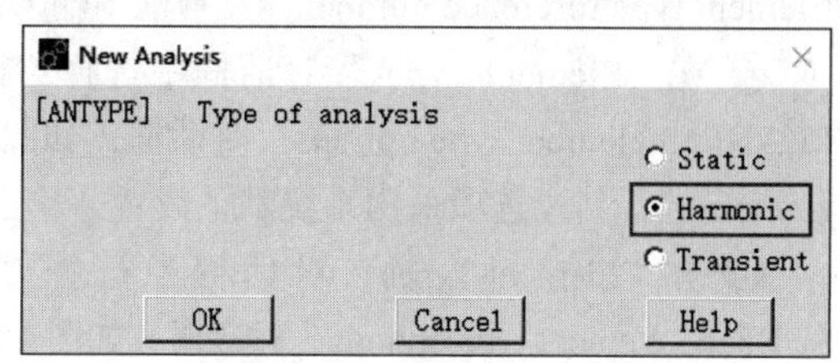

图 15-124 “New Analysis”对话框

⓫ 选择 Main Menu > Solution > Load Step Opts > Time/Frequenc > Freq and Substeps，打开“Harmonic Frequency and Substep Options”对话框，如图 15-125 所示。在“[HARFRQ]”文本框中分别输入 0、150000，在“[NSUBST]”文本框中输入 1，在“[KBC]”中选择“Stepped”，单击“OK”按钮，关闭该对话框。

Harmonic Frequency and Substep Options
Harmonic Frequency and Substep Options
[HARFRQ] Harmonic freq range 0 150000
[NSUBST] Number of substeps 1
[KBC] Stepped or ramped b.c.
Ramped
Stepped
OK Cancel Help

图 15-125 “Harmonic Frequency and Substep Options”对话框

⓬ 在 Ansys 命令文本框中输入以下循环语句内容，按 Enter 键完成输入。

```
*IF,I,EQ,1,THEN
TUNIF,100
*ELSE
LDREAD,TEMP,LAST,,,,THERM,RTH
*ENDIF
```

(10) 求解

❶ 选择 Main Menu > Solution > Solve > Current LS，进行计算，计算完成后单击 Finish，退出求解器。

❷ 选择 Ansys Toolbar 中的“SAVE_DB”，保存文件。

在 Ansys 命令文本框中输入以下命令，按 Enter 键完成输入。

```
/FILNAM,THERM
```

❸ 选择 Main Menu > Preprocessor > Element Type > Add/Edit/Delete，打开“Element Types”对话框。

❹ 单击“Add”按钮，打开“Library of Element Types”对话框。在“Library of Element Types”列表框中选择“Solid”“Quad 4 node 55”，在“Element type reference number”文本框中输入 1。单击“Apply”按钮，再次打开“Library of Element Types”对话框。

❺ 在“Library of Element Types”列表框中选择“Not Solved”“Null Element 0”，在“Element type reference number”文本框中输入 2。单击“Apply”按钮，再次打开“Library of Element Types”对话框。

❻ 在“Library of Element Types”列表框中选择“Surface Effect”“2D thermal 151”，在“Element type reference number”文本框中输入 3，单击“OK”按钮。

❼ 在“Element Types”对话框中选择“Type 1 PLANE55”，单击“Options”按钮，打开“PLANE55 element type options”对话框，如图 15-126 所示。在“K3”下拉列表框中选择“Axisymmetric”，其余选项采用系统默认设置，单击“OK”按钮。

❽ 在“Element Types”对话框中选择“Type 3 SURF151”，单击“Options”按钮，打开“SURF151 element type options”对话框，如图 15-127 所示。在“K3”下拉列表框中选择“Axisymmetric”，在“K4”下拉列表框中选择“Exclude”，在“K5”下拉列表框中选择“Include 1 node”，在“K9”下拉列表框中选择“Real const FORMF”，其余选项采用系统默认设置，单击“OK”按钮。

❾ 单击“Close”按钮，关闭“Element Types”对话框。

(11) 定义实常数

❶ 选择 Main Menu > Preprocessor > Real Constants > Add/Edit/Delete，打开“Real Constants”对话框，如图 15-128 所示。

❷ 单击“Add”按钮，打开“Element Type for Real Constants”对话框，如图 15-129 所示。

❸ 选择“Choose element type”列表框中的“Type 3 SURF151”，单击“OK”按钮，打开“Real Constant Set Number 4，for SURF151”对话框，如图 15-130 所示。在“Real Constant Set No.”文本框中输入 3，在“FORMF”文本框中输入 1，在“SBCONST”文本框中输入 5.67E-8，单击“OK”按钮。

❹ 单击“Close”按钮，关闭“Real Constants”对话框。

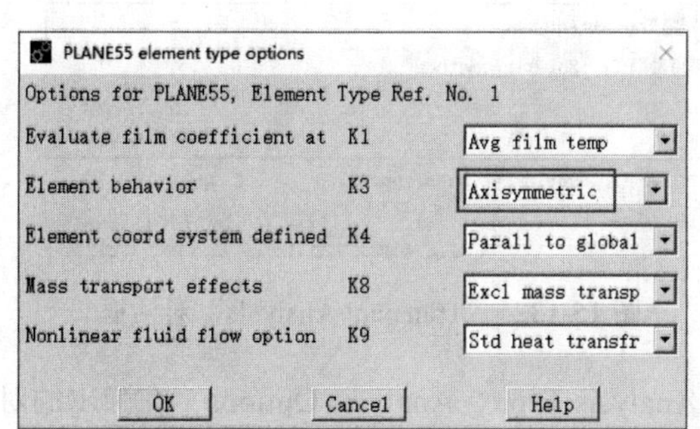

图 15-126 “PLANE55 element type options”对话框

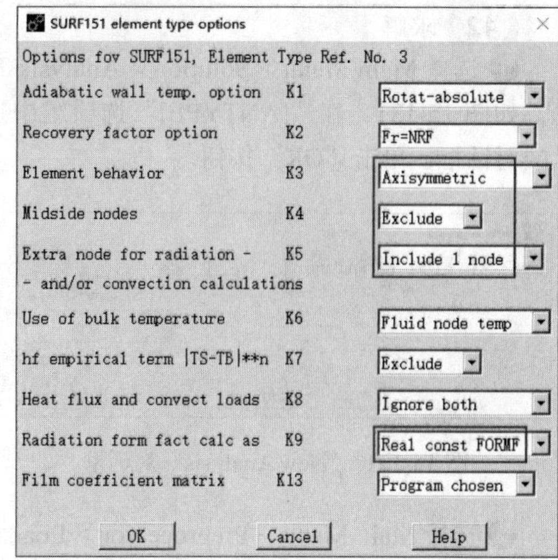

图 15-127 “SURF151 element type options”对话框

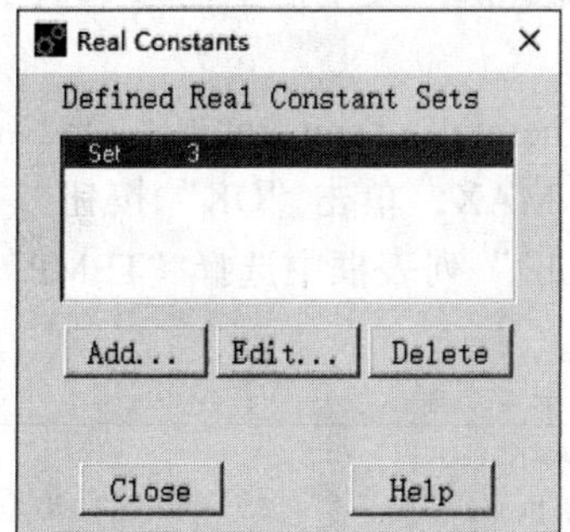

图 15-128 “Real Constants”对话框

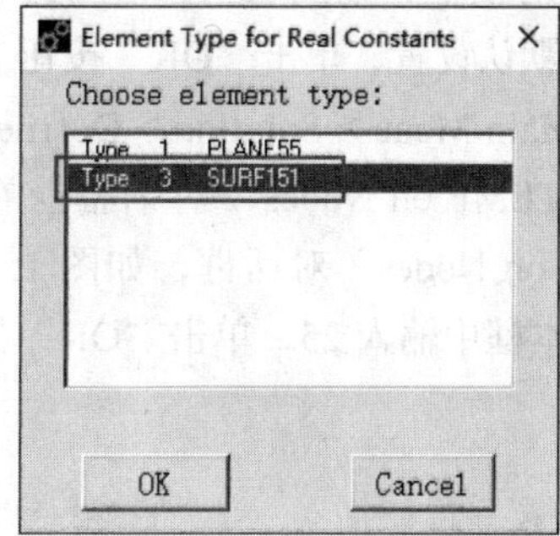

图 15-129 “Element Type for Real Constants”对话框

Real Constant Set Number 4, for SURF151

Element Type Reference No. 3

Real Constant Set No. 3

Real Constants for Plane or Axisymmetric (KEYOPT(3) = 0 or 1)

Form factor FORMF 1

Stefan-Boltzmann const SBCONST 5.67E-8

Joule constant Jc

Gravitational constant Gc

Recovery factor coefficient NRF

In-plane thickness at I TKI

In-plane thickness at J TKJ

Angular velocity OMEG Constant value

If Constant value then:

Absolute fluid velocity Vabs Constant value

If Constant value then:

OK Apply Cancel Help

图 15-130 “Real Constant Set Number 4, for SURF151”对话框

(12) 求解

❶ 选择 Main Menu > Solution > Analysis Type > New Analysis，打开“New Analysis”对话框，如图 15-131，在“[ANTYPE]”选项组中选中“Transient”单选按钮，弹出如图 15-132 所示的对话框。单击“OK”按钮。

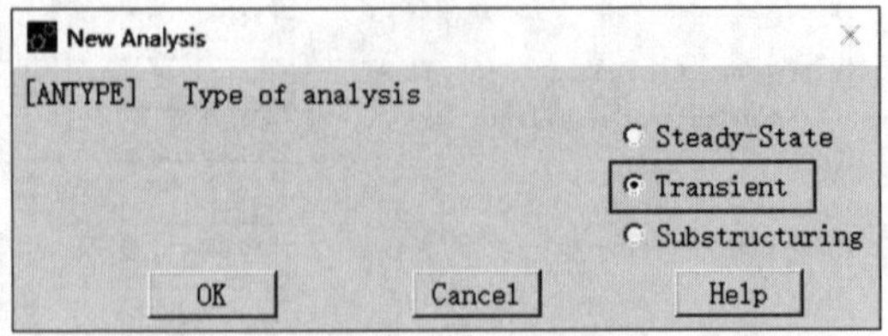

图 15-131 “New Analysis”对话框

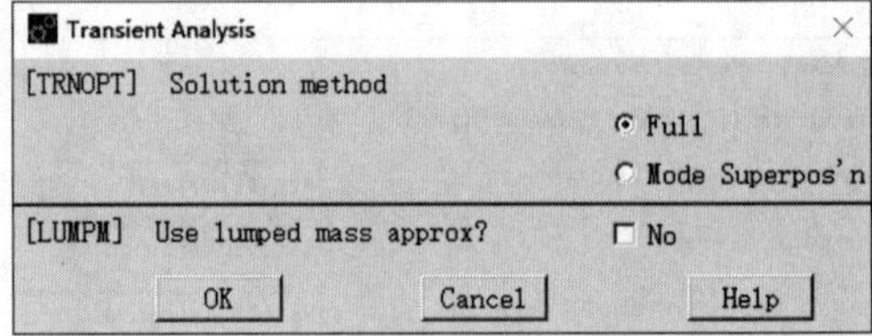

图 15-132 “Transient Analysis”对话框

❷ 选择 Main Menu > Preprocessor > Loads > Analysis Type > Analysis Options，在弹出的对话框中的“[TOFFST]”中输入 273。

❸ 选择 Main Menu > Solution > Define Loads > Settings > Uniform Temp，打开“Uniform Temperature”对话框，如图 15-133 所示。在“Uniform temperature”文本框中输入 100，其余选项采用系统默认设置，单击“OK”按钮。

❹ 选择 Main Menu > Solution > Define Loads > Apply > Thermal > Temperature > On Nodes，打开“Apply TEMP on Nodes”对话框。在文本框中输入 NMAX，单击“OK”按钮，打开“Apply TEMP on Nodes”对话框，如图 15-134 所示。在“Lab2”列表框中选择“TEMP”，在“VALUE”文本框中输入 25，单击“OK”按钮。

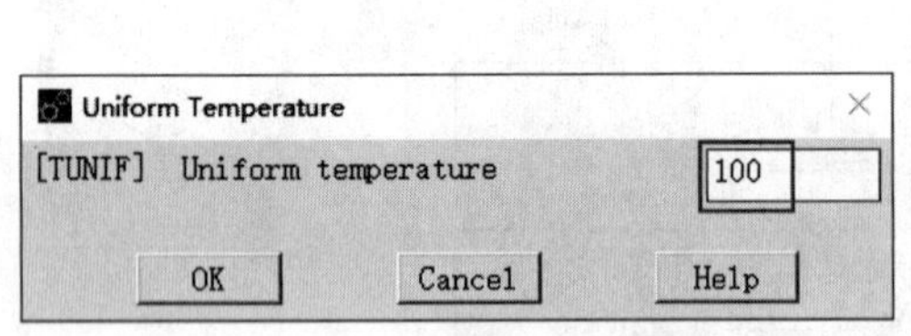

图 15-133 “Uniform Temperature”对话框

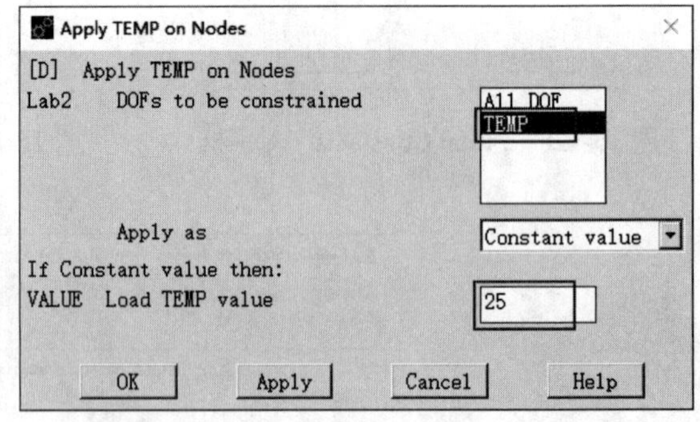

图 15-134 “Apply TEMP on Nodes”对话框

❺ 选择 Main Menu > Solution > Load Step Opts > Nonlinear > Convergence Crit，打开“Default Nonlinear Convergence Criteria”对话框，单击“Replace”按钮，打开“Nonlinear Convergence Criteria”对话框，如图 15-135 所示。在“Lab”列表框中选择“Thermal”“Heat flow HEAT”，在“VALUE”文本框中输入 1，在“TOLER”文本框中输入 0.001，其余选项采用系统默认设置，单击“OK”按钮，关闭该对话框，单击“Close”按钮，关闭“Nonlinear Convergence Criteria”对话框。

❻ 选择 Main Menu > Solution > Load Step Opts > Time/Frequenc > Time-Time Step，打开“Time and Time Step Options”对话框，如图 15-136 所示。在“[DELTIM]”文本框中输入 1E-5，

在“[KBC]”选项组中选中“Stepped”单选按钮，设置“[AUTOTS]”为“ON”，在“[DELTIM]”的“Minimum time step size”文本框中输入 1E-6，在“Maximum time step size”文本框中输入 0.01，将“Use previous step size？”设为“Yes”，其余选项采用系统默认设置，单击“OK”按钮。

```
Nonlinear Convergence Criteria
[CNVTOL] Nonlinear Convergence Criteria
Lab      Convergence is based on          Structural | Heat flow    HEAT
                                          Thermal    | Temperature  TEMP
                                          Magnetic
                                          Electric
                                          Fluid/CFD    Heat flow    HEAT
VALUE    Reference value of Lab           1
TOLER    Tolerance about VALUE            0.001
NORM     Convergence norm                 L2 norm
MINREF   Minimum reference value
(Used only if VALUE is blank.  If negative, no minimum is enforced)
        OK              Cancel              Help
```

图 15-135 “Nonlinear Convergence Criteria”对话框

```
Time and Time Step Options
         Time and Time Step Options
[TIME]   Time at end of load step          0
[DELTIM]  Time step size                   1E-5
[KBC]     Stepped or ramped b.c.
                                           ○ Ramped
                                           ● Stepped
[AUTOTS] Automatic time stepping
                                           ● ON
                                           ○ OFF
                                           ○ Prog Chosen
[DELTIM] Minimum time step size            1E-6
         Maximum time step size            0.01
         Use previous step size?           ☑ Yes
[TSRES]  Time step reset based on specific time points
             Time points from :
                                           ● No reset
                                           ○ Existing array
                                           ○ New array
Note: TSRES command is valid for thermal elements, thermal-electric
      elements, thermal surface effect elements and FLUID116,
      or any combination thereof.
        OK              Cancel              Help
```

图 15-136 “Time and Time Step Options”对话框

❼ 选择 Main Menu > Solution > Analysis Type > Sol’Controls，打开“Solution Controls”对话框，如图 15-137 所示。在“Write Items to Results File”中选择“Basic quantities”单选按钮，

在“Frequency”下拉列表中选择“Write every substep”选项，其余选项采用系统默认设置，单击“OK”按钮。

❽ 在 Ansys 命令文本框中输入以下循环语句内容，按 Enter 键完成输入。

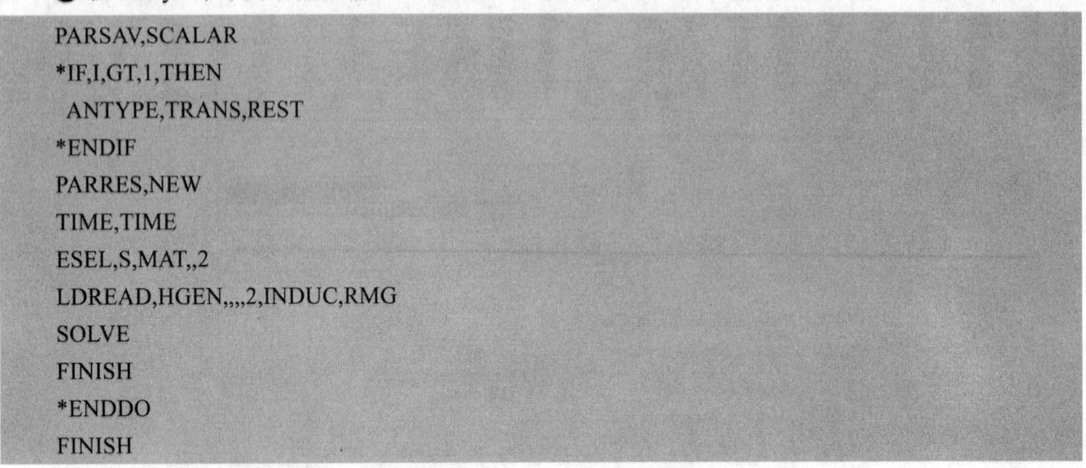

```
PARSAV,SCALAR
*IF,I,GT,1,THEN
 ANTYPE,TRANS,REST
*ENDIF
PARRES,NEW
TIME,TIME
ESEL,S,MAT,,2
LDREAD,HGEN,,,,2,INDUC,RMG
SOLVE
FINISH
*ENDDO
FINISH
```

循环求解结束后弹出“Note”对话框，单击“Close”按钮。

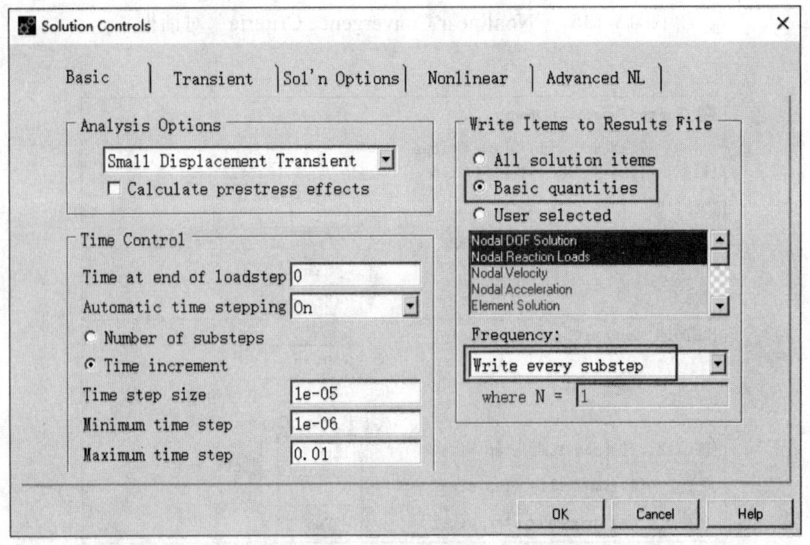

图 15-137 “Solution Controls”对话框

13 后处理

❶ 选择 Main Menu > TimeHist Postpro，在弹出的“Time History Variables-THERM.rth”对话框中单击“Add Data”图标 ，弹出如图 15-138 所示的“Add Time-History Variable”对话框。选择 Nodal Solution > DOF Solution > Nodal Temperature，单击“OK”按钮。弹出如图 15-39 所示的对话框，在文本框中输入 1 后按 Enter 键，单击“OK”按钮；再重复以上操作，选择 2 号节点。完成以上操作后的结果如图 15-140 所示。

❷ 按住 Ctrl 键，在“Time History Variables-THERM.rth”对话框中选择“TEMP_2”和“TEMP_3”，单击“Graph Data”图标 ，两个节点温度随时间的变化曲线如图 15-141 所示。

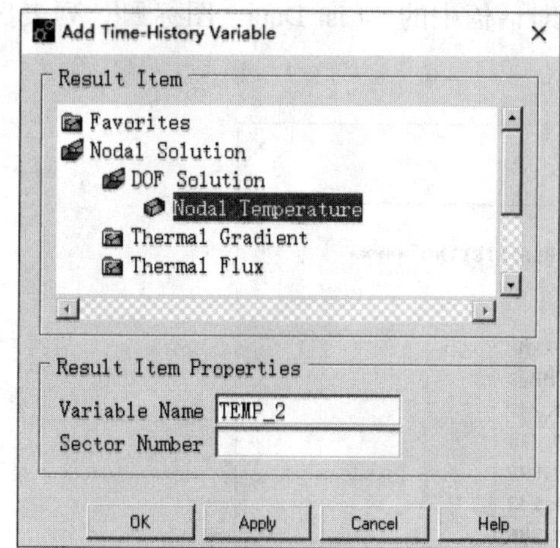

图 15-138 “Add Time-History Variable”对话框

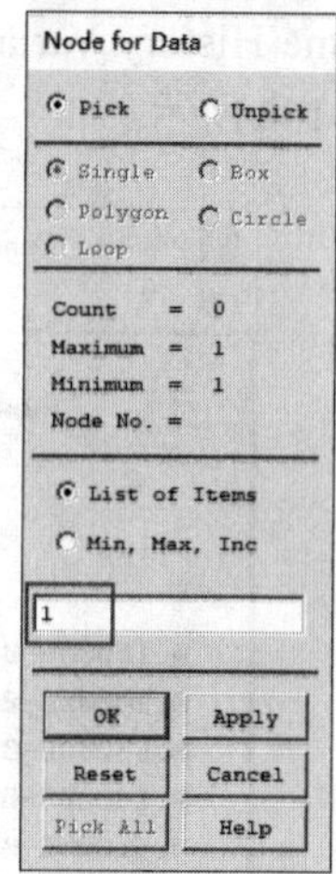

图 15-139 “Node for Data”对话框

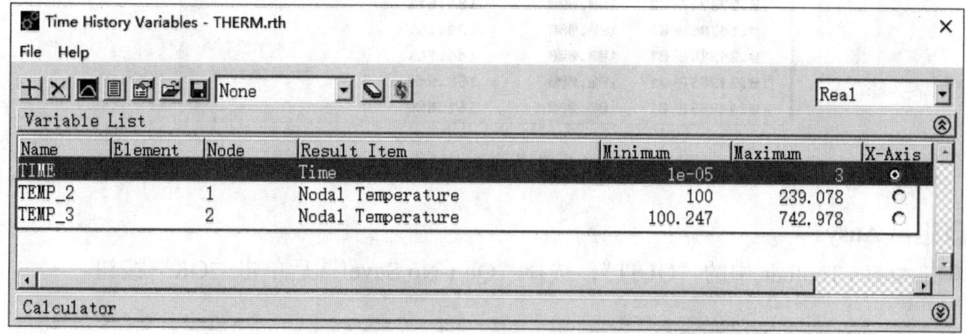

图 15-140 “Time History Variables-THERM.rth”对话框

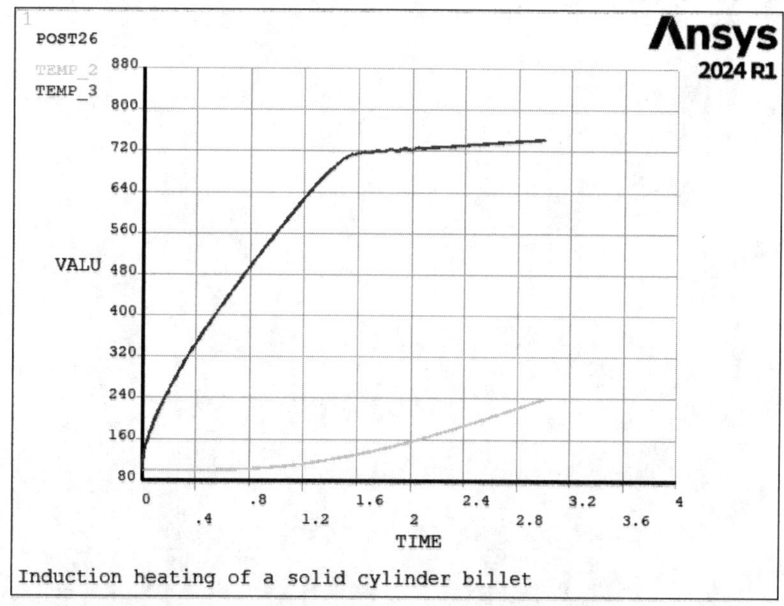

图 15-141 两个节点温度随时间的变化曲线

❸ 单击“Time History Variables-THERM.rth”对话框中的“List Data”图标▤，列表显示各参数，如图 15-142 所示。

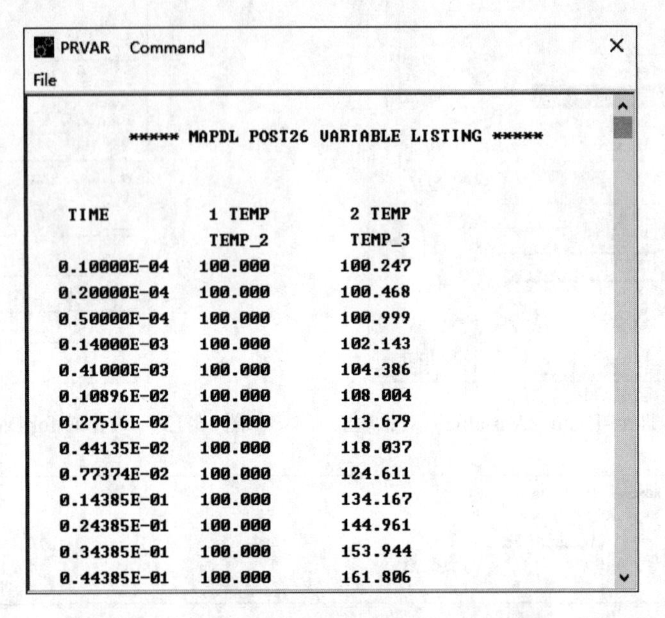

PRVAR Command

File

```
***** MAPDL POST26 VARIABLE LISTING *****

 TIME          1 TEMP         2 TEMP
               TEMP_2         TEMP_3
0.10000E-04   100.000        100.247
0.20000E-04   100.000        100.468
0.50000E-04   100.000        100.999
0.14000E-03   100.000        102.143
0.41000E-03   100.000        104.386
0.10896E-02   100.000        108.004
0.27516E-02   100.000        113.679
0.44135E-02   100.000        118.037
0.77374E-02   100.000        124.611
0.14385E-01   100.000        134.167
0.24385E-01   100.000        144.961
0.34385E-01   100.000        153.944
0.44385E-01   100.000        161.806
```

图 15-142 两个节点温度随时间变化列表

❹ 退出 Ansys

单击 Ansys Toolbar 中的“QUIT”，选择“Quit-No Save!”后单击“OK”按钮。

15.6.4 APDL 命令流程序

略，见随书电子资料包。